Encyclopedia of Climatic Variations

気候変動の事典

山川修治
常盤勝美
渡来　靖
［編集］

朝倉書店

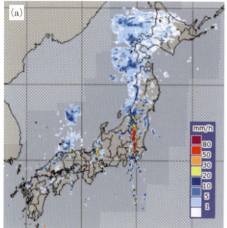

▲口絵1（a）（§I-1） 2015年9月9日21時のレーダーエコー図（気象庁Web情報による）

▼口絵1（b）（§I-1） 2015年9月9日21時のGMS-8によるグローバルスケールでみた赤外画像．インド洋北東部〜東南アジアの巨大な雲塊の一部がルソン島付近から東北東へ伸び，さらに小笠原付近から伊豆諸島付近を経て北方の関東地方へ「線状降水帯」が連なっていたことがわかる．伊豆諸島東方の台風1517号も降水帯の形成に寄与した．（高知大学Web情報による）

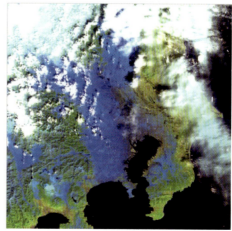

口絵2（トピック①） 2014年2月の関東甲信の大雪による積雪域を表す衛星Terra/MODIS画像．左が2月9日，右が2月16日の画像で，赤外線を使ったカラー合成で，雲は白色，積雪域は青から淡青色として表されている．画像の範囲は約230 km四方を表す．

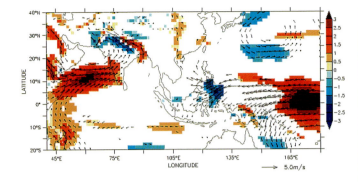

口絵3（§I-2） 本文の図1に示したAIMRの1951〜2013年の期間における上位8年（1959, 1961, 1970, 1975, 1983, 1988, 1994, 2001）と下位8年（1965, 1966, 1972, 1979, 1982, 1987, 2002, 2009）における850hPa面の風の差（NCEP/NCAR Reanalysis Dataにより著者作成）．東西・南北風の差がともに有意水準5%を満たす風ベクトルのみを示す．色は風速差を示す．

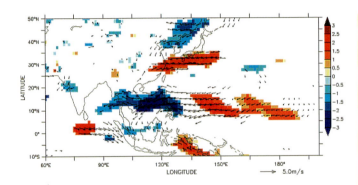

口絵4（§I-2） 本文の図2に示した長江流域の6〜8月合計降水量の1951〜2005年の期間における上位8年（1962, 1969, 1980, 1993, 1996, 1998, 1999, 2000）と下位8年（1959, 1961, 1966, 1967, 1972, 1978, 1981, 1985）における850hPa面の風の差（NCEP/NCAR Reanalysis Dataにより著者作成）．東西・南北風の差がともに有意水準5%を満たす風ベクトルのみを示す．色は風速差を示す．

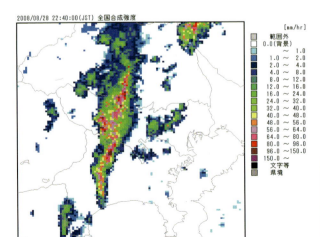

口絵5（§I-4） 線状降水帯の例．2008年8月28日22時40分における気象庁全国合成レーダーに基づく降水強度分布で，東経138.7〜140.1°，北緯35.1〜36.2°の範囲を示した．

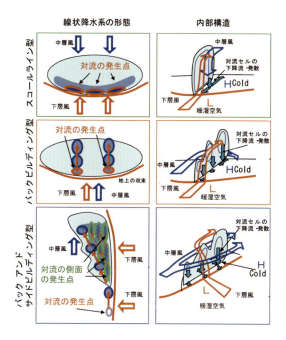

口絵 6（§I-4 図 5） 線状降水帯の形態と内部構造の模式図（瀬古，2010）．左側は線状降水帯を構成する積乱雲の様子で，赤矢印は積乱雲の移動を示す．右側は線状降水帯の内部構造であり，白抜きの赤と青の矢印はそれぞれ下層風と中層風を示し，青矢印は積乱雲内の下降流と冷気外出流を表す．

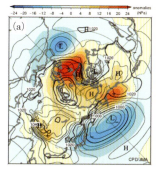
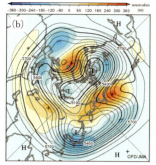

口絵 7（§I-5 図 1） 日本が豪雪となった 1963 年 1 月における北半球の地上天気図(a)と 500 hPa 天気図(b)（気象庁 Web 情報による）．1962 年 12 月～1963 年 2 月の 500 hPa については近藤（2004）参照．

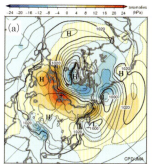
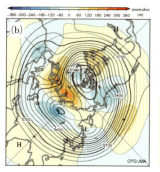

口絵 8（§I-5 図 2） 日本が豪雪となった 2006 年 1 月における北半球の地上天気図(a)と 500 hPa 天気図(b)（気象庁 Web 情報による）．

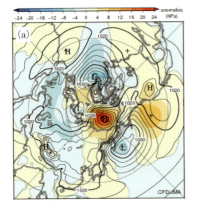
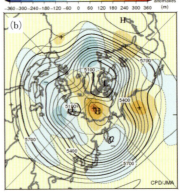

口絵 9(§I-5 図3) 日本が豪雪となった2013年1月における北半球の地上天気図(a)と500 hPa 天気図(b)(気象庁Web情報による).

口絵 10(§I-10 図1) 仙台平野の土地被覆と海風

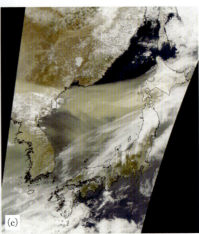

口絵 11(§I-12 図1) 札幌の黄砂(2002年3月21日)(布和敖斯尓, 2003) (a)中国北東部で低気圧によって, 黄砂が巻き上げられる. (b)偏西風により, 黄砂が輸送される. (c)2002年3月21日, 札幌で大規模な黄砂が観測された.

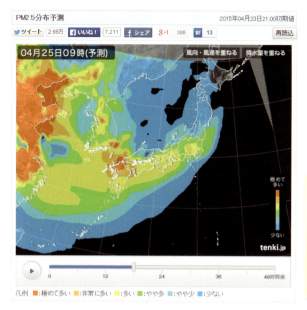

口絵 12（§Ⅰ-13　図3）　日本気象協会が提供する PM$_{2.5}$ 分布予測（2015年4月23日21時初期値の予測例）
日本気象協会が運営している天気予報専門サイト（tenki.jp）で提供・公開する PM$_{2.5}$ 分布予測（2015年4月23日21時初期値の予測例）．3日先の PM$_{2.5}$ 分布予測を行うほか，地点ごとの予測を把握できる．

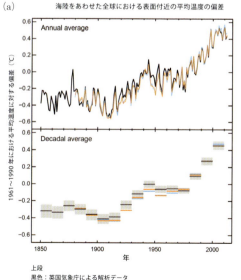

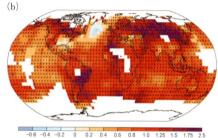

口絵 13（§Ⅱ-1　図1）　(a) 全球の海陸をあわせた表面付近において，3種類の観測データから計算された 1961～1990 年の平均温度に対する 1850～2012 年の温度偏差の推移．上図と下図はそれぞれ年々の平均値の推移と 10 年平均値の推移（灰色の影は不確実性）を示す．(b) 1901～2012 年の表面付近の温度変化の全球分布．(a) の橙色で示した変化を直線回帰して計算した．信頼性の低い地域は計算しておらず，白く示されている一方，信頼性の高い地域には「＋」の記号が付けられている．
（IPCC-AR5：Summary for Policymakers）

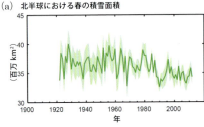

(a) 北半球における春の積雪面積

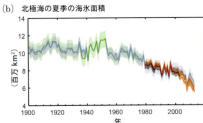

(b) 北極海の夏季の海氷面積

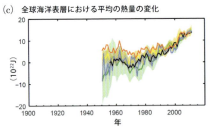

(c) 全球海洋表層における平均の熱量の変化

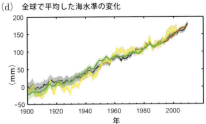

(d) 全球で平均した海水準の変化

▲口絵 14（§Ⅱ-1 図2） 気候変動の様々な指標(IPCC-AR5：Summary for Policymakers). (a)北半球における3月と4月の平均積雪面積. (b)北極海の7～9月における平均の海氷面積. (c)2006～2010年の全球海洋表層(0～700 m)の熱量(1970年の値に対する相対値). (d)全球平均海水準の1900～1905年の平均値に対する相対値. 各線の色は異なった観測データに対応している. また, 影は不確実性を意味する.

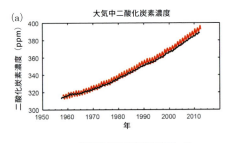

(a) 大気中二酸化炭素濃度

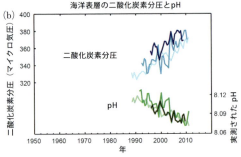

(b) 海洋表層の二酸化炭素分圧とpH

▲口絵 15（§Ⅱ-1 図3） 全球炭素循環に関する, 種々の指標(IPCC-AR5：Summary for Policymakers). (a)ハワイ島マウナロア山(赤)と南極点(黒)で観測された1958年からの大気中二酸化炭素濃度. (b)海洋表層の溶存二酸化炭素分圧(青系の線)とpH(緑色系の線). pHは海洋酸性度である. 観測データは大西洋と太平洋の3つの現場からえられた.

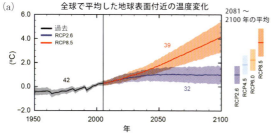

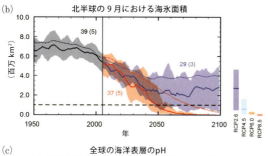

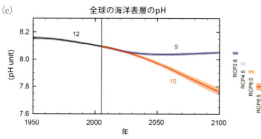

口絵 16(§Ⅱ-1 図4) 多数の気候モデルによる 1950〜2100 年の数値シミュレーション(IPCC-AR5：Summary for Policymakers). (a)1986〜2005 年の平均値に対する全球の表面付近の年々の平均温度. (b)北半球における海氷面積(5 年移動平均). (c)全球の海洋表層の pH. 時系列変化を表す線とその不確実性を意味する影は代表的濃度経路(representative concentration pathways：RCP)2.6(青)と RCP 8.5(赤)シナリオの 2 種類について表示している. 黒線と灰色の影は過去の温度などのシミュレーション結果を示している. すべての RCP シナリオに対する 2081〜2100 年の平均値とその不確実性を右横の縦棒で示した.

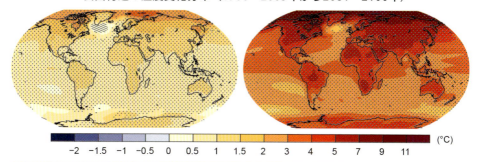

口絵 17(§Ⅱ-1 図5)
RCP 2.6 と RCP 8.5 シナリオに従い複数の気候モデルによって予測された, 1986〜2005 年に対する 2081〜2100 年の地表面付近における年平均温度の変化量の分布(IPCC-AR5：Summary for Policymakers).

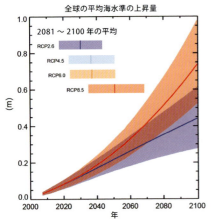

口絵 18（§Ⅱ-1 図 6） RCC シナリオに従い複数のモデルによって予測された，1986〜2005年の平均海水準に対する21世紀の全球海水準の上昇量（IPCC-AR5：Summary for Policymakers）．RCP 2.6（青）と RCP 8.5（赤）シナリオについて，経年変化をグラフ化してある．影は不確実性を示す．すべてのRCP シナリオについて，2081〜2100年の平均値を枠内の横棒で示した．

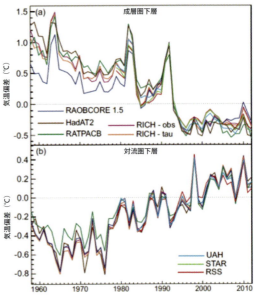

口絵 20（§Ⅱ-3 図 6） 1958年以降の(a)成層圏下層と(b)対流圏下層における全球平均気温の経年変化（Stocker *et al.*, 2013）

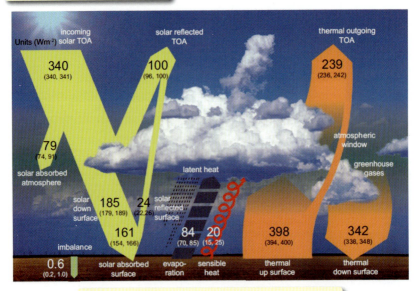

口絵 19（§Ⅱ-3 図 1） 全球平均の熱収支（Stocker *et al.*, 2013）

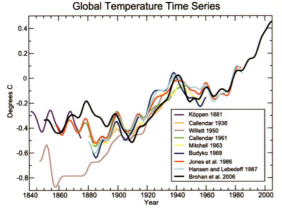

口絵 21(§Ⅱ-4 図1)　代表的な地球規模の平均気温変化(IPCC, 2007)
Köppen(1881)：熱帯と中緯度帯の地上気温から作成．Callendar(1938)：全球の地上気温から作成．Willett(1950)：全球の地上気温から作成．Callendar(1961)：60°N〜60°Sの地上観測から作成．Mitchell(1963)：全球の地上気温から作成．Budyko(1969)：北半球の地上気温と船舶データから作成．Jones et al.(1986a,b)：全球の地上気温から作成．Hansen and Lebedeff(1987)：全球の地上気温から作成．Brohan et al.(2006)：最近更新した地上温度と海面温度から作成．すべての時系列は13年の移動平均で示す．Brohan et al.(2006)の時系列は1961〜1990年の平均からの偏差である．その他の時系列は，それぞれ異なる平均からの偏差で示してある．ここでは相互に比較できるように，上記のBrohan et al.(2006)の30年間の平均を基準にして表示している．

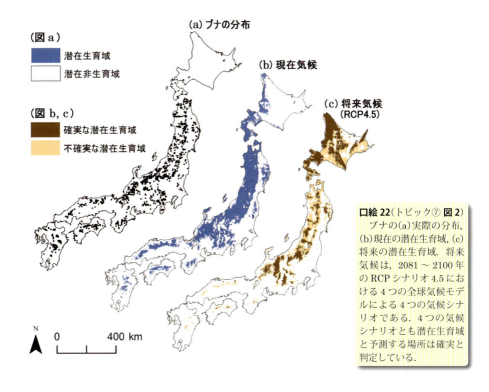

口絵 22(トピック⑦ 図2)
ブナの(a)実際の分布，(b)現在の潜在生育域，(c)将来の潜在生育域．将来気候は，2081〜2100年のRCPシナリオ4.5における4つの全球気候モデルによる4つの気候シナリオである．4つの気候シナリオとも潜在生育域と予測する場所は確実と判定している．

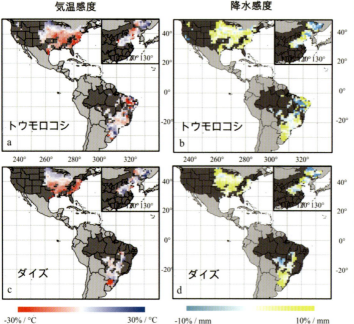

◀口絵 23（§Ⅲ-4 図 1）
2000年代（2000〜2006年）の気温感度と降水感度
a, cは，それぞれトウモロコシとダイズの2000年代の気温感度で，赤色は気温感度が負の（つまり気温上昇によって収量に負の影響が推定される）地域，青色は気温感度が正の（気温上昇によって収量に正の影響が推定される）地域．b, dは2000年代の降水感度で，黄色は降水量の増加によって収量に正の影響が推定される地域．黒色は作付が非常に少ないか，収量統計が十分にない地域．

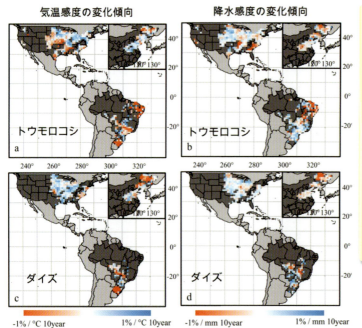

◀口絵 24（§Ⅲ-4 図 2）
気温感度と降水感度の変化傾向の地理的変異
a, cは気温感度の過去（1980〜2006年）の変化傾向．青色は気温感度が徐々に正の方向に変化してきている地域を示す．b, dは降水感度の変化傾向で，青色は降水感度が徐々に正になってきている地域であり，値は10年間の変化率に換算している．各地域で，気温・降水感度が変化している．黒色は作付が非常に少ないか，収量統計が十分にない地域．

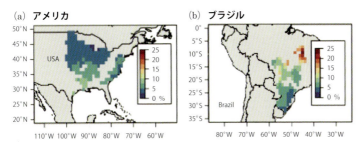

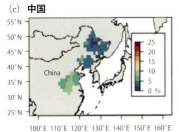

口絵25（§Ⅲ-4 図3） ダイズに対するCO_2の施肥効果（%）ダイズの主要生産国であるアメリカ(a)，ブラジル(b)，中国(c)における大気CO_2濃度の上昇による収量の増加率を示す．増加率は1980年の収量と2002～2006年の平均収量の比として1.125°（約100 km）のメッシュごとに計算されている．アメリカ南部，中国南部，ブラジル北部で増加率が高い．

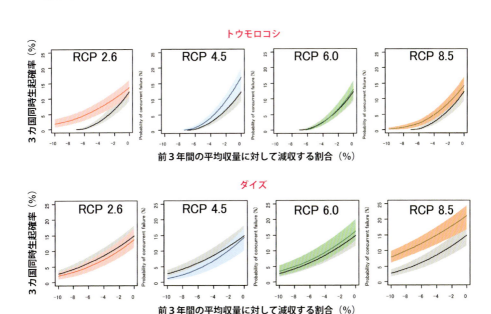

口絵26（§Ⅲ-4 図6） トウモロコシとダイズの3か国同時不作確率の変化．左からRCP 2.6，RCP 4.5，RCP 6.0およびRCP 8.5のケースを示す．横軸は過去3年間の平均収量に比べて減収する割合(%)を示す．縦軸はその減収割合以下の事象が3か国で同時に起こる確率(%)を示す．黒線は過去（1981～2010年）の同時不作確率を示し，色つきの線は将来（2041～2070年）の同時不作確率を示す．シェードは推計の不確実性を表す．

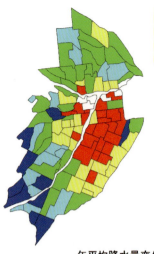

◀**口絵 27**（§Ⅲ-5 図 2） 根収量順位マップ（推定量が多い順に，赤→黄→緑→シアン→青）

▼**口絵 28**（§Ⅲ-7 図 3） 1986～2005 年と 2081～2100 年の年降水量平均値の差（左：RCP 2.6，右：RCP 8.5）（IPCC-AR5 Summary for Policymakers, 図 SPM.8(b)による）
図の右上隅の数値(32および39)は，複数モデル平均を算出するために使用した CMIP 5 のモデル数．図の斜線部，点描影，RCP 2.6，RCP 8.5，CMIP 5 については本文を参照のこと．

年平均降水量変化（1986～2005年平均と2081～2100年平均の差）

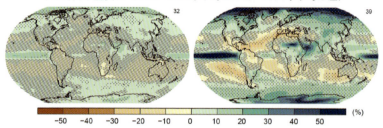

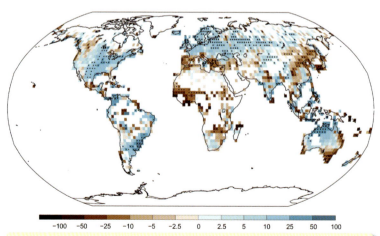

口絵 29（§Ⅲ-8） 1951～2010 年における年降水量の変化(mm/10年)．＋印は有意な傾向を示す（IPCC-AR5, 2013）．

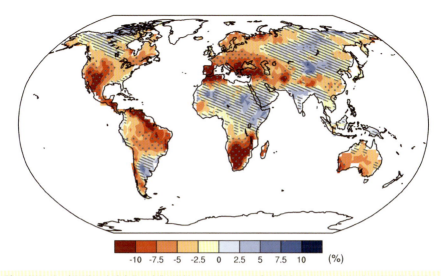

口絵30（§Ⅲ-8） 年平均の土壌水分の変化予測（%，1986〜2005年に対する2081〜2100年の相対的変化．この予測は高位参照シナリオ，RCP（代表的濃度経路）8.5の場合で，2100年時点での放射強制力が8.50 W/m² すなわち大気中 CO_2 濃度が936 ppmに相当する場合である．斜線は複数のモデル平均の変化がモデルの内部変動の1標準偏差を下回ることを示す．点描はモデル平均の変化が内部変動の2標準偏差を上回り，90%の数のモデルで同符号の変化があることを示す．RPC 4.5（中位安定化シナリオ）では変化は小さくなるが，その分布は RPC 8.5 と類似している（IPCC，2013）．

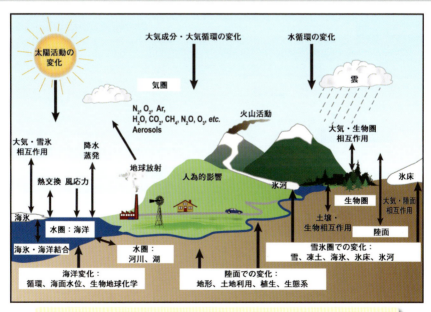

口絵31（§Ⅳ-1） 気候システムを構成する要素と相互作用を示す模式図（IPCC-AR4）

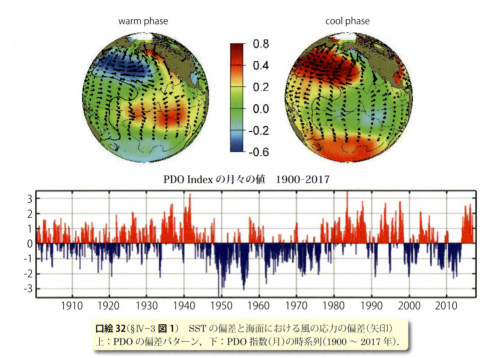

口絵 32（§Ⅳ-3 図1） SST の偏差と海面における風の応力の偏差（矢印）．上：PDO の偏差パターン，下：PDO 指数（月）の時系列（1900 ～ 2017 年）．

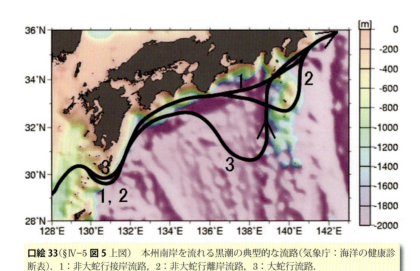

口絵 33（§Ⅳ-5 図5 上図） 本州南岸を流れる黒潮の典型的な流路（気象庁：海洋の健康診断表）．1：非大蛇行接岸流路，2：非大蛇行離岸流路，3：大蛇行流路．

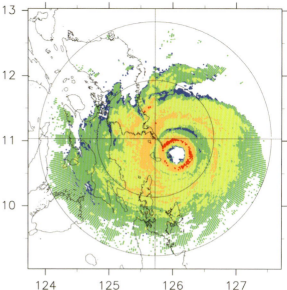

口絵 34（§Ⅳ-6 図 8） Guiuan 気象レーダーが捉えた 2013 年台風 30 号（Haiyan）の反射強度（2013 年 11 月 8 日 4：20（フィリピン時間）で仰角 2°の観測範囲半径 200 km）

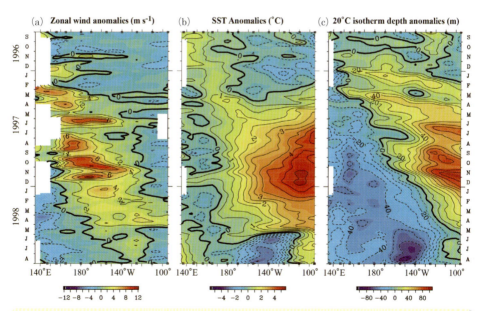

口絵 35（§Ⅳ-7 図 1） （a）1996 年 9 月～1998 年 8 月の期間における東西風偏差，（b）海面水温偏差，（c）20℃等温深度偏差（McPhaden, 1999）．2°N～2°S で平均された 5 日間平均値．

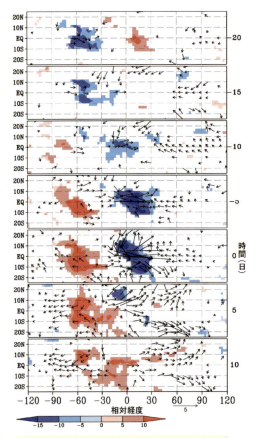

口絵 36（§IV-7 図3） 1979～2002年までに西部太平洋で発生したWWBの日付と経度を基準にしたOLR偏差（陰影）と地上風偏差（ベクトル）の合成図（Seiki and Takayabu, 2007）. 季節内スケールを取り出すフィルターを施してある. WWBが最大振幅を記録した経度を横軸の0°に，時間を右側の数字における0日で表す.

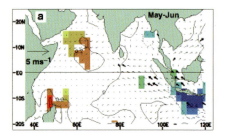
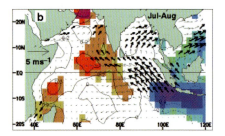
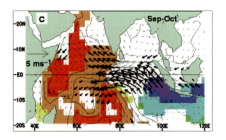
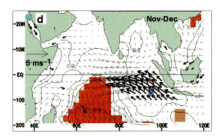

口絵 37（§IV-8） インド洋ダイポールモード（IOD）現象の時間発展（Saji *et al.*, 1999）. 陰影は海水温偏差，ベクトルは海上風偏差を示す.

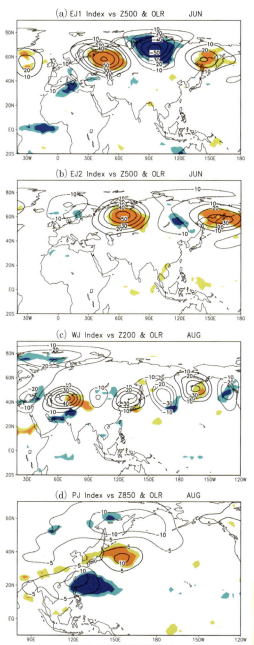
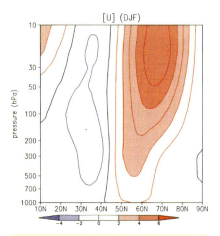

口絵 39(§V-1 図 4) 冬の正の北極振動に伴う東西平均した西風偏差の緯度・気圧断面図(山崎, 2004). 等値線は 1 m/s ごと.

◀口絵 38(§IV-8) 夏季東アジアモンスーンの変動をもたらすテレコネクション. 等値線はジオポテンシャル高度, 陰影は外向長波放射量(雲活動の指標)を示す. (a)(b)は寒帯前線ジェットに沿うテレコネクション, (c)は亜熱帯ジェットに沿うテレコネクション, (d)は PJ パターンに対応する.

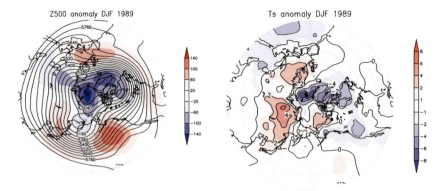

口絵40（§Ⅴ-1 図6） （左）北極振動指数が2.67であった1988/1989年の冬平均500 hPa 高度（実線）と偏差（影）．等値線は60 m 毎．（右）同地上気温偏差（℃）．

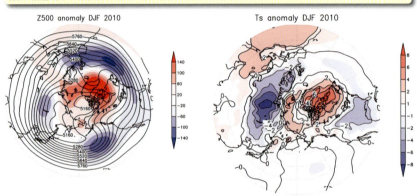

口絵41（§Ⅴ-1 図7） （左）北極振動指数が−3.39であった2009/2010年の冬平均500 hPa 高度（実線）と偏差（影）．等値線は60 m 毎．（右）同地上気温偏差（℃）．

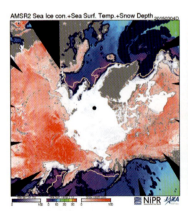
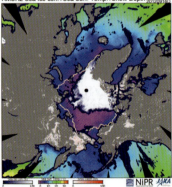

口絵42（§Ⅴ-3 図1）北極域の積雪，海氷，海水温の衛星観測情報（データ：JAXAおよびNSIDC，表示Arctic Data archive System：ADS）．左：冬季の状態（2015年3月4日），右：夏季の状態（最小海氷面積を記録した2012年9月16日）．1980年代の同日付の海氷縁を実線で示す．

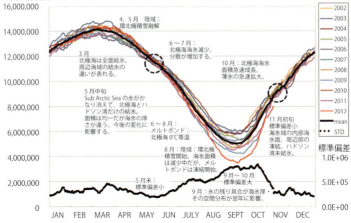

口絵43（§Ⅴ-3 図2） 海氷面積の季節変化（榎本他，2012）（2002～2012年，AMSR-E および WINDSAT データ）．下方に各日の標準偏差を示している．

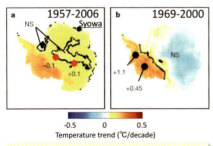

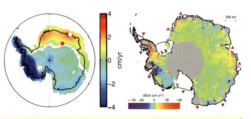

口絵44（§Ⅴ-8 図1） 南極氷床上の地上気温のトレンド（℃/10年）の分布（a：1957～2006年，b：1969～2000年）（Steig et al., 2009[1]）に加筆．基地，無人気象観測システム（Automatic Weather Station：AWS），および人工衛星データから求めた．統計的有意性が認められない領域を NS（not significant）で示す．

口絵45（§Ⅴ-8 図7） (a) GRACE によりえられた 2004～2011年の氷床の氷厚の変化．単位は水当量（cm/yr）で，暖色系は厚さの増加，寒色系は減少を示す．白丸は昭和基地，赤丸はドームふじ基地の位置を示す．（Boening et al., 2006[8]）に加筆）(b) 人工衛星のレーダー高度計によりえられた 1992～2003年の氷床の標高の変化（Davis et al., 2005[9]）より）．

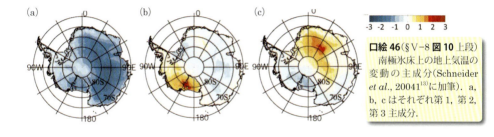

口絵46（§Ⅴ-8 図10 上段） 南極氷床上の地上気温の変動の主成分（Schneider et al., 2004[13]）に加筆）．a，b，c はそれぞれ第1，第2，第3主成分．

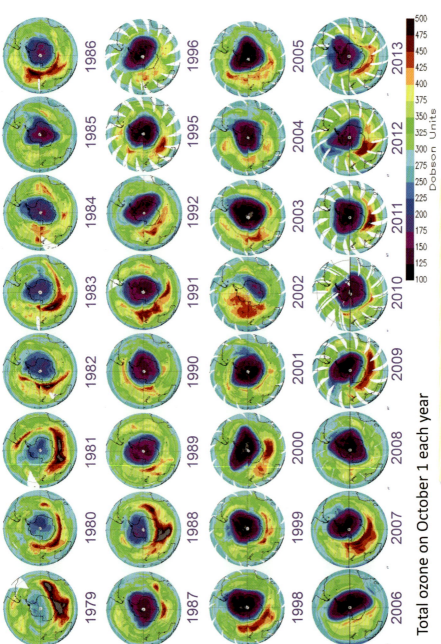

口絵 47 (§V-10 図 3) 各年 10 月 1 日の南極上空のオゾン全量の分布

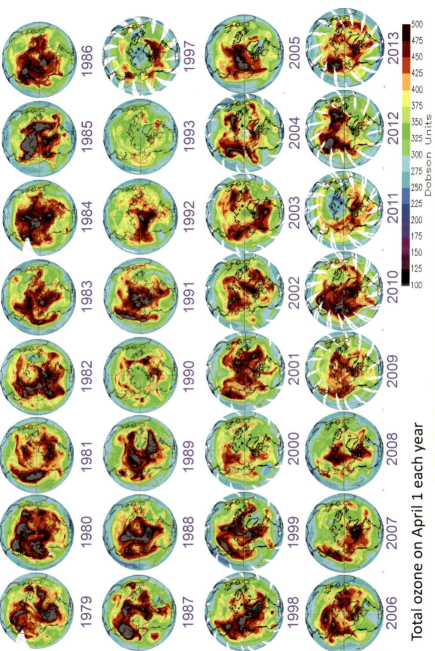

口絵 48（§V-10 図 4）　各年 4 月 1 日の北極上空のオゾン全量の分布

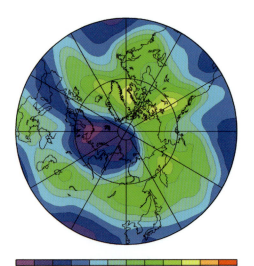

口絵49(§V–10 図5) 人工衛星 OMI が観測した 2011 年 4 月 2 日北極上空でのオゾン全量の分布

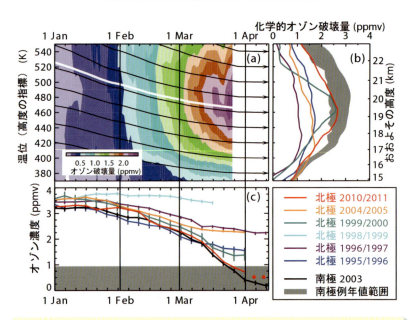

口絵50(§V–10 図6) 北極上空でのオゾンゾンデマッチ観測と Aura/MLS 衛星データからえられた 2011 年 1～4 月の北極極渦内におけるオゾン変化のようす(Manney et al., 2011)

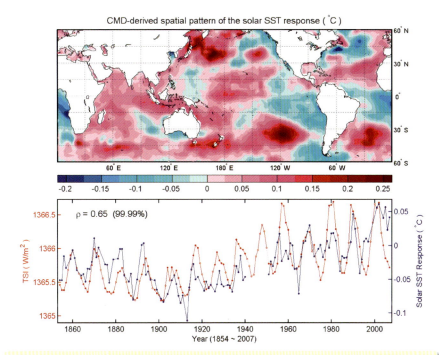

口絵 51（§Ⅵ-2 図 1） (a)太陽活動の活発な時期と不活発な時期で合成した SST 分布の差（単位は度）．(b)毎年の SST 偏差を図 1a のパターンに射影してえられる時係数（青線）と，復元された全太陽放射エネルギー（赤線）の時系列（Zhou and Tung, 2010）．図上の数は両者の相関と統計的有意性を示す．

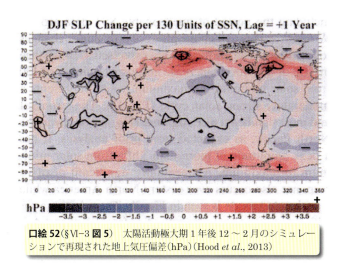

口絵 52（§Ⅵ-3 図 5） 太陽活動極大期 1 年後 12～2 月のシミュレーションで再現された地上気圧偏差(hPa)（Hood *et al.*, 2013）

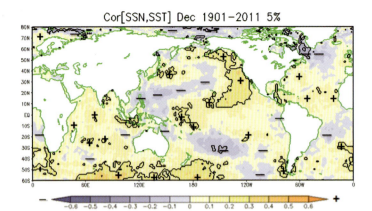

口絵 53（§Ⅵ-3）　太陽黒点相対数（年別値）と 12 月における海面水温（SST：月別値）の相関係数分布（前者『理科年表』，後者ハドレーセンター資料により作成，Yamakawa *et al.*, 2016）．太い実線：95％以上の有意域．＋，−は極値を示す．

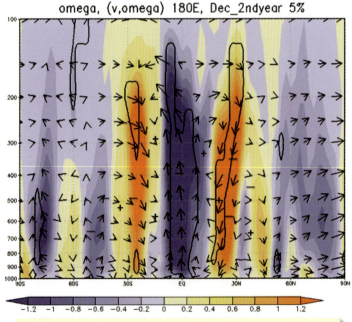

口絵 54（§Ⅵ-3）　太陽活動極大期 2 年目の 12 月における 180°E 断面に沿う風ベクトル偏差[10^{-2}Pa/s]とその 95％有意域（Yamakawa *et al.*, 2016）．解析法は口絵 53 と同じ．

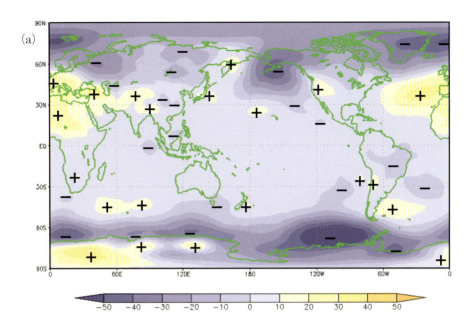

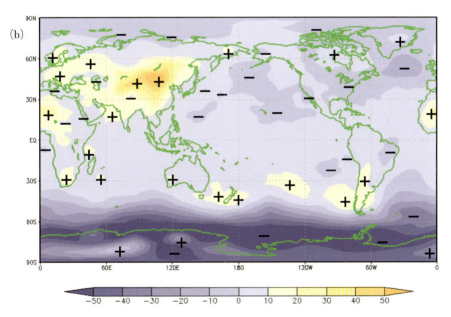

口絵55(トピック⑩ 図1) 1000 hPa面における1951～1980年と1981～2010年(a)1月,(b)7月の高度偏差(gpm)の分布. ±：偏差(後者−前者)のピーク.

1951～1980年

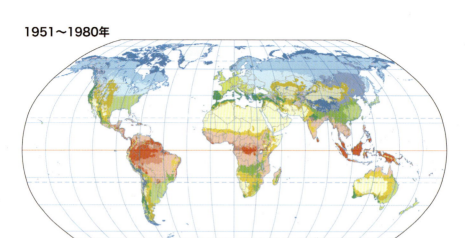

1981～2010年

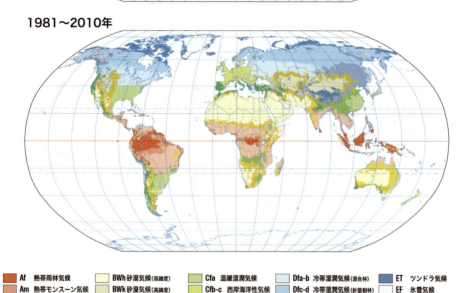

Af 熱帯雨林気候	BWh 砂漠気候(低緯度)	Cfa 温暖湿潤気候	Dfa-b 冷帯湿潤気候(混合林)	ET ツンドラ気候
Am 熱帯モンスーン気候	BWk 砂漠気候(高緯度)	Cfb-c 西岸海洋性気候	Dfc-d 冷帯湿潤気候(針葉樹林)	EF 氷雪気候
As サバナ気候(夏季少雨)	BSh ステップ気候(低緯度)	Cs 地中海性気候	Ds 高地地中海性気候	
Aw サバナ気候(冬季少雨)	BSk ステップ気候(高緯度)	Cw 温帯冬季少雨気候	Dw 冷帯冬季少雨気候	

※ 経緯線は20°間隔　　地図作製にあたっては，下記の論文のデータを利用した。
Chen, D. and H. W. Chen, 2013: Using the Köppen classification to quantify climate variation and change: An example for 1901–2010. *Environmental Development*, 6, 69-79, 10.1016/j.envdev.2013.03.007.

口絵 56（トピック⑩）　新旧のケッペン気候区分図

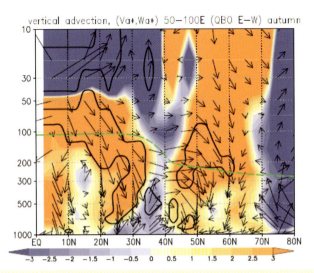

口絵 57(トピック⑪ 図3)　秋季アジア域(50〜100°E)における子午面循環(ベクトル)と熱力学方程式の鉛直移流項(シェイド；上昇流・下降流による単位時間の温度変化率，単位は 10^{-6} K/s)の緯度高度断面図(Inoue and Takahashi, 2013). ただし，QBOが東風の年から西風の年を引いた差．太い実線は鉛直移流項が95%で統計的に有意な領域．緑色の破線は対流圏界面.

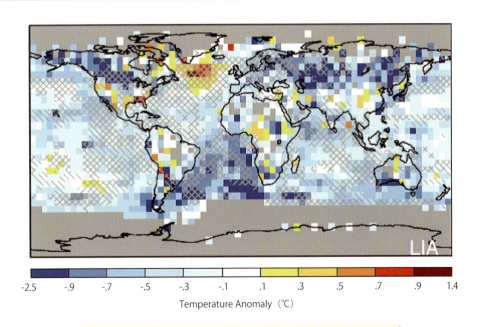

口絵 58(§Ⅶ-5 図7)　小氷期における気温偏差の推定値(Mann *et al.*, 2009)

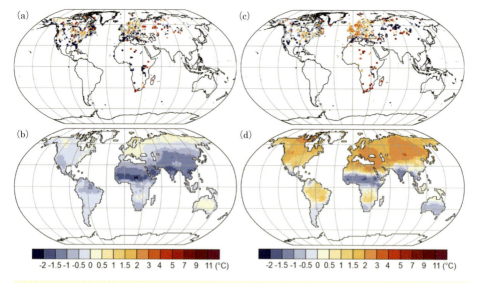

口絵 59(§Ⅷ-1 図 1)
(a, c)最寒月平均気温および(b, d)最暖月平均の完新世中期(6千年前)と現在(産業革命前)との差(IPCC-AR5). (a)と(b)は代替指標(Harrison *et al.*, 2014)に基づく. (c)と(d)は古気候モデリング相互比較実験による多数の気候モデル結果(Braconnot *et al.*, 2007). 各半球の1月あるいは7月とみなせる.

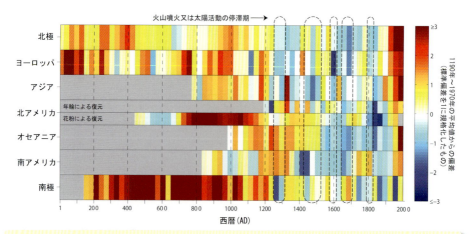

口絵 60(§Ⅷ-3 図 3) 過去2000年間における世界各地の平均気温の変動パターンの比較(PAGES 2k consortium, 2013). 南極を除く多くの地域において,気温復元の主な手段は樹木年輪である.

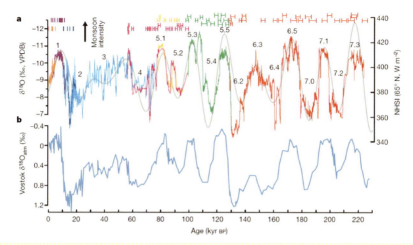

口絵61（トピック⑫ 図2） 中国の鍾乳石（上段）と南極ボストーク基地の氷床コア（下段）の酸素同位体比（$\delta^{18}O$）時系列データ（Wang et al., 2008）．中国の鍾乳石の酸素同位体比は東アジア夏季モンスーン強度と解釈されており，同位体比が低い（高い）ほどモンスーン強度が強い（弱い）．

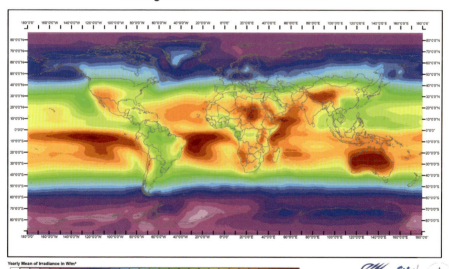

口絵62（§IX-1 図2） 世界の年間日射量マップ．顕著に大きいので冬の北極振動の構造を表している（SoDaホームページより）．

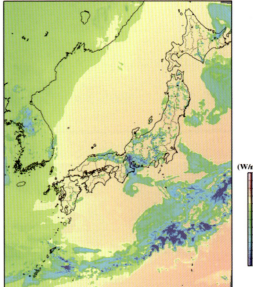

▶口絵 63（§Ⅸ-1 図 8） 気象モデルによる日射量予測例（資料提供：日本気象協会）

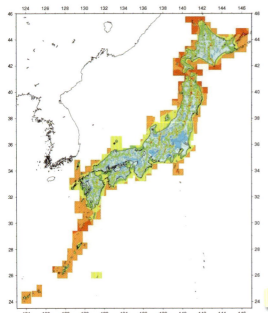

◀口絵 64（§Ⅸ-2 図 4） 風況マップ（高度 30 m）

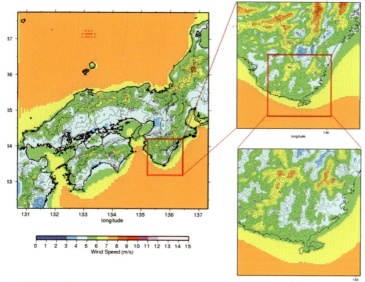

口絵65（§IX-2 図4） LAWEPS計算結果例．（左上）1次領域，（右上）2次領域，（右下）3次領域．

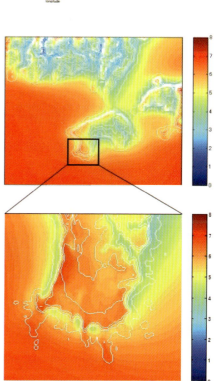

口絵66（§IX-2 図6） LAWEPS計算結果例．（上）4次領域，（下）5次領域．

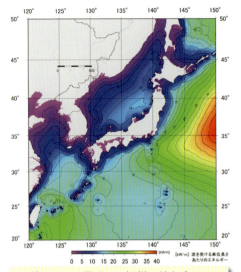

▲口絵67（§IX-4 図1） 日本近海の波力ポテンシャルマップ（NEDO, 2011）

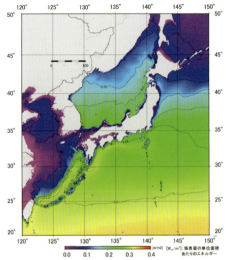

▲口絵68（§IX-4 図4） 日本近海の海流ポテンシャルマップ（NEDO, 2011）

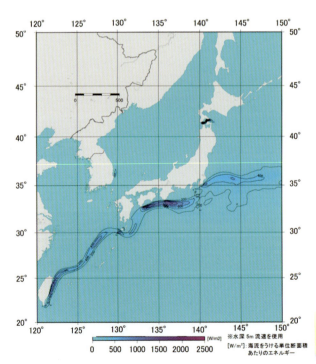

◀口絵69（§IX-4 図5） 日本近海の海洋温度差ポテンシャルマップ（NEDO, 2011）

序

　近年，世界各地で異常気象や天候異変が相次ぎ，気象・気候災害も頻発傾向となっている．例えば，最近ニュースでよく見聞きする「線状降水帯」は豪雨・水害につながる現象として注目される．それらの災害がどうしてどのように発生したかの探究はとても大切なことといえる．要因が複雑に絡みあい根本的なメカニズムの解明が難しい場合でも，その特異な現象がどのような過程で引き起こされたのかについてまとめておくことは，防災・減災対策を講じるうえで不可欠である．

　本書は『気候変動の事典』という名称を冠することになった．その名に恥じぬよう，空間スケールにおいては，グローバルスケールの視座に加え，地域スケールで身近な事例もできるだけ多く導入し，俯瞰できるように配慮している．一方，時間スケールにおいては，観測時代の詳しい記述を行うとともに，第四紀の研究成果を導入し，歴史時代から地質時代まで包括している．そして，巻末の「気候変動・気候災害に関する年表」は，具体的な事例の確認や時代ごとの比較を目的として編纂した．時間軸で諸現象を概観したり，相互関連性を考察するのに用いたり，ひいては研究テーマ発掘の一助となればという想いを込めている．また，本書の編集では特に，学士・修士・博士論文を作成中の学生，および研究活動に携わっておられる方々に活用していただけるよう，和文索引だけでなく，英文索引も導入した．

　本書は全9章で構成されている．大きな流れは，第Ⅰ章で異常気象・極端気象を取り上げ，第Ⅱ章でその要因および背景としてまずあげられる地球温暖化についての実態を述べるとともに，第Ⅲ章でその諸影響を整理した．第Ⅳ章では，大気・海洋相互作用という観点から，次ぐ第Ⅴ章では雪氷圏に焦点をあて，気候変動特性を示す．第Ⅵ章はさまざまな自然要因からグローバル気候システム変動の本質に迫る章であり，まだ不明な点は多いが，現状を示して問題究明に向けて，足掛かりを提供する．第Ⅶ章・第Ⅷ章では時間軸をさらに長くとり，各専門分野の視点で気候環境の変遷を詳らかにしていく．第Ⅸ章では，今後ますます注目される自然エネルギーの利活用についてまとめた．章立てと各章の特色については，目次と章扉を参照されたい．

　気象や気候変動は複雑な要因の組み合せで成り立っているので，興味のあるところから奥深い気候の世界が織り成すシステムの妙を堪能いただければ幸いである．

　本書の編纂企画は気候影響・利用研究会の幹事会で2014年3月に発案され，出版

まで 3 年 9 か月の歳月を要した．著者 83 名のメンバー構成は，同会員に一部を担っていただくとともに，さらに多岐にわたる諸分野の方々に執筆に加わっていただいた．皆様の献身的なご尽力に心から感謝申し上げる次第である．さらに，2017 年度に文部科学省科研費（研究成果公開推進費）・学術図書出版助成（課題番号：17HP5241）を受けることができ，時宜を得た事典の刊行に至った．

　編集中盤以降の 1 年半の期間に，本書のご執筆にあたられた 3 名の方々が逝去された．吉野正敏筑波大学名誉教授の気候学における貢献は極めて大きく，幅広い時空間スケールをカバーし，本書はその業績の直接的・間接的な恩恵を随所に受けている．また，川崎健東北大学名誉教授は，水産海洋学の第一人者で，その分野と気候学にわたる新機軸「レジームシフト」を世に示し，その功績は本書でたびたび登場する太平洋十年規模振動（PDO）に密接に関連している．さらに，鈴木力英氏（海洋開発研究機構）は，AMeDAS による風解析から，リモートセンシングによる気候解析へと研究を発展させ，本書では IPCC の解説という主要項目の執筆を担当された．本書の出版をご覧いただけず，誠に残念であった．心よりご冥福をお祈りする．

　本書を上梓できたのは，ひとえに出版の機会を与えてくださった朝倉書店によるものといえる．同社は 2013 年 9 月に『図説 地球環境の事典』，2015 年 8 月に『気象災害の事典—日本の四季と猛威・防災—』，2017 年 1 月に『自然地理学事典』を出版するなど，気候学の普及へ尽力されてきた．今回，気候変動の重要性を理解いただき，本書の出版につながった．編集部の方々より要所要所での的確かつ聡明な助言や励ましの言葉をいただき，おかげさまで何とか出版まで無事漕ぎつけることができた．また，上記の科研申請にあたり，日本大学本部ならびに文理学部研究所事務課の方々には，貴重な助言を頂戴した．皆様に深謝申し上げたい．

　近年の異常気象・極端気象の頻発する現状を鑑み，本書が研究者のみならず，幅広く地方自治体の防災関係担当者の方々，そして気候環境に興味をおもちの広範の方々にも読んでいただける，現代を正しく判断するための座右の一書となれば幸いである．過去が現在・未来の謎を読み解く鍵となりますように．

2017 年 11 月

山川修治・常盤勝美・渡来　靖

【編　集】

山川　修治	日本大学文理学部教授，気候影響・利用研究会会長
常盤　勝美	（株）ライフビジネスウェザー ビジネス気象研究所所長，気候影響・利用研究会幹事
渡来　靖	立正大学地球環境科学部准教授，気候影響・利用研究会幹事

【編集協力】

田上　善夫	富山大学名誉教授
林　陽生	前筑波大学大学院生命環境科学研究科教授，NPO法人シティ・ウォッチ・スクエア理事長
遠藤　邦彦	日本大学名誉教授

【執　筆】（五十音順）

安仁屋政武	筑波大学名誉教授	鬼頭　昭雄	気象業務支援センター 地球環境・気候研究推進室
伊藤　孝士	国立天文台天文データセンター	清永　丈太	東京都環境局
伊藤　忠	気象予報士会東海支部	日下　博幸	筑波大学計算科学研究センター
井上　誠	秋田県立大学生物資源科学部	串田　圭司	日本大学生物資源科学部
岩坂　泰信	名古屋大学名誉教授	久保田尚之	北海道大学大学院理学研究院
武　靖	鳥取大学乾燥地研究センター	呉羽　正昭	筑波大学生命環境系
江口　誠一	日本大学文理学部	黒田　友二	気象庁気象研究所
榎本　浩之	国立極地研究所 国際北極環境研究センター	小森　次郎	帝京平成大学環境情報学研究科
遠藤　邦彦	日本大学名誉教授	財城真寿美	成蹊大学経済学部
大西　健二	日本気象協会環境・エネルギー事業部	境田　清隆	東北大学名誉教授
大村　纂	スイス国立工科大学名誉教授	坂下　渉	筑波大学生命環境系
甲斐　憲次	名古屋大学大学院環境学研究科	佐藤　典人	法政大学名誉教授
加賀美雅弘	東京学芸大学地理学分野	篠田　雅人	名古屋大学大学院環境学研究科
川崎　健	東北大学名誉教授	島田　浩二	東京海洋大学学術研究院海洋環境科学部門
川村　隆一	九州大学大学院理学研究院，富山大学名誉教授	小司　晶子	気象庁地球環境・海洋部
菅野　洋光	農研機構 農業環境変動研究センター	杉浦　俊彦	農研機構 果樹茶業研究部門

鈴木　力英	元海洋研究開発機構 地球環境変動領域
清木亜矢子	海洋研究開発機構 大気海洋相互作用研究分野
高岡　貞夫	専修大学文学部
高橋日出男	首都大学東京大学院都市環境科学研究科
田上　高広	京都大学大学院理学研究科
田上　善夫	富山大学名誉教授
滝谷　克幸	日本気象協会環境・エネルギー事業部
田中　信行	東京農業大学国際食料情報学部
田村　岳史	国立極地研究所 気水圏研究グループ
杜　　明遠	農研機構 農業環境変動研究センター
常盤　勝美	（株）ライフビジネスウェザー ビジネス気象研究所
中尾有利子	日本大学文理学部
中川　清隆	立正大学地球環境科学部
中島　英彰	国立環境研究所 地球環境研究センター
中塚　　武	総合地球環境学研究所
中山　裕則	日本大学文理学部
西村　勝利	日本気象協会環境・エネルギー事業部
西森　基貴	農研機構 農業環境変動研究センター
丹羽　勝久	（株）ズコーシャ総合科学研究所
野村　卓史	日本大学理工学部
花輪　公雄	東北大学大学院理学研究科
林　　陽生	NPO法人シティ・ウォッチ・スクエア
平井　史生	駒澤大学文学部
平沢　尚彦	国立極地研究所 気水圏研究グループ
平松　信昭	日本気象協会防災ソリューション事業部
藤井　理行	国立極地研究所及び総合研究大学院大学 名誉教授
筆保　弘徳	横浜国立大学教育学部
本郷　千春	千葉大学環境リモートセンシング 研究センター
増田　啓子	龍谷大学名誉教授

松本　　淳	首都大学東京大学院都市環境科学研究科
松山　　洋	首都大学東京大学院都市環境科学研究科
宮原ひろ子	武蔵野美術大学教養文化・ 学芸員課程研究室
美山　　透	海洋研究開発機構アプリケーションラボ
森　　康彰	日本気象協会環境・エネルギー事業部
森島　　済	日本大学文理学部
森野　　勇	国立環境研究所 地球環境研究センター
山川　修治	日本大学文理学部
山口　武則	前東京農業大学大学院農学研究科
山崎　孝治	北海道大学名誉教授
山添　　謙	日本大学危機管理学部
横沢　正幸	早稲田大学人間科学学術院
横山　祐典	東京大学大気海洋研究所
吉澤　枝里	東京海洋大学海洋科学技術研究科
吉野　正敏	筑波大学名誉教授
渡邊　朝生	水産研究・教育機構
渡邊裕美子	京都大学大学院理学研究科
渡来　　靖	立正大学地球環境科学部
藁谷　哲也	日本大学文理学部

年表作成

財城真寿美	成蹊大学経済学部
田上　善夫	富山大学名誉教授
丸本　美紀	日本大学文理学部
山川　修治	日本大学文理学部
山川　玲子	前一橋大学語学研究室

欧文校閲

David Sprague	農研機構 農業環境変動研究センター

目　　　次

第Ⅰ章　多大な影響をもたらす異常気象・極端気象　　　1

Ⅰ-1　グローバル気象気候災害 ……………………………………〔山川修治〕　2

　トピック①　衛星でみる世界の気象災害 ………………………〔中山裕則〕　8

Ⅰ-2　アジアモンスーン域における洪水と旱魃 …………………〔松本　淳〕　10

Ⅰ-3　脅威となる台風 …………………………………………………〔筆保弘徳〕　14

Ⅰ-4　局地化する豪雨災害と短時間強雨・集中豪雨 ……………〔高橋日出男〕　18

Ⅰ-5　温暖化渦中の大雪 ………………………………………………〔山川修治〕　26

Ⅰ-6　降雹―下層暖気上に強い寒気進入― …………………………〔山川修治〕　30

　トピック②　滝のような激しい雨 ………………………………〔平井史生〕　34

　トピック③　2014年8月20日の広島豪雨 ……………………〔伊藤　忠〕　36

Ⅰ-7　激化する突風・竜巻 …………………………………………〔野村卓史〕　38

Ⅰ-8　ブロッキングする偏西風とジェット気流 …………………〔渡来　靖〕　42

Ⅰ-9　猛暑とフェーン現象のしくみ ………………………………〔日下博幸〕　46

　トピック④　首都圏における異常高温現象 ……………………〔山添　謙〕　52

Ⅰ-10　仙台のヒートアイランド ……………………………………〔境田清隆〕　54

Ⅰ-11　温暖化進行のなかの冷夏 ……………………………………〔菅野洋光〕　58

Ⅰ-12　変動する黄砂 …………………………………………………〔甲斐憲次・武　靖〕　62

Ⅰ-13　広域大気汚染と酸性雨 ………………………………………〔森　康彰〕　66

　トピック⑤　減災のためのリスクマネジメント ………………〔常盤勝美〕　70

第Ⅱ章　地球温暖化の実態　　　73

Ⅱ-1　IPCC第5次報告書の概要 …………………………………〔鈴木力英〕　74

Ⅱ-2　温室効果ガスのグローバル分布特性 ………………………〔森野　勇〕　80

Ⅱ-3　放射収支・熱収支からみた地球温暖化 ……………………〔中川清隆〕　86

Ⅱ-4　地球温暖化曲線の変遷 ………………………………………〔林　陽生〕　90

第Ⅲ章　地球温暖化など気候変化の諸影響　　97

Ⅲ-1　植生遷移への影響 ……………………………………〔高岡貞夫〕 98

トピック⑥　衛星でみた植生変遷の影響 ………………〔串田圭司〕 102

トピック⑦　北上するブナの分布北限・南限 …………〔田中信行〕 104

Ⅲ-2　生物（植物）季節への影響 …………………………〔増田啓子〕 106

Ⅲ-3　農業生産への影響①―コメ・コムギ― ……………〔西森基貴〕 112

Ⅲ-4　農業生産への影響②―トウモロコシ・ダイズ― ……〔横沢正幸〕 116

Ⅲ-5　農業生産への影響③―衛星，土壌，気象データでさぐるてん菜の収量―
　　　　………………………………………〔本郷千春・丹羽勝久〕 120

Ⅲ-6　果樹生産への影響 ……………………………………〔杉浦俊彦〕 124

Ⅲ-7　水資源への影響 ………………………………………〔松山　洋〕 128

Ⅲ-8　沙漠化への影響 ………………………………………〔篠田雅人〕 132

トピック⑧　沙漠化対策としての防砂林・防風ネット …〔杜　明遠〕 136

Ⅲ-9　海洋生態系への影響 …………………………………〔渡邊朝生〕 138

Ⅲ-10　健康・疾病への影響 ………………………………〔加賀美雅弘〕 142

Ⅲ-11　交通への影響 ………………………………………〔平松信昭〕 148

Ⅲ-12　ツーリズムと気候 …………………………………〔呉羽正昭〕 152

Ⅲ-13　生活（衣食住）への影響 …………………………〔常盤勝美〕 156

第Ⅳ章　大気・海洋相互作用からさぐる気候システム変動　　161

Ⅳ-1　海洋ダイナミクスからさぐる気候変動 ……………〔花輪公雄〕 162

Ⅳ-2　太平洋十年規模振動からさぐる気候変動 …………〔花輪公雄〕 166

Ⅳ-3　気候変動と海洋生態系のレジームシフト …………〔川崎　健〕 172

Ⅳ-4　ENSO の多様性からさぐる気候変動 ………………〔森島　済〕 178

トピック⑨　ニューギニア沿岸流と ENSO ……………〔美山　透〕 184

Ⅳ-5　黒潮の変動 ……………………………………………〔小司晶子〕 186

Ⅳ-6　台風からさぐる気候変動 …………………………〔久保田尚之〕 190

Ⅳ-7　西風バーストからさぐる気候変動 ………………〔清木亜矢子〕 194

Ⅳ-8　モンスーンからさぐる気候変動 ……………………〔川村隆一〕 198

第Ⅴ章　極域・雪氷圏からみた気候システム変動　　205

Ⅴ-1　北極振動からみた気候変動 ……………………………………〔山崎孝治〕206

Ⅴ-2　北極海氷からみた気候変動 ……………………〔島田浩二・吉澤枝里〕210

Ⅴ-3　北極雪氷圏における大気海洋相互作用 ………………………〔榎本浩之〕214

Ⅴ-4　氷床コアに記録された気候変動 ………………………………〔藤井理行〕219

Ⅴ-5　グローバル氷床・氷河の推移からみた気候変動 ……………〔大村　纂〕224

Ⅴ-6　カラコラム山脈における雪氷圏変動 …………………………〔藁谷哲也〕232

Ⅴ-7　パタゴニアにおける雪氷圏変動 ………………………………〔安仁屋政武〕236

Ⅴ-8　南極大陸域の温暖化と氷床変動 ………………………………〔平沢尚彦〕241

Ⅴ-9　南極大陸周辺の雪氷圏からみた気候変動 ……………………〔田村岳史〕246

Ⅴ-10　オゾン層破壊とその諸影響 …………………………………〔中島英彰〕250

第Ⅵ章　自然要因からさぐるグローバル気候システム変動　　257

Ⅵ-1　ミランコビッチ・サイクル ……………………………………〔伊藤孝士〕258

Ⅵ-2　太陽活動からさぐる気候変動 …………………………………〔黒田友二〕266

Ⅵ-3　太陽活動と海洋・気候システム ………………………〔山川修治・井上　誠〕270

Ⅵ-4　火山噴火からさぐる気候変動 …………………………………〔岩坂泰信〕274

Ⅵ-5　テレコネクションからさぐる気候変動 ………………………〔山川修治〕279

Ⅵ-6　世界の気候区分の諸特性 ………………………………………〔佐藤典人〕284

トピック⑩　近年におけるグローバル気候遷移 …………………〔山川修治〕294

トピック⑪　成層圏準2年周期振動からさぐる気候変動 ………〔井上　誠〕296

第Ⅶ章　歴史時代における気候環境変動　　299

Ⅶ-1　完新世における世界の気候環境変動 …………………………〔吉野正敏〕300

Ⅶ-2　中世温暖期前後の日本の気候環境変動 ………………………〔田上善夫〕310

Ⅶ-3　小氷期前半の気候環境変動 ……………………………………〔田上善夫〕318

Ⅶ-4　小氷期後半の気候環境変動 ……………………………………〔財城真寿美〕324

Ⅶ-5　太陽活動を中心にみた気候環境変動 …………………〔宮原ひろ子・坂下　渉〕330

第Ⅷ章　数百〜数千年スケールの気候環境変遷　　**337**

Ⅷ-1　ヒプシサーマルと近年温暖期の気候要因比較 ……………〔鬼頭昭雄〕338

Ⅷ-2　海水準変動から探る気候環境変遷 ……………………………〔横山祐典〕342

Ⅷ-3　樹木年輪からさぐる気候環境の変遷 …………………………〔中塚　武〕348

Ⅷ-4　花粉分析からさぐる古気候環境変遷 …………………………〔清永丈太〕352

Ⅷ-5　植物珪酸体からさぐる気候環境変遷 …………………………〔江口誠一〕356

Ⅷ-6　貝形虫類と有孔虫類からさぐる古気候・環境変遷 …………〔中尾有利子〕360

Ⅷ-7　古地形・堆積物からさぐる古気候・環境変遷 ………………〔遠藤邦彦〕366

トピック⑫　鍾乳石からさぐる環境変遷 ……………〔渡邊裕美子・田上高広〕376

第Ⅸ章　自然エネルギーの利活用　　**379**

Ⅸ-1　生命の源—太陽エネルギー— ………………………………〔滝谷克幸〕380

Ⅸ-2　活用進む風エネルギー …………………………………………〔西村勝利〕388

Ⅸ-3　古くて新しい陸水エネルギー …………………………………〔松山　洋〕396

Ⅸ-4　無尽蔵の海洋エネルギー ………………………………………〔大西健二〕400

Ⅸ-5　地球内部に潜む地熱エネルギー ………………………………〔小森次郎〕406

Ⅸ-6　循環型のバイオマスエネルギー ………………………………〔山口武則〕410

トピック⑬　自然エネルギーを活かした環境教育 ………………〔山口武則〕414

気候変動・気候災害に関する年表
　………………………………〔田上善夫・財城真寿美・丸本美紀・山川玲子・山川修治〕417

索　　引 ……………………………………………………………………………………448

第 I 章

多大な影響をもたらす異常気象・極端気象
Impacts of unusual and extreme climatic events

　近年，世界各地で極端な寒暖や局地的大雨，厳しい乾燥，突風・竜巻など，異常気象や極端気象とよばれるさまざまな大気現象がしばしば発生し，発生地域に自然災害や人的被害をもたらすことも多い．こうした現象の発生メカニズムの解明，発生予測の高精度化，そして人的被害の軽減のための研究が日夜進められている．本章では，いくつかの異常気象・極端気象に関する研究の進捗状況や未解明の課題などについて概観する．

発達中の積雲
(2014年8月30日14:57，長野県長野市にて渡来靖撮影)
積雲はしばしば積乱雲に成長し，発達した積乱雲はしばしば短時間強雨をもたらす．
また，組織化された積乱雲群は集中豪雨につながることがある．
したがって，積雲は豪雨の「たまご」であるとも言えよう．
しかし，個々の積雲が積乱雲へ発達し豪雨を引き起こすかどうかは背景場の状態に強く依存し，
すべての「たまご」が豪雨をもたらすわけではない．

§I-1

グローバル気象気候災害
Global meteorological and climatological disasters

(1) サイクロン・台風・ハリケーン災害

近年，猛烈に発達したサイクロン・台風・ハリケーンが従来は襲来しにくかった地域を直撃し，大災害を引き起こしたケースが散見されるようになってきた．

サイクロン「パム」（cyclone *Pam*）： 2015年3月9日，平年より0.5～1.5℃高い30～31℃の海面水温（sea surface temperature：SST）という暖水の広がる8°S–170°E付近（ソロモン諸島東部）で発生した．3日間で中心示度を100 hPa余りも低下させ，12日には896 hPa（最強クラスのカテゴリー5）に達し，13日朝，バヌアツを直撃した（図1）．首都ポートビラで最大瞬間風速70～80 m/s，遡上高12 mほどの高潮が島を襲った[2]．コースの東側に当たったツバルでも高潮被害が発生した．

このようにサイクロンがカテゴリー5にまで急発達した要因としては，SSTが非常に高く，中部太平洋エルニーニョ（⇒§Ⅳ-4）が生じていたことのほか，当地域の対流圏全層が緩やかな東風で，鉛直方向の風ベクトルの差異（鉛直シア）が小さい状況だったこともあげられる．

台風1330号「ハイエン」（typhoon *Haiyan*）： 2013年11月8日にフィリピン・サマル島とレイテ島を襲った．高海水温のもとでの急激な発達，低緯度の島での被災，高潮災害など，前例との共通点が多い．行方不明を含む犠牲者数は約8000人に達した．

レイテ島などに甚大な被害をもたらした要因としては次の4項目があげられる．①高い海水温：11月上旬であるにもかかわらず，SSTが約30℃と高く，台風の発生・発達に寄与した．②上陸した熱帯低気圧として最強の風速：最大風速87.5 m/s，最大瞬間風速が105 m/s（米軍合同台風警戒センター；共同通信）を記録した．カテゴリー5のままで直撃した（図2）．③十数mにおよぶ高潮：台風の中心に向かう東からの暴風がレイテ湾に進入し，湾奥のタクロバン（大半が海抜5 m以下）付近では吹き寄せ効果が大変強く働いた．また，中心示度が895 hPaと非常に低く，その分の吸い上げ効果で約1.2 m海面がもち上げられた．さらに，サンゴ礁による海底地形の影響を受けて「段波」[3]といわれる津波のような高波が生じた．それらが相乗作用し

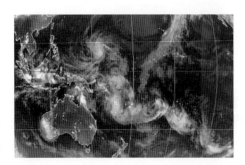

図1 サイクロン *Pam* がバヌアツを最盛期の状態で直撃した2015年3月13日12UTCの気象衛星GMS7赤外画像[1]
高SSTで南太平洋収束帯の発達する中での現象だった．ツインサイクロン（⇒§Ⅳ-7）としての特徴も認められる．

図2 台風1330号 *Haiyan* が最強の895 hPaとなった2013年11月7日21JSTの気象衛星GMS7赤外画像[1]
翌朝にレイテ島を襲った．

図3 北米北東岸を直撃したハリケーン *Sandy*
2012年10月28日07LMT，950 hPaの勢力で北上中の気象衛星GOES赤外画像[1]．

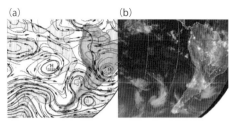

図4 アタカマ沙漠に歴史的な豪雨・洪水をもたらした際の(a)2015年3月24日12UTC（08LMT）の500 hPa高度・渦度の分布，(b)気象衛星赤外画像[1] 両図から熱帯太平洋東部と南米西方沖低気圧との間のトラフを読みとれる．南半球で時計回りの収束雲は寒冷渦に伴うもので，団塊状の積乱雲から構成される．

て，大規模な高潮災害が発生したとみられる．④稀にみる低緯度発達台風：上記①のため，従来よりも低緯度の6°N-152°E付近（トラック諸島近海）で発生し，かつ，発達しながら西進した．11°Nに位置するタクロバンでは，1897年10月と1912年11月以来，強い台風の襲来例はなく，防災対策と情報伝達機能が不十分だったことも響いた．

ハリケーン「サンディ」（hurricane *Sandy*；図3）： 近年，強い勢力を保ったまま高緯度に襲来するハリケーンも散見されるようになった．2012年，946 hPa，直径780 kmの暴風圏を記録して接近し，10月29日20LMT頃，アメリカ合衆国のニュージャージー州南部，アトランティックシティ付近（39.5°N）に最大風速35 m/sを保って上陸した．1938年以来74年ぶりにニューヨークを襲ったハリケーンで[4]，高潮により地下鉄構内など広域に水害をもたらした．しかし，2005年8月末にアメリカ合衆国南部を襲った**ハリケーン「カトリーナ」**（hurricane *Katrina*）[1]の教訓が活かされ，非常事態宣言が早めに発令され，被害は比較的小規模に留まった．

(2) 乾燥地域の豪雨・洪水

近年，乾燥地域でも豪雨の発生事例が出てきているので，ここではそれを取り上げ，それぞれのメカニズムについて解説する．

アタカマ沙漠（the Atacama Desert）**での豪雨**（heavy rain）**・洪水**（flood）： アタカマ沙漠は，世界でもっとも乾燥度の高いことで知られる．2015年3月24～26日に非常に珍しい豪雨があり，洪水が発生した．南米チリ北部・中部で豪雨となり（図4），土石流・洪水を引き起こした[5]．土石流の深さは約2 mに達した．死者・行方不明者は約150人，被災者は約1万人という．チリ北部のアントファガスタでは（年間降水量1.7 mm）では24～25日に24 mm（1920年の観測開始以来史上最高）に達した．年平均降水量の14倍もの雨が一気に降ったことになる．

もともと南米西岸沖は，寒流のペルー海流が流れ，沿岸湧昇流が起こり，中層から冷水が上昇し，気層が安定している．しかし，熱帯太平洋東部のSSTが平年より高いエルニーニョ現象の際には，低緯度の活発な対流活動と高緯度からの前線活動が相互作用して積雲系の雲が発達し，南米西岸の低緯度から中緯度にかけて豪雨に見舞われやすくなる．

異常降水のあった時の500 hPa天気図と衛星画像を点検してみよう．天気図（図4a）によれば，寒冷渦がチリ沖にあり，アンデス山脈に向かって北東進しようとしていた．南大西洋寒帯前線に伴う気圧の谷（トラフ）が北上中の現象で，しかもペルー西方沖にはエ

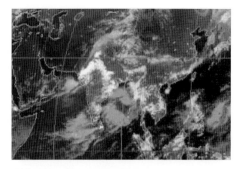

図5 パキスタンで豪雨・洪水を引き起こした2014年9月3日12UMTの気象衛星 Meteosat 赤外画像 [1]

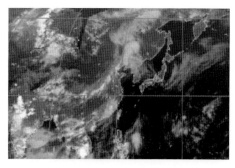

図7 アムール川流域で大雨が断続的に降った2013年7月15日の気象衛星 GMS7 赤外画像 [1]

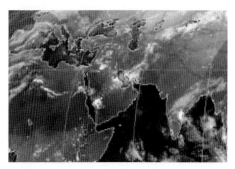

図6 サウジアラビアで豪雨・洪水となった2013年11月17日の気象衛星 Meteosat 赤外画像 [1]　ITCZ が南下する過程で発生した．

ルニーニョ現象に伴う暖水域があり，積乱雲群が発生し（図4b），それと寒冷渦がリンクし大気が不安定になったため豪雨が発生した．

パキスタン（Pakistan）豪雨・洪水：
パキスタンは東部に沙漠が広がる乾燥地域であるにもかかわらず，毎年のようにモンスーンによる洪水が起きている（図5；⇒§I-2）．激しい雨は地中へ浸透せずに流出してしまい，水不足を助長している[6]．2010年7〜8月にはモンスーン異変でパキスタンの面積の約1/5が浸水した．また，2014年には雨季の7〜9月に，極端に発達したモンスーン低気圧がインド北部から西進したため，パキスタン北東部のパンジャブとインド国境のカ

シミール地方が豪雨・洪水に見舞われた[7]．

サウジアラビア（Saudi Arabia）の豪雨：
沙漠気候に位置するサウジアラビアで，2013年4月末〜5月初めに，25年ぶりの激しい雷雨があり，北部・西部で降雹，南部のリアド，バーハでは鉄砲水となった．

また，2013年11月16〜17日にリアドは雷を伴う豪雨に見舞われ，洪水となった．衛星画像（図6）をみると，寒冷前線の南下により大気が不安定化し，湿潤空気の流入もあって豪雨になったと推測される．

ロシア（Russia）の大規模洪水（large-scale floods）： 2013年7〜8月には，アムール川の上流部で豪雨となり，洪水が広域で発生した．豪雨がもたらされた頃の衛星画像（図7）を示す．

梅雨前線が北上し，ユーラシア寒帯前線が活発化していたことがわかる．その前の冬には同河川上流部の高地で降雪量が比較的多かったことも洪水に影響したと考えられる．オビ川上流域のアルタイ共和国とハカシア共和国では，2014年5月末〜6月初めに数日間にわたる豪雨により大規模な洪水が発生した．

ヨーロッパ（Europe）の初夏・夏季豪雨：
夏季のヨーロッパは，アゾレス高気圧に覆われ，地中海地域をはじめ，乾燥した晴天に恵まれることが多い．しかし，近年，前線・低気圧の影響を受けやすくなり，ヨーロッパ

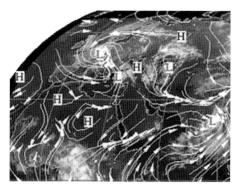

図8 ヨーロッパに大雨・洪水・土砂災害をもたらした 2013 年 5 月 29 日 12UTC の気象衛星 Meteosat 赤外画像と流線の合成図[1]
グリーンランド方面から南下しゆっくり中欧を東進した寒冷渦に、アドリア海で発生した低気圧も合流し、地中海方面から暖湿流が入り、大雨が長引いた.

がモンスーン化したとまでいわれる.

2002 年 8 月 1～13 日には、エルベ川とその支流のブルタヴァ川の流域を中心に、多いところで 200 mm を超える大雨が降り、プラハでは 1828 年以来の大洪水となった. その頃、前線活動が活発で、次々に低気圧が進入してくる状況が続いた.

2013 年 5～8 月には、ドイツ・ハンガリーなどの中欧各地で大雨・洪水が発生した. たびたび低気圧・寒冷渦がヨーロッパを通過し、各地で水害・土砂崩れが発生した. 当時の衛星画像（図8）をみると、偏西風の蛇行が大きく、この時期としてはめずらしく低気圧が進入しやすかったことがわかる. 北大西洋振動（North Atlantic Oscillation：NAO⇒§Ⅵ-5）が負フェイズの場合はその傾向が強くなる.

(3) 湿潤地域の旱魃

湿潤地域においても近年、旱魃の発生事例がみられる. 熱帯太平洋の SST が東部で平年より高く、西部で低くなるエルニーニョ現象時には、インドネシア・フィリピン付近で高気圧傾向が強まり、旱魃に見舞われることがしばしばある.

ブラジル南東部（southeastern Brazil）の旱魃（drought）： ブラジル南東部から中央部にかけては、2014～15 年に旱魃傾向がみられた. とくに 2014 年 12 月には 80 年間で最悪ともいわれる著しい旱魃状態となり、深刻な水不足に陥った. カンタレラ貯水池（サンパウロの水源）では 5%、アルトティーテ（グレーターサンパウロの水源）では 15% まで落ち込んだ. 地球温暖化に伴い赤道付近の SST が平年より高めとなり、熱帯収束帯（intertropical convergence zone：ITCZ）が赤道付近に留まり南偏しにくい傾向を示していた. また、2014～15 年には、エルニーニョ現象の影響も加わり、南米西部では対流活動が活発化した反面、南米東部では、高気圧圏内に入ることが多く、旱魃が進行したと解釈される.

一方、1982 年のエルニーニョイベントのさいに大干害となったブラジル北東部では、2011～17（8月現在）年に 1932 年を上回る旱魃が進行した. その要因としては、①太平洋における 2015～16 年のスーパーエルニーニョと、それに先行するメキシコ太平洋側沖の暖水異変、②北大西洋ブラジル沖暖水の 2008～17 年におけるほぼ継続的な出現、③近隣地域における沙漠化（土壌水分の減少）があげられる. ①②の海域で上昇流が活発化する反面、当地域では高温・乾燥の下降流が活発化し、降水をもたらすような雲が生じにくくなったと推測される.

カリフォルニア（California）の旱魃：カリフォルニアでは 2012 年以来、記録的な旱魃が進行し、5～6 年継続した. 当地は地中海気候、すなわち冬雨気候で、冬季に低気圧活動の影響を受けて年間の約半分の降水がある. ところが、この数年間は、カリフォルニア沖の SST が数℃高い状態が続き、アラスカ方面で低気圧が発達する傾向が強まった. そのため、従来、湿潤空気をハワイ近海から運び込む「パイナップル・エキスプレス」も行先がアラスカ方面となり、シェラネヴァダ山脈の積雪も少ない傾向がみられた.

カリフォルニア沖の暖水域へ向かって内陸から乾いた空気が流れ出ることも多くなった（フェーン現象）．土壌水分・地下水の減少が響いた．2016/17 年冬に平年を上回る雨や雪が降り，旱魃は解消した．

アメリカ合衆国全体としてみれば，1930 年代の（最悪は 1934 年）中西部の**グレートプレーンズ（Great Plains）** を中心とする大旱魃では，高温乾燥で蒸発量が増え，砂嵐が吹き荒れ，「**ダスト・ボウル（Dust Bowl）**」として知られる．被害面積，継続期間の点で，20 世紀最悪の旱魃といえる．

(4) 地球温暖化のもとでの天候異変

南極大陸（Antarctic Continent）での史上最高気温： 南極半島北端にあるアルゼンチンのエスペランザ基地で，2015 年 3 月 24 日に南極大陸における史上最高気温 17.5℃を記録した．当時の地上天気図によれば，南極半島の沖合に発達した低気圧が進入し，半島越えのフェーン現象が起きたことが推測される．

フィンランド（Finland）での世界最速の気温上昇： 地球温暖化（global warming）は高緯度ほど明瞭だといわれるが，1847～2013 年の 166 年間で年平均気温が 2.0℃上昇したことが確認された．10 年ごとの気温上昇の平均は 0.14℃で，世界平均の 2 倍となっている．

北米（North America）の寒波（cold-wave）： 2013/14 年冬と 2014/15 年冬には，北米北東部を中心として，大寒波に見舞われた．北半球では偏西風が蛇行，南北流型の循環を呈し，北極寒気がしばしば北米に進入した．要因として，夏季の北極海海氷の減少が北極圏での低気圧の発達をはじめ気候システムに影響し，北極海沿岸の低気圧が冬季のシベリア高気圧を南へ押し出し，カナダのトラフを深め，北極寒気団の南下を招いたとみられる（⇒§I -5）．

2015 年日本の猛暑（extreme high temperature）： 2015 年 7 月中旬～8 月上

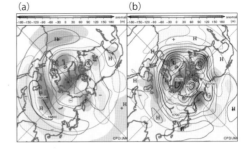

図 9 猛暑が続いた 2015 年 7 月 30 日～8 月 3 日における (a) 100 hPa と (b) 500 hPa の等圧面高度図（気象庁 Web 情報による）
陰影は 1981～2010 年の平年値からの偏差を示す．

旬にかけて，日本列島は猛暑に見舞われた．東京では 7 月 31 日～8 月 7 日に 8 日連続の猛暑日を記録した（従来の記録は 4 日連続：1978 年 8 月 21～24 日，1994 年 8 月 2～5 日，2010 年 7 月 21～24 日，8 月 15～18 日，2013 年 7 月 7～10 日）．

2015 年の連続猛暑の要因として次の 4 項目をあげることができる．①地球温暖化：地球温暖化により対流圏の気温上昇傾向が進行し（⇒§II -1），対流圏の水蒸気量の増加による温室効果で下層大気はさらに昇温した．②スーパーエルニーニョ現象：大規模エルニーニョ現象に伴う太平洋東部の高 SST に加え，熱帯中部からカリフォルニア沖にかけての SST も平年より数℃高く，多量の顕熱・潜熱が大気中へ送り込まれた．③台風の相次ぐ北上：7 月上旬に，平年より弱い北太平洋高気圧のリッジを越えて，台風 1611，12 号が日本付近に北上し，熱帯・亜熱帯の高温湿潤な気団を日本付近に運び込んだ．④チベット高気圧と北太平洋高気圧のオーバーラップ（図 9）：チベット高気圧は 7 月には中緯度寄りに勢力を強め，7 月 30 日～8 月 3 日には日本列島全体を覆った (a)．北太平洋高気圧は，エルニーニョ現象の影響で日本列島付近では例年より弱かった（③前半）が，複数台風北上（③後半）のため強制的に強まり日本列島を覆った (b)．その結果，約 20 km

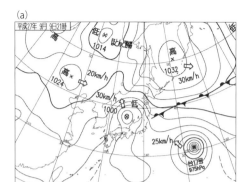

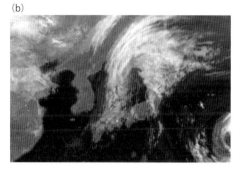

図10 東日本大水害となった2015年9月9日21時における（a）地上天気図，(b) 気象衛星赤外画像（a：気象庁，b：高知大学[8]）による）

に及ぶ背の高い高気圧の下降流による乾燥断熱昇温（1 km下降し気温が10℃上昇）で東日本を中心として猛暑となった．

2015年9月東日本大水害： 2015年9月9〜11日には，東日本で未曾有の豪雨となり，鬼怒川が決壊するなど広域で大水害が発生した．秋雨前線が南岸に停滞するなか，小笠原諸島の南西近海で発生した台風1518号（*Etau*；嵐雲の意）が北上し，9日10時頃に愛知県渥美半島に上陸，昼過ぎには北陸沖に抜けて，もともと日本海まで南下していた寒冷渦と一体化し21時には温帯低気圧に変わった．9日夜〜10日には，日本海の低気圧に向かって，伊豆諸島西方沖から関東地方を通り南から北へ連なる**線状降水帯**（linear rainband；口絵1）が関東地方をゆっくり東進した．とくに鬼怒川流域にかかるころにはほぼ停滞し，その上流域では500 mm/24 hを超える豪雨となり，急激に増水した鬼怒川は下流の常総市上三坂で左岸（東側）が決壊した．翌11日にかけてレインバンドは東北地方へ移動し，宮城県の吉田川と渋井川が決壊した．9日21時の天気図などを示す（図10）．

線状降水帯がほぼ停滞した要因としては，次の3項目をあげることができる．①台風18号崩れの低気圧（992 hPa）が日本海中部でほぼ停滞したこと．②台風1618号が発達しきれずに北上したため，南方にスパイラル状の積乱雲を残し，高SSTのフィリピン付近からの多量の水蒸気と連動し，関東地方へ流れ込んだこと．③東方から台風1617号（980 hPa）が西進してきて，その北側の非常に発達したオホーツク海高気圧（1030 hPa）との間で東風が強まり，降水帯をブロックし，停滞させた．これらが複合作用した結果の豪雨であったと考えられる．　　　　　　　　　　　〔山川修治〕

文献

1) 田平気象予報士事務所（http://www.meteoffice.info/1analysis_folder/ta-chan_fcst.html）
2) Disaster Prevention Research Institute, Kyoto Univ. and Vanuatu Meteorology, Geo-hazard Department (2015)：DPRI-VMGD joint survey for Cyclone Pam damages.
3) 佐藤慎司（2014）：2013年11月フィリピンで発生した台風30号による高波・高潮災害（http:// www. nhk. or.jp/sonae/column/20140409.html）
4) 国土交通省・防災関連学会合同調査団（2013）：米国ハリケーン・サンディに関する現地調査報告書（第2版）．（http://www.mlit.go.jp/river/kokusai/disaster/america/america_hurricane_201307.pdf）
5) NOAA (2015)：Flooding in Chile's Atacama Desert after years' worth of rain in one day. (https://www.climate. gov/)
6) 山川修治（2013）：気象災害．萩原幸男監修：日本の自然災害—世界の大自然災害も収録．日本専門図書出版，pp.249-316.
7) アジア防災センター（ADRC）(http://www. adrc.asia/view_disaster.jp.)
8) 高知大学気象情報頁（http://www.weather.is.kochi-u.ac.jp/）

トピック①

衛星でみる世界の気象災害
Monitoring meteorological disasters with satellite remote sensing

　地球温暖化に伴い多発する傾向にあるといわれる洪水，高潮，黄砂，竜巻，豪雪，地すべりなどの大規模な気象災害の広がりや推移は，広域を繰り返し観測が可能な衛星画像で捉えることができる．ここでは，最近の気象災害のうち大規模な事例として，洪水，大雪，竜巻，黄砂，煙霧を捉えた衛星画像を紹介する．

　図1は2011年に発生した**タイ大洪水**（Thailand flood）の広がりの時系列変化を表した衛星画像である．洪水以外の地域は明るい灰色で，雲は白色でそれぞれ表され，洪水氾濫域が黒色で表示されている．左画像が氾濫の最も高水位の時期で，右画像は洪水のほぼ終息期の氾濫域を表している．洪水は7月から北部より始まったが，ピーク時の10月から2か月以上におよんだことがわかる．また高水位時の氾濫域は，タイ北部からバンコク付近まで450km以上におよんでいた．洪水が大規模となった原因としては，タイ北部において台風による多くの降水があったことに加えて，森林伐採，開発などによる土地利用変化や洪水調整方法の問題があげられ

る．とくにバンコク周辺の開発に伴う排水能力の変化については今後の検討課題と考えられている．

　口絵2は観測史上記録的な大雪となった2014年2月の関東甲信の積雪分布を表した衛星画像である．2月8日は関東全域で大雪となり，東京で数十年ぶりの積雪となったが，2月15日はさらに関東西部から甲信で100年に一度ともいわれる**大雪**（heavy snow）となった．左の画像は8日翌日の9日，右の画像は15日翌日の16日のそれぞれの積雪分布を示している．9日では千葉県東部を除き関東甲信の広域に積雪域が広がっているのに対し，16日は関東の西部から甲信にかけて多くの積雪があったことがわかり，2度の降雪分布の違いが明瞭に示されている．

　図2は米国イリノイ州北部において2015年4月9日に発生した**竜巻**（トルネード，tornado）の通過跡を表している衛星画像である．この地域は，シカゴの西方約100kmの農業地帯で，格子状の道路で囲まれた濃淡の矩形のパターンは作付けの異なる農地の分布である．9日に発生した竜巻により，樹木，家屋，農地などに多くの被害が発生した．画像中の南西から北東にかけて，ほぼ直線状に40km以上にわたって竜巻の通過跡が記されている．南西端（矢印）から徐々に幅が広くなり，北東端（矢印）で消滅するまでが示

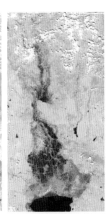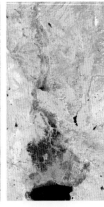

図1 2011年のタイの大洪水の氾濫域を表す時系列のTerra/MODIS画像
左より10月27日，11月28日，12月28日の氾濫域を示している．画像の範囲は東西約300km，南北650kmである．

図2 米国イリノイ州で発生した竜巻の通過跡を表した 2015 年 4 月 10 日の LANDSAT-8/OLI 画像
画像範囲は東西約 40 km，南北 30 km である．

されていて，通過跡の幅は最大 600 m を超える大規模なものであったことがわかる．米国中西部では大規模な竜巻が多く発生しているが，それらの多くが南西－北東方向に移動しながら被害をおよぼしている．

図3は**黄砂**（yellow dust）の飛散を捉えた衛星画像である．白色のパターンの雲とは別に，朝鮮半島から南西に黄海を横切り，華北平原から西の秦嶺山脈へ延びる帯状の灰色のパターンが黄砂の広がりである．その幅は約 120 km で，移動距離は 1400 km 以上におよんでいることがわかる．黄砂は健康や環境に影響をおよぼすが，春先に主にゴビ砂漠やタクラマカン砂漠で発生し，偏西風に乗って日本へは約 3～4 日で飛来することが衛星画像の解析でわかっている．

図4は**煙霧**（**ヘイズ**，haze）の広がりを捉えた 2015 年 12 月 6 日の衛星画像である．北京付近から太行山脈沿いに南の河北省まで華北平原を広く覆っていて，その下の土地利用を判読することは難しい．翌 7 日には深刻な大気汚染のため北京市などで赤色警報が出され，健康や都市機能への影響が心配された．

〔中山裕則〕

文献
1) 田島朋樹・中山裕則（2016）：時系列衛星データによるタイ 2011 年の洪水氾濫分析．日本大学文理学部自然科学研究所「研究紀要」，51，91-100．

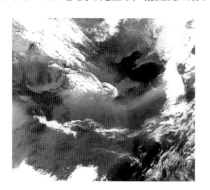

図3 朝鮮半島から黄海を横切り華北へ延びる黄砂の分布を表した 2010 年 3 月 12 日の Aqua/MODIS 画像
画像範囲は東西約 2300 km，南北約 2000 km である．

図4 大気微粒子による煙霧が広がった華北のようすを表した 2015 年 12 月 6 日の Terra/MODIS 画像
画像範囲は東西約 1350 km，南北約 1250 km である．

§1-2

アジアモンスーン域における洪水と旱魃
Floods and droughts in the Asian monsoon region

(1) 洪水と旱魃

　洪水と旱魃は，その場所において通常を大きく上回る（洪水）または下回る（旱魃）降水によって起こる．

　洪水の場合は，流域での流量増加に伴う河川や湖水の水面上昇によって起こり，上流域の降水量や，積雪がある場合には融雪量の影響，ダムなどの人工的な貯水設備がある場合にはそこでの貯水量や放水量などが影響する．

　旱魃の場合は，その場所での寡降水による**気象学的旱魃**（meteorological drought），**気候学的旱魃**（climatological drought）の他，地下水・河川水・人工的貯水などの量も関係する**水文学的旱魃**（hydrological drought），農作物等への被害が関係する**農業的旱魃**（agricultural drought）がある．

　広域的な洪水や旱魃は，多くの場合大雨や寡降水が主原因となって起きるため，ここでは広域的な降水量の異変を中心に述べる．

(2) 南アジア・東南アジアの洪水と旱魃

　インド亜大陸やインドシナ半島周辺の南アジア・東南アジアの大部分の地域では，熱帯アジアモンスーンの影響により，夏は雨が集中する雨季に，冬はほとんど雨が降らない乾季となる．この地での農業などの人間活動は，この季節変化によく適応し，主要な農作物は雨季を中心に栽培され，乾季には河川や地下水による灌漑が可能な地域での耕作が行われる．

　平均的な雨季は，インド亜大陸では6月上旬〜9月下旬，インドシナ半島では5月中旬〜10月下旬である．インドでは，頻発する旱魃への対策のため，植民地時代の19世紀後半から，全土に稠密な雨量観測網がつくられ，140年以上にわたる全インドで平均した夏のモンスーン季の雨量（All India Monsoon Rainfall：AIMR)[1] が得られる（図1）．

　AIMRは，この期間に10％程度の標準偏差で年々変動し，熱帯地域のなかでは，比較的降雨は安定している．AIMRには長期間での変

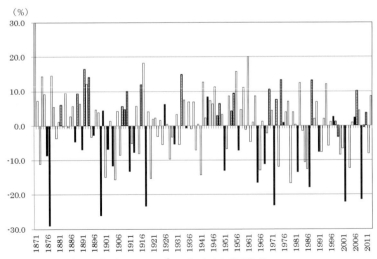

図1 AIMRの年々変動（IITM, 2015[2] のデータより著者作成）
黒棒はエルニーニョ年，横線の棒はラニーニャ年を示す．

化傾向はみられず，数十年スケールで多雨期（1871 〜 1898 年，1921 〜 1964 年）と少雨期（1899 〜 1920 年，1965 〜 2013 年）が生じている．1877，1899，1918，1972，2002，2009 年には，平年の 20 %以下の雨量しかなく，大規模な旱魃被害が起きた．他方，降雨が平年より 15 %以上多かったのは 1892，1917，1956，1961 年で，近年は顕著な多雨年は出現していない．

年々変動では**エルニーニョ**（El Niño）年に AIMR が標準偏差以上少なかった年の約 60 %があたる一方，標準偏差以上多かった年はなく，また多くの**ラニーニャ**（La Niña）年に平年を上回る降雨がある一方で，標準偏差以上少なかった年はなく，エルニーニョ・南方振動（El Niño / Southern Oscillation：ENSO）による影響が示唆される．AIMR の年々変動をもたらす大気循環は，北インド洋での南西モンスーン気流の強さおよびインド北部での**モンスーントラフ**（monsoon trough）の深さが主要因となる（口絵 3）ほか，主にベンガル湾で発生する**モンスーン低気圧**（monsoon depression）も影響を与える．

広域的な洪水は，一般に雨季に数日間以上続く大雨によって起きる．大雨の原因となる擾乱には，ベンガル湾やアラビア海で発生する**サイクロン**（cyclone），モンスーン低気圧などの**熱帯低気圧**（tropical cyclone）のほか，**中部対流圏低気圧**[3]（mid-tropospheric cyclone：MTC），中緯度偏西風に関連した**西方擾乱**（western disturbance）などがある．インドのモンスーンでは，季節を通じて同じように雨が降るわけではなく，主に 30 〜 60 日周期で，活動の活発期と休止期とが交互に現れる**季節内変動**（intraseasonal oscillation）を示す．休止期には，インド中

部などの地域では降雨が少なくなるものの，北東部や北部のヒマラヤ山麓部では降雨が多くなり，ガンジス川やブラマプトラ川流域では，むしろ洪水が頻発する．表 1 によれば，1986 〜 2000 年の 15 年間でとくに洪水が多かったのは，1987，1988，1998 年である．

ガンジス川，ブラマプトラ川の下流にあるバングラデシュでは，流域の約 93 %が国外にあるため，周辺諸国での降雨の影響も受け，しばしば大洪水に見舞われている．近年では 1987，1988，1998 年に国土の 50 %を超える地域で洪水に見舞われた．このうち，1987 年はインドでの少雨年，1988 年は多雨年，1998 年は平年に近い年にあたり，表 1 に示した洪水多発年と一致している．農業への影響として，このような大洪水年には，雨季の稲作は大きく収量を減らすものの，その後の乾季には豊作となり，年間では必ずしも不作にならない[4]．

パキスタンではモンスーンの北限にあたり，平年での夏のモンスーン季の雨量は 200 mm 以下と少ない．2010 年には北部のヒマラヤ山麓部に平年の 3 倍程度の降雨があり，インダス川流域は大洪水に見舞われた．ロシアに記録的熱波をもたらした中緯度偏西風の**ブロッキング高気圧**（blocking high）の南東部のヒマラヤ北西縁に形成された MTC に，ベンガル湾からインド中部を西進したモンスーン低気圧の北側の湿った南東風が流入し，ヒマラヤの地形の影響も受けて通常は乾燥しているパキスタン北部での記録的豪雨になった[5]．

2011 年にはタイのチャオプラヤ流域で大規模な洪水となり，大きな被害が出た．洪水の原因となる降雨は，インド洋からの南西モンスーンの強まりではなく，太平洋から西進する擾乱が頻発することによって生じた[6]．

表 1　インドにおける水文観測点で危険水位を 1 m以上上回った洪水の回数[9]

年	1986	**1987**	**1988**	1989	1990	1991	1992	1993	1994	1995	1996	1997	**1998**	1999	2000
回数	55	**108**	**96**	29	51	62	16	48	69	55	77	39	**136**	88	63

太字は洪水がとくに多かった年を示す．

I－2　アジアモンスーン域における洪水と旱魃　　*11*

インドシナ半島東岸に位置するベトナム中部では，他のアジアモンスーン域とは異なり，秋～初冬にかけてが主要な雨季となる．1999年11月には，中部ベトナムのフエで日降水量1000 mmを超える豪雨となり，大洪水となった．洪水の原因となる豪雨は，東アジアの**冬季季節風の吹き出し**（cold surge）と西太平洋を西進する熱帯低気圧が同期することによって生じた[7]．マレー半島東岸での12月以降の豪雨も同様の原因による．東アジアの冬の季節風は，南半球のジャワ島北部に洪水をもたらす降雨にも影響を与え，ジャカルタ等での洪水の原因ともなる[8]．

インドでの旱魃は，平年での降水量が少ない北西部で起こりやすく，しばしば中西部での旱魃は，パキスタンでの旱魃と同期して起こる．歴史的には1770年，1876～78年の大旱魃では，数百万人を超す死者があったとされ[10]，気象災害による死者数としては，際立って多かった．雨季における降雨特性の違いのため，旱魃面積の多寡は，AIMRと必ずしも同じではない．旱魃面積は1899，1918年が国土の約70%と多かった[11]．

(3) 東アジアの洪水と旱魃

中国大陸東部と台湾・日本列島にかけての東アジアでは，亜熱帯から中緯度地方に位置しているものの，夏と冬の主風向は季節的に大きく変化する東アジアモンスーン気候の支配下にあり，大部分の地域で熱帯アジアと同様に，夏に雨が多くなる．

東アジアの主要な雨季は，5月上・中旬の南シナ海でのモンスーン入り，中国南部から沖縄方面での**梅雨前線**（Baiu front；Meiyu front）の形成から始まる．その後，6月上・中旬～7月上・中旬には，中国中部の長江中下流部から日本列島南岸に梅雨前線帯は北上し**梅雨**（Baiu；Meiyu）季に入る．韓国でも**長霖**（Chang-ma）とよばれる雨季に入る．その後，7月中旬以降に，中国では降雨の中心が北部の黄河中下流域へと移るとともに，中国南部では台風を含む熱帯擾乱の影響によ

る第二の雨季に入る．華北地方の雨季は8月いっぱいで終わり，朝鮮半島や日本列島では，**秋雨**（Akisame）季に入る．秋雨は**秋雨前線**（Akisame front, autumnal rain front）のほか，台風（typhoon）の影響も強く受ける．秋雨，華南地方の第二の雨季は，ともに10月中～下旬には終わりを迎え，冬の季節風季へと移行していく．11月下旬～3月上旬にかけては，冬の季節風季となり，日本列島の日本海側では大量の積雪をみる[12]．

このように，東アジアの夏の雨季は，梅雨前線帯，秋雨前線帯といった中緯度の前線システムと，台風などの熱帯擾乱の影響も受けており，これらの前線帯は南北約2000 kmにわたる季節的な北上，南下をする．前線帯の位置や活動には北西太平洋の**亜熱帯高気圧**（subtropical high），**オホーツク海高気圧**（Okhotsk sea High）の影響もあり，熱帯モンスーンに比べ，複雑な変動機構をもつ．

中国大陸中北部では，梅雨前線帯の影響が強く，南シナ海モンスーンの開始が遅く，東アジアモンスーンが強い時に長江中下流域で洪水が起こりやすく，逆に黄河中下流域で旱魃傾向となる[13]．

1931年以降での中国の主要な洪水は，1931，1935，1954，1958，1963，1975，1991，1998，2003年に起きた．長江流域での降水量の長期変動（図2）は，大きな年々変動を示し，とりわけ1954年には平年の3倍以上の降雨があって大洪水となった．図2での降水量はあまり多くないものの，1998年にも大洪水が起こり，4000人以上の死者が出た[13]．長江流域で降水量の多寡を支配する主要な大気循環は，30°N付近にある梅雨前線帯の南方にある北太平洋高気圧西部の強さの変化に伴う30°N付近の西風である（口絵4）．

中国での過去500年間の資料による分析[14]によれば，東部でのとくに深刻な旱魃は1586～1589年，1638～1641年，1965～1966年に起こった．中国大陸では，北部ほど夏の雨季が短く，降雨は短期間に集中する．40°N以北では，6～9月の降水量は年間の70%を

12 第I章 多大な影響をもたらす異常気象・極端気象

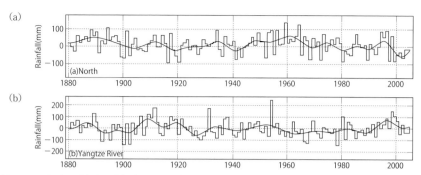

図2 100°E 以東の (a) 中国北部 (35 〜 45°N) と (b) 長江流域 (25 〜 35°N) での夏期 (6 〜 8 月) 降水量の年々変動．曲線は 10 年の平滑値．値は 1971 〜 2000 年の平均値からの偏差[15]．

超えており，熱帯モンスーン地域のインドと同程度に高い．このため，夏のモンスーン季の寡降水は旱魃に直結し，高い旱魃出現頻度を示す．とくに 1980 年代以降には雨が少ない年が頻発している．1950 年代以降の主な旱魃は，1955，<u>1957</u>，1960，1962，<u>1965</u>，<u>1972</u>，1980，1983，1986，<u>1987</u>，1989，<u>1991</u>，1993，<u>1997</u>，1999，2000，2001 に起こっており，下線を付したエルニーニョ (El Niño) 年に起こることが多い．長期的には **太平洋十年規模振動**（Pacific Decadal Oscillation：PDO）や，**大西洋数十年規模振動**（Atlantic Multidecadal Oscillation：AMO）等の影響も受け，10 年以上の時間スケールで変動している[16]．　　〔松本 淳〕

文献

1) Mooley, D.A. and Parthasarathy, B. (1984)：Fluctuations in All-India summer monsoon rainfall during 1871-1978. *Climatic Change*, **6**, 287-301.
2) IITM (2015)：Indian monthly rainfall data sets (1871-2012) (ftp://www.tropmet.res.in/pub/data/rain/iitm-regionrf.txt)
3) Krishnamurti, T. N. and Hawkins, R. S. (1970)：Mid-tropospheric cyclones of the southwest monsoon. *J. Appl. Meteor.*, **9**, 442-458.
4) 浅田晴久・松本 淳 (2012)：南アジアにおける降雨・洪水と稲作．横山 智他編：モンスーンアジアのフードと風土，pp.51-67，明石書店．
5) Lau, W.K.M. and Kim, K.M. (2012)：The 2010 Pakistan Flood and Russian heat wave teleconnection of hydrometeorological extremes. *J. Hydromet.*, **13**, 392-403.
6) Takahashi, H.G. *et al.* (2015)：Role of tropical cyclones along the monsoon trough in the 2011 Thai flood and interannual variability. *J. Climate*, **28**, 1465-1476.
7) Yokoi, S. and Matsumoto, J. (2008)：Collaborative effects of cold surge and tropical depression-type disturbance on heavy rainfall in central Vietnam. *Mon. Wea. Rev.*, **136**, 3275-3288.
8) Wu, P. *et al.* (2007)：The impact of trans-equatorial monsoon flow on the formation of repeated torrential rains over Java Island. *SOLA*, **3**, 93-96.
9) Dhar, O.N. and Shobha Nandargi (2003)：Hydrometeorological aspects of floods in India. *Nat. Hazards*, **28**, 1-33.
10) ジョンソン，B.L.C. 著，山中一郎他共訳 (1986)：南アジアの国土と経済　第 1 巻　インド，二宮書店．
11) Parthasarathy, B. *et al.* (1987)：Droughts/floods in the summer monsoon season over different meteorological subdivisions of India for the period 1871-1894. *J. Climatology*, **7**, 57-70.
12) 松本 淳 (2002)：季節的な特徴．吉野正敏監修，気候影響・利用研究会編：日本の気候，pp.63-98，二宮書店．
13) Ding, Y.H. (2006)：Floods and droughts in the monsoon region. In Wang, B. ed.：*The Asian Monsoon*, pp.173-184, Springer.
14) Shen, C. M. *et al.* (2007)：Exceptional drought events over eastern China during the last five centuries. *Climatic Change*, **85**, 453-471.
15) Zhang L. and Zhou, T. (2015)：Drought over East Asia：A review. *J. Climate*, **28**, 3375-3399.
16) Zhou, T. *et al.* (2009)：Detecting and understanding the multi-decadal variability of the East Asian summer monsoon—Recent progress and state of affairs. *Meteor. Z.*, **18**, 455-467.

脅威となる台風
The typhoon threat

(1) 台風の気候学的特徴

　地球上でもっとも激しく巨大な渦まき，台風．ひとたび襲来すれば，各地で大きな爪痕を残す．世界規模での観測網の構築や国内の治水整備が進み，大型計算機による高精度な天気予報が提供される時代になっても，台風はなお生命や財産を脅かす存在でありつづけている．はじめに，グローバルな視点から台風の気候学的特徴を示し，次に，台風はこれまでどのように我々の生活を脅かしてきたのか，台風被害の歴史をひも解く．最後に，これまでの気候変化のなかで台風は増えたのか，強まったのか，将来はどうなるのか，最新の研究成果を含めて紹介する．

　気象庁による**台風**の定義は，「北西太平洋（北半球で100～180°Eまでの領域）で，最大風速（10分間平均）がおよそ17 m/s（34ノット，風力8）を超える**強い熱帯低気圧**」である．大西洋やインド洋など他の海域で発生するハリケーン（hurricane）やサイクロン（cyclone）も，台風と同じ強い熱帯低気圧である．しかし，例えば米国のハリケーンは「最大風速（1分間平均）が33 m/sを超える強い熱帯低気圧」を指すように，強さの定義や測定方法で違いがあり，必ずしも気象庁が指す台風に一致するとは限らない．そこで，米国海洋大気庁（National Oceanic and Atmospheric Administration：NOAA）が近年公開した世界台風データセットを用いて，気象庁が定義する台風の基準で，世界中の台風を俯瞰する．

　図1は，1990～2011年までに発生したすべての台風の発生位置である[1]．台風が多発する海域は，北太平洋，南太平洋の西部，インド洋，北大西洋である．年間でみると，約80個の台風が世界中で発生している．発生海域ごとに比べると，台風発生数は北西太平洋でもっとも多く，年間で約24個と全海域発生数の約30％を占めている．2番目に多い北東太平洋は約15個，次いで北大西洋と南インド洋となっている．見方を変えると，台風は地球上どこでも発生するのではないこともわかる．南太平洋の東部や南大西洋，赤道付近では台風の発生をほとんど確認できない．この台風発生分布から，台風が発生するための環境の条件が浮き彫りになってくる．

台風発生に必要な環境の条件
①地球の自転効果（コリオリ力）がある程度
　働くこと（赤道上で発生していない）

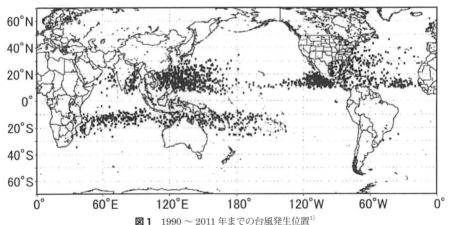

図1　1990～2011年までの台風発生位置[1]
ここでは，ハリケーン・サイクロンも台風の基準（気象庁）に合わせて図示している．

②海面から水深 60 m まで約 26℃以上の暖
　かい海水が存在していること（海水温が
　低い南太平洋の東部や南大西洋で発生し
　ていない）
③対流圏下層に大規模な低気圧性の渦が存在
　すること
④対流圏上層と下層の風の強さと向きが近い
　こと（鉛直シアが小さいこと）
⑤大気の状態が不安定なこと
⑥対流圏中層〜下層が湿っていること

　上記の条件は，台風発生に必要な条件では
あるが，すべてを満たしたとしても台風が必
ず発生するわけではない．しかし，その条件
がそろう海域や期間は，台風発生の頻度が上
がると考えられる．そのため，この発生条件
などを数値的に組み合わせて台風活動を予
測・診断する指標が提案されており[2]，その
指標を用いた台風発生頻度の経年変化を示す
研究も盛んである．台風発生数の経年変化に
ついては，§Ⅳ-6 で紹介する．

(2) 台風災害史

　2013 年，台風は世界中で猛威をふるった．
11 月に発生した台風 30 号はフィリピンを襲
い，強風と高潮により死者・行方不明者数
7000 人以上という，未曽有の被害を出した．
日本でも，10 月に関東地方に接近した台風
26 号は，伊豆大島で日降水量が 800 mm を超
える観測史上最大の大雨をもたらし，土石流
により麓の集落を飲み込んだ．この台風によ
り，43 人の死者・行方不明者を出した．8 月
に発生した台風 18 号は，近畿地方で大雨をも
たらし，河川氾濫を引きおこした．特別警報
が初めて適用されたのもこの台風だった．

　日本は，他の国と比べてどれほど台風の影
響を受けているのか，どの国が台風でもっと
も被災しているのかを考えた場合，その国の
台風上陸の頻度が 1 つの目安になる．そこで，
世界台風データセットを用いた近年の研究[3]
により，各国の台風上陸数を見積った結果，
年間平均 1 個以上の台風が上陸する国は世界

表1 国別でみた年平均台風上陸数のランキング[1]

順位	国 名	年間平均上陸数 (個／年)
1	中 国	6.7
2	フィリピン	4.0
3	日 本	3.7
4	米 国	3.3
5	メキシコ	3.2
6	ベトナム	2.9
7	オーストラリア	2.9
8	マダガスカル	1.6
9	インド	1.4
10	ラオス	1.3
11	カナダ	1.0

表2 死者・行方不明者数が多い台風[1]

順位	台風名（年月）	死者・行方不明者数
1	伊勢湾台風（1959/9）	5098
2	枕崎台風（1945/9）	3756
3	室戸台風（1934/9）	3036
4	カスリーン台風（1947/9）	1930
5	洞爺丸台風（1954/9）	1761
6	狩野川台風（1958/9）	1269
7	周防灘台風（1942/8）	1158
8	ルース台風（1951/10）	943
9	アイオン台風（1948/9）	838
10	ジェーン台風（1950/9）	508

に 11 か国も存在することがわかった．ラン
キングをみると（表1），中国が突出して第
1 位であり，次いでフィリピンとなっている．
第 3 位から第 7 位の国までは，上陸数約 3
個でひしめきあっている．海域ごとで分けて
みても，台風発生数が多い北西太平洋の国，
そして南太平洋や北大西洋の国も上陸が多い
ことがわかる．日本は年間 3.7 個となり第 3
位であった．ちなみに，気象庁が定義する台
風上陸数（沖縄・奄美地方などの島々や半島
の上陸数を除く）は年間 2.7 個となる．

　このように，日本は世界的にみても台風被
災国である．その日本における台風の人的被
害の歴史をみると，1930 年代〜 50 年代にか
けて発生した 7 個の台風で，それぞれ 1000
人を超える死者・行方不明者が出ている（表
2）．とくに上位 3 個の台風は，**昭和三大台風**

Ⅰ-3　脅威となる台風　　*15*

(the largest three typhoons) とよばれ，日本災害史にその悪名を連ねている．1934年9月21日，高知県室戸岬付近に上陸した室戸台風は，大阪や広島で暴風や高潮をもたらし，多数の家屋倒壊や列車の転覆，船舶の沈没などの甚大な被害を出した．1945年9月17日に鹿児島県枕崎付近に上陸した枕崎台風は，激しい雨により，広島を中心に洪水やがけ崩れなどの大きな被害を出した．この時は敗戦直後であり，予報や対策がほとんどとれない状態であった．1959年9月26日に和歌山県潮岬付近に上陸し，近畿地方を横断した伊勢湾台風．名古屋市から四日市にかけての沿岸部をおよそ4m以上の高潮が襲い，死者約5000人を出すという，明治以降で最大の人的被害を出した．東海地域の急速な工業発展に伴い，自然災害に対する意識は低いまま無計画に市街化が進んでいたことが，被害を拡大させた原因といわれている．

伊勢湾台風による空前の被害から，日本の防災対策は根本から見直され，国をあげて治水整備などに取り組むようになった．その効果が発揮され，台風の人的被害は近年に向かって着実に減少した．1つの台風で死者・行方不明者数が100人を超える事例は，1950年代で8個，60年代で6個のところ，70年代は3個，80年代以降はゼロが続いている．

(3) 気候変化の中の台風

現在の台風は昔と比べて猛烈化しているのか，さらに地球温暖化が懸念される将来において台風は凶暴化するのか，その発生数は増えるのか，多くの研究者がそれに答えるべく，日夜研究に励んでいる．

まず，現在までの台風の傾向については，過去の観測データから読み解くことができる．気象庁発表の台風データは1951年以降のものであり，およそ半世紀での変化しか追うことはできないが，近年は，気候変動の解明のために，過去の貴重な資料から過去のデータを復元する研究（データレスキュー）が行われている（⇒§Ⅳ-6で紹介）．図2は，その研究の1つで，過去の地上観測資料を集めて1900年以降の台風の日本上陸数を見積もった最新の結果である．この研究は独自の定義に基づき上陸数も見積もっているため，気象庁発表の近年の上陸数と全く同じにはならないが（例えば2004年の上陸数は，気象庁発表の10個に対してこの研究では9個），その差はほとんど変わらないことから（1951〜2014年の64年間の上陸数は，気象庁発表の182個に対してこの研究では178個），過去の上陸数の結果もある程度は信頼できると考えられる．

台風上陸数は年によってばらつきはあるが，長期的な増加または減少の傾向はみられ

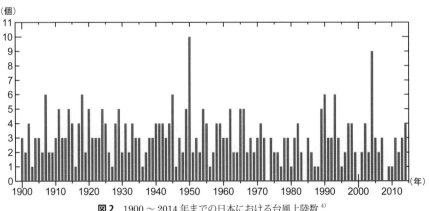

図2 1900〜2014年までの日本における台風上陸数[4]

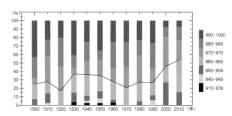

図3 1900～2014年までの10年ごとでみた上陸時の台風の気圧の割合[4]
折れ線が 970 hPa の境界.

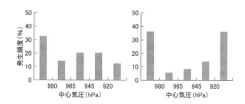

図4 数値シミュレーションによる中心気圧別の台風発生頻度[5]
左が現在気候,右が将来気候での結果.

なかった.一方,上陸時の台風の強さにはある傾向がみられた.図3は,台風上陸時の気圧で分類した10年間毎の割合である.この研究では,台風上陸地点からもっとも近い気象官署の観測結果を用いているため,実際の台風中心気圧から平均5hPaほど高くなる.1930年代から60年代で,中心気圧が940hPaを下回るような非常に強い台風が数%確認されているが,それらは前述の昭和三大台風などと一致する.近年では,そのような異常に強い台風は上陸していないが,上陸時に970hPaを下回っている台風の割合が,2000年代以降で急に増加している.過去100年の平均が約30%であるのに対して,2000年代以降は約50%である.この上陸時に強い台風の割合が2000年代以降に上昇している傾向は,気象庁発表の台風データでも確認できる.

つまり,100年以上を通して見ても,近年になって,強い台風が上陸する頻度が上がっている.それに関係して,台風災害にも影響が出はじめている.台風による100人以上の死者・行方不明者数は,1980年代以降は発生していないと前述したが,近年になって,それに匹敵する人的被害が起きている.2004年台風23号で死者・行方不明者数は99人,2011年台風12号で98人,さらに前述の2013年台風26号である.この事実は,これまで効果的に機能してきた台風対策が,近年,頻繁に襲来するようなった強い台風に対して,十分ではなくなってきていることを示唆している.

過去の台風については,前述のように過去の観測データや資料を用いてその動向を把握することができる.しかし,将来の台風については,数値シミュレーションの予測と理論的考察によってのみ知ることができる.近年の研究をみると,全体の台風発生数は同じかやや減るものの,勢力が強い台風は増える,という結果が多い.図4は最低気圧で分類した台風の発生頻度の割合であるが,中心気圧が低い台風の割合が,現在気候よりも将来気候で多くなることを示している.温暖化した気候では,海面水温が高くなるとともに,台風付近の雲頂高度がより高くなり,対流活動がより活発化することで台風が発達しやすいと考えられる.今後,台風は猛烈化するかどうか,その予測研究の発展が求められる.

〔筆保弘徳〕

文献

1) 筆保弘徳他(2014):気象学の新潮流2 台風の正体,朝倉書店.
2) Emanuel, K. A., and Nolan, D. S. (2004): Tropical cyclone activity and global climate. preprints, *26th Conf. on Hurricanes and Tropical Meteorology, Miami, FL, Amer. Meteor. Soc.*, 204-241.
3) Fudeyasu, H. *et al.* (2014): A Global View of the Landfall Characteristics of Tropical Cyclones. *Tropical Cyclone Research and Review*, **3**, 178-192.
4) 熊澤里枝他(2016):1900年から2014年における日本の台風上陸数.天気,**63**(11),855-861.
5) Yamada, Y. and Satoh, M. (2013): Response of Ice and Liquid Water Paths of Tropical Cyclones to Global Warming Simulated by a Global Nonhydrostatic Model with Explicit Cloud Microphysics. *J. Climate*, **26**, 9931-9945.

§I-4
局地化する豪雨災害と短時間強雨・集中豪雨
Local heavy rain disasters : short-duration and concentrated heavy rainfall

(1) 短時間強雨と集中豪雨

短時間強雨（short-duration intense rainfall）に関する定量的な定義は存在しないが，ある場所における連続的な強雨時間が数十分〜1時間程度で，空間的な広がりが数〜10 km程度の強雨現象に対して用いられる場合が多い．降水現象の特徴を表現する短時間や局地的と，強雨や豪雨，大雨とを組み合わせた複合語はおおむね同義とみなせ，気象庁では予報用語[1]として"局地的大雨"を使用している．ただし，日本気象学会機関誌『天気』では，論文等のキーワードとして短時間強雨の使用数が多いことから，本項では短時間強雨を用いる．同じく予報用語[1]としての**集中豪雨**（local heavy rain）は，同じような場所で数時間にわたり強く降り，100〜数百 mmの雨量をもたらす雨とされ，短時間強雨に比べてトータルの降水時間が長く，積算降水量がより多い降水現象とみなされる．強雨をもたらす**積乱雲**（cumulonimbus : Cb）の時間スケール（寿命）は，短時間強雨に相当する数十分〜1時間程度であり，数時間以上におよぶ強雨の場合には何回もの積乱雲の世代交代が必要となる．したがって，積乱雲の集団構成の状況を含めて，1個ないし少数個の発達した積乱雲に起因する1時間程度の強雨（図1a）を短時間強雨に，繰り返し発生・発達し集団化（組織化）した積乱雲が，次々とほぼ同じ場所を通過することによる断続的な強雨（図1b）を集中豪雨に区分することが可能であろう．

積乱雲が顕著に組織化した集中豪雨の事例には，後述のように前線や台風などの気象擾乱が関与している場合がほとんどである．た

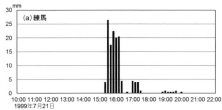
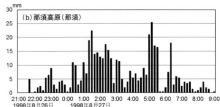

図1 10分間降水量でみた（a）1個ないし少数個の発達した積乱雲による1時間程度の強雨（短時間強雨）と，(b）繰り返し発生・発達し組織化した積乱雲が次々と通過することによる断続的な強雨（集中豪雨）の事例（a）1999年7月21日（練馬豪雨）におけるアメダス練馬，(b）「平成10年8月末豪雨」の1998年8月26〜27日におけるアメダス那須高原（当時の地点名は那須）．

だし，実際の現象面においては，両者の差異が明確でない場合も多く，用語の使用は必ずしも統一されていない．本項では便宜的に短時間強雨と集中豪雨とを上記によって区分し，両者を区別しない場合には強雨や大雨と表現する．なお，集中豪雨の語は，1953年8月14〜16日の京都府南山城水害の新聞記事に用いられたのが初出とされる[2]．気象用語としても定着しているが，これについても明確な定義は存在していない．

(2) 局地化する豪雨災害

豪雨災害（heavy rain disaster）をはじめとする気象災害の変遷を論じた倉嶋[3]によれば，治水工事等の安全対策により，1960年代以降大洪水などの大きい災害による死者数は，大型台風の減少もあって大きく減少した．その一方で，傾斜地への生活圏の拡大などもあり，弱い台風や前線・低気圧に伴う集中豪雨に起因した山・崖崩れや土石流による死者

割合が増加したこと，また都市化に伴って水害が変容（都市型水害）したこと等により，災害要因と災害発生の突発性，意外性，局地・小規模・激じん性，群発性等，風水害の"ゲリラ性"が強まったと指摘している．図2は，水害被害額全体に対する内水氾濫と外水氾濫（⇒§Ⅲ-7参照）による被害額割合の経年変化を示している．上記のことを反映して，近年では外水氾濫による水害被害額の割合は減少し，1970年代を境として，内水氾濫による被害額の割合が，とくに大都市圏においては外水氾濫を大きく上回るようになった．なお，東京の都区部と郊外の日降水量の比較から，すでに1960年代後半ごろに都区部における強雨頻度（日降水量31 mm以上）が相対的に増加したことが指摘されている[5]．強雨の発現に与えるローカルな都市の影響については，未解明の部分が多いものの，都市の高温（ヒートアイランド現象）や建築物による地表面粗度，大気汚染（凝結核）などの観点から議論されている．

都市に発生した近年の強雨事例として，1999年6月29日には梅雨前線に伴う集中豪雨によって博多駅付近の地下街で，また同年7月21日には雷雨に伴う短時間強雨（図1a）によって東京都新宿区の住宅地下室で浸水による犠牲者が発生し，浸水時に逃げ場のなくなる地下街・地下室の危険性が改めて認識された．大規模な水害が減少した一方で，このようなきわめて局地的・突発的な災害が顕在化し，それには人間生活や土地利用，社会構造などの変化が大きくかかわっている．2008年7月28日の神戸市の都賀川水難事故，同年8月5日の東京都豊島区の下水道事故など，短時間強雨に伴う事故は近年しばしば発生している．土石流や外水氾濫をもたらす集中豪雨だけでなく，大規模な気象災害の危険性が軽減された人口稠密地において，短時間強雨は生活の安全・安心を脅かす社会的にも関心の高い気象現象となった．

(3) 短時間強雨をもたらす積乱雲

積乱雲1個の水平的な広がり（空間スケール）は数〜10 km程度で，高さ方向には対流圏界面付近（高度十数km）まで達することがあり，その寿命（時間スケール）は数十分〜1時間程度である．まずはこのような孤立した1個の積乱雲の盛衰を考えよう．

積乱雲の発生には，空気塊をもち上げて，含まれる水蒸気を凝結させる必要があり，凝結が開始する高度を**もち上げ凝結高度**（lifted condensation level）という．そして凝結時に放出される潜熱によって，空気塊が周囲の空気よりも高温となると，その高度（**自由対流高度**，level of free convection）から空気塊はひとりでに上昇を持続できるようになる．空気塊のもち上げは，高さ方向の気温差が大きい場合（上層への寒気流入，日射による地表面加熱など）や，下層空気が湿っている場合ほど発生しやすく（大気の不安定性が大きい），前線等の擾乱とともに山地斜面による強制上昇や下層風の収束などがそのきっ

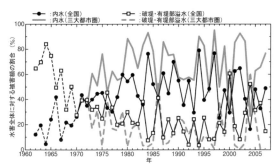

図2 水害全体に対する内水氾濫と外水氾濫（破堤と有堤部溢水）の被害額割合の推移[4]

1968年までは水害の調査対象としていなかった「降雨等による急傾斜地の崩壊」による被害が1969年から項目に加わったこと，1970年から被害の調査方法が変更されたことから，1970年以前（全国）を破線で示してある．三大都市圏は，東京圏（東京，千葉，埼玉，神奈川），名古屋圏（愛知，三重），および大阪圏（大阪，京都，兵庫）である．

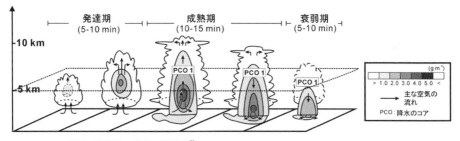

図3 積乱雲の盛衰の模式図[6]
灰色の濃淡は雲中における水の量を，矢印は主な空気の流れをそれぞれ表す．

かけとなる．

　積乱雲の盛衰は，発達期，成熟期，衰弱期に分けられる（図3）．積乱雲の発達期には，上昇流の持続によって，雲粒とともに雲内には雨粒や過冷却水滴，雪や氷晶などが形成され，それらは複雑な雲物理過程を経て次第に成長し，粒径や数密度を増していく．発達する積乱雲内の上昇流速は 10 m/s 以上にも達するが，これが成長した上空の降水粒子を下から支えきれなくなると，降水粒子は急激に落下を開始する（降水の開始）．この段階が成熟期であり，落下する雨粒などによって空気が引きずり下ろされることや，落下中の雨粒等からの蒸発などで冷やされた空気が相対的に重くなることにより，積乱雲内には下降流が発生する．積乱雲内の大部分を下降流が占めるようになるのが衰弱期であり，上昇流がなくなって積乱雲内に新たな降水粒子を形成できないため降水は終了に近づき，やがて積乱雲自体も消滅する．このように積乱雲は降水の開始とともに自己崩壊へと向かい，数十分〜1時間程度の寿命であることが運命づけられている．なお，成熟期から衰弱期に現れる下降流は，その顕著なものを**ダウンバースト**（downburst）とよぶ．この下降流は，地上に達すると**冷気外出流**（cold outflow）として周囲へ冷空気の発散をもたらし，その先端は**ガストフロント**（gust front）を形成し重力流として大気下層を伝播していく．

　積乱雲内における上昇流速の平均を 10 m/s とすると，地上の空気塊は20分程度で対流圏上層（〜12 km）に達し，1回の気柱の転倒が完了する．気柱に含まれる水蒸気をすべて凝結させたときの水量を**可降水量**（precipitable water）といい，夏季の多湿時では水深換算で 50〜60 mm である．積乱雲内に上昇流がなくなるまでの総量として，気柱の転倒に伴い可降水量と同程度の降水粒子が形成されると考えれば，積乱雲の寿命である1時間にはおおむね 50 mm 程度の降水が発生しうる．換言すれば1時間に 50 mm を超える降水が発生するためには，1個の積乱雲では足りず，複数の積乱雲の存在が必要になる．

　個々の積乱雲を1つの細胞に見立てて**降水セル**（precipitation cell）ということがある．一般に単独の積乱雲（**シングルセル**，single-cell storm）による活発な雷雨は少なく，複数の積乱雲がクラスター（房）状に集まっていることが多い．図4は，積乱雲の周囲において，上層ほど水平風速（ここでは西風とする）が大きく，風の鉛直シアが強い状態を模式的に示している[7]．積乱雲は対流圏の平均的な風（中層の西風）によって移動するので，下層では相対的な東風が積乱雲に吹き込むことになり，この東風は積乱雲内への暖湿流の供給に貢献する．相対的な東風が積乱雲内の下降流に伴う冷気外出流と収束し，そこに新たな積乱雲を形成すると，古い積乱雲は下層からの暖湿流の供給が絶たれるため次第に衰弱していく．このようにして積乱雲の自己増殖（世代交代）が行われ，発達段階の異

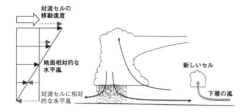

図4 積乱雲周囲で風の鉛直シアが強いときの積乱雲の世代交代[7]
左側は水平風速(西風とみなす)の鉛直プロファイルであり,積乱雲に相対的な水平風速を破線矢印で示す.右側は既存の積乱雲に関する空気の流れと新しい積乱雲の発生を表す.

なる複数の積乱雲が混在する集団(**マルチセル**,multi-cell storm)が形成される.夕立に相当する雷雨性の短時間強雨は,一般にこのような積乱雲群によってもたらされることが多い.一方,梅雨前線などのより大きい空間スケールの擾乱が存在する場合,積乱雲は顕著に組織化されて**メソ対流系**(mesoscale convective system)を形成することがある.

(4) 集中豪雨をもたらす積乱雲の組織化

本州各地で豪雨災害が発生した平成20年8月末豪雨では,東京都においても八王子市高尾(国土交通省)で8月28日24時までの3時間に193 mmの降水を観測し,京王電鉄高尾線で崩れた土砂に列車が乗り上げて脱線するなど,土砂崩れや浸水等の被害が相次いだ.口絵5は,その時の気象庁全国合成レーダーによる降水強度分布(28日22時40分)であり,集中豪雨の発生時には,積乱雲の組織化によって,このような数十km以上(メソβスケール)にわたって強雨域が連なる線状降水帯が形成される場合が多い[8].線状降水帯はその形態と内部の構造から,①**スコールライン**(squall line:SL)型,②**バックビルディング**(back building:BB)型および③**バックアンドサイドビルディング**(back and side building:BSB)型の3タイプに分類されている[9](図5).

①SL型は,寒冷前線の前面などに風の収

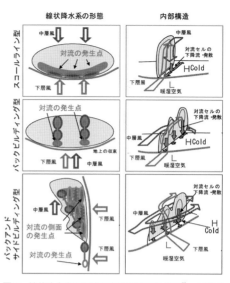

図5 線状降水帯の形態と内部構造の模式図[9] →口絵6
左側は線状降水帯を構成する積乱雲の様子で,薄灰色矢印は積乱雲の移動を示す.右側は線状降水帯の内部構造であり,白抜きの薄灰色と濃灰色の矢印はそれぞれ下層風と中層風を示し,濃灰色矢印は積乱雲内の下降流と冷気外出流を表す.

束帯があり,その収束帯に大きな角度で流入する暖湿下層風と,それと逆風向の比較的乾燥した中層風(高度3 km程度)が存在する場合にあたる.乾燥した中層風は積乱雲内で雨滴からの蒸発を促進するので,地上での冷空気の発散である冷気外出流が強い.冷気外出流と暖湿下層風との収束によって発生した新たな積乱雲は,元の積乱雲の下層風風上側に位置し,積乱雲への暖湿流の供給は維持される.しかし,強い冷気外出流に伴うガストフロントが積乱雲から離れると,暖湿流の供給が失われ積乱雲は衰弱していく.②BB型は,暖湿下層風と中層風の風向がほぼ同じ場合であり,個々の積乱雲は風下方向へ移動する.ただし,積乱雲からの冷気外出流と暖湿下層風とが収束するため,新たな積乱雲が古い積乱雲の後面側(下層風の風上側)に形成され,したがって積乱雲の発生場所には常に下層の暖湿流が供給される.この場合,新し

く発生した積乱雲が次々と同一場所を通過するため，強い降水が断続的に発生する．日本における集中豪雨事例の多くはこのようなBB型とされている．③BSB型は，暖湿下層風と中層風の風向が直交するような場合に対応する．積乱雲は中層風によって移動するが，積乱雲からの冷気外出流と暖湿下層風との収束によって，側面側でも新たな積乱雲が発生する．この場合も新たな積乱雲には下層の暖湿流の供給が持続し，積乱雲が次々と同一場所を通過するため強い降水が断続的に発生する．なお，BSB型も広い意味でBB型に含めることがある．

BB型やBSB型のように，収束によって新たにできた積乱雲が中層風の風下側へ移動する場合，発生場所から次第に積乱雲として発達し，やがて対流圏上層に**金床雲**（anvil）も広がるようになる．そのためこのようなメソ対流系は，発生から一定時間経つと，しばしば衛星画像上で風上側に尖り風下側に拡がった**にんじん状雲**（carrot-shaped cloud）として認められ（図6），これを**テーパリングクラウド**（tapering cloud）とよぶこともある．風上側の尖った部分では，積乱雲を発生させる活発な上昇流が存在しており，強雨だけでなく突風・竜巻や降雹などの顕著現象が発生することがある．

このようなメソ対流系（メソβスケール）は，その内部にメソγスケールの積乱雲を組織化し，一方で総観スケールやメソαスケールの大きいシステムがメソ対流系の形成・維持に好条件となる大気場を提供している．すなわち，異なる空間スケールの現象が階層構造をなしている．以下では集中豪雨の発生が多い

梅雨季から梅雨明け後と，台風・秋雨季の事例をあげて，集中豪雨をもたらしたメソ対流系の舞台背景となった大気場を概観する．

(5) メソ対流系形成の舞台背景
(a) 梅雨季から梅雨明け後

梅雨前線（Baiu front）は，5月上中旬から7月中下旬にかけて停滞と北上を繰り返しつつ中国，朝鮮半島，日本など東アジアに顕著な雨季をもたらす準定常的な前線である．傾圧性を特徴とする寒帯前線とは異なり，とくに中国大陸から西日本の梅雨前線は，大気下層で気温（温位）の南北傾度（図7a）はそれほど大きくないが，水蒸気量の南北傾度が大きく（図7b），**相当温位**（equivalent potential temperature）の南北傾度極大帯として認識される．130°Eに沿った相当温位の高度緯度断面（図7c）によると，梅雨前線帯（2つの矢印の間）の南側では，多湿空気の流入に対応して下層で相当温位が高く，中層では低いため**対流不安定性**（convective instability）が大きい．一方で梅雨前線帯では，鉛直方向に相当温位の差がほとんどなくなっている．すなわち梅雨前線帯は，南側の大きい対流不安定性を活発な対流の発生によって解消する場であり，対流によって水蒸気が上方へ輸送され上空まで相対湿度（図7d）が高い状態となっている．

梅雨前線帯では，下層から中上層の風は平均的に南西〜西風であり，図8のように東進する降水セルの西側（風上側）に新しい降水セルを形成するBB型の線状降水帯がしばしば発生する．ただし，梅雨前線帯では上空ま

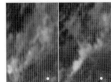

図6 衛星画像（MTSAT-2）でみた，にんじん状雲（テーパリングクラウド）の事例（高知大学[10]の画像をもとに作成）
2014年9月4日23時から5日04時のIR1画像であり，尖った部分に近い京都府綾部（アメダス）では5日3時50分までの3時間に193.0 mmを記録した．白丸は名古屋の位置を示す．

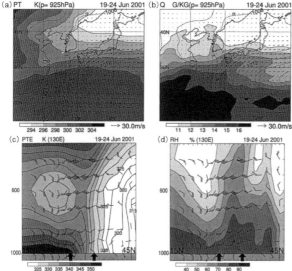

図7 日本付近における梅雨前線の特徴（2001年6月19〜24日の平均場）[11] (a) および (b) は，それぞれ大気下層（925 hPa）における温位 (K) および水蒸気量として比湿 (g/kg) の分布で，ベクトルは風系，破線の等値線は海面気圧分布を表す．(c) および (d) は，それぞれ130°Eに沿う相当温位 (K) および相対湿度 (%) の高度緯度断面で，風速の長い矢羽は5 m/s，半分の矢羽が2.5 m/sを表す．

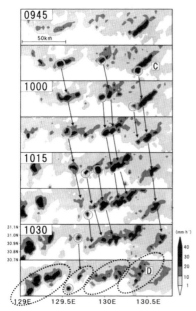

図8 レーダーエコー強度（降水強度）に基づく降水セルの時間変化[12]
実線の円は新しく現れた降水セル，矢印は各セルの移動を表す．最下段の破線の楕円はメソ対流系のまとまりを示す．領域は九州の南海上で，1996年7月7日の事例（時間間隔は7.5分）．

で湿っているため，雨粒からの蒸発が小さく，図5に示されるBB型のような冷気外出流はあまりみられない．一方でわずかなもち上げでも積乱雲が発達することから，下層での持続的な収束帯の存在などがBB型の線状降水帯に関与していると考えられる．なお，九州西部においては，特定の場所から北東方向（風下側）へ延びる線状降水帯の現れることが知られており，甑島ライン，長崎ライン（諫早ライン），五島ラインなどとよばれている．長く延びる線状降水帯の形成には，準定常的な環境場において，島嶼や半島などの地形が暖湿空気のもち上げに寄与するとともに，やはり風下側の海上や陸上で起こる収束が関与していると考えられている．ただし，佐渡島の風下側に線状降水帯が形成された2011年7月下旬の「平成23年7月新潟・福島豪雨」では，佐渡島の地形を除去した数値シミュレーションにおいても，ほとんど同様に線状降水帯が再現された[13]．メソ対流系の形成に与える島嶼・半島あるいは山地などの地形効果の発現もさまざまな一方で，収束の発生を把握しにくい洋上からBB型の線状降水帯が沿岸部に集中豪雨をもたらすことがあり，予

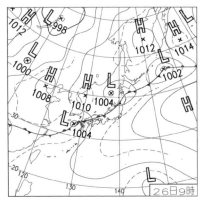 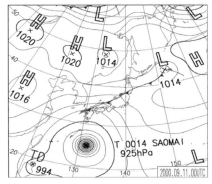

図9 「平成21年7月中国・九州北部豪雨」における地上天気図（2009年7月26日09時）（気象庁Web情報による）

図10 東海豪雨発生時における地上天気図（2000年9月11日09時）（気象庁Web情報による）

測が難しい場合が少なくない．また，短い波長のトラフに対応したメソαスケールの小低気圧が，しばしば梅雨前線上を東進してくる（図9）．この小低気圧は，梅雨前線の傾圧性が小さいためあまり発達はしないが，暖湿流を強化するなどしてその南〜東側に集中豪雨を発生させることがある．

(b) 台風・秋雨季

台風（typhoon）などの**熱帯擾乱**（tropical disturbance）は，それ自体が組織する積乱雲群によるほかに，**秋雨前線**（autumnal rain front）への暖湿流供給によって集中豪雨をもたらすことがある．2000年9月11，12日の東海豪雨（図10）では，名古屋市（名古屋地方気象台）で最大24時間降水量534.5 mm，最大1時間降水量97 mmを記録し，愛知県内だけでも死者7人，重軽傷者107人，住宅被害6万2125棟の大規模な水害となった．この時には，動きの遅い台風0014号東側の南南東風により，秋雨前線南側へ暖湿空気の流入が持続して，南北の走向をもつ線状降水帯が繰り返し発生した．その際に，紀伊半島の地形による収束の影響も想定されている．

九州や四国，紀伊半島などの南—東向き山地斜面では，台風接近時の南東寄りの風が**地形性上昇**（orographic lifting）を起こし，降水量がきわめて多くなることがある．さらに，台風などの顕著擾乱が本州南岸を北東進する際に，擾乱の北東象限において**沿岸前線**（coastal front）が形成されることがある．2013年10月15，16日には，台風1326号の接近に伴い，伊豆大島の大島特別地域気象観測所では16日07時までの24時間に824 mm，16日4時50分までの3時間に335 mmの大量の降水があり，大規模な土石流災害が発生した．伊豆大島付近に北東—南西方向に現れた線状降水帯は，台風周囲の暖湿な南東風と関東平野から吹く北—北東風との間に形成された温度傾度の大きい顕著な沿岸前線（図11）に対応していた．

(6) 大雨特別警報

気象業務法の改正（2013年5月31日公布）に伴い，同年8月30日より，これまでの気象警報・注意報に加えて**特別警報**（emergency warnings）の運用が開始された．これは従来の警報発表基準をはるかに超える大雨，地震，津波，高潮などが予想され，数十年に1度しかないような重大な災害の危険性が著しく高まっている場合に発表される．

大雨特別警報（heavy rain emergency warning）の具体的な発表基準は，市町村別

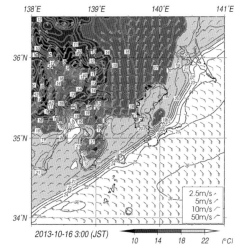

図11 台風1326号の接近に伴う伊豆大島の集中豪雨時における地上の気温場と風系場（2013年10月16日03時，気象庁メソ数値予報モデル初期値により作成）

に定められた48時間降水量（または3時間降水量）および土壌雨量指数の基準値を上回る5km格子が，ともに府県程度の広がりの範囲内で50格子（3時間降水量の場合は10格子，ただし3時間降水量が150mm以上となる格子のみをカウント）以上の出現が予想され，さらに雨が降り続くと予想される場合である[14]．なお，土壌雨量指数とは，浸透などに対応した水の出入りがある直列3段のタンクを土壌中に想定したタンクモデル[15]によって求めた土壌中の水分量の指標である．大雨特別警報の基準は，期間と範囲がともに本項の区分による集中豪雨と同等かそれ以上の強雨を想定している．そのため特別警報の運用開始直後に発生した台風1326号に伴う伊豆大島の土石流災害時には，基準を満たす範囲が狭いことから発表されなかった．また，1時間程度のきわめて局地的な大雨（短時間強雨）についても特別警報の発表には至らない[16]．このような場合には，記録的短時間大雨情報などによって気象庁から情報が発信される．

〔高橋日出男〕

文献

1) 気象庁：予報用語（http://www.jma.go.jp/jma/kishou/know/yougo_hp/mokuji.html）
2) 宮澤清治（1999）：災害史シリーズ（106）気象災害史（94）激しい世論を喚起した昭和28年の大水害(3)1953年（昭和28年）8月の南山城豪雨（ことば「集中豪雨」の初出）．近代消防，**37**(11)，102-105．
3) 倉嶋 厚（1977）：気象災害の時代的変遷と，これに対応する防災気象情報の発展について．地学雑誌，**86**，20-38．
4) 高橋日出男（2010）：都市と降水現象，福岡義隆・中川清隆編著：内陸都市はなぜ暑いか — 日本一高温の熊谷から，pp.75-102，成山堂書店．
5) Yonetani, T. (1982)：Increase in number of days with heavy precipitation in Tokyo urban area. *J. Appl. Meteor.* **21**, 1466-1471.
6) Kim, D.-S. *et al.* (2012)：X-band dual-polarization radar observations of precipitation core development and structure in a multi-cellular storm over Zoshigaya, Japan, on August 5, 2008. *J. Meteor. Soc. Japan*, **90**, 701-719.
7) 小倉義光（1999）：一般気象学 第2版，東京大学出版会．
8) 吉崎正憲・加藤輝之（2007）：豪雨・豪雪の気象学，朝倉書店．
9) 瀬古 弘（2010）：中緯度のメソβスケール線状降水系の形態と維持機構に関する研究．気象庁研究時報，**62**，1-74．
10) 高知大学気象情報頁（http://www.weather.is.kochi-u.ac.jp/）
11) Kato, T. *et al.* (2003)：Reason for the Failure of the Simulation of Heavy Rainfall during X-BAIU-01 — Importance of a Vertical Profile of Water Vapor for Numerical Simulations —. *J. Meteor. Soc. Japan*, **81**, 993-1013.
12) Wakizaka, Y. *et al.* (2006)：Periodic evolution of multiscale precipitation systems developed within a Baiu frontal cloud cluster. *J. Meteor. Soc. Japan*, **84**, 497-518.
13) 気象庁（2013）：平成23年7月新潟・福島豪雨と平成23年（2011年）台風第12号及び台風第15号の調査報告．気象庁技術報告，**134**．
14) 気象庁：気象等の特別警報の指標（http://www.jma.go.jp/jma/kishou/know/tokubetsu-keiho/shihyou.pdf）
15) Ishihara, Y. and Kobatake, S. (1979)：Runoff model for flood forecasting. *Bull. Disas. Prev. Res. Inst., Kyoto Univ.*, **29**(1), 27-43.
16) 気象庁：自治体からの主な意見・要望とそれらに対する気象庁の対応・見解について（http://www.jma.go.jp/jma/kishou/know/tokubetsu-keiho/130731iken_taiou.pdf）

§I-5

温暖化渦中の大雪
Heavy snowfall under global warming conditions

(1) 日本海側の豪雪

2005/06年や2012/13年の冬季に，日本列島の日本海側の地域は豪雪に見舞われた．地球温暖化といわれる今日，なぜこのようなパラドックス的な現象が起こるのだろうか．それを探るための第一歩として，20世紀後半の代表的な豪雪年における地上天気図と対流圏中層500 hPaの天気図（図1）を北半球規模で比較しながら，豪雪をもたらす気圧配置パターンの特徴を捉えることにしよう．

まず豪雪年の共通点をあげておこう．北半球500 hPaで3つの大きな気圧の谷つまりトラフ（trough）を生じているとき**3波循環**（quasi-stationary three-wave pattern）とよぶが，日本が寒冬年には，北米とヨーロッパでも寒冬傾向となることが多い．大地形の影響で，チベット・ヒマラヤ山塊付近には気圧の尾根つまりリッジ（ridge）が形成され，偏西風に対して同山塊の風下側にあたる地域にはトラフが生ずる傾向となる．この領域は低気圧が発生・発達しやすいので，**サイクロジェネシス**（cyclogenesis）[1]とよばれる．同様に，北米西岸でもロッキー山脈の影響を受けて，その東側にトラフが生じやすい．また，冬季には海陸の温度分布状況から，太平洋の北部に存在する北太平洋の**アリューシャン低気圧**（Aleutian Low），北大西洋の**アイスランド低気圧**（Icelandic Low）が発達しやすく，前者に対応して東アジアに，後者に対応して北アメリカにそれぞれトラフが入りやすい．気候システムのバランスの関係で，ヨーロッパにもトラフが形成されることが多い．結局，北半球の冬に均整のとれた3波循環が卓越すると，日本付近，北米東部，ヨーロッパで寒冬となる．

北陸地方を中心に日本海側で豪雪となり，とくに平野部で積雪量が多く，交通機関への影響が甚大だった38豪雪（1963（昭和38）年1月を中心とする図1)の特徴をみてみよう．地上天気図（a）の日本海中部にみられる袋状のトラフは，500 hPa天気図（b）で日本海北部まで南下してきた非常に強い**寒冷渦**（cold vortex）に対応する．この寒冷渦は地球自転速度を揺るがしたともいわれている．北極海には優勢な高気圧が現れ，**シベリア高気圧**（Siberian High）と連結し，北極寒気団がシベリア寒気団とともに日本付近へ襲来し，主に日本海側の平野部で豪雪となった．**里雪型**

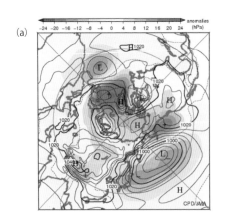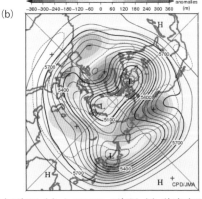

図1 日本が豪雪となった1963年1月における北半球の地上天気図（a）と500 hPa天気図（b）（気象庁Web情報による）→口絵7
1962年12月〜1963年2月の500 hPaについては近藤（2004）[1]参照．

26　第I章　多大な影響をもたらす異常気象・極端気象

（plain-typed snowfall）といわれるこの種の豪雪は**日本海収束雲**（Japan-Sea convergent cloud）[2),3)]を伴うという特徴もある．

56豪雪（1980/81年豪雪）の場合は，地上天気図で**西高東低型の気圧配置**（west-high, east-low pressure pattern）が顕著で，東西の気圧傾度が極めて大きく，北西季節風が強い**山雪型**（mountain snowfall type）であった．里雪型に比べて，山間部での降雪量が多くなる．1981年1月には，500 hPa天気図ではカムチャツカ半島付近から日本列島へのトラフが伸び，日本へ向かう季節風が強まった．

2005/06年豪雪の場合，北半球地上天気図（図2a）をみると，シベリア高気圧が北方，つまり北極海沿岸まで拡大していることがわかる．そのため，北極海のユーラシア大陸沿岸では西風に伴い北極寒気団が発達し，時計回りにシベリア北岸から東岸を迂回して，寒波が日本列島に到達した．500 hPa天気図（図2b）によれば，北大西洋のアゾレス高気圧から西欧方面へ北上する**ブロッキングリッジ**（blocking ridge）[4)]が明瞭で，北極海のユーラシア大陸沿いまで達している．一方，北太平洋からもシベリア北岸へリッジが入り，西欧からのリッジと連結した．その結果生じた非常に強いブロッキングが，極渦をカナダ側とシベリア側へ分断し，2波循環に近いパターンに移行させた．そのような

状況下での豪雪だった．

20世紀後半以降の特徴として，**北極海海氷**（sea ice in the Arctic Ocean）の減少傾向が認められる．その結果，ユーラシア大陸寄りの北極海沿岸域で低気圧が活発化しやすくなり，シベリア高気圧の強化につながる傾向がみられる．

北極海の海氷が年間でもっとも縮小するのは9月半ばだが，低気圧・高気圧活動への影響は秋から冬にかけても残る．2008年1～2月の中国の華中・華南の大雪は，その具体例と考えられる[5)]．つまり，2007年の北極海海氷の大幅な減少後，ユーラシア大陸寄りの北極海で大規模な無海氷（開氷）域が広がる→海面からの潜熱の放出→低気圧の発達→秋・冬におけるシベリア高気圧の南偏→中国南東部で寒波・大雪というプロセスがみられた．

同様に，2012年9月には北極海の海氷が極小を記録したが，それに続く冬（図3）には，第一級の北極寒気団がユーラシア大陸東縁部を通り日本列島へ流入した（図4）．2013年1月の地上天気図（図3a）は特徴的で，シベリア高気圧の中心はやや不明瞭だが，その北方，東シベリア海には地上から500 hPa(b)におよぶ背の高い高気圧がみられる．それはアラスカ沖の**ボーフォート高気圧**（Beaufort High）が西に移動し発達したものであった．

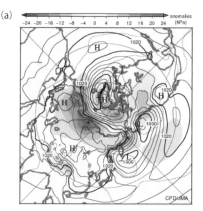 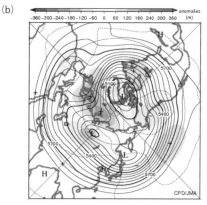

図2 日本が豪雪となった2006年1月における北半球の地上天気図（a）と500 hPa天気図（b）（気象庁Web情報による）→口絵8

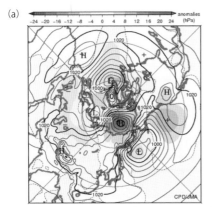
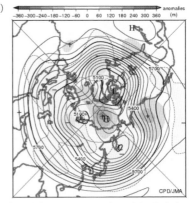

図3 日本が豪雪となった 2013 年 1 月における北半球の地上天気図（a）と 500 hPa 天気図（b）（気象庁 Web 情報による）→口絵 9

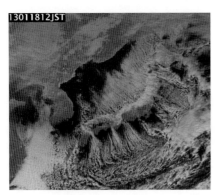

図4 日本に寒波が到来した 2013 年 1 月 18 日 12 時の気象衛星可視画像[6]
強い寒気の影響で暖かい海面からの水蒸気が凝結してできたベナールセル型の積雲が筋状にびっしりと並ぶ．脊梁山脈の鞍部を通過する線状の積雲や，済州島南方沖の風下側に整然と並ぶ積雲のカルマン渦列も特徴的といえる．

　その南，日本付近へは上空に寒気を伴う背の高い低気圧「寒冷渦」が南下し，豪雪の目安となる $-42°C$ が北日本の 500 hPa で観測された．かつての豪雪年（図 1b）の発生メカニズムとは異なり，北極圏に進入した**ブロッキング高気圧**（blocking high）がシベリア高気圧とのつながりを強化し，寒波を日本付近へ送る状況がしばしばみられる．
　近年，日本列島の日本海側を流れる対馬暖流が例年以上に高温化傾向にあり，水蒸気量の増大が，雪雲の雲水量の増加を招き，水分を多量に含む重い積雪となり，雪害につながることが懸念される．2006 年，2013 年はともに前年から高海水温が続いていたことが影響して，日本海側で豪雪・雪害になった．

（2）太平洋側の大雪

　日本列島の南岸を**南岸低気圧**（southern coastal-low）が発達しながら北東進するとき，関東地方など太平洋側で大雪が降りやすい．低気圧の移動コースとしては，三宅島と青ヶ島の間を通ると，関東地方の南部で大雪になることが多い．通過点が三宅島以北であれば，降雨の可能性が高まり，青ヶ島以南であれば，関東平野では降ってもわずかな降水に留まる．
　どのような条件下で南岸低気圧が発生・発達するのだろうか．シベリア高気圧の勢力と北太平洋高気圧の勢力が拮抗し，シベリア寒気団の南下がちょうど南西諸島付近や本州南岸付近までとなるような場合，台湾付近から東シナ海南部に寒帯前線帯が形成され，その前線上に低気圧が発生する．上空のトラフが $120 \sim 130°E$ にあれば，そのトラフの南東側で低気圧が発達しながら東北東へ進む．
　上空の寒気が強いということが降雪の条件になるが，850 hPa では $-6 \sim -4°C$ 以下，

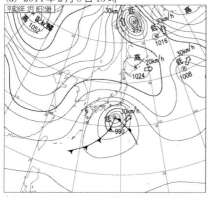

(a) 2014年2月8日15時

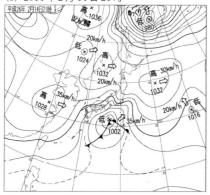

(b) 2014年2月14日21時

図5 関東甲信越地方に大雪をもたらした発達中の南岸低気圧が特徴的な地上天気図（気象庁による）
北方の高気圧が三陸沖に張り出し，関東方面へ寒気を送り込んでいることが共通点としてあげられる．関東地方北西部の内陸下層に蓄積された寒気の南下が降雪の主因になったと考えられる．（a）の先行する南岸低気圧がカムチャツカ半島西岸に居座るなか，続く（b）の南岸低気圧が到来した．いずれも三陸沖の移動性高気圧が南岸低気圧の移動速度を抑え，北北東進させた．

500 hPa では−30℃以下が平野部での降雪の目安となる．寒気は，北日本東方沖に張り出した高気圧から北東気流としてもたらされる．加えて，より低温の関東地方の内陸部の寒気が下層を南下してくると，上空の雪片が融けずに地表に達する．やや乾燥した空気が西方より入り，雨滴が蒸発したり，雪片が昇華したりする際，潜熱が奪われ低温化すると，降

雪につながる可能性があると指摘されている．

2014年2月8日には，関東甲信越地方で記録的な大雪となった（図5a）．関東地方南部で大雪の降る典型的な気圧配置といえる．1052 hPa に発達したシベリア高気圧から北日本方面へリッジが関東地方東方沖まで張り出し，関東地方の南にある低気圧は，通常より動きが遅く，北上成分の大きな北東進コースとなり，低気圧の中心示度を低下させ，大雪を長引かせた．

まだその大雪が多く残るなか，2014年2月14日には，関東甲信越地方は再び記録的な大雪に見舞われた（図5b）．当初，北上成分が大きく，南方からの暖気が房総半島方面へ進入し，雪から雨に変わるとみられていた．しかし，内陸下層域における寒気の蓄積が著しく，また，三陸沖のブロッキング高気圧の勢力が強かったため，行く手を阻まれた低気圧は関東地方南東岸を北北東へゆっくり進み，降雪が長引いた．積雪量は甲府で114 cm（過去の記録は1998年：49 cm），秩父で98 cm（1928年：58 cm），前橋で73 cm（1945年：37 cm）と大幅に記録を更新した．農作物やビニールハウスなど農業施設へ甚大な被害がおよんだ．当時，黒潮が大蛇行しており，暖湿気流が大量に低気圧へ流れ込んだことも大雪の一因といえよう．

近年春先を中心に，北日本でも，急発達する低気圧の通過に伴う湿り気を多く含んだ豪雪による被害が太平洋側のみならず日本海側でも多発傾向にあるとみられる．〔山川修治〕

文献

1) 近藤洋輝（2004）：WMO気候の事典，丸善．
2) 八木正允他（1986）：大陸沿岸の地形の影響を受けた日本海上の'帯状収束雲'と'Cu-Cbライン'，天気，**33**，454–465．
3) 浅井冨雄（1996）：ローカル気象学，東京大学出版会．
4) Barry, R.G. and Perry, A.H.（1973）：*Synoptic climatology*, Methuen & Co Ltd.
5) 山川修治（2010）：2008年中国中南部における記録的豪雪のメカニズム ―2007年北極海海氷縮小との関連も含めて―，遠藤邦彦他：極圏・雪氷圏と地球環境，pp. 231–243，二宮書店．
6) 高知大学気象情報頁（http://www.weather.is.kochi-u.ac.jp/）

§Ⅰ-6

降雹
―下層暖気上に強い寒気進入―
Hailstorm：incursions of strong cold air above a warm air mass

(1) 雹の形成メカニズムと形状

雹（ひょう）とは，積乱雲（cumulonimbus：Cb）から降る氷の塊で，平均直径が5mm以上のものを指し，それ未満のものを霰（あられ）という．氷晶が積乱雲中の上昇流と下降流内で上下運動を繰り返すうち氷粒に成長する．そして氷粒どうしが結合し大きくなり上昇流で支えきれなくなったり，下降気流に伴い落下してくるのが降雹である．雹が綺麗な縞模様の断面からなる場合は，**過冷却水滴**（supercooled water droplet）層（氷点下でありながら水滴の状態を維持している気層）まで落下し再上昇を繰り返したことがわかる[1]．

(2) 降雹の発生条件

降雹の発生条件は次のようにまとめられる．
①対流圏上層まで積乱雲が発達している．
②対流圏中層に寒気が流入し，対流圏中下層で大気が不安定になる．季節と地域によって異なるが，夏なら500hPaで−10℃，春・秋ならば−20℃，地上と500hPaの気温差40℃以上が目安になる．
③対流圏上層にも寒気が流入している．降雹につながる氷粒形成と成長には，−15℃以下の雹形成層の厚さが数kmにおよぶ必要がある（上記②と同時に重要）．
④地表付近で日射による昇温現象が現れている．降雹のきっかけとなる局地的な上昇気流（サーマル）を発生させる．
⑤発生頻度の高い山沿いにおいては，谷風が上昇流を加速させる効果をもたらす．

(3) 降雹発生の総観的要因

気圧配置の観点から，降雹の発生要因をまとめる．

①寒冷渦（cold vortex：CV）の中～低緯度への移動．北（南）半球では寒冷渦の南東（北東）側が，降雹の危険地域になる．この領域では寒暖両気団の接触が起こりやすい．冬季，季節風が吹走する日本列島の日本海側地域で霰や雹がしばしば降る．
②寒冷前線の通過．春～初夏および秋には，寒冷前線に沿って積乱雲の列が生じ，降雹を伴うこともある．
③停滞前線の活動域の南下．停滞前線は寒気団と暖気団が拮抗しているが，比較的寒気団の強度が優っている場合に降雹を引き起こすことがある．
④上空寒気団の中～低緯度への移動．①のような渦をなさなくても，寒気団が低緯度へ進入することがある．後述の中国南部における降雹はこれに該当する．

(4) 世界各地の降雹の地域性

オーストラリアの降雹（hailstorm in Australia）：　南極寒気団が北上しやすく，しかも大陸が広大で，日射による局地対流が活発に起こりやすいオーストラリアでは，降雹の機会が比較的多い．

1967年以降の統計[1]から，総被害額（2011年に基準化）が10億豪ドル以上のワースト3事例をあげる．①1999年4月14日，シドニーで約42億9600万ドルの被害があった．降雹の総重量は50万tと見積られた．次いで，②1985年1月18日，ブリスベンで20億6300万ドル，次いで,③1990年3月18日，シドニーで12億9700万ドルの被害が記録されている．

このように東海岸で大規模な降雹をみる要因としては，南極寒気団の一部がオーストラリア東部からニュージーランド付近にかけて北上しやすく，同時に，大量の水蒸気を含む強い海風が，グレートバリアリーフ方面から東岸に走るグレートディヴァイディング山脈へ継続的に流入することがあげられる．

北米の降雹（hailstorm in North America）：春～初夏を中心に頻発するトルネードに伴い

30　第Ⅰ章　多大な影響をもたらす異常気象・極端気象

降雹も発生することが多い．寒気団が北極海ないしカナダ方面から大陸を横断する寒冷前線に伴い南下する場合や，寒冷渦が到来する場合で，大平原では地表が熱せられ，かつ，メキシコ湾方面から暖湿流が入りやすいという条件が重なる．また，西方からの中～上層風がロッキー山脈を越える際に波動が生ずることも誘因となり頻発する．

アメリカ合衆国カンザス州 Coffeyvill では 1970 年 3 月，長径 16 cm に及ぶ世界最大級の雹（図1）が降ったと記録されている．

南米での降雹（hailstorm in tropical South America）：　熱帯でも標高の高い地域では，激しい降雹に見舞われることがある．その一例をあげる．2015 年 3 月 24 日，赤道に近い南米コロンビアのボゴタ（標高 2548 m）南部で降雹があり，60 cm も積もった．

ヨーロッパの降雹（hailstorm in Europe）：北極寒気団が南下しやすく，アフリカ方面からは暖気が地中海の水蒸気をたっぷり含んで入りやすく（例えば，2014 年 7 月 7, 21 日，フランス），降雹が発生し，農作物に甚大な被害をもたらすことがある．

アフリカの降雹（hailstorm in Africa）：アフリカの降雹について，近年の特筆すべき 3 例をあげる．

2015 年 3 月 3 日には，タンザニア北西部で激しい降雹があり，47 人もの犠牲者を出した．当時の衛星画像（図2）をみると，

図1　1970 年 3 月にカンザス州に降った巨大な雹のレプリカ（提供：小元敬男）大小さまざまな氷塊が巻き上げられる際に結合したと推測される．左下：10 円玉．

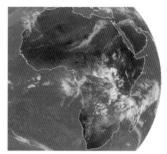

図2　激しい降雹を引き起こした Cb 群（2015 年 3 月 3 日，Meteosat 赤外画像）

ITCZ に沿って発達した積乱雲群の列がタンザニア北西部の高原地帯に出現している．当地は 1000 ～ 2000 m 級の高地なので，熱帯インド洋から入る湿潤空気が地形性の上昇気流を強め，一方，上空では寒気団が大西洋南方の南極海方面から流入し，激しい降雹に至ったものと考えられる．

降雹頻度が比較的高い南アフリカ共和国では，例えば，2015 年 2 月 6 日に激しい降雹に見舞われ，7 人の犠牲者を出した．

2014 年 3 月 12 日には，アフリカ北東部，紅海に面する乾燥地域のエリトリアで，90 分間に及ぶ降雹があり 1 m も雹が積もった．

中国の降雹（hailstorm in China）：　中国東部から南部にかけての地域では，寒気団がシベリアやモンゴル方面から，一方，暖湿気団が南シナ海や熱帯太平洋方面から流入することが多く，降雹に見舞われやすい．

2013 年 3 月 20 日には，中国北西部から寒冷渦が南下し，広東省・江西省・貴州省の広域で鶏卵ほどの大きさの激しい降雹が 10 分あまりも続いた．降雹頻度の高い中国でも鶏卵大の降雹は比較的めずらしい．当日 15 時の地上天気図（図3a）をみると，日本付近の深いトラフから停滞前線が華南へ伸び，それによる降雹だったことがわかる．衛星画像（図3b）では，華南にスーパーセル（super-cell：数十～数百 km の水平スケールをもつ積乱雲群で，対流圏上部に達する複数のセルにより構成）が出現している．停滞前線の南

北で気温差が大きく，南西方から暖湿気団が流入，前面上を滑昇し，チベット高原の東縁部を南下してきた寒気と接触，激しい上昇流を起こしたと推測される．

降雹域西側，昆明における気温の鉛直プロファイルを**エマグラム**（emagram）（図4）でみると，一番上層の100 hPa（高度約16.4 km）まで上に行くほど気温が低下する状況となっている．本来，200～150 hPa（上空約12～14 km）付近にある圏界面が2～3 km高く，積乱雲の発達につながる大気不安定のポテンシャルを有していた．100 hPaで−70℃は，3月としては平年より数℃低温といえる．上空に通常よりも分厚い強い寒気団が到来し，大気は極めて不安定な状態にあった．気温のプロファイルは対流圏中層と

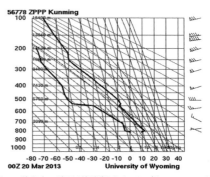

図4 鶏卵大の降雹が観測された日の朝08 LMTの昆明におけるエマグラム[3]

エマグラムとは，横軸に温度，縦軸に高度（気圧）をとり気温（右側の太実線）と露点温度（左側の太実線）の鉛直プロファイルを示した図で，緩い傾きの乾燥断熱線，大きな傾きの湿潤断熱線，急な傾きの飽和混合比線が描かれている．安定度など気象解析のために活用される．

上層でジグザグになり，中・上層で偏西風がヒマラヤ山脈の風下波動を起こし，上昇流と積乱雲発達の一因となった可能性がある．下層には局地的に暖湿流が流入，不安定度を増し，対流活動が激化，降雹につながった．瞬間最大風速49 m/sにもおよぶ突風も観測された．

(5) 日本における特徴的な降雹

広域降雹（hailstorm in a wide area）：2015年4月14～15日の連日，日本では各地で降雹を観測した．14日には福岡・鹿児島・枕崎などで，15日には岐阜・前橋・軽井沢・日光などで降雹を記録している．14日21時の500 hPa天気図（図5）を点検してみよう．

当日は寒冷渦が九州の35°N付近まで南下していた．500 hPaで明瞭な低気圧の特徴を示す寒冷渦の南東側での降雹であった．寒気は，輪島で−25.1℃を記録し，日中における地上気温との差は優に40℃を超えた．その差は14時頃に最大になり，14～17時に降雹が相次いで発生した．

三鷹降雹（hailstorm in Mitaka）：2014年6月24日14:30～15:00頃，東京都三鷹

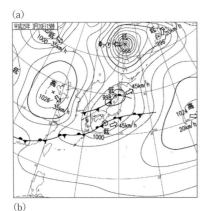

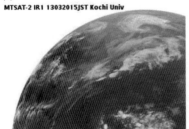

図3 中国で鶏卵大の雹が降った2013年3月20日の(a) 15 JST(14 LMT)の地上天気図（気象庁）と(b) 15 JSTの気象衛星GMS7赤外画像（高知大学[2]）
白く輝き，かつ円形構造を示すことから，鉛直発達度が大きく，雲頂高度が圏界面まで達していたとみられる．

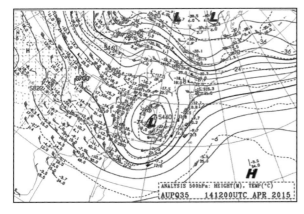

図5 日本で広域降雹となった2015年4月14日21時の500 hPa面高度・気温の分布（気象庁に加筆）
対馬海峡付近に着目すると，かなり低緯度（34°N）まで強い寒冷渦が南下していたことがわかる．

市西部を中心に，調布市東部から世田谷区北西部にかけて，降雹に見舞われた．三鷹市中原では，直径1〜3 cmの雹が降り，道路に30 cm余りも積もった[4]．上空に寒気を伴うトラフが日本列島へ入り，伊豆諸島鳥島東方近海の低気圧発生につながった．15時（図6）にはその低気圧から連なる積乱雲を含む雲塊が関東南部で発達した．

この積乱雲発達の一因として次のことがあげられる．300 hPaでは，日本南岸にこの時期としては非常に強いジェット気流（jet stream）が吹走しており，西南西風のジェット・ストリーク（jet streak：JS，強風軸）の北西側で低気圧性の渦が生じやすい．今回，伊豆諸島南部を通るJS（八丈島で53 m/s，大島付近まで50 m/sを超える）の北北西側およそ300 kmで，低気圧性渦を生ずるとともに積乱雲が成長し，降雹を引き起こしたことになる．

当日09時の500 hPaでは，北朝鮮の南岸に−10℃の寒気を伴う低気圧があり，輪島に−13.5℃，館野に−10.7℃の寒気が流入していた．圏界面は15.5 kmと通常より高く，寒気が主に上空400〜250 hPa付近へ入り，同気層に不安定度が集中，雲頂高度は約12 kmに達し，スーパーセルを形成した[5]．氷晶の成長できる約−15℃以下の雹形成層の厚さが，当事例では高度6〜12 kmの約6 kmにも達し，大粒の氷塊の形成に至った．

〔山川修治〕

図6 2014年6月24日15時の可視画像（高知大学[2]に加筆）
寒冷渦（CV）が散見される．降雹域にはアーク状Cb列（△）があり，それを中心に，北西方に日本海積雲（Cu：cumulus）列（*），南東方に前線上低気圧に伴う乱層雲（Ns：nimbostratus；×）が現れた．

文献

1) 出世ゆかり（2014）：2014年6月24日にみられた降雹事例のMPレーダー観測．環境研究シンポジウム・ポスター発表，2014年11月18日．
2) 高知大学気象情報頁（http://www.weather.is.kochi-u.ac.jp/）
3) Wyoming Univ. Web（http://weather.uwyo.edu/upperair/sounding.html）
4) 尾花麻他（2016）：2014年6月24日三鷹降雹についての総観メソ解析．気候影響利用研究会報，37, 17-18.
5) 山内洋他（2014）：2014年6月24日東京に降雹をもたらした積乱雲の二重偏波レーダー解析．日本気象学会秋季大会講演予稿集，p.313.

トピック②

滝のような激しい雨
Torrential rainfall

2014年の滝豪雨

1時間雨量50 mm以上の非常に激しい雨について，本項では「滝豪雨」とよぶことにする．2014年夏季（6月16日〜9月15日）に出現した滝豪雨は，気象庁アメダス1309地点のうち213地点（図1），278例であった．34°N以南での発生頻度が高い（図2）．

2014年の滝豪雨は，台風8号により沖縄県に **大雨特別警報**（emergency heavy rain warning）が発表された7月9日，高知県に上陸した台風11号により三重県に大雨特別警報が発表された8月9日〜10日にかけて多く出現した（図3）．また，高知県内を中心に記録的な大雨となった8月2日〜3日，京都府で浸水被害が相次いだ8月16日にも滝豪雨の回数が多い．8月17日にかけての京都府福知山市の大雨，8月20日に発生した広島市の大規模土砂災害を含め，気象庁はこの年の大雨を「平成26年8月豪雨」と命名している．

滝豪雨の発生時刻

滝豪雨の発生時刻について調べると，午前3時〜7時頃に多く発生していることがわかる（図4）．**台風**（tropical storm, typhoon）の接近や**暖湿気**（warm moist air）の流入など総観規模の原因が背景にある場合，滝豪雨の発生は時刻を選ばない．とくに，未明から早朝にかけて発生する「寝込みを襲う滝豪雨」は，防災情報の周知や避難行動に影響し，人的被害を拡大する危険がある．下層暖湿流が継続している状況下で，深夜から早朝にかけ夜間冷却により気層の温度が低下すると，凝結高度が低くなり，より地表面の影響を受けやすくなる．空気が十分に湿っている場合には，標高300〜500 m程度の低い山でも，

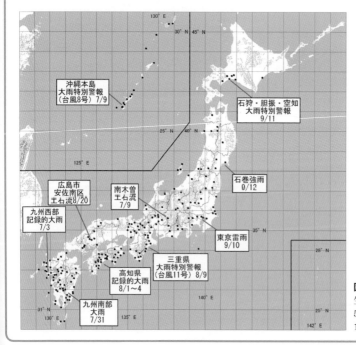

図1 "滝のような雨"の発生分布
50 mm/h以上　2014年6月16日〜9月15日

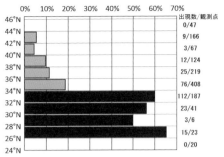

図2 緯度帯別"滝豪雨"の出現率
1時間雨量50 mm以上 2014年6月16日〜9月15日

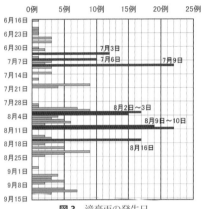

図3 滝豪雨の発生日

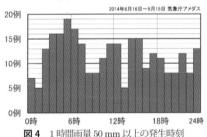

図4 1時間雨量50 mm以上の発生時刻

図5 "滝豪雨"の原因（総観場の背景）2014年278事例

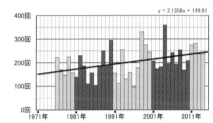

図6 滝のような激しい雨の回数
時間雨量50 mm以上・アメダス1000地点換算（1976年〜2014年気象庁による）．

地形による強制上昇によって，持続的な積乱雲発生の原因となりうる．

地上天気図から総観場の背景を探ってみた（図5）．台風の強風域内で発生したものは「台風本体とその周辺」，強風域の外ではあるが台風東側の暖湿流で発生しているものは「台風間接関与暖湿流」とした．2014年については，これら台風関連の滝豪雨が105例（38%）

を占めた．また，**梅雨前線**（Baiu front）など東西に長く停滞する前線近傍やその南側300 km以内で発生したものは79例（28%）あり，台風関連と合わせると全体の2/3を占める．気象庁が作成している850 hPa相当温位分布図を参照すると，台風や停滞前線による滝豪雨の多くが345 K以上の高相当温位のもとで発生していることがわかった．

一方，少数ながら330 K未満で発生していた事例もあった．9月11日〜12日にかけて北日本で発生した滝豪雨は，動きの遅い上層寒冷渦の下に，南方から暖湿気が流れ込んだのが原因であり，北海道の石狩，空知，胆振地方に大雨特別警報が発表された．

滝豪雨の年間発生回数（図6）は，年によって大きな違いがあるが，アメダス1000地点あたり毎年200回程度発生している．長期的な傾向としては，毎年約1%増加している．

〔**平井史生**〕

トピック③

2014年8月20日の広島豪雨
Heavy rainfall events in Hiroshima：August 20, 2014

2014年8月19日夜から8月20日明け方にかけて広島市を中心に猛烈な雨となり，**土石流**（debris flow）により死者74人となる大災害となった[1]．広島市内のアメダス地点の三入では20日3時～4時の1時間に観測史上1位となる101.0 mmの降水量を観測した（図1）．消防が土砂災害の第1報を覚知したのは3時21分[1]，まさにこの強雨の時間帯であった．図2は，8月20日3時の地上天気図である．日本海には南下する前線があり，**太平洋高気圧**（Pacific High）からの**縁辺流**（marginal flow）が流れ込む夏の大雨時の典型的な気圧配置であった．広島での大雨の要因として**バックビルディング現象**（back building phenomena）があげられている[4]．しかしながら，バックビルディング現象以外に大雨を強化した要因が考えられたので，この点について考察する．

図3は，8月20日3時の気象庁気象官署・アメダスデータから作成した西日本の気温の分布と相対湿度95％以上の領域を示したものである．気温は0.6℃/100 mで標高の効果を補正してある．中国山地から広島市付近まで気温と相対湿度はそれぞれ25℃以下かつ95％以上である．一方，豊後水道から暖気が入り込み，広島市付近で気温傾度が大きくなっている．

図4は同時刻の赤外雲画像である．強い輝度の雲画像の南側にやや弱い輝度の雲画像が広がって見える．同時刻の広域雲解析情報図（図省略）[5]によれば，強い輝度の像は雲頂高度12000 mを超える積乱雲に対応し，南側のやや弱い輝度の像は雲頂高度約6000 mの中層雲に対応する．すなわち，不安定な大気成層のもとで，豊後水道からの暖湿流が，広島市まで南下した冷気と中国山地によって強制上昇し，中層雲とそれを突き抜ける積乱雲からなる雲システムが形成されたことが推察される（図5）．地形効果によって，積乱雲

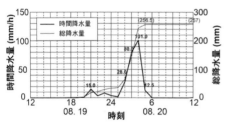

図1 アメダス地点三入の2014年8月19日～20日にかけての時間降水量と総降水量[2]

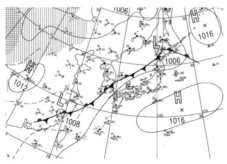

図2 2014年8月20日3時（日本時間）の地上天気図[3]

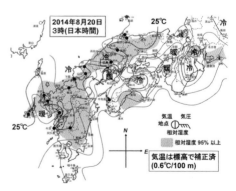

図3 西日本における2014年8月20日3時（日本時間）の気温分布と相対湿度95％以上の領域（気象庁気象官署・アメダスデータをもとに作成）

がそれより低い中層雲を突き抜けるような雲システムができあがると，降水効率を増加させることが知られている．武田はそのメカニズムを次のように説明している[6]．中層雲中の細かい雲粒が積乱雲中に取り込まれ，積乱雲中の大粒の雨滴と併合し，中層雲だけでは降水とならなかった雲粒までもが雨滴となる．また，積乱雲上部からの**氷晶**（ice crystal）が中層雲に降り注ぐと，中層雲内の氷晶密度の増加と氷晶の併合が起こり，さらに中層雲内に**過冷却水滴**（supercooled water droplet）が存在すれば氷晶や**雪片**（snowflake）の成長を促す．2014年の「広島豪雨」の際にもこのような現象が起こったのではないかと筆者は考えている．

さらに，滑昇暖気中の雲からの雨滴が広島市付近に滞留する冷気層中に落下すると，雨滴の蒸発により飽和に近い滞留冷気中に水蒸気が加わり，滞留冷気中の**エアロゾル**（aerosol）に凝結し霧状の水滴ができることが考えられる．落下雨滴にこの霧状水滴が併合すれば，冷気層だけでは降水にならなかった水蒸気も降水することが推察される．

以上述べたように，2014年8月20日に広島市を中心に襲った豪雨の要因として，バックビルディング現象以外に，積乱雲がそれより低い中層雲を突き抜ける雲システムと中国山地から南下した冷気層によって雨滴の成長が促進されたことが考えられる．

〔伊藤　忠〕

文献

1) 総務省消防庁災害対策本部（2014）：8月19日からの大雨等による広島県における被害状況および消防の活動等について（第41報）．平成26年9月24日13時00分発表資料, pp. 1-4.
2) 広島地方気象台（2014）：気象速報「平成26年8月19日から20日にかけての広島県の大雨について」, pp. 1-10.
3) 気象庁，一般財団法人気象業務センター（2014）：気象庁天気図 2014年8月（CD），アジア太平洋地上天気図 08/19-18.
4) 気象研究所（2014）：平成26年8月20日の広島での大雨の発生要因．平成26年9月9日気象庁報道発表資料, pp. 1-6.
5) 気象庁（2014）：広域雲解析情報図 TSAS1 RJTD 191800UTC AUG 2014.
6) 武田喬男（1977）：「3. 雨」，別冊サイエンス，特集 大気科学 自然現象に挑む, pp. 29-37, 日本経済新聞社．

図4 2014年8月20日3時（日本時間）の赤外雲画像（気象庁Web情報による）

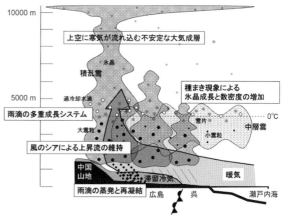

図5 「2014年広島豪雨」時の雲システム模式図
バックビルディング現象以外に，滞留冷気層，地形効果による中層雲とそれを突き抜ける積乱雲とが互いに作用することによって雨滴の成長を促進したことも大雨強化の一因と考えられる．

§ I−7

激化する突風・竜巻
Intensifying wind gusts and tornadoes

（1）現象の規模

突風（gust）はさまざまな気象現象によって生じるが，ここでは**ガストフロント**（gust front），**ダウンバースト**（downburst）および**竜巻**（tornado）を取り上げる．表1はこれらの気象現象の空間・時間スケールのおよその範囲である．スケールが小さいほど風が弱いのではなく，風のエネルギーがもっとも集約される竜巻による突風がもっとも強い．

（2）フジタスケール

これらの現象がもたらす突風は台風と比べればはるかに規模が小さく，実際に吹いた風の風速が計測される機会に乏しい．そこで1971年，シカゴ大学の**藤田哲也教授**は竜巻の被害の程度から竜巻の強さを分類する方法を提案した．表2に示す**フジタスケール**（Fujita scale；Fスケール）である．F0〜F5の6クラスあり，被害の記述と推定される風速範囲が与えられている．フジタスケールはアメリカだけでなく，日本を含む世界中で用いられている．竜巻だけでなく，ダウンバースト，ガストフロントによる突風の強さを表す指標としても用いられている．

（3）EFスケール・JEFスケール

時代とともに丈夫な建物がつくられるようになり，推定風速レベルが過大になってきたため，アメリカではフジタスケールの改訂版として**EFスケール**（Enhanced Fujita scale）が作成され2007年から用いられている．EFスケールは被害を受けた建物の種別をきめ細かく分類し，電柱なども含めて28の指標によって風速レベルを推定している．表3に示すようにEF0〜EF5の各クラスの

表2 フジタスケール [2]

F0	17〜32 m/s（約15秒間の平均）
テレビのアンテナなどの弱い構造物が倒れる．小枝が折れ，根の浅い木が傾くことがある．非住家が壊れるかもしれない．	
F1	33〜49 m/s（約10秒間の平均）
屋根瓦が飛び，ガラス窓が割れる．ビニールハウスの被害甚大．根の弱い木は倒れ，強い木は幹が折れたりする．走っている自動車が横風を受けると，道から吹き落とされる．	
F2	50〜69 m/s（約7秒間の平均）
住家の屋根がはぎとられ，弱い非住家は倒壊する．大木が倒れたり，ねじ切られる．自動車が道から吹き飛ばされ，汽車が脱線することがある．	
F3	70〜92 m/s（約5秒間の平均）
壁が押し倒され住家が倒壊する．非住家はバラバラになって飛散し，鉄骨づくりでもつぶれる．汽車は転覆し，自動車はもち上げられて飛ばされる．森林の大木でも，大半折れるか倒れるかし，引き抜かれることもある．	
F4	93〜116 m/s（約4秒間の平均）
住家がバラバラになって辺りに飛散し，弱い非住家は跡形なく吹き飛ばされてしまう．鉄骨づくりでもペシャンコ．列車が吹き飛ばされ，自動車は何十メートルも空中飛行する．1トン以上ある物体が降ってきて，危険この上もない．	
F5	117〜142 m/s（約3秒間の平均）
住家は跡形もなく吹き飛ばされるし，立木の皮がはぎとられてしまったりする．自動車，列車などがもち上げられて飛行し，とんでもないところまで飛ばされる．数トンもある物体がどこからともなく降ってくる．	

表1 突風をもたらす気象現象のスケール [1]

	水平の空間スケール	継続時間のスケール
ガストフロント	数km〜数十km	1時間〜1日
ダウンバースト	数百m〜10 km	数分〜1時間
竜巻	数十m〜数百m	1分〜数十分

表3 EFスケール，JEFスケールの風速レベル（3秒平均風速）[3],[4]

EF0	29〜38 m/s	JEF0	25〜38 m/s
EF1	39〜49 m/s	JEF1	39〜52 m/s
EF2	50〜60 m/s	JEF2	53〜66 m/s
EF3	61〜74 m/s	JEF3	67〜80 m/s
EF4	75〜89 m/s	JEF4	81〜94 m/s
EF5	90 m/s〜	JEF5	95 m/s〜

風速レベルはオリジナルのフジタスケールの風速レベルより低い値になった．一方，地震国日本の建物は地震による水平の力に強くつくられており，風の力に対しても強い傾向がある．そのため日本版の JEF スケールが策定され，2016 年 4 月から運用されている．

(4) ガストフロント

積乱雲（cumulonimbus：Cb）や積乱雲群の下に蓄えられた冷たく重い空気が，周辺の暖かく軽い空気を押しのけて流れ出すとき，広がる冷気の先端をガストフロントといい，フロントの通過に伴って強い風が吹く．広がりながら進むとき冷気の先端は上空からみてゆるやかな円弧（アーク）の形になる傾向がある（図 1）．そのためガストフロント上空にはしばしば冷気が暖気を押し上げて形成されるアーク状の雲が観察される[5]．ガストフロントの長さは数十 km におよぶことがある．

2008 年 7 月 27 日，福井県敦賀市の敦賀湾に面した浜辺でガストフロントに伴う海からの突風が発生した．近くの気象観測所で 30 m/s 近い**最大瞬間風速**（maximum instantaneous wind speed）が記録されている．フジタスケールは F0 で，被害域は長さ 2〜3 km，幅 400〜600 m であった．イベント用の大型テントが吹き飛ばされ，死者 1 人，負傷者 9 人の被害が発生した．テントの脚には 300 kg もの重さのコンクリート製のおもりが多数つけられ，総重量が 5 t もあったが風の力がはるかに勝ったものである[6]．

(5) ダウンバースト

積雲（cumulus：Cu）や積乱雲から吹き下ろす冷えた重い**下降流**（downdraft）で，地面に衝突したのち勢いよく水平に広がることにより突風を生じる（図 2）．吹き出しの広がりは数百 m〜十 km 程度，寿命は 10 分程度である．藤田は風の広がりが 4 km 以下のものを**マイクロバースト**（micro burst），それ以上のものを**マクロバースト**（macro

図 1　ガストフロントの模式図

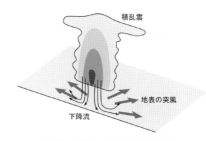

図 2　ダウンバーストの模式図

図 3　日本のダウンバースト発生地点[2]

burst）と分類した[7]．

下降流は，積乱雲の中で成長して重くなった雨滴が落下するとき周囲の空気を道連れにして発生する．下降流は下降しながらさらに冷えて重くなり下降速度を増す．**ひょう**（雹，hail）やあられを伴うことも多い．

水平方向に四方八方に広がるため，ダウンバーストによる被害は面的になり，被害から推定される風の向きが放射状になることが特色である．ただし一方向にだけ強い風が吹くこともあり，その場合，ダウンバーストと同

じく積乱雲に伴って発生する竜巻による被害と区別しにくい．

図3は1991年～2013年までに発生したダウンバースト発生地点である．全国各地で発生しているが,関東平野北部に比較的多い．

1996年7月15日午後3時ごろ茨城県下館市（現筑西市）で発生したダウンバーストは，日本で過去に確認された中で最大級とされ，被害域の幅1.5～3 km，長さ2.5～4 kmでフジタスケールはF1～F2と判定された．死者1人，負傷者19人，400棟以上の住宅被害があった[2]．被害の痕跡は放射状に突風が吹いたことを示している．暑い夏の午後，関東北部の停滞前線における寒気の移流に伴って積乱雲が発達して生じた．10日前の7月5日のほぼ同じ時刻に千葉市でフジタスケールがF2クラスの竜巻が発生している．

最近の事例では，2015年6月15日午後4時ごろ，群馬県前橋市から伊勢崎市にかけて発生した突風がダウンバーストによる可能性が高いと判断された．気象庁の調査によると被害範囲の長さは約18 km，幅は約8 kmで，軽自動車が飛ばされて転がったり，150棟近い住宅で屋根の一部が飛散したりブロック塀が倒壊したりするなどの多大な被害があった．フジタスケールはF1と推定された．被害の発生した頃，付近を活発な積乱雲が通過しており，直前にはすぐ近くの渋川市で2件の突風被害が発生した．

離着陸しようとする航空機がダウンバーストに遭遇すると，風が向かい風から追い風に急変して揚力が急激に増減し，墜落事故を引き起こす．1975年6月にニューヨークのJFK空港に着陸しようとしていた航空機が墜落し100人以上の死者を出した事故を調査した藤田がダウンバーストという現象を発見し，これが事故原因であることを解明した[7]．以来，空港周辺を中心にダウンバーストを発生させる積乱雲の発生を観測するレーダー網が整備されている．

(6) 竜巻

積乱雲に伴う上昇気流により発生する激しい渦巻状の気流である．

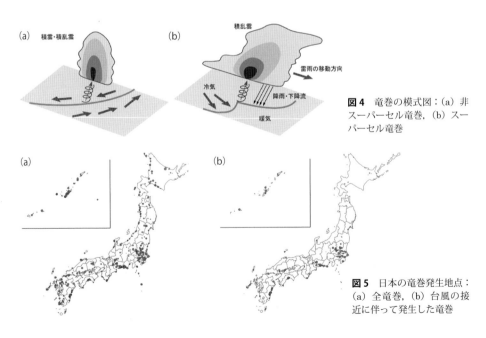

図4 竜巻の模式図：(a) 非スーパーセル竜巻，(b) スーパーセル竜巻

図5 日本の竜巻発生地点：(a) 全竜巻，(b) 台風の接近に伴って発生した竜巻

図6 2012年5月6日に茨城県常総市からつくば市にかけて発生した竜巻による被害[6]（撮影：九州大学・前田潤滋）

表4 日本で発生したフジタスケールF3竜巻

1990年12月 11日 19:13	千葉県 茂原市	死者1, 負傷者73 (6), 住家被害1747 (82)
1999年9月 24日 11:07	愛知県 豊橋市	負傷者415 (15), 住家被害2329 (40)
2006年11月 7日 13:23	北海道 佐呂間町	死者9, 負傷者31 (6), 住家被害39 (7)
2012年5月 6日 12:35	茨城県 常総市	死者1, 負傷者37 (0), 住家被害634 (76)

負傷者数, 住家被害数の（ ）内は重傷者数と全壊数である.

竜巻は**非スーパーセル竜巻**（non-supercell tornado）と**スーパーセル竜巻**（supercell tornado）とに分類される（図4）. 非スーパーセル竜巻は, 逆向きの気流がぶつかるところに生じる鉛直軸周りの回転気流が, 上空にできる積乱雲に吸い上げられ竜巻に発達する. 日本に発生する竜巻の多くは非スーパーセル竜巻である.

スーパーセル（supercell）は規模の大きな積乱雲で, 降雨による下降気流と回転して上昇する気流とが分離することにより, 積乱雲が長時間にわたって継続できるシステムである. 下降した気流が上昇気流の領域に向かって地表面に沿って流れるとき, 地面との摩擦で回転運動が供給され, これが回転性の上昇気流をより強く回転させ勢力が強い竜巻を発生させる. アメリカの竜巻はトルネードとよばれ, 直径が1 kmを超える巨大なものが発生したり, 同時に数十個も発生したりする.

図5(a)は日本における竜巻の発生地点（陸上竜巻のみ）を示したものである. 海岸に近い平野部に多く発生しているが, 内陸部でも発生例がある. 竜巻の親雲の積乱雲は, **低気圧**（low pressure）, **前線**（front）などさまざまな気象条件で発生, 発達するため, 竜巻もさまざまな気象条件で発生する. 図5(b)はそのなかで台風が接近したときに発生した竜巻の発生箇所をプロットした. 関東平野, 東海地方, 高知平野, 宮崎平野に集中している. 竜巻発生時, 台風は南西方向にあり, 1000 kmも離れている場合もある.

アメリカではフジタスケールがF5のトルネードが発生しているが, これまで日本で発生した竜巻でもっとも強い竜巻はF3で, 表4の4例である[2]. 図6は2012年5月6日に常総市からつくば市にかけて発生した竜巻による被害写真で[6], 戸建て住宅が丸ごとひっくり返る被害があった.

〔野村卓史〕

文献

1) 大野久雄（2001）：雷雨とメソ気象, 東京堂出版.
2) 気象庁：竜巻等の突風データベース（http://www.data.jma.go.jp/obd/stats/data/bosai/tornado/）
3) A Recommendation for an ENHANCED FUJITA SCALE, Wind Science and Engineering Center, Texas Tech University, 2006.（http://www.depts.ttu.edu/nwi/Pubs/FScale/EFScale.pdf）
4) 気象庁：日本版改良フジタスケールとは（http://www.jma.go.jp/jma/kishou/know/toppuu/tornado1-2-2.html）
5) 小林文明（2014）：竜巻, 成山堂書店.
6) 西村宏昭・丸山 敬（2009）：7月27日の福井県敦賀市の突風災害. 風災害, 6, 日本風工学会風災害研究会2008年次報告.
7) Fujita, T. T. (1985) : *The Downburst : Microburst and Macroburst*, SMRP Research Paper 210, University of Chicago.
8) 松井正宏・前田潤滋（2013）：5月6日に北関東で発生した広域突風災害, 2) 都市・建物の被害. 風災害, 10, 日本風工学会風災害研究会2012年次報告.

§Ⅰ-8

ブロッキングする偏西風とジェット気流
Blocked westerlies and jet streams

(1) 偏西風とジェット気流

日本など中緯度地域では，天気の変化は西から東へと移り変わることが多く，「朝焼けは雨，夕焼けは晴れ」という天気俚諺はその特徴をよく示している．これは，中緯度地域の上空には恒常的に西風が吹いており，日々の天気を支配する総観規模の高・低気圧などはこの風に流されるように西から東へと移動するためである．この恒常的に吹いている西風を**偏西風**（westerlies）とよぶ．

大気の運動（風）を引き起こす主たる原動力は，太陽から受け取るエネルギーである．地球に降り注ぐ太陽放射はその約3割が地表面や大気・雲によって反射されるが，残りの大部分は地面や海面に吸収される．地球大気は主に地面や海面から放出された熱を受け取る．しかし，赤道付近では南中高度が高く太陽からのエネルギーを獲得しやすい一方，極域では南中高度が低くまた年間の半分近くが極夜となるため太陽からのエネルギーを獲得しにくい．その結果，太陽からの入射エネルギーから，地球からの射出エネルギーを差し引いた正味のエネルギー量は，赤道域と極域で大きな差が生じる．この南北の熱の不均衡を緩和すべく，地球全体を取り巻く大気の大規模な流れである**大気大循環**（general circulation）が駆動される（図1）．

南北の温度勾配が大きい中緯度偏西風帯では，温度風の関係により上空ほど西風が強まり，対流圏界面付近においてもっとも西風が強くなる．そのなかでも狭い領域に集中的に吹く強い気流が対流圏**ジェット気流**（jet stream）であり，**寒帯前線ジェット気流**（polar front jet stream）と**亜熱帯ジェット気流**（subtropical jet stream）の2種類に分類される．寒帯前線ジェット気流は寒帯前線に伴って形成されるため，前線の移動や発達・衰退に付随してその位置や強さが大きく変動する．一方，亜熱帯ジェット気流は**ハドレー循環**（Hadley circulation）の高緯度側の端に位置し，その位置や強さは年間を通して比較的安定しており，ハドレー循環に伴う角運動量収束も影響している．

東西風の強さの指標として，**東西指数**（zonal index）が用いられることがある．東西指数は，注目する緯度帯を挟む2緯度の等圧面高度（ふつうは500 hPa高度）差をとり，低緯度側から高緯度側を引いた値で定義される．北半球の偏西風の強弱を示す指標としては，例えば35°Nと55°Nの差が用いられる．この指数が大きい高指数（high index）のとき偏西風は東西の流れが卓越し，低指数（low index）のとき偏西風は南北に大きく蛇行する．偏西風帯の東西指数は高指数の状態と低指数の状態を交互に繰り返す（その変動を**インデックスサイクル**；index cycle という）が，その変動周期は不規則で予測は難しい．

(2) ブロッキング現象

東西指数が低指数循環を示すときには，ジェット気流は南北に大きく蛇行する．ときおりその蛇行がさらに大きくなったり分流したりして，その状態が長く停滞・維持されることがある．この現象を**ブロッキング現象**（blocking phenomenon）といい，このときジェット気流が高緯度側に蛇行したところにできる背の高い高気圧を**ブロッキング高気圧**（blocking high）という．図2に示すように，

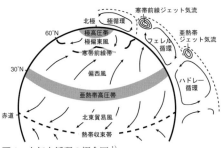

図1 大気大循環の概念図[1]

42　第Ⅰ章　多大な影響をもたらす異常気象・極端気象

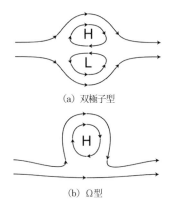

図2 ブロッキングパターン

図3 2015年9月5日〜9日の5日平均500 hPa等圧面高度（等値線）および2 PVU等渦位面温位が321 K以上336 K以下の領域（陰影）

 ブロッキングに伴う上層のパターンは2種類あり，1つは分流域の高緯度側にブロッキング高気圧，低緯度側に**切離低気圧**（cut-off low）が形成される双極子型（dipole type），もう1つは切離低気圧がはっきり認識されないΩ型（omega type）に分類される．どちらのパターンにせよ，ブロッキングの影響下では平年値から大きく外れるような極端な天候に見舞われる．さらに，ブロッキングはいったん発現すると持続しやすく，時として1か月以上続くこともある．したがって，ブロッキングは異常気象の要因の1つとして注目されるとともに，ブロッキングの正確な予報は中・長期予報精度向上の重要な鍵の1つである．

 図3は，2015年9月初旬に出現したブロッキングの例である．500 hPa高度分布をみると日本の北方に双極子型のブロッキングが形成されており，140°E付近のジェット気流は45°N付近と75°N付近の2つに分流していることがわかる．ちなみに，図3のブロッキング出現期間にあたる2015年9月9日〜11日にかけて，関東・東北地方では南から暖湿流が継続的に流れ込み多数の線状降水帯が発生したため記録的大雨となった．ブロッキングの存在が暖湿流の持続に寄与した可能性がある．

 ブロッキングの気候学的特徴を明らかにするにあたり，現象を客観的に抽出するためのさまざまな「ブロッキング指数」が提案されており，統一的な定義はない．その中で，60°Nと40°Nの500 hPa等圧面高度差として定義されたブロッキング指数[2]やその修正版[3]が比較的よく利用されている．この「東西指数型」ブロッキング指数によれば，北半球ブロッキングは大西洋東部〜ヨーロッパ域とアラスカ周辺の2地域でもっとも出現頻度が高く，季節的には冬から春にかけて出現頻度が高く秋は比較的少ない．梅雨の時期にみられる**オホーツク海高気圧**（Okhotsk sea High）の上空にはブロッキング高気圧を伴うことが多い．南半球ではニュージーランド付近などで出現し，出現頻度は冬季に比較的多くなるが，北半球に比べると少ない．

 近年，ブロッキングを対流圏界面における砕波現象としてとらえ，2 PVU等渦位面（PVUは渦位の単位で，1 PVU = 10^{-6}m^{2}s^{-1}Kkg^{-1}である．2 PVUはおよそ対流圏界面に相当する）における南北温位勾配の逆転として定義する新たなブロッキング指標が提唱された[4]（図3の陰影は2 PVU等渦位面温位分布を示すが，ブロッキング領域の高気圧側に暖気，低気圧側に寒気が進入し，南北温位勾配が逆転している様子がわかる）．図4は，5年間のデータに基づく，等渦位面温位指標で抽出された北半球ブロッキングの経度別，季節別出現頻度を示す．出現頻度の高い地域は東大西洋〜ヨーロッパ域と東太平洋〜北米

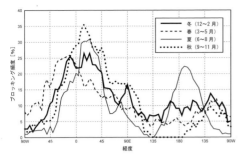

図4 北半球ブロッキングの経度・季節別出現頻度（1996年6月～2001年5月）[4]

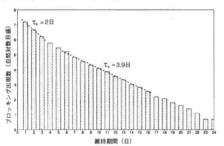

図5 北半球におけるブロッキングパターンの維持期間ごとの出現数（1996年6月～2001年5月）[4] 縦軸は出現数の自然対数を取っている．

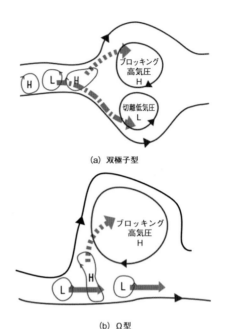

図6 ブロッキングの維持における渦―渦相互作用の模式図[5]

域の2地域であるが，太平洋側の出現域のピークは東西指数型ブロッキング指数による結果より東寄りである．また，大西洋域では年間を通して出現頻度が高く，太平洋域では夏や冬の頻度が高い．図5は，ブロッキングパターンの維持期間別出現数を示す．ブロッキングパターンはその維持期間が長くなるほど指数関数的に出現数が減少するが，その減少率は4～5日を境に短命な場合と長命な場合とで異なっている．すなわち，ブロッキングパターンが4～5日以上維持されるとさらに長寿命となりやすい傾向がある．

(3) ブロッキングの形成・維持メカニズム

ブロッキングがどのように形成・維持されるかについては，さまざまなメカニズムが提唱されているものの，すべてを矛盾なく説明できる包括的理論はまだない．そうしたなかで，ジェット気流に沿って移動する高周波擾乱がブロッキングの維持に貢献していることが，多くの研究で示されている．Yamazaki and Itoh[5] は，この現象を渦位輸送によって説明した．低渦位をもったブロッキング高気圧に高周波の移動性高低気圧が近づくと，低渦位をもつ移動性高気圧は引き付け，高渦位をもつ移動性低気圧は遠ざけようとする「渦―渦相互作用」が働く．このため，ブロッキング高気圧は移動性高気圧に伴う低渦位を選択的に吸収することでその勢力を維持できるとした（図6）．

ブロッキングの形成・維持において，低周波渦による寄与が重要なケースがあることも示されている．Nakamura et al.[6] は，北大西洋ブロッキングの形成・維持には西方からの定常ロスビー伝播による寄与が大きいことを示している．

ブロッキング現象はいったん発生すると持続しやすい傾向を示す一方で，発生時には帯

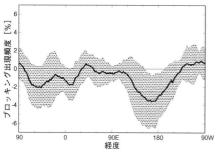

図7 SRES A1Bシナリオに基づく2081〜2100年の北半球ブロッキング出現頻度の1981〜2000年出現頻度との差（冬季；12〜2月）[10]
太実線は13種のモデル平均，陰影は1標準偏差の範囲を示す（CMIP3データに基づく）．

状な流れから比較的短期間で移行し，またその前兆がわかりにくく，現在でも予測は難しい．発生メカニズム解明に向けてさらなる研究の蓄積が必要である．

（4）ブロッキングの将来予測

1998年のThompson and Wallaceの論文[7]以降，冬季北半球の循環で卓越する変動パターンとして**北極振動**（Arctic Oscillation：AO ⇒ §V-1）が注目された．北極振動は北極域と中緯度域とのシーソー的変動で特徴づけられる．北極振動指数（20°N以北の月平均海面気圧偏差場を主成分分析した第1主成分で定義される）が正のときは東西の流れが卓越する一方，負のときはブロッキング的な流れが卓越し，東西指数と類似した特徴をもっている．北極振動に関して注目された点の1つとして，1970年代以降，北極振動指数に正のトレンドがみられ，それは近年の全球平均地上気温変動と類似の傾向を示していることがあげられる．気候モデルを用いた地球温暖化の将来予測研究においても，温暖化が進むと正の北極振動パターンが卓越する傾向が概ね示されている[8],[9]．この結果は，温暖化が進む将来において北半球ブロッキングの出現頻度が減少する傾向を示唆する．

図7は，第3次結合モデル相互比較プロジェクト（Coupled Model Intercomparison Project Phase 3：CMIP3）の13種のモデル結果に基づく，SRES A1Bシナリオによる21世紀末の北半球ブロッキング出現頻度と，20世紀再現実験による20世紀末の出現頻度との差を示している[10]．モデル間の結果のばらつきが大きいものの，平均すると将来，北半球ブロッキングの出現頻度は減少する傾向が示されている．この結果は，地球温暖化に対する正の北極振動トレンドと整合的と考えられる．しかし，温暖化予測研究で用いられている気候モデルのブロッキング再現精度はまだまだ不十分であり，モデルのさらなる改善が待たれる． 〔渡来　靖〕

文献

1) 渡来　靖（2011）：大気の大循環．立正大学地球環境科学部環境システム学科編：環境のサイエンスを学ぼう ― 人と地球の未来のために ―, pp.108-109, 丸善プラネット．
2) Lejenäs, H. and Økland, H. (1983)：Characteristics of northern hemisphere blocking as determined from a long time series of observational data. *Tellus*, **35A**, 350-362.
3) Tibaldi, S. and Molteni, F. (1990)：On the operational predictability of blocking. *Tellus*, **42A**, 343-365.
4) Pelly, J.L. and Hoskins, B.J. (2003)：A new perspective on blocking. *J. Atmos. Sci.*, **60**, 743-755.
5) Yamazaki, A. and Itoh, H. (2013)：Vortex-vortex interactions for the maintenance of blocking. Part I: The selective absorption mechanism and a case study. *J. Atmos. Sci.*, **70**, 725-742.
6) Nakamura, H. *et al.* (1997)：The role of high- and low-frequency dynamics in blocking formation. *Mon. Wea. Rev.*, **125**, 2074-2093.
7) Thompson, D.W.J. and Wallace, J.M. (1998)：The Arctic Oscillation signature in the wintertime geopotential height and temperature fields. *Geophys. Res. Lett.*, **25**, 1297-1300.
8) Fyfe, J.C. *et al.* (1999)：The Arctic and Antarctic Oscillations and their projected changes under global warming. *Geophys. Res. Lett.*, **26**, 1601-1604.
9) Yamaguchi, K. and Noda, A. (2006)：Global warming patterns over the north Pacific: ENSO versus AO. *J. Meteorol. Soc. Japan*, **84**, 221-241.
10) 渡来　靖（2014）：北半球におけるブロッキングの経年変化．気候影響・利用研究会会報, **35**, 7-10.

猛暑とフェーン現象のしくみ
Mechanisms of the Foehn Phenomenon and extreme high temperature

§I-9

(1) さまざまなスケールからみた日本の猛暑

最近，梅雨が明けた頃，そして盛夏が訪れる頃，ニュースなどで**熱中症**（heat stroke）の話題が取り上げられるようになってきた．2015年現在，熱中症が社会的な問題になっている．藤部文昭（2013）[1]によれば，熱中症によって毎年平均200人ほどが亡くなっているという．過去10年の統計でみると，熱中症による死亡者数は，気象災害として有名な台風や竜巻による死亡者数よりも実は多い．

熱中症や猛暑と聞くと，2007年，2010年，2013年の記録的な猛暑年（暑い夏）を思い出す読者が多いのではないだろうか．このようなひと夏を通しての全国的な**猛暑**（extreme high temperature）は，地球規模の大気や海洋の流れと関係している．気象庁は，2010年の夏の記録的な猛暑が，図1のような現象と関係していたと報告した[2]．2007年と2013年の夏の猛暑も2010年の夏の猛暑と多くの点で類似していたことが知られている．これらの過去3回の猛暑に共通する日本周辺の現象としては，①勢力の強い**太平洋高気圧**（Pacific High）の形成，②上層の**チベット高気圧**（Tibetan High）の日本付近への張り出し，③**亜熱帯ジェット気流**（subtropical jet stream）の北偏や北への蛇行があげられる．このうち，太平洋高気圧の勢力の強まりは，フィリピン近海の対流活動の活発化とそれに伴う日本付近への下降気流場の形成によって引き起こされていると考えられている．①と②が重なった場合，日本付近には大規模な弱い下降気流場が形成される．そのため，それに伴う断熱昇温，混合層高度の抑え，連日の晴天による地面加熱などによって，地上気温が上昇すると考えられている．また，③は太平洋高気圧の張り出しを促進し，暖気移流をもたらすことによって地

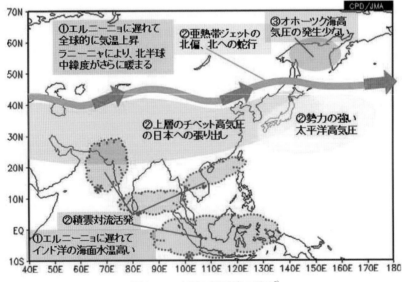

図1 2010年夏の高温現象の要因[2]

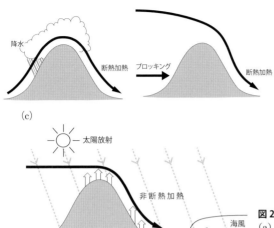

図2 フェーンの概念図
(a) 風上側に降水を伴うタイプ（フェーンⅠ型），
(b) 降水を伴わないタイプ（フェーンⅡ型），(c) 地面加熱を伴うタイプ（フェーンⅢ型）．

上気温の上昇に寄与していると考えられている．

このような時空間スケールの大きな現象により猛暑となった夏に，フェーン現象のようなメソスケールの現象がさらに重なると，記録的な高温となる．当時の日本最高気温記録となった2007年8月16日の熊谷市（埼玉県）の高温（40.9℃）は，図1に近い大規模場（環境場）の状況に加えて，**フェーン現象**（foehn phenomenon）が発生したことによって生み出されたと考えられている[3]．同じ日に発生した多治見市(岐阜県)の高温(40.9℃)や，これらの記録を塗り替えた2013年8月12日の四万十市（高知県）の高温（41.0℃）については，2015年5月の時点では，まだ詳細なメカニズムは解明されていないが，いずれもメソスケールの現象が大規模場の現象に重なったためだと推察されている．

比較的研究例の多い熊谷市の高温現象は，いわゆる「くじらの尾型」の気圧配置時に連日晴れた日が続き，フェーン現象が発生したときに生み出されることが，統計的に確かめられている[4]．一方，北陸で発生するフェーンについては，日本海に発達した低気圧が通過するときに発生する場合に多いことが経験的に知られている．

(2) フェーン現象
(a) フェーン現象とは

フェーンとは，ヨーロッパのアルプスで吹く山越え気流タイプの局地風（local wind）の名前で，この地方ではフェーンが吹くとその風下山麓で強風となり気温が急激に上昇し，湿度が急激に低下することが知られていた．フェーン現象とは，もともとアルプスで発生する現象を指していたが，現在では，山越え気流によって発生する高温現象であれば，それがアルプス以外の地域で起こっていてもフェーン現象とよばれている．フェーンの仲間には，アメリカのロッキー山脈の山越え気流である**シヌーク（チヌーク，チヌック）**（Chinook）などがある．

フェーン現象は，どこかの地域で高温が記録されたときなどに，テレビのニュース番組や天気予報のコーナーでしばしば取り上げられ解説されているので，読者においてもなじ

みの深い現象であろう．フェーン現象の解説は，高校地学の教科書にも載っている．ただし，それらの多くは，図 2a に示すような山の風上側で降水を伴うフェーンの説明であり，それ以外のタイプのフェーンの説明がされることはあまりない．ここでは，このタイプのフェーンはもちろんのこと，山の風上側で降水を伴わないフェーン，さらには，近年，研究されている地面加熱を伴うフェーンについて，それぞれの特徴と高温をもたらすメカニズムを説明する．

　国内でのみ使われている湿ったフェーンや乾いたフェーンというよび名は，山岳の風上側に降水があるかないかに着目して付けられたものであり，少なくとも湿ったフェーンという表現は，現地の人々の体感とは一致しない．フェーンを体感する現地（山岳の風下側）でフェーンが湿っているわけではないからである．昔の本ではフェーン I 型，II 型のようなよび方だったようだが，日本ではいつの日からか湿ったフェーン，乾いたフェーンというよび方になったようである．本書では，現地での体感を重視して，また海外の専門書にならい，山岳の風上側に降水をもたらすフェーンを湿ったフェーンとはよばずに，フェーン I 型とよぶことにする．これに付随して，山岳の風上側で降水を伴わないフェーンを乾いたフェーンとはよばずにフェーン II 型とよぶことにする．地面加熱を伴うフェーンについては，フェーン I 型，II 型と区別する必要があることから，フェーン III 型とよぶことにする．以下，これらのタイプのフェーンについて個別に紹介する．なお，フェーンにはこれら以外のタイプもいくつか存在する点に注意されたい [5)-8)]（本書では割愛する）．なお，現地（アルプス）でのフェーンの発音は「フーン」に近いことも述べておきたい．

(b) フェーン I 型

　フェーン I 型は，山岳の風上側で降水を伴うフェーンのことである（図 2a）．フェーン I 型のメカニズムの理解を容易にするために，ここでは風上にある空気塊の動きを追うことで風下高温現象を考えることにする．フェーン I 型では，空気塊が風上側の平野側から山岳を駆け上るとき，その途中で飽和して雲を形成し，降水をもたらす．空気塊の温度は，空気塊が飽和するまでは乾燥断熱減率，飽和した後は湿潤断熱減率で温度は低下していく．一方，風が山岳を越えて平野側に下りていくときは，風上側での降水によって空気塊は乾燥しているので，乾燥断熱減率で温度は上昇していく．乾燥断熱減率による気温上昇の方が湿潤断熱減率による気温低下よりも大きいため，その差の分だけ，風下地域の気温は上昇することになる．具体的に考えた方が理解しやすいので，ここでは，地上での気温が 24℃，露点温度が 20℃のような状況で，地上にあった空気塊が 2000 m の山岳を乗り越えて平野に降りてきた場合を考える．地上にあった空気塊は，**ヘニングの式**（Henning's formula）より，地上から 500 m 付近の高さで飽和すると見積もることができる．ここでヘニングの式とは，

$$H = 125\,(T - T_\mathrm{d}) \tag{1}$$

であり，T（℃）と T_d（℃）はそれぞれ地上の気温と露点温度であり，H（m）はもち上げ凝結高度である．

　上記の場合，地上から 500 m までは乾燥断熱減率にしたがって気温が下がるため，この時点での空気塊の温度は 19℃になっていることになる（計算を簡単にするために乾燥断熱減率を 1.0℃/100 m とした）．空気塊は，その後，山頂まで湿潤断熱減率にしたがって気温が下降する．湿潤断熱減率は気圧（高度）と気温によって異なるが，計算を簡単にするために 0.5℃/100 m とすると，山頂に到達した時の空気塊の温度は 11.5℃となる．この間，降水により水滴が地上に落ちて，空気塊が乾いていることが重要である．その後，乾いた空気塊が山頂から風下側の平野に降りていくと，地上に達するときには 31.5℃となる．これらの結果，風下側の平野の気温は風上側の平野の気温に比べて 7.5℃高くなる．

48　第 I 章　多大な影響をもたらす異常気象・極端気象

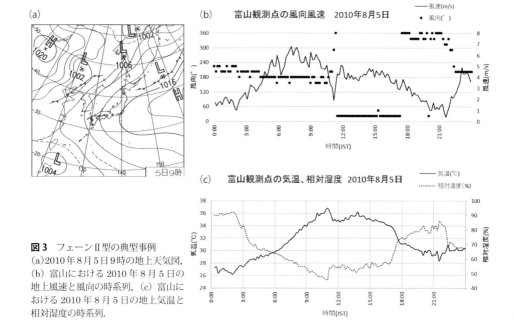

図3 フェーンⅡ型の典型事例
(a) 2010年8月5日9時の地上天気図, (b) 富山における2010年8月5日の地上風速と風向の時系列, (c) 富山における2010年8月5日の地上気温と相対湿度の時系列.

(c) フェーンⅡ型

フェーンⅡ型は,山岳の風上側で降水を伴わない点が特徴的である(図2b).また,山岳の風上平野上に冷気層がある点もフェーンⅠ型にない特徴である.この冷気層があるために,地上付近の風は山岳斜面を上昇することなく山岳にブロックされる.一方,山岳上空の風はこの冷気層の上を吹走し,その後,山岳の風下斜面を下っていく.このように,フェーンⅠ型とⅡ型は,降水の有無だけでなく流れ場という点でもその特徴が大きく異なる.このため,**フルード数**(Froude number)(山岳フルード数)も大きく異なる.フルード数とは,山岳の高さ・代表風速・大気安定度からなる流れに関する無次元数で,山越え気流になるか,山を迂回する流れになるか判断する場合や,おろし風の発生可能性の判断などに用いられる.

フェーンⅡ型では,乾燥断熱減率による気温上昇の方が環境場の断熱減率による気温低下よりも大きいため,その差の分だけ,風下地域の気温は上昇することになる.例えば,標準的な気温減率(100 mにつき0.6℃の温度変化)をもっている日を考える.山岳風上側の地上気温が24℃の場合,2000 mの高さにある空気塊の温度は12℃となっているはずである.この空気塊が山岳を越えて風下側の平野に下りてくると,乾燥断熱減率に従ってその温度は上昇し,風下側の平野に到達したとき32℃となる.これらの結果,風下側の平野の気温は風上側の平野の気温に比べて8℃高くなる.

山脈のなかに谷筋がある場合,山脈を越えて風下側の平野に吹き降りてくるフェーンⅡ型が発生する前に,谷筋を通って平野に吹き降りてくるいわゆる浅いフェーンが先行して発生することがある.浅いフェーンが発生しているときは,谷を出た後に平野部で発散が見られ,地上気圧が低下している.したがって,浅いフェーンが発生すると,それが山脈を越えてきた風を引き込み,フェーンⅡ型の発生を誘発することもある.

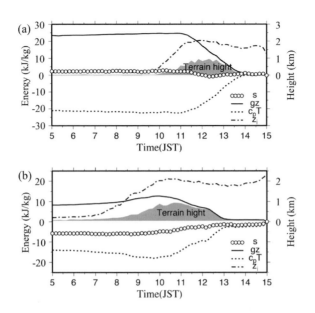

図4 領域気象モデル（weather research and forecasting：WRF）による数値シミュレーションの結果を用いて行ったラグランジュエネルギー収支解析の結果
(a) 高いコースに沿ったエネルギー収支解析の結果，(b) 低いコースに沿ったエネルギー収支解析の結果 [3].

　図3は，2010年8月5日に富山で観測されたフェーンⅡ型の典型事例である．この日は太平洋高気圧が日本列島を覆い，全国的に晴れていた．富山の気温は深夜2時頃から11時まで南よりの風が吹いている間上昇し続け，2時に26.2℃であった気温は11時には36.8℃となった．その後，北よりの風に変わり，気温上昇もおさまった．

(d) フェーンⅢ型

　2007年8月16日，当時の最高気温記録40.9℃が熊谷市で観測された．この原因は，本節のはじめに述べたような大規模場の影響に加えて，フェーンⅢ型による局所的な昇温であったと考えられている．

　フェーンⅢ型は山岳の風上側で降水を伴わないという点では，フェーンⅡ型と似ている．ただし，断熱昇温という力学的な効果だけで空気塊が昇温するわけではない．では，どのような非断熱効果があるのか？

　フェーンⅢ型の場合，空気塊は比較的低い高度（山岳の斜面から1000m程度の高さまで）を移動しながら山岳を越えてくる．山岳斜面上に形成される混合層のなかを移動してくるので，山岳斜面から熱を供給されることになる．つまり，フェーンⅡ型のメカニズムに地面からの加熱とエントレインメントを考慮したものがフェーンⅢ型のメカニズムということになる（図2c）．一般的に，山頂付近の方が平野部よりも地面から大気に供給される顕熱量は大きい．そのため，山岳の地面からの加熱効果は無視できない大きさになりえる．

　図4は，数値シミュレーションの結果を用いて行った後方流跡線解析とラグランジュエネルギー収支解析の結果である．実線は2007年8月16日に日本海側から熊谷に移動してきた空気塊の移動中の高度から計算された位置エネルギーを示している．数値シ

ミュレーションにより，日本海側から熊谷に移動してくるコースは大きく２つあり，そのうちの１つが比較的高度が高いコース，もう１つは高度が低いコースを通ってきたことがわかっている．この図には，それぞれのコースを通過してきた空気塊を対象にした乾燥静的エネルギーの時空間変化も記述されている．高度が高いコースの場合は，場所や時刻によらず乾燥静的エネルギーはほぼ一定である．乾燥静的エネルギーがほぼ一定ということは，空気塊は断熱変化していることになる．つまり，このコースを通ってきた空気塊は，フェーンⅡ型の特徴をもっていたことになる．一方，高度が低いコースの場合，時間とともに少しずつ乾燥静的エネルギーが大きくなっていることがわかる．少しずつ大きくなっているということは，非断熱加熱があったことを意味する．数値モデルによれば，降水はなく，日射による大気の直接加熱もなかった．残る非断熱加熱は地面からの加熱とエントレインメントである．詳細は割愛するが，実際に数値モデルのなかでは，これらの非断熱加熱が40.9℃の記録に重要な役割を果たしていた．これらの結果をはじめとしたいくつかの解析結果から，熊谷の記録的な高温は，フェーンⅢ型によってもたらされているという説が提唱された[3]．

なお，フェーンⅢ型は南極半島でも確認されている[5]．

(e) フェーンによる過去の災害

熊谷の異常高温発生時，熱中症の救急搬送者が非常に多く，メディアなどで大きく取り上げられた．このためか，著者の周囲ではフェーンというと，熱中症を思い浮かべる人が多い．しかし，フェーンによる高温障害は熱中症だけではない．フェーン多発地帯として知られる北陸地方では，水稲の白穂もまた深刻なフェーンによる高温障害といえる．例えば，新潟県新発田では2014年8月10日に台風11号の影響で強風タイプのフェーンが同地域を襲い，水稲の白穂被害が起こった．また，2016年12月22日には糸魚川に大火

をもたらしている．

フェーンの被害は高温や乾燥だけではない．風害もまたフェーンがもたらす深刻な被害である．実際，元祖フェーンであるアルプスのフェーンは，強風としても有名である．日本のフェーンにも強風タイプは多い．新潟とならぶフェーン多発地域である富山県の砺波平野では，日本海上を発達した低気圧が通過するとき，しばしば強風を伴うフェーンが発生する．砺波平野全域で吹くフェーンには特別な名前はついていないが，井波地域だけで吹く強風は井波風とよばれている．最近では2015年5月12日に最大瞬間風速で40 m/sを超える井波風が報告されている．

〔日下博幸〕

文献

1) 藤部文昭（2013）：暑熱（熱中症）による国内死者数と夏季気温の長期変動. 天気, **60**, 371–381.
2) 気象庁（2014）：異常気象レポート2014.
3) Takane, Y. and Kusaka, H.（2011）：Formation mechanism of the extreme surface air temperature of 40.9℃ observed in the Tokyo metropolitan area: Considerations of dynamic foehn and foehn-like wind. *J. Appl. Meteorol. Clima.* 50, 1827–1841.
4) Takane, Y. *et al.*（2014）：Climatological study on mesoscale extreme high temperature events in the inland of the Tokyo Metropolitan Area, Japan, during the past 22 years. *Int. J. Climatol.,* **34**, 3926–3938.
5) Elvidge, A.D. and Renfrew, I.A.（2016）：The causes of foehn warming in the lee of mountains. *Bull.Amer. Meteor.Soc.,* **97**, 455–466.
6) Richner, H. and Hächler, P.（2013）：Understanding and forecasting Alpine foehn. In Chow, F. K. *et al.* eds：*Mountain Weather Research and Forecasting*, Springer.
7) Takane, Y. *et al.*（2015）：Investigation of a recent extreme high-temperature event in the Tokyo metropolitan area using numerical simulations: the potential role of a 'hybrid' foehn wind. *Q.J.R.Meteorol. Soc.,***141**, 1857–1869.
8) Miltenberger, A.K. *et al.*（2016）：Revisiting the latent heating contribution to foehn warming: Lagrangian analysis of two foehn events over the Swiss Alps. *Q.J.R.Meteorol.Soc.,***142**, 2194–2204.

トピック④

首都圏における異常高温現象
Unusually high temperatures in the Tokyo Metropolitan Area

日本の観測史における最高気温の上位20位以内に，**首都圏整備法**（Capital Region Improvement Act）の定める1都7県に属している11地点が登場する（2015年末現在）．それら11地点の最高値のすべては，1990年代以降に記録されたものである．

一方，日最低気温の「高い方から」のリストを見ると，暖候季のフェーン現象により高温が現れやすい日本海側の地点や九州・沖縄地方の地点が並ぶなかで，第2位には2013年8月に東京管区気象台（大手町）で記録された30.4℃が掲げられている（2015年末現在）．

東京を中心として広がる首都圏は，地形の影響（⇒§Ⅰ-9参照）や都市気候（⇒§Ⅰ-10参照）とのかかわりのなかで，「異常高温」が昼間にも，また夜間にも出現しやすい地域といえる．

ここでは，1990年代以降の首都圏を対象に，異常高温の昼間と夜間の出現状況について検討し，人間にとっての環境要素の観点から，暑熱について考察を試みる．

(1)「猛暑日」の増加傾向

「日最高気温が35℃以上」と定義される**猛暑日**（extremely hot day）については，2007年から気象庁の予報用語として使用されるようになり，1981～2010年を対象とする「2010年平年値」においても，その日数が示されるようになっている．

首都圏にある地域気象観測所（Automated Meteorological Data Acquisition System：AMeDAS）を対象（島嶼部は除く）に，猛暑日日数の上位10地点を示すと，館林（16.2日），伊勢崎（15.9日），熊谷（13.9日），甲府（12.0日），越谷（11.7日），古河（11.5日），寄居（11.4日），鳩山（10.8日），勝沼（10.0日），前橋（9.2日）であり，年間5日以上を示す地点が他に18地点みられる．

図1は，1991～2015年の25年間を対象に首都圏のAMeDAS観測点において猛暑日となった地点数累計の推移を都県別に示している．猛暑日地点数は，冷夏の年と暑夏の年との差が非常に明瞭であることがわかる．対象期間を通した都県別の占有率をみると，埼玉県が23.4%を占め，群馬県（18.8%），山梨県（13.9%），茨城県（13.5%）と続いている．これらは，先にあげた上位10地点に含まれる地点を中心に，関東平野中央部および甲府盆地で猛暑日が現れていることを示している．

対象期間のうち，冒頭6年間（1991～1996年）と最近の6年間（2010～2015年）との変化率をみると，首都圏全体で猛暑日地点数が104.7%増加している．とくに，栃木県（254.8%）では，佐野や小山，真岡などで，茨城県（136.0%）では，古河や笠間など関

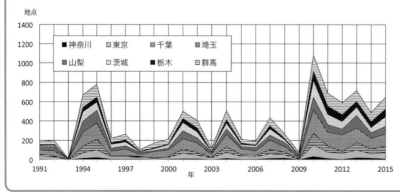

図1 首都圏における猛暑日地点数（年）の推移（気象庁資料により作成）

東平野中央部に近い地点での増加が著しい．

(2)「熱帯夜」の増加傾向

「日最低気温が 25℃以上」と定義される**熱帯夜**（sultry night）は，その名称に疑問が示される場合もあるが，夜の暑さを示す指標として広く用いられている．

「2010 年平年値」における首都圏の AMeDAS の熱帯夜日数上位 10 地点は，千葉（20.1 日），辻堂（19.0 日），横浜（18.6 日），練馬（18.4 日）江戸川臨海（14.5 日），船橋（14.4 日），東京（11.4 日），館山（10.9 日），越谷（10.0 日），伊勢崎（9.9 日），三浦（9.5 日）であり，年間 5 日以上を示す地点が他に 10 地点みられる．

図 2 は，1991 ～ 2015 年を対象に首都圏の AMeDAS 観測点において熱帯夜となった地点数の累計の推移を都県別に示している．熱帯夜地点数は，やはり冷夏の年と暑夏の年との差が非常に明瞭である．対象期間を通した都県別の割合をみると，千葉県が 28.5％を占め，東京都（24.9％），神奈川県（16.0％），埼玉県（10.5％）と続いている．これらは，先に指摘した地点を中心に，沿岸部と都市近郊の内陸部で熱帯夜が現れていることを示している．

対象期間の冒頭 6 年間（1991 ～ 1996 年）と最近の 6 年間（2010 ～ 2015 年）との変化率をみると，首都圏全体で熱帯夜地点数が 104.5％増加している．とくに，栃木県（297.3％）と茨城県（140.0％）で急増している．これらは，日中の最高気温が高温傾向を示すことによって，沿岸部より大きな気温低下がみられても，結果として 25℃を下回らずに熱帯夜となるためと考えられる．沿岸部では，千葉県が 103.1％の増加率を示す．東京湾岸だけでなく，館山や銚子などでも増加傾向がみられる．

一方，日最低気温の最高値 30.4℃を記録した東京（大手町）では，2010 年に 56 日の熱帯夜日数を記録するなど，梅雨明け以降の盛夏季は熱帯夜が継続する傾向が続いている．さらに，「乾燥化」が進む都市域において，夜間の水蒸気量はその減少幅が日中の減少幅より小さい傾向がみられ，夜間の暑熱環境は悪化しているという報告[1]もある．

(3) 異常高温現象と人間生活

日中・夜間ともに異常高温が顕在化している首都圏は，日本の 34.5％（2015 年）の人口が集中する地域でもある．冷房負荷の増加によって，エネルギー消費量の増加をもたらす可能性がある．また，「新しい災害」と認識されつつある**熱中症**（heat stroke）のリスクも高まることとなる．

異常高温のメカニズムの理解とともに，熱中症リスクの増大を社会問題として認識し，「いかに夏を乗り切るか」といった，対策の充実も必要となろう． 〔山添　謙〕

文献

1) 山添　謙（2014）：東京における温湿指数に基づく暑熱夜の出現状況．日本地理学会発表要旨集．

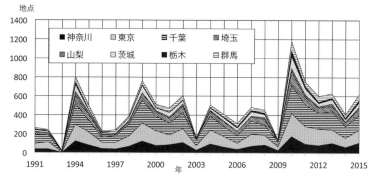

図 2　首都圏における熱帯夜地点数（年）の推移（気象庁資料により作成）

仙台のヒートアイランド
Urban heat island in Sendai

§Ⅰ-10

(1) ヒートアイランドの立地（自然的基礎）

ヒートアイランド（urban heat island）に代表される**都市気候**（urban climate）の定義は「都市における気候の人為的な改変」ということになるであろう．しかしこれを純粋に抽出することはほとんど不可能である．例えば都市気候として代表的なヒートアイランドは，都市に集住する人間が，熱を高密度に発生させ，地表を人工被覆で覆うことで潜熱消費量を減少させ，建物が密集することにより放射冷却を減少させ，さらに接地逆転が形成されにくい等の諸要因が複合した結果，都心と郊外とで気温差が生じる現象である．

図1 仙台平野の土地被覆と海風→口絵10

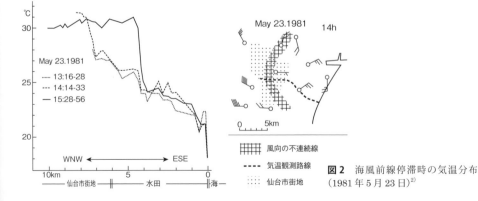

図2 海風前線停滞時の気温分布（1981年5月23日）[2]

54　第Ⅰ章　多大な影響をもたらす異常気象・極端気象

そしてその強度は，都心と郊外の（最大）気温差をもって計量しているが，都心と郊外のある地点とでは，立地条件の差異によって，そもそもの気候（この場合は気温）に相違があるため，気温差イコール都市気候成分とすることは，厳密には正しくない．降水量など空間代表性の小さな気候要素では，その影響はさらに大きくなる．このような都市気候の空間的アプローチに対して，同一地点の経年変化から都市気候成分を解析する方法も考えられるが，その場合には経年変化に含まれる自然変動の影響を除去しなければならない．

モデルの上ならばともかく，そしてモデルのごとく大平原に孤立的に存在する都市ならばともかく，一般的に都市は空間的に多様な自然条件のなかで存立しているのであるから，その影響，あるいは自然条件と都市との相互作用を考察する必要がある．本項では仙台市を例に[1]ヒートアイランドと**海風**（sea breeze）との関係をみることにする．日本の場合はもちろん，広く世界を見渡しても，海岸近くに立地する大都市はたくさんあるので，この観点は重要である．

(2) 仙台の立地と海風

仙台は2016年現在，人口108万人に達する東北の中核都市である．仙台駅から西方に広がる都心部は地形的には広瀬川の河岸段丘上にあり，海岸との距離は約10 kmで，その間の沖積平野には水田が残存している．都心部の西方には，標高100〜200 mではあるがやや起伏の大きな丘陵が迫り，市街地は沖積平野と丘陵の間で南北方向に展開している（図1）．

仙台湾とその沖合では親潮の影響も大きく，海面水温（SST）は夏季でも比較的低温であり，海風発達の要件を備えている．海風が進入すると晴天日の昇温は阻害され，いわば気温の頭打ち現象が生じる．図2は，仙台市中心部から海岸に向かって自動車を走らせながら気温の移動観測を実施したものであるが，海から進入した低温な気塊と陸側の高温気塊との間に海風前線が認められ，気温差は7℃におよんでいる．このような明瞭な海風前線は一般風が弱い西風系統の際に現れやすい．一般風が東風系統（典型例はヤマセ）である場合は海風との判別は困難になるし，強い西風が吹く場合には海風は進入できない．

仙台の夏季気温は，総観規模の東風と局地循環である海風の影響で，きわめて昇温しにくいという特色をもっている．仙台における日最高気温30℃以上の日数は平年値で約17日であり，これは東京の37％に過ぎず，盛岡よりも少ない．仙台管区気象台は，仙台の都心よりは海に近い場所にあり，海風の支配下にあることが多い．

ヒートアイランドと海風の関係を空間的に捉えるためには密な観測網が必要であり，そ

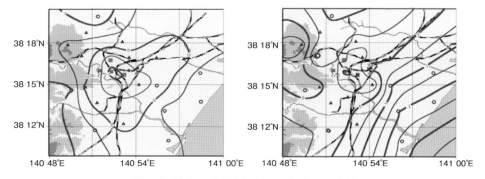

図3 海風吹走日の気温分布（左：2時，右：14時）[3]

のような意図から，仙台市とその周辺24箇所の小学校に協力を要請し，2000年4月から継続的な気温観測を実施してきた．ここではそのデータに基づき，仙台におけるヒートアイランドと海風の関係を紹介する．

(3) 仙台のヒートアイランドの空間構造

図3は春季（3～5月）の海風吹走日（例数95日）における日中（14時）と夜間（2時）の気温分布である．ここでは気温分布を見やすくするために，25地点の平均値に対する各地点の気温偏差を求め，その分布図として表現している．夜間においては都心を中心に高温となる同心円的な気温分布となり，都心と郊外の気温差は1.5～2.0℃になる．ところが日中においては，沿岸で低く，内陸で高くなり，その差は3.0～3.5℃におよび，その構造のなかで都心部がわずかに高温を呈している．見方を変えると，海岸から押し寄せる低温な風で都心部のヒートアイランドは消滅しかけているといえよう．

この傾向は夏期（6～8月）の海風吹走日においても変わらないが，秋期（9～11月）になると沿岸部の低温傾向が著しく減じ，冬期（12～2月）になると，海風吹走日自体がほとんど出現しなくなる．

図3のような気温分布を前にしたとき，**ヒートアイランド強度**（heat island intensity）はどのように計量すべきであろうか．同心円的な分布を呈する夜間気温の場合は，郊外でもっとも気温が低い地点との気温差で問題ないが，昼間気温の場合は，もっとも気温が低い沿岸地点と都心との気温差3.5℃をヒートアイランド強度とすることは大いに問題である．3.5℃の気温差のうち，かなりの部分は，都市であるか否かにかかわらず生じている気温差であるからである．海岸平野に発達する局地循環（海陸風）が，沿岸部と内陸部の昼夜の気温差に起因していることを考えるならば，都心との比較対象にすべき郊外地点は，海岸からの距離が都心と近似している地点が望ましい．実は夜間気温の場合も，沿岸と内陸の気温差は発生しているので（この場合は内陸の方が低温），ヒートアイランド強度の計量の際には，やはり海岸からの距離が近似する地点を選定すべきであろう．

(4) 仙台のヒートアイランド強度の日変化・年変化

ヒートアイランドの発達傾向をヒートアイランド強度の日変化と年変化をみることで調

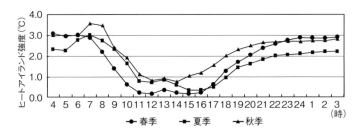

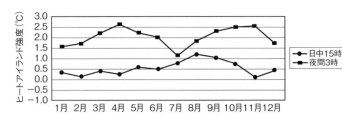

図4 仙台のヒートアイランド強度の日変化（上）と年変化（下）[3]

べてみよう．前にも述べたが，ヒートアイランドの発達の要因としては，①人工排熱，②地表面の乾燥化に伴う潜熱交換量の減少，③建物による放射冷却の阻害，④接地逆転層の破壊等があげられる．

したがって，その日変化としては，②が寄与する日中の午後から発達を開始し，③，④が寄与する夜間に発達していく．図4は晴天日を対象に，都心と郊外の地点との気温差をヒートアイランド強度として，その日変化と年変化をみたものである．

日変化をみると，春夏秋季に共通して，夕方頃からヒートアイランドが発達し，夜間を通して発達を続け，日の出頃に最大となる．春夏秋の微妙な相違は，日の出と日の入時刻の遅速を反映したものとなっている．11時頃から16時頃まではほとんどが1℃未満で，「ヒートアイランドといえば日中の酷暑」という今日的イメージとはむしろ逆である．②は夏季を中心に日中に寄与するので，この低い値は意外であったが，日中は対流活動によって熱が上方拡散することに加えて，仙台の場合では，図3でみたように海風による冷却効果がヒートアイランドを緩和していることがわかる．

次に年変化をみると，夜間が日中を大きく上回っているのは日変化でみたとおりであるが，夜間では春秋季が極大となっている．③，④が寄与するのは暖候季よりも寒候季であり，ヒートアイランドは寒候季の夜間にもっとも発達することは広く認められているが，仙台で冬季のヒートアイランド強度があまり大きくならないのは，冬季季節風が強いためと考えられる．

日中のヒートアイランドの極大は8月に現れる．夏季の日中はエアコンの使用量が大きくなり，これが夏季日中のヒートアイランドに大きく寄与しているようである．前に述べたように，仙台では春から夏の日中に海風による冷却効果が期待できるが，8月の午後になるとエアコン使用等の人工排熱の影響が近年ますます顕著となってきており，海風に

よる冷却効果を凌駕する状況となっているようである．

(5) 海岸に立地する都市のヒートアイランド

仙台のヒートアイランドの空間分布から，海岸に近く立地する都市で，ヒートアイランドが海風にどのように影響されるかを明らかにした．日本で海岸に近接する都市は，東京・大阪・名古屋・福岡と枚挙にいとまがない[7]が，仙台ではその典型を捉えることができるといえよう．上述した都市に対し，仙台の場合は海水温が低く，暖候季の海風の勢力が強いこと，さらに海岸との間に水田が残存し，暖候季には水をたたえているために，上陸後の海風があまり加熱されないままに都市に達するためである．都市が加熱すればするほど海風は強められる[5]ので，仙台などは天然のエアコンを装備しているということができる．2000年代に東京湾岸の高層ビルが海風の流入を阻害するとして調査が行われた[6]が，仙台では海風の機能はまだ失われていない．しかし仙台でも水田はどんどん減少し[4]，2011年の東日本大震災の影響や地下鉄東西線の開通など仙台市東部の状況は大きく変化しつつあるので，今後も監視が必要である．

〔境田清隆〕

文献

1) 境田清隆他（2011）：仙台のヒートアイランドと海風の影響．地学雑誌，**120**，382–391.

2) 石川 勲（1981）：海風前線を境にした気温分布の観測例．東北地理，**33**，178.

3) 江越 新（2004）：仙台のヒートアイランドに及ぼす海陸風の影響（卒業論文）

4) 木下智央（2012）：水田の減少が気温に及ぼす影響－仙台市東郊を例に－（修士論文）

5) Yoshikado H.（1990）：Vertical structure of the sea breeze penetrating through a large urban complex. *J. Applied Meteor.*, **29**, 878–891.

6) 三上岳彦他（2004）：東京都区内における夏季ヒートアイランドの時空間変動．東京都環境科学研究所年報2004.11–17.

7) 日本建築学会（2000）：都市環境のクリマアトラス，ぎょうせい.

温暖化進行のなかの冷夏
Cool summers under global warming conditions

§I−11

(1) 地球温暖化進行の特徴

気候変動に関する政府間パネル(Intergovernmental Panel on Climate Change：IPCC)第5次評価報告書(5th Assessment Report：AR5)では，地球温暖化は現在も進行中であり，中庸のRCP4.5シナリオ(代表濃度経路シナリオ，representative concentration pathways：RCP)でも21世紀末には現在よりも1.1〜2.6℃高温になることが予想されている[1]．一方では，近年では異常気象が頻発しており，日本はもちろん世界で旱魃や洪水の被害が相次いでいる．AR5ではまた，「世界平均地上気温が上昇するにつれて，ほとんどの陸域で日々および季節の時間スケールで極端な高温がより頻繁になり，極端な低温が減少することはほぼ確実である．熱波の頻度が増加し，より長く続く可能性が非常に高い．たまに起こる冬季の極端な低温は引き続き発生するだろう」とも述べている[1]．すなわち，長期的にみた場合の地球温暖化は確定的な事実だが，直線的に昇温するわけではなく，変動も伴いつつ気温が上昇するということであろう．そこで，地球温暖化が進行するなかで，日本に冷夏（cool summer）が発現する可能性について考えていきたい．

まず，図1で2014年までの世界年平均気温の時間変化をみると，1940年頃までほぼ一定の割合で上昇した後，一旦上昇が止まり，その後再び1970年代後半から昇温が明瞭になっている．1998年から一旦昇温傾向が不明瞭になるが，これは地球温暖化のhiatus（停滞）とよばれる現象で，約16年間気温上昇が停滞しているようにみえる．この時期，日本では暖候期には高温，寒候期には低温と季節による違いが明瞭であるが，これは1999年以降のラニーニャモードの卓越により，インドネシア付近の海洋大陸からの下層収束・上層発散場が作用中心的な役割をはたして，日本に寒冬と暑夏をもたらしていることによる[2]．一方，2014年は一転して年平均気温偏差＋0.27℃と観測史上もっとも高温となり，再び地球温暖化が顕在化しつつあるようにもみえる．

次に，世界的な気温上昇と地域的な気温変動とを比較してみたい．図2には図1の世界平均気温偏差に北日本夏季（6〜8月）平均気温偏差を重ねたものである．縦軸は北日本気温偏差に合わせてある．一見して明らかなように，世界的な温度上昇と地域と季節を限定した場合の気温上昇とは，本質的に異なった様相を示しており，大きな年々変動を伴いながら昇温していることがわかる．すなわち，これまでに経験のないような暑夏と同

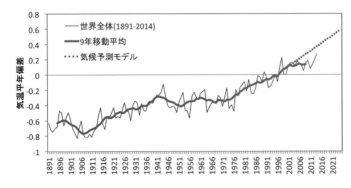

図1 世界年平均気温偏差の時間変化と将来予想気温[3]
世界平均気温偏差は気象庁HPより取得，将来予想気温はIPCCのA1B (baranced across all sources) シナリオの一般的な値をプロットしている．

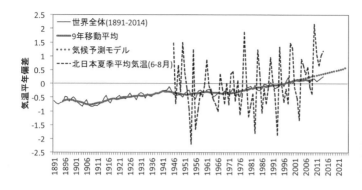

図2 世界年平均気温偏差の時間変化と将来予想気温,および北日本夏季(6～8月)平均気温偏差

時に,冷夏も依然として発現する可能性がある.そこで次に将来の冷夏の発現可能性について検討していきたい.

(2) 日本の冷夏とヤマセ

日本が冷夏になるのは,優勢なオホーツク海高気圧が北海道の北に,梅雨前線が本州南岸付近に停滞して,北海道～東北地方に低温の「**ヤマセ(Yamase)**」を吹走させる北高型の気圧配置が持続する場合である.とくに東北地方では,オホーツク海高気圧の圏内に入る北海道よりもヤマセの影響が大きく,より冷夏によるダメージが大きくなる.そこで,北日本の北高型気圧配置と低温を示すインデックスとして,稚内と仙台の気圧差 PDWS[4] (Pressure difference between Wakkanai and Sendai) を用いて将来気候を解析した.

図3には,PDWSと青森県八戸における気温との関係を,実測値と気候モデルMIROC (Model for Interdiciplinary Research on Climate) 5の2例について示す(1980～2005年,6～8月平均値).ここで,MIROC5では,1980～2005年までを現在気候再現期間として,2006年以降を将来気候予測期間として計算されており,本解析にはRCP4.5気候シナリオを用いた.図3によると,実測値とMIROC5では,後者の方が傾きが大きく(同じPDWS値に対してより低温),相関も高い.したがって,気候モデルでもヤマセ

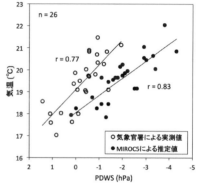

図3 PDWSと青森県八戸における気温の散布図 (1980～2005年,6～8月平均値)[5]
横軸は正負が逆.白丸:実測値,黒丸:MIROC5,相関係数はそれぞれ 0.77,0.83 で統計的に有意.

は十分に再現できるとみなすことができる.

次に,2006～2100年までのMIROC5将来気候について,PDWSの時系列と1000 hPaの風と気温について回帰計算を行った(図4).その結果,北日本の太平洋側を中心に低温となり,東北東の風も明瞭であり,ヤマセの吹走が明瞭に再現できた.図5には,2006～2100年までの夏季のPDWSと八戸平均気温偏差の時間変化を示す.ここで,年々の気温変動とPDWSとの関係をより明瞭にみるために,八戸気温偏差からは温暖化による気温上昇量(約3.3℃/100年)を除去してある.その結果,両者はよく一致しており(r = 0.71,危険率1%

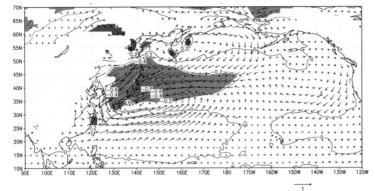

図4 2006〜2100年までのMIROC5将来気候について，PDWSの時系列と1000 hPaの風と気温についての回帰計算結果[5]
陰影域は危険率5％以下で統計的に有意．

以下で統計的に有意），将来にまでわたって北高型気圧配置とヤマセが出現することがわかる．PDWS出現頻度に着目すると（13年移動平均ライン），2030年代頃と2080年代以降に頻度がやや減少するが，それ以外の期間では現在気候と同様の出現頻度が認められる．すなわち，ヤマセ吹走時の絶対気温は将来に向かうほど高温になるが，相対的な気温偏差は現在とあまり変わらない値が出現すると予想される．

(3) 冷害発生の可能性

次に農業について考えてみたい．仮に，将来の水稲品種が，高温耐性に重点をおいたものに変化していた場合，ヤマセによる低温被害は現在と変わらなくなることが予想される．そこで，気候モデルは異なるが（気象研究所による超高解像度全球大気モデルMRI AGCM3.2Sを10 kmまでダウンスケール，気候シナリオはA1B），将来の低温年について水稲の被害状況を予想してみたい．

図6には，将来気候でもっとも低温年の冷却量分布および作柄指数分布を示す．ここでは，将来（2075〜2099年）の出穂期を，一般的なDVI-DVRモデルを用いて推定し，**冷害リスク**（risk of cool summer damage to rice）の評価のため，日平均気温20℃以下の値を幼穂形成期〜出穂期まで積算する冷却量を用いた．八戸の冷却量を基準に上位3つの冷夏を比較したところ，冷却量20以上となるメッシュの割合は将来気候の方が小さい．しかしながら，将来気候下で上位3つのうちもっとも低温の夏は，冷却量20以上の割合が全メッシュの52.8％となり，現在気候下での2003年冷夏に匹敵する．太平洋側のとくに北東部で低温となる，ヤマセによる特徴的な気温分布も明瞭に表現されている．気温と収量の関係については，統計解析ソフトRを用い，八戸の値から一般化加法モデル（一般化線形モデルを加法モデル化した

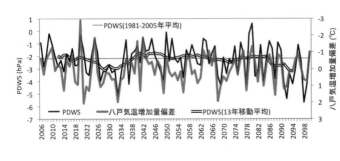

図5 2006〜2100年までの夏季のPDWSと八戸平均気温偏差の時間変化（kanno, 2013[5]）を一部改変）
右側縦軸の気温偏差は値が上下逆．八戸気温偏差からは約3.3℃/100年の気温上昇量を除去してある．

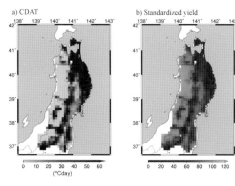

図6 将来気候で最も低温年の冷却量分布（a）および作柄指数分布（b）[6]
冷却量とは日平均気温20℃以下の値を幼穂形成期〜出穂期まで積算した値で、積算値20℃以上から冷害リスクが発生するとされている。用いた品種は「ひとめぼれ」である。

非線形回帰分析の1つ）を選択して平滑化スプライン（ノンパラメトリック回帰の一種）を求め、作柄指数は前7年間の収量（g/m^2）の最大値と最小値を除く5年間の平均収量を100とし、90以下となるメッシュで冷害リスクありと判定した。その結果、作柄指数が90以下となったメッシュが67.4％とやはり2003年クラスと判定された。したがって、現在と同等の耐冷性品種を育成していても、将来において依然としてヤマセによる冷害が発生する可能性があることになる。

(4) 将来の季節進行と冷夏

それでは、将来の季節推移は現在と比較してどうなるのであろうか？ 冷夏と関係する梅雨季については、CMIP（Coupled Model Intercomparison Project）3マルチモデルのダウンスケール解析により、8月の降水量の増加および梅雨季が現在よりも延長することが予測されている[7]。また、北日本に冷夏・冷害をもたらすヤマセについても、梅雨明けが延長されるに伴い、8月の吹走頻度が増加するとシミュレートされている[8]。これらの結果に基づけば、将来のヤマセの吹走による冷夏については、気温の絶対値は上昇するにしても、その発生頻度は減少するどころか増加する可能性がある。農業にとってみると、低温による冷害の他、夏季の降水量の増加に伴う多湿条件下での病虫害の多発が懸念される。一方、最新の研究では、将来の夏季の降水強度は増加するが、降水頻度は減少するために、イネ葉面の濡れは現在気候よりも減少し、いもち病の発生は減少するとの予測結果も出されている[9]。地球温暖化の進行の上でどのような現象が発生するのか、冷夏も含めて多面的な研究が今後ますます重要となってこよう。

〔菅野洋光〕

文献

1) IPCC (2013)：Summary for Policymakers. In：Climate Change 2013：The Physical Science Basis：Contribution of Working Group I to the Fifth Assessment Report of the Intergovernmental Panel on Climate Change, Stocker, T.F. et al. eds., Cambridge University Press.
2) Urabe, Y. and Maeda, S. (2014)：The relationship between Japan's recent temperature and decadal variability. SOLA, 10, 176-179.
3) 気象庁：世界の平均気温（http://www.data.jma.go.jp/cpdinfo/temp/an_wld.html）
4) Kanno, H. (2005)：Five-year cycles of summer weather in northern Japan after 1980s. Jour. Met. Soc. Japan, 60, 645-648.
5) Kanno, H. et al. (2013)：MIROC5 predictions of Yamase (cold northeasterly winds causing cool summers in northern Japan). Agric. Meteorol. 69(3), 117-125.
6) Kanda, E. et al. (2014)：Estimation of cool summer damage in the Tohoku district based on the MRI AGCM. Agric. Meteorol. 70 (4), 187-198.
7) Kusunoki, S et al. (2011)：Future changes in the East Asia rain band projected by global atmospheric models with 20-km and 60-km grid size. Clim. Dynam., 37, 2481-2493.
8) Endo, H. (2012)：Future changes of Yamase bringing unusually cold summers over Northeastern Japan in CMIP3 multi-models. Jour. Met. Soc. Japan, 90A, 123-136.
9) Yoshida, R. et al. (2015)：An application of a physical vegetation model to estimate climate change impacts on rice leaf wetness. Appl. Meteorol. Clim., 54, 1482-1495.

変動する黄砂
Variablity in Asian Dust

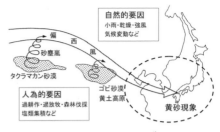

図2 黄砂の様式図[3]

毎年，春になると，黄砂（Asian Dust, Kosa）が飛来する．空が黄色に霞み，自動車や洗濯物が汚れる．現象としては，はっきりとして，だれの目にもわかる．その黄砂が中国・モンゴルの沙漠から舞い上がって来たものであることを認識するとき，必然的に国を越えた環境問題を意識する．黄砂は輸送の過程で，中国や韓国の工業地帯や大都市の上空を通過する．最新の研究によると，日本に飛来する黄砂粒子の一部は酸性雨の原因となる**大気汚染物質**（air pollutant）を吸着している[1]．

黄砂が社会問題化したのは，2000年からである．同年4月，東アジアで大規模な黄砂現象が観測された．発生源に近い中国や韓国では，黄砂による交通障害，農業被害，健康被害などが甚大であった．北京では視程がわずか数十mとなり，空港ではフライトが30便もキャンセルされた．韓国では黄砂のため小学校が休校になるほどであった．これを契機に，2005年の日中韓三か国環境大臣会合の共同コミュニケでは，北東アジア域最大の環境問題として黄砂が取り上げられた．

従来，黄砂は沙漠から発生する自然現象と

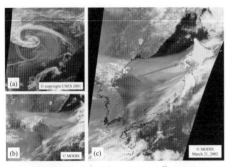

図1 札幌の黄砂（2002年3月21日）[2] →口絵11
(a) 中国東北部で低気圧によって，黄砂が巻き上げられる．(b) 偏西風により，黄砂が輸送される．(c) 2002年3月21日，札幌で大規模な黄砂が観測された．

して理解されていたが，近年における黄砂被害の大規模化は過耕作，過放牧，森林伐採などの人為的要因によるとの指摘もある．黄砂の被害を軽減するため，中国，韓国，日本では気象庁等で黄砂予報が開始されている．黄砂被害や**沙漠化**（desertification）に対する対策技術の開発も推進されつつある．さらに，地球環境の観点から，大気中に浮遊する黄砂が気候におよぼす影響について国際的な研究が進められている．

(1) 黄砂現象の定義

まず，2002年3月21日，札幌で観測された大規模な黄砂の事例を紹介する．図1は，衛星MODISで観測された黄砂発生時の雲と黄砂の分布を示す．発達した低気圧が内モンゴルに進入し，強風が吹き荒れた．図1aは，黄砂を巻き上げた低気圧の渦を示す．図の白い部分が低気圧の雲で，グレー（口絵11では茶色）の部分が黄砂である．低気圧に伴う渦状の強風域では，乾燥した大地から黄砂が広域にわたって巻き上げられている．内モンゴルから中国東北部で発生した黄砂は，上空の**偏西風**（westerly wind）によって日本に輸送される．図1bで帯状のグレー（口絵11では薄茶色）の部分が黄砂を輸送する偏西風帯である．図1cをみると，偏西風の帯が北海道に達している．これが札幌に大規模な黄砂をもたらした．発生源の内モンゴルから3000 kmの距離を2〜3日で移動している．

黄砂現象の模式図を図2に示す．シベリア高気圧に覆われた冬が終わり，春になると，

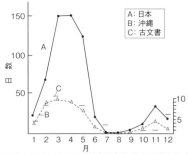
図3 日本における黄砂発生頻度の季節変化[4]

アジア大陸内陸部の乾燥地域に低気圧が進入しはじめる．低気圧に伴う強風により，乾燥した大地からしばしば**砂塵嵐（sandstorm）**が発生する．英語では，**ダストストーム（dust storm）**とよばれる．巻き上げられた砂塵は，上空の偏西風に乗って日本，さらには太平洋域に飛来する．気象学的にみると，黄砂現象は，水平スケール約3000 km，鉛直スケール約5 km，時間スケール数日～1週間におよぶ物質の長距離輸送現象である．

図2からわかる通り，黄砂が発生するための基本的な条件は，①乾燥地域で砂塵嵐が発生すること，そして②日本の上空に偏西風帯があることの2点である．黄砂の発生は直接的には，ゴビ沙漠やタクラマカン沙漠などの発生源地域での小雨・乾燥・強風等の自然的要因で決まる．その前提条件として地表面の状態，すなわち沙漠化された広大な土地が広がっていることである．沙漠化の背景には，過耕作，過放牧，森林伐採などの人為的要因が考えられる．

図3は，(A) 気象官署で観測された黄砂の月別発生日数，(B) 沖縄での発生日数および (C) 古文書に記載された黄砂現象で確からしいものを示す．黄砂の発生は，3～5月の春に集中し，大きなピークがある．6～9月末までは，降水量や水蒸気量の増加とともに，黄砂の発生は少なくなる．注意深くみると，11月に小さなピークがある．これは，秋は春同様，日本上空に偏西風があり，大陸から黄砂が運ばれてきていることを意味す

る．秋のピークが小さいのは，夏にモンスーンによる降水を経験したアジア大陸が春よりも相対的に湿潤で，緑が多く，少々の風が吹いても大規模な砂塵嵐にはならないからである．

古文書にみられる黄砂の発生頻度も気象官署の観測と同様の傾向を示している[4]．江戸時代頃から，書物に「泥雨」，「紅雪」，「黄雪」などの黄砂に関する記述がみられる．このように，日本では，黄砂は古くから春の風物詩として記録されていた．

(2) 最近の発生傾向

近年，東アジアで黄砂の被害が拡大している．ここでは，日本，韓国，中国における黄砂の発生状況をみてみよう．

日本における黄砂ののべ発生日数（1967～2014）年を図4に示す．この統計値は，国内60地点の気象官署で黄砂を観測したのべ日数の合計である．黄砂日数の経年変化にみられる特徴は，① 2000年以降の変調（ステップ状の増加），② 10数年ごとの変動（1977年，1990年，2002年のピーク），③黄砂の頻発年の直後に寡少年があること（2002年後の2003年）等である．頻発年のなかでも2000～2002年の3年間がとくに多い．2003年は一旦少なくなったが，2004～2007年はやや多くなった．2010年に黄砂が頻発したが，その後は少ない状態が続いている．

韓国・ソウルにおける黄砂の発生傾向を図5に示す．観測期間は1906～2006年である．1940年頃に頻発している時期があり，最近50年では10年くらいの周期で増減している．韓国では，黄砂による被害が1990

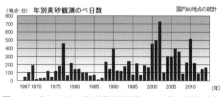
図4 日本における年別黄砂観測のべ日数の経年変化（気象庁ホームページより作成）

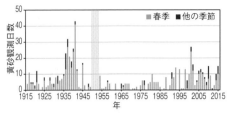

図5 韓国・ソウルで観測された黄砂観測日数[5] 韓国気象庁提供，1950 ～ 1953 年は欠測．

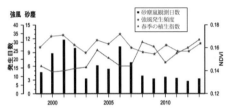

図6 中国・内モンゴルにおける砂塵嵐観測日数，強風発生頻度，春季の植生指数（NDVI）[6]

年頃から深刻になり，韓国気象庁では黄砂情報（情報，注意報，警報）を出している．2002 年 4 月には，警報基準の 2 倍に達する，観測史上最大の黄砂が降り注いだ．2006 年 4 月にも黄砂が頻発し，韓国国内便が欠航した．

中国・内モンゴルにおける砂塵嵐観測日数，強風発生頻度，春季の**正規化植生指数**（normalized difference vegetation index：NDVI）の経年変化（1999 ～ 2013 年）を図 6 に示す．2000 年から増加傾向が顕著になり，2002 年まで砂塵嵐が多発した．その後，2003 年に大きく減少する．この原因は，この年，春季の低気圧がほとんど発生源地域を通過せず，少雨と弱風となったことである．2006 年には再び，ピークを迎える．この年は強風と少雨の年であった．その後は，減少傾向が続いている．黄砂が頻発した 2000 ～ 2002 年および 2006 年は，いずれも，強風発生頻度が高く，植生指数が低くなっている．特筆すべき点は，2010 年以降は黄砂発生頻度が低く，植生指数は増加傾向にあることである．

日本，韓国，中国における最近 15 年間の黄砂発生頻度に着目すると，2000 ～ 2002 年をピークに 2006 年など多い年があるものの，全般的には比較的少ない時期となっている．

(3) 黄砂問題と環境対策

2000 年 4 月，中国では内モンゴルを発生源とする大規模な黄砂が首都・北京をおそった．交通，農業，健康に被害が発生し，大きな社会問題となった．この黄砂は隣国の韓国にも流れ込み，小学校が「黄砂休校」となるほど，大きな被害が出た．日本でも顕著な黄砂現象が観測されたが，韓国ほど深刻ではなかった．日本での黄砂被害は，視程の悪化による航空機の運航障害，自動車や洗濯物への汚れの付着，半導体工場などでの不良品率の増加やフィルターの目詰まりなどがあげられる．農林水産省が行った調査では，農作物への大きな被害は確認されていない．

(a) 環境政策

中国科学院地学部（2000）[7]は，2000 年の黄砂について緊急報告書を作成した．この異例の早さは，黄砂問題の重要性を物語っている．結論として，次の 3 点を指摘している．①黄砂の発生源は主として内モンゴル・ゴビ沙漠である．②冬季の積雪により草が枯れ，沙漠化が進行した．③無理な農耕により土地が劣化した．

中国政府はこの報告を受け，内モンゴルの緑化事業に大きな予算を組むことを決定した．さらに，1998 年に発生した長江の大洪水の原因として，長江流域の大規模な森林伐採が新たに指摘された．沙漠化と洪水防止のため，「退農還林」（農地を森林に戻す）という政策がとられている[8]．

実例として，中国・内モンゴルで実施されている**環境政策**（environmental policy）をみてみよう．内モンゴルでは，過放牧・過耕作・森林伐採などを防止する緑化政策が実施されている．図 7 は，内モンゴルにおける灌漑農地面積，フェンス付きの草原面積，ヒツジとヤギの頭数の経年変化である．フェンス付きの草原は，ヤギやヒツジの過放牧を防ぐため

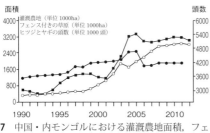

図7 中国・内モンゴルにおける灌漑農地面積，フェンス付きの草原面積，ヒツジとヤギの頭数[6]

図8 低気圧に伴う寒気の進入ルートと黄砂の輸送ルート[9]

に設けられたものである．灌漑農地とフェンス付きの草原は，1990年以降増加していたが，2004年を境に頭打ちとなった．ヒツジとヤギの頭数も2004年に一旦減少した後，緩やかに増加している．この環境政策は黄砂発生に効果をあげているだろうか．図6の砂塵嵐観測日数は2006年以降減少に転じ，植生指数は増加に転じている．図6と図7を見比べると，環境政策は一定の成果をあげているようにもみえるが，今後の推移を注目したい．

(b) 自然的要因

日本における黄砂の経年変化のうち，比較的短い数年あるいは年々変動は，低気圧の発生域および黄砂の輸送経路の変動によって生じる．とくに，黄砂頻発年となった2002年の後の2003年は，黄砂寡少年となっている．一方，人間活動による地表面の改変は10年，あるいはそれ以上のタイムスケールで起きていると考えられる．

図8は，寒気の進入ルートと巻き上げられた黄砂の輸送ルートを示す．寒気の進入ルー

トは3つあり，タイプIはシベリアから南下しモンゴル南部から中国北部にまたがるゴビ沙漠に，タイプIIは主に河西回廊・ゴビ沙漠に，タイプIIIは西から進入し，タクラマカン沙漠・河西回廊・ゴビ沙漠に至る広い領域に黄砂を発生させる．日本に飛来する黄砂の輸送ルートは，A，B，Cの3つがあり，A，B，Cルートではそれぞれ朝鮮半島北部，華北平原から朝鮮半島南部，長江流域から沖縄を通過して，太平洋に運ばれる．タクラマカン沙漠で舞い上がった黄砂は，一旦，西進あるいは北進した後，偏西風に乗って東に運ばれる（Dルート）．気候学的にみると，黄砂の大半は，低気圧の通過に伴う強い**寒気の吹き出し**（cold air outbreak）によって生じている．

黄砂の発生は，気象条件と地表面状態により決まる．1年または数年の比較的短いタイムスケールの変動は気象条件で決まり，それよりも長い10年あるいはそれ以上のタイムスケールの変動は，気候変動のほか，人間活動・環境政策による地表面の改変が無視できない． 〔甲斐憲次・武 靖〕

文献

1) Matsumoto, J. et al.(2006)：Scavenging of pollutant acid substance by Asian mineral dust particles. *J. Geophy. Res.* **33**(L07816), doi：10.1029/2006GL025782.
2) 布和敖斯尓（2003）：アジア内陸部における黄砂の発生メカニズムと長距離輸送．えころぶ北海道，**18**, 3-4.
3) 甲斐憲次（2007）：黄砂の科学，成山堂書店．
4) 村山信彦（1991）：黄砂発生の仕組み，名古屋大学水圏科学研究所編：大気水圏の科学 黄砂，pp.20-36, 古今書院．
5) Chun, Y. et al.(2008)：Historical records of Asian dust events(Hwangsa) in Korea. *Bul. Amer. Meteor. Soc.*, **89**(6), 823-827.
6) Wu, J and Kai, K (2016)：Characteristics of dust outbreaks and their relation to strong wind and land surface conditions in the Gobi Desert and northern China. *J. Arid Land Studies*, **26**(2), 51-57.
7) 中国科学院地学部（2000）：中国華北地区における砂塵天気の成因と対策．
8) 小長谷有紀他編（2005）：中国の環境政策 生態移民―緑の大地，内モンゴルの沙漠化を防げるか，昭和堂．
9) Sun, J. et al. (2001)：Spatial and temporal characteristics of dust storms in China and its surrounding regions, 1960-1999: relations to source area and climate. *J. Geophys. Res.*, **106**, 10325-10333.

§Ⅰ-13

広域大気汚染と酸性雨
Extensive air pollution and acid rain

(1) 酸性雨の発生

酸性雨（acid rain）は，酸性物質が雨や霧に溶け込み，通常よりも強い酸性を示す雨のことをいう．一般に中性の水とはpH7.0を示すが，大気中では二酸化炭素が炭酸イオンとして雨水に溶け込み酸性となる．炭酸イオンが飽和するとpH5.6となるため，通常はpH5.6以下の雨が酸性雨と定義される．ただし，火山周辺など，自然な状態でもpH5.6を下回ることもあるので注意が必要である．

酸性雨の原因となる酸性物質は，**二酸化硫黄**（sulfur dioxide：SO_2）や**窒素酸化物**（nitrogen oxides：NOx）などを起源として生じた物質である．

SO_2は，比較的水に溶けやすい物質であり，大気中の雲粒に溶け込む．SO_2が雲粒に溶け込むと，亜硫酸（H_2SO_3）を生成する．亜硫酸は雲粒内の過酸化水素（H_2O_2）などの酸化剤により液相酸化され硫酸を生成し，雲粒を酸性化する．この他，SO_2は気相酸化により硫酸エアロゾルが生成され，これが雲凝結核となった雲粒は酸性となる．

NOxのうち**二酸化窒素**（nitrogen dioxide：NO_2）は水溶性が低く，雲粒に直接溶け込みにくい物質である．しかし，NO_2が気相酸化した硝酸（HNO_3）は水溶性が高い．このHNO_3は強酸であり，HNO_3が溶け込んだ雲粒は酸性化する．なお，NO_2からHNO_3への反応経路はいくつかある．例えば，NO_2はOHとの反応によりHNO_3を生成する．OHは，**揮発性有機化合物**（volatile organic compounds：VOC）とNOxの光化学反応のなかで生まれる物質である．

以上の過程により雲粒が酸性となり，雨となって地上に降り注ぐと酸性雨となる．

(2) 酸性雨の原因物質

酸性雨の原因物質であるSO_2やNOxは，どこから，どのように発生するのだろうか．

SO_2の**自然発生源**（natural emissions）の代表例に火山性ガスがある．NOxの自然起源の発生源には，バイオマス燃焼，土壌起源，アンモニアの酸化，雷放電などがある．

SO_2やNOxの**人為発生源**（anthropogenic emissions）には，工場・事業場のばい煙，一般家庭の給湯器や暖房機器の排ガス，野焼き，自動車・建設機械・船舶・航空機などの排ガスなどがある．これらは，いずれも重油，ガソリン，LPG，LNGなどの石油燃料を燃焼することによってSO_2やNOxを発生する．

一方，VOCは，燃料や溶剤の蒸発などにより，大気中に放出される物質である．燃料の例として，燃料の貯蔵施設や出荷施設などから放出される蒸発ガスがある．溶剤の蒸発の例としては，塗料や印刷インキ，接着剤，農薬・殺虫剤，アスファルトなど溶剤の使用や，工業用洗浄剤，ドライクリーニング，製造用シンナーなど洗浄・除去作業に伴うものなどがある．このほか，植物が放出するVOC（テルペン，イソプレンなど）がある．

(3) 日本の酸性雨の状況

酸性雨は，1870年代に全盛期を迎えた産業革命のイギリスで，工業地域に降る雨が酸性であることが発見されたことに始まる．1950年代には，北欧で湖沼の魚類の減少がみられ，酸性雨が原因であることが突き止められた．同様の現象は，1960年代に北米でも発見された．1970年代には，北米や欧州の湖沼で酸性化が進み，多くの魚類が消滅し，森林も酸性雨の影響を受けた．

北米や欧州での状況を受け，日本でも湖沼・河川の酸性化による魚類への影響，土壌の酸性化による森林影響などが懸念されるようになった．環境庁（現在の環境省）は，1983年から酸性雨モニタリングおよびその影響調査を開始した．この調査は現在も継続され，

66　第Ⅰ章　多大な影響をもたらす異常気象・極端気象

最新の報告は「越境大気汚染・酸性雨長期モニタリング報告書」[1]である．この報告によれば，日本国内の酸性雨の状況は次の①～④のとおりであった．① 2008～2013年度の5年間の降水の酸性度は，引き続き酸性化した状況にある（全平均値pH4.72）．②降水中に含まれる**非海塩性硫酸イオン**（non-sea salt sulfate ion：nss-SO_4^{2-}）などの濃度は冬季と春季に高く，国内の酸性沈着における大陸からの影響が示唆される．③生態系への影響は，一部の地点で土壌pHの低下，湖沼や河川のpHの低下など，大気沈着の関連性が示唆される経年変化が確認できる．多くの場合は，樹木の成長量の観点からみた森林全体の衰退は確認されていない．④土壌の酸性化や窒素飽和の状態が進んでいることが指摘される愛知県の伊良湖水域では，回復の兆候も一時はみられたものの，未だ明確でない．

このように，日本の酸性雨の影響は現時点では明らかではないものの，将来は長期的な影響が顕在化する恐れもある．このため，環境省は，酸性雨長期モニタリングにより酸性雨の監視を継続している．

東アジアでの長距離輸送による酸性雨の状況や影響を解明し解決するためには，東アジア地域の協力体制が重要になる．この体制として東アジア酸性雨モニタリングネットワーク（EANET）が構築され，現在では13か国により稼働し，広域的な酸性雨監視が行われている．

(4) 光化学オキシダントと広域大気汚染

光化学オキシダント（photochemical oxidant：Ox）は，**オゾン**（ozone：O_3）を主成分とし，アルデヒドやパーオキシ・アセチル・ナイトレート（PAN）などを含む酸性物質の総称である．ただし，酸性物質のうちNO_2は除外される．

Oxは，1時間平均値（1時間値という）が0.06 ppm以下として環境基準が定められているものの，その達成が難しい物質となっている．高濃度のOxは，目や呼吸器などの粘膜を刺激して健康被害を発生することがあり，植物への影響も知られている．このため，Oxの1時間値が0.12 ppm以上となり，継続すると判断される場合には，都道府県知事などにより「光化学オキシダント注意報」が発令される．また，1時間値が0.24 ppm以上で継続すると判断される場合は，「光化学オキシダント警報」が発令される．

Oxの注意報発令基準となる0.12 ppm以上となった日数の全国集計値（のべ日数）を図1に示す．参考に，局別の昼間の最高1時間値と昼間の平均値の年平均値の全国平均も示している．Oxが0.12 ppm以上となったのべ日数は，増加傾向がみられていたが，2008年以降は減少傾向がみられる．一方，昼間の最高1時間値の年平均値や昼間の1時間値の年平均値の全国平均値は，増加傾向がみられている．

環境省によれば，平成26年度の光化学オキシダント注意報の発令状況は，発令都道府県数は15都府県，発令のべ日数は83日となっていた．このようにOxは，今なお解決できていない大気汚染の1つとなっている[2]．

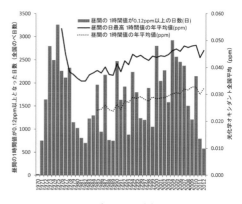

図1 光化学オキシダントの注意報レベルの出現状況（国立環境研究所環境数値データベースより集計）
昼間の1時間値が0.12 ppm以上となった日数は，全国ののべ日数を示す．濃度は，昼間の日最高1時間値の年平均値と昼間の1時間値の年平均値を全国平均した値である．

Oxの濃度上昇要因の1つに，広域大気汚染（越境汚染）が指摘されている．近年，自動車排ガス規制やVOCの排出抑制対策の実施により日本国内の排出量は削減が進み，NOxとVOCの環境濃度は低下傾向にある．しかしながら，図1のとおり，Ox濃度は経年的な上昇がみられている．環境省は，「光化学オキシダント調査検討会報告書」[3]のなかで，関東と九州の経年的な変化についての調査結果を示し，地域によって上昇要因が異なっていることを示唆した．

　環境省の解析例を参考に，Oxの昼間の1時間値の年平均値について地域別に統計し，平滑化のために3年移動平均をとった．この結果を図2に示す．関東と九州の地域平均濃度は，同じような上昇傾向がみられた．しかしながら，地域内の濃度上位局（局別濃度98パーセンタイル値の3年移動平均）と下位局（局別濃度2パーセンタイル値の3年移動平均）の傾向は明らかに異なっている．すなわち，関東では上位局の濃度は横ばいにあり，下位局の濃度は上昇傾向がみられた．一方，九州では上位局と下位局の濃度はともに上昇傾向がみられた．

　地域による濃度上昇傾向の違いは，何を意味するのだろうか．越境汚染によっての濃度上昇では，地域全体の濃度を押し上げる効果がある．このため，Ox濃度は，地域内の上位局と下位局でともに上昇するはずである．九州ではこの傾向がみられたことから，要因の1つとして越境汚染の影響が示唆された．一方，関東では，上位局と下位局でともに上昇しておらず，別の要因が考えられる．環境省の調査によれば，関東での平均濃度の上昇要因の1つとして，**NOタイトレーション**（titration）効果の低下をあげている．Oxは，NOxとVOCの光化学反応により生成される．一方，NOはO_3と反応としてNO_2と酸素（O_2）となり，この結果O_3濃度は低下する．この反応をNOタイトレーションとよんでいる．図2の関東地域の濃度変化は，地域内のNOx排出量の減少によりNOタイトレーション効果が低下し，下位局が濃度上昇を起こしたことを示唆している．なお，同報告書では，前駆物質排出量の減少によって，Oxの濃度は低下する傾向がみられ，Ox濃度の改善は前駆物質の排出削減対策の効果を示唆したとしている．

(5) 微小粒子状物質と広域大気汚染

　2013年1月に，北京を中心に発生した広範囲な**微小粒子状物質**（particulate matter 2.5：$PM_{2.5}$）の大気汚染が発生し，霧が立ち込めたような大規模な視程障害が発生した．これにより，健康被害や，高速道路の封鎖や航空機欠航などの影響が報告された[4]．この要因には，中国国内で排出される工場排煙，家庭・事業での石炭燃焼，自動車排ガスなどが考えられている．この高濃度の$PM_{2.5}$の気塊は，地球規模での移流・拡散により日本国内に達し，越境汚染と日本国内で発生した$PM_{2.5}$と重なり，日本国内でも高い濃度の$PM_{2.5}$が測定される事態が発生した．

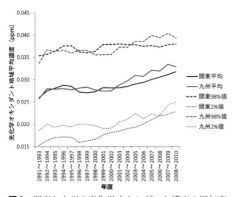

図2 関東と九州の光化学オキシダント濃度の経年変化（国立環境研究所環境数値データベースより集計）関東は，茨城県，栃木県，群馬県，埼玉県，千葉県，東京都，神奈川県を対象とした．九州は，福岡県，山口県を対象とした．測定局ごとの昼間の1時間値の年平均値を用いて統計した．関東X%値と九州X%値は，域内の局別平均濃度のXパーセンタイル値であることを示す．

環境省は，2009年9月にPM$_{2.5}$の環境基準（年平均値15 μg/m^{3}以下，かつ，日平均値35 μg/m^{3}以下）を告示し，大気汚染常時監視局の整備を進めてきた．2013年に国内で測定されたPM$_{2.5}$の状況は，この監視網の整備の成果であった．しかし，その濃度は，環境基準を大きく上回るものであった．そこで環境省は，健康への影響の軽減などを目的に，「注意喚起のための暫定的な指針」を策定した[5]．指針に従い，都道府県はPM$_{2.5}$の日平均値が70 μg/m^{3}を超える恐れがある場合に，注意喚起を行っている．

さらに，環境省は2013年12月にPM$_{2.5}$の政策パッケージ[6]を公開した．この中で，PM$_{2.5}$の予報・予測精度の改善，的確な注意喚起の実施，中国在留邦人対応の強化，PM$_{2.5}$の現象解明と削減対策の検討，アジアにおける地域的取り組みの推進，二国間連携の強化などを進めるとしている．

PM$_{2.5}$の原因解明や対策検討のための研究が，国内外で精力的に進められている．PM$_{2.5}$の測定や成分分析が行われるほか，**化学輸送モデル**（chemical transfer model）を用いた数値シミュレーションによる研究も行われている．

また，今日・明日のPM$_{2.5}$を予測する取り組みも始まっている．国内で公開されるPM$_{2.5}$予測の例に，九州大学SPRINTERS，国立環境研究所VENUS，日本気象協会tenki.jpのPM$_{2.5}$分布予測（図3）などがあり，濃度傾向の把握に役立っている．

一方，環境省によれば，PM$_{2.5}$シミュレーションは「現時点では，東アジアスケールの越境大気汚染を大まかに（定性的に）予測する精度はありますが，都市スケールの精度や定量的な精度は不十分です」とされる[7]．今後，シミュレーションの精度向上とともに，効果的な対策の実行に期待がかかる．

酸性雨，光化学オキシダント，微小粒子状物質の発生源は概ね同じであり，地域内汚染と広域汚染（越境汚染）の複合的な影響の結果である．これらの問題は1か国だけで解

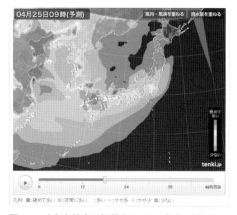

図3 日本気象協会が提供するPM$_{2.5}$分布予測（2015年4月23日21時初期値の予測例）[8]→口絵12
一般財団法人日本気象協会が運営している天気予報専門サイト（tenki.jp）で公開するPM$_{2.5}$分布予測．3日先のPM$_{2.5}$分布予測を行うほか，地点ごとの予測を把握できる．

決できるものではなくなってきている．今後，総合的な対策が国際協力のなかで進展することが望まれる． 〔森　康彰〕

文献
1) 環境省（2014）：越境大気汚染・酸性雨長期モニタリング報告書（http://www.env.go.jp/air/acidrain/monitoring/rep3.html.）
2) 環境省（2015）：平成26年光化学大気汚染の概要（http://www.env.go.jp/press/100304.html）
3) 環境省（2014）：光化学オキシダント調査検討会報告書（http://www.env.go.jp/air/osen/pc_oxidant/conf/chosa_h25.html）
4) 外務省（2014）：中国の大気汚染と外務省の取組2014年2月（http://www.mofa.go.jp/mofaj/files/000031581.pdf.）
5) 環境省（2013）：最近の微小粒子状物質（PM$_{2.5}$）による大気汚染への対応（http://www.env.go.jp/air/osen/pm/info/attach/report20130227.pdf）
6) 環境省（2013）：PM2.5に関する総合的な取組（政策パッケージ）（http://www.env.go.jp/air/osen/pm/conf/conf02-00/ref01.pdf）
7) 環境省：シミュレーションの見方についてはこちら（https://www.env.go.jp/air/osen/pm/info/attach/about_simulation.pdf）
8) 日本気象協会：PM2.5分布予測．tenki.jp（http://www.tenki.jp/particulate_matter/）

トピック⑤

減災のための
リスクマネジメント
Risk management for disaster prevention

IPCC 第 5 次評価報告書（AR5）では，近年の気候変動のなかで 1950 年頃以降，陸域での強い降水現象の回数が増加している地域のほうが，減少している地域よりも多い可能性が高いことを示唆している．局地的に甚大な被害が発生する気象災害も増加傾向にあると考えられる．人々の日々の生活，企業の活動において気象災害リスクと的確に向き合い，対応することが重要になる．

各種の自然災害による我々の日々の生活への被害を減らすための取り組みが減災である．内閣府は 2009（平成 21）年度に「みんなで減災」というパンフレットを作成し，広く普及啓蒙活動を行っている[1]．「減災」の英語訳には「Disaster Reduction」「Disaster Prevention」，大きい意味でリスクを減らすということから「Risk Control」などのいい方があるが，ここでは災害にかかわらず中長期的な異常気象，異常天候がもたらすさまざまな影響も未然に防ぐ観点を含めて「**Risk Management**」という表現を用い，自治体，民間企業，公官庁での取り組みをまとめる．

(1) 自治体でのリスクマネジメントの取り組み

1994（平成 6）年 6 月 20 日建設省（現在の国土交通省）河川局治水課長通達「洪水ハザードマップの作成の推進について」以降，各自治体では住民や観光客などの安全を守るため，自然災害によって予想される被害とその範囲を地図上にまとめたハザードマップの作成を進めている．想定される自然災害は土砂災害，浸水害（河川洪水を含む），地震，火山，津波・高潮などである．自治体内でこれらの自然災害の起こりやすい地域を色付けしている．危険度の高さによって色分けされている場合も多い．また災害発生時，住民

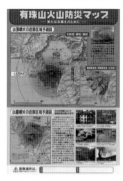

図1 有珠山火山防災マップ[3]

などが迅速に避難できるよう，避難経路や避難場所も地図上に示されている．火山噴火時，ハザードマップに従った迅速な避難や立ち入り制限区域設定によって人的被害低減に奏功した事象としては，2000 年の有珠山噴火の例があげられる（図 1）[2]．一方で，2000 年の三宅島雄山の噴火では，作成されていたハザードマップに基づくシナリオを超える災害が発生し，火山防災の面で大きな課題を残すことになった[4]．

(2) 民間企業における
リスクマネジメントの取り組み

民間企業においては，従業員の出退勤時の安全確保，商品の製造量・生産量調整，商品サービスの売れ行きなどの点で自然災害の影響を受ける可能性があり，売上高や利益額に大きな落ち込みが生じることがある．これらのカタストロフィックなリスクに対して，**コンティンジェンシープラン**（Contingency Plan）を立てるのが，民間企業における最低限のリスクマネジメントの取り組みである．それでも回避が困難な規模でのリスク，例えば事業継続までも脅かすものに対して，ヘッジする手段として近年注目されているのが**天候デリバティブ**（Weather Derivatives）である．いわゆる夏物や冬物など，季節商品を主に扱っている企業の場合，極端な冷夏や暖冬となったシーズンは，自社商品の売上が大きく落ち込むことになる．以前は天候要因による売上の大きな落ち込みを「天気のせい」

・取引形態	：積雪量を指数としたコールオプション
・オプション購入者	：株式会社ヒマラヤ
・オプション売却者	：三井海上火災保険 金融サービス部
・積雪量の観測地点	：長野県野沢温泉，長野県菅平，岐阜県六廐の各気象観測所
・観測期間	：1999 年 12 月 1 日から 12 月 31 日までの計 31 日間
・小雪日数	：各観測所で観測された積雪量が 10 cm 以下の日数を合計したもの.
	（最大 93 日＝ 31 日間 ×3 カ所）
・ストライクプライス	：75 日
・支払条件	：観測地点 3 カ所において、観測期間内に積雪量が 10 cm 以下の日数の合計
	が 75 日を超えた場合に、その超えた日数に応じた金額を支払う.
・支払金額決定日	：2000 年 1 月 31 日
・支払金額支払日	：2000 年 2 月 7 日
・積雪量公表機関	：気象庁およびその継続団体
・プレミアム料	：1,000 万円

図 2 日本初の天候デリバティブ契約内容[5]

にしてきたし，株主も致し方ないものとして目をつむってきた．しかし最近の株主の企業に対する投資姿勢は変わってきている．異常気象，極端な天候に対してもリスクヘッジ策を事前に講じ，安定的な経営を求める株主が増えている．株主の投資姿勢変化もあって天候デリバティブ市場は近年発展傾向である．

　一般的に天候デリバティブでは，損害保険会社と契約企業との間で，支払い条件の指標とする気象要素を決める．企業の業績を統計解析した場合，気温の寄与率が高ければ気温要素（最高気温，最低気温，平均気温，○℃以上の気温日数などさまざまなバリエーションがある）の指標を設定する．降水（量／日数）や雪（降雪／積雪），風速などを指標とする場合もある（図2）.

(3) 中央省庁における
リスクマネジメントの取り組み

　自然災害に対するリスクマネジメントに関連する省庁として，国土交通省での取り組みについてまとめる．

　国土交通省では，洪水時の円滑かつ迅速な避難を確保し，水災による被害の軽減を図るため，水防法に基づき，浸水想定区域を指定・公表し，また市町村による洪水ハザードマップの整備の促進を図っている．国土交通省のなかでも気象庁では，国土交通省設置法第 47 条の条文に基づき，気象業務の健全な発達を図る任務を達成するため，同法第 4 条第 16 号，第 119 〜 122 号，第 124 〜 126 号および

第 128 号に掲げる事務をつかさどる．具体的な項目としては，「気象，地象，水象の予報及び警報並びに気象通信に関すること」（同法第 4 条第 120 号）ならびに「気象，地象，地動，地球磁気，地球電気及び水象並びにこれらに関連する輻射に関する観測並びに気象，地象及び水象に関する情報に関すること」（同法第 4 条第 121 号）などがあげられる．自然災害のリスクマネジメントに関する監督官庁である．

　警報，注意報以外の業務でも，気象庁は平成 25 年より，「気象情報を活用して気候の影響を軽減してみませんか？」というタイトルのホームページを公開している[6]．このなかでは気候リスクを「認識する」，「評価する」，「対応する」の 3 つの段階に分けて解説しており，農業分野，アパレルファッション分野，ドラッグストア産業分野での気候リスク分析事例，リスクに基づく気象庁情報の活用事例を紹介している． 〔常盤勝美〕

文献
1) 内閣府（2010），みんなで減災
2) 中筋章人（2008）：リアルタイム火山ハザードマップの必要性と有効性．応用地質，**49**(5)，293–303.
3) 伊達市：有珠山火山防災マップ（http://www.city.date. hokkaido.jp/hotnews/detail/00000764.html）
4) 土木学会火山工学研究小委員会（2011）：突発的な火山噴火に対する降灰や土石流が社会資本に与える影響と対策に関する調査研究，p.85.
5) 土方　薫（2003）：総論　天候デリバティブ，シグマベイスキャピタル．
6) 気象庁（2013），気象情報を活用して気候の影響を軽減してみませんか？（http://www.data.jma.go.jp/gmd/risk/）

第Ⅱ章

地球温暖化の実態
Monitoring global warming

　人為的な温室効果ガス排出を主因として，20世紀後半以降の全球平均地上気温の上昇が加速していることが示され，気温上昇は今後も百年単位で続くとみられている．地球温暖化の緩和・適応に向けた諸現象の科学的知見や将来予測，影響評価への理解は急速に進んでいるが，不確実性の大きい事象も残されており研究は現在進行形である．本章では科学的知見を中心に，現在理解されている地球温暖化の実態を概観する．

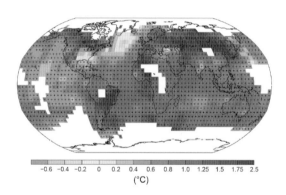

観測データに基づく1901から2012年の地上気温変化の分布
(IPCC-AR5)
20世紀には世界の大部分の地域で地上気温が上昇傾向を示し，
その傾向は低緯度より高緯度，海上より陸上で大きいことが示されている．

IPCC 第 5 次報告書の概要

The IPCC 5th Assessment Report：a summary

(1) IPCC 第 5 次報告書とは

IPCC（Intergovernmental Panel on Climate Change）は「**気候変動に関する政府間パネル**」と訳されている．国連環境計画と世界気象機関によって 1998 年に設立され，気候変動を評価する主要な国際的専門家集団であり，気候変動とその環境や社会経済に対する影響に関する科学的知見を世界に向けて提供してきた．**地球温暖化**（global warming）の人間社会への影響が懸念されるようになった昨今，IPCC の名はテレビの報道番組でもよく耳にする．

IPCC は 3 つの作業部会からなっている．第 1 作業部会は気候システムや気候変動について自然科学的な側面から評価する．第 2 作業部会は気候変動に対する社会経済システムや自然の脆弱性を評価する．第 3 作業部会は**温室効果ガス**（greenhouse gas）の排出削減や大気中からの除去を通して，気候変動を緩和することについて検討する．

IPCC はこれまでに第 1 次から第 5 次評価報告書とよばれる報告書をそれぞれ 1990 年，1995 年，2001 年，2007 年，2013 年に公表してきた．3 つの作業部会が報告を別々の巻にまとめている．本節では第 5 次評価報告書の第 1 作業部会の評価報告書「Climate Change 2013：The Physical Science Basis」[1]（以下，「第 5 次報告書」）を基にその概要を解説する．

1535 頁にわたる第 5 次報告書の構成は，「巻頭言」，「政策決定者向け要約」，「技術要約」，テーマ別に詳細を記載した「章」，「別添資料」からなっている．「政策決定者向け要約」は，気候変動に関する最先端の研究結果について，政策を決定する立場にある人が参考にすることを想定した要約である．29 頁の独立した冊子としても配布されている[2]．

また，気象庁が翻訳した和訳版もつくられている[3]．85 頁にわたる「技術要約」は，要点に対してより踏み込んだ説明を行っており，以下の 4 つの節からなる．

- 気候変動の観測に関する評価
- 放射強制力に対する自然起源と人為起源の駆動要因の情報
- 観測された気候変動の定量的理解に対する評価
- 21 世紀以降の気候変動予測の評価

「政策決定者向け要約」には 19 の要点が取り上げられている．気候変動についての科学的研究で明らかにされた事柄のなかでも，とりわけ確実で，かつ人間社会にとって重要であるとみなせる内容である．ここでは，その概略を述べることで，第 5 次報告書の内容を紹介する．

(a) 観測された気候システムの変化

観測データによれば，**気候システム**（climate system）の温暖化は疑う余地がない．そして，1950 年代から観察されている変化の多くは，過去 1000 年間において前例がない．大気と海洋は暖まり，雪と氷の量は減少した．また，海面は上昇し，大気中の温室効果ガスの濃度は増加した．

地上や海上付近の大気において，最近 30 年間の各 10 年間は 1850 年以降のどの 10 年間よりも連続して暖かかった（図 1）．北半球では，1983 ～ 2012 年は過去 1400 年間においておそらくもっとも暖かい 30 年間であった．

海洋は大気と比べて莫大な熱エネルギーを蓄えているので，海洋の温暖化は気候システム全体で蓄えている熱エネルギーの増加に対し支配的であるといえる．1971 ～ 2010 年において，気候システム全体の熱エネルギーの増加量のうち，海洋はその 90％以上を吸収している．図 2c に示したように，海洋表層（0 ～ 700 m）では，1971 ～ 2010 年にかけて温暖化していることは確からしい．

一方，雪氷圏をみると，最近 20 年間において，グリーンランドや南極大陸の氷床の質

74　第Ⅱ章　地球温暖化の実態

量は減っている．また，ほとんどの氷河は縮小し，北半球の3～4月の積雪面積や北極海の7～9月の海氷面積は縮小している（図2a, b；⇒§V-5）．

海水準に目を移すと，19世紀半ばから現在までの海面上昇は，過去2000年間の平均と比較して大きかった．また，1901～2010年までに，全球の海水準はおおよそ0.19 m上昇した（図2d）．

炭素をはじめとする生物に関連する物質循環に関して，二酸化炭素，メタン，窒素酸化物の大気中濃度は，少なくとも過去80万年間において最高に達している（図3）．大気中の二酸化炭素濃度は，工業化以前より40％増加しており，その主要な原因は化石燃料や土地改変からの放出である．一方海洋は，人為的に放出された二酸化炭素の30％を吸収し，海洋酸性化を招いている（図3）．

(b) 気候変動を起こす要因

大気による**放射強制力**（radiative forcing；地球表面付近での放射によるエネルギーバランスを変化させる要因となる力）は，全体として正（温暖化を引き起こす）であり，気候システムがより多くのエネルギーを吸収するようになってきた．その主因は，

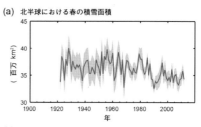
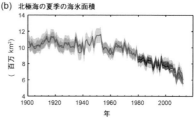
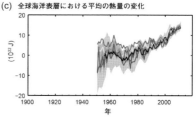
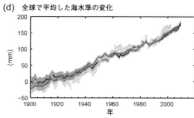

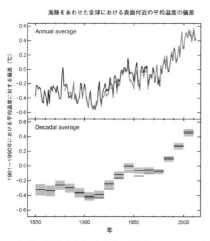

図1 全球の海陸をあわせた表面付近において，3種類の観測データから計算された1961～1990年の平均温度に対する1850～2012年の温度偏差の推移[2] →口絵13
上図と下図はそれぞれ年々の平均値の推移と10年平均値の推移（灰色の影は不確実性）を示す．1901～2012年の表面付近の温度変化の全球分布は口絵参照．

図2 気候変動のさまざまな指標[2] →口絵14
(a) 北半球における3月と4月の平均積雪面積．(b) 北極海の7～9月における平均の海氷面積．(c) 2006～2010年の全球海洋表層（0～700 m）の熱量（1970年の値に対する相対値）．(d) 全球平均海水準の1900～1905年の平均値に対する相対値．各線の色は異なった観測データに対応している．また，影は不確実性を意味する．

1750年以来増え続けている大気中の二酸化炭素濃度である（図3）．

(c) 気候システムの変化についての理解

気候システムに対する人間の影響は明らかである．大気中の二酸化炭素濃度の増加が正の放射強制力を引き起こし，観測されている温暖化に寄与してきた．

気候の数値モデル（以下，「気候モデル」）は2007年に公表された第4次報告書の時点と比較し改良された．新しい気候モデルは，20世紀中頃からの急激な温暖化や大規模な火山噴火直後に起きた寒冷化を含め，数十年間に観測された大陸スケールの地上気温分布とその変化傾向を再現した．

温度変化，気候フィードバック，地球のエネルギー収支の変化についての観測や数値モデルによる研究により，過去と将来における強制力に応じた地球温暖化の規模について，信頼性の高い定量化を行った．

大気と海洋の温暖化，全球の水循環の変化，雪氷の減少，全球の平均海水準の上昇，極端気象の変化において，人間の影響が検出されてきた．人間の影響についての証拠は，第4次報告書の時点から増加している．20世紀半ばから観測されている温暖化の主要な原因は，人間の影響である可能性が高い．

(d) 将来の気候

温室効果ガスの放出が継続すると，さらなる温暖化や気候システムの変化が引き起こされる．気候変動を制限するためには，温室効

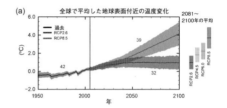

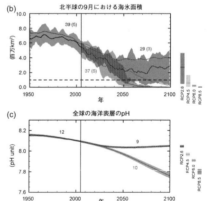

図4 多数の気候モデルによる1950～2100年の数値シミュレーション[2]→口絵16
(a) 1986～2005年の平均値に対する全球の表面付近の年々の平均温度．(b) 北半球における海氷面積（5年移動平均）．(c) 全球の海洋表層のpH．時系列変化を表す線とその不確実性を意味する影は代表的濃度経路（representative concentration pathways：RCP）2.6（濃色）とRCP 8.5（淡色）シナリオの2種類について表示している．黒と灰色の影は過去の温度などのシミュレーション結果を示している．すべてのRCPシナリオに対する2081～2100年の平均値とその不確実性を右横の縦棒で示した．

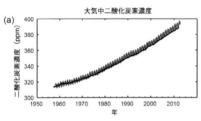

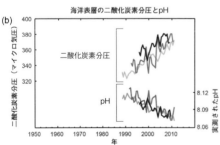

図3 全球炭素循環に関する，種々の指標[2]→口絵15
(a) ハワイ島マウナロア山（グレー）と南極点（黒）で観測された1958年からの大気中二酸化炭素濃度．(b) 海洋表層の溶存二酸化炭素分圧（上）とpH（下）．pHは海洋酸性度である．観測データは大西洋と太平洋の3つの現場からえられた．

76　第Ⅱ章　地球温暖化の実態

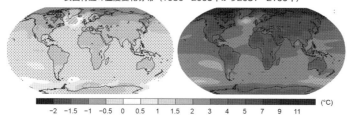

図5 RCP 2.6 と RCP 8.5 シナリオに従い複数の気候モデルによって予測された，1986〜2005年に対する2081〜2100年の地表面付近における年平均温度の変化量の分布[2] →口絵17

果ガスの放出の実質的，かつ持続的な削減が必要であろう．

図4と図5に示したように，21世紀末の全球における地球表面付近の気温上昇は，1850〜1900年と比較して，RCP 2.6を除くすべてのRCPシナリオ（第5次報告書の将来予測で用いられている，大気中温室効果ガス濃度の人為的に引き起こされる将来変化を代表するシナリオ）に照らし合わせると1.5℃を超えるとみられる．とくに，RCP 6.0とRCP 8.5については2℃を超えそうである．温暖化は，RCP 2.6以外のすべてのRCPシナリオの下で2100年以降も続くとみられる．温暖化は年々スケールから10年スケールで変化しており，地域的にみても均一ではない．北極域でとくに強い温暖化傾向が予測されている（図5）．

21世紀の温暖化に伴って生じた全球の水循環の変化も地域ごとにまちまちであろう．地域的な例外はあるものの，湿潤地域と乾燥地域との間，それから雨季と乾季との間の差が大きくなっていくとみられる．

全球の海洋も21世紀の間は昇温していくとみられる．熱は表層から深層へと入り込み，海洋循環に影響を与える．

雪氷圏に関しては，21世紀における温暖化に伴い北極海の海氷はその面積と厚さが減少し続け，また北半球の春の積雪面積は縮小し続けるとみられる．全球の氷河の体積もさらに減少するだろう．

21世紀は全球の海水準も上昇し続けるだろう（図6）．すべてのRCPシナリオ下で，

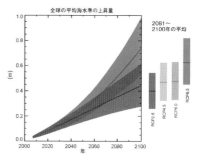

図6 RCPシナリオに従い複数のモデルによって予測された，1986〜2005年の平均海水準に対する21世紀の全球海水準の上昇量[2] →口絵18
RCP 2.6（青）とRCP 8.5（赤）シナリオについて，経年変化をグラフ化してある．影は不確実性を示す．すべてのRCPシナリオについて，2081〜2100年の平均値を右側の縦棒で示した．

海水の昇温と氷床と氷河の減少が原因となり，今後は1971〜2010年に観測された海水準を超えることが確実である．

気候変動は，大気中の二酸化炭素増加を悪化させる方向性で炭素をはじめとする生物に関連する物質循環にも影響を与える可能性が大きい．海洋は炭素をさらに吸収することによって，酸性化を増進させることになる．

これまでに排出されてきた二酸化炭素の累積量は，21世紀後半以降における全球表面付近の温暖化をある程度決定づけてきている．

(2) 過去の報告書との比較

ここでは，第5次報告書での記述を第3次報告書[4]や第4次報告書[5]などにおける記

述と比較することで，その内容の変遷を説明する．

(a) 観測された気候変動について

第4次報告書では，全球で大気や海洋の温暖化や雪氷の融解の広域化，また海水準が上昇していることは観測事実であることが述べられている．前述した第5次報告書における記述はこれと基本的に変化がないが，1950年代から観察されている温暖化にかかわる変化の多くは過去1000年間において前例がない，といった事実に言及している点で，より詳細になった．

全球表面付近において観測された温度上昇について，第3次報告書では100年間（1901～2000年）で0.6℃，第4次報告書では100年間（1906～2005年）で0.74℃，一方で，第5次報告書では133年間（1880～2012年）で0.85℃と計算している．計算された期間が若干異なるが，第3次報告書よりも第4次報告書で提示された昇温率の方が大きくなったといえる．第4次と第5次報告書で示された昇温率は同程度とみられる．

海水準変化について詳しくみると，第4次報告書では，1961～2003年の間に平均で年に1.8mmの速さで上昇し，1993～2003年は速まり，年に3.1mmであったと指摘している．一方，第5次報告書では，海水準は1901～2010年は年に1.7mm，1971～2010年は年に2.0mm，1993～2010年は年に3.2mmの速さで上昇したと説明している．上昇速度が計算されている期間が異なるので厳密な比較ができないが，観測された海水準の変動に関しては第4次と第5次報告書との間に大きな違いはないとみるべきだろう．

(b) 最近の温暖化についての理解

第3次報告書では，最近の温暖化の原因について，過去50年間に観測された温暖化の大部分は大気中の温室効果ガスの濃度増加によることが確からしい（likely），と説明している．これに対して，第4次報告書では20世紀半ばより観測されている全球表面付近の平均温度の上昇の大部分は，観測されている人為起源の温室効果ガスの濃度増加に起因することが非常に確からしい（very likely）と説明している．さらに，第5次報告書では，前述のように大気中の二酸化炭素濃度の人為的な増加が正の放射強制力を引き起こし，観測されている温暖化が生じたことは極めて確からしい（extremely likely）としている．報告書の出版年が2001年，2007年，2013年と新しくなるほど，観測された温暖化が人為的な温室効果ガスの放出に起因することをより明確に主張するようになってきた．

(c) 気候変動予測

気候モデルによって将来の気候変動を予測するためには，まず温室効果気体の大気中濃度を左右する将来の人為的な温室効果気体排出量のシナリオ（仮定）を用意し，気候モデルに与える必要がある．これに対して，第1次報告書ではBusiness as Usual：BAUを含む4種類の排出シナリオを基に2100年までの気候を予測した．第2次報告書では「IS 92」とよばれる6種類（a～f）の排出シナリオの下，2100年までの気候変動の予測が行われた．その後，さまざまな意見を取り入れ改良された排出シナリオに関する特別報告（Special Report on Emissions Scenarios：SRES）とよばれる排出シナリオが考案され[6]，第3次と第4次報告書で採用され，2100年までの予測が行われた．SRESでは全部で6種類の排出シナリオが用意されており，化石燃料・非化石燃料のバランス型シナリオのA1B，地域ごとに特徴を活かした多様な発展を想定したシナリオのA2，高効率技術が普及し環境負荷も低減する持続的発展を想定したシナリオのB1などが用意されている．

第5次報告書における気候変動予測で採用した排出シナリオは，「RCP」であり，多様な社会経済シナリオの策定が可能なように工夫されている[7]．RCP 8.5，RCP 6.0，RCP 4.5，RCP 2.6の4種類が用意されており，その順で温室効果気体の人為的排出量は少な

78　第Ⅱ章　地球温暖化の実態

くなる.

　各報告書で予測された 2100 年頃の気温を比べてみる. 第 1 次報告書では 1850 〜 1900 年の平均気温に対して 2.0 〜 4.2℃ 上昇, 第 2 次報告書では 1990 年に対して 0.9 〜 3.5℃ 上昇, 第 3 次報告書では 1990 年に対して 1.4 〜 5.8℃ 上昇, 第 4 次報告書では 1980 〜 1999 年の平均に対して 1.8 〜 3.6℃ の上昇, そして, 第 5 次報告書では 1986 〜 2005 年の平均に対して 1.0 〜 3.7℃ 上昇すると予測している. すべての報告書が温暖化を予測しており, その昇温量は報告書によって大きく異なることはなく, これまで同等であったといえるだろう.

　各報告書で予測された温暖化は同程度であったが, ここで留意しなければならない点は, 1990 年の第 1 次報告書が出版されてから 2013 年の第 5 次報告書が出版されるまでの 23 年間に, 気候モデルと計算機は大きく進歩したことである. 予測された温暖化が同程度であっても, 新しい報告書での予測の信頼性や価値は古い報告書のそれよりずっと高いとみるべきだろう.

(3) 不確実性と今後の課題

　計算機の性能とともに大きく進歩してきた気候モデルではあるが, さまざまな不確実性が存在する. 気候システムにおける因子である雲, エアロゾル, 植生, 土壌, 雪氷などの役割や変動は, 最新の気候モデルであっても十分正確に取り扱えているとはいいがたい. より信頼できる予測を行うには, 諸気候因子について変動過程を解き明かし, それを気候モデルで詳細に取り扱う必要がある. 計算機の性能にもかかわる課題である.

　また, 気候を左右するものの, 火山噴火や太陽活動の変動など予測できない事象もある. 実際に第 1 〜 3 次報告書での気候モデル予測では, 1991 年に起きたピナツボ火山の影響を含めることが難しかった. 火山や太陽活動の変動までも見通した将来予測は今後

も困難であろう. よって, こういった予測できない現象による不確実性が予測値には含まれていることを明確にすることも重要であろう.

　第 5 次報告書で採用された排出シナリオの RCP は, 気候モデルの専門家のほか, 生態学者や社会科学者が協力して策定した, 詳細かつ現実的で, 画期的なものであった. 今後もさらに進化した現実性の高いシナリオを用意すべく, 自然科学者と社会科学者が有機的に連携することが期待される. 　　　　〔鈴木力英〕

文献

1) IPCC(2013a)：Climate Change 2013：The Physical Science Basis. Contribution of Working Group I to the Fifth Assessment Report of the Intergovernmental Panel on Climate Change, Stocker, T.F. *et al.* eds., Cambridge University Press.

2) IPCC(2013b)：Summary for Policymakers. In：Climate Change 2013: The Physical Science Basis: Contribution of Working Group I to the Fifth Assessment Report of the Intergovernmental Panel on Climate Change, Stocker, T.F. *et al.* eds., Cambridge University Press.

3) IPCC (2013)：気候変動 2013：自然科学的根拠：気候変動に関する政府間パネル 第 5 次報告書 第 1 作業部会報告書 政策決定者向け要約, 気象庁訳(2014 年 7 月 1 日版) (https://www.ipcc.ch/pdf/reports-nonUN-translations/japanese/ar5-wg1-spm.pdf)

4) IPCC(2001)：Climate Change 2001: The Scientific Basis. Contribution of Working Group I to the Third Assessment Report of the Intergovernmental Panel on Climate Change, Houghton, J.T. *et al.* eds., Cambridge University Press.

5) IPCC(2007)：Summary for Policymakers. In：Climate Change 2007: The Physical Science Basis: Contribution of Working Group I to the Fourth Assessment Report of the Intergovernmental Panel on Climate Change, Solomon, S. *et al.* eds., Cambridge University Press.

6) IPCC(2000)：IPCC Special Report: Emission Senarios, Nakicenovic, N. and Swart, R. eds., Cambridge University Press.

7) Van Vuuren, D.P. *et al.* (2011)：The representative concentration pathways: an overview. *Climatic Change*, **109**, 5-31

§Ⅱ-2

温室効果ガスの グローバル分布特性

Distribution characteristics of global greenhouse gases

(1) 温室効果ガスとは

温室効果ガス（greenhouse gas）とは，放射エネルギーを受け取ることにより地球大気の温度を上昇させる**温室効果（greenhouse effect）**のある大気微量ガスをいう．地球は太陽から放射エネルギーを受け取るが，太陽の表面温度はおおよそ5800 Kであるので5800 Kの黒体放射の波長特性に近似されたエネルギーが地球大気上端までとどいている．しかし地球表面にとどくまでに，雲やエアロゾルに反射・散乱されるため全体的に幾分弱くなり，さらに大気中の微量成分の吸収を受けるため特定の波長帯が強い吸収を受ける．可視光領域ではオゾン（O_3），近赤外光領域から熱赤外光領域では酸素，水蒸気，**二酸化炭素（carbon dioxide, CO_2）**等によって吸収を受けていることが知られている．

一方，地球表面や地球大気からの放射，雲やエアロゾル等による反射・散乱のために地球にとどいた放射エネルギーが宇宙に戻る．しかし，地球大気には温室効果ガスが存在するために，宇宙に戻る放射エネルギーの一部を温室効果ガスが再び吸収し，地球大気の温度が上昇する．もし地球大気に温室効果ガスが存在しなければかなり気温が低くなり-18℃程度になることがわかっている．しかし地球には適度な量の温室効果ガスが存在するために，全球平均気温は15℃程度になっている．これらの温室効果ガスは水蒸気やCO_2などで，**自然起源温室効果ガス（natural greenhouse gas）**とよばれている．

しかし，産業革命以降の人間活動によりCO_2やメタン等の温室効果ガス，つまり，**人為起源温室効果ガス（anthropogenic greenhouse gas）**が大量に排出されるよう

になり，これに伴って全球平均気温が上昇していることが明らかとなってきている[1]．

人為起源温室効果ガスとして，比較的寿命が長いCO_2，メタン（methane, CH_4），フロン類（chlorofluorocarbons：CFCs），一酸化二窒素（N_2O），および，寿命が短い対流圏O_3，一酸化炭素（CO），窒素酸化物（NOx），揮発性有機化合物（Volatile Organic Compounds：VOC）等をあげることができる．

(2) 温室効果ガスの観測データ

これらの温室効果ガス濃度データは，地上における直接測定およびフラスコサンプリング，高層タワーによる直接観測，航空機フラスコサンプリング，船舶を用いた直接測定およびフラスコサンプリング等により取得している．これらは，世界気象機関（World Meteorological Organization：WMO）全球大気監視（Global Atmosphere Watch：GAW）計画温室効果ガス世界資料センター（World Data Centre for Greenhouse Gases：WDCGG）で，収集・管理・提供されている．2015年12月2日時点で，CO_2で232地点，CH_4で219地点，COで161地点，O_3で123地点，N_2Oで76地点のデータが提出されている．ただし，これらの温室効果ガス濃度データは世界の観測機関や研究者から提供されたものが原則そのまま掲載されているので，使用するときに注意が必要である．また，WMO-GAW-WDCGGと重なっている部分もあるが，米国大気海洋局地球システム研究所全球観測部門は，米国国内外の観測機関，研究機関や大学と協力・連携して観測を行っており，ここでも温室効果ガス濃度データを入手することができる．

上記の地上を中心とする温室効果ガスについては最長で30年以上のデータが蓄積されて全球の温室効果ガスの変動が明らかにされてきた．さらに，地域ごとの温室効果ガスの吸収・排出量を明らかにするために，地上温室効果ガス濃度データを用いて，全球大気輸送モデルの逆問題解析により地域ごとの温室効果ガスの吸収・排出量を推定することが行

80　第Ⅱ章　地球温暖化の実態

われるようになった．しかし，地上観測点には地理的偏りがあり，とくに南米，アフリカ，シベリアなどに空白地点が存在し，これらの地域の吸収・排出量推定値に大きな不確かさが残っていた．また，全球大気輸送モデルは鉛直方向の輸送があまりよくなく，観測がうまく再現できないなどの改善すべき点も明らかになってきていた．これらを解決するためには，温室効果ガス観測の空白域を埋め，鉛直分布も明らかにする必要があった．加えて，人間活動により温室効果ガスが確実に増加し，気温や海水温の上昇等が明らかになっているため，より時空間的に詳細な温室効果ガスの観測を行う必要性が高くなった．近年ではこのような背景のもと，既述した従来の観測に加えて，衛星搭載（spaceborne）および地上設置（ground-based）の分光観測装置を用いた温室効果ガスの**分光リモートセンシング**（spectroscopic remote sensing），**民間航空機**（commercial airplane）を用いた温室効果ガスの直接測定の発展が著しい．

衛星に搭載された観測装置を用いて対流圏の大気微量気体を分光観測する方法としては，大きく2種類に分けることができる．1つは，温室効果ガスを測定するための光源を搭載し地表面に出射することで大気の散乱や地表面の反射光を観測する能動的分光リモートセンシング（active remote sensing），つまりライダー（Light Detection and Ranging：LIDAR）である．これまで衛星搭載温室効果ガス観測ライダーは実現されていない．

もう1つは，太陽光の反射光や地表面・大気の放射を観測する受動的分光リモートセンシング（passive remote sensing）である．衛星に搭載する分光装置として，**回折格子分光計**（grating spectrometer）や**フーリエ変換分光計**（Fourier Transform Spectrometer：FTS）が主に用いられている．熱赤外領域（Thermal InfraRed：TIR）では，主に地表面や地球大気の放射を観測することにより温室効果ガスの観測が行われており，観測装置や解析手法に

も依存するが，自由対流圏から上空に観測感度をもっており，温室効果ガス濃度の高度分解能の算出が可能である．

短波長赤外領域（Short-Wave InfaRed：SWIR）では，地表面の反射や雲やエアロゾル大気の散乱光を観測する．このため，対流圏から大気上端まで観測感度をもっているが，鉛直方向の分解能をもたない場合が多い．対流圏から大気上端までの温室効果ガスを観測した最初の衛星は欧州宇宙機関のSCIAMACHY（Scanning Imaging Absorption Spectrometer for Atmospheric Chartography）である．SCIAMACHYは大気汚染にかかわる大気微量気体を観測するための衛星であったが，CO_2やCH_4の観測にも成功した．しかし，2012年4月に10年間におよぶ観測運用を終えた．世界で初めて温室効果ガスを専用に観測することを目指して打ち上げられたのが日本の温室効果ガス観測技術衛星（日本語名「いぶき」）である．「いぶき」は2009年1月23日に打ち上げられ，5年間の観測運用を終えた現在も，後期観測運用して観測を継続している．このゴーサット（Greenhouse Gases Observing Satellite：GOSAT）プロジェクトは，宇宙航空研究開発機構（Japan Aerospace Exploration Agency：JAXA），環境省（Ministry of the Environment：MOE），国立環境研究所（National Institute for Environmental Studies：NIES）と共同で実施されている．「いぶき」は，FTSが掲載されSWIRとTIRの観測が同時に可能である．国内外の研究者がSWIRの温室効果ガス濃度データの算出を行っており，データの質は地上設置の高波長分解能FTS観測網である全量炭素カラム観測ネットワーク（Total Carbon Column Observing Network：TCCON）（後述）や航空機観測データを用いて明らかにされている．バイアスはほとんどなく，バラツキは0.5%程度である[2]．「いぶき」は，温室効果ガス専用の観測衛星として，これまでにない高精度を達成することに成功した．これを受けて，「いぶき」の後継機であるGOSAT-2（FTS）

が，2018年度打ち上げを目指して開発が始まっている．一方で，米国 NASA JPL（Jet Propulsion Laboratory）が，2014年7月2日に OCO-2（Orbiting Carbon Observatory-2）を打ち上げた．OCO-2 は回折格子分光計が搭載され現在も観測を続けており，データの質は TCCON データを用いた初期検証により，「いぶき」より幾分よい精度であることがわかっている．現在対流圏から大気上端までの温室効果ガスを観測しているのは日本の「いぶき」と米国の OCO-2 のみである．

なお，Earth Observation Portal Satellite Missions Database[3] やリモート・センシング技術センターの衛星総覧[4] には，世界各国の地球観測衛星が紹介されている．上記のデータベースは，必ずしも正しい情報が記載されているとは限らないので，論文やそれぞれの衛星プロジェクトの web ページ等で確認することが望ましい．

地上の分光リモートセンシングとして，温室効果ガスを中心とする大気微量成分による吸収を受けた太陽直達光スペクトルを，地上に設置した高波長分解能 FTS を用いて観測する観測網である TCCON[5] の発展が著しい．TCCON は，米国 Park Falls，ニュージーランド Lauder，ノルウェー領スヴァールバル諸島 Ny Alsund で，2004年から観測が開始され，現在29地点まで増加し，そのうち24か所が運用中，5か所が準備中である．日本では，つくば（2008年12月観測開始．NIES に設置），佐賀（2011年6月観測開始．JAXA が佐賀大学キャンパスに設置），陸別（2013年11月観測開始．NIES 陸別成層圏総合観測室に設置）の3か所が設置されている．TCCON の特徴は，衛星観測データの検証と炭素循環の研究に使用するため，共通の観測装置（FTS）と観測条件で観測が行われ，共通の解析手法を用いて温室効果ガスデータを算出し，そのデータは航空機観測等で取得された高度分布データを用いて修正され，高精度なデータとして一般に公開されていることである．TCCON データは，「いぶき」や OCO-2 等の衛星搭載分光リモートセンシング観測による温室効果ガスデータ検証のための「検証標準」の地位を確立している．

航空機に観測装置を搭載した大規模な温室効果ガス測定プロジェクトとして，日本の航空機による大気観測プロジェクト CONTRAIL（Comprehensive Observation Network for Trace Gases by Airliner），ドイツの CARIBIC（Civil Aircraft for the Regular Investigation of the Atmosphere Based on an Instrument Container），米国の HIPPO（Hiaper Pole-to-Pole Observations）プロジェクト等が知られている．

CONTRAIL は，日本航空の航空機 Boeing 777 に連続直接測定装置およびフラスコサンプリング装置を搭載し，空港の離発着時や巡航時の CO_2 等の温室効果ガス濃度データを取得している．旧プロジェクトは1993 〜 2005 年に実施され，新プロジェクトは 2005 年から再開され現在も継続されている．測定装置の搭載された航空機が増加し，2014 年は年3000回を越える高度分布データを取得している．日本とオーストラリア間のフラスコサンプリングデータは WMO-GAW-WDCGG にも掲載されている．

CARIBIC は，ルフトハンザドイツ航空の航空機 AirbusA340-600 に，コンテナに収められた観測装置を搭載し，温室効果ガスなどの大気微量成分濃度データを取得している．コンテナにはさまざまな気体種の連続直接測定装置およびフラスコサンプリング装置を搭載しているために観測する大気微量成分の種類が非常に多いのが特徴である．飛行は 1997 年から現在も継続されており，2013 年の飛行回数は年50回となっている．CARIBIC は IAGOS（In-service Aircraft a Global Observing System）に統合され，これまでの CARIBIC は IAGOS-CARIBIC となり IAGOS-CORE が新たに始まっている．

IAGOS-CORE はいくつかの航空会社により運用されており，長距離輸送航空機に大気微量成分，エアロゾル，電粒子の連続測定を

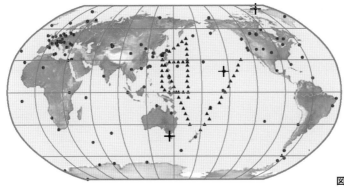

● Ground-based　◆ Aircraft　▲ Ship　+ GHG comparison sites

図1 WMO GAW ネットワークのCO₂観測地点図[6]

行うものである．

HIPPOは，米国国立大気研究センターが所有している研究観測用航空機（Gulfstream V）に，連続直接測定装置およびフラスコサンプリング装置を搭載し，2009～2011年の3年かけて四季を埋めるように5回の南北の両極間横断飛行が実施され10種類以上の気体種の高度分布データを取得した．

（3）温室効果ガスの経年・季節変動，鉛直分布，地域性

全球平均温室効果ガスの経年変動（interannual variation）は，毎年発行されるWMO Greenhouse gas bulletinに掲載されている．地上観測を中心としたWMO GAWネットワーク（図1）の観測データをもとに算出されている．CO_2はここ10年，2 ppm/年程度で増加している（図2）．CH_4は2000年を過ぎて増加が止まったが，2007年頃から再び増加が始まり5 ppb/年程度で増加を続けている（図3）．N_2Oは0.9 ppb/年程度で増加している（図4）．もちろん，エルニーニョやラニーニャ現象などさまざまな要因によってこれらの経年変動は一定ではない．他の温室効果ガスの経年変動はWMO Greenhouse gas bulletinに記載されている．

地上温室効果ガスの季節変動（seasonal variation）および地域性（regional characteristic）については次のような特徴が

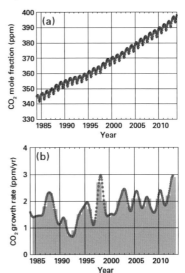

図2 CO_2の（a）世界平均濃度と（b）1年あたり増加量[6]
塗りつぶしは前年からの差．

ある．CO_2の濃度は北半球が高く，季節にもよるが南北差は10 ppm弱である．季節変動幅は，北半球中高緯度で15 ppm程度，北半球中緯度では10 ppm強，北半球低緯度で10 ppm弱，南半球低緯度は季節変動がほとんどなく，南半球中高緯度は2 ppm程度である．北半球と南半球では季節変動の時期が逆となっている．この要因は次のように説明できる．北半球は，光合成活動が活発な夏季

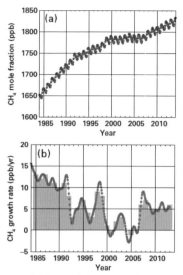

図3 CH_4 の(a)世界平均濃度と(b) 1年あたりの増加量[6]
塗りつぶしは前年からの差.

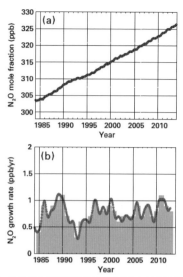

図4 N_2O の(a)世界平均濃度と(b) 1年あたりの増加量[6]
塗りつぶしは前年からの差.

に濃度が最小となる．北半球は，南半球より陸地が多いため季節変動幅は南半球よりも大きい．一方，南半球は季節が逆のために季節変動が北半球に対して逆になり，陸地が北半球より少ないため季節変動幅が北半球より小さい．赤道域は植物活動が年中盛んであるために，季節変動がほとんどない（図5）．CH_4 の濃度は，季節依存性があるが北半球が高く南北差は10 ppb弱である．季節変動幅は，北半球中高緯度で10 ppb弱，北半球低緯度で10 ppb程度，南半球低緯度では3 ppb以下と小さく，南半球中高緯度は5 ppb程度である．北半球と南半球では季節変動の時期が逆となっている（図6）．これは，北半球は南半球より陸地が多く，大気中での化学反応により CH_4 が壊れる夏季が最小となっているためであるが，詳細は CO_2 ほど明らかになっていない．季節変化は CH_4 が CO_2 より幾分（1か月程度）早い．N_2O は CH_4 ほど変動幅が大きくないが，同様の季節変動の傾向があることがわかっている．

これらは，WMO-GAW-WDCGG に毎年更新されている．

これらの経年変動や季節変動は，偏った地域の地上観測データを基に重みを考慮して算出されている．近年，既述の日本「いぶき」等による衛星を用いた温室効果ガス観測が加わることにより，地域的偏りがより少ない観測データを用いて，経年変動や季節変動が明らかにされつつある．「いぶき」は地上から大気上端の温室効果ガスを観測するために，地上測定と比べて幾分小さい濃度となり，季節変動幅も小さい．

航空機観測，TIRの衛星観測等により温室効果ガスの濃度鉛直分布を知ることができる．CO_2 は，光合成活動が活発な夏季は低高度ほど低く，逆に呼吸活動が卓越する冬季は低高度ほど高く，それぞれが高高度に伝わっていくことが明らかとなってきている．圏界面に入ると濃度が徐々に小さくなっている．このため，低高度では季節変動幅が大きく高高度では季節変動幅が小さい．CH_4 濃度の高度分布は明らかとなってきているが，より複雑で未解明なことが多い．圏界面より

84　第Ⅱ章　地球温暖化の実態

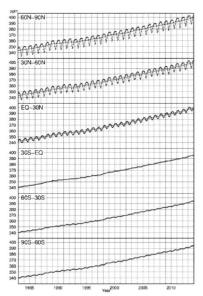

図5 地上データから導出した緯度帯ごとのCO_2の月平均濃度と経年変動（線の部分）[7]

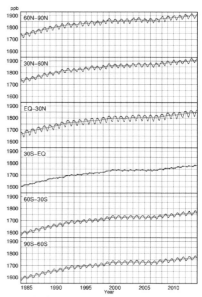

図6 地上データから導出した緯度帯ごとのCH_4の月平均濃度と経年変動（線の部分）[7]

上空は光化学反応により急激に減少する。

これまでの地上観測は，全球，緯度や大きな地域ごと（例えば亜大陸規模等）の温室効果ガスの特性を解明することを目的としていた。このため人間活動の影響が大きすぎると季節変動や経年変動がわからなくなるため，人間活動の影響の少ない地点での観測が中心に行われてきた。近年この目的がある程度達成され，衛星観測データも加わり，全球大気輸送モデルの逆問題解析による地域ごとの温室効果ガス吸収・排出量の推定精度が改善されつつある。一方で，大都市の温室効果ガス排出量は人為起源のかなりの量を占めている（少なくとも70％）ために，この大都市の大気汚染物質を含むさまざまな大気質の観測と地域輸送モデルを組み合わせて排出量を明らかにする研究等が始まっている。このような研究には，フットプリントが小さいOCO-2等による衛星観測が非常に有効であり，これらのデータを用いた研究の進展が期待される。　　　　　　　　　　〔森野　勇〕

文献

1) IPCC (2013)：Climate Change 2013：The Physical Science Basis：Contribution of Working Group I to the Fifth Assessment Report of the Intergovernmental Panel on Climate Change, Stocker, T.F. et al. eds., Cambridge University Press.
2) Buchwitz, U.K. et al. (2015)：The Greenhouse Gas Climate Change Initiative (GHG-CCI): Comparison and quality assessment of near-surface-sensitive satellite-derived CO_2 and CH_4 global data sets. *Remote Sensing of Environment*, **162**, 344-362.
3) Earth Observation Portal：Satellite Missions Database. (https://directory.eoportal.org/web/eoportal/satellite-missions)
4) リモート・センシング技術センター：衛星総覧. (https://www.restec.or.jp/satellite)
5) TCCON Data Archive. (http://tccon.ornl.gov)
6) WMO (2015)：Greenhouse gas bulletin, No. 11.
7) World Meteorological Organization (2015)：*WMO WDCGG Data Summary, WDCGG No. 39, GAW Data Volume IV-Greenhouse Gases and Other Atmospheric Gases*, Japan Meteorological Agency in co-operation with World Meteorological Organization.

§Ⅱ-3

放射収支・熱収支からみた
地球温暖化
Earth's radiation and heat budgets and global warming

(1) 地球温暖化のメカニズム

地球-大気系 (earth-atmosphere system) は物質的には閉鎖系であるが熱的には開放系であり宇宙空間との間で放射による熱交換を行っている。地球-大気系の唯一の有効な熱源は**太陽放射** (solar radiation) であり，宇宙への冷熱源は地表面，雲頂面および大気中の**温室効果ガス** (greenhouse gas) から射出される**赤外放射** (infrared radiation) である。

太陽は水素とヘリウムからなる半径約69.6万kmの巨大なガス球であり，その内核では水素原子核4個がヘリウム原子核1個に融合されるとともにγ線を放出する**水素核融合** (nuclear fusion) 反応が起きている。太陽は水素核融合反応により生じる毎秒約427万tの質量欠損と引き換えに**太陽光度** (solar luminosity) 3.842×10^{26} W をγ線として内核内に放出している。γ線は高密度の太陽大気中で吸収と再射出を繰り返し放射温度を低下させながら迷走し，約200万年かけて太陽光球表面に到達したときには，輝度 6.311×10^{7} Wm^{-2}，温度5778Kとなっている。太陽光度は太陽光球表面からは太陽放射として宇宙空間を光速で直進し，約8.3分後に約1.496億km離れた地球に到達する時の輝度は1366 Wm^{-2} にまで減衰している。この輝度は**太陽定数** (solar constant) とよばれ，これに地球断面積を乗じたのち地球表面積で除すと単位地表面積あたりの大気外全天日射量は太陽定数の1/4（=340 Wm^{-2}）となることが導かれる。

図1は Stocker et al. (2013)[1] による全球平均**熱収支** (heat budgets) である。変動幅が微小なので平均値のみで記載すると，**大気上限** (top of the atmosphere：TOA) に入射する全天日射量340 Wm^{-2} の54％の185 Wm^{-2} が地表まで到達し，うち24 Wm^{-2} が反射され，残り161 Wm^{-2} が吸収される。23％の79 Wm^{-2} が大気中の雲，水蒸気，オゾン等により吸収され，29％の100 Wm^{-2} が宇宙空間に向けて反射される。

地表面からは赤外放射，**顕熱** (sensible heat)，**潜熱** (latent heat) の3種類の形態の熱が大気に向けて放出される。赤外放射は

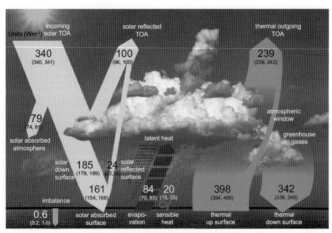

図1 全球平均の熱収支[1] →口絵19

K単位の地表面温度の4乗に比例して放出され, 398 Wm^{-2} と見積もられている. 地表面が射出する赤外放射のうち95％以上は大気中の雲や水蒸気, 二酸化炭素, オゾン等の温室効果ガスに吸収されるが, これらは自らの温度の4乗に比例する赤外放射を上方の大気上限に向けて239 Wm^{-2}, 下方の地表面に向けて342 Wm^{-2} 再射出している.

結局, 地表面が大気層に渡す正味赤外放射は 56（＝398－342）Wm^{-2} にすぎないので, 大気層全体の赤外放射による熱損失は 183（＝239－56）Wm^{-2} である. この熱損失は太陽放射の吸収により得られる熱利得 79 Wm^{-2} より 104 Wm^{-2} 過大である. この熱損失は地表面から輸送される顕熱 20 Wm^{-2} と潜熱 84 Wm^{-2} によって相殺され, 大気層全層では熱収支が成り立っている.

ところが, 地表面では 161 Wm^{-2} の日射が吸収されるにもかかわらず地表面が失うエネルギーの総和は 160（＝20＋84＋56）Wm^{-2} であるため, 地表面熱収支は完全には成り立っておらず 0.6 Wm^{-2} の正の**インバランス**（imbalance）が存在する. このため, 地表面下で内部エネルギーの漸増による昇温, 即ち**地球温暖化**（global warming）が進行することが示唆される. 大気上限でも短波放射収支が240（＝340－100）Wm^{-2} であるにもかかわらず長波放射収支が－239 Wm^{-2} であるため, やはり正のインバランスが存在し, 地球-大気系全体の内部エネルギーの増加による昇温, 即ち地球温暖化が進行していることが示唆される. ただし, 図1は雲やエアロゾルの効果を過小評価しており, 大気吸収日射や大気上限反射日射, 地表面下向き赤外放射は過小で, 地表面の全天日射や上向き赤外放射は過大との指摘もあり[2], 図1は確定ではない.

地球大気の温度成層と大気組成との関係は**放射対流調節**（radiative-convective adjustment）モデルによって初めて明確に説明された[3]（図2）. 温室効果ガスを水蒸気のみに限定した計算でも一定気温減率をもつ

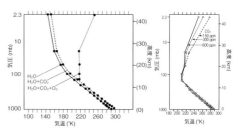

図2 放射対流調節モデルによる地球大気温度成層の計算[3]

図3 二酸化炭素濃度倍増および半減の場合の気温鉛直分布の比較[4]

対流圏（troposphere）と放射平衡気温分布をもつ**成層圏**（stratosphere）が形成される. 二酸化炭素を追加すると対流圏・成層圏全層でほぼ同量の昇温が生じる. さらにオゾンを追加すると, 対流圏においては変化が生じないのに成層圏上層において日射吸収加熱による大きな昇温が生じて強い温度逆転層（安定層）が形成され, 現実の温度成層が再現される.

Manabe and Wetherald（1967）[4] は, 二酸化炭素濃度を現状の300 ppm水準から600 ppm水準に倍増させた場合と150 ppm水準に半減させた場合の計算を行い相互比較した（図3）. その結果, 大気中の温室効果ガス（二酸化炭素）濃度が増加すると, 地表面や対流圏下層では昇温して温暖化が進行するのに対して, 成層圏では上層ほど著しく降温して寒冷化が進行することを初めて見出した.

大気中の温室効果ガスが増加すると, 空気塊が気温の4乗に比例する赤外放射を射出する際の射出率が増加するために放射冷却が進むと同時に, 空気塊が周囲から照射された赤外線を吸収する際の吸収係数も同じ割合で増加するため放射加熱も進む. このため地表面では大気最下層からの下向き赤外放射が増加するため放射冷却が阻害される地表面が昇温し, 昇温した地表面から強化された上向き放射が照射されるうえ, 大気の吸収率も増加す

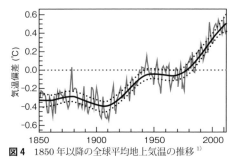

図4 1850年以降の全球平均地上気温の推移[1]

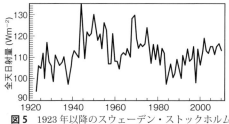

図5 1923年以降のスウェーデン・ストックホルムにおける年平均全天日射量の推移[1]

るため放射射出量の増加を上回る放射吸収量の増加が生じて対流圏下層大気も昇温する．これに対して成層圏では，空気塊の射出率と吸収率がともに増加するものの，赤外放射射出の増加による放射冷却は進む一方，周囲から照射される赤外放射は弱まるため放射加熱が減少し空気塊は降温する．

(2) 地表面の変化

図4は1850年以降の全球平均地上気温の推移であり，1961～1990年の平均からの偏差で示してある[1]．1850年以降，長期的な昇温傾向が継続しているのは明らかであり，Stocker *et al.* (2013)[1] はこれを17世紀の産業革命以降大気中に放出され蓄積された温室効果ガスによる温室効果によりもたらされたと説明している．しかしながら，17世紀以降大気中の二酸化炭素濃度はほぼ単調に指数関数的に漸増してきたにもかかわらず，全球平均地上気温は単調には昇温せず，1880～1910年頃と1940～1970年頃には弱い降温傾向すら認められる．図4の傾向曲線は2000年以降も急激な昇温傾向を維持しているように描かれているが，最近15年間に限ると昇温率は著しく低下しており，温暖化の**停滞傾向**（地球温暖化ハイエイタス，global warming hiatus）とよばれ注目を集めている（例えば，大村，2015[2]；田中，2015[5]）．

図5は1923年以降のスウェーデン・ストックホルムにおける全天日射量の推移である[1]．

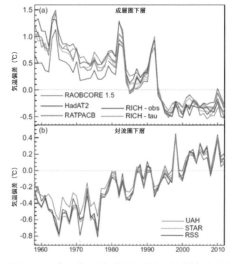

図6 1958年以降の(a)成層圏下層と(b)対流圏下層における全球平均気温の経年変化[1] →口絵20

1945～1960年や1970～1985年は明瞭な全天日射量減少傾向にあり，2000年～現在も明瞭な停滞傾向にあり，それ以外の期間は増加傾向にある．図5の変動は雲量の増減に起因しており，日射量増加は日最高気温を上昇させ温室効果ガス増加による日最低気温の上昇との相乗効果による急激な昇温傾向をもたらし，日射量減少は日最高気温を低下させて温室効果ガスによる温暖化にブレーキをかけハイエイタスをもたらしている可能性がある[2]．

最先端の議論では，日射量の減少よりも海洋による吸熱量の増加の方がハイエイタスの

主因との見方が有力のようではあるが，地球温暖化の要因は温室効果一辺倒ではないとの認識が急速に広まりつつある[5]．

(3) 対流圏・成層圏の変化

図6は種々の方法で推定された1958年以降の成層圏下層と対流圏下層の全球平均気温の経年変化であり，1981～2010年の平年値からの偏差で示されている．1958年以降，対流圏下層は短周期の振動を伴いながら昇温しているのに対して，成層圏下層は火山噴火直後のパルス的昇温を伴いながら降温傾向にあり，Manabe and Wetherald (1967)[4] により示された二酸化炭素増加による地球温暖化過程が実際に進行したことが示唆される．しかし成層圏下層では1990年代中期以降，対流圏下層では2000年以降，地表面同様に気温の変化傾向がないハイエイタスに陥っている．地表面のハイエイタスと原因が同じ可能性が大きい．

(4) 中間圏・熱圏の変化

図7は地球大気の気温と電子密度の鉛直分布とその変化傾向である．対流圏は昇温傾向にあるのに対して，成層圏，中間圏および熱圏は降温傾向にあり高層ほどその変化傾向は著しい．電子密度が増加しE層が下方に拡張する傾向がある．これは高層ほど大気密度が小さいため気候変動の影響が顕著なためと解釈されている．Ogawa et al. (2014)[7] は，高度320 kmでは1.4 K/y もの急速な降温（寒冷化）が進行しているものの，高度350～400 kmでは降温の割合が鈍化し，高度400 km以上では昇温（温暖化）していることを見出した．この中間圏・熱圏における変化傾向と成層圏以下のハイエイタスとの相互関係については未だ情報がない．

〔中川清隆〕

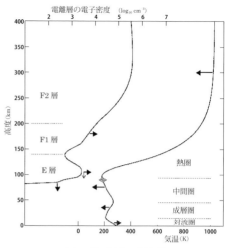

図7　地球大気の傾向[6]

Working Group I to the Fifth Assessment Report of the Intergovern Panel on Climate Change, Cambridge University Press.
2) 大村 纂 (2015)：地球温暖化における温度変化と放射の役割．伝熱，**54**，6-11．
3) Manabe, S. and Strickler, R. F. (1964)：Thermal equilibrium of the atmosphere with adjustment. Journal of the Atmospheric Sciences, **21**, 361-385.
4) Manabe, S. and Wetherald, R. T. (1967)：Thermal equilibrium of the atmosphere with a given distribution of relative humidity. Journal of the Atmospheric Sciences, **24**, 241-259.
5) 田中 博 (2015)：地球温暖化のハイエイタスが自然変動によるものならば人為起源の温暖化の将来予測は過大評価となる．伝熱，**54**，12-15．
6) Qian, L. et al. (2011)：Progress in observations and simulations of global change in the upper atmosphere. Journal of Geophysical Research, **116**, A00H03, doi:10.1029/2010JA016317.
7) Ogawa, Y. et al. (2014)：Upper atmosphere cooling over the past 33 years. Geophysical Research Letters, **41**, 5629-5635. doi:10.1002/2014GL060591.

文献

1) Stocker, T.F. et al. eds. (2013)：Climate Change 2013: The Physical Science Basis. Contribution of

地球温暖化曲線の変遷
Genealogy of global warming curves

§ Ⅱ-4

(1) さまざまな曲線

地球温暖化の主原因は大気中の温室効果ガス濃度の上昇である．地球温暖化の実態は，5億km^{2}余りの地球表面上で観測される気温の上昇で認識される．16世紀末にガリレオが温度計を発明した後，17世紀中頃に気象観測のネットワークができ，19世紀の終わりまでに人が居住あるいは行動するあらゆる地域で気象観測が行われるようになった．

しかし，地球の平均気温を求めるためには克服せねばならない問題があった．それらを一言でいえば，時間的・空間的代表性に優れた気象観測データの整備の違いである．具体的には，(a) 観測時刻の違い，(b) 都市化の影響の有無，(c) 観測地点の偏在性，(d) 海洋上の観測データの不足などが障害となった．これらの問題点の解決のためにさまざまな研究が行われ，地球温暖化を示す曲線は時代とともに改良された．

はじめに，気候変動に関する政府間パネル（IPCC）の第4次評価報告書（2007）に掲載された地球温暖化曲線群を図1に示す．さまざまな曲線が示されており，1900年以前の時代は違いが明瞭である．1940年頃まで上昇傾向が続き，1940〜1970年頃一時的に下降する現象（気候ディミング；climate dimming）が現れ，その後，急激に上昇している．この図では明瞭でないが，最近では，気温上昇が鈍化する現象（**地球温暖化ハイエイタス**，global warming hiatus）が報告されている．

(2) 最初の近代的な曲線

IPCCが大きな役割を担う以前に，カレンダー（Callendar, G.S.）によって描かれた曲線を図2に示す[2]．この図は，地球規模の気温上昇が温室効果で説明できることを検証す

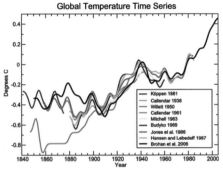

図1 代表的な地球規模の平均気温変化[1] →口絵21
Köppen (1881)：熱帯と中緯度帯の地上気温から作成．Callendar (1938)：全球の地上気温から作成．Willett (1950)：全球の地上気温から作成．Callendar (1961)：60°N〜60°Sの地上観測から作成．Mitchell (1963)：全球の地上気温から作成．Budyko (1969)：北半球の地上気温と船舶データから作成．Jones et al. (1986a,b)：全球の地上気温から作成．Hansen and Lebedeff (1987)：全球の地上気温から作成．Brohan et al. (2006)：最近更新した地上温度と海面温度から作成．すべての時系列は13年の移動平均で示す．Brohan et al. (2006) の時系列は1961〜1990年の平均からの偏差である．その他の時系列は，それぞれ異なる平均から偏差で示してある．ここでは相互に比較できるように，上記のBrohan et al. (2006) の30年間の平均を基準にして表示している．

るために使われた．解析に用いたデータの多くは1923年の国際気象機関（International Meteorogical Organization：IMO）の決議による国際事業の産物だが，陸上のデータに限られていた．一見してわかる通り，フリーハンドで描かれた曲線はいかにも古くさく感じるが，公表された当時は大きな反響があった．

(3) 重み付け平均の重要性

ウィレット（Willett, H.C.）もカレンダーと同様のデータベースを使用し，独自の質的管理を施して1854年まで遡った全球気温変動の時系列を作成した[3]．解析には129地点を使った．時系列解析には十分な長さだったものの，相変わらず観測地点はヨーロッパな

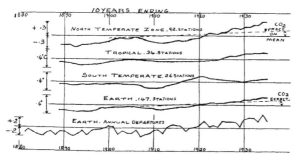

図2 カレンダーの温暖化曲線[2]
上から北半球中緯度（92地点），熱帯（34地点），南半球中緯度（26地点），全球（147地点），およびそれ以外の地点を含めた全球平均気温の偏差，また，点線は二酸化炭素濃度上昇の相当する気温上昇を示す．

どに偏在していた．このためウィレットは，最も信頼性のあるデータを緯度経度10°のグリッドごとに一地点だけ選び，空間的な一様性を確保するよう工夫した．

その後ミッチェル（Mitchell）は，200地点以上の気温時系列データを追加して1959年までを更新した[4]．緯度経度10°ごとに観測点を1か所選ぶ方法はウィレットと同じだったが，緯度帯ごとに表面積を求め，これに応じた重みづけを施して全球平均気温を求めた．この方法により空間的代表性のひずみが解消された．

(4) 船舶観測データ

海洋上の観測値の利用は1980年代に始まった．当時までに知られていた，船舶観測の状況は次の通りである．(a) 一定の通風条件で気温を測定するという決まりがなく，測定値は船舶の速度で変化した．(b) 帆の風下で気温を測定すると，帆で暖められて気温は高めになった．(c) 温度計自体が太陽光や甲板からの反射を遮断していないため，晴天で日中の気温は高めになった．

また，海洋上の気温の測定に利用される海面水温についても，初期には布製のバケツなどで海水を汲み上げて測定したが，その後は船体内に海水を引き込む方法が採用された．このため，エンジンの熱の影響が加わり0.3〜0.7℃高まった．そもそも，補正の条件となる測定方法が記述された観測は少なかっ

た．

近年になると，海洋上の気温測定はブイによるものが主流になり格段に測定精度が増した．**エルニーニョ**（El Niño）の監視の役割も加わり，観測点数が増加して広域の平均値を求める際の代表性が増した．

海洋上の気温を使った初期の研究[5]では，図3に示すように太平洋を含む南半球の広大な領域で観測値が欠如している状態だった．海洋上の観測値を活かすためには，陸上と海洋上のデータの比較を行うことが重要な問題として残されていた．これに関して，陸地と海洋を含む区域を地球上に多数設定し，区域ごとに両者の気温を比較する研究[6]などが行われた．海洋上の気温については観測期間が短い場合が多い．そこで，夏3か月と冬3か月を個別に計算して両者の平均から年平均値を求めるなどの方法が考えられた．全球平均気温の算出は苦労の多い仕事だった．

(5) モデルを検証する役割

古くはカレンダーの研究のように，地球温暖化曲線には，地球温暖化の将来予測のための大気大循環モデルを検証する役割もあった．観測データの質的管理が進むなかで，モデル研究に関する重要な結果がハンセン（Hansen, J.）らによって示された[7]．図4は，彼らが独自に求めた全球平均気温曲線（点線）とモデルに適用した条件ごとの推定

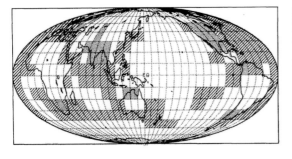

図3 地球温暖化曲線を求めた領域[4]
緯度経度10°メッシュで影を付けた領域をもとに平均値を求めた．点：陸上のメッシュ，斜線：海洋上のメッシュを示す．

値（実線）の比較である．横軸は年，縦軸は相対的な気温差で，左列（a）は混合層の動態を仮定した場合，右列（b）は躍層も考慮した場合で，上，中，下の実線は，それぞれ大気中の二酸化炭素濃度の上昇（**温室効果，greenhouse effect**）のみを条件とした場合，それに火山活動を重ねた場合，さらに太陽放射エネルギーの揺らぎを加えた場合に対応している．これらからわかるように，点線と実線がもっともよく一致するのは右列（b）下のものである．すなわち，実態に近いモデルほど地球温暖化を再現することができるとされた．

改めてハンセンらの全球平均気温曲線（点線）をみると，1960年代～1980年代にかけて0.2℃上昇し，最近100年間では0.4℃上昇したことがわかる．これらの気温上昇は，**温室効果ガス**（greenhouse gas：GHG）濃度上昇に対応した気温上昇量と一致した．この研究により，地球温暖化の本質が理解された．

同時にハンセンらは，20世紀末にはさらなる温室効果ガス濃度の増加に応じた気温上昇が起こることを指摘した．すなわち1.5～3.0℃昇温し，21世紀になると旱魃(かんばつ)の発生，気候帯の移動，南極氷床の崩壊，北西航路（カナダ北極圏海域の船舶ルート）の開通が起こると予測した．

(6) 都市化の影響

全球平均気温の解析で繰り返された議論の1つは，**都市化**（urbanization/urbanisation）の影響をどのように除去するかであった．

1980年代後半になると，関連する学会で激しい議論が交わされた．議論の側面にはヒートアイランド現象による都市の環境変化の解明と対策という，地球温暖化解明とは異なる視点があった．例えば，これに関係する研究の論文タイトルは「アメリカ合衆国の気候記録にみる都市化の検出とその影響」[8]といったもので，都市の影響が大きな地域と小さい地域の気温差を知ることで，都市化が気温に及ぼす影響を推定でき，ひいては広域の平均気温の算出に有効であるというものだった．

解析対象地域が広域に及ぶと気候そのもの

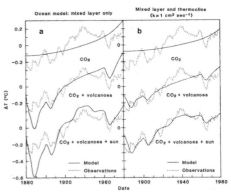

図4 気候モデルによる地球温暖化の要因の解析[7]
点線：観測による全球平均気温偏差の時系列
実線：各種要因を考慮して推定した全球平均気温偏差の変動の時系列
左列(a)は海洋の表層の水温分布を考慮した場合，右列(b)はより深層の水温を考慮した場合．

92　第Ⅱ章　地球温暖化の実態

に差があるなど，統計処理を行う場合の難しさがあった．とはいえ，緻密な解析が行われた結果，人口1万人以下の小規模な町でさえ周辺との気温差が現れた．1万人規模の場合には，人口2千人以下の地点と比較して年平均気温が平均0.1℃高まることが示された．しかし，1980年時点で小規模な町（人口1万人以下）の割合が70%であることなどから，都市化の影響は小さく，アメリカ合衆国全体でみると，20世紀を通した都市化による高温偏差はわずか約0.06℃と認められた．この結果は，その後のIPCCが地球温暖化への都市化の影響を評価する際に重要な基準となった．

(7) 陸上と海洋上データを総合した曲線

1980年代に入り陸上と海洋上のデータベースの整備が進み，陸上のデータを含めた総合的な解析が可能になった．陸上と海洋上の観測データの統合はジョーンズ（Jones, P.D.）らにより行われた[9]．折しも，地球温暖化に対する国際的な認識が進み，IPCC（1988年設立）がスタートする直前にあたる重要な時期だった．

ジョーンズらは次のように考えた．陸上観測地点のデータはこれまで長い時間をかけて注意深く調べられ，誤差が小さくなっている．また，海面水温（sea surface temperature：SST）と海洋上気温（marine air temperature：MAT）の間に高い相関があることも認められている．では，もし大陸の沿岸部にある陸上観測点の気温と近くのMATの差がわかれば，両者の差を修正すべきバイアスとして考えることができる．広大な海域に分散するSSTの実測値を利用してMATを推定できるはずである．

ジョーンズらはこの作業仮説を適用するために，海洋と陸地の面積が適度な割合で混在する領域を地球上に15か所設定した．海洋上のデータ数に関しては，その当時もっともデータ数が多い6325万のSSTデータを収録したアメリカ海洋大気庁によるデータ（comprehensive ocean-atmosphere data set：CODES）を主とし，1861～1984年について解析を行った．

こうして，領域ごとに沿岸部の地上気温とMATの年平均気温を求めて両者を比較した．すると，時系列に描かれた両者の差のグラフには，自然的条件では説明のできない，年代に依存した偏差が現れた．この偏差こそがMATの補正値として重要である，と彼らは考えた．そこで補正値を使用してそれまでにない地球の広域をカバーする気温データベースをつくり，全球平均気温の曲線を描いた．

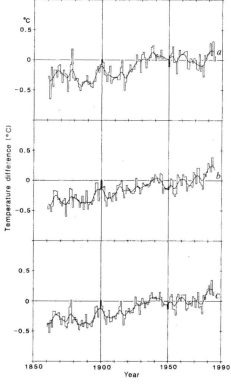

図5 ジョーンズらが求めた地球温暖化曲線[9] 実曲線は（a）北半球，（b）南半球，（c）全球平均気温偏差の10年平均値の変動の時系列．棒状の線は毎年の値を示す．

彼らは，自分たちが求めた曲線は，海洋データの不均質性はまだ十分に取りきれていない可能性があるが，20世紀における全球規模の気温変化の全体像を歪めるものではないとして，図5の曲線を示した．

(8) 都市化に関する論争

ジョーンズらの研究が発表されると，国際的に権威のある学術雑誌上でさまざまな論争がまき起こった．代表的なものはウッド（Wood, F.B.）の研究[10]である．彼は，ジョーンズらが求めた曲線をその当時においてもっとも権威あるものとしながらも，多少でも都市化による高温のバイアスが含まれている可能性が高い陸上の気温を使って海洋上の気温を補正した点を指摘した．わずかな違いでも，広大な海洋上の気温が高めになっており，ジョーンズらの結論は気温上昇を過大評価しているという点が大きな論点であった．

地球温暖化の規模はそれほど大きくない，としたウッドの論文が発表されると，ウィグレイ（Wigley, T.M.L.）とジョーンズの再反論が発表された[11]．第一著者のウィグレイは，ジョーンズらの論文の第二著者である．主従を入れ替えて反論に応じたことになる．

ウィグレイとジョーンズは，都市の影響や気候特性とは無関係に観測データをスクリーニングしてあることを改めて述べた後，都市の気温上昇は人口とは関係はするが定量的には明瞭ではないとした．また，カール（Karl, T.R.）らの論文[12]を引用し，10万人以下の人口の都市では郊外の気温との差があっても，そのうちわずか4%しか人口増加と関係しないとした．さらに，観測網が充実したアメリカ大陸について，都市化の影響を差し引いたカールらの曲線とよく一致することを示した．

ジョーンズらは，論争の結末として，自分たちが求められた曲線は都市の気温上昇の影響は除去されており，少なくとも比較的精度のよいデータが整った合衆国では真の気温トレンドを代表していることを強調した．こうして，IPCCのなかで重要な意味をもつジョーンズらの温暖化曲線ができあがった．

(9) 国際的な合意

幾多の学術上の論争が行われた時代を経て，地球温暖化の研究に大きな役割を果たすIPCCが1988年に設立された．IPCCの重要な役割の1つに，レビューに耐える研究成果を集約し，地球温暖化に関する国際的なコンセンサスを形成することがある．1990年に公表された第1次報告書では，2100年までに地球の平均気温が3℃上昇することが示された．続いて，1995年に第2次報告書が刊行され，地球温暖化がすでに起きている証拠があると指摘された．その後2001年に第3次報告書，2007年に第4次報告書が逐次刊行されたが，そのたびに最近100年間の気温上昇率は高まっていることが示され，

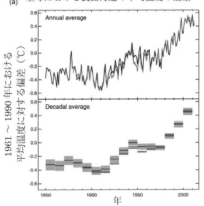

図6 陸上および海洋上の気温をもとに作成した地球温暖化曲線[3] →口絵13の (a)
上段の黒色：英国気象庁による解析データ，オレンジ色：アメリカ海洋大気庁国立気候データセンター，水色：アメリカ航空宇宙局ゴダート宇宙科学研究所の解析データ．上段は1961〜1990年の平均からの偏差，下段は10年ごとの変化の平均と標準偏差（英国気象庁データのみ）．

同時に世界のほとんどの生態系が温暖化の影響を受けている実態が明らかになった.

前述した都市化による気温上昇がどの程度影響するかは, 長い間論争の種だったが, IPCCの第4次報告書[1]では, 最近100年間に0.74℃/100年の率で全球平均気温が上昇したなかで, 陸上の都市化による気温上昇率はこの率よりも1オーダー小さいこと, また海洋上に都市は存在しないことから, 結局都市化が地球温暖化に及ぼす影響は無視できるとされた.

最新の第5次報告書[13]では, 1880～2012年で0.85℃上昇したことが示された. この報告書では, 信頼性が高い現象として海水温の上昇も加え, さらに海洋の浅層だけでなく, 3000 m以深の深層の水温も上昇している可能性が高いとした. こうして, 気候システム全体に蓄えられるエネルギーの受容体として海洋の役割が重要であることを示した.

気温変動の時系列の特徴についても新しい見方が生まれた. 21世紀に入り地球温暖化が鈍っているようにみえる地球温暖化ハイエイタスとよばれる現象である. 現在, 地球温暖化ハイエイタスには次の要因が考えられるがどれも一説にすぎない. それらを概観すると, 近年の太陽黒点数減少による太陽活動の不活発化, 火山噴火などから発生したエアロゾル (aerosol) の成層圏における長期滞留, 温室効果ガス濃度の増加率の鈍化, などである. 気候システムの自然の揺らぎとする説, ラニーニャ (La Niña) の継続で東部太平洋の海面水温が低下した影響も考えられている.

地球温暖化ハイエイタスは, 地球温暖化曲線の1940～1970年頃に現れた, 主として人間活動および火山噴火による大気中のエアロゾルの増加に起因する気候ディミングの再来とみなすことができるだろう. 〔林　陽生〕

文献

1) IPCC(2007)：Climate Change 2007：The Physical Science Basis: Contribution of Working Group I to the Fourth Assessment Report of the Intergovernmental Panel on Climate Change, Solomon, S. *et al.* eds., Cambridge University Press.

2) Callendar, G.S. (1938)：The artificial production of carbon dioxide and its influence on temperature. *Q.J.R.M.S.*, 64, 223-240.

3) Willett, H.C. (1950)：Temperature trends of the past century. In: Centenary Proceeding of the Royal Meteorological Society. *R. Meteorol. Soc.*, 195-206.

4) Mitchell, J.M. (1963)：On the world-wide pattern of secular temperature change. In: *Changes of Climate. Proceedings of the Rome Symposium Organized by UNESCO and the World Meteorological Organization, Arid Zone Research Series No.20*, UNESCO, pp.161-181.

5) Paltridge, G. and Woodruff, S. (1981)：Changes in global surface temperature from 1880 to 1977 derived from historical records of sea surface temperature. *Monthly Weather Review*, 2427-2434.

6) Folland, C.K. *et al.*(1984)：Worldwide marine temperature-fluctuations 1856-1981. *Nature,* **310**, 670-673.

7) Hansen, J. *et al.* (1981)：Climate impact on increasing atmospheric carbon dioxide. *Science.* **213**, 957-966.

8) Karl, T.R. *et al.*(1988)：Urbanization:Its detection and effect in tha United States climate record. *J. Climate.*, 1, 1099-1123.

9) Jones, P.D. *et al.*(1986)：Global temperature variation between 1861 and 1984. *Nature*, **322**, 430-434.

10) Wood, F.B. (1988)：Comment: On the need for validation of the Jones *et al.* temperature trends with respect to urban warming. *Climate Change*, **12**, 297-312.

11) Wigley, T.M.L. and Jones, P.D. (1988)：DO large-area-average temperature series have an urban warming bias? (Response to the manuscript by F.B. Wood). *Climatic Change*, **12**, 313-319.

12) Karl, T.R. *et al.* (1988)：Urbanization: Its detection and effect in the United State climate record. *J. Climate, American Met. Soc.*, 1099-1123.

13) IPCC(2013)：Summary for Policymakers. In: Climate Change 2013: The Physical Science Basis: Contribution of Working Group I to the Fifth Assessment Report of the Intergovernmental Panel on Climate Change, Stocker, T.F. *et al.*,eds., Cambridge University Press.

第Ⅲ章

地球温暖化など気候変化の諸影響
Effects of global warming and climatic changes

　地球温暖化をはじめとした現代の気候変化の影響を分野別にまとめる．前半は植物の分野．気候が変化すれば植物はそれに敏感に反応して分布を変化させる．人工衛星による観測データなども使いながら，植生分布の変化，穀物，果樹など農作物への影響も整理する．後半は水循環と我々の生活関連の分野．水循環の中で海洋生態系についても取り上げる．沙漠化や健康など我々の暮らしにとって重要な課題について整理する．

温暖化で早まる春の開花・満開日，遅くなる秋の紅葉・落葉日
（左：2010 年京都背割堤のサクラの 3 月 28 日開花状況：
2002 年に次いで早い開花日 3 月 26 日，満開日 4 月 4 日）
（右：2015 年京都清水寺のカエデの 11 月 20 日の紅葉状況：京都紅葉日 12 月 14 日）
京都のソメイヨシノの開花は 50 年間に約 7 日，満開は 5 日早まり，
カエデの紅葉日は約 16 日遅くなっている．
全国的に地球温暖化とヒートアイランド現象の影響として現れ，夏の長期化を示している．
多くの動植物は北へ高所へ移動している．

§Ⅲ—1

植生遷移への影響
Vegetation responses to climatic changes

(1) 気候変化と世界の植生

過去数万年間において，気候変動に伴って植生が変化してきたことは，堆積物中の花粉などの微化石を用いた研究により明らかにされてきた．しかし本書が主要な対象としている数十年，数百年という時間スケールにおいて，気候変化と植生の変化の対応が高い信頼度で示された例は必ずしも多いとはいえない．これは氷期－後氷期の気候変化に比べて変化幅が小さいこと，気候変化に対する応答において生物的要因による遅れが生じること，気候以外の要因が絡み合って複雑に作用することなどがあるからであろう．

気候変化の影響に関する近年の研究によると，植生への影響のリスクは熱帯地域と北半球高緯度地域でとくに高いとされる[1]．熱帯は気温の経年変動や年較差がともに小さい地域であるが，そのような環境で進化を遂げてきた植物とそれらがつくる生態系は気候変化に対してより敏感であると推測されている．また，高緯度地域は将来もっとも大きい気温上昇にさらされると予測されており，実際に，近年の昇温が生態系へ影響をもたらしたと考えられる事例が多数報告されている．

これまでの研究で温暖化の影響によって生じると予測される現象や，実際に影響が観察されている現象を生物群系（biome）ごとにまとめると表1のようになる．温暖化の影響は世界のそれぞれの生物群系において，さまざまな形で現れることがわかる．

例えば亜寒帯林では，温暖化に伴う乾燥化の影響や光合成能力の低下によって生産量が減少したり，広域的な森林衰退が起きたりする一方で，北方のツンドラの領域へ森林植生がシフトすることが予想されている．実際，南限域の亜寒帯林では樹木の枯死が起こり，北限域では樹木の生産量が増加し

表1 気候変化に応答して生じはじめた植生変化および予想される今後の変化[1]

群系	現象
ツンドラと高山植生	・植物生産力の増大 ・火災の増加と永久凍土の融解に伴う樹木植生の増加 ・山地の樹木限界の上昇
亜寒帯林	・ツンドラ地域への森林の拡大 ・火災や昆虫による攪乱の増大に伴う広域的な森林衰退
温帯林	・異常渇水や熱波による樹木成長速度の低下と枯死率の増大
熱帯林	・渇水による樹木枯死率の増大 ・高温乾燥下に置かれる乾性林の荒廃
サバンナ	・サバンナにおける樹木の増加 ・冷涼な地域の草原のサバンナ化
沙漠	・沙漠の拡大や生物多様性の低下

たりツンドラの領域に低木林が増加したりしていることが最近数十年に観察されている．火災発生の頻度や強度の変化によって促進される植生変化は，**地表面熱収支**（surface energy budget）や**純生態系炭素収支**（net ecosystem carbon balance）を変化させ，永久凍土の融解やメタン発生量の増加をもたらし，さらなる気候変化を引き起こす可能性がある．

日本では降水量が極端に不足する地域が存在しないので，群系の分布はまず**暖かさの指数**（温量指数，warmth index）に代表される温量条件によって規定されている．暖かさの指数は，月平均気温が5℃以上の月について，平均気温から5℃を引いた値を積算したものである．種レベルでは乾湿の影響も認められ，気温や降水量の変化を伴う地球温暖化によって日本の植物の分布にどのような変化が生じるのかについて，統計モデルを用いた予測がなされている（⇒トピック⑦）．

98　　第Ⅲ章　地球温暖化など気候変化の諸影響

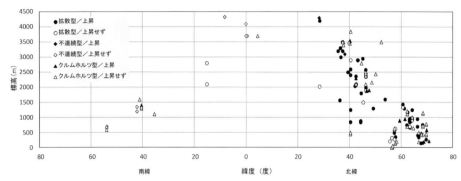

図1 樹木限界高度に生じた変化（Harsch et al., 2009[2]）より作成）
樹木限界のタイプ別に上昇が起きたかどうかを示す．

（2）高山帯における変化

　山岳上部および高緯度地域にある**樹木限界**（tree line）付近は，放牧や伐採などの影響が大きくないのであれば，気候変化に応答した植生変化が観察されやすい場所である．とくに山岳地域は平地に比べて環境傾度が大きいので，一般に変化がとらえやすいと考えられる．

　1900年以降の樹木限界の変動について記録がなされてきた世界の166か所の傾向を分析した結果によると，樹木限界の山地上部への上昇または高緯度地域への前進が認められたのは52％であり，下降・後退が起きたのは1％であった[2]．気候変化との関係でみると，とくに冬季の温暖化が顕著なところで上昇・前進が起きていた．

　このような上昇・前進の傾向は樹木限界線の構造とも関係しており，徐々に個体密度を減らしていく拡散型の樹木限界のほうが，不連続型（限界線まで個体密度が減少せずに高木林が占める）やクルムホルツ型（限界部が矮性木からなる）の樹木限界より上昇・前進が起きやすかった．樹木限界の成立には気候以外の因子もかかわっており，樹木限界の規定要因の違いによって，温暖化の影響の現れ方が異なってくるものと考えられる（図1）．

　日本の高山地域には，森林限界とその上方を占める草本や低木からなる植生が存在するが，ここでは海外における高山帯の場合と同様の植生変化を考えることはできない．日本には比較的若い火山である富士山を除くと，山頂標高が高々3000 m程度の山しかないので，温量条件で一義的に規定される森林限界が存在せず，山頂までハイマツをはじめとする低木が分布することが多い．それでも高木が占めることができない領域が山岳最上部に形成されるのは，多量の積雪，冬季の風衝，化石周氷河斜面における土壌の未発達などの影響による．これらのうち多雪条件下に形成された草原・低木林に近年変化が起きているとの報告がある．

　上越国境に位置する平ヶ岳では，山頂付近に存在する湿原の面積が1971〜2004年の33年間に約10％縮小した[3]．これは，湿原内部へハイマツが優占するパッチ状群落が侵入したことと，湿原縁辺部にチシマザサが優占する群落が侵入したことによる．このような湿原の縮小は，湿原の形成・維持にかかわっている積雪量が減少したことが原因として考えられるという．

　また，北海道大雪山の高山帯においては，チシマザサが湿性草原に侵入しているのが観察されている[4]．1977〜2009年の32年間にチシマザサの面積が47.5％も拡大しているところがあり，エゾノハクサンイチゲの群生地が消失しつつあるという．この変化の原

因として，近年融雪が早まったことにより，草原が積雪におおわれる期間が短縮したり土壌が乾燥化したりしたことがあげられている．

(3) 攪乱体制の変化を介した植生への影響

台風や火災，火山噴火，斜面崩壊など，植生の構造を改変するできごとを攪乱（自然攪乱，人為攪乱）とよび，その頻度や規模など攪乱の起こり方を**攪乱体制**（disturbance regime）というが，地域によって攪乱体制が異なれば成立する植生も異なってくる．自然攪乱には気候と直接的・間接的に関係しているものがあり，気候変化に伴って攪乱体制に変化が起これば，植生にも影響が生じることになる．そのような現象を虫害の例でみてみよう．

北アメリカの西部地域において，近年キクイムシの一種の発生が大規模化しているが，これには気候変化がかかわっていると考えられている[5]．キクイムシの発生規模は従来記録されてきたものより格段に大きく，カナダのユーコン準州からアメリカのカリフォルニア州南部やニューメキシコ州に及ぶ．これまで生息域ではなかった地域に進出するとともに，かつてより標高の高いところにまで生息域が拡大した．

コロラド州の山地の気象観測地点（標高3021 m）では最近20年間に年平均気温が1.5℃以上も上昇したが，このような気温上昇を背景に成虫の発生時期が約6週間早くなり，発生期間は従来のおよそ2倍の長さになった．かつてキクイムシは年1化性であったが，最近は年に2回の世代交代をするものが出現した．以前は発生していなかった地域へ進出したキクイムシは，そのような場所で高い繁殖能力を発揮するため，虫害が激化している．キクイムシはマツ属の針葉樹からなる林に発生するが，虫害による大規模な樹木の枯死は，炭素の吸収源であったこの地域の針葉樹林を排出源に変えつつあり，近年の気候変化に正のフィードバックをもたらしう

図2 カスケード山脈の山地草原に侵入する樹木

る．

日本における虫害はどうであろうか．ほぼ日本全国でみられるマツ枯れは，マツノマダラカミキリが媒介するマツノザイセンチュウがアカマツやクロマツを衰弱させることによって起きる．このマツ枯れの被害が温暖化の進行によって拡大するのではないかと懸念されている[6]．すなわち，現在冷涼な東北地方ではマツノマダラカミキリの繁殖やマツノザイセンチュウの活動が抑制されるために被害が大きくならないが，温暖化が進むと西日本と同じように激害化することもありうると予測されている．

(4) 気候変化の影響の複雑さ

気候変化の影響の評価が必ずしも容易でないのは，攪乱体制の変化に気候変化以外の要因（人為的要因）がかかわっていることが多いからであろう．また，攪乱体制は気候要素の変化だけでなく，気候変化や攪乱体制の変化によって生じる植生自体の変化によっても変わりうるものである．

アメリカ西岸のカスケード山脈では山地草原に木本種が侵入し，草原が縮小したり消滅したりしている事例が多く報告されている[7]（図2）．この植生変化の原因は，気候の温暖化によって草原が以前より乾燥化したことにあるとする報告があるが，森林管理政策の変更による林野火災の減少が影響しているとの

指摘もなされている.

この地域の生態系は,もともと火災の影響を強く受けて成立したものである.ヨーロッパからの開拓民が入る以前から,落雷による火災と,頻度は高くないものの先住民の林野利用に伴う火災が発生していたと考えられている.

カスケード山脈を中心とするアメリカ西岸山地の10か所において,年輪情報を基にして復元された過去約600年間における林野火災の発生規模は,時代的に変化を遂げてきた[8].すなわち,1400年代〜1650年頃は大規模に火災が発生していたが,その後1800年までは延焼面積が減少した.そして1800年〜1925年頃は再び大規模に火災が発生していたが,それ以降は大きく減少した.

このような傾向は10か所の調査地間で同期性が認められ,地域的な気候変化が火災の発生様式を規定しているようにみえるが,気候変化だけですべて説明がつくわけではない.1500年代頃までの温暖期とその後の寒冷・湿潤な小氷期,そしてその後に続く温暖化が火災発生規模の変化の背景としてあることは事実だが,火災の発生頻度によって左右される林内の可燃物量の変化や,人為的影響,すなわち火入れを伴う開拓や20世紀以降の火災抑制政策の効果も火災の発生様式にかかわっていると考えられる.

近年の温暖化の進行によって,今後,この地域の火災と生態系はどのように変化するのであろうか.温暖化によって植生に変化が生じれば,そのことが火災発生様式にも影響するので,このことを考慮して,いくつかのシナリオが考えられている.

まず,温暖化とともに乾燥した気候に変化した場合,火災は今日よりも高い頻度で発生するようになると予測され,毎年の被災する面積も増大すると考えられる.これに対して温暖かつ湿潤な気候に変化した場合は,現在より規模も強度も大きな火災が起きるようになると予測される.温暖・湿潤な環境下では植物の生育が旺盛になり,一方で火災の発生

頻度は低くなるので,林内に枯れ枝などの可燃物が蓄積されるようになる.そのような可燃物によって,時々訪れる旱魃年には大火災が発生するというのである.

湿潤な気候の日本では林野火災は主要な攪乱ではないが,その発生時期や規模は気候条件と関係している.林野利用の低下に伴う植生変化が進む日本の山地において,今後の温暖化の進行が火災の発生頻度や強度をどのように変化させるのかについては,注視していく必要がある.　　　　　　　〔高岡貞夫〕

文献

1) Settele J. et al. (2014): Terrestrial and inland water systems. In Field, C. B. et al. eds. : *Climate Change 2014: Impacts, Adaptation, and Vulnerability. Part A: Global and Sectoral Aspects. Contribution of Working Group II to the Fifth Assessment Report of the Intergovernmental Panel of Climate Change*, pp.271–359, Cambridge University Press.

2) Harsch, M. A. et al. (2009): Are treelines advancing? A global meta-analysis of treeline response to climate warming. *Ecol. Lett.*, **12**, 1040–1049.

3) 安田正次ほか（2007）：オルソ化航空写真の年代間比較による山地湿原の植生変化の検出. 地理学評論, **80**, 842–856.

4) Kudo, G. et al. (2011): Invasion of dwarf bamboo into alpine snow-meadows in northern Japan: pattern of expansion and impact on species diversity. *Ecol. Evol.*, **1**, 85–96.

5) Mitton, J. and Ferrenberg, S. (2012): Mountain pine beetle develops an unprecedented summer generation in response to climate warming. *Ame. Nat.*, **175**, E163–E171.

6) 藤田和幸（2005）：マツ材線虫病被害拡大への温暖化の影響. 森林総合研究所東北支所研究情報, **4**(4), 1–6.

7) Takaoka, S. and Swanson, F. J. (2008): Change in extent of meadows and shrub fields in the central western Cascade Range, U. S. A. *Prof. Geogr.*, **60**, 527–540.

8) Weisberg, P. J. and Swanson, F. J. (2003): Regional synchroneity in fire regimes of western Oregon and Washington, USA. *For. Ecol. Manage.*, **172**, 17–28.

トピック⑥

衛星でみた植生変遷の影響

Monitoring vegetation change with satellite remote sensing

(1) 植生と気象

　植生や陸域生態系は，大気との熱・水の交換を通じて，気象や気候に影響を及ぼしている．植物があることにより，**蒸散**(evaporation)や**遮断蒸発**(interception evaporation)が起きる．蒸散とは，植物の地上部から大気中へ水蒸気を放出することであり，遮断蒸発とは，植物の表面に付着した降水が地面に届く前に蒸発することである．植物がないときと比べて，多くの水が水蒸気として地表から大気へと移動する．液体の水が水蒸気となるときには，周囲の熱を奪う．積雪域では，積もった雪に埋もれない植生は**アルベド**(albedo)を下げ，植生がない場合と比べて日射から地表面が多くの熱を受け取る．

　緑色植物の**光合成**(photosynthesis)は，大気中の二酸化炭素(CO_2)を有機物として固定する．その一部は，**呼吸**(respiration)により大気に戻る．固定された有機物が，落葉，落枝，根の枯死，倒木，収穫により，土壌に移動すると，少しずつ分解される．土壌中では，微生物の働きにより，酸素の多い好気的条件ではCO_2が発生し，酸素の少ない嫌気的条件ではメタン(CH_4)が発生する．土壌有機物分解によるCO_2の放出は，一般に温度が高くなると大きくなる．このように，CO_2やCH_4など温室効果ガスについても，植生や陸域生態系と大気とで交換されている．

　植生の変遷は，こうした，陸域と大気との熱・水交換，CO_2やCH_4の交換のあり方を変化させる．それらは，将来の気象，気候に影響を及ぼす．

(2) 植生を観測する地球観測衛星

　植生の変遷は，地球規模で起こっているため，広い視野で眺めることが求められる．

地球規模の植生は，**地球観測衛星**(earth observation satellites)による広域観測によって把握される．

　一連の人工衛星**ランドサット**(Landsat)は，1972年から，高度690〜920 kmに位置し，地球の地表面全体の観測を行っている．現在ではランドサット7号と8号が稼働している．ただし，7号はデータの一部に欠損が生じている．ランドサット3号までは，観測周期18日，80 mの地上分解能(**解像度**；resolution)で，可視から近赤外を観測した．1982年7月に打ち上げられたランドサット4号からは，観測周期16日，30 mの解像度で可視から中間赤外の観測が可能になった．ランドサット4号からは，60〜120 mの解像度での熱赤外の観測もされた．1999年4月に打ち上げられたランドサット7号からは，可視から近赤外あるいは可視の1つの波長帯，つまりパンクロマティック(panchromatic)での，15 mの解像度の観測もされている．

　ランドサットによれば，数十 mの解像度で全球の観測が可能であるが，各地点は16〜18日に1度の頻度でしか観測されない．対象とする地点について，雲により，数か月間植生が観測されないということもある．1年の決まった時期に毎年観測することが難しいため，ランドサットのみで，植生の長期的な変遷を解析するということは難しい．これに対して，都市開発，農地開発，資源開発，森林伐採といった土地利用変化，**原野・森林火災**(wildfires)，森林の大規模な虫害や旱魃，沙漠化，水害の場所や範囲を特定するのには，適している．だいち(Advanced Land Observing Satellite：ALOS)，スポット(Satellite Pour l'Observation de la Terre：SPOT, 仏語)などの地球観測衛星やテラ(Terra)衛星搭載の高性能熱放射反射放射計(Advanced Spaceborne Thermal Emission and Reflection Radiometer：ASTER)センサーも，地球の地表面全体の観測を行っており，こうした目的に用いられる．

　Terra衛星やアクア(Aqua)衛星搭載の中分解能撮像分光放射計(Moderate Resolution

Imaging Spectroradiometer：MODIS）セン
サーは，植生の変遷を解析するのに用いられ
る．Terra MODIS, Aqua MODIS は，それぞ
れ 1999 年 12 月，2002 年 5 月に打ち上げら
れ，地球の地表面全体について，それぞれ観
測対象地域の 10 時 30 分頃，13 時 30 分頃に
毎日観測している．MODIS の解像度は，赤
（620 〜 670 nm）と近赤外（841 〜 876 nm）
の 2 つの波長帯（バンド）では 250 m であり，
青と緑と 3 つの近赤外から中間赤外のバンド
では 500 m であり，他の 29 の可視から中間
赤外および熱赤外のバンドでは 1 km である．
MODIS は，地球表面全体を毎日観測するこ
とから，雲によって植生が観測されない日を
補完することによって，長期的な植生の変遷
を解析するのに用いられる．

　植生の変遷を解析するのに，もっとも基
本的な指数は**正規化植生指数**（normalized
difference vegetation index：NDVI）である．
MODIS の正規化植生指標（NDVI）は下記の
ように定義される．

$$(NDVI) = \frac{(NIR) - (RED)}{(NIR) - (RED)}$$

ここで，(RED), (NIR) は，それぞれ MODIS
の赤（620 〜 670 nm），近赤外（841 〜 876 nm）
バンドの輝度である．一般に NDVI の値は，
植生の量が大きくなったり，活性の度合いが
高くなったりすると，大きくなる．NDVI には，
葉緑素（クロロフィル）吸収帯である赤バン
ドと緑色植物の葉でほとんど吸収されない近
赤外バンドが使われている．これらの差をこ
れらの和で割る正規化によって，大気状態の
違いによる影響を軽減している．さまざまな
事例で，植生の量や状態と NDVI との関連
が知られている．MODIS NDVI とは波長帯
が少し異なるが，1978 年 10 月からの一連の
ノア（NOAA）衛星の改良型超高分解能可視
赤外放射計（Advanced Very High Resolution
Radiometer：AVHRR）センサーの NDVI を
MODIS NDVI と合わせれば，より長期の植
生の変遷を解析できる．

　過去 10 〜 30 年の間に，北米の北極海沿岸の
ツンドラの**灌木**（shrub）の植生で NDVI が増加
し[1]，植生が密になったことが示された．これは
温暖化に伴い，灌木が増加したためと考えられ
ている．こうした灌木の増加は，大気中の CO_2
の陸域生態系による吸収の増大を意味する．し
かし同時に，灌木は積雪期間中の地温を上昇さ
せることから，土壌有機物分解の促進にもつなが
る．温暖化による地温上昇と相まって，過去数千
年に蓄積したツンドラの土壌有機物[2]の分解の
加速につながることも考えられる．今後，注意
深く植生の変遷をモニタリングする必要がある．

（3）原野・森林火災と植生の更新

　原野・森林火災は世界各地で起きている．火
災時に燃焼により CO_2 を放出する．火災後，
森林や植生や土壌有機物が火災前の状態に回復
すれば，同じだけ CO_2 が吸収される．しかし，
火災が高い頻度で起こると，その土地が蓄えて
いる炭素の量が減る．このことは，陸域から大
気へその分の CO_2 が放出することを意味する．

　MODIS の NDVI や可視から近赤外の輝度が
急な低下をしたところは，火災によって植生が
燃焼したと考えられる．また MODIS の熱赤外
バンドにより原野・森林火災を検知できる．こ
うした火災の同定と地上観測データを合わせて
考察すると，近年の世界の原野・森林火災の燃
焼時の CO_2 放出量の 4 分の 1 である年 5 億 t
の炭素は，森林や植生の回復によって回収され
ていない[3]．地球温暖化に伴う植生の変遷，原
野・森林火災の現状と変化を注意深くモニタリ
ングしなければならない．　　　　〔串田圭司〕

文献

1) Goetz, S. J., *et al.* (2005)：Satellite-observed
photosynthetic trends across boreal North America
associated with climate and fire disturbance. *Proc.
Natl. Acad. Sci. USA*, 102(38), 13521–13525.

2) Tarnocai, C., *et al.* (2009)：Soil organic carbon pools
in the northern circumpolar permafrost region.
Global Biogeochemical Cycles, 23(2), GB2023, doi：
2010.1029/2008gb003327.

3) van der Werf, G. R., *et al.* (2010)：Global fire emissions
and the contribution of deforestation, savanna, forest,
agricultural, and peat fires (1997–2009). *Atmos.
Chem. Phys.*, 10(23), 11707–11735.

トピック⑦

北上するブナの分布北限・南限
Northern and southern range limits of northward-migrating beech (*Fagus crenata*)

(1) ブナの分布

ブナ属は，北半球の温帯に分布する落葉広葉樹で世界に10種ある．ブナ（beech, *Fagus crenata*）は，日本の固有種で，北は北海道南部（図1）から南は鹿児島県まで分布する．ブナが上層木の多くを占めるブナ林は，自然林のなかでもとくに広い面積を占め，多様な生物の生息場所であるとともに，水源涵養や炭素の貯留や観光などさまざまな生態系サービスを提供し，人間社会になくてはならない森林である．

過去の気候の変化に対応して，ブナの分布は変化してきた．花粉解析によると，最終氷期最盛期（2万年前）には，ブナは福島県以南の海岸線沿いに分布していたが，後氷期の温暖化に伴い北上し現在の分布に達した．北海道では5300年前に南端に出現し，北限の黒松内地域には1200年前に達した．

(2) ブナの生育地の条件

多くの植物種の分布域は，気候条件で説明できる場合が多いが，その分布限界の成立メカニズムは，気候など物理条件と生物間相互作用が関係し，大変複雑である．北限の成立は，冬の寒さや春先の晩霜害など気象条件が植物の生存に直接影響するケースが多いと考えられる．南限の成立は，気象条件が直接影響するケースは少なく，病虫害，温暖な気候に適応する他の植物との競争など生物間相互作用が影響するケースが多いと考えられる．

植物の生存に関係する4つの気候変数を用いたブナの**分布予測モデル**（species distribution models）から，ブナの分布を規定する条件が明らかにされ，生育可能な地域（**潜在生育域**, potential habitats）が予測されている[1]．気候変数は，**暖かさの指数**（warmth index：WI（℃・月）），最寒月の日最低気温の平均 TMC（℃），冬期降水量 PRW（mm），夏期降水量 PRS（mm）である．WIは生育期の熱量，TMCは冬期の寒さ，PRWは冷涼・寒冷な地域では積雪量，PRSは生育期の水分量を指標する．ブナ分布域全体における気候変数の貢献度は，WIが一番大きく，TMCとPRWが続き，PRSは小さい．地域的にみると，本州以南ではWIとPRWの貢献度が大きく，北海道ではTMCとPRWとPRSの貢献度が大きい．ブナの潜在生育域の中心は，生育期が冷涼で冬期降水量の多い地域（WI<94, −12.0<TMC, 379<PRW）である．その辺縁域として，冬期降水量が少ないが冷涼で夏期降水量が多い地域（WI<94, −12.0<TMC, PRW<379, 746<PRS），温暖だが冬期降水量の多い地域（94<WI<104, 838<PRW），冬期寒冷だが生育期が冷涼で積雪の多い地域（44<WI<94, −13.7<TMC<−12.0, 359<PRW<379）も潜在生育域に入る．

潜在生育域の面積は，現在気候下で12万4780 km^2 であるが，将来は49％に減少する（図2）．本州太平洋側から西日本の低山の潜在生育域はほとんど消失するので，この地域の個体群は将来ほとんど衰退すると推定された．

(3) 分布北限

ブナの北限が黒松内地域にあり，ここより北にはブナが分布しない理由について，生育

図1 北限のブナ林（北海道黒松内町）

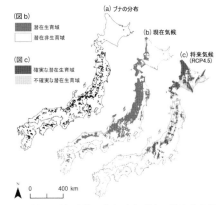

図2 ブナの (a) 実際の分布, (b) 現在の潜在生育域, (c) 将来の潜在生育域→口絵 22
将来気候は, 2081～2100 年の RCP シナリオ 4.5 における 4 つの全球気候モデルによる 4 つの気候シナリオである. 4 つの気候シナリオとも潜在生育域と予測する場所は確実と判定している.

期の降水量の不足, 種間競争, 晩霜害, 北進途中など諸説がある. しかし, 現在の潜在生育域が北限以北の日本海側地域に広がっていること, 北限地域でブナの生育や繁殖がよいこと, 北限地域最先端では自然林内にブナの小個体群が散在すること, 北限以北で植栽されたブナに繁殖がみられることなどから, 現在も北進途上にあると考えられる. しかしながら, その移動速度は遅く, 1200 年前に黒松内地域に到着したが, 現在は北に連なる幌別岳～幌内山の山地帯に小個体群が散在する状態で, ブナの主要な分布地域のようなブナ林が山地を広く占める相観に至っていない. この山地帯以北では, 幌別岳分布地点より 12 km 離れたニセコ山系に小個体群 1 つがみつかっているだけである. 今後 100 年間に予測される温暖化に伴う潜在生育域の北への拡大に対し, ブナの移動は著しく遅れる. 一方, ブナ林を構成する草本類など繁殖サイクルが短く, 種子や胞子などの散布体の移動能力が高い種は, 温暖化に敏感に対応して移動すると推定される. このような温暖化の影響が検出できる森林モニタリングが必要である.

(4) 分布南限

分布予測モデルによると, ブナの水平分布の南限や垂直分布の下限は, 生育期の熱量で規定される. すなわち, 94＜WI の地域にはほとんどブナは分布できない. 本州の太平洋側の低山である筑波山 (標高 877 m) では, 神社所有の南斜面に老齢天然林が残っており約 700 m 以上でブナ林が成立し, 低標高にはアカガシなど常緑広葉樹が多い. 近年, ブナ老齢木の枯死が徐々に進行しているが, 稚樹や若木が少なくブナの再生がみられない. 山頂の気候は WI＝70, TMC＝-5.0, PRW＝183, PRS＝769 で, モデルによるとブナの潜在生育域の 1 つの辺縁部 (WI＜94, -12.0＜TMC, PRW＜379, 746＜PRS) に位置し, ブナにとってはあまり好適な環境条件ではない. したがって筑波山のブナの更新が悪い理由として, 温暖化の影響が考えられる. このように, 温暖化の進行に伴い南限・下限域のブナ林では, ブナの繁殖 (結実, 種子散布, 稚樹の定着と成長など) が低下し, 逆に暖温帯性の樹木が増殖しブナと置き換わっていくと推定される.

(5) 温暖化へのブナ林の適応策

ブナは遷移後期樹種のため, 伐採が数十年といった短期間に繰り返し行われると, 他樹種が繁殖しブナが減少する. 温暖化の影響を受けるブナ林を保護するには, 地域によって異なる方法が必要である. 温暖化後も潜在生育域が各地に残る東北や北海道南部では, 将来の潜在生育域で保護区を追加指定して伐採を適切に管理することが有効な対策である. 一方, ブナの潜在生育域がほとんど消滅する西日本のブナ林を保護するためには, 植栽や競合植物の排除などの積極的管理が必要になる. 〔田中信行〕

文献

1) Nakao, K. *et al.* (2013): Spatial conservation planning under climate change: using species distribution modeling to assess priority for adaptive management of *Fagus crenata* in Japan. *Journal for Nature Conservation*, 21, 406-413

生物（植物）季節への影響
Climate change impacts on phenology

(1) 地球規模での生物季節現象の変化

　生物季節現象（seasonal phenomenon）とは，気温や日照など季節の変化に反応して動植物が示す現象で，発芽・開花・満開，紅（黄）葉，落葉などを植物季節，渡り鳥の去来や発情，産卵，鳥や昆虫などの初見・初鳴きなどを動物季節とよび，生物に及ぼす影響を知るとともに，季節の遅れや進み，気候の違いなどの総合的な気象状況の推移を把握するための，生活情報の1つとして利用されている。

　ほとんどの生物は，限られた温度範囲に生息しており，極端な温度に敏感であり，なかでも**生物季節**（phenology）の変化は，世界規模で多くの種，多くの場所で現れており，温暖化による季節の応答や変化の証拠を迅速に検出することができる。その多くの証拠がIPCCの第4次評価報告書で，気候の変化の進行に伴い，多くの陸域・淡水・海水生物において，分布域や季節活動，移動パターン，生息数，および種の相互作用を変移させていること，農業・食料への影響，水循環への影響も高いことが発表され，第5次評価報告書ではさらに証拠の確信度を上げ季節学的研究の重要性が指摘された。北極圏における植物，昆虫，鳥類は，活発化する春の活動が1996～2005年の10年間で平均して2週間ほど早まっている。海洋生物種も1900～2010年に水温の低い場所へ100 km/10年の速度で移動している。1960～2013年に温帯および熱帯地域における主要4農作物の収量にも負の影響を及ぼしている。世界規模での最近の50年間に，春（成長・発芽・**休眠打破**（breaking of dormancy）・開花）の植物種は，4.4 ± 0.7日/10年，夏の植物種は4.4日± 1.1日/10年早まっている。動物種では，両生類，鳥類，哺乳類，昆虫，淡水プラ

ンクトンに影響が現れており，北半球の多くの地域で，鳥の産卵日が3.1 ± 0.7日，南極東部では1950～2004年に海鳥の平均繁殖日が2.8～3.7日遅くなっている。春の早い到来が大部分の渡り鳥の渡りの時期を早めている。また，早い時期の雪解けにより，高山植物の減少や昆虫の個体数の変化が起こり，冬眠から出てくる時期や出産日が早まっている。現在，温暖化による種や生物季節の変化は，大部分が極方向へ，高所へと移動している。とくにアジアの多くの地域，なかでも北・東部で，植物の成長における生物季節が早期化している。北アメリカやカナダでは多くの種が北へ移動，オーストラリアでは，春の開花が1.8日/年の割合で早まり，鳥や蝶が移動，ヨーロッパではアルプス山脈で，雪中植物の上限がさらに上方へ移動，春～夏季の開花，開葉，結実が2.5日/10年・℃早まっている[1]。2015年3月に韓国気象庁は，韓国の1974～2011年の43地点において春の早まりが2.6日/10年，37年間に約10日早まっていると発表した[2]。これらの温暖化による影響がとくに顕著になってきたのは1970年代後半以降で，日本でも同様の傾向が現れている。温暖化は動植物の季節的な活動に影響を及ぼしており，とくに山岳地の影響が大きく，高山植物が衰退する可能性があることなどから，地球温暖化対策のための緩和や適応[3]を考える上で，長期的な生物気候研究が非常に大切である。

(2) 近年の日本における生物季節現象

　近年の地球温暖化と生物季節の研究報告は多く[4]-[7]，「地球温暖化時代の生物季節と人びとの生活」の特集では，季節学の歴史，植物季節の長期変化，**サクラ**（cherry blossom）の開花をはじめ，果樹などの季節現象がまとめられている[8]。気候の温暖化は，さまざまな生物の分布域を北上・拡大させており，春が暖かい年には夏鳥が早く，寒い年には遅く渡来するといった多くのモニタリング結果[9]が発表されている。日本の生物季節

の観測は明治以来，気象庁の観測官署で自主性に任せて行われていたが，1953 年に「生物季節観測指針」が制定され，全国的な規模で一定の基準によるウメ，サクラなどの**開花日**（flowering date），**カエデ**（maple），イチョウなどの**紅葉日・黄葉日**（red and/or yellow leaves day），ウグイス，セミなどの初鳴の日，ツバメやホタルなどの初見の日など観測種目と観測方法が統一されたことで利用価値が大きくなり，50 年以上の記録から身近な生物と気候との関係を示す季節情報，生活気象情報，産業気象情報として利用されている．

近年は温暖化やヒートアイランド現象の指標として，サクラの開花やカエデの紅（黄）葉などの季節前線や長期変化傾向から気候変化を捉える重要な資料であり，温暖化が進行した場合の将来予測にも活用されている．2082 ～ 2100 年のサクラの開花は全国で 4 日以上，東北地方の内陸部と山沿いで 20 ～ 24 日早まり，一方，暖冬の影響で休眠打破の時期が遅くなり，関東から九州の太平洋側の一部で 4 ～ 8 日，種子島や屋久島で 12 日以上遅くなり，南九州など 30 地域で満開にならず，5 地域でまったく開花しなくなると予測している[10]．このような影響は地球温暖化にヒートアイランド現象が加わり影響を与えている．植物季節現象とヒートアイランド現象との関係の報告も多い[11)-14)]．1953 年以降の 50 年間に，中小規模都市ではソメイヨシノの平均開花日が 2.8 日早まっているのに対して，全国 6 大都市（札幌・仙台・東京・名古屋・京都・福岡）は 6.1 日早まっており[15)]，都市化の影響を顕著に現している．また，ソメイヨシノの開花はエルニーニョ現象とも関係が深く，エルニーニョ年は早く開花する[16)-18)]．

生物季節観測は全国 102 の気象官署で標本を指定して毎年行われてきたが，1996 年度より測候所の無人化・機械化により，観測地点は減少へと転じた．日本の植物季節観測の歴史は古く，20 世紀初頭に始まり，主要な研究対象であった[19)]．日本では日記などの史料を植物季節データとして利用することができ，過去の気温を復元している[20)-23)]．京都における花宴・花見の記録から過去 1200 年間におけるサクラの満開日の推移や，3 月平均気温の復元，長期的な気候変動の振幅や周期を気候予測に資することも可能にした[24)]．気象庁の生物季節観測地点が減少した現在，測候所の標本木や近隣の樹木を用いて，市民がサクラの開花・満開日を八戸・酒田・小名浜・松本・飯田・浜松・豊岡・舞鶴・宇和島で継続観測したり，岩手県，長野県，京都府，神奈川県などで開花の一斉調査を行っている[25)]．近年，サクラの開花前線やカエデの紅葉前線は，民間気象機関から公開されるようになった．また，1980 年代以降，サクラの名所である吉野山（奈良県），高遠桜（長野県），三春の滝桜（福島県），根尾谷の淡墨桜（岐阜県）などの開花・満開日が観測され公開されている．

温度に敏感に応答する植物について，全国の 1953 ～ 2004 年，および九州・山口県の 1953 ～ 2013 年の観測地点のうち，40 年以上データがある地点の変化率（日 / 50 年）を，もっとも相関のある平均気温の期間との相関係数で示す（表 1）．植物季節と平均気温との相関は高く，全国平均ではサクラの開花・満開日がもっとも高く，ウメの開花日とカエデの紅葉日を除いて，全国の方が九州・山口県より相関が高い．全国と九州・山口県との違いは，12 ～ 2 月に開花するウメや 11 ～ 1 月に開花するツバキは全国的に早まっているのに対して，九州・山口県では冬季の冷え込みが小さいため変化率は小さく遅くなる傾向を示している．サクラの開花日，イチョウの黄葉日やカエデの紅葉日は九州・山口県の変化率が大きく，紅葉は 50 年間に 22.9 日も遅くなっている．日本各地の落葉広葉樹林の落葉量と 9 月平均気温の関係も深く，1℃上昇すると落葉ピークは約 4 日遅くなり，春に開葉とともに葉を入れ替える常緑広葉樹林の落葉ピークは 3 月平均気温と関係が深く，

表1 植物季節の全国および九州・山口県の変化率と気温との関係（気象庁，2005[15]；福岡管区気象台，2013[26]）より作成）

現象種類	全国（1953～2004）				九州・山口県（1953～2013）		
	統計地点数	変化率日/50年	平均気温の期間	相関係数	変化率日/50年	平均気温の期間	相関係数
ウメ開花	71	−5.4	12～2月	−0.75	+1.3	12～1月	−0.74
ツバキ開花	54	−9.4	11～1月	−0.74	+1.9	12～1月	−0.55
タンポポ開花	70	−6.0	2～4月	−0.88	−13.2	1～2月	−0.69
サクラ開花	82	−4.2	2～4月	−0.91	−5.9	2～3月	−0.79
サクラ満開	81	−4.3	3～4月	−0.90	−3.2	3月	−0.73
イチョウ発芽	42	−3.2	3～4月	−0.89	−5.1	2～3月	−0.51
ノダフジ開花	59	−3.6	3～4月	−0.90	−3.2	3～4月	−0.71
ヤマツツジ開花	48	+1.1	2～4月	−0.84			
サルスベリ開花	31	−5.8	5～7月	−0.79	−2.9	6～7月	−0.63
イチョウ黄葉	43	+10.7	9～11月	0.80	+13.8	10～11月	0.78
イチョウ落葉	39	+5.4	10～11月	0.82	+4.5	10～11月	0.73
カエデ紅葉	46	+15.6	9～11月	0.75	+22.9	10～11月	0.76
カエデ落葉	37	+9.1	9～11月	0.83	+6.9	11月	0.73

変化率および相関係数のプラスは遅い，マイナスは早いを示す．

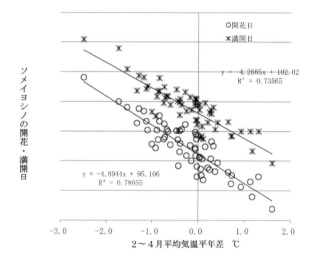

図1 ソメイヨシノの開花・満開日と2～4月平均気温との関係（1953～2015年）

3月平均気温が1℃上昇すると落葉ピークは約6日早まることがわかった[27]．このような気候変動による身近な変化は，日本の伝統的な暦からずれを生じつつある[28]．

(a) ソメイヨシノの開花・満開日とカエデの紅葉日の推移と特徴

1953～2015年の気象庁の観測記録を用いて，ソメイヨシノの開花・満開日，カエデの紅葉日について，平均気温との関係および長期的傾向を全国平均値から分析した結果，ソメイヨシノの全国平均開花日は2～4月平均気温との相関（係数 $r = 0.89$），全国平均満開日は3，4月平均気温との相関（係数 $r = 0.86$）が高く，生物季節データのなかで

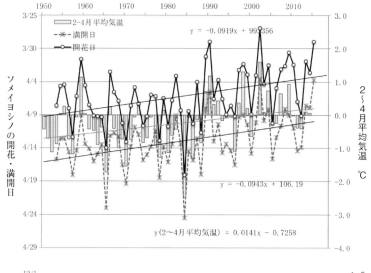

図2 日本のソメイヨシノの開花・満開日と2〜4月平均気温の経年変化（1953〜2015年までの観測年数が60年以上ある51地点の平均値）

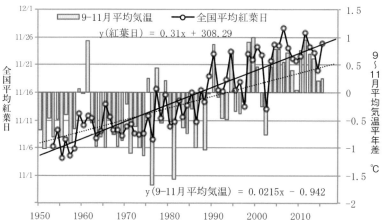

図3 日本のイロハカエデの紅葉日と9〜11月平均気温の経年変化（1953〜2015年までの観測年数が50年以上ある地点40地点の平均値）

もっとも気温との相関が高い（図1）．2〜4月の平均気温が1℃上昇すると開花日は4.9日早まり，満開日は3，4月の平均気温が1℃上昇すると4.4日早まっている．ソメイヨシノの開花は一定期間の低温にさらされた後の一定の積算温度が開花日と関係が深く，2月1日以降の平均気温の積算が約400℃，最高気温の積算が約600℃が目安で，気温との関係が深いことを示唆している．2015年までのカエデの紅葉日は9〜11月の平均気温との相関（r＝0.8）が高く，近年の温暖化の指標となりうる．長期的変化について1953〜2015年のサクラの開花日（58地点）は10年あたり1.0日の変化率で早まり，カエデの紅葉日（51地点）は10年あたり2.9日遅くなっている．この現象が発現する前の平均気温との相関が高いことから，これら経年変化の特徴の要因の1つとして長期的な気温上昇の影響が考えられている[27]．気象庁の生物季節の観測地点は激減したが，長期的傾向はみることができる．1953〜2015年の全国平均のサクラの開花・満開日と2〜4

月平均的気温の推移を図2に，1953〜2015年のカエデの紅葉日と9〜11月平均気温の推移を図3に示す．50年間に全国のソメイヨシノの開花は2〜4月平均気温が0.71℃上昇し，4.6日早まり，カエデの紅葉は9〜11月平均気温が1.1℃上昇し，15.5日遅くなっている．夏季が長く，冬季が短くなっていることを示している．すべての地点でサクラの開花や満開は早まっているが，地点ごとに早まる速度は異なっている．1953〜2015年のサクラの観測記録が60年以上ある51地点ごとの開花・満開日の長期的変化率を求めると，全国平均開花日は50年間に5.0日，満開日が4.7日早まり，すべての地点で早まり開花から満開までの日数が短くなっている．開花期間の短縮はお花見の観光資源の減少を示唆する[29]．サクラの開花がもっとも早まっている東海地方で50年間に6.7日，次いで九州地方が5.9日，さらに地点では福岡が9.7日，大分が7.7日，名古屋が7.6日と早まっている．早まる速度が遅い東北地方で3.5日，北海道で4.5日は北日本であるが，地点では銚子で1.4日，徳島や福島で2.2日と都市化の影響の少ない地点や沿岸域に多い．満開日のもっとも早まっているのも東海地方で6.2日，地点では水戸の7.5日，早まる速度が遅い近畿・九州地方が4日，地点では気温上昇しているが，鹿児島は0.4日である．

カエデの紅葉日は，1953〜2015年の観測記録が50年以上ある40地点ごとの紅葉日の長期的変化率を求めると，全平均紅葉日は50年間に16.5日遅くなっている．全国的に遅くなる傾向だが地点により異なり，もっとも遅くなっている東北地方は24.2日，次いで甲信越・北陸地方が19.4日，もっとも遅くなっている地点は長崎で35.5日，次いで福岡が34.5日，飯田の33.5日，舞鶴・岐阜が31.5日，盛岡が30.5日と1か月以上も遅くなっている．広島，神戸や水戸は沿岸部の影響で遅くなる速度は5日以下と小さい．また，高山市のホウノキの開花日が1964年以降38年間に15.8日早まり，長野県の志賀高原でもカンバの開葉時期が早まっている[30]ほか，果樹の開花日も早まり，リンゴは1977〜2004年までの28年間に0.21〜0.35日/年早まっており，日本の主要なリンゴ産地である青森，秋田，岩手，山形，福島，長野の6県のリンゴの開花日は，3，4月平均気温が1℃上昇すると3.8〜4.6日早まっている[31]．

これまでの観測記録から，ソメイヨシノのもっとも早い開花は，3月10日の種子島（1955, 1973年），潮岬（1959年），高知（2010年）で，一番最初に開花した地点は高知や宇和島がもっとも多く，次いで熊本である．しかしながら，近年は東京・横浜が1979年から，名古屋が1995年から，福岡が1993年から最初に開花するなど大都市から開花することが多くなっている．九州では1986年までは鹿児島から開花していたが，福岡や熊本，宮崎から開花するようになっている．この理由は鹿児島の最寒月の気温が高いためで，休眠打破が遅れ，春の気温が高くても開花が遅れたり，開花不良となっている[32]．ソメイヨシノの平均開花・満開前線は，近年では高知・宇和島（開花日3月22日，満開日3月30日，33°33′N）から始まり，室蘭（開花日5月6日，満開日5月11日，42°18′N）が最後で，約1か月半かけて開花前線が移動していく．サクラの開花前線の速度は約5日で緯度1°移動し，日本のサクラの早まり速度から緯度で50年間に約1°北へ移動したことになる．

(b) 植物季節の不時現象

生物季節現象には，サクラやスミレなどの春の花が秋に開花したり，真冬にモンシロチョウが飛んだり，渡り鳥がありえない時期に飛来したりといった平年と著しくかけ離れた季節外れの**不時現象**（untimely phenomenon）があり，昔からあった現象ではあるが近年増えており珍しくなくなりつつある．例えば，サクラの季節外れの開花は，2006年10月に，九州や中国地方の6県で確認された．その後も毎年のようにこのよう

な現象は各地で確認され，2011年秋にも日本全国で，2012年以降も各地で確認されている．このような現象は世界的に増加傾向にある．また，中国では1970年代以降，年に2回開花する二度咲き現象が増加している[33), 34)]．また，サクラの花が咲かない，サクラの花が蕾のまま散る，花びらが一枚一枚散らず，柄をつけたまま落下するなどの現象が確認されている．秋のカエデの紅葉では，九州で1998年以降，鹿児島や長崎，佐賀で年明けの紅葉が5回観測されている他，2012年には札幌・銚子・舞鶴で，2013年には水戸で，2014年には，銚子・福岡・鹿児島・水戸で紅葉せずに落葉した．その後秋に発芽した．このような季節外れの現象の原因はさまざまで，葉が強風で落ちたり，台風による塩害，害虫や天候不順，記録的な猛暑などで葉が枯れたりすることなどがあげられる． 〔増田啓子〕

文献

1) IPCC (2014): *Climate Change 2014 Impacts, Adaptation, and Vulnerability Part A.*
2) ソウル総合ニュース (2015/3/1) (www.wowkorea.jp)
3) 田中信行・粟屋善雄 (2012): 農林水産省委託プロジェクト研究「気候変動に対応した循環型食料生産等の確立のための技術開発」研究成果発表会 (資料).
4) 清水 庸 (2003): 顕在化し始めた動植物への温暖化影響. 遺伝, 57(3), 20–21.
5) 清水 庸・大政謙次 (2003): 陸上生態系のモデリングと陸上生態系への影響. 遺伝, 別冊 (17), 88–94.
6) 清水 庸・大政謙次 (2010): 1961年～2007年のウメの開花に関する経年変化・地域的傾向の解析. 農業気象, 66(4), 279–288
7) 清水 庸・大政謙次 (2013): 温暖化の生物季節への影響. 遺伝, 67 (6), 708–711
8) 吉野正敏ほか (2012): 地球温暖化時代の生物季節と人びとの生活地球環境. 地球環境, 17(1), 106.
9) 環境省生物多様性センター (2015): モニタリングサイト1000 森林・草原調査第2期とりまとめ報告書.
10) 丸岡知浩・伊藤久徳 (2009): わが国のサクラ (ソメイヨシノ) の開花に対する地球温暖化の影響. 農業気象, 65(3), 283–296.
11) 松本 太・福岡義隆 (2002): 熊谷市における都市気候と植物季節の関係 (第1報). 日本生気象学会雑誌, 39(1), 3–16.
12) 松本 太 (2003): 植物季節に及ぼす都市の温暖化の影響―熊谷市におけるソメイヨシノ開花日を例として―. 地理学評論, 76 (1), 11–18.
13) 松本 太 (2012): 都市の高温化が植物季節に及ぼす影響の評価. 地球環境, 17(1), 51–58.
14) 松本 太他 (2006): ソメイヨシノの開花に及ぼすヒートアイランドの影響―東京都区部を例として―. 地理学評論, 79(5), 322–334.
15) 気象庁 (2005): 異常気象レポート 2005.
16) 増田啓子他 (1999): 生物季節による温暖化の影響と検出. 地球環境, 4, 91–103.
17) 重田祥範他 (2007): ヒートアイランド現象が植物季節に与える影響. 日本気象学会大会講演集, 280.
18) 朴 恵淑・吉野正敏 (2010): エルニーニョ現象と植物季節. 気候影響・利用研究会編エルニーニョ・ラニーニャ現象―地球環境と人間社会への影響, pp.156–171, 成山堂書店.
19) 吉野正敏 (2007): 気候学の歴史―古代から現代まで―, 古今書院.
20) 田口龍雄 (1939): 日本の歴史時代の気候に就いて (二). 海と空, 19, 217–227.
21) 荒川秀俊 (1955): 京都における観桜の記録から推定される気候の変動. 地学雑誌, 64, 31–32.
22) 青野靖之 (2011): 史料による春の開花記録の特徴と気候復元への応用の有効性. 時間学研究, 4, 17–29.
23) 青野靖之・谷 彩夏 (2014): 古記録中のカエデの紅葉記録から復元した京都の秋季気温の推移. 生物と気象, 14, 18–28.
24) 青野靖之 (2012): 植物季節の長期変化と気候変化. 地球環境, 17(1), 21–29.
25) 増田啓子 (2012): 市民参加型の生物季節観測. 地球環境, 17(1), 43–50.
26) 福岡管区気象台 (20013: 九州・山口県の気候変動監視レポート. 九州・山口県の気候変動監視レポート 2013.
27) 気象庁 (2015): 気候変動監視レポート 2015.
28) 環境省 (2013): 日本の気候変動とその影響 (2012年版).
29) 塚原あずみ・林 陽生 (2012): 温暖化がサクラの開花期間に及ぼす影響. 地球環境, 17(1), 31–36.
30) 樋口広芳 (2010): 生命にぎわう青い星, 化学同人.
31) 藤沢茉莉子・小林和彦 (2007): 日本におけるリンゴの発育早期化に見られる温暖化の影響. 農業気象, 63(4), 185–191.
32) 本條 毅 (2007): 気候温暖化が落葉果樹の休眠，開花現象に及ぼす影響. 園芸学研究, 6, 1–5.
33) Ge, Q.-S. *et al.* (2008): Coherence of climatic reconstruction from historical documents in China by different studies. *Int. J. Climatol.*, 28 (8), 1007–1024.
34) 吉野正敏 (2012): 異常気象を追う―花の異常季節―, バイオウェザーサービス.

§Ⅲ—3

農業生産への影響①
—コメ・コムギ—
Climate change impacts on agriculture 1: rice and wheat

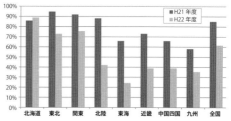

図1 全国および地域別にみた2010(平成22)年産米の一等米比率とその前年との比較(農林水産省資料より)

2014年3月に公表された**気候変動に関する政府間パネル**(Intergovernmental Panel on Climate Change: IPCC)の第5次報告書第2作業部会[1]では,例えば農作物への負の影響が正の影響よりもより一般的である等,数多くの影響と将来の複数分野・地域にまたがるリスクが記されている.

実際,地球の温暖化やそれに伴う集中豪雨など異常気象の頻発という気候変動の影響は,近年ますます明瞭になってきており,日本でも,コメ白未熟粒の多発,トマトの着果不良,リンゴの着色不良,かんきつ類で皮と実が離れすぎて腐っていく浮皮など,大きな影響が発生している[2].猛暑となった2010年の一等米 (first-grade rice) 比率は,北海道以外では大幅に低下しており,近畿,東海そして北陸地方でも,前年に比べて半分以下にまで大きく落ち込んだ(図1).このように,すでに現れている農業への影響は,将来ますます深刻になると予想されており,西日本でのコメ品質のさらなる低下や,ウンシュウミカンやリンゴ産地の北上が大きく懸念されている.

世界の年平均気温の上昇率は0.69℃/100年であるが,日本のそれは1.14℃/100年でより大きく,かつ2000年に入ってからの継続的な高温傾向が目立つのが特徴である[3].月別・地域別に細かくみてみると,どの地域も2月と秋の気温上昇が大きく,春と12月の昇温はやや小さいこと,夏では北日本の6月がやや高いものの7〜8月はあまり気温が上がっていないことがわかる(図2).図2には,この気温上昇の季節性より推測される農業影響についても記したが,もっとも顕著な秋期の高温害のほか,比較的気温上昇が少ない春

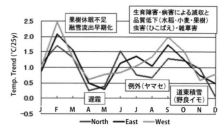

図2 日本の月別地域別の気温上昇度とそれに伴う農業影響
都市化影響のない「農耕地モニタリング地点」[4]を用い,解析期間を2010年まで拡張し,さらにすでに現れている農業影響を加筆した.

期や北日本の夏期においても,冷害発生など異なる形で影響を与えているのが特徴である.

本節では,農業作物のうちコメ・コムギを対象とする,ということで日本における気候変動による影響・利用について述べる.

(1) コメへの影響:現在

ここでは主に,直近に公開された中央環境審議会の小委員会報告[5]に基づき,すでに現れている,また今後予想される影響について述べる.

まず着目すべきは,すでに全国で,気温上昇による品質の低下(白未熟粒の発生,一等米比率の低下等)が確認されていることである[6].詳しくみると,白未熟粒にも種類があり,出穂後約20日間の日平均気温が26〜27℃以上または出穂後10日間の最高気温が32℃以上の条件で,それぞれ発生しやすくなるものがある.そして統計的な解析により,

一等米比率は出穂盛期後 10 ～ 30 日までの平均最低気温が 1℃でも上昇すれば全国的に減少すること[7]，およびその年々変動には，気温だけでなく日射量の変動も影響していることがわかっている[8]．

また 1994 年以降は，夏季の異常高温の発生頻度も全国的に増加している．2007 年には熊谷や多治見で 40℃を超える高温となり，この期間に出穂・開花した水稲に，通常より高い割合で**高温不稔**（high temperature-induced floret sterility）が発生した．高温不稔の発生には，気温よりもイネの穂温との関係が深い[9]ほか，品種や肥培管理とも関係しているとされ，（5）で示すように，今後の適応策のポイントとなる．

(2) コメへの影響：将来

気候変動によるコメの収量・品質の将来変化は好影響も含め全国に及び，日本の主食としての供給および農業従事者の収入の増減に直接影響するため，社会経済の観点からもとくに重大である．そこでさまざまなコメ収量モデルにより，多数の気候モデルと温室効果ガス排出シナリオを用いた日本のコメ収量予測に関する研究が行われている．結果として，全国のコメの収量は今世紀半ば，3℃程度までの気温上昇では収量が増加しそれ以上の高温では北日本を除き減収に転じる[10]と予測されている．

地域別にみた場合，少なくとも 2030 年代までの北海道では，遅延型冷害の発生減少により増収が見込まれる．一方で，生育期間も前進するため日射量の減少や低温による不稔等，障害型冷害のリスクは依然として残る[11]．また CO_2 濃度の上昇は，施肥効果によりコメの収量を増加させる可能性がある．実際の水田で CO_2 を現在よりも約 200 ppm 高めた東北と関東での FACE（開放系大気 CO_2 増加，Free-Air CO_2 Enrichment）実験によると，コメ収量は最大約 36％の増収となった．ただその増収率は品種により異なるほか，生育期間の平均気温が高くなるほど低下するため，この施肥効果の評価にも不確実性が存在する[12]．

コメの品質については，一等米比率が登熟期間気温の上昇により全国的に減少するとされ，とくに経験的統計モデルを用いた全国のコメ品質の予測によれば，九州地方の一等米比率は，今世紀半ばに 30％弱，今世紀末に約 40％減少することが示されている[13]．またコメ生育・収量モデルを用いた現行移植日での計算では，登熟期の気温上昇に伴い高温による品質低下のリスクが上昇することも予測されている[14]．

(3) 気候変動と水稲作における水資源

日本における気候変動では，雪も重要な要素である．なぜなら，とくに米どころの北陸・東北日本海側地域では，移植期に必要な**水資源**（water resource）を河川の融雪水に依存している場合が多いからである．ところが気候変動を予測する気候モデルはその解像度と地形，また物理過程等の限界から，降水量のみならず降積雪の予測も難しい．最近，気象庁は 5 km 解像度 RCM によるダウンスケーリングで日本の気候変化予測を行った結果を公表した[15]．これによると東日本の日本海側でももっとも大幅な降雪量と最深積雪の減少が予測されており，降積雪の減少と融雪の早期化は田植え期の水不足につながる懸念材料である．

そこで，過去の観測統計値の変化をみてみると，平野部の高田（新潟県）では大きな気温上昇が始まった 1986 ～ 87 年から降積雪量が急減しているのに対し，長野県側の菅平では近年，なお 1980 年代に近い値を示す年がある（図 3）．つまり気温が上昇しても降雪限界を超えない山間地や低気圧による降雪が支配的な地域においては，むしろ降雪量が増加する可能性もある．積雪農業地域においては，農業水資源だけでなく災害の発生，交通インフラの整備および観光も含む産業等にかかわる問題だけに，より信頼性の高い降積雪の将来予測が必要である．

(4) コムギへの影響

コムギでは現在，冬季および春季の気温上昇により，全国的に播種期の遅れと出穂期の

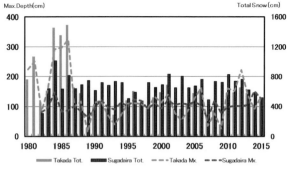
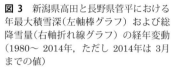

図3 新潟県高田と長野県菅平における年最大積雪深(左軸棒グラフ)および総降雪量(右軸折れ線グラフ)の経年変動(1980～2014年，ただし2014年は3月までの値)
それぞれ淡灰色は高田，濃灰色は菅平を表す.

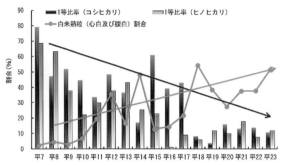

図4 高知県における品種別(コシヒカリとヒノヒカリ)一等米比率，および全体での白未熟粒発生割合の経年変動(高知県農業技術センター資料)

前進がみられる一方，出穂から収穫までの期間は短縮しておらず，結果として，生育期間は短縮している[16]．また関東地方45年間の栽培データからは，播種から出穂までの平均気温の上昇，出穂期以降の降水量増加により減収する傾向がある[17]．実際，北海道では2010年に，春季の低温と夏季の高温により，大幅に減収した．

さらに将来では，播種後の高温に伴う生育促進により幼穂形成や茎立ちが早まると逆に凍霜害リスクが増加すること，高CO_2濃度によるタンパク質含量の低下，さらに高温下の登熟による穂発芽発生リスクの高まりも指摘されている．

(5) 温暖化への適応と地域の振興

コメ・ムギをはじめ，気候変動影響に適応(adaptation)するための農作物の品種改良や持続的な適応技術の導入には時間を要するため，各地域の実情に応じた系統的な適応策の立案と技術開発に，早期に着手する必要がある．さらに進んで，農業分野をはじめ，ただ災害を防ぎ，気候の変化に適応して生き残るだけでなく，豊かな自然を生かし，地域を大きく発展させようという動きも進んでいる．米価の下落が続く現代日本では，収穫量増加に対する動機は弱いが，「魚沼産」に代表されるような高品質米に関しての需要は高く，高知県をはじめ多くの地方農山村地域では，高品質米を核にした地域振興，街おこしの取り組みを進めている．例えば高知県嶺北地方の本山町では，中山間地の地勢を生かした寒暖の差，良質の水と土壌に加え，徹底した栽培管理による良食味米「土佐天空の郷」の生産，販売，消費者交流に取り組んでおり，2010年には「お米日本一コンテスト」で最優秀賞を受賞した[18]．

このように近年では，地域を対象とした気候変動適応研究も進んでいる．ここでコメなど農業だけでなくあらゆる分野において，気候変動の影響とその適応策を評価するため

に，数値シミュレーションは必要不可欠な技術である．

もともと温暖な高知県においては，一等米比率の大きな低下は早くから問題となっていた（図4）．そこで筆者らは高知県農業技術センターと共同で，高知県が長期に継続している奨励品種決定試験など県内各地の栽培データとイネ生育・収量モデルを用い，現状の再現性を確認した上で，気温が現在よりも2～4℃上昇した場合や日射量が10％減少するなどの気候変動影響シミュレーションを行い，影響の評価と適応のための栽培体系の変更や品種選抜指標の提案を行っている[19]．とくに推定にあたっては，単に収穫量だけでなく，コメ食味に大きく影響するタンパク質の含有率にも注目した．その結果，異常高温年には，とくに多肥栽培のケースでタンパク質含有量の上昇が示されたことから，今後の営農指導のポイントの1つとして施肥を抑える少肥栽培を提案していくこととなった．これらの提案は実際に，高知県の最大施策として位置付けられている「産業振興計画」における具体的な数値目標として記載されている，現在約15％程度の一等米比率を約30％に上げることなどの目標達成に大きく貢献できるものである．〔西森基貴〕

文献

1) IPCC(2014): Climate Change 2014：Impacts, Adaptation, and Vulnerability: Contribution of Working Group Ⅱ to the Fifth Assessment Report of the Intergovernmental Panel on Climate Change, Field, C.B. *et al.* eds., Cambridge University Press. (IPCC(2014)：気候変動2014：影響，適応及び脆弱性：気候変動に関する政府間パネル 第5次評価報告書 第2作業部会報告書 政策決定者向け要約・技術要約，環境省訳 (http://www.env.go.jp/earth/ipcc/5th_pdf/ar5_wg2_spmj.pdf))

2) 農林水産省(2013)：平成25年地球温暖化影響調査レポート．(http://www.maff.go.jp/j/seisan/kankyo/ondanka/pdf/h25_ondanka_report.pdf)（2015年6月29日閲覧）

3) 気象庁 (2014)：気候変動監視レポート2013．(http://www.data.jma.go.jp/cpdinfo/monitor/2013/pdf/ccmr2013_all.pdf)（2015年6月29日閲覧）．

4) 村上雅則他 (2011)：農耕地モニタリング地点の選定とその気温変化傾向に関する地域的な特性．生物と気象，12, 41-50.

5) 中央環境審議会地球環境部会気候変動影響評価等小委員会 (2015)：日本における気候変動による影響の評価に関する報告と今後の課題について（意見具申）（案）．(http://www.env.go.jp/council/06earth/y0616-09/mat02_2.pdf.)（2015年6月26日閲覧）

6) 文部科学省・気象庁・環境省 (2013)：気候変動の観測・予測及び影響評価統合レポート「日本の気候変動とその影響」（2012年度版）．(http://www.env.go.jp/earth/ondanka/rep130412/report_full.pdf)（2015年6月26日閲覧）

7) 河津俊仲他 (2007)：近年の日本における稲作気象の変化とその水稲収量・外観品質への影響．日本作物学会紀事，**76**, 423-432.

8) Okada, M. *et al.* (2011)：Modeling the multiple effects of temperature and radiation on rice quality. *Environmental Research Letters*, **6**, doi:10.1088/ 1748–9326/6/3/034031.

9) Hasegawa, T. *et al.* (2011)：Spikelet sterility of rice observed in the record hot summer of 2007 and the factors associated with its variation. *Journal of Agricultural Meteorology, 67*, 225-232.

10) 横沢正幸他 (2009)：気候変化がわが国におけるコメ収量変動に及ぼす影響の広域評価．地球環境，**14**, 199-205.

11) 丹野 久 (2012)：地球温暖化が道内主要作物に及ぼす影響とその対応方向（2030年代の予測）2. 水稲における影響予測．北農，**79**(1), 72-81.

12) Hasegawa, T. *et al.* (2013)：Rice cultivar responses to elevated CO_2 at two free-air CO_2 enrichment (FACE) sites in Japan. *Functional Plant Biology*, **40**, 148-159.

13) Okada, M., *et al.* (2011)：Projecting climate change impacts both on rice quality and yield in Japan. *Journal of Agricultural Meteorology*, **67**, 285-295.

14) Ishigooka, Y. *et al.* (2013)：Large scale evaluation of the effects of adaptation to climate change on rice production and quality in Japan. *Proceedings of the International Symposium on Agricultural Meteorology*, **131**.

15) 気象庁 (2013)：地球温暖化予測情報第8巻．(http://www.data.jma.go.jp/cpdinfo/GWP/Vol8/pdf/all.pdf)（2015年6月29日閲覧）

16) 中園 江 (2010)：小麦作への温暖化の影響と対策技術．研究ジャーナル，**33**, 10-14.

17) 箕田農尚 (2010)：埼玉県の畑作試験圃場におけるコムギ「農林61号」の収量に対する気象条件の影響．日本作物学会紀事，**79**, 62-68.

18) 本山町農業公社 (2015)：土佐天空の郷．(http://town-motoyama.jp/tenkunosato/gohan.html)（2015年6月29日閲覧）

19) 文部科学省気候変動適応研究推進プログラム (2015)：流域圏にダウンスケールした気候変動シナリオと高知県の適応策．(https://www.restec.or.jp/recca/staticpages/index/nishimori.html)（2015年6月29日閲覧）

§Ⅲ-4

農業生産への影響②
—トウモロコシ・ダイズ—
Climate change impacts on agriculture 2：
maize and soybean

　世界におけるトウモロコシとダイズの生産はその約70％がアメリカ合衆国（以下アメリカ），中華人民共和国（以下中国），ブラジル連邦共和国（以下ブラジル）の3か国で行われている．トウモロコシは多くは家畜飼料として利用され，その生産変動は食肉市場を介して世界に波及する．ダイズはほとんどがダイズ油として利用され，その絞りかすは良質の飼料として利用される．トウモロコシとダイズは，世界の食料供給システムにおいて重要であるが，生産地域が局在しており，将来の気候変化および異常気象が生産の安定性に及ぼす影響に関する解析ならびに評価は重要な課題となっている．ここでは，アメリカ，中国，ブラジルに対象国を絞って，環境変動に対する収量（単位面積あたりの作物収穫量：crop yield）の変動（環境変動に対する応答）の解析と将来の気候変化による影響評価に関する研究例を紹介する．

(1) 気温・降水量変動に対する収量の変動

　はじめに過去からこれまでの環境変動に対して，トウモロコシとダイズの生産はどこでどのような応答をしたのかをみる．Sakurai et al. (2011)[1]は，世界の農業統計が利用可能な1980（ブラジルは1990年）～2006年までの27年間の収量データを収集し，そのデータを緯度・経度1.125°のメッシュに割り付け，それぞれのメッシュにおいて，収量の経年変動と生育期間の気温・降水量の経年変動との関係を，粒子フィルター法を用いて統計的に解析した．期間の気象データは気象庁再解析データ（reanalysis data）JRA25

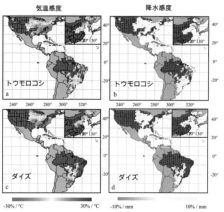

図1 2000年代（2000～2006年）の気温感度と降水感度 → 口絵23
a, cは，それぞれトウモロコシとダイズの2000年代の気温感度で，赤色は気温感度が負の（つまり気温上昇によって収量に負の影響が推定される）地域，青色は気温感度が正の（気温上昇によって収量に正の影響が推定される）地域．b, dは2000年代の降水感度で，黄色は降水量の増加によって収量に正の影響が推定される地域．黒色は作付が非常に少ないか，収量統計が十分にない地域．

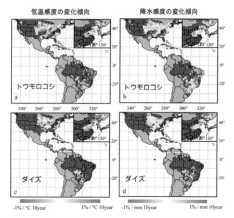

図2 気温感度と降水感度の変化傾向の地理的変異 → 口絵24
a, cは気温感度の過去（1980～2006年）の変化傾向．青色は気温感度が徐々に正の方向に変化してきている地域を示す．b, dは降水感度の変化傾向で，青色は降水感度が徐々に正になってきている地域であり，値は10年間の変化率に換算している．各地域で，気温・降水感度が変化している．黒色は作付が非常に少ないか，収量統計が十分にない地域．

116　第Ⅲ章　地球温暖化など気候変化の諸影響

を用いた.

図1は2000〜2006年における気温感度（生育期間の平均気温が1℃増加したときの作物収量の変化率）と降水感度（生育期間平均の日降水量が1mm増加したときの作物収量の変化率）の地理的分布を示す．図から，北半球の約40°N以南で，トウモロコシ，ダイズとも，気温上昇によって減収しやすい（気温感度が負）こと，ブラジルでは中部地域（10°S付近のサバナ気候地帯）とそれ以外の地域で降水感度が異なることがわかる．また，気温感度および降水感度は年代によって変化している．とくに，アメリカのコーンベルト付近では，近年，トウモロコシ，ダイズとも，負の気温感度の絶対値が小さくなってきている（図2）．これは栽培品種の特性や播種時期の変化がかかわっていると考えられる．

(2) 大気 CO_2 濃度変化に対する収量の応答

次に，気候変化を引き起こす大気中のCO_2濃度変化に対する応答についてみる．大気CO_2濃度の上昇は，ダイズなどのC_3植物にとっては光合成が活発になるプラスの効果がある．これを **CO_2 施肥効果**（CO_2 fertilization effect）とよぶ．一方，トウモロコシはC_4植物であり，大気CO_2濃度の高低には依存しない．実際の植物生長や作物収量は，CO_2施肥効果による正の影響と気温上昇や降水量変動による負の影響の差し引きで決まる．正と負のそれぞれの効果を調べることは，将来の作物生産ひいては食料生産を予測する上できわめて重要であるが，作物の生産は気象以外の環境，品種改良や技術進歩によっても変化する．Sakurai et al. (2014)[2] は，世界の主要生産地域の農業統計データと過去の気象データを収集・整理するとともに，広い地域に適用できる作物生長の数理モデルを作成してそれらの要因別影響を推計した．

図3は過去の大気CO_2濃度の変化が収量に及ぼした影響を取り出してその空間分布を図示したものである．その結果より，過去27年間（1980〜2006年）に実際に起きた大気CO_2濃度の上昇に対して，世界の主要生産地域におけるダイズの収量は，アメリカでは4.34％，ブラジルでは7.57％，中国では5.10％増加したと推計された（3国平均では約5.8％増加）．

(3) 気候変化に対する収量の変動

過去のデータに基づいて数理モデルを作成し，気候変化シナリオデータを入力して，トウモロコシとダイズの対象3か国における将来の収量変動の推計とその安定性を解析した研究例を紹介する．なお，この推計では，将来における窒素投入量や灌漑水投入量は2006年時の値に固定した．また，将来の技術革新などによる収量トレンドは考慮してい

(a)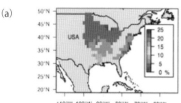

(b)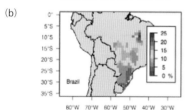

(c)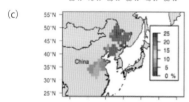

図3 ダイズに対するCO_2の施肥効果(%)→口絵25
ダイズの主要生産国であるアメリカ(a)，ブラジル(b)，中国(c)における大気CO_2濃度の上昇による収量の増加率を示す．増加率は1980年の収量と2002〜2006年の平均収量の比として1.125°（約100 km）のメッシュごとに計算されている．アメリカ南部，中国南部，ブラジル北部で増加率が高い．

ない.すなわち,現行の品種,栽培地域,栽培条件の下で作物を栽培した場合に,将来の気候変化環境でえられる収量を推計した.

図4はトウモロコシに対する2010～2070年までの収量変動の推計結果である.図より,RCP 2.6およびRCP 4.5では収量の変化はあまりみられないが,RCP 6.0で,各国において収量の減少トレンドがみえ始め,RCP 8.5では3か国ともに明確な減少トレンドが現れた.図5は,ダイズに対する2010～2070年までの収量変動の推計結果である.RCP 2.6とRCP 4.5では,2030年頃まではわずかな増加トレンドがみられるが,それ以降,収量は減少トレンドに転じる.RCP 6.0では,アメリカで強い減少トレンドがみられる.RCP 8.5では,アメリカおよびブラジルにおいてとくに強い減少トレンドがみられる.全体を通して,中国ではあまりトレンドの変化がみられない.

図6は将来(2041～2070年)における3か国の同時不作確率の推計値を示している.トウモロコシでは,同時不作確率が将来,高くなる傾向があり,とくにRCP 2.6およびRCP8.5においてそれが顕著に現れると推計された.ダイズでは,RCP 2.6からRCP 8.5にかけて徐々に将来の同時不作が高くなると

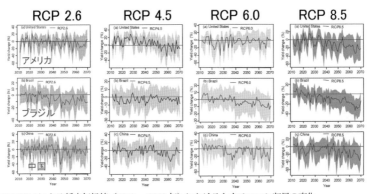

図4 MIROC-ESMによる将来気候値(2010～2070年)におけるトウモロコシ収量の変化
1981～2010年の平均値からの差を表している.実線は平均推定値,シェードの上端と下端は95%信頼区間の平均を示す.国別収量は各メッシュの値を栽培面積比率で重みづけ平均して集計した.上段:アメリカ,中段:ブラジル,下段:中国.

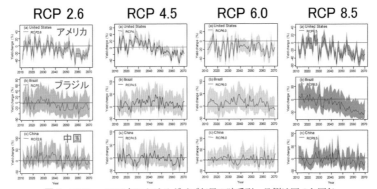

図5 2010～2070年におけるダイズ収量の時系列.凡例は図4と同じ.

第Ⅲ章 地球温暖化など気候変化の諸影響

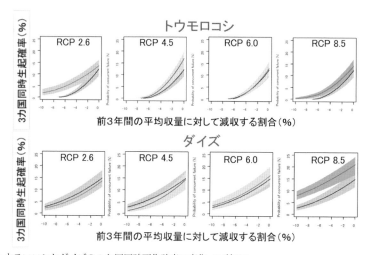

図6 トウモロコシとダイズの3か国同時不作確率の変化→口絵26
左からRCP 2.6，RCP 4.5，RCP 6.0およびRCP 8.5のケースを示す．横軸は過去3年間の平均収量に比べて減収する割合(%)を示す．縦軸はその減収割合以下の事象が3か国で同時に起こる確率(%)を示す．黒線は過去(1981～2010年)の同時不作確率を示し，色つきの線は将来(2041～2070年)の同時不作確率を示す．シェードは推計の不確実性を表す．

推計された．とくにRCP 8.5における同時不作確率の増加は著しい．将来の方が現在よりも同時不作確率が高くなる1つの要因は，将来の収量が気候変動による減少トレンドをもつためである(図5)．一般に，同時不作確率の絶対値は，技術革新などによる収量トレンドの変化によって変わるが，前述したように本解析では，技術トレンドは過去も将来も除いているので，ここで示した同時確率は気候変動のみによるものである．

気候変化による収量変動の推計結果を解釈するために，過去と将来における栽培期間の気象環境の変化とそれに対する応答を調べた．RCP 6.0でのダイズおよびトウモロコシの平均的な栽培期間における将来気候値(2041～2070年)の過去気候値(1981～2010年)からの偏差をみると，とくに，アメリカと中国で大きく気温が増加し，また3か国とも，栽培地域の降水量が減少するとともに日射量が増加していた．さらにトウモロコシについて，気温，降水量ならびに日射量の気候変化による長期トレンドを除去した環境データを生産性応答モデルに入力した場合とトレンドを除去しない場合との結果を比較した．その結果，どの地域でも気温要因がもっとも大きな影響を与えていることが示唆された．また，気温上昇によって収量が正の影響(収量増加)を被るか，あるいは負の影響(収量減少)を被るかの境界は40°N付近であることが示唆された．この結果は，過去の収量感度の結果(図1)とも一致している．また，他のRCPシナリオでも同様に気温上昇が収量変動の主要因であると示唆されている．これらの結果はダイズについても同様である．

〔横沢正幸〕

文献

1) Sakurai, G. *et al.*(2011)：Varying temporal and spatial effects of climate on maze and soybean affect yield prediction. *Climate Research*, **49**, 143-154.
2) Sakurai, G. *et al.* (2014)：How much has the increase in atmospheric CO_2 directly affected past crop production?. *Scientific Reports*, doi: 10.1038/srep04978.

§Ⅲ-5
農業生産への影響③
―衛星，土壌，気象データでさぐるてん菜の収量―
Climate change impacts on agriculture 3 : suger beet yield

日本の砂糖の自給率は約40％であり，そのうち約80％がてん菜を原料として製造されている．このてん菜糖の価格は国外産と比較して約2倍も高いことから，てん菜の生産およびてん菜糖製造にかかるコストの削減は避けて通れない喫緊の課題である．

窒素施肥量（吸収量）と糖分含有率との間には負の相関関係があることが知られている．そのため，生産費の約22％を占める肥料費の削減は生産コスト低減と糖分向上に，また，根収量の事前把握による原料集荷計画の策定は輸送費の低減等に効果的であると考えられる．しかし，そのために必要な収穫時のデータは生産者ごとに集計されており圃場単位でのデータは記録されていない．

一方，気候変動による作物生産性への影響が危惧されているなか，北海道の基幹作物であるてん菜の生産量にも今後の気象変動が影響を及ぼすことが想定される．このことから，収量そのものの将来予測に加え，収量格差が将来的にどのように変化していくのかを土壌別に把握することは極めて重要である．近年，各種空間情報を活用しててん菜収量への影響を把握する方法として，衛星データおよび気象モデルデータを利用した根収量の土壌間差将来予測が行われている．

(1) 衛星データからてん菜地下部の情報を抽出できるのはなぜか

光学センサーによって観測された**衛星データ**（satellite data）には，てん菜の茎葉部だけが写っており根の情報は記録されていない．しかし，茎葉部と根部の関係，それらと衛星データの放射輝度値との関係を明らかに すれば，てん菜地下部の情報を衛星データから抽出できる．

根収量の推定には茎葉部の生育量と衛星データから求める**正規化植生指数**（normalized difference vegetation index：NDVI）〔（近赤外－赤）／（近赤外＋赤）〕や**グリーン正規化差植生指数**（Green Normalized Difference Vegetation Index：GNDVI）〔（近赤外－緑）／（近赤外＋緑）〕が有効である．茎葉部の生育量や畦間被覆程度の違いは可視と近赤外の反射率に現れ，地上部が大きければ根収量も多くなる傾向があるため，衛星データから根収量を求めることができる[1)～4)]．

(2) 衛星データによるてん菜根収量の推定

衛星データの赤の**放射輝度値**（radiance）とGNDVI〔（近赤外－緑）／（近赤外＋緑）〕を説明変数として，あらかじめ設定した現地調査地点の根収量，糖量を推定できる．推定式に赤の放射輝度値およびGNDVIが選択される理由は，7月頃の地上部の生育量と収穫期の根収量との間に密接な関係があるからである．このことについて，図1の7月に測定した（SPAD×草丈）値と10月に得られた根収量との関係を示して説明する．葉色の度合いを示す**葉緑素計**（Soil Plant Analysis Development：SPAD）値と草丈を乗じたこの値は，作物の栄養や生育状態を表す診断指標として用いられ，数値が高いほど相対的な生育量も多いと判断できる．

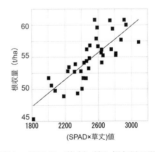

図1　（SPAD×草丈）値と根収量の関係

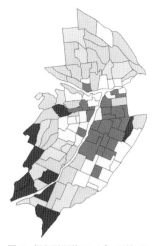

図2 根収量順位マップ→口絵 27

両者の関係は決定係数が 0.64 であり，7月上旬に地上部の生育量が多いてん菜は根収量も相対的に高く，収穫期の生育は7月の早い段階で決定されることが示されている．さらに，7月に測定した（SPAD×草丈）値と7月撮影の衛星データから求めたGNDVIとに正の相関関係が認められている．以上のことから，7月頃に撮影された衛星データを用いることで，収穫の2～3か月前に根収量を予想できる．

求めた推定式を対象地域のすべての菜圃場に適用することで，圃場単位で根収量，糖量を推定することが可能になる．10群クロスバリデーションによる推定式の精度検証結果は，根収量で誤差約6 t / ha，糖量で1 t / ha

である．図2には，推定した根収量から各営農集団単位で平均値を求め5段階に分割した根収量順位マップを示す．

(3) 土壌および気象データによるてん菜根収量の予測

根収量は苗の移植期から7月頃までの気温，降水量，日照時間の影響を受けることが知られており気象データとは密接な関係にある．将来的に収量がどのように変化していくのかを把握するためには，品種の変遷や気象変動の大きさも加味して検討を行うことが重要である．さらに，てん菜の生産力の地域格差は，広域では地域の気象条件が影響するが，気象条件がほぼ同じである狭域では土壌要因が影響するといわれていることから，気象と土壌データを利用するとてん菜根収量の予測が可能である．

表1は，目的変数を 1990～2004 年の平均根収量または土壌タイプ別根収量（y）とし，説明変数を同年の平均**全天日射量**（r : global solar radiation），**日平均気温**（t : average temperature），**積算降水量**（p : cumulative precipitation）として重回帰分析を行い，対象地域平均および土壌タイプ別に根収量の予測式を作成した結果である．てん菜根収量は移植期から7月中旬頃までの生育環境に影響を受けることから[5]，説明変数に4月下旬～7月中旬の気象データを利用すると，地域平均根収量，土壌タイプ別根収量とも決定係数が 0.7 以上の精度の高い予測式を作成することができる．予測式の特徴として，もっとも安定多収で推移する**黒ボク土**

表1 気象データから作成したてん菜根収量予測式

土壌タイプ	根収量予測式	R^2
地域平均	y=3.71r+2.68t−0.032p−36.8	0.76
褐色低地土	y=3.22r+2.31t−0.087p−20.9	0.81
黒ボク土（下層土：河成堆積物）	y=3.19r+2.11t−0.061p−20.3	0.73
黒ボク土	y=3.86r+3.11t −45.5	0.70
多湿黒ボク土	y=4.11r+2.31t−0.028p−41.7	0.79

(andosol) では積算降水量が説明変数から棄却されること，根収量の年次変動が大きい**褐色低地土** (brown lowland soil) では積算降水量の寄与がもっとも大きいことがあげられる．

予測式を用いた予測根収量と実測根収量には決定係数 0.9 以上の相関をえたことから，本手法を用いると収穫 2.5 か月前の 7 月中旬の段階で，相対的な根収量の多少や根収量の土壌間差等を高精度に把握・提供できる．

(4) 気象および衛星データによる根収量予測

(2)で述べた衛星データから根収量を推定する手法は，収穫前に根収量の多少を相対的に予想することはできるが，7 月の衛星データを解析に用いたとしても対象年の現地収量調査データを入手するまでは根収量の絶対値を求めることはできないため，収穫前に圃場単位で収量の値を提供することができない．衛星データを用いた収量把握に関してこれまでに報告されている手法の多くは，現地での収量調査実施後の地点データと衛星データの放射輝度値から推定式を求めるものが多く，収穫前に個々の圃場単位で収量を予測した研究事例は少ない．

一方，てん菜の収量は主に生育初期から中期の日射，気温，降水量から推定可能であることが多数報告されている．これは，てん菜の光合成速度は日射に，葉面積などの生体サイズの拡大速度は気温に強く依存するので，収量が光合成速度と生体サイズのバランスによって決まるからであると考えられている．もちろん，過湿条件では日射の不足，低温による根部生産の抑制が反映される．そこで近年，(3)において示した気象データと根収量の関係と，7 月の地上部生育量と GNDVI とに相関関係があることに着目し，【地域平均の根収量予測式で求めた対象地区の平均根収量を対象地域内の圃場の GNDVI 中央値に置き換え，各圃場の最小 GNDVI ～最大 GNDVI に対して収量値を傾斜配分する】新たな根収量予測手法が考案されている．このように，根収量の予測は地域単位で土壌や気象データで行い，予測値を圃場単位に置き換えるために衛星データを補完データとして使用するという新たな収量予測手法を用いれば，収穫の数

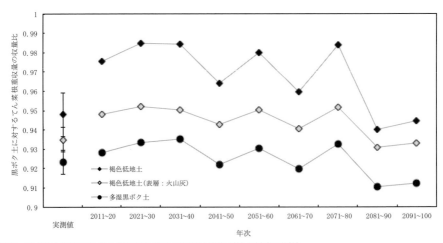

図 3 黒ボク土に対する各土壌のてん菜根重収量比の実測値と将来予測値
実測値は 1990 ～ 2007 年の平均値．

か月前に圃場単位の収量を絶対値で把握できることから，収穫前の早い段階で集荷計画等にかかわる情報の提供が可能である．

（5）てん菜根収量の土壌間差の将来予測

北海道では，予想されている温暖化により糖分が大幅に低下し，病虫害の被害が増大するといわれている．また，作物生産力の地域格差には広域でみた場合に地域の気象の差異が影響するが[6]，気象条件が同様の区域内においては土壌要因が影響する[7]と報告されている．

気候予測データ MIROC 3 2 HIRES（K-1model developers, 2004）から算出した北海道の4月下旬〜7月中旬の積算降水量は，2030年頃までほぼ現在と同様の水準で推移し，その後，2031〜40年の10年間は減少する．2041年以降は現在よりも多雨傾向となり，降水量の年次変動の拡大が予測されている．そして，この予測条件下では，根収量は各土壌とも2040年まで収量比は増加するが，その後は減少傾向に転じ，減少傾向は2081年以降に顕著になる．黒ボク土の根収量に対する各土壌の収量比は，4月下旬〜7月中旬の予測積算降水量の10年平均値からみると，2080年頃までは現状値（1990〜2007年の平均値）よりも同等以上で推移するが，2081年以降になると褐色低地土および褐色低地土（表層火山灰）では現状値と同等に，**多湿黒ボク土**（wet andosols）においては現状値を下回ることが予測されている（図3）．

梶山[8]は，北海道のてん菜根収量は，今後，温暖化による気温上昇により増大すると考えており，北海道内の平均根収量は2030年の時点で，現状よりも15%程度増加することを試算している．図3に示した予測結果とあわせて考察すると，例えば2081年以降のように収量比が現状と同等以下になった場合には，根収量そのものの絶対量は増加するので，地域の収量格差の絶対量は，むしろ現在よりも拡大すると予想される．とくに多湿黒ボク土では収量格差が最も顕著になると予測されることから，地域格差の是正に向けては，多湿黒ボク土を重点に置いた改良が必要になると考えられる．　〔本郷千春・丹羽勝久〕

文献

1) Hongo, C. *et al.* (2014)：The use of remotely sensed data for estimating of rice yield considering soil characteristics. *Journal of Agricultural Science*, 6(7), 172-184.

2) 本郷千春他（2006）：農業空間情報を活用した効率的なてん菜栽培支援システムの構築第1報－衛星画像とGISを用いたてん菜の生育解析－．日本リモートセンシング学会第41回学術講演会論文集，291-292.

3) 本郷千春他（2007）：農業空間情報を活用した効率的なてん菜栽培支援システムの構築第2報－根収量の推定と地帯別の実態把握－．日本リモートセンシング学会第42回学術講演会論文集，155-156.

4) 本郷千春他（2008）：農業空間情報を活用した効率的なてん菜栽培支援システムの構築第3報－気象および衛星データを用いた根収量の予測－．日本リモートセンシング学会第45回学術講演会論文集，115-116.

5) Niwa, K. *et al.* (2008)：Effect of soil types on the time-course of changes in sugar beet (Beta vulgaris L.) productivity in Tokachi District, Hokkaido, Japan. *Soil Sci. Plant Nur.*, 54, 928-937.

6) Murata, Y. and Togari, Y. (1972)：Analysis of the Effect of Climatic Factors upon the Productivity of Rice at Different Localities in Japan. 日本作物学会紀事，41, 372-387.

7) 林　茂樹他（2004）：土壌タイプによるテンサイ根系の違いが葉の萎れと収量性に及ぼす影響．土肥誌，75, 659-666.

8) 梶山　努（2011）：戦略研究「地球温暖化と生産構造の変化に対応できる北海道農林業の構築－気象変動が道内主要作物に及ぼす影響の予測－」成果集，2.てん菜，北海道立農業試験場資料，39, 32-39.

§Ⅲ-6

果樹生産への影響
Effects of climate change on fruit production

(1) 温暖化に脆弱な果樹

果樹は気候に対する適応性の幅が狭い作物である．そのことは例えば，水稲栽培が北海道から沖縄まで広がっているのに対し，果樹は産地が偏在していることからもわかる．このため，果樹は温暖化に対し脆弱である．各都道府県の公設農業関連研究機関を対象に実施したアンケート調査でも，果樹は全都道府県で影響の顕在化が指摘されている（図1）．

一年生作物は，気温の影響を受ける期間は限られており，水稲の白未熟粒対策のように，栽培時期をずらすことによって高温の影響を回避することが可能である．一方，果樹は人為的に作期を移動させることは難しく，気候の変化に合わせることができない．このことが，果樹は栽培適地（suitable location）が狭く，気候変動に弱い最大の原因である．

さらに，栽植した当初の数年間は樹が小さいため収量が低く，生産年数が短いと投資コストが回収できないため，一度栽植すると30～40年間，同一樹での生産を続けなければ経営的に不利になる．このため果樹は，他の作物と比べて温暖化の影響が著しい上に，他の作物より10年以上早くからその対策をとる必要がある．

(2) 果実の着色不良

夏から秋の高温により，リンゴ，ブドウ，カキなどの着色不良（coloring disorder）あるいは着色遅延（delay in leaves changing color）が各地で発生している．若い果実は果皮が緑色でも，収穫期になるとリンゴは赤，ミカンやカキは橙色，ブドウは黒や赤紫色になる．しかし，着色期に高温が続くと，着色が進まない．多くの場合，果皮色の着色程度で収穫期を決めるため，温暖化は収穫を遅らせることにもなる．

秋になるとカエデなどが紅葉するが，これは葉を緑色に染めている葉緑素が消失し，代わりに赤色の色素であるアントシアニンが合成されるからで，葉緑素の消失とアントシアニンの合成はどちらも低温で促進されるため，紅葉前線は北から南下する．リンゴやブドウの果実着色も紅葉と同じで，葉緑素の消失とアントシアニンの合成によって起き，低温条件で促進される．ミカンやカキを橙色にするカロテノイドも同様である．

(3) 果実の日焼け，障害の発生

カンキツ，リンゴ，ナシ，モモなど多くの樹種でみられる果実の日焼け（sunscald）は，果実が高温になることにより，組織が傷害を受けて発生する．部分的に茶色などに変色し（図2），硬化，陥没することから，こうした果実は廃棄される．軽症のものは加工用にされる場合もある．気温が高いときに多発する高温障害であるが，日当たりのよい部分は，とくに高温になりやすく，局所的に発生することから日焼けとよばれる．果実だけでなく葉，枝幹表面などの組織が傷害を受けることもある．

着色不良は長期の高温で発生するが，日焼

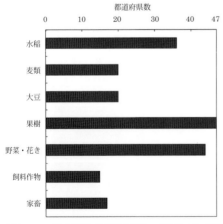

図1 1つでも温暖化が原因で発生・増加している現象があるとした都道府県数[1]

図2 リンゴの日焼け（2009年8月26日撮影）

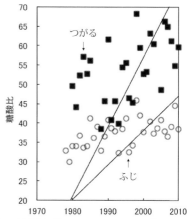

図3 長野県（「ふじ」は11月1日，「つがる」は9月1日時点）におけるリンゴの糖酸比の変化[2]

け果は1日の極端な高温でも発生する．リンゴでは果実温度が50℃前後まで上昇すると危険である．気温が30℃以上となった場合に直射日光が果実にあたると，条件により部分的に限界温度を超える可能性がある．

一般に午前よりも午後の方が気温や樹体温度が高くなるため，西日のあたる部分に発生しやすい．一方，樹体を冷やす要因として，葉や果実からの蒸散で，気化熱を奪われることによる冷却がある．しかし，樹が水ストレスを受けると気孔が閉鎖し，蒸散しにくくなることから，樹体温度や果実温度が高くなる．したがって，水ストレスが日焼けの間接的な原因となる．

日焼けは高温が直接果実の障害を引き起こすため，ほとんどの樹種で発生するが，個別の種で発生する高温障害もある．ニホンナシやモモで発生する**みつ症**（watercore）は，果実の成熟期と幼果期の高温で誘発される．また，クリでは収穫期の高温，早魃年に果肉が発酵，腐敗する変質果が発生する．

収穫前の高温・多雨で発生するウンシュウミカンの**浮皮**（peel puffing）は果肉と果皮が剥離し，果実がブカブカする現象で，果実が傷つきやすくなり，輸送性を低下させる．春季の高温で開花期が早まる一方で，着色期の高温で着色が抑制され，果実生育期間が拡大すると果皮が不必要に肥大して浮皮となる．

(4) 食味の変化

温暖化により，果実の食味も変化している．過去の長野県および青森県におけるリンゴの品質の変化を長期的にみると，酸含量は減少し，逆に糖度は増加する傾向にある．そのため，人が感じる甘みの指標としてよく用いられる**糖酸比**（糖度／酸含量）（soluble solid-acid ratio）は上昇しており（図3），その食味は徐々に甘く感じられるようになってきている．

詳細なデータ解析の結果，このような果実品質の変化の要因の1つに温暖化があることが示されている．すなわち，春季の温暖化に伴い，発芽や開花が早まり，果実の生育期間が長くなっており（生育期間が長いほど酸が減り，糖が増える），また秋季の高温が果実の呼吸を促し，果実内の酸の消費を早めている．

リンゴの収穫日は暦日のほか，満開後日数，果皮色，デンプン含量などを指標として決定されるが，どの指標を基準として比較しても，長期的に酸含量が低下しているため，市場で流通しているリンゴ全体において，糖酸比は上昇傾向にあるといえる．また，カンキツやブドウでも温暖化による同様な効果がある．

(5) 凍害と霜害

温暖化による暖冬が顕著であるにもかかわらず,落葉果樹の**凍害**(freezing injury)が増加傾向にある.果樹が寒さに耐える能力を**耐凍性**(freezing resistance)というが,耐凍性は秋から冬にかけて高まり,1,2月の厳寒期に最大となる.十分に耐凍性が高まれば,モモは-20℃,ニホンナシは-25℃,リンゴでは-30℃もの低温にも耐えられるが[3]その後,冬から春にかけて,耐凍性は低下する.この耐凍性を超えて冷却された場合に凍害を受ける.枝や芽,接ぎ木部など,部分的な被害を受けることが多いが,樹全体が凍死することもある.

耐凍性は冬季に自然に発生するのではない.低温を受けると樹の細胞が変質し,はじめて耐凍性を得られ,逆に高温にさらされると低下する.したがって,秋から冬にかけて,気温が高めに推移すると,耐凍性の高まりが遅延し最大の耐凍性が発揮されないために,初冬期や厳寒期の強い冷え込みにより凍害を受ける.

耐凍性が最大まで高まった後も,暖かい日が3～4日続けば,耐凍性が一次的に低下し[4],凍害発生の危険性は高まる.このように暖冬の程度が強いほど耐凍性が弱まるため,凍害発生の危険性は増大する.

春季になり,樹液流動が始まり,発芽や開花が始まると,耐凍性は急速に低下し,気温が0℃以上でも被害が発生することがある.発芽後の低温障害は,霜が降りると発生することが多いため,**霜害**(frost damage)あるいは晩霜害とよばれる.温暖化により開花期は前進傾向にあるが,開花が早くなりすぎると,発芽期から幼果期が降霜期と重なるため,霜害を受ける頻度が高まる.開花日の前進が顕著な北日本ではとくに霜害が増加している.

(6) 発芽・開花不良と結実不良

落葉果樹の芽は,春または夏に分化した後,ある段階まで生長すると休眠に入る.休眠期間中に**自発休眠**(endodormancy)とよばれる発

図4 ニホンナシの発芽不良(2003年4月2日撮影)

育ステージを経過するが,自発休眠期は,明確な**低温要求性**(chilling requirement)をもつ.低温期に加温を開始する果樹の加温ハウス栽培では,暖冬により自発休眠期に低温が不足すると,低温要求性を満足できず,春季の**発芽不良**(budding disorder)を引き起こす.

九州などのニホンナシ加温ハウスにおいては,「眠り症」とよばれる発芽・開花不良が多発し,問題となっている(図4).ブドウやモモの加温ハウス栽培でも,発芽・開花する芽数が減少するということがある.眠り症にまで至らなくても,施設栽培のニホンナシ,ブドウ,モモ,オウトウなどでは休眠不足のまま加温を開始すると発芽や開花までの期間が長くなり,花が小さくなったり,結実が不良となったりする.

リンゴやナシ,オウトウは他の品種の花粉を受精させないと結実しない性質があり,この性質を**自家不和合性**(self-incompatibility)という.自家不和合性をもつ樹種において,受粉をミツバチなどの訪花昆虫に任せる場合は,2種以上の品種を同時に開花させる必要がある.

自発休眠期に必要な低温は品種によって異なるが,冬季に低温が十分あれば,必要な低温時間の長短にかかわりなく,春先の気温が上昇するまで,芽の生育は休止状態となる.したがって,自発休眠が終わった後の高温に対する感応性が同じ品種であれば,開花期も

等しい．しかし，自発休眠期からしばしば高温に遭遇するようだと，開花期は自発休眠覚醒後の高温感応性だけでなく，いつ自発休眠覚醒したかが影響する．すなわち自発休眠覚醒期の早晩の品種間差が開花期の品種間差に現れる．その結果，品種間により開花期の差が大きくなり，うまく受粉ができずに結実不良となる．また，ウメのような開花が早い樹種は，早春の高温で開花期があまりに前進すると訪花昆虫の活動が追いつかない場合もある．

(7) 病害虫の変化

温暖化は，病害虫への影響も大きく，とくに，虫害に関する変化は顕著である．昆虫，ダニ類は変温動物であり，さまざまな気象要因のなかでも温度の影響は非常に大きい．温暖化は，分布の北上を促し，例えば，四国や九州で多いツヤアオカメムシが，北関東や東北でもみられるようになっている．いくつかの害虫に，冬季死亡率の低下，春の出現時期の早期化，加害期間の長期化，年間発生世代数の増加が認められている．

一方，糸状菌や細菌等はそれぞれ増殖に適した温度域をもっているので，温度変化は病害の発生に影響し，東北北部でもリンゴの輪紋病が広くみられるなど分布域が北上傾向にある．また発病時期は，果樹のステージに大きく依存することから，果樹生育の変化に連動して発生時期が変化している．

温暖化でとくに危惧されるのは，これまで国内でみられなかった病害虫の侵入である．熱帯，亜熱帯のカンキツに発生する重要病害である**カンキツグリーニング病**（huanglongbing disease）は樹を枯死させ，農薬などによる治療法がない．インドネシアなど海外ではすでに多くのカンキツ生産地を崩壊させている．日本では1988年沖縄県西表島で罹病樹が発見され，現在は沖縄本島北部で大きな被害をもたらしている．カンキツグリーニング病は昆虫媒介性の病害で，温暖化による媒介昆虫の分布拡大が病害拡大に大きく貢献する．その媒介昆虫であるミカンキ

ジラミは，奄美大島以南で生息が認められていたが，2002年7月に屋久島においても確認され，2006年には九州の指宿でも発見された．今後，ミカンキジラミの分布北上が懸念されている．

(8) 温暖化によるメリット

果樹栽培に対して温暖化がもたらすメリットも少なからずある．リンゴなどでは温暖化により果実生育期間が延び，果実肥大が良好となる．ニホンナシなどでは秋季の高温で落葉が遅れ，光合成期間が長くなるため，樹の貯蔵養分が増加し，これが翌年の果実肥大を良好にする．また，光合成期間が長くなることが，樹勢が弱いあるいは衰弱した樹の樹勢強化につながる．カンキツでは新植園の育苗期間が短縮する．

栽培北限付近では，リンゴは糖度が高まり，甘ガキは脱渋しやすくなる．中晩柑類では，暖冬により，果実の寒害（す上がりや苦み果）による品質低下が減少傾向にあり，樹上越年栽培が拡大しつつある．降雪が減った地域が多く，その場合は雪害が減少する．

施設栽培に関しては，暖冬のため，暖房期間が短くなり，加温栽培の暖房用燃料の使用量の低減につながっている．そのため，かつてはほとんど沖縄だけで栽培されていた熱帯および亜熱帯果樹が，九州や本州でも，加温栽培しやすくなっている．　　　〔杉浦俊彦〕

文献

1) Sugiura, T. *et al.* (2012)：Overview of recent effects of global warming on agricultural production in Japan. *JARQ*, **46**, 7-13.
2) Sugiura, T. *et al.* (2013)：Changes in the taste and textural attributes of apples in response to climate change. *Scientific Reports*, **3**, 2418.
3) 黒田治之 (1988)：寒冷地果樹の寒害．北海道農試研究資料，**37**，1–101.
4) Howell, G. S. and Weiser, C. J. (1970)：Fluctuations in the cold resistance of apple twigs during spring de hardening. *Journal of American Society of Horticultural Sciences*, **95**, 190–192.

水資源への影響
Effects of climate change on water resources

(1) 水収支

水収支（water balance）とは，ある水文システムにおける単位時間あたりの水の出入りのことをいう．例えば，河川流域（河川によって流出する水のもととなる，降水が降下する範囲；図1）の場合，水収支式は以下のようになる．

$$dS/dt = P - E - Ro - Rg \quad ①$$

ここで，Sは流域貯留量，tは単位時間，Pは降水量，Eは蒸発散量，Roは河川流出量，Rgは正味の地下水流出量（流出－流入）であり，dS/dtは単位時間あたりの流域貯留量の変化になる．

流域では，1年周期の現象が卓越するため，水収支式において単位時間を1年にとると，式①の左辺は0になると考えられる．そこで，年単位の水収支を考え，式①を変形すると次の式②が得られる．

$$Ro + Rg = P - E \quad ②$$

式②の右辺，「降水量－蒸発散量」のことを水資源量という．河川流域では降水量は蒸発散量よりも多くなることが多く，その余剰水を私たちは使っていることになる．

現実的に使える淡水としてもっとも多いのは地下水である[2]．地球上の水約14億km³のうち97.5%は海水であり，残りの淡水の大部分も氷河として存在しているため，人間にとって使いやすいものではない．地下水は地球上の水の0.77%（約0.11億km³）にすぎないが，世界中の多くの人々の暮らしを支えている．ちなみに，河川・湖沼等は地球上の水の0.01%（約0.001億km³）を占めるにすぎず，量的には地下水に及ばない．

(2) 洪水

水は多すぎても少なすぎても災害につながる．**洪水**（flood）とは，河川の著しい増水のことをいい，河川からの水の流出を外水氾濫，下水道からの水の流出を内水氾濫という．外水氾濫は，集中豪雨や台風，そして積雪地帯であれば融雪によっても発生する．とくに，標高が海面より低いゼロメートル地帯では，外水氾濫に注意が必要である．

最近では局地的な強い雨が頻発する傾向にあり，都市では都市化によって雨水が地下に浸透しにくくなっている．降雨を集めた下水道がその処理能力を超えると内水氾濫が生じる．また，都市で大雨が生じた場合には，地下街への水の流入や，道路の立体交差部分の水没にも注意しなければならないなど，都市型水害特有の対策が必要になってくる．

国連によれば[3]，1980～2006年の全世界における洪水，鉄砲水，都市型水害の発生件数は，5～6年の周期で極大をとりながら，単調増加してきている．とくに，2004年の発生件数は4000件を超え，過去最大となった．この年の日本には，観測史上最多の10個の台風が上陸するなど[4]，大きな被害が生じた．なお，全世界における洪水，鉄砲

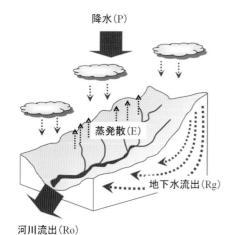

図1 河川流域における水循環の概念図
（松山ほか，2014[1]の図7-3による．一部修正）

水，都市型水害の発生件数は，その後も年間2000件を下回ることなく推移してきており[3]，将来的にも湿潤地域では洪水が発生する可能性が高いと考えられる（(4)項も参照のこと）．

(3) 旱魃と灌漑

一方，旱魃（drought）とは降水量が少なくなったり，河川流量が少なくなったりして，土壌水分が減少し，作物が枯れるなどの被害が発生する現象のことをいう．

旱魃の定義は分野によって異なる．例えば気象学や気候学では，単位時間（月，年など）における降水量が平年と比べて非常に少なくなることをいう．水文学では，河川，湖，貯水池，土壌，帯水層などにおける水量が平均以下である状態が一定期間継続することをいう．また，農業の現場では，穀物生産や畜産に悪影響を及ぼすような降水量の不足のことをいう．

農業の現場における旱魃は**灌漑**（irrigation）によって克服できる．灌漑とは，農作物の栽培に必要な水を人工的に耕地に供給することであり，年降水量が500 mmを下回るところでは灌漑をしないと農業が難しいといわれている．この特徴は北アメリカ大陸の土地利用（110°W線と年降水量500 mmの線がほぼ重なる）や南アメリカの湿潤パンパ・乾燥パンパの境界によく現れている．これらについては，例えば，高等学校の地図帳を参照されたい．

乾燥地域における灌漑の例を図2にあげる．これは，センターピボット方式とよばれる灌漑方法であり，地下水を汲み上げ，360°回転するアームで散水するものである．センターピボット方式は，主にアメリカ合衆国のグレートプレーンズ（ロッキー山脈の東部）で利用されているが，ここで使われている地下水（オガララ帯水層）は，今よりも湿潤であった氷河時代に形成されたものであり（このような地下水を化石地下水という），水の使いすぎによる地下水位の低下が懸念されている[5]．

図2 カナダ内陸高原の半乾燥地におけるセンターピボット灌漑（撮影：首都大学東京都市環境科学研究科 菊地俊夫）

(4) 地球温暖化に伴う水循環の変化

地球温暖化に伴って，大気中の水蒸気量は増加する．これは，飽和水蒸気量は気温だけで決まるからである．そのため地球全体としては，降水量は増加するが，蒸発散量も増加する可能性が高く，将来，水資源量（P－E）が増えるかどうか，現段階では不明である．

IPCC第5次評価報告書[6]によれば，1960年以降に起こった世界の水循環に対する人為的影響の根拠として，(a) 大気中に含まれる水蒸気量の増加，(b) 陸上の降水分布の世界規模での変化，(c) 十分なデータがある陸域における大雨の強まり，があげられる．これらはいずれも中程度の確信度である．

図3は，1986～2005年と2081～2100年の年降水量平均値の差を示したものである．左の図はRCP 2.6というシナリオ，右の図はRCP 8.5というシナリオに従ってCMIP 5（Coupled Model Inter-comparison Project Phase 5）というプロジェクト[7]に参加したモデル（RCP 2.6では32，RCP 8.5では39）による予測値の平均が示されている．ここで，温室効果ガスによる下向き長波放射量が，RCP 2.6の場合には2.6 W/m²，RCP 8.5の場合は8.5 W/m²，それぞれ増加することを意味している．また，斜線部は，モデル平均の変化量が自然起源の内部変動性に比べて小さいこと（20年間の自然起源の内部変動性の1標準偏差未満）を示している．

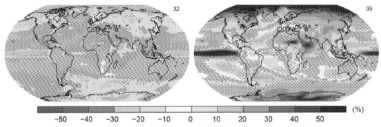

図3 1986～2005年と2081～2100年の年降水量平均値の差（左：RCP 2.6, 右：RCP 8.5, IPCC, 2013[6] 図SPM.8（b）による）→口絵28
図の右上隅の数値(32および39)は、複数モデル平均を算出するために使用したCMIP5のモデル数．図の斜線部，点描影，RCP 2.6, RCP 8.5, CMIP 5については本文を参照のこと．

さらに，点描影は，モデル平均の変化量が自然起源の内部変動性に比べて大きく（20年間の自然起源の内部変動性の2標準偏差以上）かつ少なくとも90％のモデルが同じ符号の変化をしていることを示している．

図3からわかるように，21世紀末における世界の水循環の変化は一様ではなく，湿潤地域と乾燥地域の年降水量の差が大きくなることがわかる．とくに，中緯度の陸域のほとんどと熱帯域において，今世紀末までに極端な降水がより強く，より頻繁となる可能性が非常に高いことが多くのモデルによって予想されている[6]．さらに，季節によって風向が逆転するモンスーン地域では，大気中の水蒸気量の増加によって降水が強まる可能性の高いことも示唆されている[6]．

(5) ヴァーチャルウォーター

ヴァーチャルウォーター（virtual water, 仮想水ともいう）とは，「輸入製品をもし自分の地域でつくったとした場合に，本来必要であったはずの水資源」のことをいう[8]．この輸入製品のなかには工業製品なども含まれるが，農畜産物に比べればその量は少ない（全体の2％程度）．つまり，農畜産物などを輸入することによって自国で使用する水が節約できるので，「食料を輸入することは水を輸入するようなものだ」という考え方に基づく概念がヴァーチャルウォーターである．

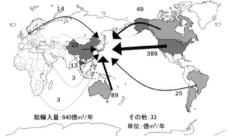

図4 日本のヴァーチャルウォーター輸入量[8]
日本の単位収量, 2000年度に対する食糧需給表の統計値による．

図4は，2000年度における，工業製品も含めた日本のヴァーチャルウォーター輸入量を示したものである．アメリカ合衆国やオーストラリアなど，日本が農畜産物を多く輸入している国からの輸入量が多くなっている．なお，日本の年降水量を体積で表すと6400億m³になる[9]．図4にみられる日本のヴァーチャルウォーターの総輸入量は640億m³であるから，これは年降水量の約1割に相当し，決して無視できる量ではない．また，2010年頃における日本国内の年間農業用水使用量は544億m³であるから[9]，これをしのぐ量の水を，日本はヴァーチャルウォーターとして輸入していることになる．

日本の年降水量は世界の平均値の約2倍であり，日本は，世界的にみても水の豊かな

コラム：アラル海の悲劇

乾燥地域では，灌漑しないと農業を行うのが難しい場合が多いが，度が過ぎた灌漑は環境破壊につながることがある．図5は，「20世紀最大の環境破壊」[11]とよばれるアラル海の現状（2014年8月現在）を示したものである．アラル海はかつて世界第4位の面積を有する湖であったが，内陸湖なので湖からの流出はなく，湖水は蒸発して大気に戻っていくだけである．

そこに目をつけた旧ソ連の「自然改造計画」によって，アラル海に流入するアムダリア川上流に運河がつくられ，大規模な綿花栽培が行われることになった．その結果，アラル海に流入する水量は大幅に減少し，1950年代以降縮小を始めた湖南部の大アラル海は，現在，西側に若干の湖水がみられるだけになっている．

アラル海の縮小は周辺にも影響を及ぼした．湖では塩分濃度が増大したため，生物の大半が死滅した．漁業も壊滅し，周辺産業もほぼ全滅した．湖岸ではスラム化，ゴーストタウン化する街も出現し，灌漑地では地下水位の上昇に伴う塩類集積が起こった．また，農薬に由来する住民の健康問題も顕在化している．ただし，北側の小アラル海は，堤防の建設によって南側の大アラル海と切り離され，漁業が再生するなど，一定の回復がみられている．

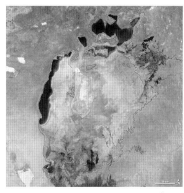

図5 2014年8月現在のアラル海の様子[12] 縮小を始める前の海岸線が細い実線で描かれている．

国である．しかしながら，貿易を通じても相当量の水を輸入していることになる．日本の農産物の輸入額は，為替相場の変動を考慮しても，過去50年間で着実に増加してきており[10]，ヴァーチャルウォーターの輸入量も着実に増加してきている．この先，日本は人口減少の時代を迎えるが，食料輸入の重要性は，将来的にも大きく変わらないであろう．すなわち，ヴァーチャルウォーターの重要性はますます高まる可能性が示唆される．

〔松山　洋〕

文献

1) 松山　洋ほか（2014）：自然地理学，ミネルヴァ書房．
2) 国土交通省水管理・国土保全局水資源部（2013）：国際的な水資源問題への対応（http://www.mlit.go.jp/mizukokudo/mizsei/mizukokudo_mizsei_tk2_000020.html）
3) United Nations (2009): Risk and Poverty in a Changing Climate, Invest Today for a Safer Tomorrow. United Nations.
4) 杉谷　隆ほか（2005）：風景のなかの自然地理 改訂版，古今書院．
5) 矢ヶ﨑典隆他（2003）：アメリカ大平原－食糧基地の形成と持続性－，古今書院．
6) IPCC（2013）：気候変動2013：自然科学的根拠：気候変動に関する政府間パネル 第5次評価報告書 第1作業部会報告書 政策決定者向け要約, 気象庁訳（2014年7月1日版）．(http:// www.data.jma.go.jp/cpdinfo/ipcc/ar5/ipcc_ar5_wg1_spm_jpn.pdf)
7) Taylor, K. E. et al. (2012): An overview of CMIP5 and the experiment design. Bull. Amer. Meteor. Soc., **93**, 485-498.
8) 沖　大幹（2013）：水危機 ほんとうの話，新潮社．
9) 国土交通省水管理・国土保全局水資源部（2014）：平成26年版 日本の水資源（http://www.mlit.go.jp/mizukokudo/mizsei/mizukokudo_mizsei_fr2_000012.html）
10) 農林水産省（2014）：平成25年度 食料・農業・農村白書，農林水産省．
11) 水文・水資源学会編集・出版委員会編（1995）：地球水環境と国際紛争の光と影－カスピ海・アラル海・死海と21世紀の中央アジア/ユーラシア－，信山社．
12) NASA Earth Observatory: World of Change: Shrinking Aral Sea (http://earthobservatory.nasa.gov/Features/WorldOfChange/aral_sea.php)

沙漠化への影響
Effects of climate change on desertification

§Ⅲ-8

(1) 沙漠化の定義

1992年の地球サミット(国連環境開発会議)で採択された「アジェンダ21」がきっかけとなり,「砂漠化対処条約」(United Nations Convention to Combat Desertification)は1994年6月に採択,1996年12月に発効となった.砂漠化対処条約によると,「砂漠化」(desertification)は「乾燥,半乾燥および乾燥半湿潤地域における気候変動および人間活動を含むさまざまな要因に起因する土地の劣化」と定義されている.

ここでいう「土地」とは,土壌,植物,水などをさす.「土地の劣化」とは,①風または水による土壌浸食,②土壌の物理的,化学的および生物学的特質の悪化,③自然植生の長期間にわたる消失である(以下,プロセス①,②,③と参照).プロセス①と②は,広い意味での**土壌の劣化**(soil degradation)で,プロセス③は**植生の劣化**(vegetation degradation)である.実際の沙漠化は,沙漠の拡大という沙漠縁辺に限った現象ではなく,沙漠から離れた場所でも,人間活動により局所的にも生じることから,条約では,「砂漠化」に加えて「**土地の劣化**」(land degradation)という包括的な語句が併記されている.

砂漠化対処条約には,沙漠化の原因として,気候的要因と人為的要因があげられている(図1).気候的要因とは,旱魃を引き起こす大気循環の変動などである.人為的要因とは,**過放牧**(over-grazing),**過耕作**(over-cultivation),樹木の過剰採取など生態系の許容範囲を超えた人間活動で,その背景には貧困,人口増加といった社会経済的な要因がある.

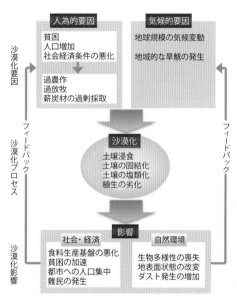

図1 沙漠化の構図 [1]

表1 乾燥地の区分 [2]

区分	乾燥度指数	面積(×10⁶ km²)	陸地面積に対する占有割合(%)
極乾燥地域	<0.05	9.8	6.6
乾燥地域	0.05-0.20	15.7	10.6
半乾燥地域	0.20-0.50	22.6	15.2
乾燥半湿潤地域	0.50-0.65	12.8	8.7
計		60.9	41.3

(2) 沙漠化の分布

砂漠化対処条約にある「乾燥，半乾燥および乾燥半湿潤地域」とは，広い意味での「乾燥地」である．これらの地域は，年間の降水量を可能蒸発散量で割った値を「**乾燥度指数**」（Aridity Index）と定義し，これによって決める（表1）．乾燥度指数が小さいほど乾燥の程度が高い．つまり，乾燥が強くなると，降水量に比べて可能蒸発散量が大きくなる．可能蒸発散量とは水が十分に供給されたときの蒸発散量であり，実際の蒸発散量（実蒸発散量）の上限値を与える仮想的なものである．

乾燥度指数による定義では，寒冷地を除いた乾燥地の合計は，全陸地面積の41.3%である（表1，図2）．このうちで，極乾燥から乾燥の地域が，一般的にいう沙漠であり，全陸地面積の17.2%を占める．このなかでも極乾燥地域は，もともと沙漠であるので沙漠化の被害をこうむることはない．沙漠化の進行している地域は，乾燥地のうちでも極乾燥地域周辺に位置し，やや湿潤で植生がわずかにある地域である．

世界的にみると，土壌劣化を受けている土地（植生劣化している地域も含む）の面積は約10億ha（地球の全陸地の約7%）である[4]．最近のミレニアム生態系評価（Millennium Ecosystem Assessment）[3]では，専門家の意見に加えて，リモートセンシングデータとセンサスをもとに，1981～2000年の土地被覆の変化が評価された．ここで，沙漠化（土壌劣化と植生劣化を含む）の面積は，乾燥地（極乾燥地域を含む）の10～20%，全陸地の4.1～8.3%と再評価され，土壌劣化の評価によるもの（7%）と同程度となった．これによると，アジアには急速な土地被覆変化，とくに沙漠化の地域がもっとも集中している．

図3は，乾燥地の土壌劣化地図であり，土壌劣化という視点からみた沙漠化地図といえる．東北アジアでは，中国・内モンゴル地域において，強度・極強度の沙漠化がみられるのに対して，モンゴル国では沙漠化の程度

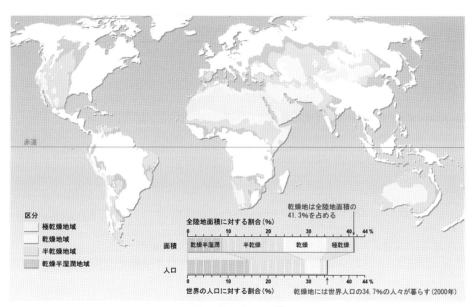

図2 乾燥地の分布[3]

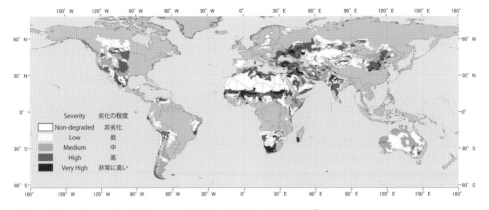

図3 土壌劣化データ（GLASOD）による乾燥地における土壌劣化地図[6]
乾燥地は年平均降水量の年平均蒸発散量に対する比が 0.65 未満の地域（寒冷地を除く）．灰色は乾燥地以外の地域．

が比較的小さい．内モンゴルにおける沙漠化のプロセスとして，水と風による土壌浸食（水食と風食）がともに重要であるが，その地域内でも降水の多い地域は水食のほうが重要度を増す．また，黄河に沿った地域では塩類化が認められる．このように，地域の気候・水文・地形条件などによって沙漠化のプロセスも異なってくる．

(3) 乾燥地の福利

乾燥地の自然環境の特徴として，降水量が少なく，バイオマスが小さく，植物の種多様性が小さいことを指摘しなければならない．ミレニアム生態系評価とは，過去数十年にわたる生態系の変化と生態系が将来どのように変化するかに焦点をあてた国際的な研究プログラムであり，個別の報告書をまとめた全体統合報告書のなかで，以下のように乾燥地について総括されている[6]．

乾燥地は，全陸地の約 41％を占め，そこには 20 億人を超す人々（世界人口の約 3 分の 1）が暮らし，その 90％以上は開発途上国に住んでいる．乾燥地生態系は，ミレニアム生態系評価で検討された生態系のなかで，もっとも高い人口増加率（1990 年代）を示している．また，そこに住む人々は 1 人あたりの GDP がもっとも低く，乳幼児死亡率が最も高いなど，**人間の福利**（human well-being）のレベルが最も低い．1 人あたりの水利用可能量は，現在，人間の福利に最低限，求められる水準のわずか 3 分の 2 に過ぎない．

(2) で述べた沙漠化は直接的にはこれらの地域に暮らす人々に損害を与え，また間接的には生物物理的影響（ダストストーム，下流域の洪水，全球的な炭素固定量の減少および全球的・地域的な気候変化）ならびに社会経済的影響（人々の移住，および経済難民の発生）によってさらに多くの人々に損害を与えている（図1）．

以上のように，乾燥地では，バイオマスが小さいという自然条件を背景に，社会経済，福利の点で，世界のほかの自然地域と比べて多くの難問に直面している[7]．

(4) 近年の気候変化

口絵 29 は年降水量の長期変化（1951～2010 年）である．乾燥地（図2）に注目すると，サハラ砂漠南縁のサヘル，アフリカ南部，地中海周辺，東アジアで減少傾向が著しい．こ

の傾向に関連して，1990年代〜2000年代に，東アジア乾燥地（とくに，モンゴル，内モンゴル東部，中国東北地方）で広域的に黄砂発生が増加し[9]，日本への黄砂飛来の頻度増加とも関係している．この主な原因は，少雨で植生が減少し，地表面が風食されやすくなったことであり，風速は大きく変化していなかった．すなわち，降水量減少が沙漠化プロセス①である風食を促したといえる．少雨に発するこの一連の連鎖現象は「**旱魃メモリ**」（drought memory）といわれている[10]．

(5) 将来の気候変化

口絵30は今世紀末（2081〜2100年）までの土壌水分の変化予測である．大きくみると，近年降水の減少がみられた乾燥地（図4）では，将来も土壌水分が減少していく（ただし，東アジアを除く）．さらに，北南米の亜熱帯乾燥地を中心に減少傾向もみられる．これらは，植生の減少をもたらし，風速の減少がなければ風食の増加をもたらすものと考えられる．

これに加えて，将来中緯度陸域のほとんどで増加すると予測されている極端に強い降水は，もともと植被が少ない乾燥地土壌を相乗的に水食するものと危惧される．このように風食と水食が相乗的に働くのは，年降水量が数百mm程度の砂漠周辺であり，今後このような極端現象に注視していく必要がある．

沙漠化プロセスの1つである土壌の塩類化は，上記の土壌の乾燥化のみならず，灌漑農業における水利用方法によるところが大きいため，人為的要因（図1）が将来どのように変化するか，それが灌漑農業にどのような影響を与えるかといった視点での対応が重要である．

(3) で述べたように乾燥地の自然・社会システムはもともと脆弱であり，気候変動の影響（沙漠化を含む）をもっとも受けやすいシステムの1つである．また，乾燥地で発生する沙漠化プロセスは，地域の自然的・人為的条件により多様であり，将来の気候変動（乾燥化や極端気象増加など）の影響評価には，地域の特殊性を十分に考慮して対処していく必要がある．　　　　　　　〔篠田雅人〕

文献

1) 篠田雅人（2016）：砂漠と気候 増補2訂版, 成山堂書店.

2) Millennium Ecosystem Assessment (2005): *Ecosystems and Human Well-being: Current State and Trends*, chapter 22 Dryland Sysytems, pp.623-662, Islands Press.

3) Millennium Ecosystem Assessment (2005): *Ecosystems and Human Well-being: Desertification Synthesis*. Water Reseources Institute.

4) UNEP (1992)：*World Atlas of Desertification*, Arnold.

5) UNEP (1997)：*World Atlas of Desertification* (2nd ed.), Arnold.

6) Millennium Ecosystem Assessment (2005): *Ecosystems and Human Well-being : Synthesis*, Island Press.

7) 篠田雅人（2007）：気候変動と乾燥地科学. 地学雑誌, **116**, 811-823.

8) IPCC (2013)：Climate Change 2013: The Physical Science Basis: Contribution of Working Group I to the Fifth Assessment Report of the Intergovernmental Panel on Climate Change, Stocker, T.F. *et al.* eds., Cambridge University Press.

9) Kurosaki, Y. *et al.* (2011)：What caused a recent increase in dust outbreaks over East Asia? *Geophys. Res. Lett.*, **38**, L11702. doi:10.1029/2011GL047494.

10) Shinoda, M. (2012)：Land: Proactive Management of Drought and Its Derived Disasters. In Shaw, R. and Phong, T. eds.: *Environment Disaster Linkages*. Community, Environment and Disaster Risk Management, Vol. 9, pp.61-78, Emerald Publishers.

トピック⑧

沙漠化対策としての防砂林・防風ネット
Preventing desertification using windbreaks : forest and/or netting

沙漠化対策の1つは，**防風林**（windbreak；防砂林や防護林ともよばれる）や防風ネット（防風網ともよばれる．ポリエチレン製のものが多い）等の防風施設を利用することである．また，中国では，麦わら，ヨシ等を用いた草方格とよばれる格子状の小さい防風垣が伝統的に用いられており，流動砂丘の固定に大きな成果をあげている（図1）．防風林などの防風施設は，風速の軽減だけではなく，周囲の**気候緩和機能**（climate improvement）を有している．農業生産においては，その機能を利用して生産を向上させたり，農地を保全したりしている．交通機関では，吹雪などの交通障害を防ぐために防風（防雪）林が用いられている．また環境調節の観点から，大規模土地改変による気象変化を軽減させる目的で防風林が利用される例も見受けられる．とくに，乾燥地では，砂の移動やダストストームの被害を防ぐために防風（防砂）林が用いられている．防風林などの防風施設がもつ基本機能は，減風，粒子捕捉，日射遮蔽に分けられる．これらの機能が原動力となって派生的な効果が生み出され，最終的に気候緩和機能へとつながる．減風機能は防風施設がもつもっとも基本的な機能で，風の流れに対する障害物となることで風の流れを変化させ，主にその風下領域で風を弱めるものである．粒子捕捉機能は，防風施設がフィルターの役割を果たして砂，霧粒，塩分，雪粒子などを捕捉する機能である．派生的な効果は，主に風下側の昇温効果と土壌中の水分蒸発抑制効果であるといえる．昇温効果は減風機能から派生する効果であり，

図1 沙漠に設置している防風ネットと草方格（2003年10月撮影）

晴天日中の防風施設風下において気温および地温が上昇することが報告されている．この温度上昇効果は，寒冷地において見逃すことのできない防風施設の効果といえる．水分蒸発抑制効果は，主に減風機能から派生する効果であり，防風施設の風下側において風速が弱く，下降気流もあるため，土壌中の水分蒸発抑制効果がみられる[1]．とくに，乾燥地では，防風林による気候緩和の作用は大きく，極めて重要である．防風林の樹形は強風，乾燥，堆砂状況などによって流線形になりやすく，風速の回復は早く，防風効果のおよぶ範囲は比較的狭いが，乾燥地での砂の移動の防止や作物栽培には防風林は不可欠である[2]．また，乾燥地では，防風林が育つことが困難な地域や，防風林が育つまでの間に，防風林と同じ機能をもつ防風ネットを用いるのが適当である[1]．沙漠化対策には，主に防風林などの基本機能を利用し，砂の移動防止をすることが重要であるが，地表面が乾燥状態では，防風施設の風下側に昇温効果が少なくなるため，土壌中の水分蒸発抑制効果は乾燥地において見逃すことのできない効果であろう[1),3)]．

歴史的に防風林を利用する有名な例の1つは，アメリカのグレートプレーンズ防風林である．グレートプレーンズで発生する猛烈な砂嵐による深刻な土壌浸食と旱魃に悩まされていた1930年代のアメリカ合衆国は，フランクリン・ルーズベルト大統領の下で1934

図2 タクラマカン沙漠道路と防風林（2003年10月撮影）

図3 中国三北防風林の一例[4]

年，防風と土壌中の水分蒸発を防ぐことを主目的としてグレートプレーンズ防風林帯（great plains shelterbelt）の造成に着手し，1942年までに北へカナダ国境から南へテキサス州を流れるブラゾス川までの総延長距離約3万km，幅約160kmの地帯に，約2億2000万本もの樹木を植えた．

日本最大規模の防風林は，北海道東部の根釧台地に広がる，最長直線距離約27km，総延長距離約648km，幅約180mにわたって格子状に造成された「根釧台地の格子状防風林」であり，北海道遺産に指定されている．

近年，中国では，沙漠化防止の2つの防風林造成計画がある．1つは新疆ウイグル自治区にあるタリム盆地のタクラマカン沙漠を縦断する道路に沿った道路の砂埋め防止用の防風林である（図2）．この沙漠道路は油田開発の一環として1991年からつくられたもので，タクラマカン沙漠を南北に横切り，主に北のG314国道と南のG315国道を結ぶ道路であり，現在，2路線と1支線が開通している．全長は1000kmを超え，タクラマカン沙漠の広大さを感じることができる道路である．この沙漠道路の防風林は，まず草方格をつくり，4〜5kmおきの一定間隔で井戸を掘り，塩水を吸い上げ，沙漠に適するタマリスクなどの植物を植え，道路の両脇には幅5mほどのグリーンベルトを造成したものである．もう1つの防風林造成計画は「緑の長城」とよばれる「**三北（東北・華北・西北）防護プロジェクト**（the Three-North Shelter Forest Program）」である．これは1978年に，中国北部の13の自治区や直轄地を含む省の551の県で始まり，それから73年間に，東へ黒龍江省の賓県から西へ新疆ウイグル自治区のウズベリ峠まで，国土面積の42.4％を占める総面積406万9000km^{2}の範囲内で長さ約7000km，面積約38万km^{2}の防風林帯を作る計画である（図3）．現在，このプロジェクトによって造林された面積は25.12万km^{2}で，三北地域の20％以上の沙漠化した土地（約0.278万km^2）を元に戻し，40％以上の水土流失面積（約38.6万km^2）に効果があった．また3分の2の農地を林に戻し，保護した農地は22.48万km^{2}以上になり，森林被覆は5％から12％になった．

防風林や防風ネットは沙漠化を防止するために大きな役割を果たしているが，中国「三北防護プロジェクト」のような大規模な防風林の造成は，その構造，樹種の選定，生態系問題，総合管理などさまざまな問題点が残っており，まだまだ長い道のりであろう．

〔杜　明遠〕

文献

1) Du, M. and Maki, T.(1993)：A preliminary study on the prevention of drifting sands and desertification in arid areas. *J. Afr. Met.*, **48**, 687–690.
2) 真木太一他（1994）：中国トルファンの乾燥地における2列の防風林による微気象，堆砂，作物への影響．農業気象（*J.Agr.Met.*），**49**(4), 247–255.
3) 杜　明遠・真木太一（1995）：画像で見た防風網付近の地表面温度．天気，**42**, カラーページ．
4) Arkoo阿酷（http://pic1.arkoo.com/13260056833/picture/A203534311E34A5E.jpg）

海洋生態系への影響

§Ⅲ-9

Impacts on marine ecosystems

(1) 海洋の極端現象と海産生物

　1990年代以降，日本では猛暑に見舞われることが多い．そのたびに日本周辺海域も夏季から秋季にかけて，平年よりもかなり高い海面水温に覆われ，その影響は，とくに沿岸域の海産生物と漁業に顕著に現れる．例えば，北日本海域では，2010年以降，夏季の海面水温が平年よりも高い状態が継続しているが，それと同期して，道東海域沿岸の定置網漁業でのブリ漁獲の急増，クロマグロ，マンボウなどの南方系回遊魚の入網がみられている．道東海域への南方系回遊魚の出現は，好適な水温環境の拡大に応じて分布が一時的に北に広がった結果と考えられる．一方，沿岸域の海産生物には，夏季の高水温はマイナスの影響を与える．2010年夏季の陸奥湾の高水温は，養殖ホタテの大量へい死を引き起こし，地域の水産業に大きな損害を与えた．2013年の夏季から秋季に高水温に覆われた西日本沿岸域では，海藻（アラメ・カジメ類）の大量枯死の発生，養殖牡蠣や養殖カンパチの生育の遅れ，養殖ノリの網入れ時期の遅れなどが報告されている．さらに，海面水温が30℃を超えた南西諸島周辺では，サンゴから共生する褐虫藻が抜け出る白化現象の発生もみられた．これらのことは，沿岸域に生息する定着性の海産生物や養殖対象生物にとって，最近の夏季の高水温が，大きなストレスになっていることを示している．極端な水温現象のもう一方の極にある冬季の低水温の影響は1960年代～1980年代にしばしば観察された．1963年冬季は冬型の気圧配置が長期にわたり持続，豪雪が発生し社会的にも大きな影響を残した寒冬として記憶されている．同時に日本周辺海域で極端な水温低下が起こり，沿岸海域で魚のへい死が多く発生し，環境変動と水産資源の関係への関心が高まる契機ともなった．なお，沿岸性の魚類の低水温によるへい死は温暖期とされる近年においても発生しており，2011年1月下旬～2月中旬にかけての寒波の来襲時には，徳島県沿岸，和歌山県沿岸で観察されている．

　地球温暖化の進行に伴う大気海洋変動の極端現象の増加により，沿岸の海洋生態系は，高温，低温の両極端の水温環境，降水強度の増大による土砂の海洋への流出，台風の強大化による高波浪などの環境撹乱にさらされることが多くなる．沿岸の海洋生態系を利用する漁業においては，極端現象そのものの発生頻度や規模の予測に加え，海洋生態系を構成する個々の海産生物の海洋環境変動に対する脆弱性を考慮した対応が必要となろう．

(2) 中長期的な時間スケール変動に関する事例

　エルニーニョに代表される数年スケールの変動や**太平洋十年規模振動**（Pacific Decadal Oscillation：PDO）などの大気海洋変動と水産資源の長期変動との関連に関する研究により，グローバルな規模で水産資源変動が大気海洋変動と連動していることが明らかになってきた[1]．とくに，多獲性小型浮魚類の遠隔海域間で同期する漁獲量変動の説明への**レジームシフト**（regime shift）の考え方の導入，さらには小型浮魚類の魚種交替現象の整理，海洋環境，海洋生態系に関するデータの蓄積と変動の実態把握，海産生物の生理，生態に関する知見の蓄積を基に，環境と水産資源変動の関連についての研究が推進されている．ここでは，**エルニーニョ**（El Niño）の直接的な影響を受けるペルー沖のアンチョベータ（カタクチイワシ），日本近海のマイワシの変動と環境の関係に関する基礎的な知見を示す．

(a) エルニーニョ現象とアンチョベータ

　アンチョベータはペルー沖で漁獲される多獲性の小型浮魚であり，1950年代から魚粉の材料として開発が進められた．漁獲量は1960年代に急増し，1960年代末には1000

138　第Ⅲ章　地球温暖化など気候変化の諸影響

万tを超えて全海洋でもっとも多く漁獲される魚となった．しかし，その後 1972～1973 年にかけて発生したエルニーニョを契機として漁獲量が急減，1980 年代まで低迷期が続いた（図1）．この不漁期は 1990 年代前半に収束し，これ以降には極端な不漁期はみられていない．この長期的な大きな振幅の変動がアンチョベータの漁獲量変動の大きな特徴であり，太平洋の他海域の小型浮魚の漁獲量変動との強い関連性からレジームシフトの 1 つの典型的な事象とされている．一方，年々の漁獲量の変化から，1972/73 エルニーニョの場合だけではなく，ほとんどのエルニーニョ発生時期に漁獲量が低下する傾向があることがわかる．とくに 1972/73，1982/83，1997/98 の強いエルニーニョ時に顕著である．

エルニーニョ発生時の短期的な漁獲量の低下は，海洋構造の変化とその基礎生産構造への影響から説明される．南米の太平洋側では，北半球側に形成される熱帯収束帯に南半球側から吹き込む南風が卓越することにより海洋表層でエクマン流が駆動され，海洋表層の海水が大陸沿岸から沖側に輸送される．表層海水の移動を補償するため，深層の海水が岸に沿って湧昇する．この**沿岸湧昇**（coastal

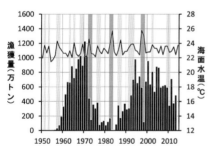

図1 ペルーのアンチョベータ年間漁獲量と海面水温の経年変化
ペルーのアンチョベータ漁獲量（棒グラフ）は FAO の FishStatJ に記録されている 1950～2013 年までのデータを使用．海面水温は NOAA が公開している NINO1+2 領域の月平均海面水温データから作成した年平均値を使用．影をつけてある年はエルニーニョ発生年を示す．

upwelling）の発達により，ペルー沖は低温に保たれるとともに，海洋深層に豊富にあるリンや窒素などの栄養塩が持続的に表層に供給される．このことにより，南米沿岸は世界の海洋のなかでもとくに生産力の高い海域となり，大きなアンチョベータ資源が維持される．しかしながら，ひとたびエルニーニョが発生すると，南風が弱まり，沿岸湧昇が弱化，水温は上昇し，表層への栄養塩供給の減少により，植物プランクトンの生産量，動物プランクトン量が減少する．この餌料環境の悪化が，エルニーニョ発生時のアンチョベータ資源の減少をもたらすことになる．なお，20 世紀で最強といわれる 1997/98 エルニーニョの際には 1998 年の漁獲量が前年の 20％程度にまで落ち込んだものの翌年にはほぼ回復しており，エルニーニョの影響が後年まで続いた 1972/73，1982/83 とは様相が異なっている．その要因としては環境の影響とともに漁業管理の効果も考えられる．

ペルー沖のアンチョベータから生産される魚粉，魚油は，現状でもペルーの重要な輸出品であり，FAO（The Food and Agriculture Organization of the United Nations；国際連合食糧農業機構）の統計によれば魚粉は 2000 年以降では平均して世界の生産量の約 1/3 程度を占めている．世界の養殖用飼料の原料にペルー産の魚粉は欠かせないものとなっており，アンチョベータの漁獲枠の設定に直接影響するエルニーニョに関する予測情報が，国際的な魚粉，魚油の流通に直結する情報としても注目されている．

(b) 太平洋十年規模振動とマイワシ

日本近海のマイワシ資源は，歴史資料の解析から数十年おきに好漁期が出現することが知られており，20 世紀においては 1930 年代，1980 年代に漁獲量のピークが出現した．この間の年間漁獲量の最大は 400 万 t を超え，最小は 1 万 t 未満となっていた（図2）．このような大きな変動を示す要因について，他海域の多獲性小型浮魚類の変動との同期性，マサバ，カタクチイワシなどの他の小型浮魚

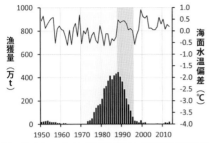

図2 日本のマイワシ年間漁獲量と黒潮続流域海面水温偏差の経年変化

日本のマイワシ漁獲量（棒グラフ）は FAO の FishStatJ に記録されている 1950～2013 年までのデータを使用．海面水温は NOAA が公開している海面水温偏差データから黒潮続流域（30°N～35°N, 145°E～180°E）の毎年 1～4 月の平均値を作成し使用．黒潮続流域の水温が平年よりも低い傾向の期間を薄く，高い傾向の期間を濃く網掛けしてある．

との魚種交替も含め，環境と仔稚魚期の成長や生き残りとの関係，摂餌や回遊の生態，餌料環境の変化との関係など多面的な検討が進められている．環境との関係では，日本南岸の黒潮海域で孵化した仔稚魚が運ばれる先の黒潮続流域における冬春季の海面水温，表層混合層の厚さとマイワシの仔稚魚期の生き残りとが有意な相関関係をもつことが明らかにされている[2]．1980 年代の漁獲量増大期の生き残りのよい時期には，黒潮続流域では平年よりも低温で深い混合層が，1980 年代末～1990 年代初めの漁獲量が急減した時期には，高温で浅い混合層が形成されていた．冬春季の低温/高温で深い/浅い混合層の形成は，栄養塩豊富な下層水の表層への供給が多い/少ないことを意味する．このことは，生き残りのよい時期には，下層からの栄養塩の供給により生物生産が活発となり，マイワシ仔稚魚の餌料環境がよかったことを示唆する．

ペルー沖のアンチョベータと同様に下層からの栄養塩の供給の多寡による餌料環境の変化がマイワシ資源の状態を左右する要因の 1 つである．ただし，その物理機構は南米沖の沿岸湧昇に対して，北西太平洋では，冬季の季節風による表層のかき混ぜ，顕熱・潜熱の放出などの混合層過程が直接的に重要となる．ペルー沖，北西太平洋黒潮続流域，双方の海洋の変化をもたらすのは海上風の長期的な変動であり，大規模な気圧場の変動を介して大洋規模の長期変動である太平洋十年規模振動の影響を受けているものと考えられる．

(3) 気候ジャンプと海洋生態系

日本の気温変化から気候状態の長期的な変化を観察すると，1900 年代からこれまで，階段を上るように，いくつかのステップを踏んで気温（気候状態）が変化してきたことがわかる（図 3）．1940 年代後半，1980 年代後半にそれ以前よりも高温の状態への**気候ジャンプ**（climate jump）があり，1990 年代以降は温暖な気候状態が継続している．また，気温の変化を地域別にみると，南西諸島，西日本では，1980 年代末のシフトの後，さらに 1998 年にもう一段気温が上昇している．これらの変化は，日本周辺の海面水温においても明瞭に見出すことができる．日本周辺の海洋生態系への地球温暖化などの影響を考慮する上で，この 20 世紀終盤の 2 回の気候ジャンプを基準にした事象の整理が有効である．以下にこれらの気候ジャンプに関係する海産生物の変化を示す．

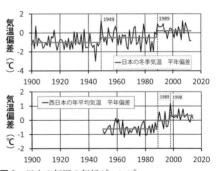

図3 日本の気温の気候ジャンプ

気象庁データによる日本の冬季平均気温および西日本の年平均気温の経年変化と気候ジャンプの検出結果．

(a) 水産資源への影響

　前記の日本近海のマイワシの漁獲量の減少と関連をもつ黒潮続流域の水温上昇は，1980年代末の気候ジャンプと同期して発生しており，マイワシ資源の変動が日本周辺の気候ジャンプと関連をもつことが示唆される．日本海を回遊する水産資源では，スルメイカ，ブリなど日本海南部から東シナ海に産卵場をもつ資源の1990年代以降の漁獲量が増えている[3]．さらに，日本海では，1998年を境にした気候ジャンプと時を同じくして東シナ海系のサワラの来遊が増え，漁獲量が増大している[4]．これらの資源においては産卵・回遊海域の水温上昇が資源の増加をもたらす方向に効果を及ぼしていると考えられる．

(b) 沿岸生態系（藻場）への影響

　沿岸に広がる藻場は，藻場を構成する海藻が漁業資源として利用されるとともに，イセエビやアワビなどの漁業資源の生息場所，沿岸性魚類の産卵場所，仔稚魚の生育場所となり，漁業にとって重要な場である．近年ではさまざまな要因により藻場が消失してしまう磯焼けの進行が問題となり，原因解明と回復に向けた研究が進められている．西日本沿岸域の藻場では，1990年代，とくに1990年代末に藻場の衰退が進んだことが把握されている．1980年代末以降の冬季を中心とした気候ジャンプ，引き続く1998年の暖候期も含めた気候ジャンプによる水温上昇が既存の海藻に厳しい環境をもたらしている．これに加え，水温上昇により活動が長期化している南方系のアイゴ，ブダイなどの植食性魚類による食害が，磯焼けを持続させる要因の1つである可能性が指摘されている[5]．また，同時期に九州沿岸や四国南岸で亜熱帯性の海藻の北上と藻場の四季藻場（四季にわたって繁茂する温帯性の種により構成）から春藻場（春季を中心に繁茂しそれ以降は葉を落とす亜熱帯性の種により構成）への移行が観察されている[6]．このような西日本の藻場の状況は，1980年代末の2度の気候ジャンプを経た温暖な環境への適応途上の状態を示すものと考えられる．

(c) 1998年を境とした南方系生物の出現

　太平洋側の黒潮流域においては，黒潮によりさまざまな南方系の海産生物がもたらされるが，気候の変化に伴いその様相も変化している．近年では，1998年の気候ジャンプを境に，ハリセンボンやカタボシイワシなどの南方海域に分布の中心をもつ海産生物の来遊が多く報告されるようになってきている．また，最近ではヒョウモンダコやソウシハギなどの南方系の有毒生物の出現も報告され関心を集めている．このうち，ハリセンボンの大量来遊は，黒潮の上流にあたる沖縄，奄美で1999年から顕在化し，九州以北の太平洋沿岸においては沿岸に設置されている定置網への大量入網が2000年以降に頻発して漁業活動の障害になった[7]．集中的に報告があったのは2000年代前半であるが，その後も継続的に発生している．ハリセンボンの来遊自体は従来からみられていたことであり，大量来遊の発生は，黒潮による輸送過程の変化ではなく，産卵海域である先島諸島から台湾東方，ルソン島にかけての海域の1998年以降の温暖な状況が，ハリセンボンの発生に好適な条件をもたらしていることによると考えられる．
〔渡邊朝生〕

文献

1) 川崎　健他編著(2007)：レジーム・シフト－気候変動と生物資源管理－，成山堂書店.

2) 安田一郎(2014)：黒潮とマイワシの変動. 水産海洋学会：水産海洋学入門，pp.103-108，講談社.

3) Tian, Y. *et al.*(2008)：The late 1980s regime shift in the ecosystem of Tsushima Warm Current in the Japan/East Sea: evidence from historical data and possible mechanisms. *Prog. Oceanogr.*, 77, 127-145.

4) 水産庁(2011)：平成22年度水産白書.

5) 藤田大介他編著(2010)：藻場を見守り育てる知恵と技術，成山堂書店.

6) 吉村　拓他(2009)：長崎市沿岸に広がる "春藻場" とは？ －その実態と今後の課題について－. 月刊海洋，41, 629-636.

7) 加藤正人他(2003)：房総沿岸における定置網へのハリセンボンの大量入網. 黒潮の資源海洋研究，4, 45-49.

§Ⅲ−10

健康・疾病への影響
Impacts on health and diesase

　気象や気候と人間の健康・疾病との関係は、**生気象学**（biometeorology）あるいは**生気候学**（bioclimatology）とよばれる分野において研究が進められている[1]．気象学・気候学はもちろん、生理学、公衆衛生学、住居学、被服学、食物学などきわめて多様な研究視点からアプローチされており、国際的研究領域として発展が見込まれている．自然環境と人間活動との関係を包括的に論じる地理学においても、地域と結びつけた議論への関心は高まっている[2),3)]．

(1) 気候地域と健康
　地球規模での人の移動が激しくになるにつれて、異なる環境に触れる機会はますます増えている．観光やビジネスなどの短期滞在から、移住に代表されるような長期滞在にいたるまで、異なる環境に接する人が増えるなかで、環境への適応は重要な課題になっている．とくに気温の違いが身体に負担をもたらし、場合によっては健康状態を損なうことにつながることから、気候環境と身体・健康との関係は、今後もその重要度を増してくるであろう．
　地域特有の気候環境に適応できるかどうかは、しばしば生命にかかわる大きな問題に発展する．例えば観光をはじめ近年増加傾向にある高齢者の海外移住などは積極的に移動するケースであり、多くの場合、適応に向けた十分な準備がなされる．ただし、高齢者にとって異なる環境への適応は必ずしも容易ではないだろう．一方、労働者や多くの移民のように必ずしも移動先の環境を十分に把握していないケースも多く、それゆえに現地での適応の問題が深刻な事態に発展していることも少なくない．
　異なる気候環境への適応に関しては、熱帯地域における高温湿潤な気候、寒帯地域における低温、乾燥地域における乾燥気候、高山地域における低気圧に対する適応がある．ここではまず、熱帯地域の高温湿潤な気候環境への適応、すなわち**気候順化**（acclimation）について述べる．具体的には、①**暑熱環境**（heat environment）への適応と、②熱帯地域の**風土病**（endemic disease）への適応を取り上げる．次に、寒冷地における低温環境への人々の適応形態を、地域固有の生活様式に着目して論じる．

(2) 暑熱環境への適応
　熱帯地域に移動した人々には高温の環境に対応するための身体の変化が生じる．発汗による体温調節はその代表的なものであり、汗をかくことによって体内からの放熱がなされ、体温の急激な上昇が抑えられる．これはビジネスや観光など比較的短い期間での滞在時に顕著に現れる．しかし、過度に発汗すると汗から水分と塩分が失われて疲労しやすくなるため、十分な水分の補給が必要になる．
　これに対して、高温な環境に長期にわたって居住する場合には異なる適応があげられる．汗を出す能動汗腺についてみると、人がもつ汗腺の数は居住する環境によって異なっており、日本人は寒冷地に住むロシア人よりも多く、タイ人やフィリピン人よりも少ない傾向がみられる．これに対して、タイに移住した日本人の汗腺数は日本国内に住む日本人と大差ない一方で、タイで生まれたいわゆる日系二世の汗腺数は日本人よりも明らかに多くなっているという．このように、短期的には多く発汗することによる適応、長期的には汗腺数の増加による暑熱環境への適応をそれぞれみることができる[4]．
　このほか暑熱環境への適応は、生活文化にも現れる．例えば高温多湿の東南アジアや南アジア、アフリカ中部では風通しのよい木造家屋が伝統的に利用されてきた．東南アジア各地での一般的な高床式の木造家屋は高温多湿の環境に暮らすための工夫がなされてお

142　　第Ⅲ章　地球温暖化など気候変化の諸影響

り，今も農村部に多くみられる．インドネシアの観光地バリ島のようにこうした伝統家屋が重要な観光資源になっているケースもある．これに対して西南アジアや北アフリカなどの乾燥地域では日干し煉瓦を材料にした窓の小さな家屋が一般的であり，高温な外気が屋内に及ばない工夫がなされている．代表的な建物としてアドベ（adobe）があり，高温乾燥のアメリカ合衆国ニューメキシコ州に住むプエブロ族の伝統家屋が有名である．

また日中の高温での労働を避けるための工夫として，東南アジアや地中海地方で知られる午睡の習慣があげられる．スペインのシエスタ（siesta）はその代表的なものであり，昼食後の午後2時〜午後5時頃まで仕事から離れる伝統がある．ただし，近年はビジネスに支障が出ることからシエスタを行わない企業も増えており，全体的に縮小の傾向にある．

食文化にも暑熱環境への適応がみられる．タイや中国南部などモンスーンアジアの料理に欠かせない食材であるトウガラシは，中央アメリカ原産であり，16〜17世紀にヨーロッパ人の手によって世界各地に伝播したものである．辛味による刺激は体温を急激に上昇させて発汗をもたらす．それが体温を低下させることにつながっている．また刺激的な味が水分の摂取を促すため，暑熱環境での体調の安定に役立っている．外来のトウガラシは，まさに環境への適応手段になっている．

今日では空調設備が普及したことによって，熱帯地域でも温帯と同じような環境で生活することが可能になった．その結果，暑熱環境に対する適応の問題は大幅にその意味を失ったかにみえる．しかし，屋外との温度差を繰り返し経験することは急激な気温の変化への対応を強いられることになり，身体にとって大きな負担になる．また，常に一定の室内温度が保たれた屋内に長時間いることにより，1日の身体周期である**概日リズム**（circadian rhythm）が乱れ，ホルモン分泌や細胞の再生などに支障をきたす恐れがあ

る．快適なはずの人工的環境による食欲不振や疲労などで体調を崩すことも十分に予想される．暑熱環境への適応においては，伝統的な暮らしの工夫が今なお重要視されている．

（3）熱帯地域の風土病への適応

高温湿潤な熱帯地域には多様な生物の生息環境が整っている．ここではあらゆる生物の生命力が旺盛であり，病原体やそれを媒介する生物，寄生生物なども生息し，結果として地域固有の風土病の原因となっている．

熱帯特有の代表的な風土病としてマラリアをあげることができる．マラリアはハマダラカに寄生するマラリア原虫によって生じる．WHOが旅行者向けに提示した2011年現在の世界のマラリア流行地は，南アメリカ北部（ブラジル北部，コロンビア，ベネズエラなど），中部アメリカ（メキシコ南部からニカラグア），サハラ以南のアフリカの広大な範囲，マダガスカル島，南アジア（インド，パキスタン）から東南アジア諸国，中国南部にかけての地域である（図1）．マラリアは，かつては熱帯地域をはじめ，地中海沿岸地方，中央アジアから中国東北部，メキシコから南アメリカ中部へと至る広大な地域で蔓延していた．その後，多くの地域でマラリアが起こらなくなった理由として，媒介生物であるハマダラカの生息地である湿地をなくす事業によって蚊の撲滅が進んだことがあげられる．また治療法の確立による適切な医療措置，生活水準の向上による受療者数の増加などもマラリアの撲滅を推し進めた．2013年には約1億9800万人もの患者が推定され，死者は58万4000人にものぼるものと報告されている．発症件数の約90%をアフリカが占めており，政治的，経済的な混乱がマラリア撲滅のための作業を遅らせていることがわかる[6]．

なお，マラリアに対する適応形態として2つの異なる事象をあげておきたい．まず生物的な適応として**鎌状赤血球症**（sickle cell anemia）がある．マラリア原虫は人の赤血

III−10　健康・疾病への影響　　*143*

球内に生息し，成長を続ける．しかし，鎌状化した赤血球ではマラリア原虫は生息しにくく，結果としてマラリアの発病を免れることができる．鎌状赤血球を遺伝的にもつ人々が，とくにアフリカのマラリア流行地に多くみられることから，これはマラリア発病を避けるための適応形態とみなすことができる．ただし，鎌状赤血球は酸素運搬量が少なく貧血の原因となり，遺伝子型によっては成人前に死に至る．

次に社会文化的な適応として，**避暑地**（summer resort）をあげることができる．18世紀以降，マラリアが流行するモンスーンアジアに進出した欧米人は，そこに居住し続けるための工夫として山岳地に多くの避暑地を建設した．オランダに続いてイギリス，フランス，さらにアメリカ合衆国の入植者たちは，港湾を中心に都市をつくり，プランテーション経営に乗り出した．彼らにとってマラリアは最大の障害であった．彼らは高温多湿の雨季に居住地を離れ，比較的気温が低い避暑地に逃れた．例えば，フィリピンではマニラからの避暑地として山岳地に開かれたバギオ，インドでは「夏の首都」とよばれた避暑地シムラ，さらにマレーシアのクアラルンプール北方にあるキャメロンハイランド，インドネシアではジャカルタの南東にあるバンドンなどがある．

当時，マラリアの原因は十分にわかっておらず，彼らはさまざまな適応の工夫を編み出した．南アメリカ原産のキナの樹皮を用いた抗マラリア薬キニーネはその1つであり，1820年にキナの皮からの分離に成功して以来，十分な効果がもたらされた．なお，それまでヨーロッパでは，病気は病原物質の潜む瘴気（ミアズマ）によって引き起こされるとするミアズマ説が根強く，19世紀後半以降，細菌学の発達によって病原体が発見されるまで，病気は環境によってのみ起こると考えられていた．熱帯地域の風土病であるマラリア（malaria：悪い mala 空気 aria の意味）は，まさにそうした病気のとらえ方によって名づけられた．マラリア対策としてユーカリが注目されたのも，ユーカリの根が水を吸収し，葉から出る揮発性の油と酸によってミアズマ対策に効果をもたらすと考えられたから

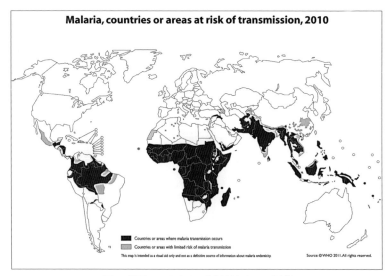

図1 世界のマラリアの発生地域（2010年）[5]

である．たとえば19世紀のアメリカ合衆国では，カリフォルニアに到達した開拓者たちがそこに蔓延するマラリアに苦しめられたことから，積極的にユーカリを植林した．ユーカリは，今もカリフォルニア特有の景観となっている[7]．

前述のように，熱帯地域は多くの生物の生息に適した環境である．マラリア以外にも，デング熱や猩紅熱，トリパノソーマによる睡眠病などはいずれも熱帯地域に固有の生物が原因で生じている．しかし近年では，地球環境の温暖化に伴って熱帯地域に生息する病原体や媒介生物の生息可能域が拡大し，流行地域が広がる恐れが指摘されている．

なかでもデング熱は熱帯地域以外での発症が確認されるようになり，熱帯病への関心を高めている．デング熱はヒトスジシマカがウイルスを媒介する．熱帯アフリカやモンスーンアジア，中部・南アメリカに発生が報告されている熱帯病である（図2）．WHOは，1月平均気温10℃以上の地域を危険地帯としているが，近年顕著になっている夏の気温の上昇がその流行地域を拡大させているといわれ，日本でも2014年だけで160人もの感染者が報告されている．

(4) 寒冷環境と健康

高緯度地域や高山では，人の暮らしは低温への対応を迫られるため，寒冷な環境に適した生活様式を生み出してきた．植物の生育に適さない環境であることから，十分な食料をえることが難しく，基本的には厳しい生活環境である．天候の不順により，限られた食料は尽き，飢饉による餓死は寒冷地域では珍しくない．20世紀初頭のロシアでは，革命後の混乱もあって数百万人もの餓死者が出た．

寒冷環境を生き抜くために，人々は羊やトナカイなどの家畜に依存し，食料をはじめとする生活資材を整え，地域に適応した暮らし方をはぐくんできた．低温から身を守るために，保温性の高い毛皮を衣服として利用し，厚い壁でつくられた家屋で暖房設備を整え，低温からのがれる工夫がなされてきた．ロシアではウシャンカとよばれる耳あてのついた毛皮の帽子（ロシア帽）が必需品である．また，ロシアのペチカや朝鮮半島のオンドルなど，部屋全体を暖める地域固有の暖房設備が普及している．寒冷地独特の食文化も生まれた．脂肪を多く含む肉料理を食べ，ウォッカやウィスキーなど度数の高いアルコール飲料によって体温を維持する習慣が定着している．

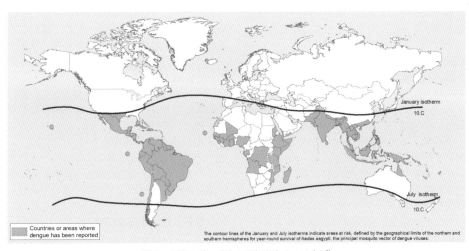

図2 世界のデング熱の発生地域（2013年）[8]

体温の低下は身体の生理活動を妨げ，低体温化が進むと，昏睡から死に至る．そのため寒冷環境では，いかに体温を低下させないで暮らせるかが大きな課題であり，それを克服するための生活の知恵が発達してきた．

一方，寒冷な環境を健康増進に利用する工夫もなされてきた．たとえばサウナはフィンランドが発祥地とされ，北ヨーロッパで普及・発展した入浴スタイルだが，寒冷な環境を巧みに利用した点で地域独特の風呂といえる．サウナは 80℃を超える高温の室内で 10 分前後過ごしたあと，低温の屋外に出て身体を冷やし，さらに冷水を浴びる．これを一定の回数繰り返すことによって体調を整え，健康増進につなげることができる．

また，屋外を長時間歩くウォーキングも，寒冷地においてきわめて一般的にみられる生活スタイルである．北ヨーロッパでは，年間を通じて森林などで半日程度歩くレジャーが盛んだが，とくに冬の低温な大気環境において，冷気による刺激を受けることが健康増進に優れた効果があると考えられている．低温による血圧や呼吸量，代謝量の変化ばかりでなく，静かな屋外を歩くことによる精神的安定といった心の健康づくりにも寄与するとして高く評価されている．真冬のヨーロッパでは，家族やカップル，あるいは一人で雪景色のなかを歩く人の姿をみることができる．

(5) 気象環境がもたらす気象病

毎日の気象の変化，天気の移り変わりとともに身体にさまざまな病的症状が現れるとき，これらをまとめて気象病（meteorological disease）とよぶ．リウマチのような天気痛，うつ病などの気分障害，狭心症や心筋梗塞，脳出血などの循環器系疾患，ぜん息の発作，めまいなどがよく知られている[9]．それらの発症については，前線や低気圧の通過，移動性高気圧の停留，フェーンなどの局地風といった気象現象との関連が指摘されており，短時間における気圧や気温，湿度，紫外線量の急激な変化が，血圧や脈拍，自律神経，代謝量に影響をもたらしていると考えられている．

たとえば天気痛は，骨折や切り傷などの古い傷の痛みや，頭痛，神経痛など広範に及ぶ．気象状況の変化とともに症状が現れることが多く，痛みが出ることによって天気が予想できるほどの対応関係もみられる．しかし，その原因は依然としてはっきりせず，医学的な検討が進められているものの，鎮痛薬などによる対応が一般的で，根本的な治療は難しい．むしろ，気象の変化があらかじめわかっていれば，体調の変化を予想することができ，薬を服用したり休養したりすることによって発症をおさえ，予防することができる．

気圧や気温，湿度の変化と特定の気象病との関係を解明することによって，気象病発症の確率を予想する研究が，20 世紀半ば以降，ドイツの気象台を中心として進められてきた．これは医学気象予報（medical-meteorological forecast）として確立されており，気象予報の 1 つとして毎日，一般に提供されている[10]．例えば寒冷前線の通過が予想される地域では，血圧の上昇や自律神経の亢進が予報として出される．また，ヨーロッパアルプスの山岳地域では，春先に山から吹き降りるフェーンが生じると気温が急激に上昇し，季節はずれの高温に見舞われる．こうした急激な気温の変化が高血圧など循環器系の疾患に悪影響をもたらすことから，フェーンの予報とともに健康管理のための警告が出されている．

日本国内でも近年，医学気象予報への関心が高まっており，花粉情報や紫外線量に関する予報として実現されている．いずれも天気の変化が体調に影響をもたらすことについて，一般の理解が深まることにつながっており，将来はより広範囲の健康・疾病に関する情報提供がなされることが期待されている．

(6) 季節と対応する季節病

気温と湿度が年間を通じて大きく変化する温帯においては，身体は季節ごとに多様な環

境の影響を受けている．季節特有の病気は**季節病**（seasonal disease）とよばれ，夏季の熱中症や日射病，冬季のインフルエンザなどが代表的な季節病とされる．また，梅雨期や秋雨期に患者が増加する食中毒や，春季の花粉症や五月病とよばれる気分障害など季節と結びついた病気は少なくない．健康状態の季節的な変化は，まさに季節ごとに異なる環境を直接に反映したものとみることができる．

一方，死因としての疾病に着目して，その季節性に基づいて地域の経済や生活水準を把握することもできる．例えば消化器系の疾患（赤痢，腸チフスなど）による死亡者が夏季に多く現れるのは，主として開発途上地域である．これに対して，脳卒中のような循環器系の疾患による死亡者が冬に多くなるのは，生活水準が上昇しているものの暖房など十分な住宅設備が整わない伝統的な生活様式が残る地域に目立つ．さらには，季節的な偏りが少なく，年間を通じてガンや心臓疾患による死亡者が現れるのは，生活水準が高い先進地域である傾向が強い．このように死因としての疾病が地域の生活水準や生活様式と関係することから，特定の季節に特化する死因を表した**季節病カレンダー**（seasonal disease calendar）に基づいて，地域の社会経済状況を検討することができる[11]．

ところで，季節と健康の関係を考える上で，健康を病気ではない状態としてとらえるだけでは十分でない．WHO が健康を，肉体的，精神的，社会的に豊かで満足いく暮らしが営める状態[12]と規定したように，健康とは自然環境を含めて人とのかかわり，地域との関係，文化などあらゆる環境を総体的にとらえた上で成り立つものとされる．

日本人は古来，変わりゆく季節に対応した暮らしを培ってきた．それは季節を歌に詠み，花を慈しみ，食で味わう文化によく現れている．季節を積極的に自身の暮らしに取り込み，味わう態度から豊かな暮らしが生み出されてきた．季節の変化に伴って移り変わる風景や環境の変化は，季節感としてとらえられ，一年を通した暮らしを支えてきた．それゆえに季節に対応した健康があり，衣食住に現れるような生活の工夫がなされてきた．いずれも季節ごとに異なる環境への強い関心によって支えられてきたものであった[13]．

近年は，空調設備の普及をはじめ，効率性の高い生活が追求され，季節を問わず高度な水準の生活が実現されている．年間を通じてえられる食材をはじめ，季節を問わない生活が実現されている．しかし，こうしたいわゆる**脱季節化**（deseasonality）が進行するなかで，季節感は今なお強く求められている．それは，われわれの身体が依然として季節の移り変わりと深く結びついているからであり，環境との調和なくして健康な暮らしは実現できないからである．身のまわりの環境への関心を高め，季節を感じることによってえられる季節と健康との良好な関係が望まれる．　〔加賀美雅弘〕

文献

1) 日本生気象学会編（1992）：生気象学の事典，朝倉書店.
2) 吉野正敏・バイオクリマ研究会編（2006）：気候風土に学ぶ─暮らしと健康の歳時記，学生社.
3) 福岡義隆（2008）：健康と気象．成山堂書店.
4) 吉村寿人編（1978）：日本人の熱帯馴化─気候風土への人の適応，社会保険新報社.
5) WHO：マラリア発生地域サイト（http://gamapserver.who.int/mapLibrary/Files/Maps/Global_Malaria_ITHRiskMap.JPG?ua=1）
6) WHO：マラリア（http://www.who.int/topics/malaria/en/）（2015.5.3 閲覧）
7) 矢ヶ﨑典隆（1999）：19 世紀におけるカリフォルニアのイメージと地域性．学芸地理，5，2-20.
8) WHO：デング熱発生地域サイト（http://gamapserver.who.int/mapLibrary/Files/Maps/Global_DengueTransmission_ITHRiskMap.png?ua=1）
9) 村山貢司（2006）：気象病─天候が健康を脅かす，日本放送出版協会.
10) 吉野正敏・福岡義隆（2002）：医学気象予報─バイオウェザー・病気と天気の不思議な関係，角川書店.
11) 籾山政子（1971）：疾病と地域・季節，大明堂.
12) WHO：憲章の前文（http://www.who.int/governance/eb/who_constitution_en.pdf）（2015.5.3 閲覧）
13) 加賀美雅弘（1991）：気象で読む身体，講談社.

交通への影響

Adverse climate change impacts on transportation

§Ⅲ-11

(1) 猛暑による障害

気候変動の影響で，日本では，猛暑日（日最高気温が 35℃ 以上）が確実に増えるといわれており，近年猛暑が交通に与える障害が顕在化している．

連日の猛暑により線路が歪み列車が運休するという記事をみかける．韓国では 2014 年5 月 31 日に猛暑で線路が曲がったことにより，貨物列車の脱線事故も発生している．

日本の場合，レール 1 本の標準の長さは 25 m である．線路ではレール同士を突合せて接続していくが，その継ぎ目は 40℃ において 1 mm，0℃ において 13 mm 程度になるように確保されている．一方，真夏のレール温度は直射日光のあたるところで 60 〜 80℃ にも達する．その結果，レールが座屈したり外側に湾曲したりする事態が発生する．

運転手や線路の保線員がそのような状態を発見した場合は，ただちに列車の運行を停止し，レールに水をかけて冷やし正常状態に戻るのを待つことになる．その間，2 〜 3 時間掛かることも珍しくない．

また，航空機も猛暑の影響を受ける．とくに離陸時に地上気温が 30℃ を超えると，普段よりも離陸しづらくなる問題が発生する．その原因は大きく 2 つある．1 つは気温が高くなるほど空気の密度が小さくなるため，航空機が飛び上がるための揚力が減るためである．もう 1 つはジェットエンジンの場合，推進力そのものが低下することである．ジェットエンジンは，吸い込んだ空気を高速で噴き出す反動で推力をえている．推力は，噴き出す空気の量と，噴き出す速度の積に比例するが，気温が上がると，空気密度が下がるため，単位体積あたりの空気の量が減る．噴き出す速度が同じなら，推力が低下するというわけである．

推力を保つため，エンジンの回転を上げる

ことが考えられるが，回転を上げるとエンジンの排気ガス温度が上がるため，エンジン内のタービンが壊れる可能性がある．その限界温度を，**フラットレイト温度**（flat rated temperature）という．この温度を超えると，推力が低下する．この温度は一般に 30℃ 前後である．パイロットはその日の気温や気圧からエンジンの離陸回転を細かく調整している．

このように，猛暑になると離陸距離が伸びてしまうため，滑走路の長さを超える可能性がある場合は積載重量を減らす等の対策がとられる．

最後に道路輸送を担う自動車への猛暑の影響を述べる．内燃機関である自動車は，エンジンが一定以上の温度に上がらないような冷却システムを備えている．過負荷や冷却システムの能力不足・異常等により，冷却が間に合わないと，**オーバーヒート**（overheat）を起こす．

自動車エンジンであれば性能低下（熱ダレ）に始まり，熱変形や潤滑切れが進み，ヘッドガスケット抜け，カジリ，焼きつきを起こす他，火災に至ることもある．また，重度のオーバーヒートで発生した物理的なダメージは，冷却後に冷却液や潤滑油を交換したとしても回復できない．

最近は自動車の性能がよくなり，高速道路や峠道で，オーバーヒートして止まっている車両をみかけることは，以前より少なくなった．それでも真夏の猛暑のなか，渋滞時にエアコンを掛けたまま停止していると，オーバーヒートの可能性は高くなり，乗員だけなく，車両にとっても過酷な環境となることはいうまでもない．

(2) 大雨による障害

1968 年 8 月 18 日，岐阜県内の国道 41 号で発生した土砂災害により 2 台のバスが飛騨川に転落し，104 人の乗員・乗客が亡くなった．この事件を契機に，山間部を走る道路は一定以上の大雨が降った場合に，通行止めの措置が取られるようになった．日本の道路は，

高速道路は高速道路会社が管理し，政令に基づく直轄区間の国道は国土交通省，その他の国道は都道府県や政令指定都市が管理している．このほか，都道府県道や市町村道はそれぞれの自治体で管理している．

　国が管理する国道では，降り始めからの積算した雨量（連続雨量とよぶ）が一定の値を超えた場合，土砂災害の危険の高い区間で通行止めが行われるが，これは大雨による事前通行規制区間として公表されている．図1は事前通行規制区間を示すが，区間の両端には規制を行うためのゲートが設置され，連続雨量を監視する雨量計が設置されている．このことは，ゲートに表示されている場合が多い．連続雨量の規制値は区間ごとに決められているが，多くの区間で150～200 mm程度である．雨があがって6時間以上，時間雨量で0 mmが続くと連続雨量はリセットされる．通行止めの解除は巡回を行い，安全の確認を行った上で実施される．

　高速道路の場合も，連続雨量が緊急体制基準の雨量を超えた場合に，通行止め措置が取られる．時間雨量や連続雨量が警戒体制基準を超えた場合は速度規制が行われる．また，連続雨量と時間雨量の組み合わせた基準で通行止めを行っている区間もある．

　以上が道路の場合であるが，鉄道も同様に，概ね，時間雨量や連続雨量を使った各社ごとの基準雨量により，一時停止を伴う運行停止，運休や列車速度の規制措置（徐行運転）が取られる．

　以上は，どちらかというと，長雨による大雨や集中豪雨による大雨時の交通障害であるが，最近は**局地的大雨**（local heavy rain），いわゆるゲリラ豪雨が増えている．

　2008年8月16日に，栃木県鹿沼市で，大雨で冠水した道路で車が水没し乗っていた女性が亡くなる事故が発生した．また，近年ゲリラ豪雨による海底トンネルやアンダーパスでの水没事故が多発している（図2）．

　これを受けて，国土交通省では道路冠水危険箇所周辺で，時間雨量30 mm/h以上の大雨を観測した場合は，直ぐさま道路パトロールを実施し，冠水の有無を確認する等の対応策がとられている[1]．アンダーパスの入り口には異常豪雨時の走行注意を促す注意喚起の標識類を設置したり，冠水情報を提供する電光掲示板の整備も進められている．

　また，国は，河川整備の目安としてきた時間雨量50 mmを大きく超えるゲリラ豪雨に遭遇しても国民が安心して暮らせるよう，河川管理者が実施する対策に加え，下水道，道路等の関係者が行うべき地域ごとの対策「100 mm/h安心プラン」を推進している[2]．

図1　事前通行規制区間の標識と雨量計（国土交通省関東地方整備局相武国道事務所管内で日本気象協会撮影）

図2　羽田トンネルにおける道路冠水被害（国土交通省関東地方整備局東京国道事務所）
16時から17時の1時間に羽田空港では81.5 mmの雨を観測した．

(3) 大雪による障害

　地球温暖化と大雪とは一見，矛盾した関係に思えるかもしれない．しかし，地球温暖化がもたらす大雪が交通障害に与える影響は，より深刻なものになっている．

　2010年12月には大雪により福島県の国道49号で，一時300台の車が立ち往生し，2011年1月には鳥取県の国道9号でも約1000台の車が2日以上も雪のため閉じ込められる事態が発生した．

　さらに，2013年3月には北海道で暴風雪が発生し，道路上に急速に吹き溜まりができ，雪に埋もれた車両のなかで死者が発生する事件も起きている．この時，**ホワイトアウト**（whiteout）とよばれる現象が発生し，雪や雲などによって視界が白一色となり，方向・高度・地形の起伏が識別不能となる現象が起きたと考えられる．

　2014年2月14～15日の関東甲信と東北地方で発生した記録的な大雪は，高速道路や一般国道が長時間通行止めになり，多くの車両が道路上に取り残されるなど，交通機関に大きな影響を与えた．山間部では除雪が間に合わず孤立集落が多数発生した．

　地球温暖化は，日本付近での低気圧の発達をより強化し，空気中の水蒸気の増加は時として，記録的な大雪をもたらすことを示唆している．

　このような事態を受けて，国土交通省では大雪時には国道を一時閉鎖して，除雪を行う方針を打ち出している．また，大雪時に放置車両が除雪作業の障害になり，道路除雪が滞るうちに，さらに別の場所で立ち往生する車両が発生するといった悪循環が大規模な道路通行障害につながった教訓を生かし，道路管理者が障害となる車両を撤去できるよう，法律を改正した[3]．

　一方，極端な大雪に対する対策として，除雪部隊の広域連携が模索されている．北陸地方整備局と関東地方整備局では，太平洋側で降る南岸低気圧の発達による大雪の際，除雪作業車を作業員とともに派遣する措置を検討している．これは普段，雪のほとんど積もら

図3 東名道での挺団除雪作業の様子（©NEXCO中日本）
除雪車3台と標識車1台の4台1組で除雪を行う．大雪時にはこのような挺団を3～4組用意し，除雪作業を行っている．

ない地域では，除雪用の車両の準備が十分でなく，いざ大量の雪が積もるとお手上げ状態になるからである．

　このような広域連携は，高速道路会社では以前から実施されてきた．例えば，東名高速道路の御殿場付近は，標高450mと路線内でもっとも標高の高いところにあるため，南岸低気圧によって大雪が降る可能性が高い．一方，東名道は首都圏と中部以西をつなぐ大動脈であるため，大雪時もできるだけ除雪を行い，通行止めを避けることが望まれる．そこで，御殿場付近で大雪になることが予想された場合は，事前に東海北陸道や北陸道から除雪部隊を移動させ，素早く除雪を行っている（図3）．

　このような事前の準備を行う上で，気象予測が重要であるのはいうまでもない．

(4) 強風による障害

　一般的に，強風被害をもたらす現象としては**竜巻**（tornado），**ダウンバースト**（downburst），**ガストフロント**（gust front），**じん旋風**（whirlwind）等があげられる．これらのうち局所的に大きな被害をもたらす現象は竜巻かダウンバーストによることが多い．

　2005年12月25日に，JR羽越本線砂越駅～北余目駅間で，突風による列車脱線転覆事故が発生し，乗客5人が死亡，32人が重軽傷を負った．この事故は最上川河口付近を特急電車が100～105km/hで通過中に発生した

ことが事故調査委員会の調査で明らかになった.

事故調査委員会の報告書[4]では，気象庁において，竜巻等をもたらす可能性のある積乱雲を監視する**ドップラーレーダー**（Doppler Radar）の整備等，突風をもたらす現象に対しても観測体制の強化が図られるとともに，その観測成果の活用，情報提供等も進められている．したがって，鉄道事業者は，新たな知見による確度の高い気象情報を積極的に取り入れる等の対応を検討する必要があるとされた.

一般に，鉄道や道路の運行管理者は，強風による事故の危険が高まった場合，徐行などの速度規制，運休や通行止めといった措置をとっている．そのため，橋梁部等には自社で風速計を設置し，運行管理に役立てている.

この事故を受けた国土交通省鉄道局は，以下の対策を指示している.
① 「風の通り道」への風速計の新設等
② 風速計の測定値が運転規制の基準値を超えた場合の警報機能の付加
③ 運転規制に用いる風速の平均風速から瞬間風速への変更
④ 風速計の点検整備に係る規定の作成

列車の運転規制について，局所的な突風も含め対処するためには，自社線の沿線に設置された計測機器等の情報のみで対応するだけではなく，気象情報による実況および予測を活用し，適切に対処することが有効である.

したがって，これらの状況の変化を踏まえ，最新の気象情報を速やかに入手する環境を整えるとともに，列車の運行管理において，これらの気象情報を用いて早めの注意体制をとる等，その有効活用方策について気象関係者の意見も踏まえて検討する必要があると考えられる.

強風の間接的な影響として，高波による海岸部を通る道路の**越波**（wave overtopping）の問題がある（図4）．冬季は冬型気圧配置による**季節風**（monsoon）が強まった際，日本海沿岸の道路で道路越波が発生する．太平洋側では，台風等の発達した低気圧が道路越波をもたらす．道路越波は単に海水が道路

図4 東名道由比付近の越波の様子（©NEXCO中日本）
この付近は，海岸部を埋め立てて高速道路が建設されたため，台風時には高波による通行止めがしばしば発生している.

に撒かれるだけなく，砂利や小石，時には岩や木片等通行に支障を及ぼすものまで打ち上げられるため，終息後の路面の点検・清掃が欠かせない.

台風等が接近した場合は，気圧が1 hPa下がると海面が1 cmもち上がる高潮（storm surge）が発生する．海岸の形状によっては，これに吹き寄せ効果が加わり，より道路越波を引き起こしやすくなる.

日本の海岸は，ダムや砂防ダムの建設によって土砂生産が減り，海岸部の浸食が問題になっている．そこに地球温暖化による海面の上昇が加わると，より道路越波による交通への影響が大きくなることが懸念される.

〔平松信昭〕

文献
1) 国土交通省関東地方整備局 東京国道事務所（2014）：道路維持管理計画書（http://www.ktr.mlit.go.jp/toukoku/kanri/h26_douroijikanrikeikakusho.pdf）（2014.5.5 閲覧）
2) 国土交通省水管理・国土保全局（2013）：100mm/h安心プラン（http://www.mlit.go.jp/river/kasen/main/100mm/index.html）（2014.5.5 閲覧）
3) 国土交通省道路局（2014）：災害対策基本法に基づく車両移動に関する運用の手引き（http://www.mlit.go.jp/road/bosai/vehicle_movement/guidance.pdf）（2014.5.5 閲覧）
4) 航空・鉄道事故調査委員会（2008）：鉄道事故報告書 東日本旅客鉄道株式会社羽越線砂越駅〜北余目駅間列車脱線事故（http://www.mlit.go.jp/jtsb/railway/rep-acci/RA2008-4.pdf）（2014.5.5 閲覧）

§Ⅲ-12

ツーリズムと気候
Climate and tourism

(1) ツーリズムとは

観光（sightseeing）とは，文物・風光を見て回ること，他の国や地方の風景・史跡・風物などを見物することと一般に認識されている．一方，ツーリズム（tourism）は，上記の観光のみならず，レクリエーション，保養・休養を目的とした旅行と捉えられている．国連世界観光機関（World Tourism Organization：UNWTO）によると，ツーリズムは日常生活圏を離れ，その場所で連続する1年以内の期間，楽しみやビジネスのために人々が活動することとされており，ビジネス旅行も含めて考えられている．さらに，ツーリズムの語は観光産業（またはツーリズム関連産業）の意を含んで使用されることもある．

(2) ツーリズムと気候

気候の有するさまざまな特徴は，人々のツーリズム行動と大きく関係しており，またそれゆえにツーリズム関連産業は気候によってその事業収益が大きく左右されることもある．気候をツーリズム資源と捉えれば，気候要素はさまざまな側面でツーリズムを誘引する性格をもち，またツーリズムに不可欠なものでもある．気候は，地球上に自由で共有のものとして存在するが，気候特性は場所と時間で異なる[1]．また，気候は時代とともに変動し，さらにそのツーリズム資源の価値も時代とともに変動する．さらに，特定の気候を輸送したり，貯蔵することは不可能であるため，特定地域の気候に誘引されたツーリズムが発生するのである．

そうしたツーリズムの代表例は次のようなものであろう．紅葉のような季節による景観変化は人々の誘引条件として重要である．気温の高低は，避暑（summering）と避寒（wintering）を生じさせ，澄んだ空気は保養や気候療養をもたらしてきた．積雪はスキーやソリを楽しむために，また太陽は海水浴や日光浴のために必要

不可欠である．もちろん，旅行中の快適な天候という点もツーリズムの満足度に大きく貢献する．以下では，上記のうちのいくつかの点について，気候とツーリズムの関係を説明する．

(3) 季節と気候と景観

温帯では，季節による気候変化が顕著である．とくに日本では，例えば，冬の枯枝や雪景色，春の梅や桜の開花，真夏の万緑，秋の紅葉などが人々の行動を刺激してきた．季節感豊かな地域では，季節ごとの景観変化を日常生活圏の内外で楽しむ時間を大切にしてきた．その一方で，日本では一般的ではない南国景観に対する憧れも強い．北半球全体をみても，後述する海岸リゾートの発展と併せて，ツーリズムには北から南への移動が多い．

(4) 避暑と避寒

避暑とは，夏の暑さを避けて一時的に冷涼な場所に移動することである．日本では，桂離宮や修学院離宮のような離宮の一部は，主目的ではないものの，避暑のために利用された．しかし，本格的な避暑は明治期に外国人によってもち込まれたものである．

ヨーロッパでは，避暑が19世紀に発展した．たとえばオーストリアのザルツカマーグートには，オーストリア・ハンガリー帝国のフランツヨーゼフ皇帝やエリザベート皇后が，保養のために滞在した．同時に，社会的上層階級や芸術家などが避暑のために訪れるようになり，湖畔リゾート（lakeside resort）が成長していった．

一方，東南・南アジアでは，ヨーロッパ諸国の植民地化とともに，ヨーロッパ人の熱帯馴化が問題となった[2]．1820年代になるとヒマラヤ山麓の標高2000 mを超えるシムラで，インド総督による避暑が始まった．このような避暑空間はヒルステーション（hill station）とよばれるようになり，盛夏に高温多湿な低地を避けてヨーロッパ人が一時的に滞在するようになった．ヒルステーションはヒマラヤ山麓から，マレーシア，インドネシア，フィリピンなどの山地へと拡大した．

152 第Ⅲ章 地球温暖化など気候変化の諸影響

江戸時代末期の開国後，横浜や神戸に居留していた欧米人にとって，夏季，とくに梅雨時の高温多湿な気候は耐えがたいものであった．この蒸し暑さを回避する手段として，東南・南アジアで創造されたヒルステーションの文化が日本にもち込まれた．まず，その目的地となったのは，箱根，日光，雲仙などで，いずれも標高の高い地域に存在し，受け入れ施設としてホテルが整備された．

一方，現在，**避暑地**（summer resort）として著名である軽井沢では，1888（明治21）年になってようやく宣教師 A.C. ショウによる最初の別荘が建設された．中山道の宿場「軽井沢宿」であった軽井沢が，高級別荘地・避暑地のイメージを獲得したのは，外国人にとっては明治末期，日本人富裕層にとっては大正期であるといわれる．第二次世界大戦後は避暑を目的とした別荘地開発が拡大し，軽井沢のみならず，那須，蓼科，菅平，白馬，穂高などの高原において大規模な別荘地開発がなされた．

避暑とは反対に，冬の寒い時期に一時的に比較的温暖な場所に移動するものが避寒である．フランスのコートダジュールやその東に連なるリグリア海岸（イタリア）では，地中海性気候により冬季は降雨がややあるが，気温は温暖である．19世紀以降，ここを目指してヨーロッパ各地，とくにイギリスから，避寒のために富裕層が訪れた．同様の現象は，アメリカのフロリダでもみられた．今日では，スペインに多くのイギリス人高齢者による避寒のための別荘利用がみられる．日本においても湘南，三浦半島は東京の避寒地としての性格をもち，明治期から別荘が存在した．また，房総半島，伊豆半島，紀伊半島では，大都市からの近接性を生かして，比較的温暖な気候のもと春先の開花などと併せて人々を惹き付けている．

(5) 気候療養

気候療養（または気候療法，climatic cure）は，日常生活圏と異なる気候環境に移動して疾病の治療や休養・保養を実践する自然療法の一種である．スイス・アルプスでは，19世紀後半に気候療養が拡大した．気圧が低く空気の澄んだ，標高の高い地域での結核療養が普及したのである．ダヴォス（標高1560 m），アローザ（同1775 m）などは気候療養地（または空気療養地）として発展した．そこではサナトリウム（sanatorium）が整備され，ヨーロッパ中から富裕層の結核患者が集まった[3]．これらは，スイス・アルプスにおけるツーリズム発展の一形態でもあった．ダヴォスとアローザと同じくグラウビュンデン州にあるサン・モリッツ（同1822 m）も気候療養地として機能したが，もともとは温泉療養が中心であった．20世紀になると，サナトリウムは徐々にホテルへと変更され，冬季スポーツの発展によって通年で「観光客」が訪れるようになったのである．

現在，ドイツ語圏では気候療養が盛んである．法的な制度によって気候療養地が認定され，数週間の期間にわたる医学的な治療もなされている．これらはメディカル・ツーリズムとして認識することもできる．ただし，大規模化した著名リゾートで，現在，気候療養が強調されることはほとんどない．

(6) 海水浴・海岸リゾートと気候

海水浴（sea bathing）は砂浜海岸でなされ，熱帯から冷温帯にかけて広がるレジャーである．日本では，海水に浸かる「潮湯治」から転化したために海水に入ることが強調されるが，ヨーロッパでは砂浜で日光浴をしたり，または日陰をつくって休息したりする姿が一般的であろう．日光，夏の気温，海水温，風，白と青の色彩対照などが人々を砂浜に惹き付け，**海岸リゾート**（seaside resort）が形成されていった．ロンドンの南約80 kmに位置するブライトンは，すでに18世紀から海岸リゾートとしての特性をもつようになった．ヨーロッパでは，その後，英仏海岸の両岸，バルト海，地中海，カナリア諸島などに海岸リゾートが成立した．20世紀の半ば以降はカリブ海や東南アジアなどの熱帯・亜熱帯に多くの海岸リゾート開発が進行した．先進国の人々の長期休暇（バカンス）の大半は夏季に消費されるため，その目的地とし

Ⅲ−12　ツーリズムと気候　*153*

て海岸リゾートは重要で，その結果，世界のリゾートの多くは海岸に存在する．

しかし，地球温暖化の影響は，海岸リゾートに大きな影響を与えると考えられている．海水面が上昇すると，今日の砂浜の水没・縮小が危惧される．カリブ海のリゾートでは，もし海水面が現在よりも1m上昇すると，半分程度の土地が失われると見積もられている[4]．

(7) スキーと気候

スキー (skiing) は19世紀末に北欧からアルプスに伝播し，そこでアルペン技術が確立されると，温帯から寒帯の積雪山地にレクリエーションとして普及した．

日本における**スキー場** (ski field) の分布 (図1) は，最深積雪量の分布と対応関係にある．日本海側と太平洋側との対照，また東日本と西日本の対照が明白である．一方で中央日本北部における集中が目立っている．これは，この地域で比較的標高の高い山地が存在することと同時に，スキーヤーが多く居住する大都市からの近接性に恵まれていることに基づいている．

積雪 (snow cover) の必要性は，多くのスキー客が訪問する年末年始の時期にもっとも高い．それゆえに，日本では12月中旬以降に雪乞いの神事などが行われてきた．一方で，1980年代になると**人工降雪** (artificial snow-making service) の技術が進歩し，効率よい降雪が可能になったことで，スキー場の分布も変化した．バブル期には八ヶ岳山麓や関東北部，岐阜県などで，人工雪に大きく依存したスキー場開発が進展した．そうしたスキー場立地のためには，単純には氷点下の気温とスキー滑降に適した地形が必要である．標高の高い地域は一般に低温

がえられるので，有利な立地条件をもつ．

近年の気候変動によって，日本では積雪の不安定さが増している．しかし，スキー場が集積する観測点である，飯山および越後湯沢の過去30年間の最深積雪をみると (図2)，1988/89 (1988年11月〜1989年4月まで，以下同様)，2006/07, 2008/09のシーズンで最深積雪が少なかったのみである．また，最近20年はスキー人口の減少が著しいために，スキー場側としては雪不足という理由で利用者数が大幅に減少したとは認識していない面もある．逆に，大雪のためにスキー場へのアクセスが困難になって，スキー場利用者数が減少する事態も生じている．例えば2014年2月8日，14〜15日には関東地方で記録的な大雪となった．除雪体制

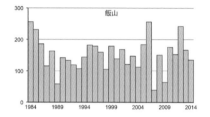

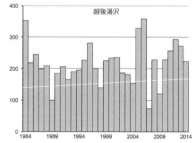

図2 飯山および越後湯沢における年最深積雪の変動 (1984〜2014年) (気象庁データにより作成)

図1 日本におけるスキー場の分布 (2000年) (国土交通省 鉄道局監修，2000[5]等により作成)

が整備されていないために交通が麻痺し，また8日と15日はそれぞれ土曜日であったために，多くのスキー場で利用者数が落ち込んだ．

上述したようなスキー人口の減少傾向のなか，日本ではスキー場の閉鎖や休業が多くみられる[6]．しかし，その多くは小規模なスキー場であり，また積雪の不安定さが直接の理由で閉鎖に至った例はほとんどない．しかし，今後もし暖冬傾向が続くと，とくに西日本のスキー場や標高の低いスキー場の経営は困難になると思われる[7]．

近年，日本のスキー場の雪質が外国人に高く評価されている．北海道のニセコや長野県の白馬，野沢温泉などには，オーストラリア人を中心とした外国人スキーヤーが多い．彼らを惹き付けているのはパウダースノーで，北米やヨーロッパアルプスのスキー場と比較しても遜色ない，もしくはより優れた質の深雪や新雪があるという．日本のスキー場は地形条件からみると比較的小規模ではあるが，パウダースノーが高い評価をもたらしている．ただし，外国人スキーヤーのコース外滑降により，雪崩や遭難時の対応，賠償責任などの課題も多い．

ヨーロッパアルプスでは，積雪の不安定さは日本よりも深刻である．それゆえ，積雪の確保が**スキーリゾート**（ski resort）経営上の重要なポイントになっている．例えば2006/07シーズンは，記録的な暖冬少雪であった．オーストリアのチロル州において，このシーズンと1971～2000年の30年間とについて気候要素を比較すると，気温は3℃高く，降水量，降雪量，積雪日数はそれぞれ28%，37%，29%少なく，スキー滑走可能日数は84%も少なかった[8]．チロル州のスキー場は，ヨーロッパアルプス内において，フランスのサヴォア県，スイスのヴァレー，グラウビュンデン両州に比べて標高が低い．それゆえに，現在の水準よりも気温が2℃上昇すると，経営上生き残れるスキー場は57%，4℃では29%と見積もられている[9]．一方，ヴァレー州では，前者は100%，後者は80%である．

少雪傾向下，一般に，スキー場での人工降雪への依存は高まっている．それゆえ，低い気温が期待できる標高の高いコースを有するスキー場が誘客上有利になる．先述したチロル州においても，標高の高い大規模なスキー場を有するスキーリゾートでは発展傾向がみられる．人工降雪機の整備には，貯水池の設置や配管工事も含めて膨大な投資が必要となるが，現在はスキーリゾートでの宿泊客数が増加傾向にあるため，開発は進行している．例えば，チロル州東部のヴィルダー・カイザーは，リフト数90の巨大なスキー場である．ゲレンデの最高点は約1950 mとやや低いために，1500基もの人工降雪機が設置され，総コース延長280 kmのうち245 kmで人工雪による降雪が可能となっている．積雪の確実性はスキー客を惹き付ける重要な点であるだけに，今後も人工降雪への依存は高まることが予想される．しかし，同時に冬季の宿泊客だけではなく，それ以外の季節にも宿泊客を誘引するようなリゾート経営も重要視されるようになるのであろう．　　〔呉羽正昭〕

文献

1) Scott, D. *et al.* (2012)：*Tourism and Climate Change: Impacts, Adaptation and Mitigation*, Routledge.
2) 斎藤　功（1991）：外国人によるブナ帯風土の発見 ― 軽井沢以前の避暑地の一コマ ―．市川健夫編：日本の風土と文化，pp.164-179，古今書院．
3) 河村英和（2013）：観光大国スイスの誕生，平凡社．
4) Nicholls, M (2014)：Climate change: Implications for tourism. Univ. of Cambridge.（http://www.cisl.cam.ac.uk/ipcc）（最終閲覧 2015/7/1）
5) 国土交通省鉄道局監修（2000）：鉄道要覧，電気車研究会．
6) 呉羽正昭（2014）：日本におけるスキー場の閉鎖・休業にみられる地域的傾向．スキー研究，11(1)，27-42．
7) Fukushima, T., *et al.* (2002)：Influences of air temperature change on leisure industries: case study on ski activities. *Mitigation and Advanced Strategies for Global Change*, 7, 173–189.
8) Steiger, R. (2011)：The impact of snow scarcity on ski tourism: An analysis of the record warm season 2006/2007 in Tyrol (Austria). *Tourism Review*, 66(3), 4–13.
9) Abegg, B., *et al.* (2007)：Climate change impacts and adaptation in winter tourism. Agrawala, A. ed.: *Climate Change in the European Alps: Adapting Winter Tourism and Natural Hazards Management*, pp. 25–60, OECD.

生活（衣食住）への影響
Influence on life (human communities and livelihoods)

（1）生活への影響
地球温暖化の進行および都市のヒートアイランド現象の加速は，衣食住を通して近年の人々の生活様式の変化に影響する．

企業は，日々の気象あるいは中長期的な気候に連動して変化していく消費者ニーズに常に対応していかなければならない．その手法をウェザーマーチャンダイジング（Weather Merchandising）とよぶ．技術の向上，生産性の向上などの都合で開発，進化した商品もあるが，ここでは気候変動がもたらした衣食住業界への影響を中心に紹介する．

（2）衣料への影響
衣料品業界では時代の変化や縫製技術の向上に合わせて，開発される商品の種類も変化している．新商品開発のきっかけとして，近年の気候変動が影響している例を列挙する．

（a）冷感下着
都市のヒートアイランド現象の進行により熱帯夜日数が増え，夜の寝苦しさが増している．夏の高温に対応する目的で開発されたのが冷感下着である．冷感をえられるメカニズムは大きく2つある．素材と縫製技術である．

素材には，キュプラとよばれるセルロース繊維や麻などが使われる．これらは吸湿性と放湿性に優れ，熱伝導率が高いため，不感蒸泄や発汗による水分を素早く吸収する．気化熱による体表面温度の押し下げと，相対的に低い湿度を保つ効果をもつことから，接触冷感をえることができる．

縫製技術では，繊維の細さを増すことなどで繊維が皮膚に接する表面積を大きくして吸水性を高め，接触冷感の獲得につなげている．

（b）温感下着
温感下着は，冬の冷え込み対策として2000年代前半に開発され，急速に普及した．温感をえるメカニズムは冷感下着と同様，素材と縫製技術である．

羊毛など，湿気の吸収により発熱する素材がある．温感下着の素材には，羊毛の構造を改良し，発熱効果をさらに高めるよう開発されたものが使われている．また，炭素を主原料とした物質を繊維のなかに練り込み，太陽光の熱変換効果を利用した発熱素材もある[1]．

縫製技術では，太さの異なる繊維を組み合わせることで繊維のなかに微細な空気の滞留空間をつくり，保温性を高める工夫がなされている．

（c）日傘
日傘も近年の気候変動の影響により注目度が上がっている商品の1つである．雨をしのぐ傘（雨傘）と異なり，紫外線対策，熱中症対策，クールビズ対応の目的で使用される場合が多い．とくに近年は男性をターゲットとした商品なども販売されている．

（d）リュックサック
近年のファッション業界において，手持ちや肩掛けをせず背負うタイプのバッグがトレンドとなっている．リュックサックやバックパックなどとよばれるが，手持ち，肩掛け，背負いのいずれもできるタイプのスリーウェイバッグ（図1）もそのトレンドに含まれる．急な雨に見舞われたとき，手持ちのバッグの場合は傘とバッグで両手がふさがれてしまい，手の自由が利かなくなる．地球温暖化に伴い突発的な雨が増加傾向にあることで，それを嫌がり，なるべく両手がふさがらないよう，背負うタイプのバッグの支持が拡大しているものと考えられる．一過性のブームでは

図2　スリーウェイバッグ（画像提供：株式会社三陽商会）[2]

なく，継続的なトレンドであるため，天候要因の影響があるといってよいだろう．

(e) セール時期の調整

　気候変動の影響は，商品に応用されているだけではない．商品販売における企業の意思決定へも波及している．近年，季節商品の値引きセール時期は前倒しが顕著となっている．同業他社と比べて早くから値引き販売を始めればシーズントータルでの販売数量を増やすことができる．その競争が激しくなっていた．百貨店などでは夏物クリアランス（夏物の在庫処分セール）が7月に入るとすぐに始まった．冬物の場合は正月の初売りと重ならないように1月中旬から始まるところが多い．冬物のセール時期に関しては実際の気温の年々変動とのかい離がそれほど大きくないが，夏物のセール時期に関しては，1年のなかでの暑さのピークを迎える7月下旬〜8月上旬と比べて1か月近くも早くからすでに始まっていた．近年の気候変動により暑さピーク期の長期化が顕著になっているだけでなく，残暑が10月上旬頃まで長引く年もみられる．夏物の需要期が長くなっているため，必ずしもあまり早い時期から値引き販売をするべきではないという判断をする企業が増えている．

(3) 食品への影響

　地球温暖化をはじめとした近年の気候変化が一因となった食品業界への影響をまとめる前に，気候変化によって，人間の感情や消費行動にどのような変化がみられるかを理解する必要がある．例えば「暑い」という感情は，体温の上がり過ぎを警告するサインである．人間は恒温動物である．外の気温がどれだけ広範に変化しても，体温は常におよそ36.5℃に一定に保たれる．寒い冬でも体温を下げて冬眠することはない．外気温の上昇などの影響により体温の上昇が続けば，高温障害を起こす恐れがあるため，体温を下げようという欲求が生まれる．ちなみに「寒い」という感情は，体温の下がり過ぎを警告するサインである．体温の大幅な低下は血圧の上昇，代謝の悪化などをもたらし，死のリスクが高まるため，体温を上げようという欲求が生まれる[3]．

　地球温暖化などの要因によって，体が暑さを感じることが多くなれば，上述のように体温を下げようとするさまざまな体のメカニズムが作用し，それを補うためのニーズ（需要）が高まる．体温を下げるために体が起こすメカニズムの方向性は大きく2つに分けられる．1つ目は体温と比較して相対的に温度の低い物を摂取したり，皮膚に接触させたりして直接的に体温を下げようとする方法．もう1つは発汗を促進し，汗蒸発時に体表面から奪われる気化熱を多くすることによって体温を下げようとする方法である．前者の目的に対応してニーズの高まる商品はアイスクリーム，氷菓，飲料（冷やして飲むもの），そうめんなどがその代表例である．後者の目的に対応してニーズの高まる商品としては，新陳代謝を高める香辛料があげられる．後者に関しては香辛料に加えて，発汗によって体内の水分比率や塩分比率が低下するためそれを原状に戻すために必要な成分をもつ食品のニーズが高まる．対応する商品は，イオン飲料・スポーツ飲料などである．

　近年の気候変動が販売数に関係していると推測される例を以下に列挙する．

(a) 塩飴

　熱中症患者情報速報平成26年度報告書[4]によると，国内主要19都市における熱中症患者数は2010年以降急増している（図2）．2010年の8月は戦後もっとも暑い夏だったといわれており，その影響が第一義的に考えられる．加えてその年，熱中症が社会問題になって認知度が一気に上がったため，熱中症と診断されるケースが増えたことによると考えられる．その前後から熱中症対策商品が市場に多く投入されるようになった．その代表例が塩飴である．暑熱環境下で発汗などにより体内から大量の水分と電解質が失われることで産熱／放熱のバランスが崩れ発症するのが熱中症であるが，水道水を飲んだだけでは電解質の補給につながらない．そこで電解質

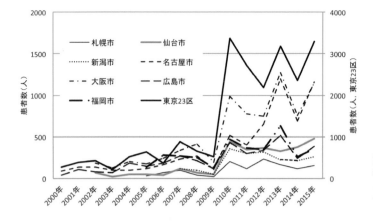

図2 都市別熱中症患者数年次推移[4)]
ここでは都市を抽出して作図.

補給を売りにしたさまざまな商品が発売された．とくに塩飴はポケットなどに入れて持ち運べる手軽さが消費者のニーズとマッチしたため，熱中症対策の主力商品となった．同様の商品として，経口補水液，塩味の菓子類などがあげられる．

(b) かき氷

かき氷は気温が高く，暑く感じる日に販売数が伸びる商品（昇温商品とよぶ）の典型例としてよく知られている．食感の冷たさだけでなく，水分補給ができることが暑熱環境下での人間の本能的な欲求とマッチしている．近年，かき氷専門店の店舗数や家庭用かき氷製造機の販売台数が増加傾向にあるのも，地球温暖化の影響の1つと考えられる．

(c) アイスクリームと乾麺

アイスクリームもかき氷同様に，昇温商品の典型例である．しかしながら気温が30℃を超えて上昇すると販売数の伸びが鈍化し，むしろ販売数は下降するようになるという，かき氷の気温感応度とは異なった特徴をもつ．猛暑時はアイスクリームでは必ずしも積極的な水分補給にはつながらず，また食べた後に口腔内に残る乳脂肪分のねっとり感が忌避されるためである．

乾麺は乾燥させた麺類をさす．乾麺として流通小売店で販売する麺の種類はさまざまであるが，代表的な麺の種類はそうめんである．

そうめんは暑熱時の食事メニューとして好まれるが，気温が一定水準を超えて酷暑となるとむしろ販売数が減る．アイスクリームと気温との関係性に傾向が似ているが，その理由が異なる．そうめんをつくるために，乾麺をゆでなければならない．厨房に入って煮えたぎった熱湯の前に立ち，調理することが忌避されるためである．

近年の経済や食品業界の動向，例えば夏場の代表的な商品であるアイスクリームやビールの種類の多様化や販売数の増減などが，気候変動の直接的な影響であると断定することは必ずしもできない．生活様式や物流技術，保存技術などさまざまな進歩を加味して考える必要がある．また各種食品メーカーの企業努力の程度も，商品開発と関係する．

(4) 住環境への影響

近年の住宅建築は高気密・高断熱の考え方が基本となっている場合が多い．本来は冬場の低温が顕著だった北海道などの寒冷地で広まった考え方であるが，季節によって40℃前後から氷点下まで広範に変化する外気温に対して，季節による室内温度変化幅を小さくし，快適性を維持できることから全国的に展開されている．近年の気候変動への適応ニーズの拡大も，その進化の1つの原動力となったと考えられるだろう．ただし，屋内の快適

158　第Ⅲ章　地球温暖化など気候変化の諸影響

図3 みどりのカーテン

性を保つため屋内で発生する余剰な熱が屋外に排出される仕組みとなっているため，皮肉にも都市のヒートアイランド現象を加速させる要因の1つとも考えられていることを忘れてはならない．

(a) 屋上緑化・壁面緑化

住環境の変化は，かかる光熱費とのバランスも考える必要がある．現実問題として昨今の気候変動に適応しながら快適性を追求する場合，かかるコスト負担の増減も重要な判断基準となる．当然のことながらコスト負担増につながらない方法が採用されやすい．そこで注目されているのが，建物の壁面に熱が蓄積しない，あるいは屋内に降り注ぐ太陽光をコントロールする仕掛けである．具体例としては，屋上緑化，壁面緑化などがあげられる．屋上への庭園設置や壁に植物を這わせること自体は古くから行われてきているが，ヒートアイランド現象対策を目的とした取り組みとして近年改めて注目されている．一般家庭でも，朝顔やヘチマ，ゴーヤなどの植物を育てて，いわゆる「**みどりのカーテン（Green Curtain）**」（図3）をつくって夏場の酷暑対策が取られている．

(b) 断熱材

住環境の変化において，コスト負担と並んで考慮される要因が，原材料の有害性の有無である．防音材，断熱材などとして広く用いられていたアスベスト（石綿）が，肺がんや中皮腫を引き起こす原因になりうることから，2006年より全面使用禁止となった[6]．また，近年建材として開発された素材のなかには，それに含まれる化学物質による室内空気汚染が原因でシックハウス症候群とよばれる健康障害が発生することがある[7]．このように，有害性のある建材が問題となっている．一方で評価が見直されたり，実用化が進んだりしているのが，有害物質を含まない，天然由来の原材料である．ホタテ貝の殻や，珪藻土を原料とした素材が具体例である．

(c) 暑さ対策グッズ

日々の生活のなかでの暑さ対策という面で商品が多様化している種類がある．例えば冷却ジェル，保冷剤，氷枕，ウェットシート，冷感シャンプー，冷感タオル，冷感シーツなどである．このうち冷却ジェルや氷枕は元来，発熱時に体温の過上昇を回避する目的で商品化されたものである．それが近年では，暑熱環境下で冷涼感をえる目的での購買が増えている．ウェットシートは汗臭を消すエチケット用商品として女性向けに広く普及していたが，近年では男性向けにも販売されており，新たな市場が形成されている． 〔常盤勝美〕

文献

1) 日本化学繊維協会：よくわかる化学繊維（http://www.jcfa.gr.jp/fiber）
2) 株式会社三陽商会（http://www.sanyo-shokai.co.jp/company/news/2015/03/06.html）
3) 常盤勝美（2012）：マーチャンダイジングと季節．地球環境，17(1), 99–106.
4) 国立環境研究所（2016）：熱中症患者速報平成27年度報告書（http://www.nies.go.jp/gaiyo/archiv/risk8/2015/2015report.
5) 神戸市環境局環境保全部地球環境課（http://www.city.kobe.lg.jp/life/recycle/environmental/heat/greencurtain.html）
6) 厚生労働省：アスベスト（石綿）情報（http://www.mhlw.go.jp/stf/seisakunitsuite/bunya/koyou_roudou/roudoukijun/sekimen/index.html）
7) 厚生労働省：生活環境におけるシックハウス対策（http://www.mhlw.go.jp/bunya/kenkou/seikatsu-eisei/sick_house.html）

第IV章

大気・海洋相互作用からさぐる気候システム変動
Climatic system variability revealed by ocean-atmosphere interactions

　地表の約7割を占める海洋は大気と接する面積が広く，大気と海洋とのエネルギーや水のやりとり等を介した複雑な相互作用は，気候形成や気候変化に多大な影響を及ぼしていると考えられる．エルニーニョ・ラニーニャ現象や太平洋十年規模振動など，大気・海洋相互作用を通して大気と海洋の両方の変動に影響を及ぼす代表的な現象について，研究の進捗状況を概観する．

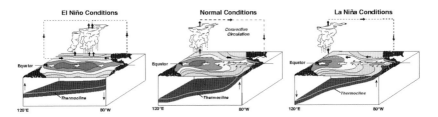

エルニーニョ・ラニーニャ現象に伴う赤道太平洋域の大気・海洋変動
（NOAA/PMEL El Niño Theme Page より）
https://www.pmel.noaa.gov/elnino/schematic-diagrams
左からエルニーニョ現象時，平常時，ラニーニャ現象時における状態を示す．
エルニーニョ現象時には，海面水温の暖水域が東へ広がり，
東部太平洋での湧昇流は弱まり，水温躍層の東西の傾きは小さくなる．
大気側では，貿易風が弱化し，対流活動の活発域が東偏する．

§ IV−1

海洋ダイナミクスからさぐる気候変動

Climatic variability revealed by ocean dynamics

(1) 気候システム

気候（climate）とは，「長期間平均した大気の総合状態」を指す．そして，「縄文時代の気候は温暖で，江戸時代半ばの気候は寒冷だった」などと用いる．気候は，**気圏**（atmosphere），**水圏**（hydrosphere），**地圏**（geosphere），**雪氷圏**（cryosphere），**生物圏**（biosphere），そして**人間圏**（humanosphere）の6つの構成要素間の相互作用で形成されていると考えられている．すなわち，気候を具現化している気圏と，地表面を構成する4つの圏，そしてその活動で大気の組成や地表面を改変することにより影響を与えている人間圏が，気候の変化と変動をつくり出しているとの認識である．この系を，**気候システム**（climate system）とよぶ．

口絵31は，気候システムを構成する要素と，要素間の相互作用を表す模式図である．図の中には，一方向の矢印の他に，多くの双方向の矢印があることに注意されたい．この双方向の矢印は，要素間で**相互作用**（interaction）が存在していることを示している．

(2) 海洋の特徴

気候システムのなかでもっとも基本的な系は大気と海洋からなる系であり，**大気海洋相互作用**（atmosphere-ocean interaction）系をなす．ここではこの相互作用系を構成する大気と海洋の特徴を概観する．大気は**気体**（gas）であり，海水は**液体**（liquid）であるが，どちらも力が加わることにより自由に形を変えて，容易に移動する**流体**（fluid）である．しかし，大気と海洋は以下に述べるように，マクロな観点からは大きく異なる特徴をもっている．

(a) 大気と海が蓄える熱量

単位体積の海水を1℃昇温させるのに必要な**熱量**（heat content）は，大気のそれよりも4000倍ほど大きい．これは単位体積あたりの質量と**比熱**（specific heat）が，海水の方が大気よりも，それぞれ約1000倍，約4倍大きいことによる．したがって，海洋表層数mのもつ熱量は，大気全体の熱量に匹敵するなどと表現することもある．暖かい海水が移動することは，莫大な熱が移動していることとみなすことができる．また，海洋が大きな貯熱能力をもつため，海洋は大きな**熱的慣性**（thermal inertia）をもつと表現されることもある．

(b) 可視光線に対する大気と海水の吸収性質

地球の位置で地球が受ける**可視光線**（visible light：以下，単に光と記載）のエネルギーを100とすると，約30が光のまま宇宙空間に反射され，約20が大気に吸収され，残り約50が地表面に届く．すなわち，光は，大気で吸収される量の倍以上の量が大気の層を突き抜けて地表面を温めているのである．一方，海水は空気と同様に透明であるかのようにみえる．しかし，海に潜ると次第に暗くなることからわかるように，光は海水によって吸収される．海面に入射する光の量が約37％になる深さは，一般的な海洋では約30mと見積もられている．したがって，100mも深くなると，光の量は海面での値の数％にすぎない．このような両者の性質により，光に対し「大気は透明で，海水は不透明である」と表現することがある．

(c) 大気と海洋の時間スケール

大気や海洋に対して，いくつかの代表的な**時間スケール**（time scale）を見積もることができる．

まず，地球を一周するのに要する時間スケール（**移流時間スケール**：advection time scale）を見積もろう．外洋域でもっとも速く流れているのは**海流**（oceanic current）であるが，それでも毎秒1～2mと，大気の速さ，すなわち風速に比べるとはるかに遅

い．深層での流速はさらに遅く，速く流れている海洋西岸域の流速でも毎秒数 cm である．地球の一周である 4 万 km を仮に毎秒 1 cm で動くとすると，地球を一周するのに約 100 年かかる．一方大気は，毎秒数 m から偏西風などでは毎秒数十 m に達する．したがって，数日から数十日で地球を一周できることになる．

次に物が拡散する時間スケール（**拡散時間スケール**：diffusion time scale）を見積もろう．これは代表的な空間の大きさの 2 乗を，代表的な拡散係数で割ることで得られる．今，海洋（水深 4 km）や大気の**対流圏**（troposphere：厚さ約 10 km）の全層に拡散することを想定する．海洋と大気のおおよその拡散係数を，毎秒 1 cm^2 と毎秒 10 m^2 とすれば，時間スケールは，それぞれ約 5000 年と約 100 日となる．

次に，大気と海洋の水の置き換わる時間スケール（**滞留時間スケール**：residential time scale）を見積もろう．ここで大気の水とは，空気に含まれる水蒸気と雲を構成する水滴や氷の結晶のことである．この時間スケールは，大気と海洋に存在する水の総量を，単位時間に交換する水の量（フラックス）で割ることで得られる．ここでは，それらの具体的な数値はあげないが，海洋と大気に対してそれぞれ数千年と数十日の大きさと見積もることができる．

以上 3 つの時間スケールを取り上げたが，いずれも大気と海洋の時間スケールは約 1000 倍も異なっている．すなわち，大気は環境の変化に対して迅速に情報を伝搬することができるのに対し，海洋では情報の伝搬が極めて遅いことを意味している．

この情報が迅速に伝搬する大気であればこそ，中緯度に住む私たちが四季を享受できる．すなわち，太陽からの光エネルギーの季節変化に対し，大気は素早く応答するので，大気の底で暮らす私たちは，明瞭な季節変化を感じることができるのである．一方，海洋は海面近くにしか四季はないといえる．

(3) 海洋の大循環

大気と同様に海水も常に動いている．海水の運動を，長期間かつ広い範囲で平均したときに残る流れの場を，「**海洋大循環**（oceanic general circulation）」とよぶ．海洋にも大気の高・低気圧に似た渦がたくさん存在するが，大循環の図ではこれらは平滑化されていて現れない．大循環場に強い流れが帯状に残るところが海流であり，**黒潮**（the Kuroshio）や**ガルフストリーム**（the Gulf Stream：湾流）などと固有名詞がつけられている．

海水の運動を起こす外力には 2 つある．1 つは風が海面を擦る力，すなわち**風応力**（wind stress）であり，もう 1 つは海面での加熱・冷却と蒸発・降水による効果，すなわち**浮力**（buoyancy force）の出入りである（図 1）．前者は主に表層で卓越する循環を駆動し，後者は主に深層で卓越する循環を駆動する．そのため，前者を**風成循環**（wind-driven circulation），後者を**熱塩循環**（thermohaline circulation）とよぶこともある．

図 1 に表層循環の図を示す．北太平洋に着目すると，中緯度には，西岸域に黒潮をもつ時計回り（高気圧性）の循環がある．このような循環は他の海洋にも存在し，**亜熱帯循環系**（subtropical gyre）とよぶ．その極側には，西岸域に親潮をもつ反時計回り（低気圧性）の循環，すなわち**亜寒帯循環系**（subarctic/subpolar gyre）が存在する．南極周辺には，世界最大の海流である**南極周極海流**（Antarctic Circumpolar Current：ACC）が西から東向きに流れている．なお，インド洋の循環は，夏季の循環場が描かれている．同海域ではモンスーンにより風系が夏季と冬季では逆の循環となり，赤道域であるこの海域では循環場が逆転する．その他の海域では，循環の強さに季節変化はあるものの，ほぼ同じような形態の循環場となっている．

図 2 に，模式化した海洋の 3 次元循環像を示す．南極を中心に，大西洋，太平洋，インド洋が 3 方向に描かれ，それぞれの海洋

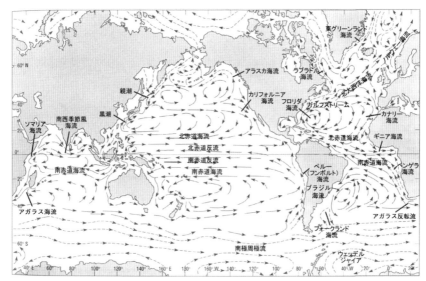

図1 表層海洋循環の模式図[2)]
海流の日本語名称は原則「海洋学用語集」に準拠したが、一部変更したところもある。

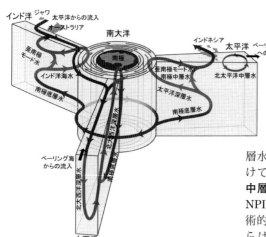

図2 海洋3次元循環の模式図[3)]

での3次元循環が描かれている。深層へは、南極周辺で形成される**南極底層水**（Antarctic Bottom Water：AABW）や、北大西洋北部で形成される**北大西洋深層水**（North Atlantic Deep Water：NADW）が沈降する。また、表層の水と深層の水の間には、中層水とよばれる水塊が極側から赤道側に向けて進入している。北太平洋では**北太平洋中層水**（North Pacific Intermediate Water：NPIW）が、**南大洋**（Southern Ocean：学術的には南極海や南氷洋は使用しない）からは**亜南極モード水**（Subantarctic Mode Water：SAMW）や**南極中層水**（Antarctic Intermediate Water：AAIW）が進入している。底層・深層水も、そして中層水も、最終的には湧昇し表層へと回帰していく。

1980年代半ば、この3次元循環をさらに簡略化して、ベルトコンベアーが世界の海を巡るように描いた図が提案された。北大西洋北部で沈み込んだ冷水がインド洋や太平洋に

侵入し湧昇し，表層水となって太平洋からインドネシアの海峡を経てインド洋に入り，インド洋で湧昇した水を加えて，アフリカ大陸の南を回り大西洋に入り，北上して元の北大西洋北部に戻る循環である．この循環を提案者の名前を冠して「ブロッカーのコンベアーベルト」とよんでいる[4]．この循環は常に駆動されているというわけでなく，動いたり（オン），停止したり（オフ）することで，全球の気候が大きく変動すると考えられている．

（4）記憶装置としての海洋

（2）の項目で述べたように，移流や拡散，水の滞留などに関する代表的な時間スケールが，大気は大変短いことから推察できるように，大気それ自身のみでは過去の状態を長期間記憶する能力に乏しい．すなわち，大気のみでは長い周期の変動をつくることができないのである．気候の長期変動をつくるためには，他の圏と相互作用し，他の圏に過去の状態を記憶（持続）してもらうことが必要となる．一般には，大気のみではせいぜい数十年の時間スケールの変動しかつくることができないが，大気と海洋が相互作用することで数千年の時間スケールまでの気候変動をつくることができ，さらに雪氷圏が加わって3つの圏で相互作用すれば数十万年までの気候変動を生じうると考えられている[5]．

海はさまざまな形で過去の情報を記憶することができる．例えば，冬季の強い冷却で厚い表層の**混合層**（mixed layer）に冷たい水塊ができたとする．春から夏にかけては日射のため，ごく表層のみが暖まるので，冬季の状態は表面に出ない．秋から冬になると再び冷却が起こり，前年の冬季の情報をもった水が出現する．これを冬季海面水温偏差の**再出現現象**（reemergence phenomenon）とよぶ．再出現現象を起こす海域は，厚い混合層内で**モード水**（mode water）とよばれる**水塊**（water mass）が形成される海域であることが知られている．この再出現現象は，海洋が前年の情報（海水の水温や塩分の状態）を亜

表層で翌年まで保持できることを示している．

また，ある性質をもった水塊が移動することで情報を遠隔地に伝達し，長期に影響を大気に与えることもある．別の項目で詳しく論じられるが，太平洋赤道域で起こる**エルニーニョ・南方振動**（El Niño/Southern Oscillation：ENSO）は，通常は西側に位置している暖水がゆっくりと太平洋中央部から東部へと移動することで，全球の天候に特徴的な影響を与える現象である．

その他にも，各海洋の中緯度に存在する亜熱帯循環では，表層の海水は数年〜10年程度で一周すると見積もられている．また，前節で述べた北太平洋中層水や南極中層水の循環の時間スケールは数十年〜数百年の大きさであり，この時間スケールの気候変動をつくり出す可能性がある．さらに，海洋の大循環の時間スケールは，放射性トレーサである炭素14などを用いて評価されているが，数千年の時間スケールをもつと考えられている．

前節に述べた「ブロッカーのコンベアーベルト」は，全球規模の気候変動に大きな役割を担っていると考えられている．すなわち，このコンベアーベルトが動いているとき（オンの状態）と，動いていないとき（オフ）では，極域への海洋の熱輸送が大きく異なるため，地球全体の気温の高低や雪氷の多少に影響することになる．　〔花輪公雄〕

文献

1) IPCC (2007)：Summary for Policymakers. In: Climate Change 2007: The Physical Science Basis. Contribution of Working Group I to the Fourth Assessment Report of the Intergovernmental Panel on Climate Change, Solomon, S. *et al.* eds., Cambridge University Press.

2) The Oceanography Course Team (2001)：*Ocean Circulation*, 2nd edition, Butterworth-Heinemann.

3) Talley, L.D., *et al.* (2011)：*Descriptive Physical Oceanography*, 6th edition, Academic Press.

4) Broecker, W.S. (1991)：The great conveyor. *Oceanography*, **4**, 79-80.

5) Kutzbach, J.E. (1976)：The nature of climate and climate variations. *Quarter Res.*, **6**, 471-480.

§Ⅳ-2
太平洋十年規模振動からさぐる気候変動
Climatic variability revealed by the Pacific Decadal Oscillation

「長期間平均した大気の総合状態」である気候も，常に揺らいでいる．この揺らぎにもさまざまな時間スケールが存在している．Ⅳ-1で述べたように，このうち比較的短い（数千年より短い）気候変動は，主に大気と海洋が相互作用する系で起こっているとみなされている．ここでは，太平洋の大気海洋相互作用が主な原因と考えられている**エルニーニョ現象**（El Niño event）と**太平洋十年規模振動**（Pacific Decadal Oscillation：PDO）を取り上げる．なお，前者の時間スケール（発生間隔）はおおよそ4年程度である．

世界の海洋は，太平洋，**大西洋**（Atlantic Ocean），**インド洋**（Indian Ocean）の3大洋と，地中海や日本海などの縁辺海に分けられる．このうち太平洋は，世界の海洋のなかでもっとも大きな海で，全海洋面積の45％を占め，平均水深も約4200mともっとも深い．

(1) ENSO イベント
(a) エルニーニョと南方振動，エルニーニョ現象

エルニーニョ（El Niño）はスペイン語で，英語で書けばThe Boyであり，神の子イエス・キリストを指す．南米ペルー沖の海域では，毎年クリスマスの時期になると，東風である**貿易風**（trade wind）が弱まるため，**赤道湧昇**（equatorial upwelling）が止み，表層付近は暖水で覆われる．そのため不漁となり，漁民たちは休漁期間に入る．このような状態を「幼子イエスが'やんちゃ'をおこしている」との意味でエルニーニョとよんでいた．これが毎年起こる，季節変化としてのエルニーニョである．

一方，南米ペルー沖の表層海洋の昇温が，春から翌年の春ごろまでほぼ1年も続く現象が，数年おきに起こっていることも知られてきた．この海洋の現象に伴い，世界中の天候に特徴的な変化が起こるため，海洋のみならず気象や気候の観点からもこの現象が注目された．とくに1970年代以降注目が集まり，1980年代初めに大きなエルニーニョが起こったこともあり，気候研究の主要対象の1つとなった．季節変化としてのエルニーニョと区別するため，この大きなイベントをエルニーニョ現象とよぶが，研究者は単にエルニーニョとよぶ．ここではエルニーニョ現象と記す．

図1に1996年12月と1997年12月の**海面水温**（sea surface temperature：SST）分布と両者の差を示す．1996年12月はほ

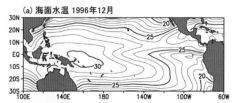
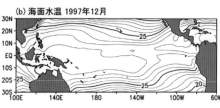
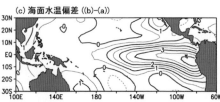

図1 (a)1996年12月の海面水温分布，(b)1997年12月の海面水温分布，(c)その水温差（1997年12月マイナス1996年12月）
1997年春から1998年春まで，観測史上最大のエルニーニョが発生した．

ぼ平均的なSST分布であり，1997年12月のそれは，エルニーニョ現象最盛期のSST分布である．差の分布は，ペルー沖の赤道に沿って，最大4℃以上にも達するもので，ここ150年にわたる観測史上最大のエルニーニョ現象といわれている．この南米沖海域の昇温の理由は，通常西部海域に蓄積された暖水が中央部から東部へと移動するためである．

一方，1920年代～1930年代にかけて**インドモンスーン**（Indian Monsoon）の研究が進展するなか，太平洋赤道域に西側（海大陸付近を中心とする領域）と中央部から東部（タヒチからペルー付近の領域）で，海面気圧が数年周期でシーソーのように互いに逆位相で変動していることがみいだされ，この現象は**南方振動**（Southern Oscillation）と名付けられた．

この南方振動は大気側の，エルニーニョ現象は海洋側の気候変動とみられていたが，両者は密接に関係しており，大気と海洋が一体となった一現象であることが後に判明した．そのため，この現象を，両者名称から**エンソイベント**（ENSO event）とよぶこともある．

また，研究の過程で，南米沖の赤道域の海面水温が昇温するエルニーニョ現象とは逆の，平常値よりも降温する現象についても注目が集まるようになった．この現象を，当初はアンチエルニーニョ現象とよんでいたが，その後ある研究者の提案で'女の子'を意味する**ラニーニャ**（La Niña）**現象**とよぶようになった．

(b) **エルニーニョ現象に対する指数**

エルニーニョ現象やラニーニャ現象は，毎回異なった様相と強さをもって発生する．このうち，強さを表現するための指数が定義されており，またこの指数を用いて現象の発生と終息を判断している．研究者によりさまざまな指数が提案されているが，気象庁が採用している指数は，エルニーニョ監視域（NINO.3海域ともよぶ）である赤道から南北5°，150°W～90°Wの海域の，月平均SST偏差を5か月移動平均した値である．

これをNINO.3指数とよぶ．

気象庁では，エルニーニョ監視海域の海面水温の基準値との差の5か月移動平均値が，6か月以上続けて+0.5℃以上となった場合を「エルニーニョ現象」，-0.5℃以下となった場合を「ラニーニャ現象」と定義している．

ここで月平均値に5か月の移動平均を行うのは，赤道域の大気に数十日周期の**季節内変動**（intraseasonal oscillation），あるいは発見者の名前を冠して**マッデン・ジュリアン振動**（Madden-Julian Oscillation：MJO）とよばれる東進する擾乱があるためである．この擾乱により気圧やSST偏差なども数か月周期で変動するため，移動平均をとってこの影響を平滑化している．このことがエンソイベントの発生や終息についての発表が遅れる理由ともなっている．

図2は，1950年以降のエルニーニョ監視域（NINO.3）のSST偏差の時系列を示す．2016年までの65年の間で起こったエルニーニョ現象は15回，ラニーニャ現象は14回である．したがって，平均して4年に1回，

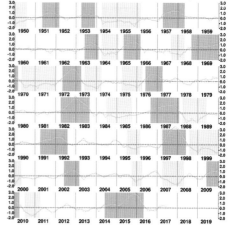

図2 エルニーニョ監視域（NINO.3）における1950年以降のSST偏差の時系列
淡い網掛けの期間がエルニーニョ現象，濃い網掛けの期間がラニーニャ現象．気象庁の資料による．

エルニーニョ現象やラニーニャ現象が発生していることになる．研究の当初は，これらの現象は特異な現象と思われてきたが，現在では，赤道域に不可避的に起こる準周期的な現象とみなされている．

(c) エルニーニョ現象と日本および世界の天候

前節で述べたように，エルニーニョ現象の発生とともに，南方振動という大規模な気圧の変化が起こっている．図1aで示されるSSTの高い赤道太平洋西部（暖水プールともよばれる）では，大気が下部から温められるため上昇気流が起こり，積乱雲が湧き立っている．海面の気圧はそのため低くなる．多くの水蒸気をもった空気塊が上昇して凝結すると，大量の**潜熱**（latent heat）を放出し，周囲の空気塊を温めている．すなわち，暖水の領域では，海から大気へと大量の熱が輸送されているとみなすことができる．

エルニーニョ現象時は，図1bのようにこの暖水が赤道に沿って中央部から東部に移動するので，この上昇気流域，すなわち大気への熱輸送域も中央部から東部に移動することになる．このような大気の過熱域の移動により，大気には**テレコネクションパターン**（teleconnection pattern）とよばれる波列が励起されることになる．このテレコネクションパターンは，理論的には**定常ロスビー波**（stationary Rossby wave）と解釈されている．比較的振幅の小さな高気圧と低気圧が，交互に連なったものとみなされる．

テレコネクションパターンには多くのモードが発見されている．エルニーニョ現象が発生しているときにも，いくつかのテレコネクションパターンが発生していると考えられている．この存在により，エルニーニョ現象は太平洋赤道域の現象にもかかわらず，世界中の天候に影響をもたらすことになる．図3にエルニーニョ現象発生時の，夏季と冬季の世界の特徴的な天候の変化を示す．気温に顕著な変化がみられる地域や，降水量に顕著な偏差がみられる地域などがある．

日本周辺では，一般的には夏季は冷夏，冬季は暖冬となる傾向がある．しかしながら，中〜高緯度の天候には，エルニーニョ現象とは独立した特有の現象もあるため，エルニーニョ現象が毎回決まった天候をもたらすわけではないことに注意すべきである．

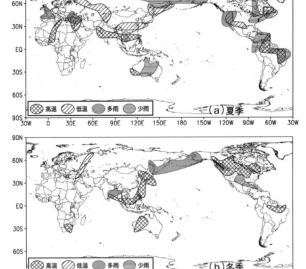

図3 エルニーニョ現象発生時の世界の天候の特徴
(a) 夏季，(b) 冬季．気象庁ホームページの図を改変．

(2) 太平洋十年規模振動
(a) アリューシャン低気圧の消長

1980年代後半，日本の冬季の天候が，それまでの寒冬傾向から暖冬傾向に急激に遷移したのではないかとの指摘がなされた．その後，エルニーニョ現象

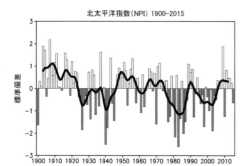

図4 北太平洋指数（NPI）[1]
30°N〜65°N，160°E〜140°W までの領域の，11〜3月まで海面気圧の平均値から長期間平均値を差し引き，標準偏差で規格化したもの．太い実線は，平滑化を施し，長周期変動を抽出したもの．負（正）のNPIは，アリューシャン低気圧が発達した状態を意味する．

に並び，北太平洋におけるより長期の気候変動についての研究が進展した．北太平洋とその周辺における冬季の特徴的な気圧配置は，ユーラシア大陸東部の**シベリア高気圧**（Siberian High）と，北太平洋北部の**アリューシャン低気圧**（Aleutian Low）である．

アリューシャン低気圧の強さを表す指数として，Trenberth and Hurrell (1994)[1] は，30°N〜65°N，160°E〜140°W までの領域で平均した海面気圧で定義される**北太平洋指数**（North Pacific Index：NPI）を提案した．図4に冬期（11〜3月）平均の時系列を示す．負（正）のNPIは，アリューシャン低気圧が通常よりも発達していることを示す．この図より，年々変動も大きいものの，より長期の変動も存在していることがわかる．変動周期に対する時系列解析から，20年や50年の周期をもつ変動が指摘されている．

Sugimoto and Hanawa (2009)[2] は，より直接アリューシャン低気圧の中心位置とその気圧の時系列を作成し，中心位置の変動と気圧の変動（強さ）の関係を調べた．その結果，強さと東西位置の変動には高い相関があり，東偏するときに強まり，西偏するときに弱まること，この変動は20年周期で卓越することをみいだした．一方，南北位置変動は強さとの関連性はなく，変動周期は約10年であることを示した．さらに，東西位置の変動には太平洋-北米（Pacific-North American：PNA）テレコネクションパターンが，南北位置変動には西太平洋（West Pacific：WP）テレコネクションパターンが関与していることもみいだした．

以上のことは，NPIの変動とPNAテレコネクションパターンの変動が密接に連動していることを意味している．実際，NPIとPNA指数の相関は非常に高い．

(b) 太平洋十年規模振動

Mantua ら (1997)[3] は，北太平洋のSSTの**経験的直交関数**（Empirical Orthogonal Function：EOF）解析でえられた第1モードを，**太平洋十年規模振動指数**（PDO Index：PDOI）とよんだ．図5にこのPDOIの時系列と，12月，1月，2月のPDOIの偏差が正と負の時の，SSTと気圧の偏差の分布を示す．PDOIが正/負偏差のときは，アリューシャン低気圧が強化/弱化していること，したがって，北太平洋中・高緯度海域のSSTは負/正偏差を取ることがわかる．太平洋赤道域のSST偏差は，PDOIが正/負のときに，中央部から東部にかけて正/負偏差を取ることがわかる．一方，指数の時間変動制に着目すると，月ごとの変動が大きいものの，数年スケールの変動から10年程度，さらに長い数十年スケールの変動が存在していることがわかる．また，図4のNPIと比較すると，おおむね逆相で変動していることがわかる．2つの指数は，ほぼ同じ現象を異なる側面から表現しているとみてよい．

なお，この赤道域と北太平洋北部のSST偏差の正負分布は，エルニーニョ現象やラニーニャ現象時のそれと似ていることから「decadal ENSO」とよぶ研究者もいる．

(c) 太平洋十年規模振動のメカニズム

NPIやPDOIが数十年スケールで変動するメカニズムはどのようなものであろうか．残念ながらまだ多くの研究者が納得するよ

うな定説はない.以下,太平洋数十年変動に対するさまざまな考え方について紹介する.なお,『レジーム・シフト－気候変動と生物資源管理－』[4]のパートIに,この時間スケールの変動に焦点をあてた研究のレビューがなされているので,詳しくはそちらを参照されたい.

大気の確率的強制に対する海洋の応答:
一般に,海洋は大気からの確率的強制に対して,時間スケールの長い方にエネルギーが遷移(赤色化)して応答する.具体的には,大気からの加熱・冷却という熱的強制に対し,海洋の混合層の水温は熱フラックスを積分した形で応答する.したがって,変動は長周期

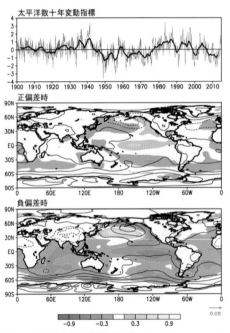

図5 太平洋十年規模振動指数(PDOI)の1900年から2014年までの月平均値の時系列(上図).太実線は37か月移動平均.PDOIはPMELのウェブサイトから入手した.冬季におけるPDOIが正偏差時(中図)と負偏差時(下図)の,SST偏差(影に白実線が正偏差,白破線が負偏差)と気圧偏差(黒実線が正偏差,黒破線が負偏差)の合成図.気圧偏差のコンターは1hPa.気候値1980～2010年の31年間.

側で強調される.これと海洋の大きさに依存した応答が組み合わさり,数十年変動を出現させるとする仮説(例えば,Frankignoul et al., 1997[5]).

大気海洋相互作用: 大気と海洋が結合(相互作用)した変動であり,海洋の循環場が数十年という時間スケールを決めているとする仮説.このなかでも2つの仮説がある.1つは,ある水温偏差をもつ水塊が大気(アリューシャン低気圧)経由で遠隔域の海洋を強制して逆符号の偏差をつくり,その水塊が先の水塊の位置にきて,さらに逆符号の偏差をつくり振動を生じさせると考え,水塊の中緯度亜熱帯循環系内で周回する時間スケールが数十年という時間スケールを決めるとする仮説(移流モード仮説[6]).もう1つは,中緯度でえた水温偏差をもつ水塊が海洋内部で赤道域に達して赤道域のSST場を変え,それが大気経由で中緯度海洋にフィードバックを与えることで,数十年スケールの変動を起こすという仮説(サブダクションモード仮説[7])である.

交点潮による強制: 交点潮(nodal tide)とは,月の軌道面が地球の赤道面に対し18.6年の周期で18.3°～28.6°の間で変動することによる天文潮のこと.これにより,半日周期や1日周期の潮汐の振幅も,数%～数十%も変動する.この結果,浅海域や海峡付近での鉛直混合の大きさが変動することになり,海洋の成層を変え,ひいては気候にまで影響するという仮説.海洋の成層状態や,溶存酸素や栄養塩の濃度がこの周期で変動しているとの指摘がなされている(例えば,Yasuda et al., 2006[8]).

太陽活動度の変動に対する応答: 太陽黒点の活動は約11年周期であるが,太陽の磁場はこの周期で反転しているので,基本的にはその倍の周期の約22年で磁場の極性は元に戻る.太陽活動の変化による熱エネルギーの変化は,単位面積あたり1～2Wであり,直接熱エネルギーの変化に気候が応答しているとは考えにくい.ただし,可視域

より短波長の紫外線や，さらに短い波長域のエネルギーの変化はかなり大きいので，それらが対流圏より高層の大気の状態を変え，結果的にそれらが対流圏まで影響を与えているとの仮説．また，太陽磁場強度の変動が地球磁気圏に影響を与えて地球に降り注ぐ宇宙線の強度を変えることで，対流圏の雲核の形成量を変え，結果的に雲量を変えることで気候変動をつくるとの仮説もある（例えば，Friis-Christensen and Lassen, 1991[9]）.

(d) 海洋物理環境のレジームシフト

前節では太平洋十年規模振動を説明するために提出されたいろいろな仮説を概観したが，いずれも**周期的振動**（periodic oscillation）であるとの見方である．これに対し，気候には準定常状態が複数存在し，それらの間を急激に遷移しているとの見方がある．この急激な遷移を，**気候ジャンプ**（climatic jump），あるいは**レジームシフト**（regime shift）とよぶ．

Yasunaka and Hanawa（2005）[10] は全球の SST 場に現れるレジームシフトを複数の SST データセットを用いて検討した．その結果，1910 年以降の約 100 年間で，少なくとも 5 回のレジームシフトが発生したことを指摘した．5 回とは，1925 〜 1926 年，1942 〜 1943 年，1957 〜 1958 年，1970 〜 1971 年，1976 〜 1977 年である．なお，これらの年は，レジームシフトを挟んでエルニーニョ現象からラニーニャ現象へと，あるいはその逆の遷移が起こっているときにあたっていた．すなわち，背景状態が緩やかに変化しつつあるときに発生したエルニーニョ現象やラニーニャ現象が，位相を急激に変化させて，ある準定常状態からもう 1 つの定常状態へと遷移させていると考えられる．この背景状態の変化とは，(2)(c) で述べたような過程の 1 つで生じているのかもしれないが，まだ定説はない．

太平洋が主役を担っているとみなされているエルニーニョ現象と，太平洋十年規模振動について記述した．双方とも研究の蓄積がな

されてきたが，まだ，多くの不明な点が残されている．とくに太平洋十年規模振動については，多くの研究者が納得する定説がない．今後も蓄積された資料の解析，あるいは研究船による観測や篤志観測船を用いたモニタリング，さらに 2000 年以降整備が進んだアルゴフロートによるモニタリングを通しての実態解明が望まれる．また，それらに並行して数値モデルを用いた再現（歴史）実験による研究を通したメカニズムの解明もなされるべきである． 〔花輪公雄〕

文献

1) Trenberth, K., and Hurrell, J.W. (1994)：Decadal atmosphere-ocean variations in the Pacific. *Clim. Dyn.*, **9**, 303-319.

2) Sugimoto, S., and Hanawa, K. (2009)：Decadal and interdecadal variations of the Aleutian Low activity and their relation to upper oceanic variations over the North Pacific. *J. Meteor. Soc. Japan*, **87**, 601-614.

3) Mantua, N. *et al.* (1997)：A Pacific interdecadal climate oscillation with impacts on salmon production. *Bull. Amer. Meteor. Soc.*, **78**, 1069-1079.

4) 川崎健他 (2007)：レジーム・シフト―気候変動と生物資源管理―，成山堂書店.

5) Frankignoul, C. *et al.* (1997)：A simple model of the decadal response of the ocean to stochastic wind forcing. *J. Phys. Oceanogr.*, **27**, 1533-1546.

6) Latif, M. and Barnett, T. P. (1994)：Causes of decadal climate variability over the North Pacific and North America. *Science*, **266**, 634-637.

7) Gu, D. and Philander, S. G. H. (1997)：Interdecadal climate fluctuations that depend on exchanges between the tropics and extratropics. *Science*, **275**, 805-807.

8) Yasuda, I. *et al.* (2006)：Possible explanation linking 18.6-year nodal tide cycle with bidecadal variations of ocean and climate in the North Pacific. *Geophys. Res. Lett.*, **33**, L08606, doi：10.1029/2005GL025237.

9) Friis-Christensen, E. and Lassen, K. (1991)：Length of the solar-cycle：An indicator of solar-activity closely associated with climate. *Science*, **254**, 698-700.

10) Yasunaka, S. and Hanawa, K. (2005)：Regime shifts and ENSO events in the global SSTs. *Int. J. Climatol.*, **25**, doi:10.1002/joc.1172, 913-830.

§Ⅳ-3
気候変動と海洋生態系の
レジームシフト
Climatic variation and regime shift of the marine ecosystem

(1) レジームシフトの定義
レジームシフトとは，大気・海洋・海洋生態系から構成されるグローバルな地球表層系の基本構造（regime）が，数十年の時間規模で転換（shift）することをいう[1],[2]．

(2) レジームシフト理論形成の経緯
Russell（1931）[3]によって提唱され，Beverton and Holt（1956）[4]によって精密化された**最大持続生産量**（maximum sustainable yield：MSY）理論は，海洋生物資源のバイオマスの変動要因から「環境」を取り除き，「漁獲の力」がバイオマスと平衡しているとした．このような理論が国連海洋法条約に取り込まれ，さまざまな誤解を招いてきた．例えば，数十年の時間規模で大変動するイワシ類の変動要因は，MSY理論を支持する人たちによって乱獲であるとされてきた．MSY理論に従えば，漁獲量を調節すれば，意のままに資源サイズを動かすことができる．

Kawasaki（1983）[5]は，太平洋で互いに遠く隔たって分布しているマイワシ属（*Sardinops*）の3つの種（日本近海のマイワシ，カリフォルニア・マイワシ，南アメリカ・マイワシ）のバイオマス変動が同期していることから，共通の変動要因はグローバルな気候変動しかないとし，世界の平均気温との相関を指摘した[5],[6]．

他方，赤道太平洋から北太平洋北部にかけて大気・海洋系に数十年規模の大きな変動が起こっていることが，1990年前後に日米の海洋物理学者によって確認され[7],[8]，さらに世界の海洋生態系変動に関する知見も蓄積されて，20世紀末にレジームシフト理論が確立した．

(3) 大気－海洋系のレジームシフト
太平洋十年規模振動（Pacific Decadal Oscillation：PDO）は，太平洋の気候（大気⇔海洋）のパターン（平均状態）が数十年の時間間隔で転換する現象である．PDO Indexが正の時のパターンを warm phase，負の時のパターンを cool phase という（図1）．warm phase の時には，北西太平洋においては**海面水温**（sea surface temperature：SST）

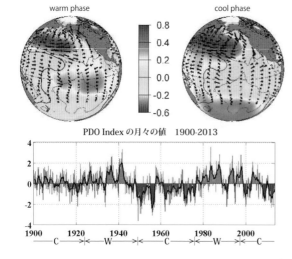

図1 SSTの偏差（カラー）と海面における風の応力の偏差（矢印）→最新データは口絵32
上：PDOの偏差パターン．下：PDO指数［月］の時系列（1900～2013年）．
W：warm phase，C：cool phase．

の偏差（anomaly）が負になり，cool phase の時には正になることに注意が必要である．図2下段に，フェイズの期間区分を示す．近年について，1947～1976年（cool phase）をA期，1977～1998年（warm phase）をB期，1999～2013年（cool phase）をC期とよぶことにする．

太平洋の気候変動の主な源は，赤道太平洋で生じる**エルニーニョ・南方振動**（El Niño / Southern Oscillation：ENSO）である．図2上段にSOのIndex（タヒチ島における地上気圧からオーストラリアのダーウィンにおける地上気圧を差し引いた差のIndex）の，PDOフェイズ区分に対応した平均値を示す．SOIの平均値は，A期とC期には正で南東貿易風が強いことを示し，B期には負で，弱いことを示す．

また図2下段には，NINO.3海域（エルニーニョ監視海域，$5°N～5°S$, $90°W～150°W$）における，PDOのフェイズ区分に対応した，基準値に対するSSTの偏差の平均値が示されている．SOIと逆符号となる．

図2上段に，1890年以降の世界の平均地上気温（陸域＋海上）の偏差（基準値：1901～2000年）の変動を示す．これを見ると，1910年以降の地球温暖化の時間的経過は一様ではなく，上昇期と横ばい期ハイエイタス（hiatus）に分けられる．ハイエイタスは，主として赤道太平洋西部からインド洋にかけての海洋内部，水深100～300mの水温躍層（thermocline）に熱が蓄積されることによって生ずる．

2000年以降，漂流測器アルゴフロート（Argo float）3000本の全球海洋への展開により，水深2000mまでの全球海洋の物理・化学量の時間・空間構造が明らかになってきた．

地上気温上昇期はPDOのwarm phaseに対応し，ハイエイタスにはcool phaseが対応している．このことは，大気-海洋系のレジームシフトのコア・プロセスは，海洋による熱の蓄積⇔放出であることを示している．

(4) 海洋生態系のレジームシフトの特徴
以下の3項目があげられる．
① 海洋生態系の基本構造は，大気-海洋系のレジームシフトによって駆動されており，数十年規模の量的・質的変動を示す．変動は漸次的ではなく，段階的である．
② 変動は，近縁種間の魚種交代を伴う．そ

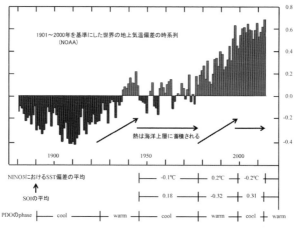

図2 世界における平均地上気温の平年（1901～2000年）偏差の時系列，ならびにNINO.3のSST偏差，SOI，PDOのフェイズ．

の典型例として，小型浮魚のマイワシは convex 型，カタクチイワシは concave 型のバイオマス変動を行って，両種の間で魚種交代を行っている（図3）．
③変動は，発育段階間の生物エネルギーの流れのパターンの転換を伴う．

(5) 世界の海でのニシン類の魚種交代

グローバルな規模で大変動し，魚種交代を行うニシン類は，ニシン属（*Clupea*），マイワシ属（*Sardinops*）とカタクチイワシ属（*Engraulis*）である（図4）．マイワシとニシンの魚種交代は，レジームシフトの典型例である．図3に，日本のマイワシ（選好水温：13～20℃）とカタクチイワシ（15～28℃）の漁獲量（5年移動平均値）の変動を，1907～2011年について示す．両種の間の数十年スケールの魚種交代は規則的で，大気⇔海洋の変動によって駆動されている．

SO の変動が赤道太平洋東部の SST を変え，PDO パターンを転換させている（図2下段）．全球地上気温の上昇・ハイエイタスは，海洋による熱の放出・蓄積に対応し（図2上段），レジームシフトのコア・プロセスとして，魚種交代を駆動している（図5）．

(6) 日本海における暖水性表層魚類生態系のレジームシフト

日本海は半閉鎖海であり，そこにおける魚類生態系の変動は，北西太平洋における変動をクリアに反映している．ここでは，漁獲量を資源量（バイオマス）と読み替える．

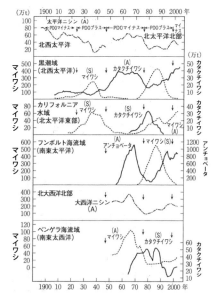

図4 世界の各海域におけるニシン・イワシ類の漁獲量（5年移動平均値）と PDO の長期変動
↓は PDO の転換点．

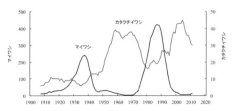

図5 日本におけるマイワシとカタクチイワシの漁獲量［万 t］（5年移動平均）の時系列（1907～2011年）

(a) マグロ類の魚種交代

メバチ，キハダ，クロマグロの3種は，PDO パターンの転換に対応してバイオマス・レベルの転換を行っている．熱帯性マグロのメバチとキハダは convex 型，温帯性マグロのクロマグロ変動は concave 型で，熱帯性マグロと温帯性マグロの間で魚種交代を行っている（図6）．

(b) ブリとサワラの漁獲量変動

大型浮魚であるブリとサワラは，concave 型のバイオマス変動を行っている（図7）．

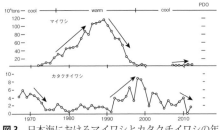

図3 日本海におけるマイワシとカタクチイワシの年漁獲量の変動

サワラはとくに明瞭な変動を示す.

(c) 栄養段階（trophic level：TL）と TL 間でのバイオマス変動

大型浮魚（large pelagics：LP）であるカツオ・マグロ類，ブリ，サワラの漁獲量と小型浮魚（small pelagics：SP）であるマイワシ，カタクチイワシ，マアジ，サバ類の漁獲量の比（LP／SP）は，concave 型の変動を示す．LP と SP の変動は，逆相関している（図 8）．

(7) 北西太平洋の暖水性表層生態系のレジームシフトのメカニズムを説明する trophodynamics 仮説

北西太平洋の暖水性表層生態系の変動を説明するために，1920〜2010 年までの日本の漁獲統計を解析して，**栄養動態**（trophodynamics）仮説が提案されている（図 9）[9]．

本州東方の親潮水域における動物プランクトンのバイオマスは，warm phase（北西太平洋では SST 偏差が負）で小さく，cool phase（北西太平洋では SST 偏差が正）で大きくなる傾向がある．また，SP（マイワシ，カタクチイワシ，サバ類，アジ類，サンマ）のバイオマスは，warm phase で高く，cool phase で小さい（図 9B）．一方，LP（マグロ類）のバイオマスは，逆に warm phase

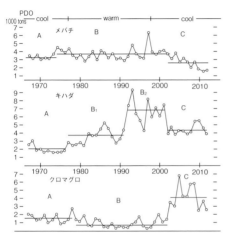

図 6 日本海におけるメバチ，キハダ，クロマグロの年漁獲量およびその平均レベルの変動

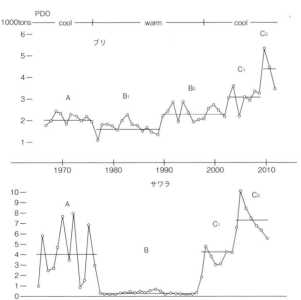

図 7 日本海におけるブリとサワラの年漁獲量およびその平均レベルの変動

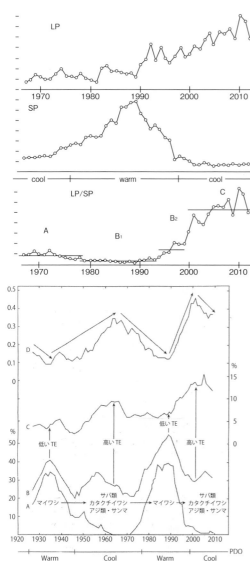

図8 上：日本海におけるLP（暖水性大型浮魚（カツオ・マグロ類，ブリ，サワラ）の年漁獲量）の時系列
中：SP（暖水性小型浮魚（マイワシ，カタクチイワシ，マアジ，サバ類）の年漁獲量）の時系列．下：LP/SPの時系列

図9 北西太平洋の暖水性浮魚生態系におけるTL間のエネルギーの流れのレジームシフト：1926〜2010年（漁獲量：3年移動平均）[9]
A　マイワシ漁獲量/総漁獲量（マイワシのバイオマスの指数）
B　小型浮魚漁獲量/総漁獲量（小型浮魚（マイワシを含む）のバイオマスの指数）
C　大型浮魚漁獲量/総漁獲量（大型浮魚（マグロ類）のバイオマスの指数）
D　大型浮魚漁獲量/小型浮魚漁獲量（バイオマスの比の指数）．

で小さくcool phaseで大きい（図9C）．このことは，次のように説明される．

北西太平洋における生物生産性は，**アリューシャン低気圧**（Aleutian Low：AL）の強さに大きく支配される．warm phaseでは北西太平洋でALが発達し，湧昇が盛んとなり，SSTが低下するので，マイワシが爆発的に増大する．マイワシ（図9A）は植物プランクトンや動物プランクトンのTLからSPのTLへの**エネルギーの転送効率**（transfer efficiency：TE）が高く，またSPのTLからLPのTLへのTEが低くて，生

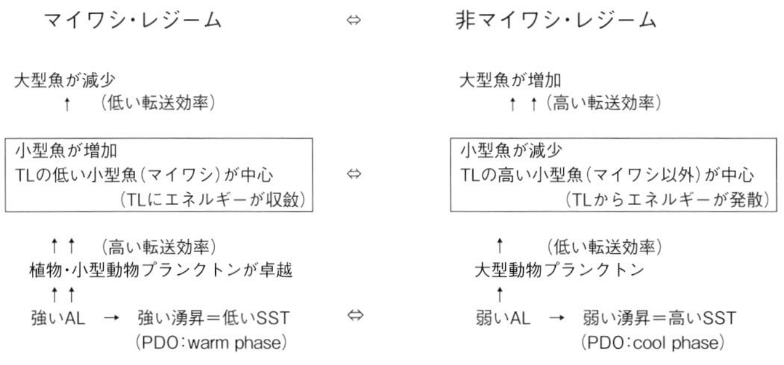

マイワシ・レジーム　　　⇔　　　非マイワシ・レジーム

大型魚が減少　　　　　　　　　　　大型魚が増加
　↑　　（低い転送効率）　　　　　　↑↑（高い転送効率）

小型魚が増加		小型魚が減少
TLの低い小型魚（マイワシ）が中心	⇔	TLの高い小型魚（マイワシ以外）が中心
（TLにエネルギーが収斂）		（TLからエネルギーが発散）

　↑↑　（高い転送効率）　　　　　　↑　（低い転送効率）
植物・小型動物プランクトンが卓越　　大型動物プランクトン
　↑↑　　　　　　　　　　　　　　　　↑
強いAL　→　強い湧昇＝低いSST　⇔　弱いAL　→　弱い湧昇＝高いSST
　　（PDO：warm phase）　　　　　　　　（PDO：cool phase）

図10　海洋表層暖水系生態系のレジームシフトの概念図

態系の生物エネルギーは，SP の TL に**収束**（converge）する．この時期をマイワシ・レジームとよぶ．

　北西太平洋で AL が弱い cool phase では，上記とは逆の過程が進行し，SP の TL から生物エネルギーが**発散**（diverge）する．この時期を非マイワシ・レジームとよぶ．この結果，LP のバイオマスと SP のバイオマスの比 LP/SP は大きく波を打ち，cool phase で高い値を示す（図 9D）．

　栄養動態仮説を整理して，図 10 に示す．暖水性表層生態系は，SP の TL におけるエネルギーの収束・発散を軸にして進行する．

(8) 地球温暖化とレジームシフト

　地球温暖化によって日本海の SST は急上昇しているが，熱帯性マグロであるメバチ・キハダの資源レベルは，低下している（図4）．また，冷水性のマダラの資源レベルは上昇している．「温暖化すると暖水性の魚が増え，冷水性の魚は減る」とは一般的にはいえないのであって，資源レベルは，基本的にはレジームシフトの原理によって変動し，温暖化の効果は，それに上乗せされる複合作用として働く．　　　　　　　　〔川崎　健〕

文献

1) 川崎　健（2008）：イワシと気候変動，岩波新書．

2) 岩波書店（2008）：レジームシフト，広辞苑（第6版）．

3) Russell, E. S.(1931)：Some theoretical considerations on the "overfishing" problem, *J.Cons.Explor, Mer*, **6**, 3-20.

4) Beverton, R.J.H and Holt, S. J. (1956)：A review of methods for estimating mortality rates in exploited populations, with special reference to sources of bias in catch sampling, *Rapp. Cons. Esplor. Mer*, **140**, Pt I, 67-83.

5) Kawasaki, T. (1983)：Why do some pelagic fishes have wide fluctuations in their numbers?, *FAO Fisheries Report*, **291**, 1065-1081.

6) Kawasaki, T. and Omori, M. (1986)：Fluctuations in the three major sardine stocks and the global trend in temperature, Long Term Changes in Marine Fish Populations, Vigo Spain.

7) Nitta, T. and Yamada, S. (1989)：Recent warming of tropical sea surface temperature and its relationship to the Northern Hemisphere circulation, *J. Meteor. Soc. Japan*, **67**(3), 375-383.

8) Trenberth,R.E. (1990)：Recent observed interdecadal climte changes in the Northern Hemisphere, *Bull. Amer. Meteor.Soc*, **71**(7), 988-993.

9) 川崎　健（2012）：レジームシフトのメカニズムについての trophodynamics 仮説の提案，黒潮の資源海洋研究，**13**，1-9．

10) Kawasaki, T. (2013)：*Regime Shift−Fish and Climate Change−*, Tohoku University Press.

ENSOの多様性からさぐる気候変動
Climatic variation related to ENSO diversity

§Ⅳ-4

熱帯太平洋の東部から中部を中心とする海面水温の上昇現象であるエルニーニョ現象と，逆に海面水温の低下現象であるラニーニャ現象は，東西循環を介して，海面気圧のシーソー的昇降である南方振動を引き起こしている．この熱帯域における大気－海洋が連動して生じる現象は**エルニーニョ・南方振動**（El Niño / Southern Oscillation：ENSO）として知られ，エルニーニョ，ラニーニャが発生している状態をそれぞれENSOのウォームイベント，コールドイベントとよぶ．これらの現象に伴って，世界のさまざまな地域で異常気象や異常天候が生じることから，社会的・経済的な影響が大きい．

ENSOに関連した熱帯太平洋の海面水温偏差に伴うグローバルな降水量と地上気温に対する影響は，Ropelewski and Halpert (1987)[1] とHalpert and Ropelewski (1992)[2] により概説され，一般的なENSOによる影響として知られている（図1）．一方，ENSOイベントごとに海面水温偏差の広がりや大きさ，時間的発達過程などに違いがあり，この違いによってグローバルな気候への影響も異なっていることも知られている．とくに2004年夏季に生じた熱帯太平洋での少し変わった海面水温偏差分布は，これまで典型とされてきた地上気温や降水量への影響とは異なるものであったため，2000年代に入り，ENSOの多様性に関する議論が活発となった．ここでは主要論文 Capotondi et al. (2015)[4] と Wang et al. (2016)[5] に基づいて，こうしたENSOの多様性とその気候変動に与える影響の違いについて述べる．

(1) エルニーニョ現象とラニーニャ現象

ENSOの多様性研究は，偏差が極大とな

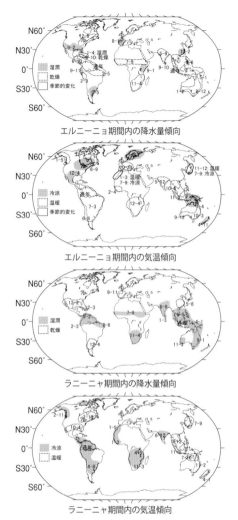

図1 ENSOによる降水量と地上気温への影響
図中の数字は影響する月・期間を示す．イギリス気象庁[3] を元に著者作成．

る時期の海面水温偏差パターンに注目して行われる．図2は，北半球冬季における1997～1998年と2004～2005年のエルニーニョと，2007～2008年と1988～1989年のラニーニャについて海面水温偏差を示したものである．1997～1998年のウォームイベントでは，正の海面水温偏差が南アメリカ大陸

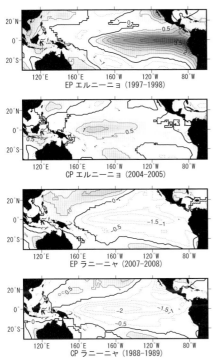

図2 ENSOに関連した海面水温の多様性
CP型，EP型の典型例とされる北半球冬季（12～2月）における海面水温偏差（℃）を示し，平均値として1981年12月～2010年2月の期間を使用．等温線間隔は0.5℃，平均より高い海面水温領域を陰影によって示されている．Extended Reconstructed Sea Surface Temperature (ERSST) v3bを元に著者作成．

表1 ENSOに関連して定義される海域

海域名	範囲	海域の特徴と領域平均海面水温の利用のされ方（×10^6km^2）
Niño 1+2	10°S～赤道, 90°W～80°W	地元住民によってエルニーニョが最初に認識された海域であり，水温の変動幅が最も大きい．
Niño 3	5°S～5°N, 150°W～90°W	エルニーニョの監視，予測のために利用される．日本の気象庁で用いられるエルニーニョ監視海域NINO.3と同等であり，気象庁では，この海域における海面水温偏差の5か月移動平均値が6か月以上続けて+0.5℃以上となった場合をエルニーニョ現象，-0.5℃以下となった場合をラニーニャ現象と定義する．
Niño 3.4	5°S～5°N, 170°W～120°W	ENSOに関する大気－海洋相互作用において，最も重要な海域とされる．米国海洋大気庁（NOAA）では，3か月移動平均偏差が5か月連続して0.5℃以上となった場合をエルニーニョ現象，-0.5℃以下であった場合をラニーニャ現象として定義する．
Niño 4	5°S～5°N, 160°E～150°W	赤道太平洋中部での海面水温偏差を捉える海域であり，他の指標海域に比較して変動幅が小さい．

の西岸で極大となり，西に向かって偏差の大きさを減少させながら広がり，よく知られた典型的エルニーニョに類似したパターンを示している．一方，2004～2005年には，熱帯太平洋東部に目立った昇温はなく，日付変更線付近でもっとも昇温し，全体として海面水温の正偏差はかなり弱いものとなっている．コールドイベントは，ウォームイベントに比較して，より西側で極大に達する傾向にあるが，イベント間の空間パターンには微妙な違いしか認められない．この理由からENSOの多様性研究はウォームイベントを中心に行われてきている．

熱帯太平洋東部における海面水温偏差の大きさは異なるものの，従来からいわれているエルニーニョの定義としての特徴をもち，一方で偏差の極大域が異なることから，この似て非なる海面水温偏差パターンは**エルニーニョ・モドキ**（El Niño Modoki），日付変更線付近に中心をもつことから**デートライン・エルニーニョ**（Date Line El Niño），西部太平洋の暖水プール付近に対応することから**ウォームプール・エルニーニョ**（Warm Pool El Niño）ともよばれてきた．現在のと

ころ, ENSO の 2 つのタイプを分ける用語が確定されているわけではないので, 最大の海面水温偏差を熱帯太平洋東部に中心におくものを東部太平洋タイプ (EP 型), 日付変更線の近くに偏差をもつものを中部太平洋タイプ (CP 型) として, 以降表現する.

1977 ～ 1978 年のイベントは, 2004 ～ 2005 年のイベントとともに CP エルニーニョ (**中部太平洋エルニーニョ**, Central Pacific El Niño: CP El Niño) の典型例である. こうしたエルニーニョの間, 海面水温の正偏差領域は 160°E ～ 120°W までの赤道太平洋中部に極大を持ち, Niño 3.4 と Niño 4 として定義される海域を覆う (表 1). 対照的に, 1997 ～ 1998 年や 1982 ～ 1983 年のエルニーニョは典型的な EP エルニーニョ (**東部太平洋エルニーニョ**, Eastern Pacific El Niño: EP El Niño) であり, 海面水温偏差の大部分は熱帯太平洋東部に位置し, 南アメリカ西岸～ 160°W に広がり, Niño 1+2 と Niño 3 領域を覆う. EP および CP エルニーニョを区別するために, これまでいくつかの統計的手法がとられてきているが, いずれの手法においても類似した空間偏差パターンがえられている. とくに CP エルニーニョの偏差分布には, 中部太平洋から南北両半球の亜熱帯に向かう海面水温の正偏差の広がりが確認されている. 南半球に広がる正偏差に比べ, 北半球亜熱帯への繋がりがより強いようであり, また, 北東太平洋亜熱帯における海面水温偏差は, 赤道太平洋中部の正偏差に先行して現れる. また, CP エルニーニョの海面水温偏差の伝播は, EP 型に比べ弱く, 不明瞭でもある.

大気側においても, これらの 2 つのエルニーニョに応じた風の応力と降水量偏差の分布は異なっている. EP エルニーニョでは, 熱帯太平洋の広域を覆う顕著な西風偏差が関連しているのに対して, CP エルニーニョの西風偏差は, 空間規模も小さく, 中部から西部の赤道太平洋を中心とする. CP エルニーニョにおける西風偏差は, 海面水温偏差の分布位置にも一致する. さらに顕著な東風偏差が熱帯太平洋東部に現れることも, CP エルニーニョの特徴となっている. EP エルニーニョに関連した降水量の正偏差は赤道太平洋の東部から中部に広がることが典型であり, 海面水温偏差の極大域にも対応する. CP エルニーニョでは, 降水量偏差が双極型を示し, 西部太平洋を中心する正偏差, 東部太平洋を中心とする負偏差に分かれる. これら 2 つのエルニーニョに対応した異なる降水量偏差分布は, 対流による大気加熱の位置の違いであり, 中緯度へのテレコネクションの違いをもたらすことも意味している.

2 つのエルニーニョを区別した研究には若干の不一致があるものの, 共通して CP 型と

表2 代表的手法に基づくエルニーニョの分類

El Niño 年	EP/CP 指数	Niño 3/4 手法	El Niño Modoki 指数
1951～52	EP	EP	EP
1953～54	CP	CP	EP
1957～58	CP	EP	CP
1958～59	CP	CP	CP
1963～64	CP	CP	CP
1965～66	CP	CP	CP
1968～69	CP	CP	CP
1969～70	CP	EP	CP
1972～73	EP	EP	EP
1976～77	EP	EP	EP
1977～78	CP	CP	CP
1982～83	EP	EP	EP
1986～87	CP	EP	CP
1987～88	CP	CP	CP
1991～92	CP	EP	CP
1994～95	CP	CP	CP
1997～98	EP	EP	EP
2002～03	CP	EP	CP
2004～05	CP	CP	CP
2006～07	EP	EP	EP
2009～10	CP	CP	CP

EP/CP 指数は Kao and Yu (2009)[7], Niño 3/4 手法は Yeh et al. (2009)[8], El Niño Modoki 指数は Ashok et al. (2007)[9] による手法である.

して認定されるイベントがある．表2は代表的手法によって区分されたエルニーニョ型を比較したものである[6]．1960年代以降に現れた主要なCP型イベントには，1963～1964年，1968～1969年，1977～1978年，1994～1995年，2004～2005年，2009～2010年のエルニーニョ現象が含まれている．2009～2010年のエルニーニョは，ここ数十年間でもっとも強いCPエルニーニョの1つである．

これらの発生年と図3に示したEP型，CP型指標を参照すると，CPエルニーニョは最近数十年間でより頻繁に出現する傾向を持っていることがわかる．温暖化シナリオの下でのシミュレーションによれば，CP型の割合が将来増加するとの予測もあり，平均的ウォーカー循環の弱まりと赤道太平洋の平均的水温躍層の平坦化との関係も議論されている．一方で，最近数十年間のCPエルニーニョ発生の頻度増加を，数十年規模の自然変動であるとする主張も存在している．

EPとCPエルニーニョには季節的発達段階にも違いがあることが指摘されている．

EPエルニーニョに伴う海面水温偏差が，春季に熱帯太平洋東部に現れ，夏季から秋季にかけて西方へと広がるのに対し，CP型の偏差は，春季から夏季にかけて亜熱帯の太平洋東部から赤道太平洋中部に向かって広がっていく．共通する点は，どちらのエルニーニョの偏差も北半球冬季に最大となる点である．

(2) テレコネクションと影響

ENSOサイクルに関連した海面水温偏差は，熱帯域の対流活動に影響を及ぼし，全球的な大気循環を変化させ，全世界に異常気象をもたらす．大気のテレコネクションは赤道域を中心とする海面水温偏差の分布に強く影響される．熱帯太平洋の海面水温偏差に関連して生じるテレコネクションを通じたグローバルな降水量と地上気温に対する影響は，影響の季節性も考慮した資料も数多く提示されている（図1）．一方，いくつかの研究はCPエルニーニョの影響がEP型とは明瞭に異なることを示している．

熱帯域ではEPとCPエルニーニョの海面水温偏差の空間分布の違いは，社会・経済に強い影響をもたらす．大規模なEPエルニーニョの間，熱帯太平洋東部の海面水温の上昇は熱帯収束帯の南方への移動をもたらし，結果として通常は乾燥した東部太平洋地域の降水量の増加が生じるため，エクアドルや北部ペルー地域に洪水頻度を増大させる．対照的にCPエルニーニョでは，より冷涼な状態が東部太平洋に存在するため，通常の雨季となる時期にペルーとエクアドルに乾燥をもたらし，現地農業に混乱を生じさせる．異なる型のエルニーニョは，海洋循環にも関連し，赤道域の生物学的過程にも異なる影響を及ぼす．典型的なEPエルニーニョは，栄養塩に恵まれた深層水の湧昇を抑え，熱帯太平洋東部の植物性プランクトンを減少させることが知られている．一方，CPエルニーニョは東部太平洋よりむしろ中部太平洋域に同様の生物学的変化をもたらす．これは，栄養塩が少ない暖水が赤道太平洋中部へ移流する結果

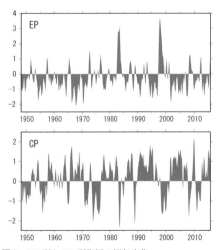

図3 EP型とCP型指標の経年変化
表2のEP/CP指数[10]により著者作成．値は5か月移動平均値．

である．南アメリカの西岸沿いでは，CPとEPエルニーニョの違いが，ペルー沖湧昇流に極めて異なった影響をもたらし，CPエルニーニョでより寒冷な海面水温となる傾向を示す．このことは，EP型とCP型の相対的頻度における十年スケール変動が，海洋生態系の再構築を促す可能性を示しており，漁業に重要で密接なかかわりをもつとされる．

エルニーニョに伴う中緯度への影響として，北部アメリカと西部カナダにおける暖冬傾向とアメリカ南東部の降水量増加がある．しかしながら，近年のCPエルニーニョでは，アメリカの気温と降水量に対する影響が異なっている．EPエルニーニョに現れる大陸北西部での暖冬傾向は，CPエルニーニョにはなく，代わりに大陸南東部に冷涼な領域が現れる．さらに，降水量偏差は符号が異なる．

オーストラリアとインドモンスーンによる降水量は，EPエルニーニョよりもCP型に対してより敏感に反応することが指摘されている．これらのエルニーニョが区別される以前においても，エルニーニョ現象が，インド北部〜中央部，半島部の降水量減少に関連し，オーストラリア北部や東部でも同様の指摘がされてきた．赤道太平洋の海面水温偏差の位置は，インドとオーストラリアの降水量減少に非常に重要な要素とされており，東部太平洋に極大をもつ強いエルニーニョよりも，中部太平洋に極大をもつエルニーニョの偏差分布とのつながりが強い．それは，2002年や2004年のような比較的弱いCPエルニーニョが，インドやオーストラリアの経済に多大な影響をもたらした猛烈な干魃につながった一方で，非常に強い1997〜1998年のEPエルニーニョが両地域の降水量にあまり影響を与えなかったという事実からも指摘される．図2に示したように，エルニーニョだけでなく，ラニーニャに関しても，EP型，CP型が区別され，地域的影響の違いが明らかにされており，オーストラリアではCP型の際に北西部での顕著な降水量増加が生じるとされている．

海面水温偏差の位置は北大西洋の熱帯低気圧経路と頻度にも影響を与える可能性がある．低気圧活動は通常エルニーニョ時に抑制され，ラニーニャ時に活性化する．しかし，CPエルニーニョは北大西洋の熱帯低気圧の頻度増加と関連し，さらに中央アメリカとメキシコ湾沿いでの強化も指摘されている．熱帯太平洋西部における熱帯低気圧活動については，反対の傾向を示し，CPエルニーニョの間では南シナ海の熱帯低気圧頻度は増加し，EP型では減少する．こうしたEP型とCP型によって異なる気候への影響は，サンゴなどの古気候プロキシに異なったシグナルを残す可能性を示唆している．

CPエルニーニョは，南半球冬季の低気圧活動と経路に強く影響し，南極の気温に強い影響を与える．2009年のCPエルニーニョでは，大陸の外側に定常的高気圧が形成され，南極大陸への渦熱フラックスが強化されることで，南極大陸氷床の融解に寄与した．

以上，近年明らかにされてきたエルニーニョの違いとその影響を概観した．これらの現象に対する研究が比較的浅く，また観測事実の蓄積も少ないため，EPとCPエルニーニョそのものに対する理解やこれによる影響についても，ともに全体的な不確実性が残っていることに注意する必要がある．

(3) 長期的な変動性

観測時代以前のENSOは，この現象によって生じる乾湿や海水温，気温の変化といったシグナルを証拠として残す湖底や海洋底堆積物などのプロキシから間接的に推定され，またより直接的には**サンゴ化石**（coral fossil）などに残された海水温情報などから復元される．それぞれのENSO復元成果は，時間解像度，地理的制約といった点で長短があり，現代の観測情報に比較すれば時空間的に断片的なものである．したがって，上述のような海面水温偏差の空間的違いやそれに伴う周辺地域への影響といった詳細な時空間情報が得られているわけではないが，ENSOの中心

的シグナルをもつ中部赤道太平洋においては，時間解像度の高いサンゴ化石試料から**完新世**（Holocene）の長期的な海水温変動に関する議論が行われるようになっている．ここでは，Cobb et al.（2013）[11] を元に，完新世中期以降の長期的変動性の特徴を記す．

中部赤道太平洋域に位置するライン諸島において，エルニーニョはより暖かく湿潤な状態をもたらすことから，サンゴ内の酸素同位体比は低下し，逆にラニーニャは，相対的に冷涼で乾燥した気候状態をもたらすため，酸素同位体比は上昇する．観測時代において，酸素同位体比は NINO3.4 の海面水温と高い相関を示す．こうした関係性を背景として，この地域の海水温の変動性（主に標準偏差を基準とする変動幅）を ENSO の主要な周期帯（2 〜 7 年）で分析した結果によれば，完新世中期から後期の ENSO 変動は，長期的には統計的に有意な差をもたず，たとえば，完新世中期における ENSO 変動は，最近千年間のものと区別がつかない．一方，より短期的には 20 世紀後半の変動性は対象期間において有意に大きいものであるが，さらに変動性の大きな期間が 17 世紀前半に存在することも指摘される．

中部赤道太平洋の長期的な変動性は，東部赤道太平洋の海面水温に対して指摘される完新世中期のかなり大きな変動性の低下[12] とは異なる．東部赤道太平洋で示される変動性の変化は，時間的に低解像度の**プロキシ**（代替指標，proxy）から得られた結果であるが，この変動性をこうした手法やプロキシとは無関係の事実として考えるならば，東部赤道太平洋での変動性が小さくなる一方で，中部赤道太平洋の変動性が比較的強いまま維持されていたことを意味し，完新世中期における ENSO の変動性が地理的複雑さをもつ可能性を示唆する．観測時代に確認されている ENSO の多様性の有無を含め，長期的変動性の議論にはさらなるデータの提出とシミュレーションも踏まえた整合性の検証が必要とされている．　　　　　　　〔森島　済〕

文献

1) Ropelewski, C. F. and Halpert, M. S. (1987)：Global and regional scale precipitation patterns associated with El Niño/Southern Oscillation. *Mon. Wea. Rev.*, **115**, 1606-1626.

2) Halpert, M. S. and Ropelewski, C. F. (1992)：Surface temperature patterns associated with the Southern Oscillation. *J. Climate*, **5**, 577-593.

3) イギリス気象庁（http://www.metoffice.gov.uk/research/climate/seasonal-to-decadal/gpc-outlooks/el-nino-la-nina/ENSO-impacts）

4) Capotondi, A., *et al.*, (2015)：Understanding ENSO Diversity. *Bull. Amer. Met. Soc.*, **96**, 921-938.

5) Wang, C., *et al.*, (2016)：El Niño-Southern Oscillation (ENSO)：A review. In Glymn P., *et al.*, Eds.：Coral Reefs of the Eastern Pacific, Springer Science Publisher.

6) Yu, J.-Y., *et al.*, (2012)： The changing impact of El Niño on US winter temperatures. *Geophys. Res. Let.*, **39**, L15702, doi：10.1029/2012GL052483.

7) Kao, H.-Y. and Yu, J.-Y., (2009)：Contrasting Eastern-Pacific and Central-Pacific Types of ENSO. *J. Clim.*, **22**, 615-632, doi：10.1175/2008JCLI2309.1.

8) Yeh, S.-W. (2009)：El Niño in a changing climate. *Nature*, **461**, 511-514, doi：10.1038/nature08316.

9) Ashok, K. (2007)：El Niño Modoki and its possible teleconnections. *J. Geophys. Res.*, **112**, C11007, doi：10.1029/2006JC003798.

10) Yu, J.-Y.：Monthly CP index and EP index（http://www.ess.uci.edu/~yu/2OSC/）

11) Cobb, K. M. *et al.*, (2013): Highly variable El Niño-Southern Oscillation throughout the Holocene. *Science*, **339**, 67-70.

12) Brown, J. *et al.* (2008): Mid-Holocene ENSO: issues in quantitative model-proxy data comparisons. *Paleoceanography*, **23**, PA3202.

トピック⑨

ニューギニア沿岸流と ENSO
The New Guinea Coastal Current and ENSO

(1) エルニーニョの前の西風バースト

赤道に暖水が蓄積され，**エルニーニョ**（El Niño）が発生する条件が整った時に，西太平洋赤道に**西風バースト**（westerly wind burst：WWB）とよばれる強い西風が発生し，その海洋の応答として海洋**ケルビン波**（Kelvin wave）が東太平洋に伝わり，エルニーニョが発生するきっかけとなることが知られている．

図1は，2002〜2003年のエルニーニョ発生前の2001年12月に吹いた西風バーストの例である．図1のベクトルが海面での風速で，強い西風が発生している．図1の陰影は海面温度で，西風によって暖水が東に押し出されることで，西風の強い150°E付近より西側では海面温度が比較的低く，東側では海面温度が高くなっている．ここで海面温度の低いところの分布をよくみると，赤道に対して対称ではなく，ニューギニア北岸の南太平洋側でとくに冷たくなっていることがわかる．このような分布になるしくみについてみてみよう．

(2) ニューギニア北岸での湧昇

図2aの陰影は北半球冬季気候値（12, 1, 2月平均）の海面水温である．気候値の海面水温でも冬季のニューギニア北岸に冷たい海水があることがわかる．冬季にはニューギニア北岸で，北西風の季節風が吹くため（図2aの

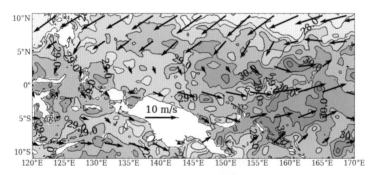

図1 陰影・コンターは2001年12月11〜20日の平均海面温度（℃, NOAA OISST）．ベクトルは同期間の海面10m高度風速（m/s, NCEP/NCAR 再解析）．

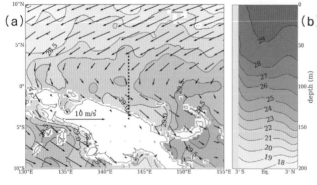

図2 (a) 陰影・コンターは12〜2月平均の気候値海面水温（℃）．ベクトルは12〜2月平均の気候値海面10m高度風速（m/s）．(b) 陰影・コンターは図2aの点線位置（143°E）での海水温鉛直断面（℃）．温度のデータは a, b とも World Ocean Atlas 2013．風速は NCEP/NCAR 再解析．

ベクトル），それに対する南半球の海洋エクマン流は岸から離れる北東向きになり，そのため沿岸で深い所から水が上昇することになる．実際，図2aの点線位置の海洋鉛直断面をみると（図2b），南半球の岸側では水温の等値線が海面に向けて傾いている．これがニューギニア北岸に低い海水温が存在する理由である．

このように北半球の冬季は冷たい水が湧き上がりやすい状況にあるので，西風バーストが加わることで，**エクマン流**（Ekman current）が強化され湧昇が強まるとともに，暖水が東に移動することで，図1のような海水面温度パターンが現れやすい[1]．実際，1981 〜 2005 年 の 間 の 6 回 の エ ル ニーニョに先立つ冬に，図1のような状況が 現 れ て い る[2]． 一 方，沿岸に沿う西向きの海流による水平移流により， 北 半 球 の夏にもニューギニア沿岸は海水が冷たくなる．しかし，西向きの海流と西風バーストが起こす海流とは向きが逆であるから，夏の海流は反応を強め合う関係にない．

（3）大気海洋相互作用

ここまで風に対する海洋の応答として西風バーストの発生状況をみてきたが，海洋は大気に受動的に応答しているだけなのだろうか？ 図1のような東西に海面温度勾配がある場合，海面温度が高い所の上空で低気圧，低い所で高気圧傾向となるために，気圧差から西風を強化する働きがある．すなわち，今まで述べてきた仕組みとは逆に，海洋側が西風を強化しているとも考えられるのである．

以上のことから，エルニーニョ発生前の西風バーストに関して以下のようなメカニズムが働くと考えられる[3]．北半球の冬季にはニューギニア沿岸の湧昇によりニューギニア岸沿いが冷たくなりやすい状況になっている．この時期に**マッデン・ジュリアン振動**（Madden-Julian Oscillation：MJO）などの西風を吹かせる状況が発生すると，それによる海面応答が海面温度の東西差をつくり出し，その応答として西風が強まり，さらに海面温度の東西差をつくるという正のフィードバックで西風バーストが強化される．十分に強まった西風は大規模な海洋ケルビン波を発生させ，エルニーニョ発生のきっかけとなる．西風バーストと海面水温が正のフィードバックの関係にあり，それにより海洋ケルビン波が強化されることは領域モデルで確かめられている[4]．このようなメカニズムが現実に起こっているとすれば，ニューギニア沿岸湧昇を再現できるような高分解能の大気海洋結合モデルを用いることで，将来のエルニーニョ予測が改善されることが期待される．

（4）2015/16 年のスーパーエルニーニョ

最新の話題に触れておきたい．過去最大級の規模のエルニーニョが 2015/16 年に発生した．このエルニーニョが成長した理由として，西太平洋から中央太平洋にかけて何度も強い西風バーストが発生したことがあげられる[5]．強い西風バーストの発生した原因として海面温度の分布による大気海洋相互作用が働いたとの報告が始まっており[6]，多くの研究が続くに違いない． 〔美山 透〕

文献

1) Hasegawa T. *et al.* (2011)：Cold Water Flow and Upper-Ocean Currents in the Bismarck Sea from December 2001 to January 2002. *J. Phy. Oceanogr.*, **41**, 827-834.

2) Hasegawa, T. *et al.* (2010)：Coastal upwelling along the north coast of Papua New Guinea and El Niño events during 1981-2005. *Ocean Dyn.*, **60**, 1255-1269.

3) Hasegawa, T. *et al.* (2009)：Coastal upwelling along the north coast of Papua New Guinea and SST cooling over the pacific warm pool: A case study for the 2002/03 El Niño event. *J. Oceanogr.*, **65**, 817-833.

4) Miyama, T. and Hasegawa,T. (2014)：Impact of Sea Surface Temperature on Westerlies over the Western Pacific Warm Pool：Case Study of an Event in 2001/02. Sola, 10, doi：10.2151/sola.2014-002.

5) Chen, L. *et al.* (2017)：Formation Mechanism for 2015/16 Super El Nino. *Sci. Rep.*, **7**, 2975, doi:10.1038/s41598-017-02926-3.

6) Marshall, A. *et al.* (2016)：On the role of anomalous ocean surface temperatures for promoting the record Madden-Julian Oscillation in March 2015. *Geophys. Res. Lett.*, **43**, 472-481, doi:10.1002/2015gl066984.

黒潮の変動
Variability in the Kuroshio Current

§Ⅳ-5

(1) 黒潮とは

　黒潮（the Kuroshio）は，東シナ海では大陸棚斜面に沿って北東に流れ，屋久島と奄美群島の間のトカラ海峡を通って，日本の南岸を東向きに流れる世界有数の流れの強い海流である．房総半島の東方から日本を離れて東に向かう流れは**黒潮続流**（the Kuroshio Extension）とよぶ．黒潮は，大規模な海上風によって引き起こされる風成循環の一部で，赤道域に吹く貿易風や中緯度帯の偏西風によって生じる北太平洋の低緯度から中緯度を大きく時計回りに循環する流れである**亜熱帯循環**（subtropical gyre）の西側の部分にあたる（図1）．大洋の大きな循環の西側では，コリオリ（コリオリの力：地球の自転のため，地球上で運動しているものの向きを変えようとするみかけの力）のパラメータの緯度変化のため，他の部分より流れが強くなる[2]．この西側の強い流れを**西岸境界流**（western boundary current）とよぶ．黒潮は北太平洋の亜熱帯循環の西岸境界流である．一方，北米大陸の東岸を流れる**湾流**（the Gulf Stream）は北大西洋の亜熱帯循環の西岸境界流である．

(2) 黒潮の特徴

　黒潮の流れは，幅は約 100 km，流速は速いところでは 2.0 〜 2.5 m/s（4 〜 5 ノット）に達することもある．海面から深さ 200 m 付近で流速が最大となり，深さは 1000 m 付近にまで及ぶ．図2に本州南方の 137°E 線に沿った海流の鉛直断面図を示す．流れのもっとも速い部分を黒潮**流軸**（current axis）とよび，海面付近の流軸は中層の流軸よりも下流に向かって左側（岸側）にみられる．図3は黒潮流域の深さ 200 m の水温の平均値の分布で，水温15℃付近が黒潮流軸の位置の目安となる．黒潮の流れの右側（沖側）では，水温は高く18℃を超えるが，左側（岸側）の水温は低く東海沖では

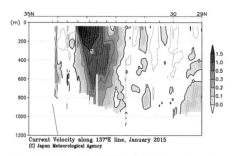

図2　気象庁海洋気象観測船「凌風丸」が 2015 年 1 月に観測した 137°E 線の海流の鉛直断面図
観測断面を横切る方向の流速（単位は m/s）．陰影領域の実線（正）は東向き，点線（負）は西向きの流れをそれぞれ表す．海面付近の黒潮流軸は 33.2°N．

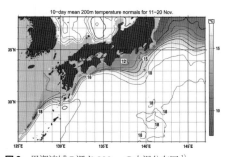

図3　黒潮流域の深さ 200 m の水温分布図[1]
例として 11 月中旬の 1982 〜 2010 年の平均値を示す（単位は℃）．

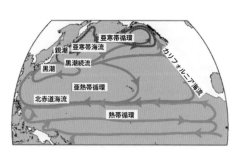

図1　海洋表層の循環の模式図[1]

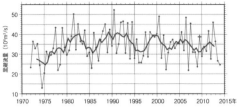

図4 137°E 線を横切る黒潮の流量の経年変化[1] 夏季と冬季の気象庁海洋気象観測船の観測に基づく深さ約1250 m を基準とした地衡流量．本州南方における東向き流量からその南側の西向きの流量を差し引いた値（単位は 10^6 m^3/s）．

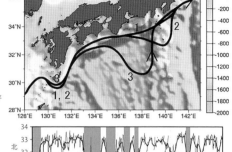

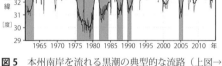

図5 本州南岸を流れる黒潮の典型的な流路（上図→口絵33）と東海沖における黒潮流路の最南下緯度の経年変動（下図）[1] 上図 1：非大蛇行接岸流路，2：非大蛇行離岸流路，3：大蛇行流路．下図 灰色は黒潮大蛇行の期間．

12℃以下の冷水域もみられる．また，黒潮の流れの右側と左側では海面の高さが異なり，右側の海面の高さは左側より1 m ほど高い．この水位差により生じる圧力傾度力と黒潮の流れに伴う右向きのコリオリの力がほぼ釣り合っていることにより，この状態が維持されている．つまり，黒潮は地衡流とみなせる．

黒潮の**流量**（単位時間に運ばれる海水の総量，transport）は海上風から見積もることができ，本州南方では，40～50×10^6 m^3/s となる．これは，1990年代の足摺岬沖の共同観測からえられた結果や気象庁観測船で定期的に行われている137°E 線の観測からえられる結果（図4）とおおむね一致する．

（3）黒潮の流路変動

黒潮は，東シナ海では大陸棚斜面に沿って北東に流れ，その流路（path）は安定しているが，日本の南岸では流路は変動し，とくに東海沖では南北方向に大きく変動する．

図5の上図に，日本近海における典型的な黒潮流路の模式図を海底地形上に示す．黒潮の流路は，非大蛇行流路と**大蛇行**（large meander）流路の2種類に大別されることが多く，どちらも一度形成されると，数年間続く安定した流路となる．大蛇行流路は，本州南方の136°E～140°E で32°N 以南まで大きく蛇行して流れる流路である．非大蛇行流路は，四国・本州南岸にほぼ沿って流れる流路で，この流路は，さらに，紀伊半島から東南東に流れて八丈島の南を通る非大蛇行離岸流路と，東海沖から関東の南岸を直進する非大蛇行接岸流路に分類されることが多い．

大蛇行の期間は紀伊半島南端にある串本と浦神の2地点の**潮位**（sea level）差が小さい値で安定することが知られており，この2地点の潮位差と東海沖の流路の組み合わせで，大蛇行期間を判定することができる[3,4]．図5の下図に東海沖における黒潮流路の最南下緯度を示す．灰色は上述の基準により判定された大蛇行の期間である．1970年代後半～1990年代初めまでは，黒潮大蛇行が頻繁に発生していたが，それ以降は2004～2005年と2017年現在の大蛇行期間を除いて非大蛇行流路が続いた．図6に黒潮が大蛇行していた2005年1月の海流図を示す．黒潮は，室戸岬沖から離岸し，東海沖で大きく蛇行し，31°N 付近まで達している．蛇行の北側には冷水渦が解析されている．北大西洋の西岸境界流である湾

流には大蛇行流路はみられないため,海底地形や陸地の配置などが黒潮大蛇行の原因として指摘されている.九州東方の黒潮流路上で形成される**小蛇行**（small meander）が大蛇行形成のトリガーになることは以前から知られているが,小蛇行がすべて大蛇行に発達するわけではなく,小蛇行の東進速度や規模,日本の南を西進する中規模渦（水平スケール数十〜数百 km の海洋の渦）や台湾沖の高気圧性循環との相互作用,黒潮流量や黒潮続流の状態が大蛇行の発生および維持に影響していることがいくつかの研究によって示されている[6)-8)].また,大蛇行流路が形成されるときは,非大蛇行接岸流路から移行することが多く,大蛇行流路が解消されるときは非大蛇行離岸流路に移行することが多い[6)].

(4) 黒潮の変動と気候変動

中緯度域の**大気海洋相互作用**（atmosphere-ocean interaction）については,まだ解明されていないことが多いが,亜熱帯循環の西岸境界流である黒潮や黒潮続流は,大量

図6 黒潮大蛇行時の海流図[5)]
2005年1月18〜25日の観測資料をもとに海上保安庁が作成した海流図.薄い線は1週間前（2005年1月11〜18日）の海流.

の熱を北太平洋の低緯度から中緯度へ運び,その熱を中緯度で大気に放出しており,気候への影響は少なくない.とくに,日本の東方の黒潮続流域は,暖かい黒潮と冷たい親潮が近接していることや,冬季の季節風による冷却によって大量の熱が放出されることから,「気候系の hot spot[9)]」とよばれ,分野横断的な研究が行われている.

Minobe et al.（2008）[10)]は,海域は異なるが,黒潮と同じ亜熱帯循環の西岸境界流である湾流の気候への影響を調べ,北米大陸東岸の湾流が運んできた熱が,対流圏全層に及び気温・降水・風・雲の形成などに影響を与えていることを示している.

黒潮続流は,北太平洋の海上風の影響を受けて**10年規模で変化**（decadal change）しており,比較的安定して直進的に流れる安定期と,安定せずに蛇行を繰り返す不安定期が交互に現れることがわかってきた.黒潮続流の安定期には流れは強く流軸は北寄りとなり,日本の東方の海面水温が高くなって海洋から大気への熱の放出量が増加する.一方,不安定期に移行すると流れは弱く,続流から切り離される中規模渦が多くなり,流軸は南寄りとなる[11)].

黒潮流量には数年〜10年程度の周期変動がみられ（図4）,北太平洋の中央部の海上風の変動に影響を受けて,海上風の変動から約3〜5年遅れで変動している[12),13)].

(5) 黒潮と沿岸の潮位変化

(2)の特徴で述べたように,黒潮の流れの沖側では岸側よりも海面の高さは1mほど高くなっている.また,大蛇行の期間は,蛇行の北側には冷水渦が,西側には暖水渦が形成されるため,日本の南岸の潮位は,黒潮流路によって大きく影響を受ける.

黒潮が本州南岸の潮位に及ぼす影響については,いくつかのパターンがあることが指摘されている[14)].例えば,黒潮大蛇行時に東海地方の沿岸で潮位が上昇,黒潮の接岸により沿岸潮位が上昇,黒潮流路の変動により岸に

沿った西向きの流れが強まり潮位が上昇，などのパターンがある．

川辺（2003）[6]は非大蛇行接岸流路から離岸流路に移る過程で潮位が非常に高くなることがあり，黒潮系暖水の沿岸域への流入の影響を指摘した．

また，伊豆諸島では，黒潮が北側を通る場合と南側を通る場合で，潮位が1m近く変化し，紀伊半島南端の串本と浦神では，黒潮が離岸すると2地点の潮位差が小さい値で安定するなどの特徴が現れるため，黒潮流軸位置の指標として用いられる．

（6）黒潮の観測，解析

黒潮の調査研究の歴史は古く，1961年にはすでに大蛇行に関する調査報告が出されている[2]．黒潮の研究には，日本沿岸の潮位が用いられることもあるが，観測船などによる海洋内部の水温，塩分，流れを観測したデータは不可欠である．日本では，1930年代から水産試験場，水路部，海洋気象台，水産研究所等の観測船によって，現業的な海洋観測が行われてきた．1960年代には，11か国が参加した黒潮および隣接水域共同調査（Cooperative Study of Kuroshio and Adjacent Waters：CSK），1970～1990年代には，黒潮の開発利用調査研究（Kuroshio Exploitation and Utilization Research：KER）や日中黒潮共同調査研究（Japan-China Joint Research Programme on the Kuroshio：JRK），1990年代には足摺岬沖で現場観測と人工衛星による観測を組み合わせた黒潮共同観測（ASUKA）が行われるなど，黒潮域の海洋観測データが蓄積されてきた．1980年代以降は，赤外放射計・海面高度計・マイクロ波散乱計を搭載した人工衛星，海面を漂流しながら観測通報する漂流ブイや係留型のブイ，アルゴ計画を中心に展開されている中層フロート（自動的に浮き沈みし海水温や塩分を測定する観測測器）など海洋の状態を遠隔観測するさまざまなプラットフォームが開発され，日本域だけでなく，世界の海洋を覆う時空間的に均質な観測網が整備されつつある．

そして今日，このような観測データを用いて，海洋内部の水温，塩分，流れ，海面高度を力学的に計算して求める海洋大循環モデルや，モデルの結果に観測データを統合的に加えるデータ同化システムの高度化により，1980年代以降の黒潮の変動のようすをより正確に再現する手法が整えられつつある．

〔小司晶子〕

文献

1) 気象庁海洋の健康診断表（http://www.data.jma.go.jp/kaiyou/shindan/）

2) 高野健三・川合英夫（1972）：海洋科学基礎講座2 海洋物理II，東海大学出版会．

3) Kawabe, M. (1985)：Sea Level Variations at the Izu Islands and typical stable paths of the Kuroshio. *J. Oceanogr.*, 41, 307-326.

4) 吉田 隆他（2006）：黒潮の流路情報をもとに黒潮大蛇行を判定する基準．海の研究，15, 499-507.

5) 海上保安庁（2005）：海洋速報，第4号．

6) 川辺正樹（2003）：黒潮の流路と流量の変動に関する研究．海の研究，12, 247-267.

7) Ebuchi, N. and Hanawa, K. (2003)：Influence of mesoscale eddies on variations of the Kuroshio path south of Japan. *J. Oceanogr.*, 59, 25-36.

8) Usui, N. *et. al.*(2013)：Long-term variability of the Kuroshio path south of Japan. *J. Oceanogr.*, 69, 647-670.

9) 気候系の hot spot（http://www.atmos.rcast.u-tokyo.ac.jp/hotspot/）

10) Minobe, S. *et. al.* (2008)：Influence of the Gulf Stream on the troposphere. *Nature*, 452, 206-209.

11) Qiu, B. and Chen, S. (2010)：Eddy-mean flow interaction in the decadally modulating Kuroshio Extension system. *Deep-Sea Res. II*, 57, 1098-1110.

12) Hanawa, K. and Kamada, J. (2001)：Variability of core layer temperature (CLT) of the North Pacific subtropical mode water. *Geophys. Res. Lett.*, 28, 2229-2232.

13) Yasuda, T. and Kitamura, Y. (2003)：Long-term variability of North Pacific subtropical mode water in response to spin-Up of the subtropical gyre. *J. Oceanogr.*, 59, 279-290.

14) 気象庁（2013）：海洋の健康診断表「総合診断表」第2版，気象庁．

§IV-6
台風からさぐる気候変動
Climatic variability revealed by typhoons

　台風は大地に恵みの水をもたらす一方，ひとたび襲えば，暴風・豪雨・高潮などの大きな爪跡を残してきた．台風の被害を軽減するため，これまで台風の進路や強さを予測する研究と台風の発生頻度や経路の特色をつかむ研究が両面から進められてきた．本節では，台風の発生頻度や経路の特色について，最近収集・復元してきた過去100年以上の長期台風資料を基にさぐる．

(1) 台風のデータレスキュー

　台風 (tropical cyclone) に関する特色を調べるには，台風の統計資料が欠かせない．現在は気象衛星の発達でその位置や強さがすぐにわかるようになったが，衛星が打ち上がる以前はどのように台風を計測していたのだろうか．西部北太平洋域では1940年代～1987年まで，アメリカ海軍が航空機で直接台風に接近して気象観測を行ってきた．台風の統計資料として広く利用されているベストトラックデータは，西部北太平洋域では気象庁が1951年から，アメリカ海軍の前身が1945年からまとめている．これには航空機観測の貢献が非常に大きい．

　台風の航空機観測が行われる以前は，どのようにして台風の位置を計測していたのだろうか．アジアでは1861年に香港で，1865年にフィリピンのマニラで連続地上気象観測が開始された[1]．日本では1872年に函館で開始されている．19世紀まで遡った気象資料は，その多くが散逸したり，紙資料のまま図書館に残されたりして，長い間利用されてこなかった．だが最近，気候変動の解明に貴重な資料であることが見直され，復元する取り組み（データレスキュー，data rescue）が行われている．台風経路に関しても，気象観測地点が増加し，追跡することが可能となった1880年代から資料が残されている[2]．

(2) 環境条件で変わる台風の発生や経路

　台風の発生に好都合な環境の条件は§I-3で詳しく述べられている．そのなかで西部北太平洋域では，大規模な低気圧性の渦が，季節や年によって場所や強さを変化させることが知られている．ここでは，環境条件が年による変化やそれより長い数十年の規模で変動することで，台風の発生や経路にどのような影響を与えるのか述べる．環境条件の年々変動の最も大きな要因はエルニーニョ・南方振動（El Niño / Southern Oscillation：ENSO）（⇒§IV-4）によるものである．エ

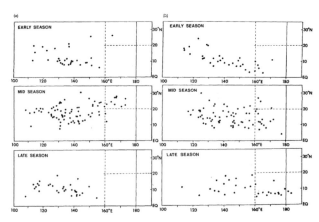

図1　1970～1991年における強いラニーニャ年5年 (a) と強いエルニーニョ年5年 (b) の5～7月中旬（上段），7月中旬～10月中旬（中段），10月中旬～1月（下段）の台風発生位置[3]

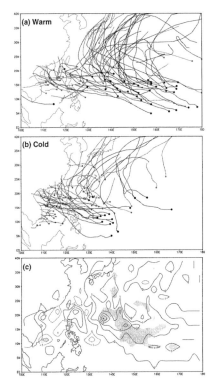

図2 強いエルニーニョ年6年（1965, 1972, 1982, 1987, 1991, 1997）(a), 強いラニーニャ年6年（1970, 1973, 1975, 1988, 1998, 1999）(b) の9〜11月の台風経路[4]
(c) は2.5°格子での台風出現頻度の差（エルニーニョ年−ラニーニャ年）．影は1％の有意水準で差が見られる地域．

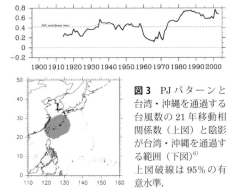

図3 PJパターンと台湾・沖縄を通過する台風数の21年移動相関係数（上図）と陰影が台湾・沖縄を通過する範囲（下図）[6]
上図破線は95％の有意水準．

ルニーニョ発達年の夏から秋は，赤道上で西風が強まり，海面水温の高い海域（暖水プール）が赤道西部太平洋から東へ移動する．これに伴って大規模な低気圧性の渦が西部北太平洋域で強化され（§I-3の条件3），台風の発生に好都合な環境条件の海域が南東へ移動する[3]．この影響で図1のように台風の発生位置は南東へ移動し，夏は東南アジアに上陸する台風の数が増える．秋になると台風の発生位置はより東に移動し，北よりの台風経路にシフトする（図2）．このためフィリピンをはじめ東南アジアへの台風接近数は減少する．一方で，台風の経路は発達に好条件な海域を長く通るため，寿命が延び，強い台風に発達する[4]．翌エルニーニョ衰退年の夏は，フィリピン海が大規模な高気圧性の渦に変わり，台風の発生数は抑制される[5]．それに対して，ラニーニャ発達年の夏から秋にかけては，逆に台風の発生位置が西に移動し，フィ

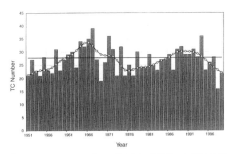

図4 1951〜1999年の西部北太平洋域の年間台風発生数（棒グラフ）と年間発生数の移動平均値（線）[7]．

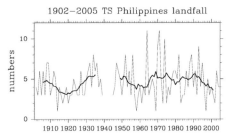

図5 フィリピンに上陸した台風数[9]
太線は10年移動平均．

リピン海や南シナ海を通る台風が増加する（図 1, 2）.

夏の天候の年々変動では，日本を含む東アジアから太平洋域を広く特徴づける大気圧分布に**太平洋-日本パターン**（Pacific-Japan pattern：PJ パターン）がある[6]．PJ パターンが正の夏は，フィリピン海で低気圧性の渦が強化され，夏のモンスーン（雨季）が活発になり，台湾や沖縄周辺を通過する台風が増加する（図 3）．その北側の日本付近は高気圧性の渦が強化され，日本を含む東アジアが猛暑・空梅雨になる．1897 年からの 117 年間の PJ パターンを復元すると，台湾や沖縄周辺を通過する台風数と PJ パターンとの関係は 1970 年代以降の最近と 1930 年代～1950 年代で明瞭だが，それ以外の時期は不明瞭となり，数十年規模で関係が変化している（図 3）．

西部北太平洋域での台風発生数は，数十年の周期で多い時期と少ない時期がみられる．1960 年代と 1990 年頃に台風数が増加したが，最近は減少している（図 4）．ただ，(1) で述べたように台風を観測する方法が時代とともに変化しているため，衛星の利用が始まった 1980 年前後，航空機観測が終了した

図 6 1889 年の十津川水害の際できたダム湖（林新湖）（1889 年 8 月 20 日撮影）[10]
20 日朝に発生し，夜には決壊した.

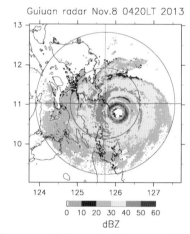

図 8 Guiuan 気象レーダーが捉えた 2013 年台風 30 号 (Haiyan) の反射強度 (2013 年 11 月 8 日 4:20 (フィリピン時間) で仰角 2°の観測範囲半径 200 km) →口絵 34

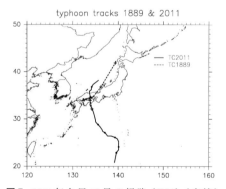

図 7 2011 年台風 12 号の経路（JMA）（実線），1889 年の台風経路（破線）[13]
丸は日本時間 21 時，＋は日本時間 22 時．

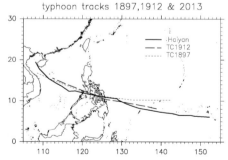

図 9 2013 年台風 30 号（JMA）（実線），1912 年 11 月（破線），1897 年 10 月（点線）の台風経路[14]

1987年前後で台風を観測する精度が変化したと指摘されている．これらの事実を踏まえて，台風経路がこの数十年間で北上する傾向が強まったとの報告が増えている[8]．

台風解析の新たな手法として注目されているのが，データレスキューである．フィリピンに上陸した台風数について1902年まで遡って100年分復元すると，数十年の周期で変動がみられるが，地球温暖化による長期トレンドはまだみられない（図5）．

(3) 類似台風が100年を超えて再び襲う

2011年8〜9月に台風12号が紀伊半島を中心に1800 mmを超える豪雨をもたらし，洪水・土砂崩れの大きな被害を出した．台風12号は高知県に上陸し，日本海に抜けるコースを通った．ただ，速度が遅かったため，紀伊半島に長時間活発な雨雲がかかり，記録的な豪雨となった．この地域は過去にも大きな土砂災害の記録が残っており，1889年8月に「十津川水害」が起きている．このとき和歌山県田辺で，3日間で1295.4 mmの降水量の記録が残っている．大規模な土砂災害で多数のダム湖が形成され，それが決壊し，被害を拡大させた（図6）．また，住民2500人が北海道に移住したことでも知られる[10]．このときの台風が2011年の台風12号に似た経路を同じようにゆっくりとした速度で北上した類似台風だったことが，過去の資料からわかってきた（図7）．

2013年11月に台風30号（Haiyan）は中心気圧895 hPaの猛烈な勢力を保ったままフィリピン中部に上陸し，7 mもの高潮を発生させ，死者6000人を超える大きな被害を出した（図8）．フィリピンの過去の台風を調べると，1897年と1912年にも似たコースを通る類似台風の記録が残っている[11),12)]（図9）．いずれも地点最低気圧が938.6 hPa，924.0 hPaを記録し，7 m前後の高潮の被害が報告されている．これらの例は類似台風が通過すると同じような被害が起こる可能性があることを示唆しており，過去

に遡って大きな災害をもたらした台風の経路を改めて検証する必要がある．〔久保田尚之〕

文献

1) MacKeown, P. K. (2010)：*Early China Coast Meteorology*, Hong Kong University Press.

2) Kubota, H. (2012)：Variability of typhoon tracks and genesis over the Western North Pacific. In Oouchi, K. and Fudeyasu, H. eds.：*Cyclones: Formation, Triggers and Control*, pp.95-114. Nova Science Publishers, Inc.

3) Lander, M. A. (1994)：An exploratory analysis of the relationship between tropical storm formation in the western north Pacific and ENSO, Mon. *Wea. Rev.*, **122**, 636-651.

4) Wang, B. and Chan, J. C. L. (2002)：How strong ENSO events affect tropical storm activity over the western north Pacific. *J. Climate*, **15**, 1643-1658.

5) Du, Y., Yang, L. and Xie, S.-P. (2011)：Tropical Indian Ocean influence on northwest Pacific tropical cyclones in summer following strong El Niño. *J. Climate*, **24**, 315-322.

6) Kubota, H. *et al.* (2016)：A 117-year long index of the Pacific-Japan pattern with application to interdecadal variability. *Int. J. Climatol*, **36**, 1575-1589.

7) Yumoto, M. and Matsuura, T. (2001)：Interannual variability of tropical cyclone activity in the western North Pacific. *J. Meteor. Soc. Japan*, **79**, 22-35.

8) Kossin, J. P., *et al.*, (2014)：The poleward migration of the location of tropical cyclone maximum intensity. *Nature*, **509**, doi:10.1038/nature13278.

9) Kubota, H. and Cham, J. C. L. (2009)：Interdecadal variability of tropical cyclone landfall in the Philippines from 1902 to 2005, Geophys. *Res. Lett.*, **36**, L12802, doi:10.1029/2009GL038108.

10) 蒲田文雄・小林芳正 (2006)：十津川水害と北海道移住，古今書院．

11) Algué, J. S. J. (1912)：Meteorological bulletin for November 1912, Weather Bureau Manila Central Observatory, pp.383-451.

12) Algué, J. S. J. (1898)：El Baguio de Samary Leyte 12-13 de Octubre de 1897, Observatorio de Manila.

13) Gao Y.-X. and Zeng, Y.-S. (1957)：Typhoon tracks and statistical analysis, Chinese Science Publications.

14) Chin, P. C. (1958)：Tropical cyclones in the Western Pacific and China Sea area, Royal Observatory Hong Kong.

§Ⅳ-7

西風バーストからさぐる気候変動
Climatic variability revealed by westerly wind bursts

(1) エルニーニョとの関係

エルニーニョ・南方振動 (El Niño / Southern Oscillation : ENSO) は 2 〜 7 年の周期をもつ経年規模の大気海洋相互作用現象であるが，その周期や振幅は事例毎にばらばらである．その要因の 1 つに，**西風バースト** (Westerly wind burst / event : WWB) とよばれる大気の短周期変動の影響が指摘されている．WWB とは，赤道域において大規模で強い西風が数日から数週間続く現象をいう．西部〜中部太平洋域の WWB は ENSO との関係からとくに注目されている．

なぜ短周期変動である WWB が経年変動である ENSO に大きな影響を与えるのかを説明する前に，まずは ENSO が起こっている熱帯太平洋域の基本的な構造を説明しよう．通常，大気の対流圏下層では貿易風とよばれる東風が吹いている．そのため日射で暖められた海面付近の水は西側へ運ばれ，西部太平洋に周囲よりも**海面水温** (sea surface temperature : SST) が高い**暖水域** (warm pool) を形成する．SST が高いと大気の対流活動が活発化する（たくさん雲が湧き立つ）ため気圧が下がり，そこへ吹き込む貿易風はさらに強まる．一方で東部太平洋では，移動してしまった水を補償するために湧昇流が生じた結果，より深い層の冷たい水が表層まで届き，SST は低くなる．海洋上層の暖かい水と下層の冷たい水は**通常水温躍層** (thermocline) とよばれる温度が飛躍的に変化する層によって区切られているが，熱帯太平洋では西部で躍層が深く，東部で浅い状態になっている．

このようななかで，貿易風とは逆向きの WWB が吹くとどうなるだろうか．図 1 は 20 世紀最大規模であった 1997 〜 1998 年のエルニーニョ時における赤道付近の東西風偏差，SST 偏差，20℃等温深度偏差（水温躍層の指標）を示す．

1996 年冬〜 1997 年春にかけて，西部太平洋において強い西風がみられる（図 1a）．これによって生じた東向きの流れにより，暖水域は東へ広がり，中部太平洋の SST は高くなる（図 1b）．また，東向きの流れはコリオリ力により赤道付近に収束を起こすため，海洋内では沈降流が生じ，水温躍層が押し下げられる．そのシグナルは**沈降ケルビン波** (downwelling Kelvin wave) として東へ伝播し，東部太平洋へ到着する（図 1c）．も

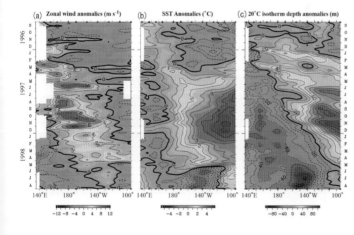

図 1 (a) 1996 年 9 月 〜 1998 年 8 月の期間における東西風偏差, (b) 海面水温偏差 (c)20℃等温深度偏差[1] →口絵 35
2°N 〜 2°S で平均された 5 日間平均値．

もともと水温躍層が浅かった東部太平洋では，この沈降ケルビン波により躍層が深くなり，湧昇が起こりにくくなる．その結果，SSTが上昇するのである（図1b）．このように，WWBの発生は太平洋中部〜東部のSSTを上昇させる効果がある．

そのWWB発生とSSTとの関係を表したものが図2である．丸はWWBが現れた日付と経度を示す．太平洋をみてみると，WWBはいつでも不規則に発生しているのではなく，西部から東部への暖水域の東進に伴って発生しているようにみえる．また，インド洋ではSSTとの明瞭な関係はみられないが，インド洋におけるWWBの頻度はエルニーニョ最盛期には明らかに下がっている．このようにWWBの発生するタイミングや地域はENSOと連動しており，エルニーニョ前には太平洋西部から中部にかけて頻発する．

WWBにより躍層やSSTの東西バランスが一度崩れると，貿易風が弱まり，対流活発域の位置が東へ移動するため，さらなる西風が起こりやすい環境になる．このように大気と海洋が相互作用し，連続的なWWBと海洋ケルビン波が発生すると，エルニーニョの発達が促進されるのである．

(2) マッデン・ジュリアン振動との関係

では，WWBはどのようなメカニズムで発生するのだろうか．図3は，WWBが発生した日付と経度を基準に重ね合わせた**外向き長波放射**（outgoing longwave radiation: OLR）偏差と地上風偏差の合成図である．OLRは対流活動の指標としてよく用いられ

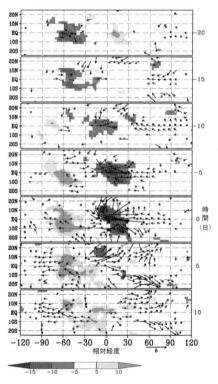

図3 1979〜2002年までに西部太平洋で発生したWWBの日付と経度を基準にしたOLR偏差（陰影）と地上風偏差（ベクトル）の合成図[2] →口絵36
季節内スケールを取り出すフィルターを施してある．WWBが最大振幅を記録した経度を横軸の0°に，時間を右側の数字における0日で表す．

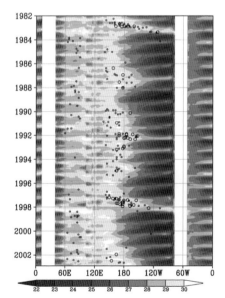

図2 SSTの時間−経度断面図（5°N〜5°S平均）[2]
丸は西風バーストが発生した日付と経度を示す．

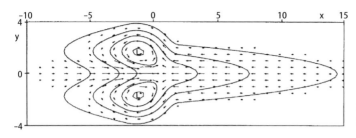

図4 対流圏下層における松野 Gill パターン[3]

る変数であり、値が低いほど対流が活発なことを示す。WWB のピーク時（0日）には、赤道付近に大規模な対流活発域がみられ、南北両半球には低気圧性の循環が発達している。また、発生の20日前（-20日）から順にみていくと、対流域が東へ進みながら徐々に活発化しているようすがわかる。このように統計的にみると、WWB は東進する組織だった対流域が活発化し、低気圧性循環を伴った際に発生していることがわかる。

熱帯域で代表的な東進擾乱として、**マッデン・ジュリアン振動**（Madden-Julian Oscillation：MJO）とよばれる季節内変動があげられる。MJO は赤道域を30～90日で一周する東進擾乱であり、インド洋から太平洋にかけて広がる暖水域上では大規模な対流活動を伴う。その平均的な構造は松野 Gill パターンとよばれ（図4）、対流の西側には南北両半球に広がる低気圧性循環と赤道付近での下層西風を伴うロスビー波応答、東側に下層東風を伴うケルビン波応答をもつと指摘されている。ロスビー波応答を強調してみると、図3でみられた南北両半球に広がる低気圧擾乱に似ていることがわかる。

赤道を挟んで南北に並んだ低気圧は、**双子低気圧**（twin cyclones）とよばれる（図5）。低気圧の流れはコリオリ力により、北半球では半時計回り、南半球では時計回りになるため、双子低気圧発生の際には、赤道域には両半球側から西風が吹き込むことになる。その結果、WWB が発生するといわれている。

このように、MJO に伴う大規模対流から WWB が発生する事例が数多く報告される一方で、MJO の振幅と ENSO との間に有意な相関関係はみられないことが指摘されている[4]。

その理由の1つは、MJO は常に西風バーストを伴っているわけではないということである。MJO 対流が暖水域上を東進するなかで、WWB はインド洋で発生する場合もあれば、太平洋で発生する場合もあり、また一度も発生しないこともある。その発生には好都合な環境が必要であり、それは ENSO と関連していると指摘されている[2],[5]。また一方で、たとえ WWB が発生しても、その時の海洋の状況によってその効果が異なるという説もある[6]。さまざまな議論が行われている一方で、WWB のエルニーニョ発達への影響の大きさは一般的に認識されてきた。しかし近年、WWB とエルニーニョとの関係が少しずつ変化している可能性が指摘されている。

(3) 長周期変動の影響

これまで、エルニーニョ発生の2、3季

図5 静止気象衛星からみた1997年3月17日の双子低気圧

節前に赤道域の**海洋熱容量**（ocean heat content：OHC）と西部太平洋におけるWWBの頻度が増加するといわれてきた．よって，これらはエルニーニョ予測における重要な要素と考えられてきた．しかし近年，この関係が変わりつつあることが指摘されている．エルニーニョは冬にピークを迎えることが多いため，その前の春に多くのWWBが発生していた．しかし，2000年以降のエルニーニョでは，WWBは春にはあまり観測されず，秋以降に発生している[7]．また，先行するOHCの増加も明瞭ではない．これと関連して，近年エルニーニョ時のSST偏差のピークが東部太平洋から中部太平洋へシフトする傾向が指摘されている（図6）[8]．このようなエルニーニョは**中部太平洋エルニーニョ**（CPエルニーニョ，Central Pacific El Niño：CP El Niño）またはエルニーニョ・モドキなどともよばれ，近年多く観測されている．従来のエルニーニョ（便宜上，東部太平洋エルニーニョとよぶ）は，熱帯太平洋全体でみた水温躍層深度と風とのバランスが崩れることが重要であったが，中部太平洋エルニーニョでは，表層の流れによる東西の移流が大きな役割を担っていると指摘されており，より局地的な性質をもっている．よって，WWBの役割も東部太平洋エルニーニョと中部太平洋エルニーニョでは異なってくる．また，逆の視点から考えると，春にWWBが吹きにくい環境になってきていることが，どのようなタイプのエルニーニョを引き起こすのかに影響している可能性がある．

このような近年みられているエルニーニョの構造やメカニズムの変化には，ENSOよりも長い周期の変動の影響が指摘されている[8]．例えば，**地球温暖化**（global warming）や十年周期変動などがあるが，確固たる結論には至っていない．長期変動は，単に何十年かけて何かが緩やかに変化していくだけでなく，より短周期の変動の特性を変えてしまう可能性ももっている．近年，高精度の大気海洋結合モデルが各国で開発され，将来の気候変動を解明・予測しようと試みられており，今後の研究の発展が期待される．

〔清木亜矢子〕

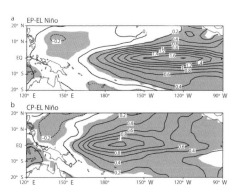

図6 （a）東部太平洋エルニーニョ，（b）中部太平洋エルニーニョ時のSST偏差（℃：実線）[8]．陰影は統計的に有意な領域を示す．

文献

1) McPhaden, M. J. (1999)：Genesis and evolution of the 1997-98 El Niño. *Science*, **283**, 950-954.
2) Seiki, A. and Takakyabu, Y. N. (2007)：Westerly wind bursts and their relationship with intraseasonal variations and ENSO. Part I：Statistics. *Mon. Wea. Rev.*, **135**, 3325-3345.
3) Gill, A. E. (1980)：Some simple solutions for heat-induced tropical circulation. *Quart. J. Roy. Meteor. Soc.*, **106**, 447-462.
4) Slingo, J. M. *et al.* (1999)：On the predictability of the interannual behavior of the Madden-Julian oscillation and its relationship with El Niño. *Quart. J. Roy. Meteor. Soc.*, **125**, 583-609.
5) Eisenman, I. *et al.* (2005)：Westerly wind bursts：ENSO's tail rather than the dog?. *J. Climate*, **18**, 5224-5238.
6) Moore, A. M. and Kleeman, R. (1999)：Stochastic forcing of ENSO by the intraseasonal oscillation. *J. Climate*, **12**, 1199-1220.
7) Horii, T. *et al.* (2012)：Breakdown of ENSO predictors in the 2000s：Decadal changes of recharge/discharge-SST phase relation and atmospheric intraseasonal forcing. *Geophys. Res. Lett.*, **39**, doi:10.1029/2012GL051740.
8) Yeh, S.-W. *et al.* (2009)：El Niño in a changing climate. *Nature*, **461**, 511-515.

モンスーンからさぐる気候変動

§ IV-8

Climatic variability revealed by monsoon

(1) モンスーン循環の定義

モンスーン循環(monsoon circulation)は,ハドレー循環(Hadley circulation)やウォーカー循環(Walker circulation)などと並んで,対流圏の大気大循環を特徴づける一大システムであり,以下の3通りに定義することができる[1].

①海陸間の熱的コントラストに起因する,陸域の雨季と乾季をもたらすラージスケールの大気循環系,あるいは夏季と冬季で風向が反転するラージスケールの大気循環系.

②海陸間の熱的コントラストや海面水温(sea surface temperature:SST)の東西非一様性に起因する,雨季と乾季をもたらすラージスケールの大気循環系,あるいは夏季と冬季で風向が反転するラージスケールの大気循環系.

③低緯度域あるいは中高緯度域において,海陸間の熱的コントラスト等に起因する,夏季と冬季で規則的に風向が変化するラージスケールの大気循環系.

三者に共通するのは「東西非一様」かつ「年周期」の大気循環という点である.一方,違いはというと,①はモンスーン気候の風土という古典的な見方に従った狭義のモンスーンである.②は東西非一様なSST分布の季節変化によって,海洋上にもモンスーン循環が形成されるので,陸域に限定されない広義のモンスーンである.③はさらに拡張し,偏西風の支配下にあるため,明瞭な風向の反転がみられない中高緯度域のモンスーン循環を定義している.

(2) モンスーン地域の地理

上述の定義では,インドモンスーン(Indian monsoon)やオーストラリアモン

スーン(Australian monsoon)は定義①の範疇であり,海洋性モンスーンである北西太平洋モンスーン(Western North Pacific monsoon)は定義②,東アジアの冬季季節風や梅雨は定義③に該当する.

これらの地理的分布を決めているのは大陸配置とSST分布である.とくにユーラシア大陸とオーストラリア大陸の配置と,両大陸を囲むインド洋と太平洋の存在が,海陸間の熱的コントラストの季節変化を複雑なものとしている.ラージスケールでみると,北半球夏季のモンスーン降雨帯はインドやベンガル湾周辺に位置しているが,季節進行とともに,降雨帯の中心はインドネシア多島海(海洋大陸)を南下し,冬季にはオーストラリア北部沿岸域に移動する.冬季から夏季にかけては逆にオーストラリアからインドへ北上するようにみられることから,アジア~オーストラリアモンスーンを1つのモンスーンシステムとして捉える研究者もいる.

エルニーニョ現象などの大気海洋結合現象によって,熱帯太平洋や熱帯インド洋のSSTは大きく変化するため,モンスーン循環も大きく影響を受ける.本項では,世界最大規模のモンスーン循環である南アジアモンスーン,そして日本の四季を特徴づける東アジアモンスーン,という2つのモンスーン循環の変動プロセスに焦点をあて,大気海洋相互作用が絡んだ気候変動のしくみを概観する.

(3) 夏季南アジアモンスーン

(a) ENSO現象

湿潤モンスーン地域は肥沃な土地であるため人口が集中し,農作物にとって恵みの雨となる雨季の開始とその期間は,そこで暮らす人々の重要な関心事である.また,雨季の間にしばしば豪雨や洪水など大規模な気象災害が生じるため,夏季南アジアモンスーンの変動の解明と予測は社会的意義が大きい.主な変動要因として,エルニーニョ・南方振動(El Niño / Southern Oscillation:ENSO)現象

198 第IV章 大気・海洋相互作用からさぐる気候システム変動

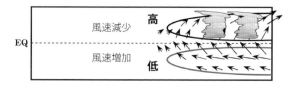
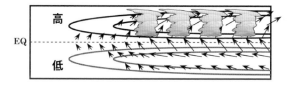

図1 インド洋で発達する，風・蒸発・海面水温（WES）フィードバックの模式図．図中の"高""低"は海水温偏差を示す．

があげられる．ただし，ENSO最盛期と夏季モンスーンとの間には半年間ほどの隔たりがあるため，ENSO発達期の影響とENSO衰退期の影響の2つに分けて考える必要がある．

インドを含む南アジアモンスーンの雨季は6〜9月の約4か月間である．ENSO現象は一般的に夏季から秋季にかけて発達する傾向があるので，雨季の後半にENSOの直接的影響を受けやすい．例えば，エルニーニョ現象が発生すると，次第に熱帯太平洋で上昇流偏差，海洋大陸から熱帯インド洋にかけて下降流偏差という熱帯東西循環偏差が形成されていく．その過程で南アジア地域も下降流偏差に覆われるため，平年より降水量が減少する．ラニーニャ現象では大気循環偏差の符号が反転し，平年より降水量が増加する．実際，エルニーニョ監視海域のSSTとインドの雨季の降水量との間には明瞭な負の相関が現れることがよく知られている．

一方，ENSO衰退期の影響は間接的で，陸面水文過程とインド洋の大気海洋相互作用が鍵となる[2]．例えば，ラニーニャ現象がピークを過ぎても春季に継続している状況を考えてみよう．南シナ海やフィリピン海周辺では積雲対流活動が平年より活発になっているため，その対流加熱に応答した赤道ロスビー波が西進する．春季の熱帯インド洋では一部の海域を除いて偏東風が卓越しているので，ロスビー波によって下層西風偏差が西方へ拡大すると，偏東風を弱める．海上風速の弱化は海面からの蒸発を抑制するので，SSTが上昇し北半球側で対流活動が活発化する．その結果，赤道を挟んで南北鉛直循環が局所的に強まるので，南半球側では北向きの風が生じるが，コリオリ力で西向きに転向し（東風偏差が生まれ），偏東風を強める方向に作用する．したがって，南半球側では蒸発量の増加，SSTの低下，対流活動の抑制という北半球側とは逆のプロセスが進行することになる．このような大気海洋相互作用のプロセスは**風・蒸発・海面水温**（wind-evaporation-SST：WES）**フィードバック**[3]とよばれており，このフィードバックによって形成されたSST偏差の赤道非対称構造はさらに西へ拡大し，熱帯インド洋全域に拡がっていく（図1）．

春季に北部インド洋で積雲対流活動が活発化するので，対流圏上層でもロスビー波応答によって，南アジア一帯で高気圧偏差が強まる．高気圧偏差の強化は，チベット高原から西の中央アジアにかけての地域の降水量の減少，土壌水分量の減少，短波入射量の増加を通して，地表面温度の上昇をもたらす．春季の陸面温度の上昇は海陸間の熱的コントラストの増大に寄与し，モンスーンを強める方向に働く．もしエルニーニョ現象が衰退しながらも持続している場合には，一連のプロセスが逆符号になるので，モンスーンは弱くなる．このようなアジア大陸の陸面水文過程が寄与する ENSO の間接的影響は雨季の前半にみられるが，雨季後半までその影響は持続しない．

(b) IOD 現象

一方，WES フィードバックと異なる，熱帯インド洋の大気海洋相互作用も存在する．インド洋ダイポールモード（Indian Ocean dipole mode：IOD）現象[4]とよばれており，熱帯インド洋の東部と西部で SST 偏差が逆位相で変動する（口絵 37）．赤道に沿った水温躍層の深さに東西非対称偏差がみられることから，エルニーニョ・ラニーニャ現象と同様に IOD には海洋内部の赤道波が重要な役割を果たしていると考えられている．このような SST 偏差の東西非対称構造は秋季にもっとも顕著であり，SST の変化に伴って積雲対流活動の活発・不活発が生じるので，雨季後半のモンスーン降水量にも有意な影響を与える．IOD はその後冬季にかけて衰退する．

WES フィードバックは冬季から春季にかけて卓越し，赤道非対称構造という特徴をもつ．また海面熱フラックスが重要な働きをしている．WES フィードバックは基本場が東風でなければ励起されない．したがって，夏季モンスーンが開始すると風向の反転が生じるため，フィードバックは消滅する．対照的に，IOD は夏季から秋季にかけて卓越し，東西非対称構造をもち，海洋内部の力学が重要となる．季節依存性，空間構造，支配メカニズムの観点でまったく対照的な大気海洋結合現象が熱帯インド洋に存在するのは大変興味深い．

(4) 夏季東アジアモンスーン

東アジアは大陸東岸に位置しているため，冬から夏へ季節が進行するなか，大陸上では地表面加熱による大陸規模の熱的低圧部が形成され，太平洋上では北太平洋高気圧が発達する．海陸間の温度差は 6 月頃に最大になり，日本付近では東西方向の気圧傾度が強まるため，低緯度域から中緯度偏西風帯へ暖湿気流が流入してくる．一方，日本付近には弱い気圧の谷があるため，そこで準定常的な降水帯が形成される，これが梅雨である．初夏から盛夏季にかけて海陸間の温度差は小さくなり東西気圧傾度も弱まることで，低緯度域からの暖湿気流も弱化し梅雨季が終了する．つまり，**梅雨**（Baiu；Meiyu）は，春から夏へ季節が移行する途中に海陸間の温度差によってもたらされた短期間（40 日程度）の雨季といえる．降水量は日々の変動が激しいため，梅雨入りと梅雨明けを正確に同定することは難しいが，GPS 観測やゾンデ観測でえられた可降水量（鉛直積算水蒸気量）の急激な増加という観点からみると，西日本の梅雨入りは 6 月 17 日頃になる[5]．また，降水起源に焦点をあてると，インド洋起源の水蒸気の日本への流入が増加する時期が梅雨入りで，太平洋起源の水蒸気に大きく入れ替わる時期が梅雨明けと定義することもできる．水蒸気起源に基づいた定義においても梅雨季はおよそ 40 日である[6]．

次に，梅雨季の降水量の年々変動の要因を考察しよう．準定常的な降水帯（梅雨前線帯）は偏西風の蛇行の影響を強く受ける．チベット高原上空を横切る**亜熱帯ジェット気流**（subtropical jet stream）が蛇行すると，北太平洋高気圧西端で気圧が変化する（小笠原高気圧の強弱に対応）ので，梅雨前線帯の強弱や南北移動に影響を与える．また，ユーラ

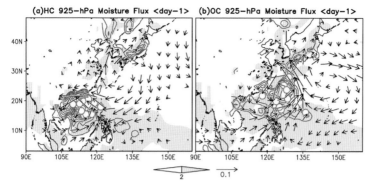

図2 台風の遠隔影響による梅雨前線帯の活発化
等値線は地表付近の水蒸気収束偏差，矢印は水蒸気フラックス偏差，丸印は台風の位置を示す．

シア大陸北部を横切る**寒帯前線ジェット気流**（polar front jet stream）が蛇行すると，オホーツク海高気圧の発達に影響を与える．オホーツク海高気圧の発達は梅雨季の降水量変動にはあまり関係しないが，北日本・東日本の太平洋沿岸地域に冷湿な北東気流（ヤマセ）をもたらし，しばしば深刻な冷害をもたらしている．これら2つのジェット気流の蛇行の主因の1つは**準定常ロスビー波**（quasi-stationary Rossby wave）の波束伝播であると解釈されており，ロスビー波励起の要因として，インドモンスーン熱源の変動やヨーロッパのブロッキング現象などがあげられている．

高SST域で形成される北西太平洋モンスーン域（とくにフィリピン海周辺）の熱帯対流活動も梅雨前線帯の活動に影響を与えている．**太平洋-日本パターン**（Pacific-Japan pattern：PJパターン）というテレコネクションである[7]．PJパターンを励起する熱帯対流活動の実体は主に熱帯低気圧（台風）である．発達した台風が北上するにつれて，台風熱源が北東側の高気圧を強めるため，高気圧西縁に沿って梅雨前線帯に向かう暖湿気流が促進されることで，梅雨前線帯の活発化の要因となる．例えば，海南島へ向かう経路をとる台風は中部日本の日本海側で前線活動を活発化させ（図2a），沖縄コースの台風は西日本の太平洋沿岸の前線活動を活発化させる（図2b）傾向がある．このような台風の遠隔影響による梅雨前線帯の活発化は，梅雨末期の局地的豪雨の要因の1つになっている[8]．したがって，PJパターンに起因する梅雨季降水量の年々変動のしくみを理解するためには，熱帯低気圧（台風）活動の年々変動，そのような擾乱活動と密接に関連している熱帯季節内変動の年々変動の理解が必要不可欠であると考えられる．

夏季北西太平洋モンスーンの年々変動と熱帯擾乱活動の年々変動は同じ現象を別の側面からみたものといっても過言ではない．当然ながら，熱帯太平洋のウォーカー循環を介してENSO現象の直接的影響を強く受けている．また，インド洋からの影響も指摘されている．エルニーニョ現象が最盛期を迎えると，熱帯インド洋のSSTが次第に高温傾向になり，熱帯対流活動が活発化する．その対流加熱に応答した赤道ケルビン波が東進し，西太平洋熱帯域に浸入する．赤道を中心にくさび状に低圧部が浸入するので，フィリピン海周辺では水平気圧傾度が強まり，地表面摩擦の影響を受けて南西向きの風が励起される．そのため，その北側の大気境界層では水平発散が生じ，境界層の上の自由大気では下降流が形成される．もしこの状態が夏季まで持続すれば，夏季北西太平洋モンスーン域の降水量

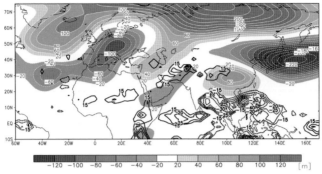

図3 平成18年豪雪時の対流圏上層200 hPaのジオポテンシャル高度偏差（陰影）の空間分布[10] 併せて、外向長波放射量偏差（雲活動の指標）も等値線（黒線）で示す.

を抑制する方向に作用する。このプロセスをIndian Ocean capacitor effectとよんでいる[9].

上記のジェット気流の蛇行やPJパターンは梅雨明け後の盛夏季においてもみられる現象であり（口絵38），それら特有の現象の異常持続や複数の現象の複合はしばしば極端な猛暑や冷夏を日本にもたらすことが知られている.

(5) 冬季東アジアモンスーン

冬季は夏季と比べて海陸間の温度差が逆転するため，大陸のシベリア高気圧と北太平洋のアリューシャン低気圧との間で東西気圧傾度が強まり，日本付近では北西季節風が卓越する．冬季モンスーン（北西季節風）の年々変動も夏季と同様に中緯度偏西風の蛇行が主因の1つである．ユーラシア北部を横切る寒帯前線ジェットの蛇行はユーラシアンパターンとよばれる**テレコネクション**（teleconnection⇒§Ⅳ-6）で，このテレコネクションが日本上空の気圧の谷を強めると，北西季節風が卓越し日本は寒冬傾向になる．一方，亜熱帯ジェットは冬季にもっとも南下しているため，熱帯対流活動の影響を受けやすい．ラニーニャ現象の影響などで，平年は積雲対流活動が不活発な南シナ海周辺で急激に対流活動が活発化すると，その北に横

たわる亜熱帯ジェット上に準定常ロスビー波を励起する．その波束伝播によって下流側に位置する日本付近で気圧の谷が強められるので，冬季モンスーンが卓越し日本は寒冬になる．実際，平成18年豪雪時にこのようなプロセスが顕在化したことが見出されている（図3）．対照的に，エルニーニョ現象による冬季モンスーン変動への影響は，熱帯太平洋のウォーカー循環の弱化に伴う西太平洋暖水域上の下層高気圧の強化がむしろ重要で，高気圧西縁に沿って暖気移流偏差がもたらされ，南西日本中心に北西季節風が弱まり暖冬傾向になる．このように，ENSO現象による冬季東アジアモンスーンへの影響は，エルニーニョ現象とラニーニャ現象で大気循環偏差の符号が反転するような対称的な応答ではないことに留意する必要がある.

ラージスケールの大気循環である冬季モンスーンの強弱は日本近海の総観規模擾乱の活動を規定する．とくに，急激に発達する温帯低気圧（**爆弾低気圧**：bomb）活動はモンスーンが強い時には日本近海に集中し，モンスーンが弱い時には散在もしくは東偏する傾向がある[11]．低気圧活動の集中化は，低気圧後面での寒気流入を通して日本海沿岸地域に頻繁に大雪をもたらす環境場をつくりあげる.

なぜ冬季モンスーンが強いと，爆弾低気圧

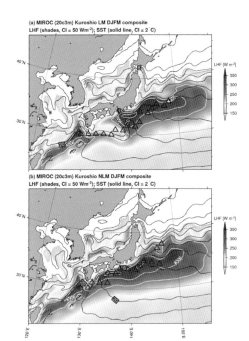

図4 大気海洋結合モデルで再現された黒潮大蛇行時(a)と非大蛇行時(b)の海水温(等値線),海面での潜熱フラックス(陰影),温帯低気圧の主経路(三角印)の分布[12]

が日本近海に集中しやすいのだろうか.その理由の1つとして,黒潮・黒潮続流とよばれる暖流の存在があげられる.日本付近は北西季節風と暖流が交差する地域であり,海洋から大気へ多量の熱・水蒸気供給が生じている.モンスーンが強ければ,当然ながら暖流域で大気への熱・水蒸気供給が促進され,同時に対流圏下層の傾圧性も大きくなり,温帯低気圧の急発達に好適な条件がもたらされる.もし暖流が存在しなければ,日本南岸では高い海水温を維持できずに,結果的に海面からの顕熱フラックスや潜熱フラックスも減少し,低気圧の発達への寄与は小さくなってしまうだろう.黒潮・黒潮続流の存在自体が温帯低気圧の急発達に寄与するという点では,黒潮・黒潮続流の受動的役割といえるが,能動的役割も併せもっている.具体的には,黒潮が大蛇行すると,非大蛇行時に比べて南岸低気圧の主経路が南偏し,その後の発達も抑制される傾向があることが観測的事実として見出され,数値モデルによってもその現象が検証されている(図4).

〔川村隆一〕

文献

1) 川村隆一 (2007):モンスーン循環の形成とその変動プロセス:大気海洋相互作用と大気陸面相互作用から謎を解く.天気, **54**, 199-202.
2) Kawamura, R. et al. (2001):Role of equatorially asymmetric sea surface temperature anomalies in the Indian Ocean in the Asian summer monsoon and El Niño-Southern Oscillation coupling. J. Geophys. Res., **106**, 4681-4693.
3) Xie, S. P., and H. Philander, S.G. (1994):A coupled ocean-atmosphere model of relevance to the ITCZ in the eastern. Pacific. Tellus, **46 A**, 340-350.
4) Saji, N. H. et al. (1999):A dipole mode in the tropical Indian Ocean. Nature, **401**, 360-363.
5) 糟谷 司・川村隆一 (2012):日本における GPS 可降水量の季節変化の特徴.天気, **59**, 917-925.
6) Hiraoka, A. et al. (2011):Water origins over central and southern Japan during the early summer rainy season as simulated with an isotope circulation model. SOLA, **7**, 141-144.
7) Nitta, T. (1987):Convective activities in the tropical western Pacific and their impact on the northern hemisphere summer circulation. J. Meteor. Soc. Japan, **65**, 373-390.
8) Hirata, H., and Kawamura, R. (2014):Scale interaction between typhoons and the North Pacific subtropical high and associated remote effects during the Baiu/Meiyu season. J. Geophys. Res. Atmos., **119**, 5157-5170.
9) Xie, S.-P. et al. (2009):Indian Ocean capacitor effect on Indo–western Pacific climate during the summer following El Niño. J. Climate, **22**(3), 730-747.
10) Sakai, K., and Kawamura, R. (2009):Remote response of the East Asian winter monsoon to tropical forcing related to El Nino-Southern Oscillation. J. Geophys. Res., **114**, D06105.
11) Iizuka, S. et al. (2013):Influence of the monsoon variability and sea surface temperature front on the explosive cyclone activity in the vicinity of Japan during northern winter. SOLA, **9**, 1-4.
12) Hayasaki, M. et al. (2013):Response of extratropical cyclone activity to the Kuroshio large meander. Geophys. Res. Lett., **40**, 1-5.

第V章

極域・雪氷圏からみた気候システム変動
Climatic system variability in the polar regions and cryosphere

　本章では極域，雪氷域からみた気候システム変動についてまとめる．極域は多くの雪氷を維持するが，その一部が気候変動により融解・消滅すると，大気大循環にも影響を与える．はじめに北極振動の視点から気候変動を評価する．後半では，アジア有数の高山地帯，南米南端のパタゴニアそして南極大陸域といった，世界の代表的な雪氷域での氷河変動の歴史から，近現代の気候変動を評価する．最後に，極域で発生するオゾン層破壊についても取り上げる．

ローヌ氷河 100 年の盛衰
(a) 氷河の先端は山麓まで伸びていた（1900 年 8 月，Prof. Johann Jakob-Buch 撮影）
(b) この 100 年間でローヌ氷河は，水平距離 600 m，垂直規模で 325 m 後退し，
体積は 0.46 km^3 減少した（2001 年 8 月，大村 纂 撮影・計測）
（撮影者：ともにスイス国立工科大学）

§V-1
北極振動からみた気候変動
Climatic variation associated with the Arctic Oscillation

(1) 北極振動とは

　北半球冬季の月平均海面気圧偏差（偏差は気候値からのずれ）の変動に主成分分析という統計的手法を適用してえられた第1主成分を**北極振動**（Arctic Oscillation：AO）という（500 hPa 高度偏差を解析する場合もある）．日本で寒冬のとき欧州や米国でも寒冬になることが多い．大気循環変動はランダムではなく世界規模で連動するパターンをとることが多い．北極振動は冬の北半球中高緯度大気でもっとも卓越する変動パターンである．ちなみに，2番目はアリューシャン，カナダ，米国南東部に中心をもつ波状の**太平洋-北米パターン**（Pacific-North American pattern：PNA）である．PNA は**エルニーニョ**（El Niño）の影響を強く受けるが，北極振動はエルニーニョとは独立な大気の内部変動で，北極域と中緯度域の間のシーソー的変動である（図1）．気圧は大気の質量であり全体では保存するため，どこかで気圧が高くなれば他で低くなるのは，当然である．北極域で気圧が低いと中緯度域で高くなる．このような偏差のときを慣習的に北極振動が正という．逆に北極で気圧が高く中緯度で低いとき，北極振動は負である．

　南半球にも北極振動と同様な南極域とその周辺の中緯度域の間のシーソー的変動パターンがあり，**南極振動**（Antarctic Oscillation：AAO）とよばれる．また北極振動は東西方向にほぼ一様で環状なので**北半球環状モード**（Northern Annular Mode：NAM）ともよばれる[2]．対応して南極振動は**南半球環状モード**（Southern Annular Mode：SAM）とよばれる[2]．北極振動は特定の周期性をもたないことから，変動形態という意味で「モード」のほうが「振動」より

科学的に適切な用語である．しかし「北極振動」という言葉がマスコミにも定着しているので，ここでは北極振動を用いることにする．

　冬の平均的な海面気圧分布（図2）は北太平洋に**アリューシャン低気圧**（Aleutian Low），北大西洋に**アイスランド低気圧**（Icelandic Low）と**アゾレス高気圧**（Azores High），そしてシベリアに**シベリア高気圧**（Siberian High）がある．北極振動パターン

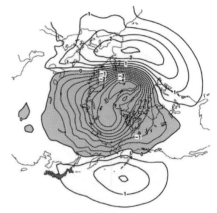

図1　正の北極振動に伴う海面気圧偏差（北半球海面気圧の第1主成分）[1]
等値線間隔は 0.5 hPa．負の領域に陰影．計算は年を通してのものだが冬の変動が顕著に大きいので冬の北極振動の構造を表している．

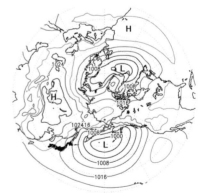

図2　冬（12，1，2月）の海面気圧の気候値
ERA-interim の 30 年（1981〜2010 年）平均値．等値線間隔は 4 hPa．

図3 冬の正の北極振動に伴う 925 hPa 気温偏差[1] 等値線間隔は0.5℃．負の領域に陰影．

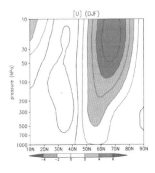

図4 冬の正の北極振動に伴う東西平均した西風偏差の緯度・気圧断面図[1]
→口絵39
等値線は1 m/sごと．

との対応を大西洋域でみると，北極振動が正のときは，アイスランド低気圧が深まり，その南にあるアゾレス高気圧も強まる．この大西洋域の変動パターンは**北大西洋振動**（North Atlantic Oscillation：NAO）として北極振動より古くから知られていた．大西洋域では北極振動と北大西洋振動はほぼ同じ現象である．一方，太平洋域では北極振動が正のときアリューシャン低気圧は浅くなる．

(2) 北極振動に伴う気象変動

北極振動が正のときの気温偏差を図3に示す．ヨーロッパでは図1の気圧偏差からわかるように暖かい大西洋からの西風が強まり暖かくなる．この暖かい領域は東アジアまで広がっている．また西風ジェットが強まり，低気圧擾乱も活発になり，ヨーロッパでは降水量も増える．一方で，地中海地方やアフリカ北部では低温で乾燥する．前述したように，アリューシャン低気圧が弱まるので，日本付近では暖かくなる．北米では米国東海岸を中心に暖かくなるが，カナダ北部では寒くなる．逆に，北極振動が負であれば，欧州，東アジア，米国東部が寒波に見舞われ，日本では日本海側で豪雪となることも多い．

(3) 北極振動と成層圏

北極振動は高緯度と中緯度の気圧のシーソー変動なので，地衡風の関係から，北極振動が正のときは高緯度（～60°N）付近の平均的な西風（亜寒帯ジェット）が強まり，亜熱帯域（～35°N）の西風が弱まる（図4）．つまり，北極振動は西風ジェットの変動ともいえる．冬季には北極振動に伴う西風偏差は成層圏まで伸びている．冬の成層圏では**極渦**（polar vortex）の強さの変動である成層圏環状モードが卓越しており，対流圏と成層圏の環状モード（＝北極振動）は結合している[1]-[4]．

冬季北半球成層圏では北極域の気温が急激に上昇し西風が減速する「**成層圏突然昇温**（sudden stratospheric warming）」という現象が時々起こるが，これは成層圏の北極振動の負の位相に対応する．この現象は対流圏でプラネタリー波が増幅し，それが成層圏に伝播して西風を減速するものだが，成層圏で負の北極振動になると，その後，1～2か月にわたり対流圏でも負の北極振動になりやすい．負の北極振動ということは，中緯度で寒冬になりやすいということである．逆に成層圏で極渦が強く正の北極振動が持続するときは，対流圏でも正の北極振動になりやすい．成層圏の北極振動は1～2か月先の対流圏の気象の前兆となる[4]．

(4) 北極振動の原因

北極振動は平均流と擾乱との正のフィード

バックにより大気内部で自然に起こる変動である．擾乱としては**総観規模擾乱**（synoptic-scale disturbance）や準定常**プラネタリー波**（planetary wave）があり両者とも重要である[3]．高緯度の西風が強いと擾乱が北東－南西方向に傾き，その結果，擾乱は北に西風運動量を輸送し高緯度の西風を強化する．擾乱の活発な緯度帯が西風偏差の境目（冬は45°N付近，図4）に対応する．冬の準定常プラネタリー波は成層圏まで伝播し成層圏と対流圏を結合させる．

夏の成層圏は東風であり長波長ロスビー波であるプラネタリー波は平均流に対して西進するので定常になれず成層圏で減衰する．そのため，北極振動は対流圏に限られたものになる．また夏は総観規模擾乱が弱く，擾乱の緯度が北上するので北極振動は弱くパターンは北上する[3]．

(5) 北極振動の経年変化

環状モードは大気の内部変動モードであるが，外部境界条件の影響を受けないわけではない．北極振動は熱帯太平洋のエルニーニョとは線形的な関係はない．しかし，北極振動・北大西洋振動の長期変動は北大西洋の海面水温とはよい関係があり，高緯度・中緯度・低緯度で正・負・正となる海面水温偏差と正の相関がある．海洋と大気の間に弱いが正のフィードバックプロセスが働いているためと考えられる．また南半球で顕著な例が，オゾンホールによる南極振動の正のトレンドである[5]．南極春季成層圏でのオゾン減少により南極成層圏は冷却され極渦は強まり（つまり正の南極振動となり），それが夏季の対流圏で南極域の高度を下げ，南極の周りの西風を強めている．オゾン層の回復は南極振動を元に戻す働きをする．また，このまま炭酸ガス濃度が上昇し温暖化した場合は北極振動も南極振動も正に向かうと予想されている．

では実際の北極振動の経年変動をみてみる（図5）．1990年代までは正のトレンドがあるが，1989年のピークの後は負のトレンドがあるようにみえる．1989年から6年間は日本でも連続して暖冬になり地球温暖化のためかと騒がれたものである．1988～1989年の冬は1951年以来，北極振動指数は最大の2.67であった（図5）．この冬の500 hPa高度偏差をみると，北極域で低く中緯度で高い．高度場からは亜寒帯ジェットが比較的まっすぐ強く吹いていることがわかる（図6上）．500 hPa高度偏差はおおよそ対流圏下部の気温偏差と対応がよい．地上気温偏差をみると，欧州から東アジアで暖冬だったことがわかる（図6下）．逆に北アフリカや中

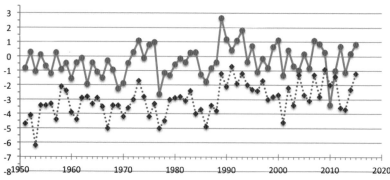

図5 冬の北極振動指数（上：●と実線，無次元）と札幌の気温（下：◆と点線，単位は℃）の経年変化（1951～2015年）

札幌の気温と北極振動指数は比較的よく相関している（相関係数0.431）．とくに1970～2003年では相関係数は0.702と極めて高く，札幌の気温は北極振動でよく説明できる．

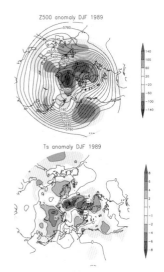
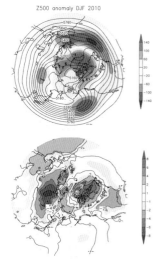

図6 （上）北極振動指数が2.67であった1988/1989年の冬平均500 hPa 高度（実線）と偏差（影）．等値線は60 m毎．（下）同地上気温偏差（℃）→口絵40

図7 （上）北極振動指数が-3.39であった2009/2010年の冬平均500 hPa 高度（実線）と偏差（影）．等値線は60 m毎．（下）同地上気温偏差（℃）→口絵41

東では寒冬であった．一方，北極振動指数が-3.39という記録的な負であった2009～2010年の冬は日本ではそれほど寒くなかったが多くの北半球中緯度地域で寒冬であった（図7下）．この年は北極域の高度偏差が正であり，中緯度で負となっている（図7上）．流れをみると，アラスカやアイスランド付近で流れが大きく蛇行してブロッキングに近い状況になっている．このように北極振動が負のときは，亜寒帯ジェット気流が大きく蛇行し北極寒気が中緯度に流れやすい状態になっている．

1989年の北極振動の正へのジャンプは自然変動の要素が大きいが，直前の秋のシベリアの積雪が少なかったことも要因とみられている．積雪が少ないと大気が暖かくなり，東アジアに気候的に存在するトラフを弱める．そのためプラネタリー波の振幅が弱まり，成層圏の極渦を強くし対流圏も正の北極振動になりやすいと考えられる．一方，21世紀に入ってから地球温暖化にもかかわらず中緯度では寒波・豪雪にしばしば見舞われている．近年，北極海の海氷が急激に減少した結果，プラネタリー波が増幅し，成層圏・対流圏相互作用も働いて負の北極振動になりやすくなっていることが一因と考えられる[6]．将来，北極振動がどのように推移するか注目される．

〔山崎孝治〕

文献

1) 山崎孝治編（2004）：北極振動，気象研究ノート第206号，日本気象学会．
2) Thompson, D.W.J. and Wallace, J.W. (2000)：Annular modes in the extratropical circulation. Part I: Month-to-month variability. *J. Climate*, **13**, 1000-1017.
3) Ogi, M. *et al.* (2004)：The summertime annular mode in the Northern Hemisphere and its linkage to the winter mode. *J. Geophys. Res.*, **109**, D20114.
4) Baldwin, M.P. and Dunkerton, T.J. (1999)：Propagation of the Arctic Oscillation from the stratosphere to the troposphere. *J. Geophys. Res.*, **104**, 30937-30946.
5) Thompson, D.W.J. *et al.* (2011)：Signatures of the Antarctic ozone hole in Southern Hemisphere surface climate change. *Nature Geo.*, **4**(11), 741-749, doi:10.1038/NGEO1296.
6) Nakamura, T., *et al.* (2015)：A negative phase shift of the winter AO/NAO due to the recent Arctic sea-ice reduction in late autumn. *J. Geophys. Res. Atmos.* **120**, doi:10.1002/2014JD022848.

北極海氷からみた気候変動
Climatic variation in the Arctic sea ice

(1) 北極海海氷の特徴

マイクロ波放射計による人工衛星観測開始以降，北極海（Arctic Ocean）の海氷（sea ice）は面積および体積ともに大幅に減少した．北極海の海氷減少は空間的に一様ではなく，太平洋側北極海での減少が卓越している（図1）．また，海氷減少率は一定ではなく，1990年代後半以降，著しく大きくなっている（図2a）．これら2点が，北極海の海氷減少の大きな特徴であり，単に温暖化の影響を受けて海氷が減少しているのではないことが示唆される．ここでは，海の変化がもたらす海氷減少メカニズムと北極海航路（Arctic Sea Routes）利用に必要となる沿岸域の海氷集積とその北極海の海氷変動予測に関する研究を紹介する．

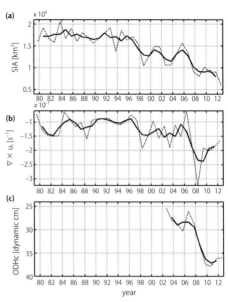

図2 (a) 66〜90°N, 120〜180°W（図1の破線領域）における9月の月平均海氷密接度（％），(b) 74.4〜77°N, 130〜160°W（図1に実線枠領域で表示）における9月の海氷速度ベクトルの回転成分の領域平均値（s^{-1}），(c) 74.4〜77°N, 150〜160°W（図1に網掛領域で表示）における800 dbar基準の100 dbarにおける海洋力学高度偏差（dynamic cm）（Yoshizawa et al.（2015）[1]を改変）
(a)〜(c)の実線は各年の値，破線は3年の移動平均値．

(2) カタストロフィックな北極海氷減少とその空間非一様性

1998年に，ベーリング海峡北部の太平洋側北極海で激的な海氷減少が起こる．また，その前年の1997年はエルニーニョ年であった．この2点を中心に海氷減少の要因を紐解くことにする[2]．

夏の温かいベーリング海の海水（Bering Sea water）は，沿岸密度流として北米大陸沿岸に沿ってベーリング海峡を通過後，チャクチ海のアラスカ沿岸を北上し，北米大陸最北端のバローに達する．晩夏まではボーフォート高気圧は発達せず，沿岸密度流としてボーフォート海陸棚斜面上を東進し，アラスカ沿岸の北極海に海洋熱が供給される．太

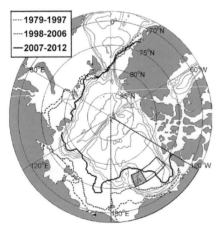

図1 9月の海氷縁位置の変化（1979〜1997年，1998〜2006年，2007〜2012年）（Yoshizawa et al.（2015）[1]を改変）
海氷縁は海氷密接度0.15としている．灰色の等値線は，海底地形の等深線（灰色破線は500 m）．

平洋側北極海では，秋以降，海氷で覆われた海域に中心をもつボーフォート高気圧が発達する．1996年以前には，この高気圧が発達する時期には，沿岸域まで海氷が張り詰めているため，高気圧の発達に伴う風により海氷に力が加わったとしても，海氷と陸岸の間に働く摩擦の影響で，海氷は動きにくい状態にあった．動く場合には，海氷に亀裂（リード）が発生し，リードの幅だけ間欠的に動くようなものであった．しかし，1997年は，エルニーニョの影響で高温化したベーリング海水の影響により，ボーフォート高気圧が発達する秋から初冬でも，北極海沿岸域では海氷があまり形成されず，海氷と陸岸との間の摩擦が著しく低下した．その結果，摩擦というブレーキが効かなくなり，海氷運動は動きやすくなり，その影響は北極海の広域に及んだ．このような変化は，高気圧（風）の変化によりもたらされたのではなく，ごく沿岸付近の海氷減少に伴って，**海氷運動**（sea ice motion）に働く摩擦力が変化して起こったことが肝要である．

海氷下の上層**海洋循環流量**（ocean volume transport）は，海面での応力をもたらす海氷速度ベクトルの回転成分の大きさに比例して変化する．1997〜1998年の冬には，上述の摩擦力の低下により，その回転成分がそれまでの気候値の約1.5倍に増加した（図2b）．その結果，温かいベーリング海水を輸送する上層海洋循環の流量が著しく増大し，海洋循環の北上流域では，「海の温暖化」が起こった（図3）．もし仮に，黒潮の流量が1.5倍になったとすれば，その北上流域である日本南岸域の水温は上昇し，日本の気候が大きく変化することは想像できよう．

北極海の海盆域では，海氷運動が強化されても，駆動される上層海洋の流速は数cm/s程度であり，外洋域の温暖化が起こるタイミングは，この流れに乗って運ばれる時間だけ遅れる．ベーリング海起源の温かい水は，表層混合層（0〜20 m）の直下約20〜100 mの亜表層に供給されており，1997年

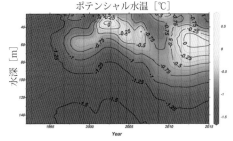

図3 74.4〜77°N，150〜160°W（図1に網掛領域で表示）におけるポテンシャル水温の変化

夏にベーリング海峡を通過した温かいベーリング海水が，海氷が著しく後退したノースウインド海嶺付近に到達したのは，年が変わって1998年1月以降であったことが現場観測から確認されている．温かいベーリング海水から構成される亜表層は，直上の表層混合層にとって床暖房のようなものである．大気側から冷却されても，亜表層の高温化により，表層混合層では結氷水温を上回ることが頻繁に起こるようになる．海が温まり，海水が結氷水温以上であるときは，海氷が冷やされても，水温が低下するだけで海氷は生成されない．つまり，海の温暖化は海氷生成量を低下させ，海氷減少をもたらす効果がある．実際，1998年に大きく海氷が後退した海域では，冬の上層海洋熱量は気候値と比べて140 MJ/m^2ほど大きく，翌夏には，気候値とほぼ同じレベルにまで減少していた．140 MJ/m^2の海洋熱量の増加は約50 cm厚の海氷生成の抑制に寄与したと考えられる．海氷生成が抑制された海域では，**海氷生成**（sea ice formation）が終わり融解が始まるタイミングで，周囲の海域と比べて海氷厚は薄くなり，平均的な夏の融解量でも海氷は消滅する可能性がある．実際，1998年夏に海氷が消滅した海域は上層海洋循環の北上流路にあたる北極海亜表層の高水温領域と一致しており，空間的に非一様な北極海の急激な海氷減少には，混相海洋である北極海の海洋循環の急激な変化が関与していたと考えられる．

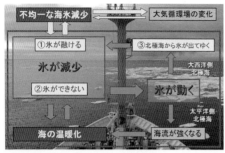

図4　海氷減少の正のフィードバック・システム

(3) 海氷減少の持続，戻らない変化

(2)では，著しい海氷減少の始動について紹介したが，ここでは，なぜ，北極海の海氷面積および体積は変動するのではなく「元に戻らない」減少に陥っているのかについて述べる．

海氷が外洋域まで大きく後退すれば，沿岸域まで海氷が張り詰めるのに要する時間は長くなる．つまり，1997年のように北極海沿岸域に温かい水が供給されていなくても，ボーフォート高気圧が強化される秋になっても，沿岸域の海氷は存在できず，もしくは，存在しても新しく形成された海氷でその物性強度は小さく，陸岸での摩擦があまり効かず海氷は動きやすくなる状態が保持される．そのため，直下の海洋循環と海洋熱輸送の強化による海の温暖化は維持され，海氷生成量は低下し，海氷減少が続いてしまうサイクルに陥る（図4）．このような，**正のフィードバック・システム**（positive feedback system）に陥ってしまったことが，1990年代後半以降の海氷減少が，元に戻らない様相を呈する要因であると考えられる．

(4) 2007年以降の北極海と海盆スケールでの海氷予測

2009年以降，太平洋側北極海の海氷は，夏を越した経験のある多年氷から，直前の冬に形成された一年氷に支配的な海氷種別が変化した．一年氷の場合，直前の冬の環境がその成長を決めるようになるため，結氷終了時の海氷厚は，海洋の状態にさらに大きく影響されるようになる．実際，海氷減少の中心海域である太平洋側北極海では，2009年以降，亜表層海洋貯熱量と7～8月の海氷密接度に有意な関係が見出される（図5）．つまり，亜表層海洋の熱量を予測することができれば，太平洋側北極海海盆域の海氷予測は可能になる．海洋の熱量を決めているものは，水温×流量であるが，流量の寄与が大きい場合，海洋循環流量が推定できれば，海氷予測につなぐことができると考えられる．

海洋循環は，その瞬間の風応力・海氷運動による応力によってできるものではなく，セットアップ時間が必要であり，過去に与えられた応力（海氷速度ベクトルの回転成分）によって決まる．図2cは，海洋ボーフォート循環の中心域の海洋力学高度偏差を示したものであるが，沿岸での海洋力学高度偏差に変動がなければ，その値の変動は，循環流量の変動に比例する．これは，海氷速度ベクトルの回転成分（図2b）に対して約3年遅れて変動していることがうかがえる．このように，海洋の応答は緩慢であり，この性質を利用すれば，時間積分し予測しなくても，遅延応答時間スケールよりも短い時間スケールであれば，数値モデルによる積分を行わなくても，ある程度の精度で予測可能になる．問題は，過去どれだけの期間の外力で現在の海洋

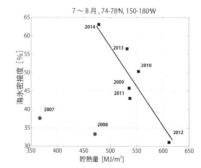

図5　74～78°N，150～160°Wにおける海洋上層（20～150 m）の貯熱量と74～78°N，150～180°Wにおける7～8月の領域平均海氷密接度との関係．

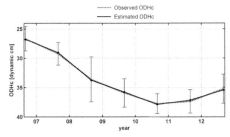

図6 過去5年の海氷速度ベクトルの回転成分から推定した，海洋ボーフォート循環の中心域（74.4〜77°N, 150〜160°W）の海洋力学高度偏差（黒線）と実測値（灰線）（Yoshizawa et al. (2015)[1]を改変）．

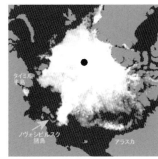

図7 2015年8月17日の海氷分布（JAXA/AMSR2）

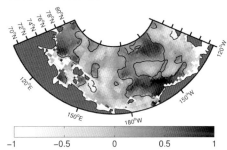

図8 有効海氷収束と7〜9月の平均海氷密接度との空間相関
等値線は，相関係数0.5を表す．

循環が定まっているのかを知ることである．

Yoshizawa et al. (2015)[1]はこの時間スケールを同定し，海洋循環流量の定量的な推定を行った．その結果，過去約4年の外力により海洋循環場が形成されていることがわかった．さらに，海洋循環流量は，海洋データを使わずに，衛星データより求めた海水移動速度のみでその変動振幅（2007〜2012年）の約2%の誤差で推定できることがわかった（図6）．この方法は，太平洋側北極海の大規模な海氷変動を推定するうえで有用な基礎情報である．

(5) 沿岸域の局所的な海氷予測

北極海の海氷減少に伴い，北極海の航路利用が増加している．航路利用可能期間の予測が，船舶運航計画や運航経費を含めた運用に際し必要となる．北極海航路の利用可否は，北極海全体の海氷面積の大小と必ずしも一致しておらず，通航が困難になる難所海域が，ある程度特定されている．それらは，アラスカ沿岸北極海とチャクチ海北部海域，そしてタイミル半島周辺海域，ノヴォシビルスク諸島周辺海域のいずれも沿岸周辺海域である（図7）．沿岸域では，動かない陸の存在により行き場を失った海氷が集積しやすく，元々は薄い一年氷であっても，海氷厚は著しく増大する．

そこで，**海氷の集積**（rafting of sea ice）と夏の海氷密接度の関係を調べた．集積の代替指標（有効海氷収束）として，海氷速度が収束し，収束により計算上の海氷密接度が1を超える場合について，収束値から1を減じた値を海氷移動に従ってラグランジュ積分（前年の結氷開始から翌春まで）したものとして与えている．その結果，夏の海氷密接度と有効海氷収束との間には，高い相関が見出された（図8）．高い相関がみられる海域は，難所海域と一致しており，春の段階で，沿岸付近の局所的集積プロセスによる海氷残存を予測することがある程度可能になる．

〔島田浩二・吉澤枝里〕

文献

1) Yoshizawa, E. et al. (2015)：Delayed responses of the oceanic Beaufort Gyre to windsand sea ice motions: influences on variations of sea ice cover in the Pacific sector of the Arctic Ocean, *J. Oceanogr.*, **71**, 187-197.
2) Shimada, K. et al. (2006)：Pacific Ocean Inflow: influence on catastrophic reduction of sea ice cover in the Arctic Ocean. *Geophys. Res. Lett.*, **33**, L08605, doi:10.1029/2005GL025624.

§V-3

北極雪氷圏における
大気海洋相互作用
Air-sea interactions in the Arctic cryosphere

(1) 北極域の雪氷圏

北極域（the Arctic）では海氷，積雪氷床・氷河，凍土が広がる．図1に冬と夏の雪氷分布を示す．陸上の赤い着色部は積雪を示している．北極域の地理的な特徴は，中央部に海洋があり，その周囲を大陸が囲むところにある．中央部の海洋を覆う海氷は，海洋，大気と接し相互作用を起こす．地球表面でもっとも反射率の低い場所の代表である海水面から，逆にもっとも反射率の高い雪氷域への変化，また蒸発や熱伝導を抑える積雪の特性は気候システムで大きな役割を占める．

大陸上では，冬季は積雪で覆われるものの，夏にはそのほとんどが消える．内陸部での夏の高温と冬の低温の季節振幅が大きい．

グリーンランド（Greenland）には南極とともに氷床が存在する．グリーンランドでは島の80％が氷に覆われている．氷の厚さは平均1700 m，地球に存在する氷の10％に相当する．このグリーンランド氷床も大気とのかかわりとともに，海洋との相互作用が大きいこともわかってきた．

(2) 北極海の海氷の1年サイクル

海氷の季節変化という基本サイクルを考える[1]．図2は1年間の海氷の変化をまとめている．季節変化について以下のような特徴がいえる．

3月：海氷面積は最大になる．**北極海**（Arctic Ocean）は全面結氷となっており，年による差は主にオホーツク海，ベーリング海，バレンツ海，カラ海などの周辺海域の海氷面積の変化によって生まれる（図1左参照）．

4, 5月：北極海を囲む陸上では積雪の融解が進行している．この時期北極海は凍結したままである．陸域の変化が先行していく．

5月中旬：北極海の周辺海域の海氷はかなり消えて，北極海とハドソン湾の結氷が残っている．図2の海氷面積のグラフに丸で囲んだように，冬季の最大海氷面積に関係なく，この時期に一度海氷面積の曲線は同じような面積に収束する．海氷分布が北極海という器の

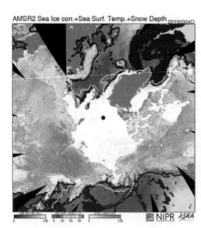 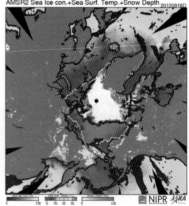

図1 北極域の積雪，海氷，海水温の衛星観測情報（データ：JAXAおよびNSIDC，表示Arctic Data archive System：ADS）→口絵42
左：冬季の状態（2015年3月4日），右：夏季の状態（最小海氷面積を記録した2012年9月16日）．1980年代の同日付の海氷縁を実線で示す．

面積いっぱいに広がった際に拡大が一時停滞するためである．5月の丸印の方が面積が大きいのはハドソン湾が凍結しているためである．

6～7月：北極海内部の海氷面積が減少していく．標準偏差は9～10月に最大となる．グラフが分散していくことから，その年の夏季の海氷面積の多寡の傾向がこの時期に分かれていくことがわかる．

7～8月：海氷表面には融解が進行し，融解水の池であるメルトポンドが存在している．海氷表面の温度は0℃付近に保たれ，北極海のほぼ全域が等温になる．8月中旬にはメルトポンド表面の結氷が始まり温度差が生まれる．

8～9月：海氷表面の池の凍結が始まっても，海水面はまだ凍結せず，北極海の海氷面積の減少は9月中旬まで続く（図1b参照）．一方，北極海周辺の陸域ではすでに降雪が始まっている．ここでも陸域の変化が先行する．

10月：海氷の急速拡大が起きる．11月初旬には北極海全域が凍結するに至る．バレンツ海の海氷と日本の気象との関連が調査されている．

(3) 北極域雪氷圏で起きている変化

北極域は地球全体の温暖化の速度より早く温暖化が進んでいる．また今後も顕著であると予測されている．顕著な影響の現れとして，北極域での海氷や氷床融解があげられている[2]．

(a) 海氷の変化

北極域の夏季の海氷面積は，衛星観測が可能になった1980年代後半には7.89×10^6 km^{2}であったが，2012年には衛星観測史上最小の3.44×10^6 km^{2}になった（図1b参照）．比較のため同じ日付の1980年代の平均分布域を実線で書き込んでいる．海氷面積が半分になっていることがわかる．

海氷が消えて拡大した海水面については海水温の情報を表示している．海氷が減った海域では，海水温が低温で保たれていることがわかる．今後，この海域での日射の吸収や大気との接触による熱や運動量，ガス交換などにより，物理・化学的にさまざまな変化が起きることが想定され，さらに生態系にも影響することが予想される．

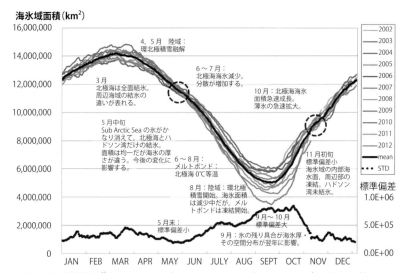

図2 海氷面積の季節変化[1]（2002～2012年，AMSR-EおよびWINDSATデータ）→口絵43
下方に各日の標準偏差を示している．

(b) 積雪域の変化

北極の積雪域では，冬の積雪は増えていることが報告されている．一方で，積雪期間の短縮が起きている．これは春に急速な融雪が起きることを意味している．融雪期終盤である6月でみた場合，2012年に積雪面積はそれまでの最低記録を示した[3]．積雪の融解期は，(5)で述べる北極域の陸上でのアイス・アルベド・フィードバックが起きる時期でもある．融雪期間の短縮と短期間の流出が起きる．このように陸上から海洋への淡水供給の量や時期に変化が起きている．さらに，積雪は冬季間には地表面を冷却から守り，凍結を抑える．融解後は融雪水が土壌水分を供給する．積雪の影響は熱収支，水文そして土壌や植生にも影響する．それは炭素の収支を経て気候に影響する．

(c) グリーンランド氷床の変化

グリーンランド氷床（Greenland ice sheet）では1990年代から質量減少が加速している[4]．2012年にはグリーンランド氷床のほぼ全域に融解域が広がった．グリーンランドから流出する融解水は，北極海にそそぐシベリアからの大河川の年間流量に比較しうる大きな淡水供給源である．

氷床の縮小は表面の融解で生じるだけでなく，海洋との関連も注目されている．氷床が海に接するところでは，氷河末端部が海に直接崩壊するカービングが起きている．このカービングがグリーンランド氷床の縮小の50%近くにかかわるといわれている[4]．氷床表面での融解水が氷床と基盤の岩盤との間に浸透し，それが潤滑剤となって氷河流動を加速させるといわれている[5]（図3）．

海洋に接した氷河が多い北極圏では，融解だけでなく，このような力学的な不安定化が問題になっている．また氷河末端部は海水温の影響を受ける．一方で，氷床など陸上からの海洋への淡水供給は，海洋構造，海洋中への二酸化炭素取り込みなどで海洋にもさまざまな影響をもたらすものであり，影響は単に海水準上昇だけにとどまらない．また長期の気候変動と関連してグリーンランド海周辺での海洋深層循環の潜り込みの駆動力との関係もある．

(4) 北極温暖化増幅

北極域における強い温暖化の特徴は**北極温暖化増幅**（Polar Amplification）とよばれている．中緯度に比べ変化が北極域では大きく現れることを指し，中緯度からの輸送によって生まれるものや，北極域の内部で強化されるものがある．全球的な昇温に対し，北極域では2倍の速さで温度上昇が起きている．Polar Amplificationは初冬期の海氷縁辺部で顕著である．その原因としてさまざまな気候システムが調べられている．

(5) フィードバックシステム

北極温暖化増幅の発生メカニズムとしては，雪氷の反射率に起因する**アイス・アルベ**

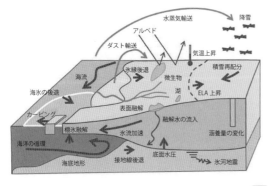

図3　グリーンランド氷床における大気および海洋との相互作用[5]．

ド・フィードバック（Ice albedo feedback）の寄与が大きい．雪や氷は30〜90％程度の高い反射率をもっており，雲とともに地球全体の反射率（アルベド）を高める役割を果たしている．海面のアルベドは地球表面でアルベドの低いものの代表であり，雪氷は高いものの代表である．この両者の入れ替わりの影響は大きい．

一旦，温暖化で雪氷域が融解すると，海面や地面の露出によりアルベドが低下し，地球表面における太陽放射エネルギーの吸収量が増加し温度上昇，そしてさらに雪氷面の減少ということが起こり，温暖化が加速することになる．この現象をアイス・アルベド・フィードバックという．このシステムは雪氷と日射が同時にある時期に起きるため，春の陸域での融雪期や夏の北極海の海氷融解期において効果が大きい．

北極域のさまざまな気候フィードバックシステムについては，海洋，大気，水蒸気，雲などによるものがあり活発化する時期が異なる[6]．

夏には氷が融けて拡大した開水面での日射の吸収や水面での蒸発のために，拡大した水域は昇温を下げる役割をする．また，そこで発生した雲は地表面の昇温を抑える．しかし，海洋に吸収された熱は，秋の結氷を遅らせ，大気に熱を供給する．また秋から初冬に凍結していない開氷面から蒸発した水蒸気は雲を形成する．水蒸気や雲からの長波放射により昇温が起きる．

(6) 北極海の巨大低気圧

北極海の海氷状況については海洋，気象そして海氷そのものの特性の変化という，海洋・大気・雪氷の3つの変化が起きている．海氷面積の最小記録を大幅に更新した2012年9月の海氷減少に関しては，その1か月前の8月上旬に台風並みに発達した低気圧の効果があげられる．この巨大低気圧は，その時期の北極海の海氷の3分の1近くを10日程度で消失させ，海氷の減少を加速させた．低気圧は東シベリアの北極海沿岸部のラプテフ海付近で発生し，その後東に移動しながら発達し，960 hPa 台まで気圧が下がった（図4）．衛星画像にみられる渦巻き状の雲の範囲は北極海全体を覆い，北極海の直径である4000 km に及んでいる巨大なものであったことがわかる（図5）．この低気圧はそれまでの観測史上最大，最強で，最長の持続時間をもち Great Arctic Cyclone ともよばれている[7]．

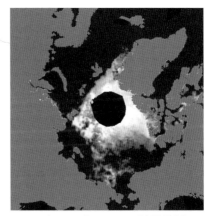

図4 2012年8月，東シベリアの北極海沿岸部のラプテフ海付近で発生した低気圧の移動経路と強度
この低気圧通過時の北極海の海氷の急な減少が起きた．気圧および海氷分布は IARC/JAXA データによる．

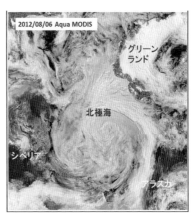

図5 北極海で発達した巨大な低気圧 Great Arctic Cyclone の雲の渦（2012.8.6，データ：MODIS）

図6 北極の変動とグローバル大気への影響[5]
北極海から冬の日本付近の気象への影響.

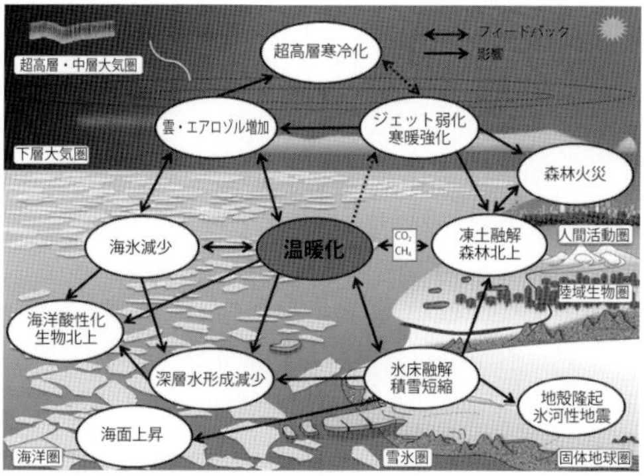

図7 北極の気候の相互作用システム[9]

(7) 新しい北極の気候影響

　北極海では厚い多年氷が少なくなっておりオホーツク海のような季節海氷域化してきている．季節海氷域では年による差や地域による面積変動が大きい．薄くなり，移動速度も速くなった海氷は，低気圧等の擾乱により急変しやすい状態になっている．

　また，海氷は夏だけでなく冬も減少している．図1aには，海氷面積が最大になる3月の拡大状況を示している．2015年にはそれまでの最低記録を更新したが，ベーリング海やオホーツク海，バレンツ海での減少が反映されている．バレンツ海の11月以降の結氷の遅れが，周辺の気圧配置を変え，ユーラシア大陸上空の大気の流れを変えて，日本の冬の気象に影響していることも指摘されている[8]．

　このような北極域の高緯度と中緯度の気象をつなぐ研究の取り組みは日本や欧米などでも熱心に行われている．北極の自然が高緯度に閉じたものでなく広く北半球に及ぶものであるとして関心が高まっている（図6）．

　北極雪氷圏では気候システムの多様性と複雑な相互作用があり，北極で起きている各現象の連鎖，相互作用，フィードバックといった調査が望まれている（図7）． 〔榎本浩之〕

文献

1) 榎本浩之他（2012）：北極海の海氷変動の季節性と変調および環北極域の環境への影響．環境科学会誌, 25(6), 469-476.
2) IPCC (2013): Climate Change 2013: The Physical Science Basis: Contribution of Working Group I to the Fifth Assessment Report of the Intergovernmental Panel on Climate Change, Stocker, T.F. *et al.* eds., Cambridge University Press.
3) Derksen, C. and Brown, R. (2012): Spring snow cover extent reductions in the 2008-2012 period exceeding climate model projections. *Geophys. Res. Lett.*, doi:10.1029/2012GL053387.
4) AMAP (2012): Arctic Climate Issues 2011: Changes in Arctic Snow, Water, Ice and Permafrost. SWIPA 2011 Overview Report. *Arctic Monitoring and Assessment Programme* (AMAP), Oslo. xi + 97pp
5) 国立極地研究所（2011）：地球の未来が見える場所 北極へ（http://www.nipr.ac.jp/grene/doc/grene_J2.pdf）
6) Yoshimori, M. *et al.* (2014): Robust seasonality of Arctic warming processes in two different versions of MIROC GCM. *J. Climate*, 27, 6358-6375, doi: http://dx.doi.org/10.1175/JCLI-D-14-00086.1
7) Simmonds, I. and Rudeva, I. (2012): The great Arctic cyclone of August, *Geophys. Res. Lett.*, 39, L23709, doi:10.1029/2012 GL054259.
8) Inoue, J. *et al.* (2012): The role of Barents Sea ice in the wintertime cyclone track and emergence of a warm-Arctic cold-Siberian anomaly. *J.Clim.*, 25, 2561-2568.
9) 北極環境研究コンソーシアム（2014）：北極環境研究の歴史．北極環境研究の長期構想，北極環境研究コンソーシアム（http://www.jcar.org/longterm/）

氷床コアに記録された気候変動
Climatic variations recorded in polar ice cores

§V-4

(1) 氷床コア；地球環境のタイムカプセル

氷床には，雪とともに，海洋，森林，沙漠，火山や人間活動などを起源とするさまざまな物質，さらには，宇宙線によってできる成層圏起源の物質も大気の循環によって極地に運ばれ，堆積する．宇宙塵や微隕石などの宇宙起源物質も氷床に落下し，氷の中に保存されている．南極氷床の内陸高所では，雪は夏でも融けない．また，積雪は年々降り積もる雪の重みで密度を増し次第に氷になるが，その過程で空気は気泡として氷の中に取り込まれる．さらに，氷を構成する酸素や水素の安定同位体比は，気温の指標となる．**南極氷床**（Antarctic ice sheet）で 80 万年，**グリーンランド氷床**（Greenland ice sheet）で十数万年が，今日までに採取された**アイスコア**（ice core）の最古の年代であるが，今後の調査でさらに遡る可能性がある．

極地の氷以外に，海や湖の堆積物やサンゴの骨格，樹木の年輪なども過去の気候や環境の変化を記録するが，極地の氷は，過去の空気を保存していること，気温や環境シグナルの変化を詳細に記録していることなど，過去数十万年の地球環境のタイムカプセルとしては，もっとも優れているといえよう（図1）．

(2) 気候・環境シグナルの抽出
(a) 気温

水分子を構成している酸素と水素の原子には，質量数が大きな安定同位体がある．この安定同位体が含まれる割合（$\delta^{18}O$, δD）は，気温と密接に関係している[2]．$\delta^{18}O$ (delta O-18) は，次式で示されるように海水を基準とした変化量の比として千分率（‰）で定義される．

$$\delta^{18}O = ((^{18}O/^{16}O)_{サンプル} - (^{18}O/^{16}O)_{標準海水}) / (^{18}O/^{16}O)_{標準海水} \times 1000 (‰)$$

水素と酸素の安定同位体比（δD と $\delta^{18}O$）の間には，$\delta D = 8 \times \delta^{18}O + d$ の関係がある．d は，**過剰水素**（deuterium excess）とよばれ，10前後の値をとる．

水蒸気を含んだ大気は，上昇時に断熱膨張・冷却による水蒸気の凝結，降雪による凝結した H_2O の除去を繰り返しながら，氷床の内陸部に移動してゆく．寒冷な時期は気温が低く飽和水蒸気量が小さいので，凝結と降雪による"重い雪"（大きな安定同位体比の水分子）の除去が頻繁に起こり，温暖な時期に比べ"軽い雪"が降ることになる．

酸素同位体比（$\delta^{18}O$）と気温（T）との関係は，一般に，$T = a\delta^{18}O + b$ のように一次式で表される．

(b) 環境シグナル

沙漠，火山，生物，海洋，成層圏などの環境の変動は，それらを起源とする物質の化学成分濃度や元素組成の変動として示される．分析は，イオンクロマトグラフ，ICP質量分析計，原子吸光分析計，液体シンチレーショ

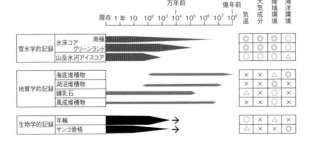

図1 気候と環境の記録媒体の比較（藤井・本山 (2011)[1] を一部改変）
中央に，カバーできる年代範囲を示している．年輪，サンゴ骨格には，年輪パターンの重ね合わせで復元年代を延長できることを矢印で示した．また，それぞれの太さは，時間分解能を相対的に示している．右には，復元できる気候・環境情報の適否を表で示した．

ンカウンター,パーティクルカウンターなどを用いて行われる.また,環境シグナルとなる氷の物性もある.

環境シグナルの抽出は,主要イオンが複数の起源をもつことが多いうえ,氷床への降下量は大気循環などの輸送過程にも左右されるため,環境指標の確立自体が研究課題である.

(c) **大気成分**

過去の温室効果気体(二酸化炭素やメタン,一酸化二窒素)や希ガスなどの大気微量成分の分析は,氷から空気を抽出してガスクロマトグラフィや質量分析などの方法で分析する.氷からの空気の抽出法としては,氷を融かして抽出する融解法と低温真空中で氷を細かく削って抽出する切削法があるが,二酸化炭素は水に融解するので融解法は,一般には適用されないなど,成分によって使い分ける.

(3) **産業革命以降の大気環境変化**

18世紀中頃からの**産業革命**(the Industrial Revolution)以降,大量にエネルギーを消費する社会となった.そのエネルギーの主要なものは石炭であったが,1950年代以降,内燃機関の発達,自動車の普及により石油への依存度が急速に増大した.

図2に,グリーンランドと南極の氷床コアによる過去250年の降水中の酸性度(pH:水素イオン指数),硫酸イオンと硝酸イオンの濃度の変化を示す[3].グリーンランドでは,19世紀中頃から**酸性化**(acidification)が進行している.この酸性化は,1860年頃からの硫酸イオンの増加,さらに,1960年代からの硝酸イオンの急激な増加を反映している.それぞれ石炭と石油の消費(生産量)との関連がよい.なお,北極の**降水の酸性化**(acidification of precipitation)は,脱硫装置の普及などにより1980年代以降,改善されている.

一方,南極圏では,産業革命以降のpHの顕著な低下(酸性度の増加),硫酸イオンと硝酸イオンの増加は認められず,**化石燃料消費**(fossil fuel consumption)による大気の酸性化が及んでいない.南半球では,汚染物質の供給が限定されること,さらに微小なエアロゾルである汚染物質が,南極周辺の暴風圏での降水過程で大気中から除去されやすいことが,その理由と考えられる.

酸性度と硫酸イオン濃度のグラフで,スパイク状のシグナルは,火山活動に対応してい

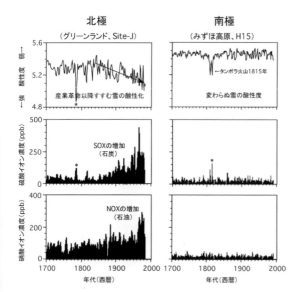

図2 両極氷床コアに記録された産業革命を含む過去300年の大気環境変化(Fujii et al. (2001)[3] を一部改変)

北極(グリーンランド,Site-J)では1860年以降,化石燃料消費による降水の酸性化が進行しているが,南極(みずほ高原,H15)ではその影響は現れていない.北極での降水の酸性化は,19世紀中頃からの石炭消費,および20世紀中頃からの石油消費の増加に起因することを示している.

る．とくに，1815年のタンボラ山（インドネシア）の噴火は，過去200年で最大規模の火山噴火で，南極と北極の氷床にそのシグナルを印していることがわかる．翌1816年は，「夏のない年」(the year without a summer) とよばれ，ヨーロッパや北米東岸地域で，夏の異常低温や長雨が続いた．

(4) 最終氷期における急激な温暖化

氷期 (glacial period) は，一般には寒冷な気候の時期として特徴づけられるが，寒冷な**亜氷期** (stadial) と温暖な**亜間氷期** (interstadial) を繰り返す．グリーンランド氷床で掘削された GRIP コアには，最終氷期において25回もの亜間氷期（**グリーンランド亜間氷期**, Greenland Interstadial：GI）が記録されていた（図3）．この気温変動は，深層掘削プロジェクトの2人の代表者の名前をとって，**ダンスガード・オシュガーイベント**（D-O イベント，Dansgaard-Oeschger Event）とよばれる．D-O イベントは，数十年で約10℃（最大で16℃）もの急激な気温上昇と，500〜2000年かけての緩やかな寒冷化で特徴づけられる[4]．

北大西洋の海底コア中に発見された氷山起源の**漂流岩屑** (ice rafted debris) は，最終氷期に6回発見され，**ハインリッヒイベント** (Heinrich Event) とよばれる．いくつかの D-O イベントを束ねた気温変動は**ボンドサイクル** (Bond cycle) とよばれるが，そのボンドサイクルでの**急激な温暖化** (abrupt warming) は，ハインリッヒイベントの後に起きていたことが明らかになった．この気候変動のメカニズムとして，**ローレンタイド氷床** (Laurentide ice sheet) のサージによる氷山群の流出 → 氷床の後退 → 氷山の流出減少 → 淡水の供給減少 → 北大西洋の海洋表層の高塩分化 → **熱塩循環** (thermohaline circulation) による**北大西洋深層水** (North Atlantic Deep Water：NADW) の形成 → **メキシコ湾流** (Gulf Stream) の北上 → **急激な温暖化**，というシナリオが示されている[5]．

GRIP コアのメタン濃度は，D-O イベントに対応して増減している．氷期には，北半球高緯度地域が広範囲に氷床や永久凍土に覆われていたので，メタンの主要な起源は熱帯の湿地であり，熱帯の気候が D-O イベントに呼応して変動していたと考えられる．このように，北大西洋深層水の消長とリンクした急激な気温変動は，熱帯地域の気候・環境変動ともリンクした汎地球規模の現象といえる．

南極のアイスコアでは，すべての D-O イベントに対応する**南極温暖化イベント** (Antarctic Isotope Maximum：AIM) がみられるが，変動幅が小さくノイズとの区別が困難なことがある．AIM の時期を詳細に検討すると，グリーンランドの D-O イベントの寒冷期に一致することが分かった．さらに，最新の D-O イベントで，北半球高緯度で**アレレード** (Allerod) とよばれる温暖期は，南極では逆に ACR (Antarctic Cold Reversal) とよばれる寒冷期，また，北半球高緯度でアレレードに続く**ヤンガー・ドリアス** (Younger Dryas) とよばれる寒冷期は，南極では温

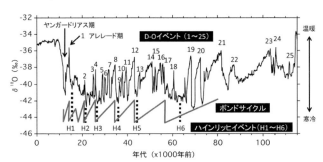

図3 グリーンランド GRIP コアの酸素同位体が示す過去11.5万年間の25の D-O イベントで特徴づけられる気温変動（上），それらを束ねたボンドサイクル（下）(Johnsen et al. (1992)[4] および Bond et al. (1993)[5] を編集)
H1〜H6 は，ハインリッヒイベントとよばれるローレンタイド氷床からの多量の氷山流出で，北大西洋の海底に岩屑を供給した．

暖期であった．このような南北両極で温暖化と寒冷化が逆に起こる現象は，**バイポーラーシーソー**（bipolar seesaw）とよばれる．バイポーラーシーソーは，南極の温暖化が北半球高緯度の温暖化に 1000～1500 年ほど先行する現象で，その原因として大西洋の表層で北上し深層で南下する海洋の南北循環（Atlantic Meridional Overturning Circulation：AMOC）の変動が関係していると考えられている．すなわち，北大西洋高緯度で深層水（NADW）の形成が止まると北極域は寒冷化するが，熱帯から運ばれていた熱エネルギーは行き場を変え，南大西洋に再配分され，その結果南極域が温暖化するとの考えである[6]．

(5) 氷期サイクルの気候変動

南極のドームふじ（Dome Fuji）では，1996 年に 2503 m，2007 年に 3035 m 深に至るコア掘削が行われた．図 4 は，2503 m コア解析による気温（酸素同位体比），二酸化炭素濃度，ダストの質量濃度を，O_2/N_2（oxygen-to-nitrogen concentration ratio）の変動に基づき決定した年代軸で示している．ドームふじコアに含まれる気泡の O_2/N_2 の変動が，77°S に位置するドームふじでの

夏季の**日射変動**（irradiation variation）と一致することに基づく方法で，夏季の日射変動の年代は，地球の軌道運動から**ミランコビッチ・サイクル**（Milankovitch cycles）として，正確に見積ることができる．この方法[7]は，深さによらず約 2000 年の誤差で年代を推定できる優れた方法である．

大気中の O_2/N_2 はほぼ一定なのに，コアの気泡中の O_2/N_2 が日射とともに変動する理由は，十分理解されていないが，強い日射を受けた雪ほど，フィルンの深部で通気度が高くなるような結晶構造に変化し，気泡形成に長い時間がかかるため，分子サイズの小さな O_2 がより多く抜け出すことによると考えられる[1]．

ドームふじコアの気温は，過去 34 万年間に 3 回の氷期–間氷期サイクル（以降，**氷期サイクル**：glacial cycle）があり，それぞれの氷期サイクルでは，ミランコビッチ・サイクルに対応した 11.1 万年，4.1 万年，2.3 万年の周期の変動があった[7]．各氷期の最寒期の気温は，いずれも現在に比べ約 8℃ 寒冷であったが，過去 3 回の**間氷期**（interglacial period）の最暖期の気温は，約 1 万年前の**完新世**（Holocene）の最暖期と比べ，2～4℃ ほど高かった．

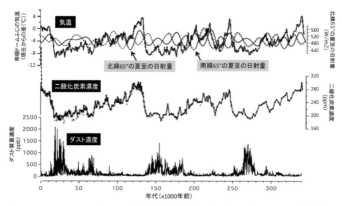

図 4 南極ドームふじ 2503 m コアの解析に基づく過去 34 万年の気温（上），二酸化炭素濃度（中），ダスト質量濃度（下）の変動（藤井・本山（2011）[1] および Kawamura et al.（2007）[7] を編集）
年代は，O_2/N_2 の変動に基づき決定された．また，65°N および 65°S の夏至の日射量の変動を気温に重ねて示した．

氷期から間氷期に移行する**退氷期（ターミネーション：Termination）**の気温とCO_2濃度の関係は，グリーンランドと異なり南極で調和的なので，CO_2変動に南大洋が大きな役割を果たしたと考えられる．コアの同一深度の氷と空気の年代には，数千年の時間差があるので，氷床コアから両者のタイミングの比較をすることは難しいが，ターミネーション期，CO_2濃度は，気温の上昇と同時ないしはやや遅れて上昇したとの報告が多い．

過去34万年，CO_2濃度は，200〜300 ppmの間で変動していたが，2015年には地球平均の濃度は400 ppmを超えた．自然変動ではなく，産業革命以降の化石燃料消費など人間活動による影響である．気温とCO_2濃度の調和的な変動を考えると，400 ppmもの高濃度は，地球規模での温暖化を引き起こすことは容易に理解できる．

氷期サイクルは，大規模なダスト濃度の変動も伴った．ダスト濃度は，完新世を含む間氷期と氷期の前半で低く，氷期末期には完新世に比べ10〜30倍も高くなった．この理由として，氷期の進行に伴う氷床の発達＝**海水準の低下**（sea level drop）＝大陸棚の露出，すなわち南極氷床へのダストの供給源であったと考えられる南半球中高緯度の乾燥地域の拡大が考えられる．しかし，氷期末期に海水準が最大120 mほど低下した時期を考えても，乾燥地域は完新世と比べ3倍ほどに増えただけである．他の大きな理由は，氷期における風の強さの増大である．上空の風（地衡風）と地表付近の風が比例して変化し，供給源から大気中へのダストの発現量が地表付近の風速の3乗に比例するとの仮定に立つと，最終氷期の末期には，現在の風速と比べ1.4倍を超える強風が吹いていた[1]．

(6) 氷期の気温変動のタイミング

ドームふじ深層コアから復元した34万年の気温変動は，O_2/N_2変動に基づく正確な時間軸でみると，南半球高緯度の夏至の日射量変動とは逆相関であるが，北半球高緯度の夏至日射量変動パターンとよく合う[7]（図4）．このことは，地球規模の氷期サイクルの気候変動に対して，北半球高緯度の夏季の日射変動に起因したアイス・アルベド・フィードバック等のメカニズムが支配的であることを示している．また，主要な氷期サイクルの気温変動は，氷期における緩やかな寒冷化とターミネーションにおける急激な温暖化で特徴づけられるが，各氷期サイクルのターミネーションにおける気温変動のタイミングを詳しくみると，$65°N$の夏至日射量が増大を始めてから2000〜7000年遅れて南極の温暖化が始まったことがわかる．ターミネーションにおける急激な気温上昇も，北半球高緯度における夏季の日射量変動をトリガーとしたメカニズムが働いたといえる[7]．北半球の気候変動シグナルが全球に伝わるメカニズムとして，まず北半球の大陸氷床からの淡水流入によるバイポーラーシーソーが働いて南極が温暖化し，その結果，南大洋から大気へ二酸化炭素が放出され，地球規模の温暖化を促進したというシナリオが考えられている．〔藤井理行〕

文献

1) 藤井理行・本山秀明編（2011）：極地研ライブラリーアイスコア，成山堂書店．

2) Dansgaard, W. (1964)：Stable isotopes in precipitation. *Tellus*, **16**, 436-468.

3) Fujii, Y. *et al.* (2001)：210-year ice core records of dust storm, volcanic eruption and acidification at Site-J, Greenland. Mem. *Natl Inst. Polar Res.*, Spec. Issue, **54**, 209-220.

4) Johnsen, S. J. *et al.* (1992)：Irregular glacial interstadials recorded in a new Greenland ice core. *Nature*, **359**, 311-313.

5) Bond, G. *et al.* (1993)：Correlations between climate records from North Atlantic sediments and Greenland ice. *Nature*, **365**, 143-147.

6) Stocker, T. F. and Johnsen, S. J. (2003)：A minimum thermodynamic model for the bipolar seesaw. *Paleoceanography*, **18**, 1087, doi:10. 1029/2003PA000920.

7) Kawamura, K. *et al.* (2007)：Northern Hemisphere forcing of climatic cycles over the past 360,000 years implied by absolute dating of Antarctic ice cores. *Nature*, **448**(7156), 912-917.

§V-5
グローバル氷床・氷河の推移からみた気候変動
Climatic variation in the global variation of ice sheets and glaciers

(1) 氷河の趨勢と気候変動の関係

自然が不変と思われていた時代に気候が変動するという見解が発見されたのはそもそも氷河の変動の認識によるものであった[1]．気候変動(climatic variation)を敏感に探知してその情報を後世に保存して古気候の復元に寄与する現象は数多くある．そのなかでも氷河はもっとも敏感なものの1つである．その理由は主に2つある．その第1は氷河氷の融解は気温に極めて鋭敏であり夏の融氷融雪期の平均温度1℃の差は30〜40 cmの融氷の変動，これは**質量収支(mass balance)** の変化となって現れることである[2]．水柱換算(水柱，water equivalent: w.e.)で30〜40 cmという値は質量収支の測定誤差をはるかに上回り目で見ただけでわかる変化である．第2は，氷河表面の質量収支の変動は下流に行くほど増幅されて末端の位置の大きな変化となって現れる[3]．氷河の近くで生活する人々にとって氷河の変動，気候が変化するという知識はごく普通の日常経験である．そのためアルプス地方では現在進行中の温暖化を主とする気候変化も早くから認識されており，その対策も検討されてきた．

(2) 過去400年の氷河変動

およそ2万年前に起きた**最終氷期最盛期**(Last Glacial Maximum: LGM)から現在まで汎世界的にみて氷河面積は$24.7×10^6$ km²減少した（**氷河変動**, glacier variation）．LGMと現在の温度差は全球平均で5℃，氷河の存在する大陸上での平均は12℃である．その後歴史時代に入ってもっとも明瞭に認識できる氷河の痕跡は小氷期の最大拡大期を示すモレーンで，アルプスでは1600年頃であ

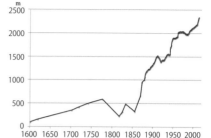

図1 1602年から現在までのローヌ氷河の先端の位置変化
縦軸はグレッチュ(Gletsch)の温泉の源泉から測られた距離(m)．

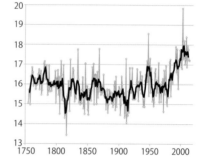

図2 バーゼルにおける1755年から現在までの夏5か月(5〜9月)の平均気温の変化
横軸は西暦，縦軸は℃．太い黒線は5年の経年平均．

る．それから現在までの氷河末端の位置の変化をローヌ氷河に例をとって図1に示す．
ローヌ氷河は世界でもっとも観測の豊富な氷河で，何らかの情報を伝える文献は16世紀に遡る．ここでは，正確な測量に基づく資料が存在する1602年からの氷河末端の位置の変動を追ってみる．過去415年の明瞭な傾向は後退である．平均後退速度は年に5 mであるがけっして単調ではない．18世紀の中頃までは年3 m，19世紀では平均後退速度は年2.5 mであったが，19世紀後半から現在まではその4倍の年10 mの割合で後退した．また，1820年，1855年，1915年，1980年を中心に氷河が前進したときもあった．これらの前進が図2に示すバーゼルでの温度観測にみられる夏の寒冷期にほぼ対応することからも，氷河の消長を決めるのは第一義的には気温で

あることがわかる．前節で述べたように気温1℃の変化は質量収支で水柱30〜40 cmに相当する．これだけ大きな降雪量の変化はよほど降雪量の多大な地域をのぞいては起こりにくく，気温が氷河の消長を決めるもっとも重要な要因たる理由となる．さらに氷河前進の極値が温度降下の極値の数年後に起きていることがうかがえる．これは質量変化と氷河の力学的反応の間に必要な時間であり[3]後ほど(4)(b)に詳述する．気温の重要さは降雪の乏しい乾燥地域の氷河ではさらに著しく，気温変化のみで氷河の消長が決まる．大陸的極地や天山山脈の氷河はこれに属する．これに対し，降雪が年3000 mm以上の氷河では温度変化に加えて，降雪の変動も重要となる．ノルウェーの大西洋岸，アラスカの南西海岸やニュージーランドの西海岸沿いの地域の氷河はこの種類に属し，20世紀の温暖化にもかかわらず前進を続けた氷河があった．

　もう一度，図1のローヌ氷河の末端の動きをみよう．2000年以後後退速度が一桁大きくなったのに気づかれよう．これは引き続く後退の結果，末端が基盤の深くなっている所まで退き，基盤の窪みにできた湖に浮上する状態になり，流速が増し湖に滑り落ちて分離するためであり，氷河の消長には気候の変化に加えて，氷河の力学的運動が重要な要素であることを示している．ここでは氷河の変動をその長さで示しているが，当然ながら面積と体積の変化が同時に起こっており，これは後節で詳述する．

(3) 氷河分布と地域的特性

　21世紀初頭における世界の氷河総面積は約16.3×10^6 km^{2}である．これはほぼロシア連邦の面積に匹敵する．氷河氷の総体積は28.3×10^6 km^{3}で65 mの海面上昇効果を有する[4]．表1に掲げるように世界の氷河氷の大部分は両極地にある**氷床**（ice sheet）に内蔵されている．このうち面積では85%，体積では89%は南極氷床に含まれる．グリーンランド氷床は各々10%有する．氷床は面積と体積で世界の

表1　各種氷河の面積，体積および質量

	面積 [10^6km^2]	体積 [10^6km^3]	質量 [10^6Gt]
南極氷床	13.86 (85.1%)	25.24 (89.1%)	22.7
グリーンランド氷床	1.70 (10.4%)	2.91 (10.3%)	2.6
山岳氷河および氷冠	0.73 (4.5%)	0.18 (0.6%)	0.18
総計	16.29	28.33	25.48

氷河大部分を占めるため，氷床が気候変化で果たす役割は極めて重大である．氷床以外の氷河はおおむね**山岳氷河**（mountain glacier）か**氷冠**（ice cap）に属する．このタイプが我々にもっとも身近な氷河であり，面積と体積ではそれぞれ全球の4.5%と0.6%という一見わずかな量であるが，比較的温暖な地域にあるため気候変化には敏感に反応する．そのため現在のような気候変化の初期においては山岳氷河と氷冠の質量収支がまず大きな変化を起こし，海面変化に対する影響も大きい．

　山岳氷河と氷冠の分布をさらに詳細にみてみよう（表2）．現在この種の氷河は地球上に約17万存在すると推定されている．その総面積は約73万 km^2，体積は約18万 km^{3}と推定される．氷河の深さは平均240 mとなる．全部融けた場合の海面上昇は43 cmで以前推定されていた値をかなり下回る．これは，氷河上からのレーダーによる探査や，衛星からの測地学的な方法に基づく氷河の深さに関するデータが豊富になったためである．

　山岳氷河と氷冠がもっとも広く分布する地域は南極である．氷床以外の氷河の面積で世界総計の18%に達する．しかし南極はすでに大規模な氷床があるため，その周辺に点在し，氷河流系としては氷床とは独立した存在の小型の氷河は見過ごされるか，氷床の一部と混同されがちであるが，気候との応答は氷床とは異なるため氷床とは切り離して扱われるべきである．これらの氷河は主に南極半島とその西側のベリングスハウゼン海（Bellingshausen Sea）に面する西南極に存在する．気候的にも比較的温暖な地域であり，また海抜高度も低いため，温暖化の影響が南

極でまず現れるのもこの地域である.

南極の次に山岳氷河と氷冠が大きな面積を有するのはカナダ領の最北端のクイーンエリザベス諸島で約10万km²,全氷河面積の14%に相当する.この地域は最終氷期に世界最大の氷床であるローレンタイド氷床と結合していたイヌイット氷床に覆われていた所で,現在でも氷期のイヌイット氷床の残骸と思われる氷冠が多く散在している.このような氷冠は多くの場合涵養域をもたず,消耗域のみからなっており,アルベドも低く温暖化の影響をもっとも強く受けている.このタイプの氷冠で50年以上観察されているのがミエン島(Meighen Island)のミエン氷冠(Meighen Ice Cap)である.

アラスカとグリーンランドにはそれぞれ約9万km²の山岳氷河と氷冠がある.米合衆国の氷河のほとんどはアラスカにあるといってよい.アラスカの氷河はほとんどが太平洋に面したチュガチュ山脈／セントエライアス山脈／ランゲル山脈(Chugach Mountains/St. Elias Mountains/Wrangell Mountains)とその北側で内陸のアラスカ山脈(Alaska Range)にあり,面積で5%以下が北極海に面したブルックス山脈(Brooks Range)に散在する.セントエライアス山脈は世界でも有数の多雪地域である.

グリーンランドでは南極と同様,小型の氷河は長い間無視され,その数と面積が明瞭に把握されたのは2010年以降である.もっとも顕著な特性は海抜高度が1000m以下のものが多いことで,後で述べるように温暖化のもとでの融水率は極めて高く,面積の小さいわりには海面上昇に現在大きな影響力をもっている.

カナダ北極南部はカナダ極地のバロー／ランカスター海峡(Barrow Strait/Lancaster Sound)以南を指し,この地域の氷河はバフィ

表2 氷床以外の氷河すなわち,山岳氷河および氷冠の分布と特性

	氷河の数	表面積	全体の%	Tide water[i]	質量(最小)	質量(最大)	可能海面上昇量(mm)
アラスカ	23,112	89,267.0	12.2	13.7	16,168	28,021	54.7
カナダ,米合衆国西部[a]	15,073	14,503.5	2.0	0	906	1,148	2.8
カナダ北極(北部)[b]	3,318	103,990.2	14.2	46.5	22,366	37,555	84.2
カナダ北極(南部)[c]	7,342	40,600.7	5.6	7.3	5,510	8,845	19.4
グリーンランド	13,880	87,125.9	11.9	34.9	10,005	17,146	38.9
アイスランド	290	10,988.6	1.5	0	2,390	4,640	9.8
スヴァルバール	1,615	33,672.9	4.6	43.8	4,821	8,700	19.1
スカンヂナヴィア	1,799	2,833.7	0.4	0	182	290	0.6
ロシア北極[d]	2,110	56,854.6	7.8	64.7	19,651	26,976	64.2
アジア北部[e]	4,403	3,425.6	0.5	0	133	186	0.4
中央ヨーロッパ	3,920	2,058.1	0.3	0	109	125	0.3
コーカサス	1,339	1,125.6	0.2	0	61	72	0.2
中央アジア[f]	30,200	64,497.0	8.8	0	4,531	8,591	16.7
南アジア(西部)[g]	22,822	33,862.0	4.6	0	2,900	3,444	9.1
南アジア(東部)[h]	14,006	21,803.2	3.0	0	1,196	1,623	3.9
赤道付近	2,601	2,554.7	0.4	0	109	218	0.5
アンデス南部	15,994	29,361.2	4.0	23.8	4,241	6,018	13.5
ニュージーランド	3,012	1,160.5	0.2	0	71	109	0.2
南極,南極洋諸島	3,274	132,267.4	18.1	97.8	27,224	43,772	96.3
総計	170,110	731,952.4			122,574	197,479	434.8

a) ロッキー山脈,コルデイエラ山地,カスケード山脈等,アラスカ以南の北米西海岸沿いの山地 b) クイーンエリザベス諸島 c) クイーンエリザベス諸島以南のカナダ領北極,主にバフィン島 d) フランツジョゼフ島,ノヴァヤゼムリア,セヴェルナヤゼムリア e) ウラル山脈以東で46°N以北のアジア大陸と北極海のドロンガ諸島とワンゲル島を含む f) チベット,ヒマラヤ,カラコルム,ヒンズークシュ山脈,パミール高原でガンジス,インダス河流域以北の流域に属する地域と天山山脈およびチリエンシャン g) インダス河流域 h) ガンジス河流域 i) Tide water は Tide water glacier 率%
出典は IPCC AR5 の Table 4.2 に基づき[5],ロシア北部とアジア北部については,関係国が提出した氷河台帳に基づいて著者が修正を加えた.単位は面積が km²,質量は Gt である.

226　第V章　極域・雪氷圏からみた気候システム変動

ン島（Baffin Island）とバイロット島（Bylot Island）にある．バイロット島とバフィン島東海岸沿い地域は山岳地帯でほとんどの氷河を擁する．バフィン島の山岳氷河はほとんど上積水で涵養されるため涵養域でも暗く写りリモートセンシングではしばらくの間，表面はすべて消耗域であると誤解されていた．バフィン島で唯一の例外はこの地域で最大のバーンズ氷冠（Barnes Ice Cap）である．バフィン島の氷河はすべて海抜の高い山脈，山地に存在するのに対してバーンズ氷冠は東海岸沿いの山地からは外れた西海岸の低地に孤立して存在する．この低地の海抜はわずか350 m．この氷冠は山地の高さを利用せずに存在しており，その意味ではミニ氷床といってよい．そのはずで，バーンズ氷冠は最終氷期に北米を覆ったローレンタイド氷床の生き残りで底には2万年を超える古い氷の存在が予測されている．バーンズ氷冠は面積で約6000 m^2，中央の最大高度は1050 m である．この高度差700mのうちに均衡線があるわけで，均衡線のわずかな変化，すなわちわずかな気候の変化は氷河全体の質量収支に重大な変化を引き起こす．最近15年の観測では，表面は年平均1mの率で低下しており，末端は年平均25mの速さで後退している．

中央アジアの氷河の多くは乾燥地域にあり，高い山岳がとらえるわずかな地形性降水がもっとも重要な涵養源となる．しかも冬は乾燥しきっているため降雪はほとんどない．夏のうちに降雪と融氷が同時に起こる．この少ない降雪が夏の間に全部消滅しないもっとも重要な条件が乾燥気候である．消耗の多くは乾燥気候による昇華／蒸発によるため融解よりは膨大な潜熱として消費され，結果として消耗率が小さく抑えられ積雪の存続を助長する．逆説的であるが，乾燥気候が氷河の存在を可能にしている．しかし質量収支変動の絶対量は小さく，気候の変化は氷河の大きな変化を引き起こさない．したがってこうした条件下では氷期にも大規模な氷河の発達は起こらない．一時広く吹聴されたチベット大氷

表3 アルプスにおける氷河の総面積，体積，氷河氷の平均の厚さ，および平均質量収支

年代	面積 （km^2）	体積 （km^3）	平均の厚さ（m）	平均質量収支 （水柱　cm/a）
1870	4370	245	56	
				−15
1970	3486	185	53	
				−66
2000	3091	92	30	

フランス，スイス，イタリア，ドイツ，オーストリアの氷河台帳に基づいて作成．

床説が架空の存在であったことがこの一事でも理解できよう．

ロシア北極は北極海のロシア領の島嶼からなる．この地域の氷河の特徴は比較的大きな降雪と夏の低温のため均衡線が低く多くの氷河が海面まで流れ込んで汀線氷河（tide-water glacier）になることである．汀線氷河の末端は不安定であり海へ落ち氷山を生み出す．また，新たに汀線氷河になった氷河が急速に後退する例は前節のローヌ氷河の例で紹介した．

表2で中央ヨーロッパと分類された地域で氷河が存在するのはアルプスとピレネー山脈である．氷河面積では世界のほんの0.3%に相当するだけだが，アルプスは歴史的に科学のもっとも進歩した地域を背景にしており，氷河学の発祥の地でもある．そのため，氷河とそれに付随する観測は表2の19地域中もっとも豊かである．19世紀にまで遡って氷河の変化を正確に復元できるのはアルプスだけであるので，過去130年間の氷河の変化を表3に取りまとめて掲げる．

1870年代以来氷河面積では29%，体積では62%失われ，氷河の深さが約半分になっており温暖化が氷河に与える影響がいかに深刻であるかがわかる．

（4）20世紀以降の氷河の変化
（a）均衡線の変化

均衡線（氷河平衡線, equilibrium line）は氷河上で年涵養量と消耗量が一致する，すなわち年正味質量収支0の線をいう．均衡線より高い涵養域では年降雪を主とする涵養

が融雪融水を主とする消耗を上回るという気候条件で氷河の存在が可能になる．これに対して均衡線以下の消耗域では気候条件のもとでは存在できないはずの氷河が氷は変形するという力学的特性のために存在しており，消耗域は涵養域とは根本的に異なる理由で成り立ち，しかも涵養域とともに１つの氷河を形成する．均衡線は氷河存在のための気候的条件の最下位の高度であり，気候変化が氷河の変動を誘起する最初の過程が均衡線の変化といってよい．均衡線の位置は氷河上での質量収支観測から求められる．均衡線を決めるには最小限１年以上の観測が必要であり，そうした氷河は世界中で約 400 存在する．しかし均衡線の年々変化はかなり大きいため，ある時点を代表する均衡線を決めるには 5～10 年の連続観測が必要とされ，こうした氷河は 160 存在する．さらにこの均衡線の気候学的時間のスケールの変動を探知するには最小限 30 年は必要であり現在 135 の氷河がこの条件を満たす．これらの氷河が属する気候帯ごとに求められた氷河の地域平均均衡線の変遷を 1980 年から 2010 年の 30 年について図３に掲げる．この図に相当する期間の平均変動率は表４にまとめてある．

全球平均の均衡線上昇率は年間 6 m/年である．これを 20 世紀半ば以来の平均値，4 m/年と比べると最近の 30 年間に上昇率がかなり加速されたことがわかる．均衡線変動率には大きな地域差があり，もっとも変動率が大きいのがカナダ北極とコーカサス山

表4 世界各地域での均衡線の平均変動率

	変動値 (m/年) 1981～2010	変動値 (m/年) 観測開始以来 (開始年)
カナダ北極	12.8	6.4 (1959)
カナダ，米合衆国西部	1.9	3.6 (1964)
アラスカ	0.9	0.8 (1965)
アルタイ山脈	3.7	2.6 (1961)
天山山脈，ジュンガリア山地	5.3	3.1 (1956)
コーカサス山脈	14.0	4.6 (1667)
スヴァルバール	2.2	0.6 (1966)
スカンディナヴィア	4.7	0.0 (1945)
アルプス	5.6	5.8 (1947)

脈である．これは，均衡線の変動は**気温減率**（temperature lapse rate）の逆数に比例する[2]という法則に基づいて理解できる．一方，カナダ／米合衆国およびアラスカの太平洋岸さらにスヴァルバールなどの強い海洋性気候のもとでは均衡線の上昇は極めて緩慢である．海洋性気候地域では気温減率が小さいだけでなく気温以外の気候要素，とくに降水の変化も均衡線の変動に影響してくるからである．

(b) 氷河末端（あるいは全長）の変動

均衡線や質量収支の変化は測定によってはじめてわかるが，氷河末端の変化は目視ですぐわかる．あえて，精度を期して測ろうと思えば，長さを測ればよいので簡単である．また，変化が大きく現れる氷河末端は氷河の上に比べてアクセスしやすく，危険も少ない．そうした理由で氷河末端の位置，つまり氷河の長さは第２節でローヌ氷河の例を引いたように，もっとも古くから記録されてきた．観測されてきた氷河の数も 600 強と多く，発達途上国でも測られているため全世界をカバーしている．現状を端的にみるにはもっとも適した情報である．図４は 1875 年以降の末端の位置変化をアルプスの氷河のうち大型，中型と小型の例をとって示す．まず気付く

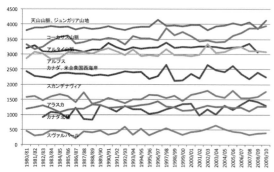

図3 世界各地における最近 30 年（1981～2010 年）の氷河均衡線の変動
横軸は水文学的年，縦軸は均衡線の海抜高度（m）例外なしに全地域で均衡線が上昇していることがわかる．平均年変動量は表4に掲載．

のは大きい氷河ほど変動量が大きいということである．しかし末端変動量を氷河の全長と比べてみると小さな氷河ほど敏感であることがわかる．それでは氷河の末端の変化は気候とどのように結びついているのだろうか．

　氷河の流速は主に氷河の厚さと表面の勾配で決まる．そして質量収支の垂直分布は厚さと勾配を決める重要な要素である．気候変動が誘起する質量収支の変化が氷河の厚さの変化となって下流に向かう場合，氷の流動が消耗域で収斂場となるため加速増幅された運動波となって，氷の流動速度の 5〜6 倍の速さで末端に向かって伝わる．末端の変化は基底地形が比較的単純なトリエント氷河に端的に現れており 20 世紀前半の温暖化が 1945 年にピークに達して 1960 年まで続き，続いて 1975 年にもっとも厳しくなり 1990 年まで続いた寒冷化の影響がそれぞれ 1960 年と 1990 年まで続いた後退と前進の終結時に現れている．したがって，**モレーン**（moraine）の位置で過去の氷河の大きさを推定する場合，厳密には末端モレーンは氷河前進時期の最終の時点を代表しているとみるのが正しい．

(c) 質量収支の変動

　これまでに述べた氷河の主だった変動は質量収支の変化によって起きており，質量収支こそが気候と氷河の形状を直接結ぶ重要な過程なのである．また質量収支は海面変動の大きな要因でもある．本節では観測時代における氷河の質量収支の変化を要約する．(3) の表 1 に掲げたように現存する氷河を南極氷床，グリーンランド氷床，その他の主に山岳氷河と氷冠に分類すると，質量収支は第 3 グループの山岳氷河と氷冠についてもっとも詳しくわかっており，グリーンランドについては最近の 10 年間にかなり定量的推測できるようになった．南極氷床は現在資料が増えているが収支の符号がわかってきている程度である．これらの順で説明する．

　山岳氷河は身近にあるため質量収支がもっとも早くから観測された．世界でもっとも長く継続観測されているのはスイス・アルプスのクラリーデンフィルン（Claridenfirn）であり，1914 年から毎年観測されている．氷河の質量収支観測は氷河上に打たれた杭においての質量増減の観測であり，**氷河学的方法**（Glaciological method）とよばれもっとも正確と考えられている．質量収支の重要性は十分理解されていたが，観測には手間がかかるため第二次世界大戦が終結した 1940 年代後半にやっとスカンディナヴィアとアルプスから 3 氷河が加わる．質量観測氷河が飛躍的に増えたのは 1950 年代の終わりの国際地球観測年と 1965〜1974 年の国際水文学十年計画であり，現在 30 年以上にわたって質量収支が観測されている氷河は 135 存在する．これらの氷河は表 4 の 9 地域にアンデス山脈を加えたほぼ全球にわたる．このうち 35 の氷河では年収支だけでなく冬季収支（涵養量の近似）と夏季収支（消耗量の近似）が観測されており，年質量収支に変動が現れた場合，その原因が降水の変化によるものか，または気温の変動によるものか分析できる．1960〜2010 年までの 50 年間の全球平均質量収支を図 5 に掲げる．

　この平均値はそれぞれの氷河が属する地域の面積のウエイトをかけたもので世界の平均値に近い収支と考えられる．まず目をひくのが 35 という極めて少数の氷河で観測された年

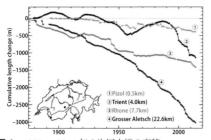

図 4　1875〜2014 年の氷河末端の変移
縦軸のマイナス符号は後退を意味する．アルプスの最大氷河アレッチ氷河，中型氷河の代表としてローヌ氷河とトリエント氷河，小規模氷河としてピッツォール氷河を選んである．（スイス国立工科大学，氷河研究所のデータより[6]）

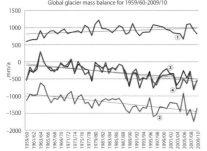

図5 水文年 1959～1960 年から 2009～2010 年の全球平均氷河年質量収支（水柱換算 mm/年）①は涵養量，②は消耗量，③は年正味収支で年および季節収支の観測されている 35 氷河の観測値に基づいて計算．④は年収支のみ観測されている 135 の氷河の平均正味質量収支．

正味収支（③）が 135 の氷河に基づいてえられた年正味収支（④）に非常に近いことである．これは 35 の氷河に基づく平均値が測定不可能な全球の氷河の平均質量収支をかなり正確に近似しているためと考えられる．この半世紀の収支は大方負であったが 1960 年代には均衡状態に近くなる．それから 1980 年代後半までは極めて緩慢ながら負への傾向が徐々に現れている．実際に大きな負の収支になるのは 1990 年以降といってよい．この傾向を主導したのは消耗量の増加である．1980 年代の終わりまでの緩慢な気温上昇と 1990 年以降の気温上昇の加速が消耗量の変動によく反映されている．気温の上昇は広範囲でみた場合降水量の増加となって現れる．この傾向は 1960～1970 年代にかけての①の涵養量の増加傾向にみることができる．1990 年代からの涵養量の減少は降水の増加にかかわらず，温暖化のために降雪量が減少したことによる．

この 50 年の山岳氷河／氷冠の 5 年ごとの質量収支を表 5 にまとめる．年平均正味質量収支は −232 Gt/a で最終的には海へ流れ着く．海面上昇は 50 年総計で 32 mm となる．ここでもう 1 つ特筆に値することは消耗量の負の傾向の加速（−10 mm/a²）と現在やはり減少傾向に転じた涵養量と相まって正味収支の負の加速が大きくなっていること

である．この傾向が持続した場合，今世紀の末には山岳氷河の面積は現在の 20% になると予測されている[7]．氷河はその地方の下流にとって貴重な水源であることが多い．とくに水の不足する乾燥季には晴天が多いため氷河からの融水が唯一の水資源である．氷河の減少消滅がもたらす社会経済的影響は計りしれないものがある．

グリーンランド氷床の正味質量収支が定量的に把握されるようになったのはこの十年にすぎない．最初の文献は 1990 年代以前の資料に基づいて計算され −61 ± 16 Gt/a（水柱で 39 ± 13 mm/a）[4]となった．その後衛星からの測地学的方法を加えて −121 Gt/a（海面上昇 0.33 mm/a；1993～2010 年）および −229 Gt/a（海面上昇 0.63 mm/a：2005～2010 年）[8]などの年収支が報告されている．氷床周囲にある小さな山岳氷河や氷冠の年収支が −28～−38 Gt/a と報告されているから，面積でははるかに小さな氷床周辺小氷河の海面上昇への影響も無視できない．消耗の過程は融解と氷山分離がほぼ 50% ずつである．この年代を追った正味収支の負の傾向を有意とするとグリーンランド氷床質量収支の加速率は −21 Gt/a² となる．

南極氷床の質量収支はいまだに正確には把握できていない．この数年正味収支を定量的に出す試みがなされるようになり，−97 ± 39 Gt/a（海面上昇 0.27 mm/a；1993～2010

表5 5 年ごとの山岳氷河と氷冠の全球平均氷河質量収支および氷河による海面上昇

期間	冬季収支 mm/a	夏季収支 mm/a	年収支 mm/a	年収支[1] mm/a	海面上昇 mm/5a
1961～1965	704	−848	−104	−62	0.6
1966～1970	864	−1068	−192	−181	1.8
1971～1975	879	−1048	−132	−90	0.9
1976～1980	953	−1166	−240	−294	3.0
1981～1985	983	−1144	−168	−203	2.0
1986～1990	927	−1260	−295	−314	3.2
1991～1995	893	−1353	−488	−411	4.1
1996～1900	1009	−1374	−467	−496	5.0
2001～2005	867	−1292	−429	−546	5.5
2006～2010	902	−1396	−494	−561	5.7
合計(mm)					31.8

1) 135 の年収支のみの氷河で得られた値．

年），−147±74 Gt/a（海面上昇 0.41 mm/a：2005 ～ 2010 年）[7] などという正味収支が発表されており，これらが正確であるとすると南極氷床の正味収支は−14 Gt/a[2] の加速をもつことになる．南極氷床の質量収支が不確実である根本の理由は面積では圧倒的に大きく，おそらく正の正味収支をもつ東南極氷床の質量収支が正確にわからないからであり，そのもっとも大きな理由は消耗過程のほとんどを担う氷床末端からの**氷山分離**（calving）の量が正確に把握されていないためである．

現段階では南極におけるもっとも顕著な温暖化の痕跡は**氷棚**（ice shelf）の消滅である．実は氷棚の消滅は南極半島の東側で 20 世紀前半から起きていた．まず半島先端に近いプリンツグスタフ海峡（Prinz Gustav Channel）を占めていた氷棚が 1940 年代に分離崩壊した．続いて 1989 年にはその南にあったラールセンインレト（Larsen Inlet）の氷棚が崩壊する．1995 年にはその南隣りのラールセン−A（Larsen−A）氷棚が崩壊し，7 年後の 2002 年にはそのまた南隣りのラールセン−B 氷棚が崩壊した．南極半島は南北 2000 km に及び，氷棚の一連の崩壊現象は低緯度の北から高緯度の南へ向かって順序よく起きてきた．これは氷棚の崩壊が温暖な地域から寒冷な地域へ移ってきたことを示す．さらに南隣りの大型氷棚ラールセン−C では近年融解が激しくなり，多量の融水が観察され，その崩壊も時間の問題だとされている．南極大陸の海岸線の 44％は氷棚によって占められており総計するとグリーンランド氷床に近い面積になる．氷棚は極めて特異な氷河である．ロス氷棚（Ross Ice Shelf）やロンネ・フィルヒナー氷棚（Ronne-Filchner Ice Shelf）のような大型の氷棚は背後から流入する氷河や氷流からの質量の供給を受けているが氷棚自体の大部分も涵養域である．東南極には背後からの氷の供給なしで存在する氷棚も多くある．こうした氷棚の仮想される均衡線は海面以下にあり，涵養域のみから成っており，温暖化で均衡線が上昇すると氷棚全体が消耗域と化し**クレヴァス**（crevasse）に流れ込む水によって弱体化し，極めて短時間のうちに消滅する．この過程はラールセン−B の 2002 年の崩壊の折に観測されている．氷棚自体は海面と静水圧的均衡にあるため直接には海面変動に影響は与えない．しかし氷棚背後にある氷河は箍が外されるため，一挙に加速して海へ流れ込むことによって，二次的に海面上昇をひき起こす．この連鎖現象は 1995 年のラールセン−A 氷棚の崩壊によって起こされたドリガルスキー氷河の加速や 2002 年のラールセン−B 氷棚崩壊に続くクレイン氷河の加速としてよく調査されている．したがって，これらの経験に基づくラールセン−C の近々の崩壊の予測は実際性の高いもので極めて憂慮され，1 日も早く温暖化防止政策の改善が実現されることを願うものである．〔大村　纂〕

文献

1) Kuhn, B. F. (1787)：Versuch Über den Mechanismus der Gletscher. *Magazin Naturkunde Helvetians*, **1**, 117-136.

2) Ohmura, A., *et al.* (1992)：Climate at the equilibrium line of glaciers. *J. Glaciol.*, **38**, 397-411.

3) Nye, J. F. (1960)：The response of glaciers and ice sheets to seasonal and climate changes. *Proc. Roy. Soc. London*, **256A**, 559-584.

4) Ohmura, A. (2011)：Observed mass balance of mountain glaciers and Greenland ice sheet in the 20th century and the present trends．*Surv. Geophys.*, doi: 10. 1007/s10712-011-9124-4.

5) Vaughan, D.G. *et al.* (2013)：Observations: Cryosphere. In: Climate Change 2013：The Physical Science Basis. Contribution of Working Group I to the Fifth Assessment Report of the Intergovernmental Panel on Climate Change, Stocker, T.F. *et al.* eds, Cambridge University Press.

6) Andreas, B.：Variations of Grosser Aletschgletscher. Glacier-Climate interactions, ETH Zürich (http://www.vaw.ethz.ch/content/specialinterest/baug/laboratory-vaw/lab-vaw/en/research/glaciology/glacier-climate-interactions.html#var-aletsch)

7) Jouvet, G. *et al.* (2009)：Numerical simulation of Rhonegletscher from 1870 to 2100. *J. Comput. Phys.*, **228**, 6426-6439.

8) Hanna *et al.* (2013)：Ice-sheet mass balance and climate change. *Nature*, **498**, 51-59.

§V-6

カラコラム山脈における雪氷圏変動
Variation in the cryosphere of Karakoram mountains

(1) 氷河の形成と第四紀の氷河変動
(a) 山岳氷河の形成

カラコラム山脈は，K2（8611 m）を筆頭に130座以上もの7000〜8000 m級の高峰を擁する内陸アジア有数の高山地帯である．東にチベット高原，南にヒマラヤ山脈，西にヒンドゥークシ山脈がそれぞれ発達し，世界の屋根の一画をなす．この山脈の氷河は，高峰から谷を穿って標高2500 m付近まで流れ下る山岳氷河である（図1）．氷河の面積は約17946 km^{2}を占めヒマラヤ山脈（22829 km^2）に次ぐが，体積は1259 km^{3}とヒマラヤの約1.2倍の規模を誇る[1]．

カラコラム山脈における雪氷圏の出現は，約5000万年前に始まったインド亜大陸のユーラシア大陸への衝突がきっかけである．両大陸の間に形成されていたテチス海はこの衝突によって閉じ，その堆積物とユーラシア大陸南縁部が隆起して山脈の骨格がつくられた．大陸衝突は今も継続し，カラコラム山脈では年3〜8 mm隆起している．広く分厚い雪氷圏は，このような地殻変動の長期間の継続と気候環境との相互作用によって生まれた．

(b) 第四紀の氷河変動

現在のカラコラム山脈における氷河規模は，更新世の氷河拡大期に比べると小さい[2]．後期更新世以降の氷河変動を調べると，カラコラム山脈における多くの氷河は寒冷で降水量の多い気候環境のもとで拡大したようである．これは，岩石中に生成される宇宙線生成核種，^{10}Beを用いた**露出年代測定法**（surface exposure dating）の導入によってわかってきた．

K2やバルトロ氷河のある山脈中央部では，バンタン（> 700 ka），スカルドゥー（70〜170 ka），マンゴ（16 ka以前），アスコール（11〜13 ka，5 ka，0.8 ka）の4時期に氷河が拡大した．このうち，スカルドゥー期以前（MIS6以前）は，現在の氷河末端から150 kmも拡大していた．また，MIS2にあたるマンゴ期にも，氷河は現在の末端からおよそ80 km前進していたが，その後のアスコール期における氷河拡大の規模は小さい．

一方山脈北西のフンザ川流域では，寒冷期以外にも氷河の前進が生じた．この流域の氷河前進期は，古い方からシャノズ，ユンズ（> 60 ka），ボリット・ジェール（43.2〜54.7 ka），グルキンI（21.8〜25.7 ka）・II（15.3〜18.4 ka），バトゥーラ（9.0〜10.8 ka）およびパスーI, II（完新世）の各期に区分

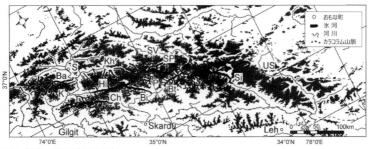

図1 カラコラム山脈における氷河の分布
対象期間は1976〜2012年．Ba：バトゥーラ氷河，Bi：ビアフォー氷河，Bt：バルトロ氷河，Ch：チョゴルンマ氷河，Hi：ヒスパー氷河，Kh：クルドピン氷河，Si：シアチェン氷河，P：パンマー盆地，SP：サルポラッゴ盆地，SV：シャクスガン渓谷，US：アッパーショック渓谷，K：カリマバード，S：ススト．

される．これら氷河前進期の年代と氷河地形の痕跡とを合わせると，氷河はボリット・ジェール期以前（MIS3 以前）に大規模に発達したが，グルキン I 期以降の MIS2 ～ 1 にかけては現在の氷河末端から数 km を超えて発達することはなかった．これらから，氷河の拡大はその形成位置によって異なるものの，最終氷期最寒冷期だけでなく温暖期にも生じていたことがわかる．

(2) 氷河の発達の仕組みと特徴的な氷河
(a) 氷河の発達の仕組み

氷河とは，一般に重力によって長期間にわたり連続して流動する雪氷体である．氷河変動を考える場合，上流部における氷体への雪氷付加による**涵養**（accumulation）と，末端部の融解・昇華による**消耗**（ablation）のバランスが重要となる．これは**氷河質量収支**（mass balance）とよばれ，収支が正になる区域を涵養域，負になる区域を消耗域とし，その境界が**氷河平衡線**（均衡線，equilibrium line）である．カラコラム山脈における**氷河平衡線高度**（equilibrium line altitude：ELA）は，おおむね東部で 4700 ～ 5900 m，西部で 4600 ～ 5800 m と考えられる．

カラコラム山脈における氷河の涵養は，主に冬季の降雪や雪崩に由来する．山脈では，夏季にモンスーンの大気塊がヒマラヤ山脈によって阻まれるが，冬～春季にかけてジェット気流の経路沿いに移動してくる低気圧によって降水（雪）がもたらされる．このため，降雪量のおおむね 1/3 は夏季のインドモンスーン，残りが冬～春季の低気圧によって供給される．これは山脈の氷河が，**冬季涵養型**（winter-accumulation type）であることを意味している．

カラコラム山脈には数多くの氷河が発達するものの，氷河末端部，すなわち消耗域の気候環境は極度に乾燥している．植生は一般にまばらで，古い氷河期に形成されたモレーン表面の岩塊には沙漠ワニスの発達も顕著である．気象データを総合すると，標高約 4000 m 以下は年降水量 500 mm 以下の乾燥・半乾燥帯といえる．とくに，山脈西部に位置するギルギット（標高 1490 m）の年降水量は 150 mm と寡少である．また，7 月の平均最高気温は 36℃に達し，氷河の消耗は激しく進むので，融氷水を集めるインダス川やフンザ川などの流量は夏季にピークを迎える．これに対して ELA 付近の積雪は，クルドピン氷河の標高 5520 m 地点で 2.31 m，バトゥーラ氷河で 1.03 m（標高 4840 m），ビアフォー氷河で 0.9 ～ 1.9 m（4650 ～ 5450 m）と豊富である．

(b) 特徴的な氷河

カラコラム山脈には，雪氷体が短期間に大幅な流動を示す**サージ**（surge）タイプの氷河が多い．その理由として，氷河は約 5000 m もの高度差をもって急斜面に発達し（例えば，クルドピン氷河は 3250 ～ 7760 m に発達），涵養域の積雪も多いことがあげられる．山脈西部のミナピン氷河では 1892 ～ 1893 年に 1100 m 前進，ハサナバッド氷河は 1889 ～ 1892 年にかけて 3150 m 後退し，その 1 年後には 9370 m も前進した．このようなサージの発生は，気候条件と無縁ではないが，その原因は十分解明されていない．

山脈には，消耗域が岩屑に覆われた **D 型氷河**（debris-covered type glacier）が多いのも特徴である．氷河末端を眺めると，そこに氷体があるとは信じられないほど黒く岩屑に覆われている．フンザ川流域には，1322（面積 4275.7 km²）の氷河が分布するが，そのうち D 型氷河の割合は全体の約 44% に達し，岩屑の被覆程度が低い C 型氷河（clean type glacier）の約 56%[3] と拮抗する．

氷体上の岩屑被覆は，氷河の消耗を考えるときに重要である．すなわち，岩屑被覆はアルベドの減少を招くが，氷河氷の消耗を抑制する働きもある．ラカポシ山南東の Hinarch 氷河では，氷河氷の消耗（2008 年夏季）は岩屑被覆が厚さ 1 cm で 10.8 cm/ 日，厚さ 37.5 cm で 2.3 cm/ 日生じた．またバルトロ氷河でも，氷の消耗（2004 年夏季）は岩屑

被覆が厚さ 0.5 cm 程度と薄い場合には大きいが，2.5 cm になると減少した．Hinarch 氷河では，岩屑に被覆された氷河表面のアルベドは 0.13 と低いため，岩屑の表面温度は気温より 2 倍も高い．しかし，一定以上の岩屑被覆は，断熱効果を発揮するため，氷河氷の消耗を抑えてしまう．

(3) 近年の氷河変動と気候変動の関係
(a) カラコラム・アノマリー

19 世紀後半以降，山脈北西部における主要な氷河の末端変動を調べると，氷河は大まかに 1860 ～ 1900 年に後退傾向にあったが，その後 1900 ～ 1913 年頃にかけて前進した．1913 ～ 1960 年にかけて再び氷河は後退し，1960 ～ 1980 年頃まで規模の大きい氷河で前進・後退，小さい氷河で後退傾向を示した．さらに 1980 ～ 1990 年にかけて後退・停滞傾向も認められるなか，1990 年以降バトゥーラ・グルキン・ヒスパー氷河などでは末端部が前進傾向にある（図 2）．

2000 年と 2008 年の RS データをもとに標高別にみると，サージ・非サージ氷河を含めた 6 氷河の表面高度が，ビアフォー氷河を除き水当量換算で年間 0.11 ～ 0.50 m 増加している（図 3）．またカラコラム山脈では，全体の氷河の約 58％が停滞または緩慢な前進傾向にあり，その平均速度は約 8 ± 12 m/ 年となっている[6]．これはヒマラヤ山脈の中央部や東部に分布する氷河の 65％以上が，同期間に後退したこととは対照的である．このような他地域とは異なるローカルな氷河変動特性は，カラコラム・アノマリー（Karakoram anomaly）とよばれる[7]．

カラコラム山脈の氷河が，特異な変動傾向を示すのはなぜであろうか．これには，先述したカラコラム山脈に特徴的なサージ氷河や D 型氷河の存在，および気候環境が関係していると推測される．カラコラム山脈では，氷河涵養域の観測値がほとんど得られないので，以下では消耗域の地上気象観測値，客観解析データおよびプロキシーデータなどから気候環境の変動をみていく．

(b) 20 世紀以降の気候と氷河変動の関係

1961 ～ 1999 年の気温変動は，インダス川上流に位置する複数の気象観測地点（標高

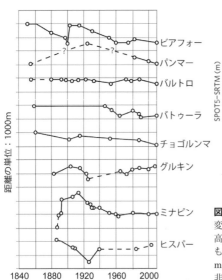

図 2 主要氷河における近年の末端変動[4]

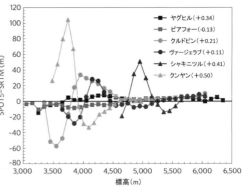

図 3 2000 年と 2008 年における主要氷河の標高別高度変化[5]
高度差は 2000 年 2 月と 2008 年 12 月の RS 画像に基づくもので，その誤差は ± 0.25 ～ ± 17.24 m（平均誤差± 2.72 m）．△：サージ氷河，○：2000 年以前にサージした氷河，□：非サージ氷河．氷河名の右隣のカッコ内は水分当量マスバランス（m/ yr）を示す．

1372 ～ 2394 m）において，冬季の最高気温（気温の幅 1 ～ 14℃）がおよそ上昇傾向（−0.07 ～ 0.55℃ /10 年）を示す[8]．しかし，いずれの地点も夏季の平均気温は明瞭な低下傾向を示し，とくに最低気温（11 ～ 25℃）はこの傾向が強い（−0.12 ～ −1.11℃ /10 年）．一方降水量は，1970 年代前半と 1980 年代に一時的に低下したが，1990 年代以降増加傾向を示し，夏季の降水量も 1961 年以降増加傾向にある．

　このような気温や降水量の変化は，河川流出量に反映する．フンザ川下流のダンヨール（1450 m）における 1999 ～ 2007 年の流出量は，とくに 4 ～ 9 月の気象観測地点（2858 ～ 4730 m）の気温と明確な正の相関関係にある．また，2000 ～ 2008 年における年および夏季の気温は，フンザ川流域の積雪面積と強い負の相関関係を示す．

　消耗域における夏季の気温低下と降水量増加（日射量の減少）は，氷河末端の前進・停滞に有利な条件である．そして，気温低下が流出量の減少にかかわっていることは，融氷が妨げられていることを示す．また，夏季の気温低下が積雪域の拡大に寄与していることも考え合わせると，近年の気候環境はカラコラム山脈における氷河の拡大にとって好都合である．最近，地上観測および客観解析データを利用した高分解能気候モデルから，1861 ～ 2100 年のカラコラム山脈における降雪と降雨の季節サイクルが分析された[9]．その結果，この山脈はモンスーンの影響を受けない冬季の降水が支配的で，標高 4500 m以上において降雪量の増加が生じているという．カラコラム山脈の氷河変動の特異性は，そこに特徴的な冬季涵養型の氷河の存在と密接にかかわっていると考えられる．

(c) 樹木年輪からみた古気候変動

　近年，樹木年輪や同位体比に基づいて，中世温暖期（AD900 ～ 1300, Medieval Warm Period：MWP）や小氷期（AD1300 ～ 1850, Little Ice Age：LIA）を含む，より長期間の古気候変動が明らかにされている．カラコラ

ム山脈北西部の標高 2700 ～ 3900 m に自生するビャクシン属の樹木年輪の分析は，618 ～ 1139 年までは温暖期であったが，その後 1140 ～ 1874 年にかけて低温期が現れ，1875 年以降は温暖な環境に戻ったことを示す．また，樹木セルロースの酸素同位体比分析では，826 ～ 1998 年の降水量変動が復元された[10]．これによると樹木自生地周辺の湿潤期は 1200 年，1350 年，1500 年および 1870 年頃に出現し，現在は過去 1000 年間でもっとも湿潤な時期だという．先述した第四紀の氷河発達やこのような古気候変動をみると，カラコラム山脈の雪氷圏変動をとくに降水量との相互作用から捉えることの重要性を感じる．

〔藁谷哲也〕

文献

1) Bolch, T. *et al.* (2012)：The state and fate of Himalayan glaciers. *Science*, **336**, 310-314.
2) 藁谷哲也（2010）：カラコラム山脈とパミールにおける氷河消長の特性. 遠藤邦彦ほか：極圏・雪氷圏と地球環境, pp. 90-105, 二宮書店.
3) 梶山貴弘・藁谷哲也（2013）：衛星画像及び DEM を用いたカラコルム山脈フンザ川流域の氷河台帳と氷河分布図. 地図, **51**(3), 1-16.
4) Hewitt, K. (2011)：Glacier change, concentration, and elevation effects in the Karakoram Himalaya, Upper Indus Basin. *Mountain Research and Development*, **31**, 188-200.
5) Gardelle, J. *et al.* (2012)：Slight mass gain of Karakoram glaciers in the early twenty-first century. *Nature Geoscience*, **5**, 322-325.
6) Scherler, D. *et al.* (2011)：Spatially variable response of Himalayan glaciers to climate change affected by debris cover. *Nature Geoscience*, **4**, 156-159.
7) Hewitt, K. (2005)：The Karakoram anomaly? Glacier expansion and the 'elevation effect,' Karakoram Himalaya. *Mountain Research and Development*, **25**, 332-340.
8) Fowler, H. J. and Archer, D. R. (2006) Conflicting signals of climatic change in the Upper Indus Basin. *Journal of Climate*, **19**, 4276-4293.
9) Kapnick, S. *et al.* (2014)：Snowfall less sensitive to warming in Karakoram than in Himalayas due to a unique seasonal cycle. *Nature Geoscience*, **7**, 834-840.
10) Treydte, KS. *et al.* (2006)：The twentieth century was the wettest period in northern Pakistan over the past millennium. *Nature*, **440**, 1179-1182.

§V-7 パタゴニアにおける雪氷圏変動
Variation in the Patagonian cryosphere

(1) パタゴニア雪氷圏の概略

パタゴニアは，南米南端おおむね39～40°S以南のアルゼンチン，チリ両国にまたがる面積約78万km²の地域を指す名称である．ここには最終氷期の再拡大期に，南北約1800 km，幅最大約300 km，面積約480000 km²の大きな氷床があった（図1）．

現在のパタゴニア氷原は，アンデス山脈の南端に位置する細長い氷体で，ほぼ73°30′Wに沿って46°25′～51°30′Sまで南北約550 kmの長さをもつ．幅は最大で約60 km，もっとも狭い所ではわずか8 kmである．現在は47°40′S付近のフィヨルドによって南北に分かれている（図1）．北パタゴニア氷原は面積約3950 km²で28の主な溢流氷河をもつ．南パタゴニア氷原は面積約12550 km²で48の大きな溢流氷河をもつ．

パタゴニア氷原の大体の高度は1000～1500 mであるが，最高峰は北氷原のエクスプロラドーレス氷河源頭にそびえるモンテ・サン・ヴァレンティン（Monte San Valentin，3910 m）で，その他3000 mを超える山が数座ある．

氷河の多くは，西側は太平洋側のフィヨルドに，東側は**氷河前縁湖**（proglacial lake）に末端をもつ．南米最大のピオ・オンセ氷河（Pío XI，面積約1265 km²）をはじめとして面積が700 km²を超える大きな氷河が5つある．サン・ラファエル（San Rafael）氷河は海に末端がある**タイドウォーター氷河**（tidewater glacier）で，世界で一番赤道に近い緯度（46°41′S）にある．

氷河周辺で最近観測された気温は，冬でも氷河の消耗域では融解すること，また夏にも上部では涵養していることを示唆している．氷原の質量収支は，氷河のボーリング，水収支，衛星データ等の解析によって6000～8000 mmと見積もられている．南北に長く偏西風帯を横切るパタゴニアの氷河は，多涵養・多消耗の温暖氷河である．

パタゴニアの氷河とその周辺は一般にアクセスが非常に困難なので，何らかの現地調査が行われている氷河は全体の30％にも満たない．したがって，えられている現地データはおのずと限られており，現段階では氷期の数や年代は必ずしも定説とはなっていない．

(2) ヤンガー・ドリアス亜氷期論争

パタゴニアの氷期の研究では，**ヤンガー・ドリアス（ドライアス）亜氷期**（Younger Dryas Stadial：YD，11000～10000年前頃）の有無が大きな議論となっている．最初に詳しく地形の調査をしたMercer（1982)[2]によると，パタゴニアの最終氷期は13000年前頃に終わり，温暖期が6000～5000年前まで続いたので，YDはパタゴニアではなかった．

その後1990年代前半まで，花粉分析や昆虫分析により，ある地域ではあった，別の地域ではなかった，という議論が続いた．同じ地域でもサンプルや分析方法によってあっ

図1 パタゴニア氷原の最終氷期の範囲（一部）と現在のパタゴニア氷原の輪郭，および主な氷河と湖を示す（Hollin and Schilling（1981)[1]を改・加筆）

た，なかったという議論もあった．

1990 ～ 2000 年代にかけて，南氷原のグレイ（Grey）氷河，ヴィエドマ（Viedma）氷河とその近辺の谷氷河，そしてアルヘンティーノ（Argentino）湖畔のモレーンの年代から YD があったとの報告がある．この後，2000 年代にも文献をレビューして有無の議論が続いたが（なかったという論調が多い），すべて南氷原からのデータに基づいていた[3]．最近，漂石の宇宙線核による年代測定（cosmogenic dating）で，北氷原のプローモ（Plomo）湖を形成しているターミナル・モレーンが YD のものとされた．しかし，同じモレーンの ^{14}C の年代は約 3300 年前である．

このようにモレーンの年代が測定方法によって異なったり，場所によって YD があったりなかったり，ということで YD の問題はいまだ決着がついていない．しかし，北氷原の東側，アルゼンチンにあるプエイレドン（Pueyrredón）湖の東側に分布するモレーンの調査から，YD は確実にあった，そして完新世前半にも氷河は前進した，と Mercer[2] の結論を真っ向から否定する研究もある[4]．場所によりあったりなかったりするのは，偏西風帯の南北シフトに影響されたことを示唆する．

（3）完新世
（a）完新世前半

この時期に相当する氷河の前進年代データは少ない．パタゴニアの氷期の編年は主に南氷原で研究されてきたが，1958 年に北氷原の西側に位置するサン・ラファエル氷河で行われた調査で，最初の完新世のデータがえられている．氷河の末端があるラグーナ・サン・ラファエル（Laguna San Rafael）は，古い方からテンパノス（Témpanos）I，II，III とよばれる 3 列のターミナル・モレーンに囲まれている．このうちテンパノス I の堆積物の ^{14}C 年代からサン・ラファエル氷河の前進期を 5000 ～ 4000 年前と推定した．し

かし，晩氷期（大体 16000 ～ 10000 年前）との考えもあった[3]．最近の OSL（Optically Stimulated Fluorescent）による測定では，I と II は完新世前半の年代であった．また，氷河の北縁から採取したピート年代によると約 7000 年前の氷河は 1958 年よりも後退していた．

えられているデータを整理すると，おそらく 8100 ～ 7500 年前と 5700 ～ 5000 年前には氷河が前進していた可能性が高い．これらに加えて 9700 ～ 9100 年前，8800 ～ 8500 年前の年代がえられているが，データが限られているので，今後の検証を待ちたい[5]．

（b）新氷期

Mercer（1982）[2] は，主に南氷原のいくつかの氷河で調査を行い，最初に**新氷期**（Neoglaciation）の編年を試みた．次の 3 回である．

- 新氷期 I：4500 ～ 4000 年前
- 新氷期 II：2700 ～ 2000 年前
- 新氷期 III：過去数世紀（主に 17 ～ 19 世紀），すなわち**小氷期**（Little Ice Age：LIA）

一方，アンデス山脈の他地域では，小氷期の前に 1300 ～ 1100 年前の前進（新氷期 III）があり，4 回の氷期が認められていた．その後 1990 年代に，南氷原の 2 つの氷河，ティンダール氷河（Tyndall，グレイ氷河の南）とウプサラ氷河（Upsala，ペリート・モレーノ氷河の北）から新氷期 III に相当する年代（1600~900 年前）がえられ，パタゴニアの新氷期も 4 回あったことが明らかになった．これらの知見に基づいて Aniya（1995）[6] はパタゴニアの新氷期を以下のように提唱した．

- 新氷期 I：ca. 3600 年前
- 新氷期 II：ca. 2400 ～ 2200 年前
- 新氷期 III：ca. 1600 ～ 900 年前
- 新氷期 IV：16 ～ 19 世紀

ヴィエドマ（Viedma）氷河でも個々の年代は不詳だが完新世に 4 回の前進があった．そのすぐ北に位置するリオ・フィッツ・ロイ（Río Fitz Roy）の谷では，完新世に少なくと

も5回の氷河前進が認められ，一番古いのは7500年前である．ヴィエドマ湖とアルヘンティーノ湖の間にある谷氷河では8回，8500年前，8000〜7500年前，5800〜5500年前，4500〜4200年前，3600〜3300年前，2300〜2000年前，1300〜1000年前，AD 1600〜1850の前進が報告されている[7]．

北氷原での研究は，東側に分布するソレール（Soler）氷河で行われ，2つのモレーンから1300年前とAD1650がえられた．これは南氷原のAniya（1995）[6]の新氷期IIIとIVに相当する．その後ソレール河谷では，6800年前，5300年前，3300年前，1300年前，AD1300，AD1650〜1700の6回の前進データがえられた．ソレール氷河の末端から約35 km下流にあるプローモ湖を形成しているモレーンの年代は3300年前で，南氷原の新氷期Iにほぼ相当する[7]．しかし，これは上述したようにYDのものとする最近の報告もある．これらに加えて北氷原のいくつかの氷河で19世紀後半の前進があった．

小氷期の研究は他の氷期と比べて比較的多数あり，多くの氷河は17〜19世紀後半にかけて前進していた．南氷原では主に17世紀に，北氷原では主に19世紀後半に多くの氷河が前進した．一部の氷河では2〜3回前進した．

新氷期に関して，Mercer（1982）[2]の3回説とAniya（1995）[6]の4回説があるが，主な違いは新氷期Iの年代と新氷期IIIの存在である．新氷期IIIの年代がえられている氷河はその後増えており，あったことはほぼ間違いない．最近，Aniya（2012）[5]は1990年代半ば以降の論文をレビューして，Mercer（1982）[2]の4500〜4000年前を新氷期I，Aniya（1995）[6]の3600年前を新氷期IIとして，新氷期が次の5回あったのではないか，という仮説を提唱した．

・新氷期I：4500〜4000年前
・新氷期II：3600〜3300年前
・新氷期III：2700〜2000年前
・新氷期IV：1600〜900年前

・新氷期V：17〜19世紀（小氷期）
この妥当性は今後の検証を待つ．

(4) パタゴニア氷原の最近の変動

1945年以降の変動が，空中写真や衛星データなどにより，詳しく明らかにされている．とくに北氷原では1983年以降の空撮も加わり，より詳しい変動の特徴が明らかにされている[7]．

(a) 北パタゴニア氷原

モニターされている21の溢流氷河の1944/45（南半球の夏）〜2012/13（68年間）で末端後退により，約125 km^{2}の面積が減少した．このうち，サン・キンティン氷河の面積減少は約41 km^{2}で，全体の面積減少の30%弱を占める．その他，大きな後退をしたのはカービング氷河である．1945〜1975年の平均後退速度は0.98 km^2/年，1976〜2000年は1.94 km^2/年，2001〜2013年は3.42 km^2/年と，近年急速に加速している．最近，氷河が薄くなったことにより，いくつかの氷河で側谷の氷河湖から氷河湖突発洪水（Glacier Lake Outburst Flood：GLOF）が発生しているのが認められている．

カービング氷河の末端崩壊による急激な後退が1990年代からいくつかの氷河で起きている．東側にあるネフ氷河は，氷河前縁湖の中の末端が湾曲して1994年の初めに末端大崩壊を起こした．西側にあるレイチェル氷河では2001年に，末端大崩壊により長さ約1100 m，幅約370 mの巨大な氷山が生じた．これらの現象は末端が浮いていることを示唆する．大規模な末端崩壊の前にはみかけの前進をしていることが多い．

氷原の西側で南北に隣り合うサン・ラファエル氷河（SR，北側，面積約760 km^{2}で北氷原第2位の規模）とサン・キンティン氷河（SQ，南側，北氷原最大）の変動はまったく異なる．SQは1945年以降，かなり速い速度で面積が減少した．1990年代初めにみかけの前進があったが，活発なカービングで最近の後退は加速されている．一方，SRの

図2 サン・ラファエル氷河と北パタゴニア氷原
A:冬 (2005年8月15日), B:夏 (2011年2月10日撮影). 氷河末端は太平洋につながるフィヨルドの一部にあり, 2004年以降その位置にほとんど変化がない. 冬でも氷河の下流では積雪がなく氷が露出していることに注目 (A). 氷原の標高は 1500 m 前後, 背後の山は 2800～3000 m である.

変動パターンはユニークで, 1958年に前進していた. 1975～1991年では, パタゴニアでも1,2を争う速さで後退したが, その後変動パターンは大きく変化した. すなわち, 1991～1996年は停滞, その後1996～1999年, 2002～2004年は前進した. しかし, 1999～2002年は225～450 m/年のスピードで後退した. 2004年以降はほぼ停滞である (図2).

両氷河の涵養域は同じような地形条件の所に位置している. SR は海 (フィヨルド) に, SQ は氷河前縁湖に末端がある. 両氷河の変動の違いは, **涵養域面積比** (Accumulation Area Ratio : AAR) や消耗域の地形の違いに加えてフィヨルド地形の影響もある.

北氷原にはデブリ・カバー氷河が4つあるが, 氷原の北側に位置しているグロッセ (Grosse) 氷河は, 氷河前縁湖が1980年代末に形成されてからゆっくり後退し続けている. 一方, その東隣に位置するエクスプロラドーレス氷河では, 表面低下があるものの末端位置にまだ顕著な変化はない. 氷原の東側中頃と南に位置するアルコ (Arco) 氷河とパレッド・スール (Pared Sur) 氷河はほとんど変化していない.

偏西風帯を横切るパタゴニア氷原は, 氷原の東西で気象・気候がまったく異なる. また, 北氷原の山脈は東縁近くに分布しているので, 一般に氷原の西側に位置する氷河の涵養面積が広く, 東側は狭い. その結果, 西側の氷河あたりの68年間の平均後退面積は $0.145\ km^2$/年で, 東側の氷河の $0.035\ km^2$/年の4倍強である. これは南氷原では東側の後退が大きいのと対照的である.

(b) 南パタゴニア氷原

48の溢流氷河について1945/1960年代～1986年までの細かい変動が明らかにされている. このうち, ピオ・オンセ氷河とペリート・モレーノ氷河を除く46の氷河は後退であった. 一般に氷原の東側に位置している氷河の後退が大きく, その平均後退量は $0.141\ km^2$/年で, 西側の $0.115\ km^2$/年より大きい. なかでも突出しているのがオヒギンズ (O'Higgins) 氷河で, $1.21\ km^2$/年, 距離にして約20 km 後退した. ウプサラ氷河は平均すると $0.29\ km^2$/年であるが, 末端大崩壊を1980年代初めに始めてから数回繰り返している. 一方, 氷原の南西側に分布している氷河はわずかな後退あるいはほぼ停滞が多い. 南氷原の平均後退速度は $0.192\ km^2$/年で, 北氷原の $0.044\ km^2$/年の4倍以上の速さである.

1986年以降の変動は一部の氷河でかなり変化した. 例えば, オヒギンズ氷河の後退はほぼストップして停滞気味, 逆にウプサラ氷河は末端大崩壊による大規模な後退を数回繰り返し, 1990年代に倍近くに加速され, 2000年以降と2008年以降にさらに加速されている. 北端に位置するホルヘ・モント (Jorge

Montt）氷河は 2000 年代に入り，加速的に後退している．ピオ・オンセ氷河の前進とペリート・モレーノ氷河の実質停滞を除き，ほぼすべてが多かれ少なかれ後退している．

(c) 2 つの例外氷河

このように両氷原合わせて 70 余の溢流氷河が後退しているパタゴニア氷原にあって，例外的な氷河が 2 つある．南氷原の西側に位置しているピオ・オンセ氷河と，東側に位置しているペリート・モレーノ氷河である．

ピオ・オンセ氷河は 1940 年代からフィヨルド内で前進し始め，1975 年までに T 字の対岸に達して末端が南北に分かれた．その後，北末端は前進を続けたが，南末端は前進の間にわずかであるが後退が挟まっている．この前進により面積が約 60 km^2 拡大した．この理由として，①底面滑りの活発化，②氷河底分水界の移動，③フィヨルドの浅深化，などがあげられているが，推測の域をでない．

ペリート・モレーノ氷河は，アルヘンティーノ湖に末端をもつ面積 257 km^2 の中規模のカービング氷河で，19 世紀の終わり頃から前進を始め，1917 年に初めて対岸へ到達して湖を分断した．その後，氷河前進による上流側のダムアップとダム崩壊というプロセスがほぼ定期的に起きていて，1940 年以降の末端は実質的に停滞している．この理由として AAR が 0.73 と大きいこと，標高―面積分布の特性があげられる．すなわち，**平衡線**（equilibrium line，涵養量と消耗量が釣り合っている点を結んだ線）が位置している標高周辺の面積が小さいので，気候変化により平衡線高度が上下しても AAR がほとんど変化しないことである．

(5) 氷河後退の要因

個々の溢流氷河の変動特性は AAR や地形・形態，流動ダイナミクスなどに支配されるが，氷原全体として後退しているのは，大きくは地球温暖化の影響と考えて間違いないだろう．これに加えて偏西風帯の南北シフトも影響していると考えられる．

南半球では過去 100 年間で約 0.5℃の温度上昇があった．パタゴニア地方の太平洋岸から大西洋岸にまたがる気象観測所の過去 50 ～ 100 年のデータを使った気候変動の解析によると，46°S 以南では温度が 0.4 ～ 1.4℃上昇しており，氷原の東側（風下）では南へ行くほど，温度上昇が大きくなる．このことは，南氷原では東側の氷河の後退が著しいことを説明する．しかし，北氷原では西側に分布する氷河の後退の方が東側よりもかなり大きいことを説明できない．偏西風の影響が弱くなり西側の降水量が減少した可能性も考えられる．

パタゴニアのカービング氷河のいくつかは，末端が浮いていることが推察されている．氷河が薄くなると浮きやすくなり，末端大崩壊によって大きく後退する．タイドウォーター氷河では，フィヨルドの水深や海底地形に加えて周りの地形も一部の氷河の後退・前進に影響している．　　〔**安仁屋政武**〕

文献

1) Hollin, J. T. and Schilling, D. H. (1981)：Late Wisconsin-Weichselian mountain glaciers and small ice caps. In Denton, G. H. and Hughes, T. J. eds.：*The Last Great Ice Sheets*, pp.179-220, John Wiley and Sons.

2) Mercer, J. H. (1982)：Holocene glacier variations in southern South America. *Striae*, **18**, 35-40.

3) Heusser, J. C. (2003)：*Ice Age Southern Andes: A Chronicle of Paleoecological Events*. Developments in Quaternary Science 3. Elsevier.

4) Wenzen, G. (2005)：Glacier advances east of the Southern Andes between the Last Glacial Maximum and 5000 BP compared with lake terraces of the endorrheic Lago Cardiel (49°S, Patagonia, Argentina). *Z. Geomorph.*, N. F., **49**, 433-454.

5) Aniya, M. (2012)：Holocene glaciations of Hielo Patagónico (Patagonia Icefield), South America: A brief Review. *Geochem, J.*, **47**, 97-105.

6) Aniya, M. (1995)：Holocene glacial chronology in Patagonia: Tyndall and Upsala glaciers. *Arct, Alp. Res.*, **27**, 311-322.

7) 安仁屋政武（2009）：パタゴニアにおける氷河の消長．遠藤邦彦他編：極圏・雪氷圏と地球環境，pp.106-127，二宮書店．

§V-8
南極大陸域の温暖化と氷床変動
Antarctic warming and the evolution of the ice sheet mass balance

(1) 温暖化の進む西南極と温暖化が検出されない東南極

地球温暖化が進行しているなかで，南極域の気温変動に不可解な現象がある．図1はSteig et al. (2009)[1]が求めた**南極氷床**（Antarctic ice sheet）上の地上気温の変化傾向の分布である．これは気温の年々変化を直線近似し，その直線の傾きを10年あたりの気温変化量として表している．このような直線的な変化傾向を**トレンド**（trend）とよぶ．暖色系の地域は温暖化，寒色系は寒冷化である．aは1957〜2006年の50年間に対する値で，bは1969〜2000年の32年間に対する値である．統計的な有意性がえられない領域にはNSが表示されている．南極氷床は主に東半球側に広がる東南極（図1a，bともに右側）と南極半島の突き出た西南極（同左側）から成っている．西南極の昇温トレンドは平均して約0.17℃/10年（図1a）を示し，この値は地球上（全球平均では約0.13℃/10年）でもっとも速い温暖化傾向を示す地域の1つである．

東南極は年々の変化に対してトレンドが小さく，1957〜2006年（図1a）については小さな昇温トレンドがえられるが，1969〜2000年（図1b）では寒冷化のトレンド（統計的有意性はない）が広がるなど，明瞭な温暖化は検出されていない．すなわち，南極氷床上には，世界一速い昇温域と長期的な気温変化が明瞭でない地域が隣り合って存在している．このような強い対照性や東南極で温暖化傾向が明瞭にならない理由の解明は今後の課題である．

(2) 南極域の上空の対流圏・成層圏の変化

南極上空の**対流圏**（troposphere）の気温はどのように変化しているのであろうか．まず，Turner et al. (2006)[2]の結果を示す（図2）．南極大陸を取り巻く9か所の観測基地（氷床上は南極点のみ）の気象ゾンデデータを平均した気温トレンドは水平の棒グラフで表されている．これによると600 hPa前後の対流圏中層で0.5〜0.7℃/10年という驚くべき速いペースの昇温トレンドが示されている．地上付近にも昇温トレンドが現れているが，標準偏差の大きさがそれを上回り，統計的有意性は確保されていない．

対流圏中層の昇温トレンドがどのような範囲に広がっているのかを全球客観解析気候データ（ここではERA-40とよばれるデータを用いている）によって調べた結果が図3

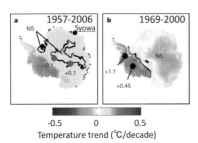

図1 南極氷床上の地上気温のトレンド（℃/10年）の分布（a：1957〜2006年，b：1969〜2000年）(Steig et al., 2009[1]に加筆) →口絵44
基地，無人気象観測システム（Automatic Weather Station：AWS），および人工衛星データから求めた．統計的有意性が認められない領域をNS（not significant）で示す．

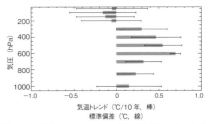

図2 南極域の9つのゾンデ観測基地のデータを冬季（6〜8月）について平均し，1971〜2003年の33年間の気温トレンド（棒グラフ，℃/10年）および標準偏差（水平の線）を各気圧レベルについて示す（Turner et al., 2006[2]に加筆）

V-8 南極大陸域の温暖化の特徴と氷床変動　*241*

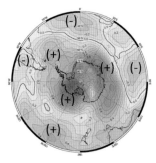

図3 ERA-40（1979～2001年）の冬季間の気温トレンド（℃/10年）[2]
昇温域に（+），降温域に（-）を付す．

である．解析対象期間は1979～2001年の23年間である．これによると昇温の顕著な領域は南極域だけでなく50°S以南の南大洋域に広がっている．南極全体を含む南半球の高緯度の対流圏で顕著な昇温が起こっているにもかかわらず，東南極でその地上気温に明瞭な温暖化が現れないことはここでも不可解なままである．

Thompson and Solomon（2002）[3] は早くからもっと詳しい解析を行っている．図4はTurnerらとほぼ同じ期間について月ごとに南極域上空の気温と等圧面高度のトレンドを示す．夏から秋に**成層圏**（stratosphere）での気温の低下と気圧面高度の低下が目立ち，この季節の極域の低圧化，すなわち**極渦**（polar vortex）の強化が年々進んだ．図2の冬季の気温トレンドでも成層圏の気温低下が現れているが，それは夏季にもっとも顕著であった．彼らは，この成層圏の極渦の変化について，**オゾンホール**（ozone hole）の経年的な強化・拡大と関連付けた．これは南半球の偏西風が経年的に強化してきたことに関連している．

一方，対流圏をみると，12月および1月の短い夏の期間にだけ気温のトレンドが負になっている．ただし，値は小さく統計的な有意性はない．しかし，等圧面高度では，夏の同じ時期に負のトレンドが現れ，その統計的有意性は比較的高い．Thompson and

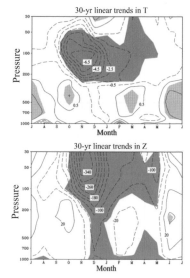

図4 南極域の7つのゾンデ観測基地のデータを平均した1969～1998年の30年間の気温（上）と等圧面高度（下）のトレンド[3]
月（7月～7月の1年間）－気圧高度断面で示す．影は標準偏差より大きな領域を示す．

Solomonは夏の対流圏の気温の経年的低下の9割程度が対流圏の極渦の強化の反映として説明でき，その原因にオゾンホールの経年的強化が引き起こした成層圏の極渦の強化の可能性があるとしている．Steig et al.（2009）は東南極の地上気温に明確な昇温トレンドが現れない理由としてこのオゾンホールの効果をあげ，南極のオゾン層の回復に伴う将来の昇温の可能性を指摘した．

（3）昭和基地近傍の南極氷床表面の融解

第54次南極地域観測隊の内陸調査隊は，2013年1月に海岸から約50 km離れた標高1000 mを超える地域で氷床表面の融解が起こった痕跡を見出した（図5）．これまで20年以上にわたる内陸調査のなかでもっとも奥地での大きな融解現象である[4]．

約半年前の2012年7月にグリーンランド氷床表面の全面融解が観測史上初めて起こっており[5]，それに比べて規模は小さいが，変化

図5 昭和基地近傍の南極氷床上の雪面の凹凸の様子（左上）と凹地に残っていた氷塊（右下）

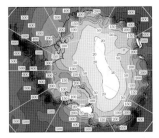

図6 数値モデル MM5 により計算した南極氷床上の年間堆積量（降水量と昇華蒸発量の差）の分布[7] 単位は mm.

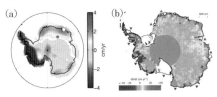

図7 （a）GRACE によりえられた 2004～2011 年の氷床の氷厚の変化. 単位は水当量（cm/yr）で, 暖色系は厚さの増加, 寒色系は減少を示す. 白丸は昭和基地, 赤丸はドームふじ基地の位置を示す.（Boening et al., 2006[8]）に加筆）（b）人工衛星のレーダー高度計によりえられた 1992～2003 年の氷床の標高の変化（Davis et al., 2005[9] より）→口絵 45

のみえにくかった東南極で同様の現象が現れたことは注目される.

(4) 東南極西部域の"豪雪"と氷床氷厚の増加

1年間に南極氷床に降る雪と表面から**昇華（蒸発）**（sublimation）する水分の差し引きは年間堆積量, あるいは涵養量とよばれる. この量を南極氷床上で継続的に直接計測し, その分布を把握することは現在まで実現されていない. 少ない観測結果から演繹的に作成した Vaughan et al.（1999）[6] の結果や精巧な数値モデルから計算された Bromwich et al.（2004）[7] の結果（図6）が参考になる. それによると, 海岸部の堆積量の多い場所で 400 mm, 内陸部には 50 mm 以下の領域が広がる. 日本海側の豪雪地帯は冬季に 1000 mm を超える降雪があることを踏まえると, 南極域の降雪量がいかに少ないかがわかる.

第54次南極地域観測隊の内陸調査隊は, 東南極西部の海洋側斜面で年間降雪量が増加しているという, もう1つの顕著な変化を検出した. 場所によっては普段 100 mm 程度の降雪量が2倍近くなったと推定された. 南極氷床上においてこのような降雪量の変化は"豪雪"とよぶにふさわしいことは理解されるだろう.

東南極西部域のこの"豪雪"は**南極氷床の氷厚**（thickness of ice sheet）の顕著な増加をもたらした. GRACE というプロジェクトでは, 人工衛星から測定された地球の重力の水平分布等から氷厚変化が推定された[8]. その結果（図7a）によれば, 2004～2011 年にかけて東南極の西部域のとくに氷床の海洋側でもっとも大きな氷厚増加が現れている. なお, 温暖化の進む西南極ではもっとも顕著な氷厚減少が現れている.

この時期の少し前の 1992～2003 年についての人工衛星のレーダー高度計を用いた観測（図7b）では, 東南極西部域は他の地域と同様に, 氷床末端域で氷厚減少, 内陸高地で氷厚の微増がみられた[9]. この特徴は温暖化時の氷床の典型的な氷厚変化であり, 2004 年以降の"豪雪"と氷厚増加は我々の予想しなかった特別な変化であった. 氷床が厚くなったことは, 最近増加していた降雪量が, 氷床流動や蒸発によって失われる水の量を上回ったことを意味する. 温暖化に伴って大気中の水蒸気量が増加し, その結果降水量が増加する地域が現れることは, 全球的な応答の1つであり, 南極は降雪量が増加する地域と考えられている. この期間に, この地域に特別に何が

起こっていたのかは今後解明すべき研究課題であり，そのためにはこの地域の観測を継続する必要がある．

(5) 総観規模の大気循環の関わり

気温や降雪量の経年変動，その地域的な違いを明らかにしようとするとき，一般に，そうした変動にかかわる**総観規模**（synoptic scale）大気循環を調べる．ここでは，南極域の変動に密接にかかわる総観規模大気循環について述べる．

(a) 移動性擾乱

Hirasawa et al.（2000）[10]は南極氷床上に大量の降雪をもたらす仕組みを議論している．図8は，発達した総観規模擾乱に伴って低緯度側から流入する暖かく湿った大気が顕著な昇温と降雪をもたらすことを説明した模式図である．総観規模擾乱に伴う降雪は時間的には年間でせいぜい十数回程度，20日程度の影響しかもたないが，各イベントの降雪量は多く，年間涵養量の半分近くがこれによってもたらされている可能性があると考えられるようになってきた．

このような総観規模擾乱に伴う湿った空気の流入が起こっているとき，水蒸気の空間分布図上（例えば，図9a）には，水蒸気量の多い領域が帯状に現れる．その水蒸気帯に沿って水が輸送されて（流れて）いくことから，この様相を Atmospheric River とよぶこともある．南極氷床上の年間降雪量の多少は Atmospheric River の形成頻度に強く影響されるとみることができる．ちなみに，日本では梅雨前線に向かって流れ込む水蒸気帯を湿舌とよぶが，これはメソスケールの現象であり，Atmospheric River よりも空間スケールが小さい．

温暖化に伴う水蒸気量の増加によって総観規模擾乱に伴う各イベントの降雪量は増加するため，総観規模擾乱の頻度が同じならば年間の降雪量は増加する．図9b は南極氷床上の対流圏下層の大気の起源を示す指標で，濃い影は海洋域から流入する大気が50％以上の領域である．このような領域では総観規模擾乱による暖湿大気の流入の頻度が恒常的に高い．

氷厚の増加した東南極西部域はまさにこのような領域であり，最近の降雪量の増加に総観規模擾乱による降雪量の増加が影響している可能性がある．しかし，同じように総観規模擾乱の影響が強い東南極東部域や西南極～南極半島域では顕著な氷厚増加は観測されておらず，地域的な違いの原因の究明も必要である．

(b) 気温変動の空間パターン

気温の経年変化には地域ごとの一定の変化傾向（図1）と同時に，年ごとに平年より気温の高い（正偏差）地域や低い（負偏差）地域が出現する．Schneider et al.（2004）[13]は，南極氷床の表面温度の年々の偏差について，もっとも現れやすい3つの空間パターンを求めた（図10上段）．さらに，それらに対

図8 ブロッキング高気圧（総観規模擾乱の一種）に伴う低緯度側からの暖湿大気の流入が南極氷床上に顕著な昇温と降雪をもたらす模式図（Hirasawa et al., 2000[10]に加筆）

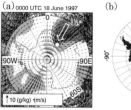 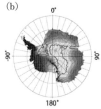

図9 (a) ドームふじ基地（白丸）の"豪雪"時の総観規模擾乱に伴う暖湿気流（Atmospheric River, 中抜きの白い矢印）を水蒸気分布（影）と水蒸気輸送量（黒い矢印）で示す．濃い影は，比湿 0.5 g/kg 以上，薄い影は同 0.2 g/kg 以上の領域である[11]
(b) 南極氷床上の対流圏下層の大気の起源．濃い影は海洋域起源の大気が50％以上の領域を示す[12]

応した 500 hPa の高度場の偏差の空間パターンを求めた（図 10 下段）．

第 1 主成分（principal component）は南極氷床全域で同時に温度が変動する．温度が下がるときには，南極氷床上空の気圧が下がり（極渦の強化），その低緯度側を環状に取り巻いて気圧が上がる．これらをまとめて**環状モード**（annular mode）（**南極振動**，Antarctic Oscillation：AAO）とよぶ．第 2 主成分は西南極域だけで温度変動が明瞭で，東南極域の温度偏差はほぼ 0 である．西南極域が高温化するときには，その上空に高気圧偏差が現れる（図 10e の H）．高気圧偏差の西側で低緯度から流入する暖湿気流が西南極を暖める．高気圧偏差の低緯度側に低気圧偏差（同 L），さらに低緯度側に高気圧偏差（同 H）と**波列**（wave train）が形成される．これは**エルニーニョ・南方振動**（El Niño/Southern Oscillation：ENSO）に応答して現れる**テレコネクション**（teleconnection）パターンである（⇒ §Ⅵ-5）．

第 3 主成分は東南極西部域で温度が変動する．Schneider et al.（2004）[13] が始めて見出したしるしである．そこの温度が高いときには，その上空の気圧が高くなる．この状況は Hirasawa et al.（2000）[10] が議論したブロッキング時の様相と同じである．高気圧偏差の西側で低緯度から流入する暖湿気流がこの領域を暖める．第 3 主成分だけは数十年にわたってその出現頻度を増加させており，この影響と今後の動向を注視する必要がある．

〔平沢尚彦〕

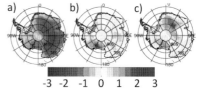

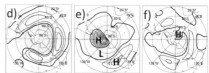

図 10 上段：南極氷床上の地上気温の変動の主成分（a, b, c はそれぞれ第 1，第 2，第 3 主成分）→口絵46．下段：気温変動の主要 3 成分に回帰した 500 hPa 高度面の偏差（Schneider et al., 2004）[13] に加筆）

文献

1) Steig, E. J. et al.（2009）：Warming of the Antarctic ice-sheet surface since the 1957 International Geophysical Year. Nature, **457**, 459-463.
2) Turner, J. et al.（2006）：Significant warming of the Antarctic winter troposphere. Science, **311**, 1914-1917.
3) Thompson, D. W. J. and Solomon, S.（2002）：Interpretation of recent Southern Hemisphere climate change. Science, **296**, 895-899.
4) 平沢尚彦他（2014）：2012/13 年夏に起こった南極氷床表面の融解現象．2014 年度気象学会春季大会予稿集，105, C206.
5) Bennarts, K. et al.（2012）：July 2012 Greenland melt extent enhanced by low-level liquid clouds. Nature, **496**, 83-86.
6) Vaughan, D. G. et al.（1999）：Reassessment of net surface mass balance in Antarctica. J. Climate, **12**, 933-946.
7) Bromwich, D. H. et al.（2004）：Modeled Antarctic precipitation. Part I: Spatial and temporal variability. J. Climate, **17**, 427-447.
8) Boening, C., et al.（2012）：Snowfall-driven mass change on the East Antarctic ice sheet. Geophys. Res. Lett., **39**, L21501, doi:10.1029/2012 GL053316.
9) Davis, C. H. et al.（2005）：Snowfall-driven growth in east Antarctic ice sheet mitigates recent sea-level rise. Science, **308**, 1898-1901, doi:10.1126/ 1110662.
10) Hirasawa, N. et al.（2000）：Abrupt changes in meteorological conditions observed at an inland Antarctic station in association with wintertime blocking formation. Geophys. Res. Lett., **27**, 1911-1914.
11) Hirasawa, N., et al.（2013）：The role of synoptic-scale features and advection in prolonged warming and generation of different forms of precipitation at Dome Fuji station, Antarctica, following a prominent blocking event. J. Geophys. Res., **118**, 6916-6928, DOI: 10.1002/jgrd.50532.
12) Suzuki, K. et al.（2013）：The spatial and seasonal distributions of air-transport origins to the Antarctic based on 5-day backward trajectory analysis. Polar Sci., **7**, 205-213.
13) Schneider, D. P. et al.（2004）：Recent climate variability in Antarctica from satellite-derived temperature data. J. Climate., **17**, 1569-1583.

§V—9

南極大陸周辺の雪氷圏からみた気候変動
Climatic variation seen in the Antarctic cryosphere

(1) 沿岸ポリニヤでの大気海洋相互作用とそこでの海氷および南極底層水の生成

ポリニヤ（polynya）とは，気象条件から考えるとより厚い海氷（sea ice）が存在するであろう海氷域に，海水面または薄氷によってある程度の時空間的持続性をもって構成される疎氷域である[1]．沖合の外洋域で形成されるポリニヤは外洋ポリニヤとよばれ，海洋下層からの暖かい水塊の湧昇による熱の供給によって，海氷が融かされることによって生じるため，顕熱ポリニヤともよばれる．一方，沿岸域において海岸線に沿って形成されるポリニヤは沿岸ポリニヤ（coastal polynya）とよばれ，風や海流によって海氷が沖に運ばれることが原因で出現し維持され，そのほとんどは厚さ0.2〜0.3m以下程度の薄氷で覆われており，潜熱ポリニヤともよばれる．

寒気の厳しい沿岸ポリニヤは開水面を維持することが難しく，すぐに結氷が生じる（図1）．現実には冬季において開水面を保っていられるのは沿岸から1km程度で，その先数kmから数十kmは薄氷域（thin ice area）となっている．冬季において薄氷域での大気に対する熱損失は非常に大きい．沿岸ポリニヤが位置する大陸棚域は水深が比較的浅いため，海洋下層から熱が供給されにくく，冬季において表層水温が結氷点に近い．ここで大気から奪われる熱のほとんどは海氷生産に使われると考えられ，また薄氷域である沿岸ポリニヤでの熱損失は他の一般の海氷域と比べて1〜2オーダー大きいため[2]，ここでは海氷生成と移流が繰り返される．そのため，沿岸ポリニヤは海氷生成工場ともいわれている．海洋から大気への熱損失はそこでの海氷厚に強く依存する関係であることから，沿岸ポリニヤ内の薄氷の厚さや分布といった情報

図1 南極沿岸ポリニヤを上空からみた様子（撮影：田村岳史）

を観測することによって，熱フラックスやそれに伴う海氷生産量を議論することが可能となる．

海洋の大規模な深層循環は，**高密度水**（dense water）が沈み込み，それが徐々に湧き上がってくるという密度（熱塩）循環である．高密度水が生成されるのが極域・海氷域の海であり，海氷生成の際に吐き出される高塩分水が高密度水の生成源になっている．世界でもっとも重く，深層循環のもっとも重要な駆動源の1つである**南極底層水**（Antarctic Bottom Water：AABW）の形成に対して，南極沿岸ポリニヤにおける多量の海氷生産が重要な役割を果たしていると考えられている[3]．このように，沿岸ポリニヤは，海氷生成のみならず，それに伴う高密度水生成という重要な役割を果たしている（図2）．

南極沿岸域には大小さまざまな沿岸ポリニヤが存在し，ウェッデル海・ロス海沿岸を除くと，海岸線から沖に突き出している半島や氷舌（氷床が流れ出て海に突き出したもの）の西側（大陸付近を西向きに流れる南極沿岸流の下流側にあたる）に多くの沿岸ポリニヤが出現する．ロス海沿岸では南極海でもっとも沖まで発達し，最高の海氷生産率を示す沿岸ポリニヤが形成され，これはロス海で最も高塩分濃度の南極底層水が生成されている事実に対応している（図3）．一方，ウェッデル海沿岸は，南極底層水の主要形成域の1つであるにもかかわらず，沿岸ポリニヤの沖方向への発達は活発ではなく，単位面積あたりの海氷生産率もそれほど高くない．しかしながらウェッデル海沿岸全体の面積は大きいため，領域積算の海氷生産量で比べると，ロス海沿岸とほぼ同程度である．東南極沿岸のアメリー氷棚の西側にあるケープダンレーポリニヤの海氷生産率は，ロス海沿岸ポリニヤに次いで2番目に高く，そこでの海氷生産量は，南極底層水の第3の源であるアデリーランド底層水形成の要因の1つであるメルツポリニヤのそれよりも大きい．

この30～40年蓄積されてきたデータからは，南極底層水の昇温化および低塩化傾向

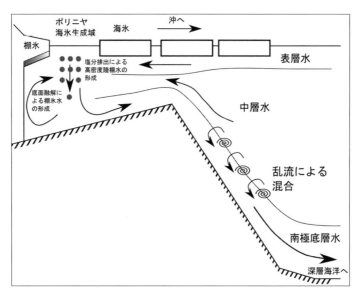

図2 沿岸ポリニヤでの海氷および南極底層水の生成の模式図

が示され，南極底層水の生成量が減少していることが示唆されている[5]．南極底層水の生成量の減少は，熱塩循環を変化させる可能性があり，膨大である海洋の熱容量を考慮すると，全球規模の気候変動につながることが想定される．この南極底層水の低塩化の有力な原因として考えられているのが，近年加速していると報告されている西南極での**棚氷**（ice shelf）の融解である[6]．

(2) 棚氷を介した氷床海洋相互作用

南極大陸上に存在する氷床は，降雪に涵養されてその雪が固まって形成されたもので，長い年月をかけて流動し，末端部で消耗する．この末端部は棚氷とよばれ，大陸の岩盤上に発達した氷床の末端でかつ海洋にせり出した部分のことである．棚氷の厚さは，開水面と接するような末端部においては約数十～百 m で，大陸上の氷床とつながる接地境界線付近では数百 m 程度となり，場所によっては 2 km 近くになる場合もある．この棚氷の下面は通常は海水であり，基本的には外洋につながっている．北半球のグリーンランド氷床が表面融解の特徴が強い一方で，南極氷床は棚氷底面での融解や氷床・棚氷の崩壊による氷山としての分離によって消耗する効果が大きい．近年では，南極氷床・棚氷の崩壊が西南極を中心に頻繁に起こっている．

南極氷床の質量の増減は，全球規模での海面水位変動や海洋大循環に大きな影響を与える．その一方で，南大洋の海洋循環や水温変動などが，棚氷を介在して南極氷床に大きな影響を与えているとも考えられている．この棚氷を介した**氷床海洋相互作用**（ice sheet-ocean interaction）すなわち氷床は海洋によって融かされ，海洋は氷床から淡水を受けるという相互関係は，近年，南極氷床の研究にとっても，南大洋の研究にとっても重要な解決すべきテーマとなっている．現在，南極氷床から南大洋へは，1年間に約 2000～2500 Gt の淡水が供給されていると考えられている．前述したように，この淡水供給の大部分が，棚氷底面での融解と，氷床・棚氷末

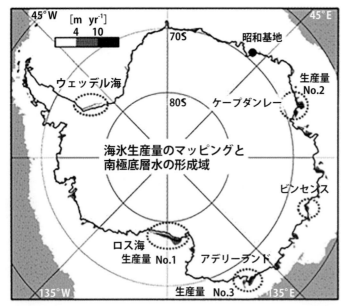

図3 南極海における年間積算海氷生産量のマッピング（1992～2001年で平均）と南極底層水形成域（点線枠）(Tamura *et al.* (2008)[4]) を加筆・修正)
生産量は海氷の厚さで換算し，4 m 以上の海域を灰色でシェードしている．

端の崩壊による氷山形成として行われている。近年まで，棚氷底面での融解は，南極氷床から南大洋への淡水供給量全体のうち，約20～40％を占める寄与率であると推定されてきたが，最新の衛星データの解析からは，この棚氷底面での融解の寄与率が淡水供給全体としては過半数を大きく超えて，支配的な役割すら果たしていることが明らかになってきた[7]。

棚氷底面を融解させる要因としては，北大西洋深層水起源の周極深層水など，沖合の外洋から入り込んでくる比較的高温の水塊などが大きな役割を果たしていると考えられている。南極の棚氷底面が融解すると，その融解した淡水は，海洋循環場によって南大洋全体に拡がることとなる。その多くは表層から亜表層に広く分布することとなるが，一部は前述した南極沿岸ポリニヤにおいて生成される南極底層水に取り込まれることとなり（図2），深層循環によって全球の海洋底層に分布することとなる。近年，南極底層水の低塩化が報告されているが，棚氷の底面融解はその有力な原因の1つとして考えられており[8]，とくに西南極での棚氷の底面融解が大きな役割を果たしていると考えられている。

世界中の氷河は近年縮小傾向にあり，グリーンランド氷床や南極氷床は消耗傾向にある。1990年代以降の衛星リモートセンシングによる氷床観測により，グリーンランド氷床および南極氷床の流出速度が加速していることが示唆されてきた。とくに南極氷床では，西南極での棚氷の崩壊という形での氷床の流出が加速している。氷床の流出速度の加速は，全球規模での海面水位の上昇につながり，とくに南極においては，沿岸域での陸棚水の密度を低下させる。沿岸での陸棚水の密度低下は，南極底層水生成域においては底層水の直接的な低塩化につながっていて，それによって南極底層水の形成・分布・変動に大きな影響を与える可能性がある。氷床の流出およびそれをコントロールする棚氷を介在した氷床

海洋相互作用には大きな注目が集まりつつある。

棚氷を介した氷床海洋相互作用を理解するため，棚氷・海洋結合モデルの開発やそれを使用した数値モデルの研究が，近年飛躍的に進んでいる。なかでも，棚氷・海洋結合モデルを用いた棚氷底面融解量の将来予測に関する数値実験が注目を集めている[9]。温暖化による氷床・棚氷の大規模崩壊など，現在大きな変化をみせている全球気候システムの理解および予測を進めていくうえで，現場観測・衛星リモートセンシング・数値モデルなどをそれぞれまたは組み合わせた氷床海洋相互作用の研究が，今後の新たな鍵となりつつある。〔田村岳史〕

文献

1) Morales Maqueda, M. A. *et al.* (2004)：Polynya dynamics: A review of observations and modeling, *Rev. Geophys.*, **42**, RG1004, doi:10.1029/2002RG000116.

2) Maykut, G. A. (1978)：Energy exchange over young sea ice in the central Arctic. *J. Geophys. Res.*, **83**, 3646-3658.

3) Gordon, A. L. and Comiso, J. C. (1988)：Polynyas in the Southern Ocean. *Sci. Am.*, **258** (6), 90-97.

4) Tamura, T. *et al.* (2008)：Mapping of sea ice production for Antarctic coastal polynyas. *Geophys. Res. Lett.*, **35**, L07606, doi: 10.1029/2007GL032903.

5) Purkey, S. G. and Johnson, G. C. (2013)：Antarctic Bottom Water warming and freshening: Contributions to sea level rise, ocean freshwater budgets, and global heat gain. *J. Clim.*, **26**, 6105-6122.

6) Pritchard, H. D. *et al.* (2012)：Antarctic ice-sheet loss driven by basal melting of ice shelves. *Nature*, **484**, 502-505, doi:10.1038/nature10968.

7) Rignot, E. *et al.* (2013)：Ice-shelf melting around Antarctica. *Science*, **341**, 266-270, doi:10.1126/science.1235798.

8) Aoki, S. *et al.* (2013)：Widespread freshening in the Seasonal Ice Zone near 140E off the Adelie Land Coast, Antarctica, from 1994 to 2012. *J. Geophys. Res.*, **118**, 6046-6063, doi:10.1002/2013JC009009.

9) Kusahara, K. and Hasumi, H. (2013)：Modeling Antarctic ice shelf responses to future climate changes and impacts on the ocean. *J. Geophys. Res.*, **118**, 2454-2475, doi:10.1002/jgrc.20166.

§V−10

オゾン層破壊とその諸影響
Ozone destruction and its some effects

(1) オゾン層とは

オゾン（O_3）は酸素原子（O）3つから構成される気体である．オゾンは，酸素分子（O_2）が太陽紫外線によって解離されてできたOとO_2との反応により大気中で常に生成・消滅を繰り返しているので，地球大気中の定常状態では紫外線強度の強い高度数十kmの成層圏にその濃度のピークがある．この自然中での**オゾン層**（ozone layer）形成理論のことを，その発見者の名を取って，「**チャップマン・メカニズム**」（Chapman mechanism）とよんでいる．ちなみに，オゾン形成のもととなるO_2は，植物の光合成によって二酸化炭素と水から有機物を生成する際の廃棄物として大気中に放出されたものが蓄積したものなので，植物の存在しない地球以外の太陽系の惑星大気には存在しない気体である．逆に，ある惑星大気にO_2の存在を確認できれば，その惑星における植物などの生命，つまり地球系外生命の存在を推定できる可能性もある．

地球は，今から約46億年前にできたと考えられているが，約40億年前にはすでに海中で最古の生命が誕生したと推定されている．その後今から約25億年前には，シアノバクテリアなどの植物が海中に誕生し，水と二酸化炭素を材料に光合成を行うことによって，徐々に大気中のO_2濃度とO_3濃度が増加していった．そして今から約5億年前には，現在とほぼ同じ濃度のオゾン層が形成されたと考えられている．その結果，太陽からの有害な紫外線がオゾン層によって吸収されることにより地上に降り注がなくなり，生命が陸上で生活できる環境が形成された．紫外線はDNAを破壊するため，オゾン層がないころの地球上の生命は，海中でのみ生存が可能であったのである．大気

中のオゾンの濃度は，地球上では緯度や季節によっても異なるが，オゾンが地球上でもっとも濃い場所（高度20〜30 km：その付近をオゾン層とよぶ）でも体積混合比でせいぜい数ppm（百万分率）である．しかし，このわずかなオゾンのおかげで，生命にとって有害な太陽からの紫外線はほぼ100％吸収され，我々の陸上での生活が可能となっている．いわばオゾン層は，我々の生活になくてはならない目にみえないバリアーの働きをしてくれているのである．

数億年前の地球大気中でのオゾン層の形成以降，現在に至るまでオゾン層はずっと安定して存在しており，地上での生命活動が維持されてきていたと考えられている．しかし1970年代，水爆実験や，成層圏を飛ぶ超音速ジェット機の飛行で生成する窒素酸化物（NOx＝NO＋NO_2）によるオゾン層の破壊が懸念された．クルッツェン（Crutzen, P. J.）はNOxによる触媒反応によるオゾンの消失量を見積もり，実際の大気中でのオゾン量がチャップマン・メカニズムによって予想される量より少なく，観測値と計算値がよく一致していることを示した[1]．また1974年にはモリーナ（Molina, M.J.）とローランド（Roland, F.S.）は，大気中の**クロロフルオロカーボン**（chloro fluoro carbons：CFC，通称フロン）濃度の増加に伴う塩素酸化物（ClOx＝Cl＋ClO）によるオゾン破壊の可能性を指摘した[2]．CFCは冷媒や発泡剤に用いるため1930年代に初めて工業目的で製造され，その後数十年のうちに急激に使用量が増加してきていた．しかし計算によると，ClOxによるオゾンの破壊速度は，オゾンがもっとも多く存在する高度20 km付近では，NOxによる破壊速度より1桁ほど小さいことが明らかとなり，ClOxの影響はオゾン層破壊には小さいものと考えられていた．

(2) オゾンホールの発見

ところが1982年，日英の科学者がそれぞれ独立に，南極の**昭和基地**（Syowa Station）

250　第V章　極域・雪氷圏からみた気候システム変動

およびハレー基地において，南極の春先の9～10月にこれまでにみられなかった大規模なオゾンの減少を観測した．第23次日本南極地域観測隊（1981年11月～1983年3月）に気象研究所から越冬隊員として参加していた忠鉢繁隊員は，南極昭和基地で地上設置のドブソン分光計を用いたオゾン鉛直カラム量の観測，およびオゾンゾンデを用いたオゾン鉛直分布の直接観測を実施した．南極の春先にあたる1982年9月，忠鉢隊員はドブソン分光計を用いた**オゾン全量**（total ozone，上空のオゾンの鉛直カラム積算値）の観測値に，これまでにみられなかった230 DU（**ドブソンユニット**，Dobson Unit：m atm-cm と同義：大気中のオゾンを標準状態の地表に集めたとき，厚さが0.01 mmになるオゾンの量が1 DU）という低い値を観測した[3]．それまでの昭和基地での9月の観測値は平均すると約300 DUだったので，この年のオゾン全量の値は，それまでにえられたことのない低いものだった．オゾン全量の値は10月に入っても200～250 DUの間で推移した．やがて10月末，突然オゾン全量は上昇して通常の年の値に戻った．

帰国後，忠鉢氏は南極でえられた観測結果を，1984年にギリシャで行われた「国際オゾンシンポジウム」でポスター発表するとともに，英文の論文誌にも発表した[3]．翌年の1985年に，英国の**ファーマン**（Farman, J. C.）らが，忠鉢氏と同じ1982年の英国南極観測基地であるハレー基地での観測結果を*Nature*に発表[4]したことから，**オゾンホール**（ozone hole）問題は世界的に脚光を浴びることとなった．図1に，南極昭和基地とハレー基地におけるオゾン鉛直全量の10月月平均値の推移のようすを示す[5]．1970年代半ばあたりから，両基地においてオゾン全量の明らかな減少傾向がみてとれる．

ファーマンらの*Nature*の論文は，欧米の科学者だけでなく一般大衆にも衝撃を与えた．前述のように，上空のオゾン層が消えてなくなると，人類は陸上では生存できなくなってしまう危険性があるからである．また1978年打ち上げの米国のNimbus 7衛星搭載のオゾン層観測センサTOMSのデータに，1980年頃から250 DU以下の低オゾン領域が南極上空に穴のように広がっていたことが後になって判明した[6]．この「オゾンの穴」の形状から，「オゾンホール」という名称が1985年末頃から使われ始めた．

(3) オゾンホールのメカニズム

オゾンホールのメカニズムを解明するために，米国NOAAのソロモン（Solomon, S.）博士をリーダーとする研究チームが，1987年9月に下部成層圏まで飛行できるER-2というNASAの高高度航空機による大規模な観測キャンペーンを実施し，南極上空の下部成層圏においてオゾンが減少しているようすと，それに反相関して一酸化塩素（ClO）が増加しているようすを捉えることに成功した[7]．図2に，ER-2によって観測された，南極上空におけるClOとO_3の分布を示す．両者の間に，きれいな反相関がみてとれる．このClOのもととなっているのは人工の化学物質であるフロン（CFC）あることが予想されたが，MolinaやRowlandによって指摘

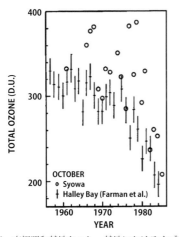

図1 南極昭和基地とハレー基地におけるオゾン鉛直全量の10月月平均値の推移[5]

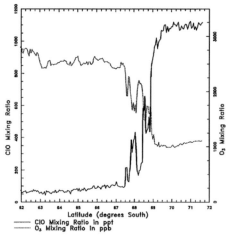

図2 航空機 ER-2 によって 1987 年 9 月 16 日に南極上空高度約 18 km で観測された ClO と O_3 の緯度分布[7]

されたオゾンを破壊する触媒反応は高度 30 km 以上でしか有効に働かないため，なぜ高度 20 km 以下の下部成層圏で ClO 濃度が高まっているのかという謎が残った．

この謎を解く鍵となったのは，冬季極域に発達する**極渦**（polar vortex）と低温，さらにその中で生成する**極成層圏雲**（polar stratospheric cloud：PSC）である．

南極や北極の成層圏は，冬季に日射がなくなるためオゾンなどによる加熱が起こらず，放射冷却によって気温が低下する．とくに南極上空の成層圏は，南極大陸の周りを南極海がぐるりと取り囲んでいるため大気の運動が山脈などによって邪魔されにくく，冬の間は極を中心とするほぼ円形の低気圧性の極渦とよばれる循環が発達する．この極渦は真冬には南極大陸以上の大きさにまで発達し，その周縁部には極夜ジェット気流とよばれる強風が吹いており，低緯度と高緯度の間の熱の輸送を妨げ，極渦内部はさらに低温となる．

成層圏は大変乾燥していて水蒸気濃度が数 ppm と低いため，通常雲は発生しない．ところが冬季南極上空のように，気温が $-78°C$ 以下まで低下すると，主に硫酸（H_2SO_4）と水蒸気（H_2O）からなるエアロゾルなどの凝結核に，さらに硝酸（HNO_3）や H_2O が吸着し，粒子が成長する．このようにして生成した雲を PSC とよぶ．PSC には，HNO_3 と H_2O から成る固体の硝酸三水和物（Nitric Acid Trihydrate：NAT），HNO_3 と H_2O と H_2SO_4 から成る液体の過冷却三成分系液滴（super-cooled ternary solution：STS），氷晶（water ice）の 3 種類が存在することがわかっている．それぞれ，形成温度や成分が異なっているが，いずれも不活性な塩素化合物と反応して活性な塩素を放出する不均一反応の反応場所となっている．

冷媒等に用いられる人類起源の化学物質である CFC は，対流圏では安定な物質であるが，大気拡散によって成層圏に達すると紫外線によって分解され，その中に含まれる塩素原子（Cl）を遊離する．下部成層圏では Cl はメタン（CH_4）や NOx とすみやかに反応し，準安定な物質（リザボア）である塩酸（HCl）や硝酸塩素（$ClONO_2$）の中に閉じ込められ，オゾンを破壊する触媒反応は起こさない．ところが周りに PSC が存在すると，その表面上での高速な不均一反応によって，HCl や $ClONO_2$ から塩素分子（Cl_2）が放出される反応が進行する．春先に極域に太陽光が戻ってくると Cl_2 は Cl 原子へと光解離され，Cl と ClO の触媒反応によって，急速にオゾンが破壊され，オゾンホールが形成されるのである．

(4) オゾンホールの対策

1980 年代後半〜 1990 年代にかけて集約的に行われた研究によって，上述のようなオゾンホールのメカニズムがほぼ解明され，その原因は人為起源の CFC であることが突き止められた．人類をはじめとする陸上生物の生存を脅かすことにもなりかねないこの事実を，科学者は各国政府に忠告した．オゾンホールが南極だけにとどまらず，中高緯度にまで拡大してくると，太陽からの有害な紫外線が増加し，人類をはじめ地上で生活してい

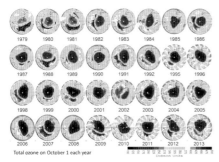

図3 各年10月1日の南極上空のオゾン全量の分布
→口絵47

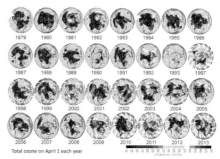

図4 各年4月1日の北極上空のオゾン全量の分布
→口絵48

る動植物に危機的な被害が及ぶ状況になることが危惧されたからである．その結果，オゾンホールの論文が世に現れてすぐの1985年には，「**オゾン層の保護のためのウィーン条約**」（Vienna Convention for the Protection of the Ozone Layer）が，2年後の1987年には「**オゾン層を破壊する物質に関するモントリオール議定書**」（Montreal Protocol on Substances that Deplete the Ozone Layer）が採択され，オゾン層を破壊するフロン等の製造，消費と流通が制限された．モントリオール議定書はその後も数回にわたって規制が強化されてきた．議定書には，現在では発展途上国を含む世界のほとんどの国が加盟している．議定書が締結されたおかげで，オゾン層が壊滅的に破壊される状況は免れることができたと考えられている．オゾンホール問題は，研究者と各国の行政機関が迅速に対応して解決への道筋をつけた，「地球環境問題の優等生」といわれる所以である．

先に述べたように，1978年打ち上げの人工衛星センサTOMS以来，上空のオゾン全量は継続的にモニタリングされてきている．図3に1979～2013年までの各年10月1日（オゾンホールが発達し，上空のオゾンが通常もっとも多く破壊されている南極の春にあたる時期）の，南極上空でのオゾン全量分布を示す．図の中で青～紫色の220 DU以下の領域を「オゾンホール」と定義している．南極上空では，1980年代半ばからオゾンホールの発達がみられ，1990年代からは毎年ほぼ同じ規模で推移してきている．なかには2002年など，例外的にオゾンホールが小さかった年も見受けられるが，最近の2013年になってもオゾンホールの回復はみられない．なお，1993年，1994年，1997年のデータがないのは，その期間オゾン全量を測定する人工衛星が稼働していなかったからである．

一方，図4には同様に，各年4月1日（北半球の春）の北極上空でのオゾン全量分布を示す．南極上空との違いとしては，まず平均的なオゾン全量が大きいことがあげられる．しかしよくみてみると1997年や2011年など，オゾンが250 DU程度にまで減っている年も見受けられる．これらの北極上空でのオゾン破壊については，次に述べる．

(5) 北極オゾンホールの出現

モントリオール議定書のおかげで，大気中の塩素濃度は2000年前後をピークに減少に転じたことが観測によって確認されてきている．しかし南極オゾンホール自体にはいまだはっきりとした回復の兆しはみえず，将来予測モデルなどの計算によると，1980年代以前のレベルへの回復までにはあと数十年かかるだろうと予想されている．とはいえ，オゾン層が危機的状況になる前に，国際的に対応がなされたということで，オゾンホール問題は解決に向かうかと思われていた．

V－10　オゾン層破壊とその諸影響　253

ところで，南極では1980年代以降，毎年オゾンホールが現れているのに対し，北極では南極のような大規模なオゾン破壊は起こってこなかった．CFCは文明国の多く集中する北半球でより多く排出されているはずなのに，なぜであろうか？ その鍵は，冬季成層圏の気温の違いにある．大陸や大規模な山脈の多い北半球では，冬の下部成層圏に吹く**ジェット気流**（jet stream）が蛇行することにより，低緯度からの暖気を極方向に輸送することによって，真冬でも成層圏は南極ほど寒冷化しない．高度20 km付近で，冬季の南北の最低気温の差は10℃以上に及ぶ．その結果，北極上空ではオゾン破壊の引き金を引くPSCの発生頻度が低いため，大規模なオゾン破壊が起こりにくい．

一方，南極大陸は周りをぐるりと海に囲まれ，大陸や大規模山脈も存在しないため，冬季には前述の極渦が発達し，低緯度からの暖気の流入が妨げられることにより低温化し，PSCが毎年多く発生する．そのため，1980年代の半ば以降，成層圏塩素量が増加したのちは，ほぼ毎年大規模なオゾンホールが発生してきたのである．

ところが，北半球の春先である2011年3月，北極上空でこれまでみられなかった大規模なオゾン破壊が観測された．図5に，米国の人工衛星OMIが観測した，2011年4月2

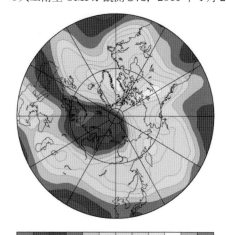

図5 人工衛星OMIが観測した2011年4月2日の北極上空でのオゾン全量の分布→口絵49

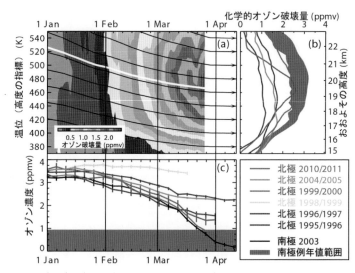

図6 北極上空でのオゾンゾンデマッチ観測とAura/MLS衛星データからえられた2011年1〜4月の北極極渦内におけるオゾン変化のようす[8]→口絵50

254 第Ⅴ章 極域・雪氷圏からみた気候システム変動

日の北極上空でのオゾン全量の分布を示す.
250 DU 以下の紫色の領域が, スカンディナ
ヴィア半島北部を覆っていることがわかる.
南極でのオゾンホールの定義である 220 DU
以下にまでは達していないものの, オゾン破
壊が起こる前の平均的オゾン全量は北極の方
が南極に比べて 100 DU 程度大きい. した
がってオゾン破壊量で比較すると, この年の
北極上空でのオゾン破壊量は南極オゾンホー
ルでの値に匹敵し, 史上初めて北極上空にオ
ゾンホールが出現したといえると考えられる.

また図 6 に, 北極上空でのオゾンゾンデ
マッチ観測 (複数のオゾンゾンデを連携し
て観測することにより, 化学的オゾン破壊
量を定量化する観測手法) データと, 米国
の Aura/MLS 衛星観測データからえられた,
2011 年 1 ～ 4 月の北極極渦内におけるオゾ
ン変化の様子を示す[8]. 図 6c の赤色で示さ
れた 2011 年のオゾン濃度変化曲線は, 2003
年での南極でのオゾン破壊に相当すること
がわかる. また, 図 6a の黒線に沿った高度
別に積算された 2011 年のオゾン破壊量 (図
6b 赤線) はそれまでのどの年よりも大きく,
例年の南極での破壊量の範囲 (グレー) に匹
敵していることがわかる. この結果は 2011
年 10 月に *Nature* に発表され, 世界の科学
者を驚かせた.

(6) 課題

2011 年の北極上空で, 南極並みのオゾン
ホールが発生した直接の原因は, この冬の北
極上空で PSC が存在しうる低温状態が 4 か
月という長期間継続し, また極渦の強さが史
上最大規模であったということである. その
低温と極渦が強まった直接の原因について
は, 現時点でもよくわかっていない.

北極上空の成層圏の寒冷化は, 最近の**温室
効果ガス** (green house gas: GHG) の増加
がその一因であると考えられている. GHG
が増加すると, 地上付近は温暖化するが, 成
層圏より上部では寒冷化することが, 放射平
衡の理論から判明している. しかしその大き

さは下部成層圏でたかだか約 1℃ であり, 気
温の年々変動の大きさと比べると比較的小さ
な値である. 一方, GHG の増加が極渦の強
化につながるかどうかということについて
は, 現時点では最新のモデル計算をもってし
てもその結論がえられておらず, 今後の研究
による解明が期待されている.

1980 年代以降, 数年おきに現れる北極上
空成層圏が寒い冬の最低気温が, 年々減少
傾向にあるという解析結果が報告されてい
る[9]. もしこの傾向が今後も続くとすると,
2011 年と同様かそれ以上の規模のオゾン
ホールが, 北極上空で再び発生する可能性を
示唆するものである. 大気中の塩素濃度が
1980 年代以前の値に戻るまでのあと数十年
の間は, 南極だけでなく, 北極上空のオゾン
ホールにも注視し続ける必要がありそうであ
る. 〔中島英彰〕

文献

1) Crutzen, P.J. (1970)：The influence of nitrogen oxides on the atmospheric ozone content. *Quart. J. Roy. Meteorol. Soc.*, **96**, 320-325.

2) Molina, M.J. and Rowland, F.S. (1974)：Stratospheric sink for chlorofluoromethanes: chlorine atom-catalysed destruction of ozone. *Nature*, **249**, 810-812.

3) Chubachi, S. (1984)：Preliminary result of ozone observations at Syowa Station from February 1982 to January 1983. *Mem. Natl. Inst. Polar Res.*, **34**, 13-19.

4) Farman, J. C. *et al.* (1985)：Large losses of total ozone in Antarctica reveal seasonal ClOx/NOx interaction. *Nature*, **315**, 207-210.

5) Chubachi, S. and Kajiwara, R. (1986)：Total oxone variations at Syowa, Antarctica. *Geophys. Res. Lett.*, **12**, 1197-1198.

6) Stolarski, R. S. *et al.* (1986)：Nimbus 7 satellite measurements of the springtime Antarctic ozone decrease. *Nature*, **322**, 808-811.

7) Anderson, J. G. *et al.* (1989)：Ozone destruction by chlorine radicals within the Antarctic vortex: The spatial and temporal evolution of ClO-O₃ anticorrelation based on in situ ER-2 data. *J. Geophys. Res.*, **94**, 11,465-11,479.

8) Manney, G. L. *et al.* (2011)：Unprecedented Arctic ozone loss in 2011. *Nature*, **478**, 469-475.

9) Rex, M. *et al.* (2004)：Arctic ozone loss and climate change. *Geophys. Res. Lett.*, **31**, L04116.

第VI章

自然要因からさぐるグローバル気候システム変動
Natural factors in global climatic system variability

　グローバル規模でみた気候変動の実態を把握するためには，自然要因をしっかりシステムとして捉え直す必要がある．ミランコビッチ・サイクルにみられる地球軌道要素をはじめ，気候変動の諸要因は非常に複雑に絡み合っており，まだまだ謎が深く，解明されていないことも多い．気候システムの変動にかかわる要因の探究は日進月歩で進行しつつあり，その進捗状況を紹介する．

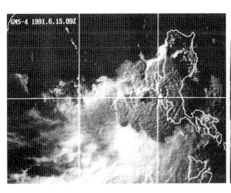

台風に伴う積乱雲を突き抜けて成層圏へ入るピナツボ火山大噴火時の噴煙
フィリピン・ルソン島南西部のピナツボ火山（△）が大噴火し，噴煙高度は 28 km に達した．
成層圏に注入された火山性エアロゾルは，その後およそ 3 年間成層圏を漂い，
1993 年の北半球中緯度各地の大冷夏など，異常気象の原因となった．
〔出典〕（左）1991 年 6 月 15 日 18JST；気象衛星 GMS4 可視画像；
『科学』Vol.61, No.10, 岩波書店
（右）日本気象協会（1992）：『気象年鑑』

§Ⅵ-1

ミランコビッチ・サイクル
Milankovitch Cycles

　地球の気候変動を論じる時，通常は大気・海洋・氷床といった気候の構成要素自体の挙動が語られる．確かに大気や海洋は地球の気候システムを構成する主な要素だが，これらに対し，外側から気候システムに影響を与えて気候変動を駆動する外力としての要素も存在する．その代表は太陽活動の変動（§Ⅵ-2，§Ⅵ-3）や火山活動（§Ⅵ-4），長い時間スケールでの大陸移動や物質循環（§Ⅷ-7）である．また，頻度は少ないとはいえ小惑星や彗星の衝突も地球の気候を大きく変えうる外力といえる．本項ではそうした外力の1つとしてこれまでに長く研究が行われてきた地球軌道の変動と自転軸の歳差に伴う日射量分布の変化，いわゆる**ミランコビッチ・サイクル**（Milankovitch cycles）について述べる[1]-[4]．

　なお，気候システムをこのように内因と外因に分ける際の境界は実は曖昧である．地表を離れられない人類からみれば小惑星の衝突は唐突な外力かもしれないが，地球の歴史をひもとけばそもそも地球は小惑星的な天体の衝突の繰り返しにより形成された天体であるから，小惑星の衝突も地球の気候システムの内因に含められる．太陽活動やミランコビッチ・サイクルに対しても同様な見方が可能である．

(1) 氷期とミランコビッチ・サイクル

　地球の歴史において現在のように高緯度域に巨大な氷の塊（氷床）が存在する時期は氷河時代とよばれる．現代を含む氷河時代は南極大陸に氷床が形成され始めた約3000万年前に始まったが，その特徴は氷床が拡大する時期（氷期）と氷床が縮小する時期（間氷期）が周期的に繰り返されることである．この繰り返しは氷期・間氷期サイクルまたは単に氷期サイクル（glacial cycles）とよばれ，その存在は19世紀には既に知られていた．現在の地球は間氷期にあるが，約2万1000年前の地球は最終氷期とよばれる典型的な氷期にあったことがCLIMAPやSPECMAPなどの古気候研究により明らかにされている[5],[6]．

　氷期サイクルの原因については19世紀後半から20世紀前半にかけて議論され，地球軌道の変化と自転軸の歳差による極域への日射量の変動が関与するという説が形成された[7]．白い氷床が太陽光を反射することで周囲の気温が低下し，氷床がますます発達しやすくなるフィードバック効果も早くから認知され，日射量変動と氷期サイクルが相関する可能性は高いと考えられた[8]．こうした一連の定性的議論を詳細な計算により初めて定量化したのがセルビアの科学者ミランコビッチ（M. Milanković）である．彼は地球へ入射する日射量の緯度分布と季節変化，およびその長期変動を高い精度で計算した[9]．

　ミランコビッチの理論が現在のように広く受け入れられるまでには紆余曲折があった．彼の研究の大半は1920年代から1930年代にかけて行われ，その成果は1950年代までは地質データを解読する際の時間目盛として用いられた．その頃は放射性同位体元素による年代測定法が確立しておらず，地質データを解釈するための年代尺度が日射量の理論値くらいしかなかったからである．当時のやり方は地質データから推測される気候変化の時系列を日射量変動の理論曲線と定性的に比較して年代を推算するもので，不定性は大きかった．そして1960年代に入り放射性同位体元素による年代測定法がその精密さを増すと，地質データの年代尺度として日射量の理論値を使う必要性は薄れた．さらには地質データが示す寒暖の時系列と日射量変動の時系列にくい違いが見付かったりしたため，氷期サイクルの要因を地球への日射量変動に基づいて議論する風潮は下火になっていった[5]．

しかし1970年代に入ると海洋底や氷床の掘削試料が豊富に採取され，連続性の良い気候変動指標がえられるようになった．気候変動指標とは気候の状況を示す地質データ，例えば海洋底から取得した試料中の酸素同位体比や浮遊性生物化石の種の構成などである．また，時系列データを周波数領域へ変換するスペクトル解析の手法も発達した．すると驚くことに，CLIMAPやSPECMAPといった大型プロジェクトによりえられた海底堆積物の多くに，ミランコビッチの計算による日射量変動と酷似した周期をもつ気候変動指標が見られた[10]．例えば図1aはSPECMAPによる酸素同位体比異常$\delta^{18}O$の時系列だが，これを周波数分解すると後述する日射量変動の特徴的周期である約19千年，約23千年，約41千年，約54千年といった成分が卓越する（図1b）．こうした結果は第四紀（Quaternary）の氷期サイクルが日射量変動に駆動されているというミランコビッチ説を支持するものである．こうして氷期サイクルの起源を日射量の変化に求める考え方は定着し，その周期的な日射量変動はミランコビッチ・サイクルとよばれるようになった．

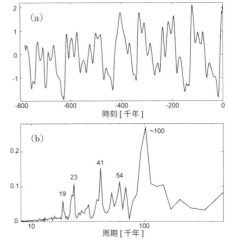

図1 (a) 氷床変動の代表的指標となる酸素同位体比異常 $\delta^{18}O$ の時系列．SPECMAP計画でえられたデータを元にしており，縦軸の単位は ‰（値の小さい時期ほど氷床が発達）．(b) 時系列データをフーリエ変換で周波数分解したもの[4]．

(2) 軌道要素の変化と自転軸の歳差

ミランコビッチ・サイクルは惑星間重力による力学過程である．その概略を以下に記す．

まずは地球の軌道要素の時間変化を考える．地球の軌道は楕円であるといわれるが，それは地球と太陽のみの二体を考えた場合である（二体問題）．実際の地球軌道は他惑星からの重力を受けて常に揺れ動くし，地球もまた他惑星の軌道に影響を与えている．地球と太陽だけの二体問題には厳密解（ケプラー運動）が存在するが，天体が3個以上になるとその運動を表す解析的な解は存在せず，運動は厳密には解けない．しかし近似解をえる方法はある．太陽系惑星の運動においては太陽重力の影響が圧倒的に大きい．太陽重力の大きさを1とすると惑星間に働く重力の大きさは最大でも1/1000程度である．したがっ

て，惑星運動の第1近似解として二体問題の厳密解であるケプラー運動を採用し，それに対して惑星間の重力による補正を積み重ねていけば，惑星運動の近似解が漸近的にえられる．いわゆる摂動論とよばれる手法である．

摂動論の計算には一般に無限級数が付きものであり，適当な次数で打ち切るにせよおびただしい数の項と格闘することになる．しかし惑星の運動がその時間スケールによって2種類に分けられることを利用すると，方程式の簡略化が可能となる．まず惑星の運動といえばいわゆる公転，すなわちその年その日の楕円軌道の上で惑星が時々刻々と位置を変える運動を想像するだろう．これは太陽重力に起因するもので，時間スケールは地球であれば1年である．これに加え，軌道の形状や方向も惑星間の重力により変化する．氷期サイクルを引き起こす日射量変動はこちらからもたらされ，時間スケールは数万年から数十万年と長い．こうした時間スケールの違いにより，1公転程度の時間では惑星軌道の形や向

きはほぼ変わらない．例えば地球の近日点が現在地から大きく移動するには何千年もの時間が必要になる．この性質に着目し，惑星の運動方程式を公転周期について平均化する技法が存在する．この技法を適用すると運動方程式に含まれる項の大部分が0になって考慮が不要となり，方程式はとても簡単な形になる．そこから出発して摂動論的に近似解を求める方法を永年摂動論とよび，計算量は著しく削減される．太陽系のように惑星間の重力が小さい系では永年摂動論による解の精度は高く，元々の運動方程式を計算機で直接解いた結果（数値積分）ともよい一致を示す[11]．

さて，地球に入射する日射量変動を計算するには公転軌道の変化を知るだけでは十分でない．軌道と同様に地球の自転軸も静止しておらず，月や太陽からの重力トルクを受けて数万年で周回するからである．これは自転軸の**歳差**（precession）とよばれるもので，結果として公転軌道面に対する地球自転軸の傾き（現在は 23.4°）とその方向は刻々と移り変わる．日射量変動を計算するためには公転軌道の変化と自転軸の歳差の両者を同時に扱わなくてはならない．

惑星の自転運動の力学は軌道要素変化の理論よりもさらに複雑である．大学初年時の物理講義では剛体運動論の理解に頭を悩ませた読者も多いことだろう．しかしここでも問題を簡単化する手法はある．まず，地球に代表される惑星の形状は軸対称の回転楕円体としてよく近似できる．この近似を使うと，地球の自転そのもの（周期＝1日）を考慮から外して長周期の歳差だけを考える定式化が容易に可能となる．また，歳差を引き起こす月と太陽からのトルクからも短周期成分を除去することで，自転軸の運動方程式は大きく簡単化される．あとは公転軌道要素を計算した際と同様に摂動論の手順を踏めば，地球自転軸の歳差が計算される．

以上の手続きを経ることで，私達は過去や未来の地球軌道の形状と方向，自転軸の傾きと向き，および太陽との位置関係を知ること

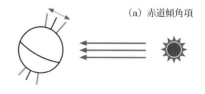

図2 日射量変動に関する（a）赤道傾角項と（b）気候的歳差項の効果の模式図[4]．

が可能になる．それがわかれば幾何学的な関係によって地球上の任意地点・任意時刻での日射量を計算できる．20世紀前半にミランコビッチが行ったのはこのような作業であった．ちなみに現代のセルビアにおいてミランコビッチは学術界を超えた英雄であるらしい．2011年末からは彼の肖像を配した紙幣（2000ディナール札）も発行されており，その表面には彼が計算した日射量変動曲線の一部が印刷されている[12]．

(3) 日射量の変動

惑星の運動を記述する変数のうち，長期の日射量変動の議論でとくに重要なものは以下である．軌道の離心率，近日点の方向を表す角度（近日点経度），自転軸の傾きを表す角度（赤道傾角），そして自転軸の方向を表す角度（歳差角）．これらの変数が支配する日射量の変動は2種に分類できる．第1は赤道傾角の変化による日射量変動で，赤道傾角項とよばれる（図2a）．第2は主に歳差角と近日点経度の変化による日射量変動で，気候的歳差項とよばれる（図2b）．離心率の変

化は主に後者に関与する.

赤道傾角項の働きはわかりやすい. 赤道傾角が大きい, すなわち地球の自転軸が大きく傾いている場合には高緯度の夏の日射量が相対的に大きくなり, 低緯度の夏の日射量は小さくなる. 逆に赤道傾角が小さい場合には高緯度の夏の日射量は減り, 低緯度で日射量が増える. つまり赤道傾角項は緯度帯ごとの日射量の対比を変える効果をもつ. これに対して気候的歳差項は季節の対比に影響を与える. 地球がもっとも太陽に近くなる地点 (近日点) での自転軸の方向は歳差によって刻々と変わる. もしもある年, 北半球の夏の時点で地球が近日点にあれば, 北半球での夏の日射量は大きくなるであろう. 一方でその年の冬に地球は遠日点にあり, 北半球が受ける日射は少なくなる. 逆の場合も同様であり, 北半球の夏に地球が遠日点にあればそこでの日射量は相対的に減るし, その冬には地球が近日点に来るため日射量は相対的に増す. 地球の軌道が楕円であることと自転軸が歳差することにより, 季節ごとの日射量の対比が長い

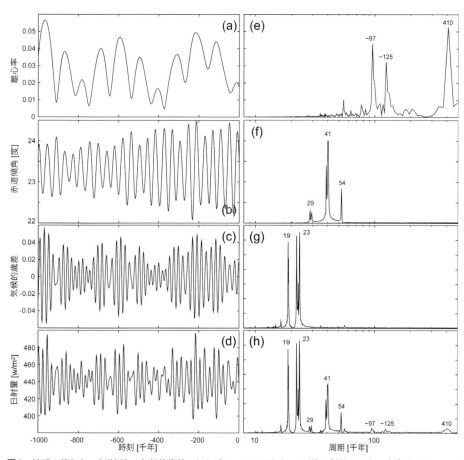

図3 地球の離心率, 赤道傾角, 気候的歳差, および 65°N での夏至 1 日平均日射量に関する時系列 (a, b, c, d) と周波数分解結果 (e, f, g, h)

時間スケールで変動するのである.

こうした事柄を頭に入れて地球の離心率・赤道傾角・気候の歳差の計算結果をみる（図3）. 地球軌道の離心率は図3aのように0から0.06程度の値をとりつつ約100千年と約400千年の特徴的周期をもって振動する（図3e）. 地球の赤道傾角の現在値は約23.4°だが，この角度は約41千年と約54千年の周期で振動する（図3b, f）. ただしその振幅は小さく，±1°程度である. 離心率を記号 e で表すと気候的歳差は $e\sin\tilde{\omega}$ という関数形をもち，19千年と23千年に強い周期性をもつ（図3c, g）. 角度 $\tilde{\omega}$ の定義は複雑だが自転軸歳差の効果を含んだ近日点経度というべきもので，地球－太陽間の距離がどの季節に最小になるのかを示す変数である.

これら力学変数の変化から計算される日射量の長期変動が図3dであり，その周波数分解の結果が図3hである. ここでは北半球の夏至における65°N地点での日平均日射量を計算した. 氷期サイクルの要因という観点では65°N付近での夏の日射量変動を議論することが多いので[5)-7)]，本項でもそれに従っている. もしも夏至1日の代わりに夏季3か月や夏半年の平均日射量を計算すれば，その変動振幅は図3dのものよりいくぶんか小さくなろう.

図3e, f, g, hにあるように日射量変動は気候的歳差と赤道傾角に依存し，19千年や41千年といったそれらの典型的周期が日射量変動の周期性にそのまま反映されている. これらは第四紀の氷期サイクルがもつ周期として図1bのような気候変動指標に現れたものでもある. 一方で，第四紀の氷期サイクルがもつもっとも強い周期性である約10万年の変動成分は図3hにある理論的な日射量変動にはみられない. 正確にいえば地球の離心率 e は約10万年周期で振動し，かつ日射量の成分に $1/\sqrt{1-e^2}$ の依存性をもつ項は存在する. だが e の値は0.01の桁に留まるので，この項の寄与は小さい. 実際に，図3hにある日射量のスペクトルのうちこの項に起因

する10万年周期成分（～97千年および～125千年と記されたもの）の強度は赤道傾角項の1/10未満，気候的歳差項の1/20未満に過ぎない. 離心率は気候的歳差項において前述した $e\sin\tilde{\omega}$ という形でも現れるが，e のみならず $\sin\tilde{\omega}$ も周期的な関数であるため，その積に離心率 e がもつ周期成分は現れない. こうした状況にもかかわらず発生する第四紀氷床変動の10万年周期の要因については，気候モデルを使った研究が多く行われている（後述）.

(4) ミランコビッチ・サイクルの進化

ここまでは現代のミランコビッチ・サイクル，すなわち第四紀という新しい時代の気候変動指標を説明すべくつくられた理論の話であった. だが太陽系の歴史は第四紀の期間よりはるかに長いから，ミランコビッチ・サイクルは太古の時代から現代に至るまで各時代の気候に影響を与えてきた可能性がある. 例えば30数億年前の堆積物にも縞状構造はいくつも発見されており[13),14)]，それらの成因は日射量変動かもしれない.

日射量変動の周期を決める要素のうち，離心率や軌道傾斜角といった地球の軌道要素は数十億年を経てもその周期性をほとんど変えない[15)]. しかし地球の自転運動は月からの**潮汐力**（tidal force）を受け，長い時間スケールで進化する. 地球の自転速度は過去ほど大きくて1日の長さは短かったし，月は今より地球の近くを周回していた. これらはいくつかの観測事実，および月－地球系の全角運動量（地球の自転角運動量と月の自転・公転角運動量の和）の保存を仮定することからいえる[16)].

地球の自転速度の変化は自転軸の歳差周期を変える効果をもち，したがって日射量変動の周期にも影響を及ぼす. 月の潮汐力による地球の自転速度の時間変化を知るためには海陸配置や粘弾性応答を組み込んだ精密な潮汐モデルが必要となる. しかし月－地球系の全角運動量が地球史を通じて保存されることを

仮定すると（周辺に大きな天体がないのでこの仮定は悪くない），時刻とは独立な変数を使って日射量変動周期の進化をモデル化できる[17),18)]．この時に独立変数となりうるのは地球の自転周期または月－地球間の距離，もしくは地球の扁平率である．この3変数のいずれかが決定されれば月－地球系の力学状態は一意に確定される．

こうしたモデルから計算される日射量変動周期の変遷を図4に示す．ここでは独立変数（横軸）を地球の自転周期とした．月－地球系の全角運動量が保存するから，地球の自転周期が短いほど月は地球に近い（a）．地球が高速自転すればその形状は扁平になり，自転運動の歳差周期は短くなる．歳差の角速度を歳差定数とよぶが，歳差定数が図4bの左にいくにつれて大きくなることがそれを示す．歳差の周期が短くなればそれと連動して日射量変動も短周期化する（図4c）．図1bや図3hに示された第四紀の日射量変動のうちとくに顕著な周期群をP1（19千年），P2（23千年），P3（41千年），P4（54千年）と名付けよう．図4cをみると，地球の自転周期が現在の半分程度だった時代（それは地球史のだいぶ初期であろう）には日射量変動の周期は自転軸の歳差のみに支配され，どれも似たような値だったことがわかる．時代が下るにつれて軌道要素変動の効果が現れ始めて各周期は分離し，現代のように明確な差異を示すに至った．もしも太古の堆積物にみられる縞状構造が日射量変動に起因すると確認され，なおかつ各周期の比（P3/P1など）が測定できれば，その構造が作られた時代の月－地球系の力学状態を図4から推定できる．それは気候変動指標からえられる天文学的発見といえるだろう．

(5) ミランコビッチ・サイクル研究の将来

日射量変動を司る惑星の力学研究は長い歴史をもち，今や数理科学のなかでもとくに精緻な理論体系をもつ．第四紀の氷期サイクルを議論するために必要な精度の理論は既に完成したともいえる．例えば惑星の軌道要素変動を記載する理論として1940年代から1960年代に構築された方法を使っても，21世紀の最新の方法を使っても，結果的に計算される日射量変動の時系列は見分けが付かないほどよく似ており，したがって氷期サイクルに対する影響も同等となる．こうした背景から日射量変動計算の対象は次第に地球以外の天体，とりわけ生命存在の可能性が取り沙汰される火星やタイタン，そして昨今発見が相次ぐ太陽系外惑星に移りつつある．

地球にもっとも近い惑星である火星の氷期サイクルへの関心は高く，その日射量変動と氷期サイクルに言及した研究は多い．例えばLaskar *et al.* (2002)[19)] は火星北極域にある氷と塵の堆積構造に着目し，堆積物の輝度変

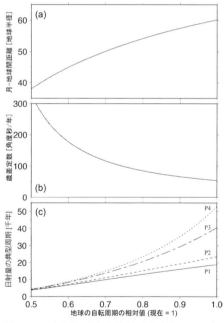

図4 月－地球系の全角運動量保存を仮定したモデルにおける地球の自転周期への依存性[17),18)]．
(a) 月－地球間距離，(b) 地球自転軸の歳差定数，(c) 日射量の典型的周期．周期P1, P2, P3, P4の現代における値は図3hにある19, 23, 41, 54千年である．

動と北極域へ入射する夏の日射量変動の関係を比較して，過去約100万年間の日射量変動がこの堆積構造の要因であると主張した．Head et al.（2003）[20] は火星探査機によるさまざまなデータを解釈し，火星の中緯度域まで広がる塵と氷の堆積物は日射量変動に起因すると主張した．土星の衛星タイタンもまた，火星に次いでその気候が研究対象にされる天体である．この天体の表面には液体炭化水素の湖があるが，それは南半球よりも北半球に多く存在する．これにはタイタンにおけるミランコビッチ・サイクルが関係するという説が提唱されている[21]．タイタンは土星の衛星であり，土星は太陽を周回しているから，タイタンに入射する太陽放射量と分布は地球のミランコビッチ・サイクルと同様に時間変動し，それに駆動されることでタイタン上の気候（湖を形成する水文学サイクル）が変わりうるという説である．

日射量変動の理論はほぼ完成したと前述したが，それは現在の太陽系惑星を念頭に置いた場合である．昨今では太陽系以外の惑星系がおびただしい数で発見されている[22]．そ

うした惑星系の特徴をみると，私達の太陽系のように惑星軌道の離心率が小さいものは実は少数であることがわかる．惑星軌道の離心率が大きい場合，その惑星におけるミランコビッチ・サイクルの描像は地球のそれと比べて至極異なりうる．例えば Spiegel et al.（2010）[23] によれば，宇宙のどこかにありうる「第2の地球」においてかつて地球が経験した全球凍結現象（いわゆる「雪玉地球」）[24] が発生しても，他の惑星の離心率が大きければその摂動によって雪玉が自律的に解凍するほど大きな日射量変動が生じうるという．これなどはいわゆる居住可能惑星を探索する際に考慮されるべき点の1つだろう．

惑星一般に関する日射量変動の計算で今ひとつ重要な要素が共鳴（resonance）である．系の主要な振動数が外力の振動数と簡単な整数比になる場合には系の運動の振幅が大きくなりえて，それが共鳴とよばれる．共鳴は太陽系天体の力学のさまざまな局面に現れる．現在の地球は強い共鳴の影響下にはないが，これは単なる偶然であり，例外的な状況ともいえる．例えば Laskar et al.（1993）[25] は現在の太陽系から月を取り除いた数値実験を行い，月がなければ地球自転軸の歳差が強い共鳴状態に陥ることを示した．この状況を再現させたのが図5である．数値実験内で月を取り払うことで地球自転軸の歳差を低速化すると，ある種の共鳴状態が直ちに実現される．この結果として地球の赤道傾角は大振幅で不規則な振動を始め（a），それに応じて地球に入射する日射量変動の状況も一変する（b）．こうした結果をもって「月が地球の気候を安定させている」といわれることもある．太陽系外にある惑星系に目を向ければ，惑星の受ける日射量変動がこうした共鳴に影響されることは大いに考えられる．とりわけ居住可能な惑星の気候研究において，共鳴の存在と作用は無視できない．

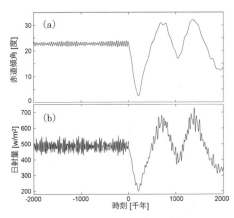

図5 地球の周囲から月を取り去った状況を再現し，地球の（a）赤道傾角と（b）65°Nにおける夏至の日平均日射量を計算したもの
時刻0以前は月が存在する状況だが，時刻0以降は月がない状況を人為的につくり上げた．具体的には地球の歳差定数を現在値の36％に減少させている．

(6) 気候モデル研究の課題

ミランコビッチ・サイクルが第四紀の氷期

サイクルを駆動するという説が現れて以来，気候モデル計算により氷期サイクルの再現を試みた研究は数多い．近年の成功例にはAbe-Ouchi et al.（2013）[26]がある．この研究では大気－海洋大循環モデルと氷床変動の力学モデルを組み合わせ，大気－海洋－氷床－地殻の系が連動して変化するようすを長期間にわたり追いかけた．その結果，前述した10万年周期の氷床変動が観測値に近い精度で再現されている．また，10万年周期の氷床変動の主な要因は日射量変動に対する大気－海洋－氷床－地殻系の非線形な相互作用であることも突き止められた．計算科学の発展とともにこうした気候モデル研究のさらなる深化が期待されている．また，最近ではミランコビッチの過去の著作のなかにあったベクトル形式による惑星運動の定式化の有用性が再評価され，それを応用することで高精度かつ見通しのよい摂動論を構築する動きもある[27),28]．このようにミランコビッチ・サイクルは気候変動分野に限らず，天体の運動論全般の研究に対して広く影響力をもつ重要な課題だといえる．　〔伊藤孝士〕

文献

1) 伊藤孝士（2004）：火星の日射量変動と気候．遊・星・人，**13**（3），137-144.

2) 伊藤孝士・阿部彩子（2007）：第四紀の氷期サイクルと日射量変動．地学雑誌，**116**（6），768-782.

3) 伊藤孝士（2010）：ミランコヴィッチ・サイクルと氷期サイクル．極圏・雪氷圏と地球環境，pp.27-35，二宮書店.

4) 伊藤孝士（2013）：環境の天文要因，地球軌道要素．図説 地球環境の事典，pp.22-23，朝倉書店.

5) 増田耕一（1993）：氷期・間氷期サイクルと地球の軌道要素．気象研究ノート，**177**，223-248.

6) 阿部彩子・増田耕一（1993）：氷床と気候感度：モデルによる研究のレビュー．気象研究ノート，**177**，183-222.

7) 中島映至（1980）：地球軌道要素の変動と気候．気象研究ノート，**140**，81-114.

8) Paillard, D.（2001）：Glacial cycles: Toward a new paradigm. *Rev. Geophys.*, **39**, 325-346.

9) 柏谷健二他編（1992）：ミランコビッチ－気候変動の天文学理論と氷河時代－，古今書院.

10) Hays, J. *et al.*（1976）：Variations in the Earth's orbit:

Pacemaker of the ice ages. *Science*, **194**, 1121-1132.

11) Laskar, J.（1988）：Secular evolution of the solar system over 10 million years, *Astron. Astrophys.*, **198**, 341-362.

12) セルビア国立銀行（http://www.nbs.rs/internet/english/scripts/showContent.html?id=5450）

13) 高野雅夫・丸山茂徳（1998）：全地球史試料データベースシステムの開発．地学雑誌，**107**，817-821.

14) Katsuta, N. *et al.*（2012）：Major element distribution in Archean banded iron formation (BIF)：Influence of metamorphic differentiation. *J. Metamorphic Geol.*, **30**, 457-472.

15) Ito, T. and Tanikawa, K.（2002）：Long-term integrations and stability of planetary orbits in our solar system. *Mon. Not. R. Astron. Soc.*, **336**, 483-500.

16) 熊澤峰夫他編（2002）：全地球史解読，東京大学出版会.

17) 熊澤峰夫・伊藤孝士（1993）：全地球史解読のための時計．地球，**15**，263-267.

18) 伊藤孝士（1993）：ミランコビッチクロックの進化．地球，**15**，316-322.

19) Laskar, J. *et al.*（2002）：Orbital forcing of the martian polar layered deposits. *Nature*, **419**, 375-377.

20) Head, J. W. *et al.*（2003）：Recent ice ages on Mars. *Nature*, **426**, 797-802.

21) Aharonson, O. *et al.*（2009）：An asymmetric distribution of lakes on Titan as a possible consequence of orbital forcing. *Nature Geoscience*, **2**, 851-854.

22) Exoplanet Data Explorer（http://exoplanets.org/ ）

23) Spiegel, D. S. *et al.*（2010）：Generalized Milankovitch cycles and long-term climatic habitability. *Astrophys. J.*, **721**, 1308-1318.

24) 田近英一（2009）：凍った地球，新潮社.

25) Laskar, J. *et al.*（1993）：Stability of the Earth's obliquity by the Moon. *Nature*, **361**, 615-617.

26) Abe-Ouchi, A. *et al.*（2013）：Insolation-driven 100,000-year glacial cycles and hysteresis of ice-sheet volume. *Nature*, **500**, 190-194.

27) Katz, B. *et al.*（2011）：Long-term cycling of Kozai-Lidov cycles: Extreme eccentricities and inclinations excited by a distant eccentric perturber. *Phys. Rev. Lett.*, **181**, 101.

28) Rosengren, A. J. and Scheeres, D. J.（2014）：On the Milankovitch orbital elemenets for perturbed Keplerian motion. *Cel. Mech. Dyn. Astron.*, **118**, 197-220.

§Ⅵ-2

太陽活動からさぐる気候変動
Solar influences on climatic variability

気候変動はエネルギー的にみると，地球に入力する**太陽放射**（solar radiation）によって駆動される大気と**海洋**（ocean）で形成される熱機関がつくる変動である．したがって，この熱機関への唯一の入力である太陽放射エネルギーが時間変動すれば，それは気候変動をつくり出す重要な要因となるであろう．

人類は，17世紀に望遠鏡を発明して以来，400年にわたって太陽観測を行ってきた．その結果，太陽の約27日周期の自転，太陽表面の黒点数の11年程度の周期での増減，そして100年スケールの黒点数変動を見い出してきた．しかし，大気圏外から太陽放射量を直接連続観測できるようになったのは，衛星観測が始まった1978年からであり，現在までに，約3黒点周期である35年間程度のデータが蓄積されてきた．このデータから，太陽の放射エネルギーの変動は，それまで考えられていた値よりも，はるかに小さいことが明らかとなった．

例えば，太陽放射エネルギーの日々の変動は，太陽の自転に伴う黒点群の移動に伴い数W/m^2程度存在する．しかし，黒点数の11年周期変動に伴う放射エネルギーの変動は$1 W/m^2$程度しかない．（なお，地球の公転による太陽地球間の距離変化のため，地球が受け取る太陽放射エネルギーには$90 W/m^2$程度の季節変動がある）したがって，太陽放射エネルギーの平均値は太陽と地球との平均距離で約$1366 W/m^2$であるため，約11年の黒点周期に伴う変動の大きさは0.07％程度である．太陽が暗くなると考えられる黒点が増える時期に，全放射エネルギーが大きくなる．これは，黒点が増えると，温度の低い黒点からの放射は減るが，同時に周囲よりも温度が高く，射出エネルギー量が大きい白斑とよばれる小さく明るい領域からの放射がより増えるためである．

(1) 気候変動

太陽が射出する放射エネルギー量が多くなる太陽活動が活発な時期には，地球の表面温度は平均的には高くなることが知られている．図1はその傾向を示す解析結果で，図1aが，太陽活動が活発な時期と，不活発な時期のそれぞれで合成した**海面水温**（sea surface temperature：SST）の差の分布，図1bは，この水平パターンに，各年のSST偏差パターンを射影してえられる時係数の年々変動を示す．図1bから，太陽活動と関連するSST偏差パターンの変動は，0.05～0.1 K程度の振幅をもち，しかも，11年の黒点周期に伴う太陽活動の変動とよく同期していることがわかる．なお，この変動の大きさは，単純な放射平衡計算によって見積もられる，入射エネルギーが$1 W/m^2$変化した場合における地表面温度の応答の大きさにほぼ等しい．

ただし，図1aで示されたSST偏差パターンは，太平洋ではラニーニャ的（南米の西方で負）で，また低緯度よりも45°S，45°N付近に大きな正偏差があることに注意すべきである．低緯度域は，太陽放射エネルギーを地

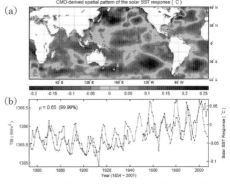

図1 (a) 太陽活動の活発な時期と不活発な時期で合成したSST分布の差（単位は度）．南米15°Sの東西と北米の周囲は負域．(b) 毎年のSST偏差を図1aのパターンに射影してえられる時係数（1945年頃に中断する比較的不規則な線）と，復元された全太陽放射エネルギー（規則的な実線）の時系列[1] →口絵51 図上の数は両者の相関と統計的有意性を示す．

球上でもっとも多く吸収する領域なので変動の影響がもっとも大きいことが期待される.しかし,実際に現れる偏差の極大域が中緯度であるということは,図1aで示される変動パターンは,大気大循環の変動を通して形成されていることを示唆している.

次に,太陽放射の波長ごとの変動特性を説明する.まず,太陽からの全放射エネルギーはほぼ40%が可視光線(波長400〜700 nm),51%が近赤外線,9%が近紫外線で構成されている.しかし,放射エネルギーは黒点数が多くなる活動期ほど短波長領域で急激に増大する.例えば,低活動期に比べ,オゾン(ozone)の生成と関係する200〜300 nmの波長帯では5%程度,100 nmの波長帯では100%も増大する.なお,波長1000 nm以下の可視−近赤外域ではわずかに増加し,1000 nm以上の波長域では,ほとんど変化がない.したがって,紫外線領域での放射強度の変動が,太陽黒点周期に伴う全放射エネルギー量の変動の主要部分を担っており,可視光線や赤外域の寄与は比較的小さい.ただし最近,紫外線領域での放射量変化が従来想定されたものの2倍ほどもあり,かつその約半分程度が可視光と赤外光によって相殺されているとする従来と異なる衛星観測の結果が出されて[2]論争をよんでいる.

ところで,太陽からの波長10.7 cmの電波領域の放射は,1947年以降,70年間程度の観測データの蓄積があり,この波長帯の放射量(F 10.7指数)と黒点数や紫外線強度とは強く相関していることが知られている.このため,F 10.7指数は,太陽黒点数と同様に太陽活動を表す代表的指標としてよく用いられている.図2に,衛星観測データが存在する期間(1978〜2008年)について,ヨーロッパ中期予報センターが作成した大気再解析データを用いた重回帰解析によってえられたF 10.7指数と関連する年平均・東西平均温度偏差パターンの緯度−高度分布を示す.この図から,太陽の高活動期には,熱帯域上部成層圏と下部成層圏,両半球下部対流圏の緯

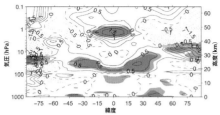

図2 大気再解析データ(1978〜2008年)の重回帰解析によってえられた,太陽活動が活発な時期に出現する,年平均・東西平均温度偏差(単位は度)の緯度−高度分布[3]
濃い(薄い)陰影は,統計的有意性が99(95)%以上の領域を示す.

度45°付近,そして極域中部成層圏に高温偏差が出現する傾向があることがわかる.とくに,高温偏差域の分布が両半球間でほぼ対称的になっていることは興味深い.(⇒ §Ⅵ-3)

(2) メカニズム

太陽活動の気候への影響については,現在のところ大きく分けて,トップダウンメカニズムと,ボトムアップメカニズムの2通りのメカニズムが考えられている.トップダウンメカニズムでは,太陽活動の影響が上部成層圏から下方へと伝播する経路に着目する.他方,ボトムアップメカニズムでは,太陽活動に伴う入射エネルギーの変動が,まず海洋に影響し,次いでこれが大気場に影響する道筋に注目する.以下では,これらについて詳しく説明する.

まず,**トップダウンメカニズム**(top-down mechanism)では,太陽活動に伴う紫外線領域での放射強度の変動によって直接的に形成される上部成層圏での信号が始原的な大気応答であると考える.上部成層圏の偏差成分は,北半球または南半球の冬季に,次のプロセスにより下方へと伝播することが知られている[4].まず,太陽活動が活発な年には,夏半球側の上部成層圏で,紫外線強度の増大は光化学反応を通じてオゾン量を増大させ,オゾンと紫外線の反応に伴う発熱が一層増大する(これをオゾンフィードバックとよぶ).このようにして上部成層圏の夏半球側で高温偏差

がつくられる．他方，冬半球側には，日射が
あまり当たらないため，形成される温度偏差
は小さい．このため，冬半球側の低緯度域で
は，強い南北の温度勾配がつくられる．すると，
温度風の関係から，その領域では西風偏差が
生成される．このように生成された西風偏差
は，成層圏の極夜ジェット振動によって，対
流圏へと下方伝播する．

ここで，極夜ジェット振動とは，対流圏
から上方伝播する惑星規模波が成層圏極夜
ジェットと相互作用することで生まれる変動
で，冬半球側の成層圏で卓越する内部変動
である．これは東西平均風偏差が数か月の
時間スケールで低緯度から極向き，下向き
に伝播することで特徴付けられる．しかし，
振動の位相，つまり東西風偏差が**下方伝播**
（downward propagation）する時期は本来一
定しない．ところが，太陽活動が活発な年に
は，上述したように，上部成層圏の低緯度で
は晩秋から初冬に西風偏差が形成されるため，
それと整合的な位相をもつ極夜ジェット振動
が出現しやすくなる．その結果として，西風
偏差が対流圏に下方伝播する時期も固定され，
北半球の場合それは1～2月頃となる．した
がって，この時期には，対流圏で，極域が負，
中高緯度が正の気圧偏差となる正の**北極振動**
（Arctic Oscillation：AO）とよばれるほぼ東
西一様な気圧偏差成分（環状モード）が卓越
しやすくなる．しかし，南半球の晩秋から初
冬にかけて上部成層圏で形成される西風偏差
は北半球と同様に9～10月頃にかけて対流圏
に下方伝播するものの対流圏で正の環状モー
ドの形態とはならない[5]．この下方伝播の違い
は，南北半球間の波動の特性やジェットとの
相互作用の違いによっていると考えられる．

また，成層圏での西風偏差の下方伝播に対
応して，次のようなプロセスが同時に低緯度
下部成層圏で高温偏差を形成させると考えら
れる[4]．①成層圏の極渦が強まると，惑星規
模波は対流圏から成層圏へ伝播しにくくな
る．②成層圏での惑星規模波の活動が弱くな
ると，惑星規模波の崩壊に伴う西風減速が弱

まる．③この西風減速に伴って駆動される，
ブリュワー・ドブソン循環とよばれる成層圏
内での子午面循環も弱まる．④ブリュワー・
ドブソン循環が担う，低緯度域から冬半球極
域へのオゾン輸送量が減少する．⑤輸送量の
減少のためオゾン生成域である低緯度下部成
層圏でオゾン濃度が増大する．⑥オゾンの紫
外線吸収によって生じる放射加熱の増大が低
緯度下部成層圏での高温偏差を生む．このよ
うなプロセスで太陽活動が活発な時期には，
低緯度下部成層圏でも高温偏差が出現する．
なお，化学気候モデルを用いた数値実験によ
り，このプロセスが，冬季の北半球では有効
に機能していることが確かめられている．

他方，**ボトムアップメカニズム**（bottom-up
mechanism）では，太陽活動が高い時期に
増加する可視光－赤外域の海洋への入射エネ
ルギーの増大が，大気海洋相互作用を通じ対
流圏循環に影響を与える仕組みに着目する．
例えば，北半球冬季の太平洋域で次のような
フィードバック過程（雲フィードバック）の
存在が指摘されている[6]．まず，太陽活動が
活発な時期に，雲量が少ない亜熱帯高圧域に
おいて海洋に入射する放射エネルギーが増大
する．すると，そこで蒸発が活発化し大気中
の水蒸気量も増大する．すると赤道偏東風で
運ばれる水蒸気量が増加しそれが熱帯収束帯
や南太平洋収束帯で収束した際の対流活動を
一層活発化させてハドレー循環（子午面循環）
やウォーカー循環（東西循環）を強化する．
その結果，大気循環の下降域である亜熱帯高
圧帯がさらに強化され雲量が減少し海面への
放射入射量も増大する．

このメカニズムはトップダウンメカニズムと
相補的に働くと考えられる．実際，北半球冬季
にトップダウンメカニズムによって形成される
正の北極振動がつくる対流圏循環偏差は，ボト
ムアップメカニズムがつくる循環をさらに増幅
すると考えられる．しかし，11年の黒点周期
変動においては，可視光－赤外線での入射エネ
ルギーの変動の大きさは，紫外線領域に比べて
小さいため，トップダウンメカニズムによる効

果の方がより大きいと考えられる.

　他方,太陽活動による気候への影響として,太陽の電磁波放射以外からの効果も考えられている.例えば太陽磁場変動の効果である.太陽活動期には太陽磁場が強まり,そのシールド効果のため,太陽系内に進入する**銀河宇宙線**(Galactic Cosmic Rays:GCR)の量が減少する.反対に,不活発期にはGCRが増大する(なお,この太陽活動とGCRとの逆相関関係を用いて,GCRの生成した炭素同位体等の量から過去の太陽活動を推定することができる).GCRは,非常に大きなエネルギーをもつため大気中の原子と衝突しながらも大気下層まで進入できるので,霧箱と同様の原理で,対流圏中で雲の凝結核となる微粒子をつくる作用をもつと考えられる.このため,太陽活動が不活発な時期には,GCRの増大が雲を増加させることにより,地表面に届く日射量が減少し,寒冷化傾向が一層強まると考えられる.この効果は,最初に提唱した研究者の名前にちなんで,スベンスマルク効果[7]とよばれる.ただし,最近の詳細な解析の結果,少なくとも現在の気候状態では,この効果の役割は大きくないと考えられている[8].

(3) 将来気候への影響

　以上のように,太陽活動の全球平均気温に対する影響は極めて限定的であり,むしろ,その影響はある特定の地域に現れやすいといえる.例えば,今から300年ほど前に,太陽活動が極めて不活発で50年間以上も黒点がほとんど観測されず,ヨーロッパが非常に寒冷化していた時期(マウンダー小氷期とよばれる)があったことが知られている.しかし,最近の研究では,この時期でも,太陽全放射エネルギーの減少量は1 W/m^{2}程度でしかなく,全球平均気温の低下量はさほど大きくなかった.しかし,太陽活動の低下は負の北極振動(極域が正,中高緯度域が負の気圧偏差)を生成し,それが原因となってヨーロッパの寒冷化が形成されたと考えられている[9].さらに,最近の100年程度は歴史的に

みると太陽活動がかなり活発な時期であったため,100年スケールでみると,今後太陽活動は弱化していくと考えられる.しかし,将来マウンダー小氷期レベルの太陽活動の低下が生じたとしても,全球平均では人為起源の地球温暖化を打ち消すほどの効果はないものの,高緯度域で生じうる寒冷化傾向がそこでの温暖化スピードを若干緩やかにする可能性はあると考えられている[10].　　〔黒田友二〕

文献

1) Zhou, J. and Tung, K. (2010):Solar cycles in 150 years of global sea surface temperature data. *J. Clim.*, **23**, 3234-3248, doi:10.1175/2010JCLI3232.

2) Ermolli, I. *et al.*(2013):Recent variability of the solar spectral irradiance and its impact on climate modelling, *Atmos. Chem. Phys*, **13**, 3945-3977, doi:10.5194/acp-13-3945-2013.

3) Frame, T. H. A. and Gray, L. J. (2010):The 11-yr solar cycle in ERA-40 data -An update to 2008-. *J. Clim.*, **23**, 2213-2222, doi:10.1175/2009JCLI3150.1.

4) Kodera, K. and Kuroda, Y. (2002):Dynamical response to the solar cycle. *J. Geophys. Res.*, **107**, D24, 4749, doi:10.1029/2002JD002224.

5) Mitchell, D. M. *et al.* (2014):Signatures of naturally induced variability in the atmosphere using multiple reanalysis datasets. *Q.J.R.Met.Soc.*, **141**, 2390-2403, doi:10.1002/qj.2492.

6) Meehl, G. A. *et al.* (2008):A coupled air-sea response mechanism to solar forcing in the Pacific region. *J. Clim.*, **21**, 2883-2897, doi:10.1175/2007JCLI1776.1.

7) Svensmark, H. and Friis-Christensen, E. (1997):Variation of cosmic ray and global cloud coverage:A missing link in solar-climate relationship. *J. Atmos. Terr. Phys.*, **59**, 1225-1232, doi:10.1016/S1364-6826 (97) 00001-1.

8) IPCC (2013):Climate Change 2013: The Physical Science Basis: Contribution of Working Group I to the Fifth Assessment Report of the Intergovernmental Panel on Climate Change, Stocker, T.F. *et al.*,eds., Cambridge University Press.

9) Mann, M. E. *et al.* (2009):Global signatures and dynamical origins of the Little Ice Age and Medieval climate anomaly. *Science*, **326**, 1256-1260, doi:10.1126/science.1177303.

10) Meehl, G. A. *et al.*, (2013):Could a future "Grand Solar Minimum" like the Maunder Minimum stop global warming?. *Geophys. Res. Lett.*, **40**, 1789-1793, doi:10.1002/grl.50361.

§Ⅵ-3
太陽活動と海洋・気候システム
Solar activity and ocean-climate system

(1) 太陽活動にみられる周期性

太陽活動には約11年周期があり，**シュワーベ周期**（Schwabe cycle）とよばれる．太陽表面の黒点相対数は太陽放射量と高い相関を示す．太陽表面の黒点・黒点群は中緯度にまず出現し，低緯度へ向かって移動，そして低緯度で減衰する頃，再び中緯度で発現して，次のサイクルに移る．太陽磁場は2サイクルごとに南北逆転するため，約22年のサイクルは**ヘール周期**（Hale cycle）とよばれ，注目されている（⇒§Ⅶ-5）．

太陽活動の11年周期は一定ではなく変動している．20世紀はその周期がやや短い傾向にあったが，21世紀に入り，その周期が長期化する兆候が現れている．周期が短いときには世界的に高温傾向，周期が長いときには低温傾向という解析結果（図1）がえられている[1]．

小氷期（期間は地域によって異なるが，グローバルに概観して1350年頃～1850年頃），とくに，**マウンダー極小期**（Maunder minimum；1645～1715年）には，黒点相対数が減少するとともに，変動周期が14年ほどに延び，当時の気温は世界的に0.5～1.0℃程度低下したと推測され，イギリス・テムズ川の結氷現象や諏訪湖の御神渡りの早期発現などが知られている（⇒§Ⅶ-3）．

19世紀の初頭には，太陽活動と地球の気候との関係についての研究が始まった．太陽活動の極大期と極小期で太陽放射エネルギーの差は0.07％に過ぎないが，地球の気候に与える影響は増幅して現れていると考えられ，その関係にアプローチする理論として，①太陽の短波放射つまり紫外線の変動が成層圏（オゾン層）へ影響を与え下方伝播する**トップダウンメカニズム**（top-down mechanism）[2,3]（⇒§Ⅵ-2），②可視光線と赤外線が熱容量の大きな海洋をはじめとする地球表層の温度に影響し，海気相互作用を引き起こす**ボトムアップメカニズム**（bottom-up mechanism）が提唱されている．

(2) 熱圏への影響

太陽活動の活発期と非活発期を比較すると，地球の大気圏の最上層に位置する熱圏の気温は大きく変動している（図2）．熱圏の高度200～500 kmにおいては，太陽紫外線のエネルギーを吸収し昇温するが，太陽活動の活発期には約2000 Kに達する一方，不活発期には約500 Kに留まる[4]．熱圏の大気は希薄であるが，太陽活動による地球大気圏上層部への影響は大きい．

(3) 成層圏から対流圏への影響

太陽活動による成層圏大気への影響（⇒§Ⅵ-2）は比較的早くから研究されてきた．波長10.7 cmの電磁波と，30 hPaの北半球中緯度の高圧帯の発達との間には有意な相関関係がある（図3）[5]．極大期には極小期に比べ，ハワイ付近において30 hPaの年平均で0.5

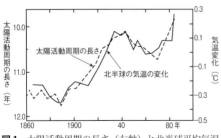

図1 太陽活動周期の長さ（左軸）と北半球平均気温（右軸）の平年偏差との対応関係[1]

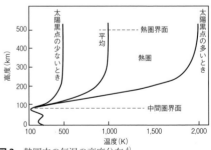

図2 熱圏内の気温の高度分布[4]

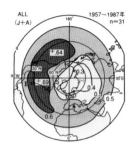

図3 太陽活動の変動による放射（波長10.7 cm）の増大に伴い99%の有意水準で正相関を示す成層圏30 hPaにおける中緯度高圧帯の強化[5].

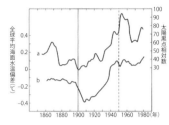

図4 太陽黒点相対数とグローバル平均海面水温（SST）との対応関係[9]

〜1.0 K高温であり，7〜8月の北半球対流圏中上層には緯度帯平均で0.2〜0.4 Kの温度差が現れる[6].

南北両半球の環状モードの解析から，太陽活動と成層圏準2年周期振動（QBO⇒トピック⑪）の組合せによって，極大期かつQBO西風時，極小期かつQBO東風時には，極渦は弱くなるのに対し，極大期かつ東風時，極小期かつ西風時には，極渦が強まるという統計的に有意な関係が見い出された[7].

成層圏の大気は概ね夏半球で東風，冬半球で西風という単純な構造をしている．成層圏と対流圏の橋渡しの役割を果たしている惑星波は，西風領域においてのみ伝播できるという特性がある．そのため，北半球で成層圏の大部分が西風となる11〜12月頃は，太陽活動の成層圏大気場への応答が対流圏にまで広がる可能性をもつ．1979〜2011年のNCEP/NCAR再解析データを用いた研究[8]によれば，中〜低緯度の太平洋地域を中心に，太陽活動極大期の2年目に50 hPa（約20 km）で正偏差が卓越傾向となる．複数レベルで比較してみると，下部成層圏にかけて，上層ほどゾーナルに広がる有意な正偏差域が現れ，圏界面を越えても順圧（バロトロピック）構造は維持され，200 hPaで同偏差は小さくなるが，対流圏への影響がハワイ周辺域で認められる．

(4) 海洋・大気の温度・気圧系への影響

太陽黒点相対数と全球平均の**海面水温**（sea surface temperature：SST）との対応関係が1980年代半ばに指摘された（図4）[9].

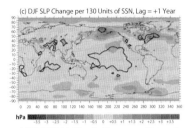

図5 太陽活動極大期1年後12〜2月のシミュレーションで再現された地上気圧偏差（hPa）[13] →口絵52

太陽活動が地上気圧（SLP）の作用中心に及ぼす影響について解析がなされ，極大期（極小期）にハワイ高気圧が北方（南方）へシフト，アリューシャン低気圧（AL）が西方（東方）へシフト・弱化（強化）する傾向が示された[10].

太陽サイクルと**北大西洋振動**（North Atlantic Oscillation：NAO）の関係については，極大年の2〜4年（とくに3〜4年；SSTのラグは2〜3年）後に，亜熱帯のアゾレス高気圧が強くなり，NAOは強い正の傾向となることが解析された[11],[12].

太陽活動の11年周期に対応した1880〜2009年北半球冬の地上気圧系・SSTのシミュレーションで，衛星データから推測されたオゾン量を用いた場合に，観測事実と類似した再現結果がえられた[13]．極大期の数年前には北極振動（AO）の負モードが現れ，極大期とその後数年間には正モード（太平洋北東部に正偏差）傾向となる．極大期1年後の12〜2月のSLP偏差分布（図5）からは，太平洋中央部と南インド洋の熱帯域の有意な負偏差，チベット付近へのトラフ南下が読み取れる．

中間圏中層以下におけるグローバル気温分布について，太陽活動の極大期と極小期

を比較してみると（§Ⅵ-2 図2)[14),15)], 成層圏においては極大期に4つの特徴がみられる. ①成層圏界面にあたる高度50 km 弱（1hPa 前後）で, 20°N～20°S の低緯度帯において, 極大期の高温偏差が有意に現れている. ②成層圏中層では, 北極圏の高度29～36 km に有意な高温偏差が認められる. ③同じく成層圏中層, 南極圏の27～30 km にも有意な高温偏差が現れる. ④成層圏下層の低緯度帯では, 赤道付近の高度18～20 km から地域連続性をもって中緯度に向けて有意な高温偏差が45°N～45°S に伸びている. 対流圏では, 上層の熱帯で低温偏差, 下層の中緯度帯で高温偏差がそれぞれ有意に検出され, 両者は極大期におけるハドレー循環の活発化を示唆する.

太陽の11年規模振動（Decadal Solar Oscillation：DSO）による12～2月の太平洋 SST への応答を調べたところ, 極大期にはラニーニャ傾向で, その後, 1～2年経過してエルニーニョ現象が起こることがモデルで再現された[16)].

1901～2011年の太陽黒点相対数と SST との同時相関係数の分布を求めた結果を12月について示す（口絵53）. グローバルにみて, 正相関が相対的に卓越している. 太平洋では有意な正相関域が広く, とくに太平洋のほぼ中央部の熱帯～亜熱帯域に有意な正相関がみられ, **中部太平洋エルニーニョ**（CP（エル）ニーニョ, Central Pacific (El) Niño）; CP El Niño; 熱帯太平洋の中央部付近に平年より1～2℃高い海域が出現する状況)[17)] との関係の検証が検討課題となっている（⇒§Ⅳ-4). また, PDO (⇒§Ⅳ-2) 正フェイズに似た状況が卓越する. PDO の周期は, 11.2～16.7年, 15～25年, 50～70年が求められており, 太陽活動の11年周期や22年周期との関連性が示唆される. 180°E に沿う南北断面（図6）においては, 中央太平洋の熱帯で上昇流, 亜熱帯で下降流が強化し, ハドレー循環が活発化している. 一方, 赤道に沿う東西断面でみると, 180°E 付近で上昇流, 120°E, 30°W 付近で下降流というウォーカー循環の強化が既存の研究[15)] と同様認められる.

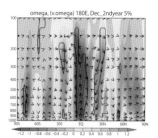

図6 太陽活動極大期2年目の12月における180°E 断面に沿う風ベクトル偏差 $[10^{-2}Pa/s]$ とその95%有意域[8)] →口絵54 解析法は口絵53と同じ.

(5) 海洋表層水温の応答

熱容量の大きな海洋表層は太陽エネルギーを蓄える役割を果たす. 冬に冷却された表層水は, 夏の安定した浅い混合層の下に蓄積され, 次の秋に表層へ現れるなど, 気候への影響が続くと考えられる[12),15)].

太陽放射量に対する海洋表層の水深80～160 m（太陽放射の影響を受ける深さ）の水温応答についての研究成果をあげる（図7). 1955～1994年には4サイクルの太陽活動が含まれるが, 太陽活動は, 年順に, 1959年に第3位の極大, 1970年に最小の極大, 1981年に第2位の極大, 1991年に第1位の極大を示す. グローバル海水温との関係をみると, 位相および極大順位が太陽活動と同調する推移を示す. 海洋別では, いずれの海洋も同様の変化傾向を現すが, 太平洋では順位がまったく同じで, 1990年代前半に高水準を保った. 大西洋では, 全体的な変動曲線が太陽活動変動ともっとも酷似している. また, 地球表層水全体では, 約11年周期で最大 0.08 ± 0.02 K, 約22年周期で最大 0.14 ± 0.02 K の振幅を示すこと, その 0.08 K という値は, 海洋混合層を直接加熱するのに必要な見積りとほぼ一致し, 太陽放射と海洋表層（< 100 m）水温の間にみられる1～2年のタイムラグでの最大相関は, 水温が平衡に達するまでに要する時間におおむね相当する[17),18)]. これはエネルギー収支モデルに, 海洋混合層について熱容量をもとに緩和時定数（平衡に達するまでの時間）を見積ると1.5年になることに対応する[19)].

太陽活動の変動が海洋混合層に保存され, 大気へ影響を及ぼしている可能性が示される

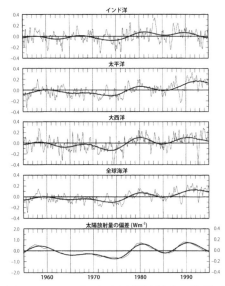

図7 1955～1994年における太陽放射量［W/m²］（最下段）と40°S～60°Nの各海域海洋表層80～160 mの平均水温偏差（K）の経年変動[18]
細線は各月の偏差，太線は7年ローパスフィルターによる平滑曲線．最下段左軸は大気圏上面での，右軸は海面での全球平均日射量．

が，太陽活動と海気相互作用の関係を裏付けるには未解明部分が多い．今後，衛星データや水温データの蓄積を待って，小さな太陽放射変動が地球システム内で増幅される未解明なメカニズムに関して，大気および海洋全層を統合した気候システムの総合的な見地からの探究が期待される[20]．

〔山川修治・井上 誠〕

文献

1) Friis-Christensen, E. and Lassen, K. (1991)：Length of the solar cycle：A Indicator of solar activity closely associated with climte. *Science*, **254**, 698-700.
2) Kodera,K. and Kuroda,Y. (2002)：Dynamical response to the solar cycle. *Jour. Geophysical Research:Atmospheres*, **107**, doi:10.1029/2002JD002224.
3) Mitchell,D.M. *et al*. (2014)：Signatures of naturally induced variability in the atmosphere using multiple reanalysis datasets. *Q.J.R.Met. Soc.*, **141**, 2011-2031.
4) 小倉義光（1999）：一般気象学〔第2版〕，東京大学出版会．
5) Labitzke,K. and van Loon, H. (1988)：Association between the 11-year solar cycle, the QBO and the atmosphere. Part 1: The troposphere and stratosphere in the northern hemisphere winter. *Jour.Atom.Terres. Phys.*, **50**, 197-206.
6) van Loon, H. and Shea, D.J. (2000)：The global 11-year solar signal in June-August. *Geophysical Research Letters*, **27**, 2965-2968.
7) Haigh, J.D. and Roscoe,H.K. (2006)：Solar influences on polar modes of variability. *Meteorologische Zeitschrift*, **15**, 371-378.
8) Yamakawa,S. *et al*. (2016)：Relationships between solar activity and variations in SST and the atmospheric circulation in the stratosphere and troposphere. *Quaternary International*, **397**, 289-299.
9) Reid,G.C. (1987)：Influence of solar variability on global sea surface temperatures. *Nature*, **329**, 142-143.
10) Christoforou, P. and Hameed, S. (1997)：Solar cycle and the Pacific 'centers of action'. *Geophysical Research Letters*, **24**, 293-296.
11) Scaife,A.A. *et al*. (2013)：A mechanism for lagged North Atlantic climate response to solar variability. *Geophysical Research Letters*, **40**, 434-439.
12) Gray,L.J. *et al*. (2013)：A lagged response to the 11 year solar cycle in observed winter Atlantic/European weather patterns. *Jour. Geophysical Research:Atmospheres*, **118**, 13405-13420.
13) Hood,L. *et al*. (2013)：The surface climate response to 11-yr solar forcing during northern winter: Observational analyses and comparisons with GCM simulations. *Jour. Climate*, **26**, 7489-7506.
14) Frame,T.A. and Gray, L.J. (2009)：The 11-yr solar cycle in ERA-40 data：An Update to 2008. *Jour. Climate*, **23**, 2213-2222.
15) Gray,L.J. *et al*. (2010)：Solar influences on climate. *Reviews Geophysics*, **48**, doi:10.1029/2009RG000282.
16) Meehl,G.A. *et al*. (2009)：Amplifying the Pacific climate system response to a small 11-year solar cycle forcing. *Science*, **325**, 1114-1118.
17) Yu,J.-Y. and Kim,S.-T. (2010)：Three evolution patterns of Central-Pacific El Niño. *Geophysical Research Letters*, **37**, L08706, doi:10.1029/2010GL042810.
18) White,W.B. *et al*. (1997)：Response of global upper ocean temperature to changing solar irradiance. *Jour. Geophysical Research:Oceans*, **102**, 3255-3266.
19) 余田成男（1996）：気候および気候変動の数値モデル．気候変動論（岩波講座地球惑星科学 11），pp.221-266，岩波書店．
20) 余田成男（2011）：太陽活動変動の地球気候への影響．柴田一成・上出洋介:総説，宇宙天気，京都大学出版会．

火山大噴火からさぐる気候変動
Volcanic eruptions and climatic variation

§ VI—4

(1) 成層圏に達する噴煙

　大きな**火山噴火**（volcanic eruption）後に出現する異常に赤い夕焼けや，それが見える地域が急速に東西方向へあるいは少しずつ南北方向へ広がってゆく現象は古くから知られていたようである[1]．アメリカ独立戦争末期の1784～1786年は世界的に年間平均気温が低かった年として知られているが，ベンジャミン・フランクリンは，燃える天体から発せられた煙，アイスランドのヘクラ山からの大量の噴煙などを原因としてあげており，**火山性エアロゾル**（volcanic aerosol）による放射影響に言及したものとして興味深い[2]．このように，火山噴煙があたかも地球を覆うベールのように広がり太陽放射を遮るので地球が寒冷化する（**パラソル効果，parasol effect**）とする考えは，相当古くからあったのである．しかし，火山噴煙が大気中に長期間浮遊するプロセスや，噴煙の光学的性質が科学的に議論されるようになったのは，約100年後の1960年代になってからである．

　1960年代～70年代にかけて，観測手段の発達に伴い成層圏に対する科学的関心が急速に高まった．仮想的な火山噴煙に基づいたそれまでの「火山噴火の気候影響」研究は，1974年10月のフエゴ（Mt. Fuego）山の大噴火を対象にする頃には，観測に基づいた現代的研究へと変貌し始めた[3],[4]．アメリカとオーストラリアの研究陣は気球や航空機を使い成層圏の火山性エアロゾルの直接採集を試みていた．日本，ヨーロッパ，アメリカでは競うようにライダー（当時はレーザレーダとよんだ）を使って成層圏まで吹き込まれた火山噴煙の長期モニターを始めた．当時，日本はライダー装置が多数運用されており，興味深い火山性エアロゾル層のモニタリング結果が公表されている[4]．なかでも，火山灰と火山性の硫酸液滴（後述）の混

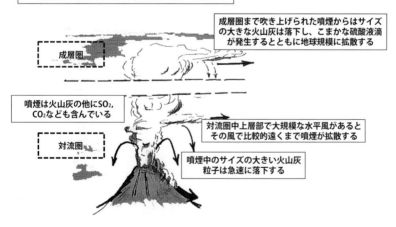

図1　成層圏にまで噴煙が達するような巨大噴火は長い期間にわたって成層圏に多量の火山性エアロゾルを発生させる．噴火直後は火山灰が主体になっているが，やがて成層圏に吹き込まれた二酸化硫黄（SO_2）が粒子化し長期間成層圏に浮遊する．

合状態をモニターした結果は，火山の大気化学的な影響を評価するうえで有効性を発揮した（図1）[4)-6)].

(2) 火山灰と二酸化硫黄

それらの観測を通して，巨大火山噴火後に長期間にわたって成層圏に出現する火山性エアロゾル層の主組成は火山灰ではなく重量比75％ほどの硫酸液滴であり，噴煙とともに吹き上げられた二酸化硫黄（SO_2，いわゆる亜硫酸ガス）からできたものである．液滴の大きさは数 μm 〜 0.1 μm 程度であり，噴火直後に成層圏に漂う火山灰の大きさに比べると1桁ほど小さいと考えられている．このようなことがわかってからは，火山性エアロゾルの放射影響を評価する際には，鉱物粒子ではなく高濃度の硫酸液滴を想定するのが一般的になっている．

SO_2 が粒子化するプロセスには以下のように，水蒸気，（水蒸気の光化学反応で生じる）水酸基ラジカル（OHラジカル）が深く関係している．

S1　二酸化硫黄（SO_2）がOHラジカルと反応
$$SO_2 + OH + M \rightarrow HSO_3$$
S2　生成物の HSO_3 が酸素分子と反応
$$HSO_3 + O_2 \rightarrow SO_3 + HO_2$$
S3　生成した三酸化硫黄 SO_3 が水蒸気と反応
$$SO_3 + H_2O \rightarrow H_2SO_4$$
S4　微小な硫酸液滴（成層圏の火山性エアロゾル）の生成
$$H_2SO_4（蒸気）\rightarrow おおよそ 75\% 濃度の硫酸液滴$$

S3で生成する硫酸蒸気は急速に粒子化すると考えられ，反応が進行している気塊のなかでは水蒸気が盛んに消費される．このために，巨大な火山噴煙のなかでは水蒸気濃度が低下しS3やS4の反応速度が水蒸気濃度によって律速される可能性がある．また，S1

の SO_2 の反応相手であるOHラジカルは，成層圏の水蒸気の光化学反応で生じるものであり，長期間にわたって噴煙内での反応が続くと水蒸気濃度低下の影響はOHラジカルの生成量にも現れる可能性がある．このため，火山噴煙内部での反応では消費された水蒸気を周りの空気から素早く補うことができない場合には，二酸化硫黄が粒子化する反応の速度は小さくなる．

(3) 火山性エアロゾル層の消長

ライダー観測の結果を中心に成層圏の火山性エアロゾルの消長を概観するとおおよそ以下のようになる（図2）．

・噴火直後から次第にエアロゾルの量が増加（火山灰の噴出，粒子生成），
・ある程度まで増加した後緩やかな減少が始まる（粒子生成と粒子落下），
・偏光解消度は第2段階では極めて小さい値（硫酸液滴が主成分），
・おおむね10か月から1年程で，ピーク濃度の1/e（おおよそ1/3）程度に減少する．

このような結果をみると，噴煙が吹きこまれた直後は，直接成層圏に吹き込まれた火山灰などが多量に浮遊し，同時に盛んに火山ガスから硫酸粒子が生成し，さらに火山灰の表面でも硫酸を主成分とする硫酸塩が生成（こ

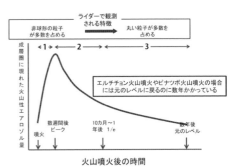

図2　成層圏のエアロゾル量の時間変化
噴火直後急増するがやがて極大期を迎え，以後はゆっくり濃度が減っていく．←1→ は，エアロゾル層の変化段階を示す．

のように，相が違う組成の間で進む反応を不均一反応とよんでいる）していると考えられる．もちろん，サイズが $10\,\mu m$ を超えるような粒子は急速に落下すると思われる．この時期の成層圏エアロゾル層は，どちらかといえば火山灰粒子が主要な粒子になっている．おそらく，S4 の反応は進行し始めているであろうが硫酸液滴の生成量はまだ少なく，火山灰がまだ多く残っている（図2の第1段階）．

この時期を過ぎると，成層圏に吹き込まれた SO_2 が粒子化してしだいに硫酸（塩）粒子が主要組成となる時期を迎える（第1段階後半，第2段階）．粒子が盛んに生まれ，粒子どうしが衝突・合体し大きな粒子に変換される．成長した粒子は重力落下し，エアロゾル量を減少させる．この状態がどの程度続くかは，主に，火山噴火によって吹き込まれた二酸化硫黄（SO_2）の量に左右される．粒子生成の速さは，SO_2 が周辺に拡散していく速さや反応にかかわる水蒸気（H_2O）の量が関係してくる．概略すると，成層圏に吹き込まれた SO_2 が多いほどエアロゾルの生成が活発な期間は長くなると考えられる．新粒子生成による粒子量の増加と成長した粒子の重力落下による粒子量の減少がバランスを保ち始めるようになる時期が，粒子濃度がピークになる時期にあたる．

その後しばらくすると粒子を作る原料の**火山性の二酸化硫黄**（volcanic SO_2）がしだいに消費されて新粒子が生まれる速度が低下し，成層圏エアロゾルの総量は緩やかに減少し始める．この期間は長く続くことが多くその間に火山性エアロゾルが地球規模に広がるため，気候への影響等がみられるようになる．

最終段階（第3段階）では硫酸塩エアロゾルの原料であった二酸化硫黄（SO_2）は消費しつくされて，粒子状の硫酸塩エアロゾルは重力沈降やさまざまな成層圏対流圏交換現象を通して対流圏側に移動してゆく．この時期は，サイズの大きな粒子の濃度は極端に低下し 0. 数 μm の粒子が主体になっている．

多くの研究結果から，ピナツボ山噴火（1991年）やエルチチョン山噴火（1982年）の場合には，当初の SO_2 ガスが 1/3 程度まで消費される時間は数週間〜数か月程度と考えられた．

火山性エアロゾルの放射影響を評価するうえで，火山性エアロゾルの広がり状態を知ることは極めて重要であるが，1980年代に入り人工衛星で観測することが普通になった．

火山噴火の規模や気候影響の大きさを数値化しておき，噴火のたびにそれに基づいて気候影響を予測できるなら便利であろうとの考えでつくりだされた指標の代表的なものに，ラムの**ダストベール指数**（噴煙指数，dust veil index：DVI）[7), 8)] がある．この指標には噴煙の面積，エアロゾルの影響が中低緯度で観測された期間や噴火地点があった緯度での日射量の最大減少量などが考慮されている．これまでみたように巨大噴火後に生じる成層圏の火山性エアロゾルは硫酸液滴であり，火山噴火によって成層圏に吹き込まれる二酸化硫黄（SO_2）の量が気候影響を評価するうえで重要という考えが確立したため，火山噴火によって噴出するものすべての量の大きさに着目した**火山爆発指数**（volcanic explosivity)[9)] が提案されている．また，他にも種々の指数が提案されているが，今後の火山噴火では，そのような指数による影響評価より，準リアルタイムでえられる人工衛星，気球，航空機などの観測結果に基づいたコンピュータシミュレーションが主役になると思われる [10)]．

（4） 火山噴火と気候変化

最近は，火山性の硫酸液滴や火山灰粒子の表面で進行する以下のような**不均一反応**（heterogeneous reaction）についても大きな関心が寄せられている．

N1　$N_2O_5 + H_2O \rightarrow 2HNO_3$
　　（窒素酸化物の消失と硝酸ガスの生成）

N2　$ClONO_2 + H_2O \rightarrow HOCl + HNO_3$
　　（硝酸塩素の分解）

B1　$BrONO_2 + H_2O \rightarrow HOBr + HNO_3$
　　（硝酸臭素の分解）

　反応 N1, N2 によって，成層圏の窒素酸化物（NOx）濃度や塩素酸化物（ClOx）濃度が大きく変化し，結果として成層圏オゾン破壊を進行させることになる．

　NOx によるオゾン層破壊は，成層圏での航空機航行が話題になった 1970 年代に多くの関心を集めた．一方，ClOx は，人類が大気中に放出したフロンからできたもので，フロンのオゾン破壊問題として強い関心を集めてきた組成である．NOx も ClOx も，それぞれは成層圏オゾンを破壊する成分であるが，両者が混在すると互いに反応し，化学的に安定な硝酸塩素（$ClONO_2$）になってしまう．言い換えると，フロンのオゾン破壊は NOx によって抑制される[3)]．

　N1 の反応は，そのような NOx が硝酸（HNO_3）に変わって液状エアロゾルに溶け込むので成層圏の NOx 濃度が低下する可能性を示している．N2 の反応で，安定だった硝酸塩素から不安定な次亜塩素酸（HOCl）ができ，結果として塩素酸化物（ClOx）が生じる．ClOx のオゾン破壊反応のブレーキ役の NOx の濃度がピナツボ山噴火直後に顕著に低下した（それに対応して硝酸, HNO_3 が増加した）ことが観測された[11)]．B1 についても N2 と同様に，安定な硝酸臭素が不安定な水酸基に変換され，結果として臭素酸化物（BrOx）によるオゾン破壊を加速するこ

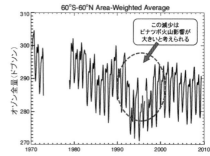

図 3　60°S から 60°N の領域で人工衛星（BUT/TOMS/SBUV（/2））によって観測されたオゾン全量[13)]．

オゾン濃度は，大気中に放出されたクロロフルオロカーボン（フロン）などの影響で 1980 年代～1990 年代にかけて徐々に減少する傾向にあった．しかし，点線で囲んだ部分にみられる濃度の急減と戻りはピナツボ山噴火の影響によるものと考えられる．

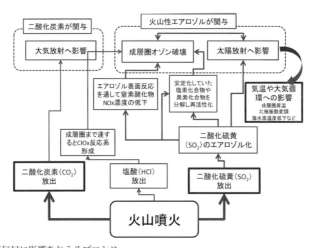

図 4　火山噴火が気候に影響を与えるプロセス
成層圏エアロゾルの増加によって生じる放射過程の変化に加えて，エアロゾル粒子表面の反応や CO_2 放出の効果など多岐にわたる．放射場の変化が大気の運動に影響する点も無視できない．

とになる．ピナツボ山噴火後から，火山噴火による全球的なオゾン減少傾向が観測され，その影響は 1993 年中頃まで続いた[12]（図 3）．

噴煙ガス中の塩酸（HCl）や二酸化炭素（CO_2）の影響などにも関心が寄せられている（図 4）．塩酸ガス（HCl）はオゾン層破壊の ClOx を生成する可能性がある点で注目されている[14]が，対流圏内で水溶性のエアロゾルに除去される可能もある．今後，フロンによる ClOx 生成が無視できるレベルになれば，噴煙中の HCl の寄与が目立ってくる可能性は高い．火山性二酸化炭素（CO_2）は地球温暖化原因物質として注目されているが，人類活動で放出される量から比べると多くはない．問題は，人為起源の CO_2 が大気中にたまり続けているところにさらに上乗せされる状態になることにある．放出量は，アメリカの地質調査所のまとめによれば以下のとおりである（単位，Gt/ 年）．

・2010 年の人為起源の CO_2 放出量　35.0 Gt/ 年
・火山による CO_2 放出量　0.26 Gt/ 年
　（地球全体，もっとも高い活動を想定）
・1991 年のピナツボ山噴火による CO_2 放出量　0.05 Gt/ 年

CO_2 放出からみた火山の気候への影響は放射影響やオゾン層への影響のように噴火直後から顕在化するものではなく，数百年程度のタイムスケールで考えたときに問題になろう．

火山噴火による気温の変化について，多数のコンピューターシミュレーションがある．気温には多くのプロセスが複雑に関係しており（また，今後も新たなプロセスが発見されるであろう）それらをすべて現実に近い状態で再現して気温を推定するのは事実上不可能であるが，ピナツボ山噴火については地球平均で最大 1 〜 0.5℃低下したとするものが多い．　　　　　　　　　〔岩坂泰信〕

文献

1) Gruner, P. and Kleinert, H. (1927): *Die Dämmerungser-scheinungen*, Probleme der Kosmischen Physik, 10, Hamburug, HenryGrand.
2) ストンメル，H.・ストンメル，E.，山越幸江訳 (1982)：火山と冷夏の物語（Stommel, H. and Stommel, E. The story of 1816, *The Year without a Summer*），地人書館.
3) 岩坂泰信 (1999)：オゾン層の破壊．住　明正他編：岩波講座地球惑星科学　第 3 巻，pp.139-176，岩波書店.
4) 岩坂泰信 (2013)：火山噴火と気候．天気，**60**，23-29.
5) Iwasaka, Y. (1981): Variation of stratospheric aerosol content measured by laser radar, Part II Long term trend of post-Fuego eruption. *J. Meteorol. Soc. Japan*, **59**, 446-451.
6) Iwasaka, Y. (1986): Measurement of depolarization of stratospheric particles by lidar -A case study on the disturbed stratospheric aerosol layer by volcanic eruption of Mt. El Chichon. *J. Geomag. Geoelectr.*, **38**, 729-740.
7) Lamb, H. H. (1970): Volcanic dust in the atmosphere; With a chromology and assessment of its meteorological significance. *Philos. Trans. R. Soc. London, Ser.* **A** 266, 425-533.
8) Lamb, H. H. (1983): Update of the chronology of assessments of the volcanic dust veil index. *Clim. Monit.*, **12**, 79-90.
9) Newhall, C. G. and Self, S. (1982): The volcanic explosivity index (VEI): An estimate of explosive magnitude for historical volcanism. *J. Geophy. Res.*, **87**, 1231-1238.
10) Robock, A. (2000): Volcanic eruptions and climate. *Rev. Geophys.*, **38**, 191-219, 2000.
11) Koike, M. *et al.* (1994): Impact of Pinatubo aerosols on the partitioning between NO_2 and HNO_3, *Geophys. Res. Lett.*, **21**, 597-600.
12) Randel, W. J. *et al.* (1995): Ozone and temperature changes in the stratosphere following the eruption of Mout Pinatubo. *J. Geophys. Res.*, **100**, 16, 753-16, 764.
13) WMO (World Meteorological Organization)(2011): *Scientific Assessment of Ozone Depletion: 2010, Global Ozone Research and Monitoring Project-Report* No. 52, page 2.8, Geneva.
14) Tabazadeh, A. and Turco, R. P. (1993): Stratospheric chlorine injection by volcanic eruptions: HCl scavenging and implication for ozone. *Science*, **260**, 1082-1086.

テレコネクションからさぐる気候変動
Climatic variation from the viewpoint of teleconnections

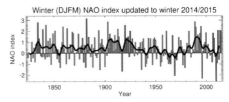

図1 1823～2015年冬(12～3月)におけるNAOの経年変動[4]

(1) テレコネクションとは

世界各地の天候は気候システムで互いに関連している。遠く数千km離れた複数地点(**作用中心**：action center)間で気圧・循環に同時ないし時差をもって相関関係があることを**テレコネクション**(teleconnection)という[1,2]．気圧系から生じる波動，つまり，**定常ロスビー波**(stationary Rossby wave)の伝播に伴い，高・低気圧の波列が交互に並ぶテレコネクションパターンという現象が，一定期間継続する．海面水温(sea surface temperature：SST)も気象・気候システムにさまざまな影響を及ぼしているので，テレコネクションのメカニズムを検討する際には重要である．

関連研究は20世紀前半にWalkerらによって行われてきたが，同世紀終盤にWallace & Gutzler[3]によって体系づけられた．ここでは，現在注目されている主なテレコネクションについて地域別に整理して説明する．

(2) 大西洋からのテレコネクション

北大西洋では，北のアイスランド低気圧(IL)と南のアゾレス高気圧(AH)が卓越しているが，いずれも発達する時期と，いずれも弱まる時期がある(図1)．この振動を**北大西洋振動**(North Atlantic Oscillation：NAO)という．通年でみられるが，冬季を中心に顕著となり，ヨーロッパに留まらず，西アジアから東アジアに影響が及ぶこともある．

両作用中心(IL・AH)が強いときがNAO正フェイズで，偏西風が強く，暖流の北大西洋海流による湿潤な空気がヨーロッパ内陸部まで進入し，冬は暖かく，夏は涼しい気候となる．一方，IL・AHがともに弱いと

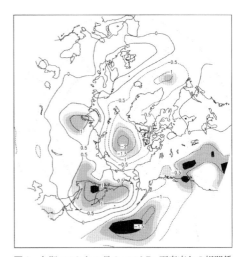

図2 冬期NAOと6月の500hPa面高度との相関係数[5]

きがNAO負フェイズで，偏西風は蛇行し，ILに代わってブロッキング高気圧が形成されることもあり，地中海低気圧の活動が強まる．北欧やシベリア方面から南欧に向かって寒冷な高気圧が張り出し，強い寒波が到来すると，地中海沿岸で降雪をみる．

一般に，NAOは北極振動(AO)の地域的な発現と指摘され，ヨーロッパが寒冬のとき，日本でも寒冬となる傾向がみられる．また，冬のNAOが正の場合，北東方の北極海バレンツ海の海氷が減少し，ひいては6月のオホーツク海高気圧が発達しやすくなるというタイムラグの関連性(図2)が示されている．

(3) ユーラシア大陸のテレコネクション

スカンジナビアパターン[6] (SCAND (Scandinavia; Eurasia-1) pattern) は，北半球 500 hPa 高度偏差で主な循環の中心がスカンジナビアにあり，比較的弱い反対のサインが西欧，東ロシア，西モンゴルに現れる．正フェイズ時には，ブロッキング高気圧が北欧，西ロシアに出現する．一方，負フェイズ時には同地域で負偏差となる．

東大西洋-西ロシアパターン[6] (EATL/WRUS (East Atlantic/West Russia; Eurasia-2) pattern) は，北半球 500 hPa 高度偏差で4つの作用中心があり，正フェイズ時にはヨーロッパと中国北部に正偏差，北大西洋中部とカスピ海北部付近に負偏差が現れる．負フェイズ時には逆パターンとなる．

ポーラーユーラシアンパターン (Polar Eurasian pattern) は，12～2月を中心として通年で現れる．北半球 500 hPa 面高度の主な偏差の中心が極地方に，反対の偏差がヨーロッパと中国北東部・モンゴルに出現する．数年，正または負が続く傾向があり，負フェイズ（北極域に極渦弱化）の出現は，1964/65～1969/70, 1976/77～1985/86 年，一方，正フェイズ（極渦強化）の出現は，1971/72～1975/76, 1988/89～1992/93 年に認められた．正〔負〕フェイズでは，ヨーロッパ・アジアの中緯度地域の大半で気圧の上昇〔低下〕傾向がみられる．

夏季のユーラシア大陸南部～日本列島付近に現れるのが**シルクロードパターン** (Silk Road pattern)[7] である．チベット高気圧の発達に伴い地中海東部・アラル海付近で下降流が強化し，200 hPa のアジアジェットに沿って定常ロスビー波が伝播し，小笠原高気圧の発達につながるものとして認識されている．

(4) 太平洋からのテレコネクション

熱帯太平洋の海面水温偏差が西低東高となるのがエルニーニョ現象，西高東低になるのがラニーニャ現象である．そのSSTパターンに影響されて，地上気圧も東西振動するので，SSTと海面気圧を統合して，**エルニーニョ・南方振動**（El Niño/ Southern Oscillation：ENSO）とよばれる．地上気圧変動は，タヒチとダーウィンの差に基づいて基準化されており，**南方振動指数**（Southern Oscillation Index：SOI；⇒§Ⅳ-4）として活用されている．

エルニーニョ現象時には，熱帯太平洋の地上気圧偏差は西高東低となり，高気圧に覆われるインドネシアやインドシナ半島で旱魃傾向となる．その影響は，ウォーカー循環を介して全球の熱帯へ拡大するとともに，ハドレー循環を介して中・高緯度の広域に高温偏差をもたらす．インドやアフリカの低緯度地域では旱魃傾向となる．

エルニーニョ現象時，日本では（図3），冬には熱帯暖水域の東方拡大に伴う東西循環の活発化，移動性高気圧の増加により暖冬傾向となる夏には北太平洋高気圧の西縁部にあたる小笠原高気圧が発達せず，梅雨前線活動が活発化し，オホーツク海高気圧の出現もあり，豪雨・洪水多発，冷夏傾向となる．

それに対して，ラニーニャ現象時には熱帯太平洋の地上気圧偏差は西低東高となり，太

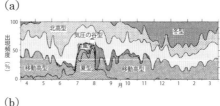

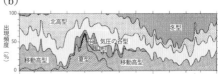

図3 日本における (a) エルニーニョ, (b) ラニーニャ年別にみた気圧配置型出現頻度(%)の半旬ごとの推移[8]
(a) 1946, 51, 57, 63, 65, 69, 72, 77, 82, 87 年, (b) 1950, 54, 55, 56, 67, 70, 71, 73, 75, 81 年 (ともに当年4月～翌年3月).

平洋西部では，熱帯収束帯や熱帯低気圧の活動が強まり，大雨・洪水の頻度が高くなる一方，中南米の太平洋側で旱魃が起きやすい．日本は寒冬，猛暑夏の傾向となる．

近年頻度を増し注目されるようになってきた**中部太平洋エルニーニョ**（CPエルニーニョ，Central Pacific El Niño：CP El Niño)[8]は，熱帯太平洋中東部でSSTが平年より高い状況が継続する現象である．エルニーニョ現象（ラニーニャ現象）へ移行する場合には長引く（終息が早い）．1年以上にわたるCPエルニーニョとしては，1953~54，57~59，63~64，65~66，68~69，77~78，87~88，91~92，94~95，2002~03，04~05，09~10，14~15年があげられる[9]（⇒§IV-4，§VI-3）．また，「エルニーニョ・モドキ」（El Niño Modoki)[10]は，熱帯太平洋中央部（日付変更線付近）でSST偏差が高温となり，CPエルニーニョと共通するが，熱帯太平洋西部と東部では低温と定義される．

北半球太平洋の低緯度から中緯度を経て北米にかけての顕著なテレコネクションとして，**太平洋‐北米パターン**（Pacific-North American pattern：PNA）があげられる．4つの作用中心，ハワイ諸島付近（正フェイズ時＋〔負フェイズ時－〕），アリューシャン南部（－〔＋〕），北米北西部（＋〔－〕），北米南東部（－〔＋〕）からなる波列として現れる（図4）．冬にはアリューシャン低気圧（AL）が発達して空間スケールが最大になる．春になると，ハワイ高気圧（HH）は発達する一方，ALがアラスカ方面へ縮小する．PNAは6~7月には消失するが，秋にはALが勢力を増すとともにPNAパターンが明瞭化する．冬の後半に顕在化するAL-ILシーソーはPNAとの関連が指摘されている[11]．

正フェイズ時においては，HHが強まるとALも東偏して強まり，北米北西部で高気圧が発達，さらに北米南東部の低気圧も強まるという連鎖を引き起こす．カリフォルニアの旱魃，フロリダの大雨を引き起こしやすい．

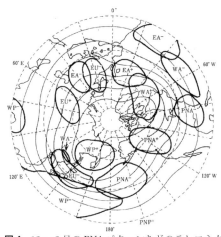

図4 12~2月のPNAパターンなどのテレコネクションパターン[3]

一方，PNA負フェイズ時には，北太平洋高緯度にはブロッキング高気圧が進出し，太平洋中央部にはジェット気流の分流によるトラフが入る．冬にはハワイ諸島付近からの暖湿流「パイナップル・エキスプレス」によるカリフォルニアの大雨や，アメリカ南東部の旱魃につながる傾向となる．

PNAの正はENSOのエルニーニョ時，とくにCPエルニーニョ時に，PNAの負はラニーニャ時に伴う傾向がみられる．近年の冬で強度の正を示したのは，1988，1998，2010年，強度の負を示したのは，1989，1990，2013，2014年であった．MJO（後述）がPNAパターンを励起するとの指摘もある．

西太平洋パターン（Western Pacific（WP）pattern）（図4）は，東アジアのジェット気流の位置と強度に左右されるパターンで，45°N付近を境として符号が逆転する．冬~春が顕著で，南方の東南アジア・北太平洋の西部と，北方のカムチャツカ半島付近・オホーツク海北方に作用中心があり，日本の天候に深く関連する．北方の作用中心と同符号の第3の作用中心が，北太平洋東部中緯度~北米南西部に通年で存在する（図4非表示）．ENSOと関連深く，エルニーニョ〔ラニー

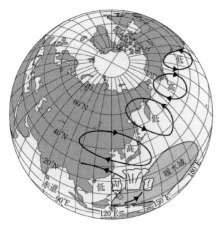

図5 PJパターンのテレコネクション[12]

ニャ〕年には，熱帯太平洋西部海域のSSTが平年より低く〔高く〕なるため，南で高〔低〕気圧，北で低〔高〕気圧パターンとなり，日本付近に暖冬〔寒冬〕(⇒§Ⅰ-5)傾向をもたらす．

太平洋-日本パターン (Pacific-Japan (PJ) pattern)（図5）は，太平洋西縁部のフィリピン付近の対流活動の強さに応じ，日本付近からその北東方にかけての波列構造が形成される．WPパターンと類似するが，北半球の夏に顕在化し，日本の天候を支配する．

ENSO (⇒§Ⅳ-4) と関係が深く，エルニーニョ〔ラニーニャ〕年の夏にはフィリピン東方のSST偏差が低く〔高く〕なり，ハドレー循環が不活発〔活発〕となり，梅雨前線とオホーツク海高気圧が停滞しやすくなり〔小笠原高気圧が発達し〕，日本に冷夏あるいは多雨の不順な夏〔暑夏〕をもたらす傾向となる．

太平洋十年規模振動 (Pacific Decadal Oscillation：PDO；⇒§Ⅳ-2, 3) は，数十年スケールのテレコネクションである．ENSOと似た分布を示すが，太平洋広域で卓越し，時間スケールは十数年〜数十年と長く，周期は11.2〜16.7年，15〜25年，50〜70年[13]が認められている．水温変動の振幅はENSOより小さい．SST分布は，①熱帯太平洋中東部から中・高緯度につながる海域（北米西岸〜アラスカ近海を含む），および，②その周りで東に開いた馬蹄形の海域，すなわち，熱帯太平洋西部から北東方（北半球）・南東方（南半球）へ延びる海域から構成される．PDO負レジーム（寒冷相：②＋/①－）が1890〜1924年，1947〜1976年，1999〜2013年に，正レジーム（温暖相：②－/①＋）は1925〜1946年，1977〜1998年，2014年〜2016年春にそれぞれ継続した．低緯度のみならず中・高緯度地域の気候への影響が研究されつつある．

(5) インド洋からのテレコネクション

マッデン・ジュリアン振動 (Madden-Jurian Oscillation：MJO；⇒§Ⅳ-2, Ⅳ-7) では，活発な対流活動域が赤道付近の低緯度帯を西から東へ伝播し，30〜60日周期の季節内振動として現れる．インド洋・太平洋では活発な時期と不活発な時期がみられ，年により活動度に差異があるが，9〜5月に活発化する．MJOは高SST海域で積雲・積乱雲の対流活動を励起し，その影響下では降雨が強まること，熱帯低気圧活動の発生に影響を与えること，ENSOの盛衰と相互作用があることも知られている[1]．

インド洋には，太平洋のENSOと類似した**インド洋ダイポールモード** (Indian Ocean dipole mode：IOD；⇒§Ⅳ-8) という海気相互作用の東西振動があることが指摘されている．本来，熱帯インド洋東部に暖水，西部に比較的冷水というSST分布を示す（負モード）が，通例秋に，熱帯インド洋東部に冷水，西部に暖水が現れることがあり，その現象をIOD（正モード）という．IODの指標は，西部（10°N〜10°S，50〜70°E）と東部（10°N〜10°S，90〜110°E）のSSTの差から求められる．アフリカやオセアニアの天候に影響を及ぼす．

(6) 極圏からのテレコネクション

極圏のテレコネクションとしては，**北極振**

動（Arctic Oscillation：AO；⇒§Ⅴ-1），南極振動（Antarctic Oscillation：AAO；⇒§Ⅴ-9）が代表的である．いずれも，極渦の循環が東西流型のときには，極域に寒気団が蓄積される（正フェイズ）のに対し，南北流型のときには，極渦の流れが弱まり，偏西風が蛇行して，中緯度へ寒気が流出し（負フェイズ），中緯度の低気圧活動も活発化する．中緯度側の作用中心はAOが37〜45°N，AAOが40〜50°Nにある．AO正の卓越は1989〜1992年，AO負の卓越は1995〜1998年にみられた．

AOとAAOはそれぞれ**北半球環状モード**（Northern Annular Mode：NAM），**南半球環状モード**（Sorthern Annular Mode：SAM）[13), 14)]としても捉えられる．1997〜2010年の秋・冬には正のAAO（SAM）が卓越するなか，南オーストラリアでは亜熱帯高圧帯に覆われることが多く，寒冷前線のオーストラリア大陸への北上を阻み，厳しい旱魃傾向となった．

(7) 成層圏 QBO

成層圏**準2年周期振動**（quasi-biennial oscillation：QBO（⇒トピック⑪））は，赤道付近の東風と西風が27〜29か月周期で交代することで特徴づけられる．上層から下層へおよそ1km/月の速度で伝播するとともに，気圧・気温システムへ影響を及ぼすので，テレコネクションの観点からも重要である．元来は成層圏低緯度での現象であるが，中高緯度への影響も次第に解明されつつある．

3〜5月におけるQBO（50 hPa）東西風時のモンスーンアジアの夏季降水量と循環を比較する[15)]．赤道を挟みコリオリの力が逆向きに作用し，東風時には中緯度側に発散，西風時には赤道上で収束するため，異なる影響がグローバルに及ぶ．東風時には，インド北西部から北ベトナムを経てフィリピン・ルソン島の東へ延びる熱帯収束帯（ITCZ）が活発化する一方，長江流域，朝鮮半島，日本列島に至る旱魃域が現れやすい．東南アジアの

ITCZで収束し上昇した気流が東アジアで下降気流（ハドレー循環）を強めると考えられる．　　　　　　　　　〔山川修治〕

文献

1) Climate Prediction Center of NOAA (2015) (http://www.cpc.ncep.noaa.gov/data/teledoc/teleintro.shtml)
2) 山川修治 (2005)：季節〜数十年スケールからみた気候システム変動．地学雑誌，**114**，460-484．
3) Wallace,J.M. and Guzler,D.S. (1981)：Teleconnections in the geopotential height field during the Northern Hemisphere winter. *Mon.Wea.Rev.*, **109**, 784-812.
4) Osborn,T. (2000)：North Atlantic Oscillation (http://www.crudata.uea.ac.uk/ ~timo/datapages/naoi.htm)
5) Ogi,M. *et al.* (2004)：The connectivity of the winter North Atlantic Oscillation (NAO) and the summer Okhotsk high. *Jour.Meteor. Soc.Japan*, **82**, 905-913.
6) Barnston,A.G. and Livezey,R.E. (1987)：Classification, seasonality and persistence of low-frequency atmospheric circulation patterns. *Mon.Wea.Rev.*, **115**, 1083-1126.
7) Enomoto,T. (2004)：Interannual Variability of the Bonin high associated with the propagation of Rossby waves along the Asian jet. *Jour.Meteor.Soc.Japan*, **82**, 1019-1034.
8) 山川修治 (2010)：エルニーニョ・ラニーニャ年で異なる東アジアの気圧配置．気候影響利用研究会編：エルニーニョ・ラニーニャ現象，pp.41-44，成山堂書店．
9) Yu,J-Y. (2010)：Two types of El Niño: Central-Pacific El Nino and eastern-Pacific El Niño (http:// www.ess.uci.edu/~yu/2OSC/)
10) Ashok,K. *et al.* (2015)：El Niño-Modoki and its possible teleconnection. *Jour.Geophys.Res.*, **112**, doi:10.1029/2006JC003798.
11) 中村　尚他 (2002)：アリューシャン・アイスランド両低気圧のシーソー現象．天気，**49**(8)，701-709．
12) Nitta,T. (1987)：Convective activities in the tropical western Pacific and their impact on the northern Hemi sphere summer circulation. *Jour. Meteoro.Soc. Japan*, **65**, 373-390.
13) Australian Bureau of Meteorology (2015)：The Southern Annualar Mode (SAM) (http://www.bom.gov.au/climate/enso/history/ln-2010-12/SAM-what.shtml)
14) Thompson,D.W.J. and Wallace,J.M. (2000)：Annular modes in the extratropical circulation. Part I：Month-to- month variability. *Jour. Climate*, **13**, 1000-1016.
15) 井上　誠・山川修治 (2010)：成層圏QBOとアジア域降水活動との関係．地学雑誌，**119**，441-450．

§Ⅵ－6

世界の気候区分の諸特性
Features of global climate classification

(1) 気候の区分と気候地域の意義

　気候・気象現象は地球の対流圏を中心に生じる時間・空間的な分布現象の代表例といえる．このような事象は，おのずと地表面近傍で生起する時間・空間的な分布現象を相手に科学的な視座から追究を試みる「地理学」の対象でもある．事実，気候，地形，あるいは水文などの自然的な諸現象は，そのまま「自然地理学」を構成する主要分野へと置換可能である．

　このような自然地理的な事象に焦点をあてて，その空間的，ないし時間的な分布現象に着眼しつつ等質的な地域単位に括って類型化を試みるのは，自然地域区分へとつながる．この自然地域の提示は，人間の居住や活動の環境条件の適否を示唆することもさることながら，その最終目的は，個々の土地の生産性の表示にこそある．それゆえ，自然地域を構成する1つとして**気候地域**（climate region）が位置付けられ，その画定には気候の区分（気候分類）を図ることが求められ，その上で，ある特性を備えた気候の広がりの明示が要請される．

　その気候区分のためには，ある「基準」を確立し，それに準拠して類型化されたそれぞれの型の分布状況から，気候特性の空間的広がりを画定し，かつその空間的秩序を把握することが眼目となる．と同時に，その広がりの掌握には「境界」の存在が不可欠にもなる．ここに「気候地域」を設定する意義が浮上する．

　このように気候の区分と気候地域の設定とは表裏一体であり，それに臨んでは，気候をどのように解釈し，大気特性のどこに焦点を照射するのかが質される．換言すれば，それはいかなる立場に立脚し，いかなる目的を有するのかによって，気候区分への「基準」設定にかかわる手順の合理性と妥当性が問

われよう．

　かくして，気候学，ひいては地理学にとって極めて重要な課題である気候区分と気候地域の設定に関しては，学問としての気候学の歩みに符合して2つの立場が想定されるので，それに準じて説明を試みたい．すなわち，その1つは学問としての歴史が長い古典気候学を背景とした「経験的気候区分」（古典気候学的な気候分類）であり，もう一方はいわゆる新しい気候学に立脚した「発生的気候区分」（近代気候学的な気候分類）である．

(2) 経験的気候区分の特性

　世界スケールで気候を分けて，それに基づいた気候地域区分を試みる発想を丹念に辿ると，19世紀前半に初めて等温線図を提示したフンボルト（Humboldt, A）[1]にまで遡ると思われる．しかし，気温や降水量などの気候要素の分布を示す等値線図において，ある気候特性の分布範囲を画定して境界を定めるには，説明の礎石となる根拠が求められる．つまりそれは，等値線で連続的に描かれる気候要素の分布に不連続を画する客観的な理由付けにほかならない．

　そこに気候特性を表現する自然現象として，自然植生こそがその有力な総合的指標であるとの見解が登場した．これには当時の欧州を中心とする植物分野の研究成果が背景として窺われる．例えば，ヒィンド（Hinds, R.S.）は年平均気温の基準値を用いて気候を大別し，それが植物の分布領域とうまく対応すると指摘した[2]．このような先駆的な発想が，その後にグリーゼバッハ（Grisebach, A.），キャンドール（Candolle, A.de），ズーパン（Supan, A.）などによる世界の植生分布に対する気候要素に基づいた試みを追随させた[3]-[5]．このような研究結果をにらみつつ，ケッペン（Köppen, W.）は気温などを典型とする気候値と植生分布との関連性に注目して，その一致・不一致を気候区分の根底に据えた．日本でも地理の教科書などに引用されることの多いケッペンの気候区分図（図1）は，この視

284　第Ⅵ章　自然要因からさぐるグローバル気候システム変動

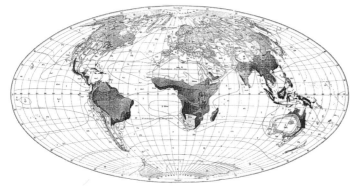

図1 ケッペン（1918）による世界気候図（縮尺：1/60,000,000)[6]
〈凡例〉A気候／1：Af 2：Aw B気候／3：BS 4：BW C気候／5：Cw 6：Cs 7：Cf D気候／8：Dw 9：Df E気候／10：E 11：F．

点からの集大成として，彼が72歳の1918年に公表されたものである．そこでケッペンは気候を11の気候群（A気候＝2気候区，B気候＝2気候区，C気候＝3気候区，D気候＝2気候区，E気候＝2気候区）に分けている．その際，もっとも重視したのは樹木の生育する地域か，それが欠如している無樹木地域かの識別である．その上で前者を緯度圏に沿った**温度帯**（temperature zone）で，後者は水不足に起因するのか，それとも寒さによるものなのかでそれぞれ区別した．

このような大区分に続き，中区分では降水にかかわる乾燥月の有無とその発現の季節で細分し，さらに小区分において再び気温に着目して，その年変化などを拠り所にした．

一方，無樹木気候である乾燥気候に関しては，気温と降水量の大小を比較する形で乾燥限界の基準を採用している．それは

降水量＝指数×（気温＋α）

の式に集約される．この式で，左辺が右辺を上回れば湿潤であり，その逆だと乾燥気候となる．さらに，寒さが原因で樹木が生育できない高緯度限界としては，いわゆる「**ケッペン・ズーパン線**」（Köppen-Supan line）と称される最暖月10℃の等温線を用いて画している．

考えてみれば，宇宙空間からこの地球を俯瞰した場合，まず目に飛び込んでくるのは地球表面積の7割を占める海洋の「青」であ

ろう．続いて残る3割を占有する陸域に目を転じれば，植物の生えている「緑」，それの欠落する沙漠などの「茶」と氷雪に覆われる「白」が目につくはずと，ケッペンが考えたと想像するに難くはない．現代のように衛星画像を目にすることが望めない当時としては，驚嘆に値する卓見かと思われる．

ケッペンのこの研究に対して，賛否両論を含む多くの反響が寄せられたことはいうまでもない．簡単にいくつかの反論を紹介したい．

①気候システムの設定において，異なる原則が併用されている．つまり，湿潤と乾燥を対置させ，次に前者を降水の年変化型で，後者を乾燥の度合いでそれぞれ細分しているのは疑問である．前者に湿潤の度合いを採用した細分化ならば，まだ一貫性があるし，しかも三次の小区分では再度，気温値を用いている点が不統一である．

②乾燥気候の基準値は北米大陸では実態と合致しない．

③高緯度側への樹木限界を最暖月10℃の等温線にすると，北米では一致しない．

④グローバルスケールでは植生分布と気候値とは調和するとしても，それ以下のスケールには適用が難しく，とりわけ，大陸東岸では不一致が大きい．

⑤高地の気候型に対する検討が不十分である．

⑥この分類は気候区分というよりも，本質

的には植生区分の範疇を出ない．気候区分を企図するならば，気候・気象現象そのものに立脚して分類を試みるべきであろう．

などの諸点である．

このような反論を通覧して，とくに上記⑥の指摘内容が気候分類の要諦を捉えている．本来，シームレスの大気現象に対して不連続を画定するためとはいえ，植生分布を援用しているのには，気候現象を分かつ判断根拠として，いささか疑問を抱かざるをえない．すなわち，気候を日々の天気の集積として扱ってこそ，あるいはあくまで大気現象そのものに着眼し，それに内在する不連続に基づいてこそ，初めて気候に内包する地域差を現しうるのではなかろうか．

そうはいっても，評価・賛同の声も同時にある．それは，

①扱い方が簡明でわかりやすく，また符号（キャンドールの報文に準拠している）により，どのような気候なのかをイメージしやすい．

②世界スケールで区分した各気候型の分布を図示している．

③内容を適正に理解した上で，表現の長・短所を熟知して利用することが大切である．

④植生は気候作用の総和の所産であり，気候・気象の測定が難しい所でもこの結果を活用すれば有効となる利点もある．

などである．とりわけ，上記④に関連して，**気候景観**（climate landscape）の研究意義が強く唱えられる一面を有している．

この後，直接，間接に植生分布を採用した気候の区分としては，ある期間における気候要素の平均値に限ることなく，その継続値，変動率，頻度などの重要性を説いたローティンザッハ（Lautensach,H.）[7] や，**温量指数**（warmth index）を導入して大陸東岸の気候と植生分布との対比を試みた吉良竜夫，さらには月平均気温，最暖月・最寒月の気温，さらには植物季節の値などを通じて年間の季節推移に着目したトロール（Troll,C.）などがあげられる[7)-9)]．

もちろん，植生以外の自然現象を１つの指標として選択し，気候区分を意図した研究もある．その一例として，ヴェイコフ（Wojeikof,A.）やペンク（Penck,A）による気候現象の生成物として河川や湖沼の水文景観を位置付けた捉え方が例示される[10),11)]．確かに，河川流量の年変化や湖沼への水の貯留は，その地域の降水量と蒸発量の大小を表示する景観ともいえる．

これまで述べてきた自然植生こそが気候特性の有力な総合的指標であると捉えたさまざまな試みの要点をここで記しておきたい．

①何よりも乾燥・湿潤を重視して乾燥気候と他の気候地域とに峻別し，その後に温度帯を設定したケッペンに象徴される考え方が１つある．とりもなおさず，これは気候現象の効果に立脚した見方とみなせる．

②他方，緯度（ゾーン）の概念こそが肝要と考え，温度帯の設定から始動した後に，個々の温度帯の細分化に臨んで湿潤から乾燥への遷移をもとにした考え方である．これは気候地域の根幹は気温分布であるとする見解で，クロイツブルグ（Creutzburg,N.）などはこれに属する[12)]．

なお，農業の可能性を念頭に，作物生態の特性を加味したパパダキス（Papadakis,J.）やレディ（Reddy,S.J.）の報告も一見に値する[13),14)]．

このような思潮を辿ると，少なからず気温を土台に据えた気候帯という認識が底流に窺われる．その概念を打破したのが後述するソーンスウェイト（Thornthwaite,C.W.）の気候区分である．

(3) 気候区分における乾燥・湿潤

かつては蒸発量の観測値が十分でないため，通常の気候資料による乾燥・湿潤を厳密に規定することは極めて困難であった．しかるに両者の仕分けが課題にもなった．

そんななかで，「気温≒蒸発」という考えのもとに降水量値と気温値の比を通して，降水の効果を捉えようとリンサー（Linsser,C.）は試みた[15)]．このような見方に水文学的観点からの気候区分の成果も組み入れられた．そ

の1つにラング（Lang,R.）による土壌の生成に対する降水効果の追究がある[16]．そこでは年降水量に対する年平均気温の比率を**雨量因子**（rain factor）と定め，この値の40の等値線が乾燥気候下で形成される土壌分布の限界に符合することから，その等値線を乾燥限界線とした．さらにその後に，月平均気温からそれを導出する方法も補筆した．

こうして，ある特定の1本の等降水量線で乾燥気候の地域を定めようとする，やや強引なそれまでの思考から脱却する気運が芽生えてきた．ほぼ時を同じくして，マルトンヌ（Martonne,E.de）が**乾燥指数**（indice d'aridit）を案出した[17]．これはラングの雨量因子の式で分母の気温が負の地域にも適用する狙いから，分母に10を加算した式へ置き換えたものである．その上でこの指数の20を乾燥限界とした．しかも，類似の考え方を乾燥月の規定にも適用して，乾燥期間の長短が気候の特性として無視できないと強調した．さらに同じタイミングでメーヤー（Meyer,A.）は，年降水量と年平均の**飽差**（saturation deficit）との比を用いる方が，土壌や生物に及ぼす降水の影響を適切に表現できると唱え，これを**N－S係数**（N－S quotient）とした[18]．この結果は，平坦な地域で河川の流出量に歩調を合わせて変化しているけれども，あくまでグローバルスケールでの一致傾向に留まる．

またオングストローム（Ångström,A）は，マルトンヌの乾燥指数のみでは物理的な意味合いが乏しいとして，月単位の降水継続時間を分単位に変換すれば，これが乾燥指数と並行して年変化を示すとし，この前提に立って乾燥指数の意義を説いた[19]．こうして創案されたのが**湿度係数**（humidity coefficient）である．

これに呼応する形でウィスマン（Wissmann,H.von）はユーラシアの気候と植生地域を論じるに臨み，乾季の継続期間が湿潤地域と乾燥地域の境界には大きな比重を占めると言及した[20]．そうして月単位で乾燥限界を定める式を考案し，後に世界気候図を示している．

なお，ラウアー（Lauer,W.）やワルター（Walter,H.）は，同類の乾燥・湿潤の吟味に際し，図表現の上でそれぞれ，乾燥月等持続線や雨温図などを提案して，乾燥の度合いを月単位で論じた[21],[22]．これと逆の発想で湿潤月の考え方を取り入れたのがクロイツブルグ[12]で，この月数の多少で気候の細分化を試行した．

こうして概観すると，気候の乾燥・湿潤を論じるにあたり，月単位での乾燥期間（裏を返せば，湿潤期間）という概念を導入することで，乾燥から湿潤までの推移を捉えることが叶えられ，それまでの難点を克服した1つの前進にもみえる．

しかしながら，乾燥月や湿潤月を判別する独自の関係式の意味と精度を再考する必要性は問われる．というのも，年の気候値で捉えようとした指数に関して，年の値を機械的に月の値へ置き換えただけで，月単位の乾燥・湿潤を決定できる保証はどこにもないからである．加えて，定めた乾燥限界を境に，乾燥か湿潤かという二者択一の定性的な結果しかそこからは得られず，乾燥から湿潤へ推移する水分条件の定量的な表現が必ずしも十分とはいえない点も付言される．

かくして，乾燥・湿潤という気候上の大きな課題に対して，乾湿の判断には気温と降水量の比率をベースに思慮している場合が多い．その背景としては既述したように気温の高低が蒸発のそれにほぼ置換可能との考えが瞥見される．ならば，直接それらの大小でその乾湿を捉えるべきとの考えに至る．ここに先に布石したソーンスウェイトによる水収支的な発想の登場と意義が存在している．

ソーンスウェイト（前掲）は，当時，アメリカ合衆国で観測されていた20余地点の月別の気温，降水量，それに蒸発量の値を手にし，降水量と蒸発量の比率を求めるのに，降水量と気温の比率を適用して算定可能な実験式を提示した[23]．これによって，たとえ蒸発

量の値が測定されていなくても，降水量と気温の値から降水量と蒸発量の比率が求められる．そうして月単位で算出した降水量と蒸発量の比率の12か月の総和を**降水効果指数**（P-E index）とする一方で，気温と蒸発量の比率の同様な総和を**温度効果指数**（T-E index）とした．これら双方の指数を併用して，気候の区分と気候地域区分の試みをアメリカ合衆国に対して遂行している．これへの主な反応は，次のような点であった．

①確かに，蒸発量を加味した点は新鮮であって，それまでの温度帯という概念と異なる発想は理解できる．

②しかし，計算された指数の閾値（しきいち）の確定に臨んで，言い換えれば，気候の区分に際して，やはり植生分布を採用しており，その境界値の選定理由が恣意的で説明力に欠ける．

③また，実験式算出の過程で複雑な計算を経ているため，個々の地域が温熱的に，あるいは水分条件においてどのような気候なのか，即座にイメージしにくい．

④これによって，新たにどのような点が判明・進展したのか判然とせず，やはり根底では植生こそが気候の指標として有効であるとする従来の見解の域を脱していない．

⑤自然界で蒸発量を実測する際，その取りうる最大値は天空からもたらされる降水がすべて蒸発した場合と想定される．ゆえに，蒸発量が降水量を上回って記録されることはないはずである．しかし，個々の土地の気候環境が実際の降水量以上に蒸発する可能性を潜在的に有している場合もありうるので，降水量と蒸発量の大小のみでは，各々の土地の真の乾燥・湿潤を把握しているとは限らない．

⑥土地の乾湿を検討する場合には，土壌中の水分も関連するため，植物を1つの器官とみなして，それを介した蒸散量も加味する必要がある．

とくにこれらの意見のなかで，⑤や⑥は極めて的を射た指摘と認めざるをえない．ゆえに，ソーンスウェイトはこのような難点の是正に着手し，新たに**最大可能蒸発散量**（蒸発散位，potential evapotranspiration：PET）という概念とその計算式を提案した[24]．すなわち，個々の地域が潜在的に蒸発・蒸散する環境も考慮した上で，乾燥・湿潤を掌握する必要性に応えた．よってその後，降水量と蒸発散位の大小が気候の乾燥・湿潤を表すことにつながった．

最終的に，ソーンスウェイトは独自に考案した蒸発散位，**湿潤指数**（moisture index），湿潤係数，および乾燥係数などの値を区分して，それらを重ね合わせる手法で気候を分類している．それでもこれら数値の区分における客観性は乏しい．けれども，この結果から気候表現の多様性を示すと同時に，蒸発散位を気温値から算出でき，その上で降水量と蒸発散位に関する指数で気候を分けていると受容できる．

しかしながら，多くの計算を経ても，分けられた気候の実体が何なのかという疑問は依然として残る．加えて，ソーンスウェイトは世界全域を対象にした気候区分図を自らの手によって明示しなかった．それでもこの思考に触発された形でペンマン（Penman, H.L.）などの研究が著わされた[25]し，この方法で全世界を含めた他地域への適用などが後人の手で試みられた．

いずれにしても，この種の思考と方法のさらなる進展は，水収支的な気候学や応用面で重要な事柄である．と同時に，全球的に適用可能となる改良と精度の向上が期待される．

以上述べてきたような経験的気候区分の研究を顧みると，気候型と気候の総合的指標として位置付けた植生型との対応に主たる関心が払われてきたといえる．けれども両者の対応に気候区分の基礎を据えることは，純気候学的にみて必ずしも適正とはいえない．なぜならば，植生分布はそれを左右する1つの因子として気候条件がかかわるものと評価されるのであって，常に気候条件がそのすべてを支配しているとはいえないためである．換言すれば，自然界における所与の条件が植生分布を決定しているのに，それと対照させて気

候の境界を確定するのは，いささか飛躍的過ぎるとみられなくもない．かくしてそのような指摘を克服するには，植生型と気候型を連結させる生理学的・生態学的な中間項が，今後，的確に補完されることが前提となるであろう．

(4) 発生的気候区分の特性

気候学が主として気候要素の特徴などを記述する学問から，気候現象の形成機構などを説明するそれへと変質しつつ展開していくに伴い，気候の区分や気候地域区分にもそれが投影されてきたことは，ある意味で当然の帰結といえよう．この立場からの気候区分では，風系・大気大循環に立脚する視点と気団に重きを置くそれとに大別される．

(a) 風系・大気大循環に基づく気候の区分

最初にミューリー（Mühry,A.）やヘットナー（Hettner,A.）による風の地理的体系がこの種の成果としてあげられる[26),27)]ものの，概念的な域を脱していないのが実状である．この観点から風系の地球全体像を示したのはケッペンである[28)]．そこでは大洋上の風地域を1月と7月に着目して年変化幅を捉える手立てを採用している．この点から夏，冬とも同一の風系か，それとも季節ごとに交替するのかの実像が類推できる．

その後，地上風のみではなく高層風にも関心が及び，ベルゲン学派（ノルウェー学派）による「気団・前線論」の登場をみるに至った．その1人であったベルシェロン（Bergeron,T.）は太平洋を中心に夏と冬の卓越気団の作用域，主要前線の位置，ならびに地上の卓越風などを根拠に地域区分を提示した[29)]．

こうして風系に着目したとしても，気団や前線と隔絶した形で追究を図るのは厳しい．その点からフローン（Flohn,H.）が大気の3次元的な解析を踏まえて，模式的ながら世界の風地域を表示したのは注視に値する[30)]．これを追うようにクーパー（Kupfer,E.）は，フローンの設定した風系帯を対象に，その分布の季節的な南北振動を押さえ，夏と冬の限界線で気候地域を画定した（図2）[31)]．加えて，降水の発現やその年変化の特徴を盛り込んで，

ほぼ東西方向に分布している各気候帯を西岸，東岸，および内陸に細分しているほか，高層の気圧場におけるトラフの頻出域も表示している．ニーフ（Neef,E.）も夏と冬の気圧分布や気流系をもとに気候のシステムを論じた[33)]．

さらにブルメンストック（Blumenstock,D. J.）やヘンドル（Hendl,M.）は，大気大循環を考慮に入れて熱帯気候区の特定や熱帯内・外の循環の境界画定に腐心している[34),35)]．また日々の高・低気圧の領域は，発散気流と沈降流，収束気流と上昇流の場であると解釈可能なので，これに大気の安定成層，不安定成層の特色を付加して地域を眺めると，大気現象のプロセスを指標とする気候地域の設定が可能だとガースメル（Gersmehl,P.J.）ほかは考えた[36)]．そこで提示された4つの型は以下の通りである．つまり，

①低緯度に卓越する不安定成層型
②極地に発達する気温逆転型
③亜熱帯に卓越する沈降流型
④中緯度に発達する前線型

である．加えて，これらの分布地域の間に遷移帯を設けて計7地域に類型化を施している．

(b) 気団・前線に基づく気候の区分

ベルゲン学派のベルシェロン（前掲）の研究を念頭に入れて，北半球に限定しつつも夏と冬の主前線の位置，気団の発現域，およびその分布をペテルセン（Petterssen,S.）は明示した[37)]．また，ダンマン（Dammann,W.）は日々の高・低圧の位置を10年間にわたって特定し，月単位の図で気候地域を説明した[38)]．

これに続いてボルシャート（Borchert,J. R.）やアリソフ（Allissow,B.P.）が著わした類似の観点からの研究[39),40)]も見逃しえない．とくに後者では，主要な前線の季節的な南北移動に基づいて，赤道，熱帯，温帯，寒帯，それに極の各気団の夏と冬の分布を重ね，年間の作用気団をもとに気候帯を定めている．それに則って，夏・冬とも同一気団に覆われる地域とそれが季節で交替する地域に分けている（図3）．しかもこれに大陸の東西差，大陸性か海洋性か，さらには平地型か山地型

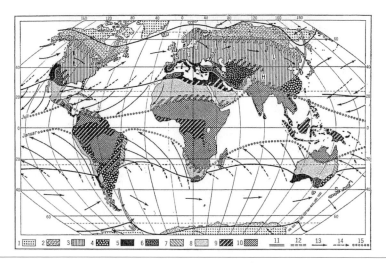

1：寒帯気候帯（EE）
2：亜寒帯気候帯（WE もしくは EW）
　　惑星的前線気候帯（WW）
3：S＝海洋気候帯
　　L＝大陸性気候
　　Ü＝両者間の以降気候
4：夏湿潤東岸気候
　　亜熱帯気候帯（PW）
5：ある程度の冬雨
6：弱い春雨（内陸型）
　　貿易風気候帯（PP）
7：湿潤東岸
8：乾燥西岸・内陸
　　熱帯気候帯（TT），（TP）
9：恒常的湿潤（常緑原始林）
10：周期的湿潤（高日期が雨季）
11：低温の高層トラフの生じやすい場所
12：同上，ただし推定
13：通年吹走する気流（貿易風はきわめて恒常的，それ以外は非恒常的）
14：夏季に吹走距離がのびる貿易風
15：1月および7月の熱帯収束帯の位置
H：特殊の高地気候
T：熱帯西風帯
P：貿易風帯
W：西風を伴う惑星的前線帯
E：極東風帯
＊カッコ内に併記された2つの大文字のうちの初めのものは，当該半球の夏の，後のそれは冬の卓越気流系．

図2 クーパー（1954）による世界気候図[31]（凡例の記述は矢澤（1989）[32] による）

かの指標で細分化を試みているが，残念ながら，それに関する具体的な手続きは示されていない．

その後，ブラウンシュベィラー（Brunschweiler, D.H.）は，北半球の164地点における毎日の気団解析を行い，月単位で個々の気団の出現頻度を図示した[41]．その結果に基づき，同一気団の支配地域，2つの気団の支配地域，さらには3つ以上の気団の支配地域などを精査した．これをベースにして年間の卓越気団を図化している．その論旨は明快なのだが，気団の客観的な判別・分類は常に可能なのか，あるいは出現頻度の特定の等値線（80％，50％，20％）を用いる合理性はどこにあるのか，さらに場所によっては，解析に使用した地点数に比べて区分された地域が多いことの不自然さ等々の問題点が指摘されている．また，オリバー（Oliver, J.）も年間の卓越気団を類型化する同類の見方でオーストラリアを地域区分した[42]．

こうして，発生的気候区分の視点に立つ研究を俯瞰すれば，風系に基盤を置く気候区分と，気団・前線にそれを置く区分とに分けられる．とりわけ，前者の気候区分においては，

　　一次的オーダー：大気大循環に基づく気候の区分

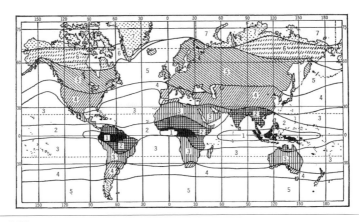

〈凡例〉
1：赤道気団帯　　　3：熱帯気団帯　　　5：中緯度気団地帯　　　7：極気団帯
　夏：赤道気団　　　　夏：熱帯気団　　　　夏：寒帯気団　　　　　夏：極気団
　冬：赤道気団　　　　冬：熱帯気団　　　　冬：寒帯気団　　　　　冬：極気団

2：赤道季節風帯　　4：亜熱帯地帯　　　6：亜北（南）極帯
　夏：赤道気団　　　　夏：熱帯気団　　　　夏：寒帯気団
　冬：熱帯気団　　　　冬：寒帯気団　　　　冬：極気団

図3 アリソフ（1954）による世界気候図[40]

　　二次的オーダー：季節風の吹走に基づく気
　　　　　　　　　候の区分
　　三次的オーダー：海陸風などの局地循環に
　　　　　　　　　基づく気候の区分
のように，風系をもとにした大気現象のスケールに適合した体系化を図ることで今後の方向性が見通せる．
　一方，気団・前線に立脚する気候の区分は，気団を指標にしたグローバルスケールでは有効であるものの，そこから先の細分化において，どのように合理的な手順が想定されるのか不明瞭である．その際の1つの障害にみえるのが，**気団変質**（air mass modification）の扱いであり，いかにしてそれを的確に捉えるかが問題であろう．
　先述したように，気候の区分と気候地域区分は，気候学のみならず，地理学にとっても重要なテーマの1つである．これにかかわる先人の研究をレビューすると，気候作用の結果と想定される植生などの生成物を指標にそれを追究するのか，あるいは気候・気象現象

を生み出す仕組みを基礎としてそれを捉えようとするかに大別される．当然ながら相互に長・短所があるため，双方の本質的な核心部を評価して，互いに補完し合うべき事柄と考える．それだけに，今日まで公表されてきた成果を踏まえて，気候区分やその視座に立った地域区分が，大気の，あるいは大気現象のどのような特性に着目し，いかなる視点のもとに，どのような性格の地域的広がりを，何のために遂行・確定しようとしているのかに対して適正な接近を試みつつ，その的確な活用をその先で図ることが鍵となる．

(5) 気候区境界の解釈と気候変動
　昨今，猛暑や多雨，ないし豪雪が発生すると，即座に異常気象や地球温暖化という言葉がマスメディアを飾る傾向にある．
　こうした日々の大気現象の変化を踏まえて，ここで扱った気候地域区分をどのように理解するべきか考えてみたい．通常，図1に示したようないわゆる**気候図**（climate

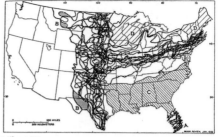

図4 ケンダール（1935）による北米の気候地域区分図[43]の対比
左：平年値的な見方で試みた気候地域区分図，右：年気候的な見方で試みた気候地域区分図→気候の核心地域と遷移地帯が現出（ただし，ロッキー山脈より西側地域は，当時の気候資料の有無から解析対象外とする）．

map）は，年々の気候値の変動・ばらつきという，ある種のノイズを除去して代表性を付与するために**平年値**（normal value）で描画される．この平年値的な気候値を用いて，かつ，先に述べたケッペンの気候区分の原理・原則に準拠して，例えば，アメリカ合衆国の気候地域区分をすると図4左のようになる．この図に示された気候区A，B，C，Dの境界は相互に1本の線で画されている．この境界に住居を構えているとすれば，どちらの気候区と判断するのが妥当だろうか．ある意味でこれは行政単位で発せられる天気予報への理解と類似している．要は，この気候区を画する境界線への解釈の仕方である．

そこで同じ気候値ながら，かつ同じケッペンの気候区分の原理・原則に則って，前述の平年値のような相加平均値を用いずに，個々の年の気候値で気候地域区分を試みた後，年ごとの気候区の境界を示す線のみを集積した結果が図4右である．この図から，毎年の状態に置換することで，気候区を示す境界の線が固定せず，動態的で錯綜した地帯の現出が識別できる．その一方で，気候区の境界線が1本も描かれない区域も認められる．言い換えれば，前者の領域は相互に隣接する気候区へ推移する，気候の**遷移地帯**（transitional zone）と推断できるのに対して，後者の場合には定常的な気候区として固定していると捉えて支障のない，ある種の気候の**核心地域**（core region）といえる．このような差異は，

年々の気候値（年気候的な見方）で図を描いて初めて認識可能となる．

近年のように，気候状況が年によって大きく変化する傾向が強まれば，あるいは，ある気候状態のレジームから他のそれへと変移する過渡期には，この気候地域区分における上述の遷移地帯の領域が拡幅し，その一方で核心地域の範囲が縮減することに連動する可能性が高まる．つまり，気候地域の境界の年ごとの振幅が拡大すると思われる．

その傍らで，地球温暖化は作物栽培の可能な地域を高緯度側へ拡張するので好ましいなどの声も聞かれるが，流体の大気現象は決してそれほど単純ではない． 〔佐藤典人〕

文献

1) Humboldt,A.(1817)：Des lignes isothermes et la distribution de la chaleur sur le globe. *Mém.Phys. Chemie.Soc.d'Arcueil*, **3**, 462-602.

2) Hinds,R.B.(1842)：The physical agents of temperature, humidity, light and soil, considered as developing climate, and in connection with geographic boundary. *Ann.Nat.Hist*, **9**, 169-189, 311-333, 415-417, 469-475, 521-527.

3) Grisebach, A.(1866)：Die Vegetations-Gebiete der Erde, übersichtlich zusammengestellt. *Pet.Geogr.Mitt.*, **12**, 45-52.

4) Candolle,M.A.de(1874)：Constitution dans le règne végétal de groups physiologiques applicables a la géographie botanique ancienne et moderne. Bibliothèque Universelle et Revue Suisse. *Archives des Sci.Phys.et Natur.Nouvelle période.*, **50**, 5-40.

5) Supan,A.(1879)：Die Temperaturzonen der Erde. *Pet.*

Geogr.Mitt., **25**, 349-358.

6）Köppen,W.(1918)：Klassifikation der Klimate nach Temperatur, Niederschlag und Jahreslauf. *Pet.Geogr. Mitt.*, **64**, 193-203, 243-248.

7）Lautensach,H.(1940):Klimakunde als Zweig länderkundlicher Forschung. *Geogr. Zeits.*, **46**, 393-408.

8）吉良竜夫（1945）：東亜南方圏の新気候区分. 京都帝大農学部園芸学研究室, **1**, 1-24.

9）Troll,C.(1955)：Der jahreszeitliche Ablauf des Naturgeschens in den verschiedenen Klimagürteln der Erde. *Studium Generale*, **8**, 713-733.

10）Wojeikof,A.(1885)：Flüsse und Landseen als Produkte des Klima's Zeits.*Gesell.Erdk.Berlin*, **20**, 92-110.

11）Penck,A.(1910)：Versuch einer Klimaklassifikation auf physiogeo graphische Grundlage. *Sitz.Ber.königl. preuß.Akad.Wiss.*, Jg. 1910, 236-246.

12）Creutzburg,N.(1950)：Klima, Klimatypen und Klimakarten. *Pet.Geogr. Mitt.*, **94**, 57-69.

13）Papadakis,J.(1966)：*Climates of the world and their agricultural potentialities,* Buenos Aires.

14）Reddy,S.J.(1983)：Agroclimatic classification of the semi-arid tropics. Ⅰ: A method for the computation of classificatory variables. *Agr.Met.*, **30**, 185-200.

15）Linsser,C.(1869)：*Untersuchungen über die periodischen Lebenserscheinungen der Pflanzen. Ⅱ.*, Mém.l'Acad.Impér.Sci.St.-Petersb., Ⅶ .ser.,t.XIII,No.8.

16）Lang,R.(1915)：Versuch einer exakten Klassifikation der Böden in klimatischer und Geologischer Hinsicht. *Intern.Mitt.Bodenkd.*, **5**, 312-346.

17）Martonne,E.de(1926)：L'indice d'aridité. *Bull.Assoc. Géogr.Franç.*, **8**, 3-5.

18）Meyer,A.(1926)：Über einige Zusammenhänge zwischen Klima und Boden in Europa. *Chemie d.Erde.*, **2**, 208-347.

19）Ångström,A.(1936):A coefficient of humidity of general applicability. *Geograf.Ann.*, **18**, 245-254.

20）Wissmann,H.von(1939)：Die Klima und Vegetationsgebiete Euradiens.Begleitsworten zu einer Karte der Klimagebiete Eurasiens. *Zeits.Gesel.Erdkd., Berlin*, **45**, 1-14.

21）Lauer,W.(1952)：Humide und aride Jahreszeiten in Afrika und Südamerika und ihre Beziehung zu den Vegetationsgürteln.*Bonner Geogr.Abh.*, **9**, 15-98.

22）Walter,H.(1958)：Klimatypen dargestellt durch Klimadiagramme. *Geogr.Taschenb.*1958/1959, 540-544.

23）Thornthwaite,C.W.(1931)：The climate of North America according to a new Classification. *Geogr. Rev.*, **21**, 633-655.

24）Thornthwaite,C.W.(1948)：An approach toward a rational classification of climate. *Geogr. Rev.*, **38**, 55-94.

25）Penman,H.L.(1956)：Estimating evaporation. *Trans.Amer.Geophys.Union*, **37**, 43-46.

26）Mühry,A.(1859)：Ein Blick auf das geographische System der Winde mit seinen Problemen,in klimatologischer Hinsicht. *Pet.Geogr.Mitt.*, **5**, 146-164.

27）Hettner,A.(1911)：Die Klimate der Erde. *Gegr. Zeits.*, **13**, 425-435, 481-503, 618-633, 675-685.

28）Köppen,W.(1923)：*Die Klimate der Erde.* Berlin-Leipzig.

29）Bergeron,T.(1930)：Richtlinien einer dynamischen Klimatologie. *Meteor. Zeits.*, **47**, 246-262.

30）Flohn,H.(1950)：Neue Anschauungen über die allgemeine Zirkulation der Atmosphäre und ihre klimatische Bedeutung.*Erdkd.*, **4**, 141-162.

31）Kupfer,E.(1954)：Entwurf einer Klimakarte auf genetischer Grundlage Zeits. *Erdkundeunterr.*, **6**, 5-13.

32）矢澤大二（1989）：気候地域論考―その思潮と展開―, 古今書院.

33）Neef,E.(1956)：*Die Erde* ― Klimazonen (Wandkarte 1:15,000,000), Gotha.
　→ただし, この文献は 矢澤大二（1989）：気候地域論考, 古今書院. を参照した.

34）Blumenstock,D.I.(1958)：Distribution and characteristics of tropical climates. *Proc. Ninth Pacfic Science Congress.*, **20**, 3-24.

35）Hendl,M.(1960)：Entwurf einer genetischen Klimaklassifikation. *Zeits. Meteor.*, **14**, 6-50.

36）Gersmehl,P.J. *et al.*(1979)：What? Another map? *Jour.Geogr.*, **78**, 212-217.

37）Petterssen,S.(1940)：*Weather analysis forecasting,* New York.

38）Dammann,W.(1952)：Klimatologie der Teifdruckgebiete und Fronten. *Ann.Meteor.*, **5**, 359-402.

39）Borchert,J.R.(1953)：Regional differences in the world atmospheric circulation. *Ann.Ass.Amer.Geogr.*, **43**, 14-26.

40）Allissow,B.P.(1954)：*Die Klimate der Erde,* Berlin.
　→ただし, この文献の図は, Flohn,H.(1957)：Zur Frage der Einteilung der Klimazonen. *Erdkunde*, **11**, 161-175. から間接的に引用している.

41）Brunschweiler,D.H.(1957)：Die Luftmassen der Nordhemisphäre. Versuch einer genetischen Klimaklassifikation auf aerosomatische Grundlage. *Geogr.Helv.*, **12**, 164-195.

42）Oliver,J.(1970)：A genetic approach to climatic classification. *Ann.Ass.Amer.Geogr.*, **60**, 615-637.

43）Kendall,H.M.(1935)：Notes on climatic boundaries in eastern United States. *Geogr.Rev.*, **25**, 117-124.

トピック⑩

近年における
グローバル気候遷移
Recent trends in global climate change

(1) 熱帯領域の拡大と付随現象

地球温暖化が注目されるなか,世界の気候帯は近年どのような推移を示しているのだろうか.**熱帯気候**(tropical climate)の拡大傾向は[1]),熱帯対流活動の活発化,それによるハドレー循環の高緯度側への拡張,熱帯圏界面を 15 km 以上と定義したときの領域(1979〜2005 年に両半球で緯度 5〜8° 移動),大気柱の総オゾン量(1979〜2003 年に北半球で約 2.5°N 北上),ジェット気流の位置,以上 5 つの観点から共通の認識となっている.また,熱帯の拡大傾向による,中緯度気候帯の高緯度側へのシフトに伴い,とくに**ツンドラ気候**(ET;tundra climate)の統計的に有意な縮小傾向がみられる[2].

(2) ケッペン気候区推移要因からみた季節性
(a) 気候区の遷移に関する背景

気候の平年値は 30 年間を基準とすることが WMO で定められている.現在,最新の気候値は 1981〜2010 年であるが,それ以前の 1951〜1980 年の気候値と比べどのように変化したか,世界の**気候システム**(climate system)変動の観点からさぐってみよう.世界の代表的な気候区分といえる**ケッペン気候区分**(Köppen's Climate classfication)の境界の推移について関心が高まっている[3)-5)].ここでは,大気大循環が概略もっとも北上・南下する 1 月(図 1a)と 7 月(図 1b)に着目し,**気候遷移**(climate succession)の見地から,NCEP/ NCAR 再解析データの 1000 hPa 面高度で両期間の気候値を比較〔(1981〜2010 年)−(1951〜1980 年)〕してみると,近年の変化傾向がわかる(1979 年から当データの精度の向上がみられるが,ここでは地上の気候が

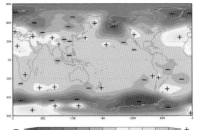

(a) 1月

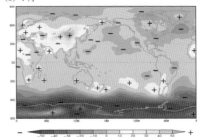

(b) 7月

図 1 1000 hPa 面における 1951〜1980 年と 1981〜2010 年(a)1月,(b)7月の高度偏差〔gpm〕の分布 →口絵 55
±:偏差(後者−前者)のピーク.

対象なので影響が少ないと判断される).ここで比較対照する新旧のケッペン気候区分図は,口絵 56 に掲載する.

(b) 冬季の気候推移

冬の 1000 hPa の気温で,両期間の差をみると,北米大陸北西部,アイスランド付近からバレンツ海付近,中国東北部が顕著な上昇を示す.逆に比較的低下している地域もベーリング海付近,北アフリカ,南極大陸にみられる.

図 1a から気候帯の変化を読み取ると,シベリア高気圧は弱化し,アリューシャン低気圧は東偏強化を示す.このことは,東アジアの季節風の弱化を示し,**冷帯気候**(D;subpolar climate)の東アジアでの縮小傾向にもつながる.また,アイスランド低気圧は北偏強化,地中海低気圧は弱化を示し,**地中海性気候**(Cs;Mediterranean climate)の縮小,**ステップ気候**(BS;steppe climate)の拡大傾向がみられる.ヨーロッパの天候

を支配する**北大西洋振動**（North Atlantic Oscillation：NAO；⇒§V-1，§VI-5）の正偏差に似た気圧配置が比較的卓越していたと考えられる．偏西風の強化，ヨーロッパの暖冬，ひいては北極海海氷の減少にもつながる可能性がある．

関連して，北欧南部での**西岸海洋性気候**（Cfb；west coast oceanic climate）から**冷帯湿潤気候**（Df；boreal humid climate）へ若干遷移したところでは，その東西に比べリッジが現れやすく，晴天条件下で放射冷却を助長したと類推される．また，1月にはサハラ沙漠を覆う北アフリカ高気圧が強化され，地中海低気圧は減少し，時々暖気がアフリカからヨーロッパへ流入するようになった．

インド北部に冬雨のCs気候が発現しているが，インド洋の暖水化で冬でもベンガル湾で熱帯低気圧が発生しやすくなったことに関連している可能性がある．ベンガル湾が低圧部になると，インドシナ半島西部では北東モンスーンが従来より強い山越え下降気流（フェーン現象）を引き起こし，乾季の降水量がさらに減少する．そのため，**熱帯モンスーン気候**（Am；tropical monsoon climate）が**サバナ気候**（Aw；savanna climate）へ遷移したと推論される．

(c) 夏季の気候推移

1000 hPaの気温では，南極大陸とその周辺をはじめ，世界の約75％の地域で昇温している．一方，日本付近から東方にほぼ35〜45°Nで帯状に延びる低温化地帯は，北米中央部につながり，西方はチベット高原北部の低温化域とも連なり，後半30年間にPDO正フェイズが比較的卓越したことと関連する可能性がある．

図1bより，モンゴル付近で低圧部の弱化が顕著で，日射量の増大が高温・乾燥化を招いたと推測され，同地域の**冷帯冬季少雨気候**（Dw；boreal climate with a dry winter）の縮小，BS気候の拡大に関与したと考えられる．

一方，カスピ海付近では局地的に低圧部偏差がみられ，この低気圧に向かってインド洋からのモンスーンの暖湿流が進入し，降水が以前より生じやすくなったと解釈される．ロシア西部チェルノーゼムの穀倉地帯におけるBS気候からDf気候への遷移と関連付けられる．

南極海の南極大陸より海域において，通年で，とくに冬に低気圧活動が活発化している．南極氷床は部分的に増加しているところもあり，低気圧活動との関連が特筆される．

1月には，アリューシャン低気圧と同様に，南半球の南太平洋南東部でも低気圧の発達が認められる．一方，南米南東方は高気圧偏差傾向であることから，パタゴニア方面へ湿った北東風が流入しやすくなり，同地域における**沙漠気候**（BW；desert climate）からBS気候への遷移に影響したものと推論される．

チリ西方沖で高気圧傾向，ブラジル北東部で低気圧傾向となるため，アンデス山脈越えのフェーン現象がしばしば起き，南回帰線付近の南米中東部では下降流域に入りやすく，**温帯冬季少雨気候**（Cw；temperate dry winter climate）からAwへの遷移につながったと考えられる．

ブラジル北東部のギアナ高地付近ではAm気候から**熱帯雨林気候**（Af；tropical rain forest climate）への遷移があり，乾季の7月には低気圧傾向で乾季の降水量が増加したと推測される．加えて，1月にニュージーランド西方でみられる高気圧偏差傾向は，オーストラリア南部における近年の旱魃や森林火災の頻発の素因になったと考えられる．

〔山川修治〕

文献

1) Seidel, D.J. *et al.* (2008)：Widening of the tropical belt in a changing climate. *Nature Geoscience*, 1, 21-24.
2) Fraedrich, K. *et al.* (2001)：Climate shifts during the last century. *Climatic Change*, 50, 405-417.
3) Kottek, M. *et al.* (2006)：World map of the Koeppen-Geiger climate classification updated. *Meteorologische Zeitschrift*, 15, 259-263．
4) 三上岳彦（2014）：ケッペン気候区分と気候変動，地理の研究，673，00-13.
5) Rubel, F. and Kottek, M. (2010)：Observed and projected climate shifts 1901-2100 depicted by world maps of the Koeppen-Geiger climate classification. *Meteorologische Zeitschrift*, 19, 135-141.

トピック⑪

成層圏準 2 年周期振動からさぐる気候変動

Climatic variation and the stratospheric quasi-biennial oscillation (QBO)

(1) 成層圏準 2 年周期振動とは

赤道上空の下部成層圏には，平均して約 28 か月の周期で東風と西風が交代する現象がある．これを成層圏準 2 年周期振動（quasi-biennial oscillation：QBO）という．図 1 は，赤道域において月別に地球一周平均した東西風の時間高度断面図を示す．このように，熱帯域の上空 20 〜 30 km 付近で QBO が認められ，上層で出現した東西風が時間の経過とともに下方に伝播するという特徴がある．緯度別にみると赤道で振幅が最大であり，南北方向には 1500 km 程度の広がりをもつ．この現象は，対流圏から成層圏へ鉛直伝播する各種の大気波動が平均の東西風に運動量を受け渡すことによって引き起こされることが知られている[2]．最近の研究で，地球温暖化に伴う熱帯域の循環の変化により，QBO の振幅が経年的に小さくなっていることが指摘されている[3]．

(2) 中高緯度の循環場への影響

成層圏 QBO の振幅は，赤道を離れるにしたがって急速に弱くなっていく．しかし，QBO に対する応答が遠く離れた中高緯度の大気にみられることが明らかになっている．Holton and Tan (1980)[4] は，50 hPa 面（上空約 21 km）において QBO が西風である

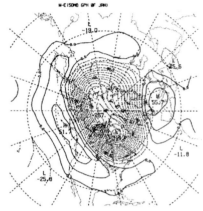

図 2 北半球 1 月における 50 hPa 面の高度場[4]
ただし，QBO が西風の年から東風の年を引いた差で，単位は gpm．北極を中心とする高緯度域で低圧偏差，中緯度域で高圧偏差となっている．地衡風の関係が成り立つことを考慮すると，QBO が西風（東風）のときに極夜ジェットが平年より強く（弱く）なっていることがわかる．

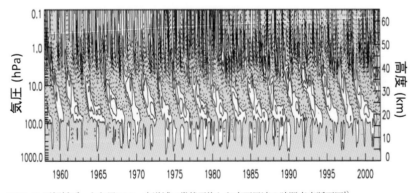

図 1 ERA-40 再解析データを用いて，赤道域で帯状平均した東西風速の時間高度断面図[1]
左軸と右軸はそれぞれ，気圧とそれに対応する高度．陰影部分が東風．コンターの間隔は 10 m/s．赤道成層圏において QBO がみられる．

と冬季成層圏の**極夜ジェット**（polar night jet；極域における強い西風）が強まり，逆に東風であると弱くなるという統計的関係を見い出した（図2）．QBO が東風のときの方が西風のときよりも極夜ジェットが弱化する理由については，東風と西風の境界である東西風速ゼロラインの位置の変化によって冬半球高緯度の波活動が強化し，極域成層圏において波動が平均流の西風を弱めるように働くという説が提案されている[2]．

（3）対流圏の気候との関係

成層圏 QBO と対流圏の気候との関連性を示す成果も現れ始めている（⇒ §Ⅵ-5）．インド気象局による各地の降水量データを用いた研究により，QBO が東風の年のモンスーン期にはインドで旱魃(かんばつ)傾向になりやすく，西風の年にはノーマルなモンスーンになりやすいことがわかった[5]．さらに Inoue and Takahashi（2013）[6] は，QBO と北半球秋季アジア域の対流圏循環との関係を調べた．その結果，QBO が東風のときに波活動の変化に伴ってインド付近（10〜30°N）で下降流が強くなり，その周辺域で降水量が少なくな

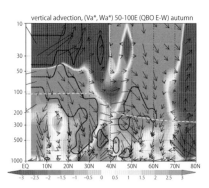

図3 秋季アジア域（50〜100°E）における子午面循環（ベクトル）と熱力学方程式の鉛直移流項（シェイド；上昇流・下降流による単位時間の温度変化率，単位は 10^{-6} K/s）の緯度高度断面図[6]→口絵57
ただし，QBO が東風の年から西風の年を引いた差．太い実線は鉛直移流項が95%で統計的に有意な領域．破線は対流圏界面．

る傾向になることがわかった（図3）．これらの結果は，成層圏というはるか上空の現象が，私たちの住む対流圏の気候と密接にかかわっていることを示唆している．

（4）大気中の物質とのかかわり

大気の運動と物質は密接にかかわっていることから，オゾン・水蒸気などの物質の分布にも QBO シグナルが現れることが知られている．最近の研究では，QBO によってアジア上空のメタン濃度の分布が変動するという成果も報告されている[7]．しかしこのような温室効果ガスの分布がどのようなメカニズムでもたらされ，その気候への影響がどの程度であるのかについてはなお検討が必要である．　　　　　　　　　　　　　〔井上　誠〕

文献
1) Pascoe C. L. et al. (2005)：The quasi-biennial oscillation: Analysis using ERA-40 data. *Journal of Geophysical Research*, **110**, D08105.
2) Baldwin, M. P. et al. (2001)：the quasi-biennial oscillation. *Reviews of Geophysics*, **39**, 179-229.
3) Kawatani Y. and Hamilton K. (2013)：Weakened stratospheric quasi-biennial oscillation driven by increased tropical mean upwelling. *Nature*, **497**, 478-481.
4) Holton J. R. and Tan H. C. (1980)：The influence of the equatorial quasi-biennial oscillation on the global circulation at 50 mb. *Journal of the Atmospheric Sciences*, **37**, 2200-2208.
5) Chattopadhyay J. and Bhatla R. (2002)：Possible influence of QBO on teleconnections relating Indian summer monsoon rainfall and sea-surface temperature anomalies across the equatorial Pacific. *International Journal of Climatology*, **22**, 121-127.
6) Inoue M. and Takahashi M. (2013)：Connections between the stratospheric quasi-biennial oscillation (QBO) and tropospheric circulation over Asia in northern autumn. *Journal of Geophysical Research Atmospheres*, **118**, 10740-10753.
7) Patra P. K. et al. (2003)：Halogen Occultation Experiment (HALOE) and balloon-borne in situ measurements of methane in stratosphere and their relation to the quasi-biennial oscillation (QBO). *Atmospheric Chemistry and Physics*, **3**, 1051-1062.

第VII章

歴史時代における気候環境変動
Climatic and environmental variations in the historical periods

　現在進行中の地球温暖化と同様に温暖な時代が過去にあったのだろうか．また，変動の幅はどの程度だったのだろうか．このような素朴な疑問を明らかにするために，およそ1万年間にわたる完新世の気候環境変遷の実態を把握しておくことが肝要である．また，歴史時代の種々の古文書や史料などの情報を丹念に読み解いて，それぞれの時代における気候と環境の推移を検証していく．「温故知新」の第1幕である．

カスパー・ダーヴィト・フリードリヒの『希望号の難破』（1824年）
（ハンブルグ美術館所蔵）
現在ではほとんど結氷しないドイツ北部のエルベ川河口が厚い氷に覆われ，
氷塊がせり上がっている．
『氷の海』という名がついた別作品もある．
小氷期末期の厳冬景観が描写され，諏訪湖の御神渡を連想させる．

§Ⅶ-1

完新世における
世界の気候環境変動
Climatic envionmental variation in the
Holocene

(1) 気候環境の変化・変動に関するターミノロジー

完新世とは約 11000 年前以降，現在までの時代をいう．地学分野では現世あるいは後氷期ともいう．この時代の気候環境の研究には極めて多数の学問領域がかかわり，また，研究者以外の一般の人々の関心が高く，実際の生活にも深くかかわる時代である．そこでまず，ターミノロジーを整理しておきたい.

気候変動（climatic variation）と**気候変化**（climate change）は混同されがちであるが，正しくは，次のように定義される．すなわち，気候変動とは「周期的・非周期的な気候のゆらぎ（振れ）で，ゆらぎの大きさ（幅）や長さ（年数・期間）は一定・不定さまざまである」とされる．そのゆらぎの根底（基礎・背景）には，平均的な状態があると考える点が特徴である．他方，気候変化とは「気候の直線的・曲線的・階段状・パルス状・その他さまざまの変化をいう」．上記の気候変動は気候変化の 1 形態であり，概念（把握方法）としては気候変化に含まれる．言い換えれば，気候変化のほうが幅広い概念である.

英語ではこのように明瞭に区別されるが，日本語では変動と変化の差が曖昧である．その好例が"気候変動に関する政府間パネル"の用語である．日本国内ではすでに公用語になっているが，元の正式な名称の英語は"Intergovernmental Panel on Climate Change（IPCC)"で，日本語では，正確には「気候変化に関する政府間パネル」としなければならない．IPCC が発足した 1980 年代末でも，訳語を取り違えるほど日本の政府レベルにおける気候学の水準は低かった証拠である．実際の IPCC はもちろん上述の気候

変化の定義に従っている.

本書では気候環境変遷という語が使用されている．変遷には遷移の意味があり，人間社会や生態系の複雑な非可逆的な遷移に，環境がどうかかわるかは大きな問題である．たくさんの要素から成り立つ環境のなかで，気候環境，とくに気候の変化がかかわる環境現象を気候環境変遷とよんでいる.

(2) 時間スケールと空間スケール

気候環境変動・変化の把握・表現には時間スケール・空間スケールの認識が重要である．これをおろそかにした現象の考察・議論は意味がない．場合によっては間違いをおかす．例えば，ある地域で温暖な時代の証拠が発見された場合，その温暖な地域の位置や時代はいうまでもないが，地域の広がりはどのくらいか，継続した時代の年数はどのくらいか，その温暖現象の時間スケールと空間スケールの情報が必要である.

人間生活・人間社会や動植物生態系の気候環境を扱う本書の §Ⅶ では歴史時代，すなわち過去数千年を主とする時代を取り上げる．そうして，この時代の特徴を明らかにするために先史時代・考古時代を含めた長い時間スケールの気候環境の変化・変動を扱う．それに対し，§Ⅷ は数百〜数千年の時間スケールの変化・変動を扱う．それぞれ，具体的な問題・具体例については，目次をみていただければ理解できるであろう.

気候環境のうち，風環境については吉野（2008)[1]で世界・日本の例を取り上げて論じた．大まかには両対数目盛りのグラフに時間スケールと空間スケールをとれば，ほぼ直線関係がみられる．気候環境の変化・変動に関して，もし微気候・小気候・局地気候の空間スケールをあてはめることが許されるならば，両対数目盛りのグラフで同様の関係がみられるであろう.

(3) 時代区分と温暖期・寒冷期の気候環境
(a) 時代区分と概観

日本における約 11000 年 BP 以来の時代区分をまず述べたい．主として砂丘遺跡の変化から時代区分した結果は図 1 のとおりである．すなわち，約 11000 年 BP は縄文時代草創期に編年され，晩氷期の末期から後氷期に入った時代である．花粉帯ではヤンガー・

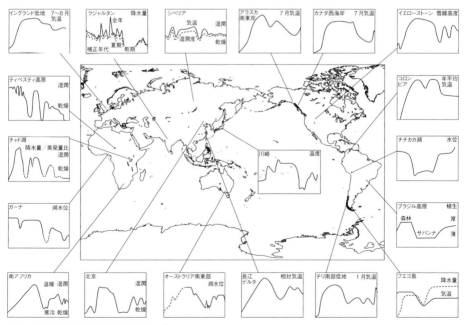

図1 日本における後氷期の環境変化と砂丘遺跡の変化[2]

図2 過去 10000 年の間の気候の変化[3]

ドリアス末期に相当する.

世界各地における野外調査の結果から過去1万年の気候変化の変化曲線80をまとめた研究がある[3]. ほぼ同じような振幅になるようにそれぞれの原著から書き直した. その一部の19の図を図2に示す. 花粉分析・氷河の前進後退・湖水温の推定値・降水量推定値などさまざまな解析要素名は, 各変化曲線の図の右上に書いてある. 気候の変化に応じて, 対応する例えば7月気温, 氷河の前進後退, 湖水面水位の変化とは時間的なずれが異なるであろう. また, 資料の地域的代表性も異なるであろう. 例えば, ラジャスタンの降水量変化に影響する地域範囲(地域スケール)とチャド湖の降水量/蒸発量比の変化に影響する地域範囲(地域スケール)とはかなり異なるであろう. このようなことを考慮しながら, 変化曲線を理解し, 解釈しなければならない. また, 長期間の気候変化を示す重要なものの1つは花粉分析である. 花粉は化学的に分解し難いので, 湖底などに堆積して残っ

ており, これの変化の解析結果から植生の変遷を知り, 気温・降水量変化を推定できる. 人類・人間社会の環境において, 植生変化は古い時代ほど依存度が高く重要なので, そのような観点も考慮しなければならない. さらに, どの季節の現象を代表しているかも異なる. 例えば, 氷河の前進後退は氷河の末端が積み上げた礫の堤であるモレーンの位置の年代によって求められる. それは, 基本的にはその年代の温暖化・寒冷化によって決まるが, 1年のなかの暖候季の気温か, 寒候季の降雪量・積雪量か詳しい解析が必要である. 各変化曲線は約9000年BPから急上昇する. 約10000年BPを氷河期の終わりとみる根拠はここにある.

約12000年BPに縄文時代が始まり, 氷期のなごりで縄文の草創期は寒冷な時代であった. その後, 温暖化し, 5500年BP頃に温暖な時代の極みに達した. 海水面は上昇し海岸線は内陸側に進入したので, 「縄文海進」とよばれる. 縄文中期には寒冷化し, 海

コラム:中世温暖期(Medieval Warm Period)の呼称問題

欧米ではAD 850～1300年の暖かであった時代をMedieval Warm Period(MWP)とよぶ[4]. この英語を「中世の温暖期」と日本語に訳する限り問題はない. しかし, 日本史では古代と中世は12世紀末(1185年)に時代区分される[5]. すなわち, 8世紀の奈良時代はもちろん, 9世紀の平安時代初期, 10・11世紀の平安時代中期(藤原時代), 11世紀末～12世紀末までの平安時代後期は古代に属する. 一方, 欧米ではローマ帝国が分裂したAD395年以降を中世とよぶ. ここに呼称問題が発生する[6].

欧米が中世の温暖期とよぶ温暖な時代は半球規模で認められ, 日本でももちろん認められる. 詳しくみれば, 4世紀頃から温暖化の第1波が認められる[7]. ここに問題が生じる. すなわち, 気候学の観点からは重要な温暖期の始まりの時代が, 欧米ではMedieval中世(日本でも西洋史では中世)に時代区分され, 日本(史)では古代に時代区分されることである.

昨今は国際会議・国際学会で歴史時代の気候変動・古気候がテーマになることが多く,

この時代呼称の問題を日本の気候学の立場からはよく配慮しなければならない. 例えば, 日本国内で同時通訳の場合には, 特別の配慮をあらかじめ, 通訳者に指示する必要がある.

この時代区分の違いの現状を, 日本の気候学者としては受け入れなければならないが, 問題は次のようにまとめられよう. ①日本で開催される国際会議・国際学会で外国語で発表する場合, あるいは, 日本人が日本で刊行される外国語の文献・報告・書類などに書く場合, この時代を何とよぶか, ②外国で開催される国際会議・国際学会において外国語で発表する場合, あるいは, 外国で刊行される文献・報告・書類などで日本人はこの平安時代をどうよぶのか. 直訳してAncientといえば外国人は誤解するであろうし, Medievalといえば日本史学者には受け入れられないであろう.

結論として, 気候学の立場からは, 日本語でも外国語でも, 「古代の」や, 「中世の」温暖期とよばずに, 「9～12世紀の」などという表現で呼称することを提案する.

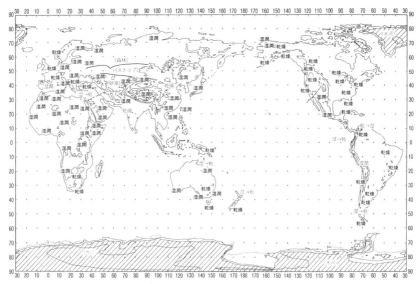

図3 6000年BP～5000年BPの気候[3]

岸線は海側に移動した．続く約1000年間の弥生時代は寒冷であった．短い時代であったが続く古墳時代も寒冷であった．縄文の温暖期については後で詳述する．

歴史時代になって，日本の古代の奈良時代・平安時代は温暖であった．北半球（おそらく，南半球でも）規模で温暖であった．欧米では「中世温暖期（西洋史の時代呼称，本項のコラム参照）」と呼称される．その後，寒冷な江戸時代末から明治中頃の時代が出現した．この時代は小氷期とよばれる．

このような気候の変動に伴い，農耕地域・農耕社会・人間生活にかかわる環境も大きく変化した．しかしながら，環境変動にかかわる農耕社会の変動[8]，考古学的な砂丘遺跡の変化[2]などの最近の研究結果が示すように，"温暖な時代はよい環境，寒冷な時代は悪い環境"というような単純な結び付けは危険であることを強調しておきたい[9]．同じような考えは鈴木（2000）[3]も表明した．すなわち，5500年BPの温暖期を**クライマティック・オプティマム**（climatic optimum），または**ヒプシサーマル**（hypsithermal）など

と表現し，8～11世紀の温暖な時代を**小最適期**（Little Optimum）と呼称するのは，温暖な時代が良好な時代という考えに基づく．しかし，過去1万年の間をみると，温暖な時代が地球上のあらゆる民族・人間・動植物にとって必ずしもよい環境ではなかった例がたくさんあるので，このような呼称は避けたほうがよい．

気候環境は11000年BP以来の間，変動を繰り返してきた．日本における温暖期・寒冷期（小氷期）については，§VII-2, 3, 4に詳しく述べるので，ここでは世界の概観を行いたい．

(b) 温暖期

5500年BP頃をピークとして，7000年BP～5000年BPは世界的に温暖であった．ヒプシサーマルの頂点をなす時代である．日本では縄文時代で，温暖で気候環境は非常によかった．「縄文海進」と考古学・先史学・第四紀学・地形学・地質学などでよばれる．すなわち，高緯度地方や高山の氷が融けて海水面が上昇し，海岸付近の低地では海岸線が内陸に進入した時代である．縄文海進のピー

表1 文献において使用された 4 ~ 13 世紀の温暖期の名称

名称	文献の著者名（年）	内容
Little Climatic Optimum	Huntington（1907）	中央アジア，9 ~ 16 世紀（小氷期の直前まで）
Little Climatic Optimum	Lamb（1977）	世界各地の古気候学の文献の集大成としてこの語を使用
小「気候最良期」	吉野正敏（1978）	400 ~ 1200 年，ピークは 8 ~ 11 世紀
気候の小最適期	山本武夫（1979）	4 世紀に最初の 1 つのピーク
奈良・平安・鎌倉温暖期	阪口豊（1989,1995）	732 ~ 1296 年，尾瀬ヶ原の泥炭層の花粉分析による
モスレム暖期，アラブ暖期	Issar（1995）	7 世紀頃の温暖期
気候小最適期，中世温暖期	北川浩之（1995a,b）	8 ~ 12 世紀に 1 ~ 2℃温暖
中世温暖期	吉野正敏（1995）	東アジアの歴史時代の温暖期，6 ~ 8 世紀前半
中世温暖期	安田喜憲（1996）	アジアについて，一般的に 750 ~（900 ~ 920）~ 1300 年
リトルオプチマム	鈴木秀夫（2000）	ヨーロッパの「中世温暖期」に相当
平安の海進	宍道町史編纂委（2001）	島根県の宍道湖の水位変化
大仏暖期	安田喜憲（2004）	万葉寒冷期とともに呼称
Little Climatic Optimum	Yoshino（2005）	吉野（2006）の内容と同じ
Medieval Warm Period	Fairbridge（2005）	Little Climatic Optimum と併記
気候小最良期	吉野正敏（2006）	北半球全体 7 ~ 10 世紀，8 世紀に地中海周辺・北欧・アジア
中世温暖期	夏訓誠（2007）	中国ロプノール湖・楼蘭の 3 世紀以降の変動に対応

クの時代，関東平野では現在の群馬県藤岡市付近まで海進したことが貝塚の考古学的編年や地形の解析から約 90 年前に解明された[10].

6000 年 BP ~ 5000 年 BP のヒプシサーマルとよばれる時代の世界の気候分布を図 3 に示す．この図の精度はかなり高く，現在えられる最良の図である．

地方ごと・大陸ごとの説明は省略するが全世界的に高温であった．昇温の幅は平均する期間（年数）・年平均値か季節平均値かなどにより異なるが，1 ~ 4℃の場合が多い．

欧米において，21 世紀初頭の段階で世界の研究者が認識している歴史時代の温暖期のピークは 850 ~ 1300 年で[5]，前後の 1000 年より約 1℃高温であったとされる．しかしその期間（年代）や気温偏差は地域によって差があり厳密には一般化が難しい．日本に関する最近の研究によると，この最初の年代の 880 ~ 910 年頃に，短いが，冷涼で湿潤な期間が認められる[11].

20 世紀の後半までの世界の研究結果を総合的に記述し，取りまとめた Lamb（1977）[12] によれば，その期間は 900 ~ 1300 年で北半球の全域に認められる．その期間中のピークは 1000 ~ 1100 年であったが，ヨーロッパのピークは 1150 ~ 1300 年だったとした．21 世紀に入って世界各地の研究が発表された．しかし，その名称や期間については非常に違いがある．その結果を表 1 にまとめた．

このような違いは，①まず，解析した資料・解析方法の差に起因するのかどうかが，問題である．花粉分析か，湖沼の水位変化，地層堆積物・微地形など，それぞれ気候の変動に対応する時間スケール・空間スケールが異なる．②資料をえた地域の差，例えば，熱帯か温帯か寒帯か，最終氷期の大陸氷河の中心部か周辺部かまったく影響を受けなかった地域かによって資料に反映している気候の内容が異なる．③熱帯低気圧・温帯低気圧・亜熱帯高圧帯の影響が強い地域か弱い地域かなどによって，湿潤状態を反映しているか乾燥状態を反映しているか，対流圏の偏西風・子午面循環を反映しているのか異なる．

人間・動植物の気候環境の定義による差もまた大きい．従来，例えば温暖期・寒冷期の決定は気温の変化曲線（統計的な移動平均，

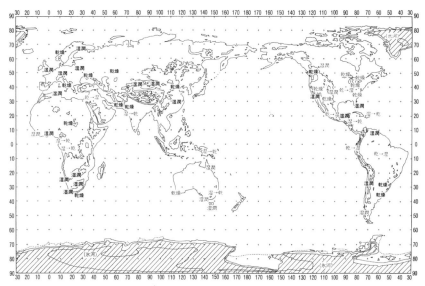

図4 3000年BP～2000年BPの気候[3]

あるいは，目視による感覚的な傾向決定による）で単純に決めていた．しかし，環境としては，変動の単なる平均からの上下ではなく，極大から極小に向かう時代か極小から極大に向かう時代かのほうが，言い換えれば変化傾向が変わることのほうが生活している人間や動植物の環境として影響が深刻で，重要である場合が多いことが指摘されている[9]．具体的には，アンコール文明の突然の崩壊の理由がその好例の1つであろうと思う．

(c) 寒冷期

世界的に地質時代の時間スケールでみれば後氷期とよばれることから類推できるように温暖化の時代であったが，100～1000年の時代スケールでみれば，寒冷期がはさまっていた．最終氷期後，9000年BP頃急上昇し，8000年BP頃にはほぼ現在と同じ気温状態になったが，7500年BP頃地中海地方は短い期間やや低温であった．ポーランド南部・スウェーデン西部・北アフリカなどで，短い寒冷期が7000年BPにあったという研究がある．北アメリカでは少し遅く，6500年BP頃に変化傾向が変わったという解析結果が多い．少し大ざっぱにまとめれば，6500年BP～7000年BP頃に対流圏の中緯度偏西風帯が変化する一段階があったのではないかと想像される．この寒冷期の段階を過ぎて，上述の6000年BP～5000年BPのヒプシサーマルの温暖期に入った．日本では上記のとおり，縄文の温暖期である．

この温暖期が過ぎて，3500年BP頃には寒冷期が始まった．詳しくは後述するが，古代文明の崩壊などへの影響が大きかった．時代的には地域により多少のずれがある．ヨーロッパから西アジア・北アフリカにかけては3200年BP頃に転換期があった[13]．寒冷期が始まるのは，中緯度の偏西風帯の低緯度側への張り出しが活発化する時代と考えると，一般的には高緯度で早く，大陸の東西では東側の方が蛇行が激しいので，東側で早いと考えられる．気温の上下の他，乾湿の変化が明らかで，とくに環境としては利用可能な水量に関係するので乾燥化・湿潤化が重要である．図4に世界の分布を示す．日本における弥生時代の寒冷期で，世界的にみると多少のずれはあるが，変化とほぼ

一致している.

(4) 気候環境変化・変動の原因
(a) 太陽活動

気候変化・変動の原因は,外因として太陽活動・地球軌道の変化,内因として地球の活動,例えば火山活動がある.地域スケールでは微地形の変化などがある.このうち,太陽活動の変化・変動が外因としてもっとも影響が大きい.太陽活動を中心にみた気候環境変動は§VII-5に詳しく述べる.

太陽活動の変動は太陽の大気深層の循環の変動によって起こる.対流運動がエネルギー輸送に大きな役割を果たしている.この対流が磁場の局所的擾乱によって部分的に弱まり,黒点のようにみえる暗部が発生する.地球の気候変動に影響を及ぼす太陽活動の変動の指標として,太陽の黒点の状態が優れているのはこのような理由による.

太陽の黒点の活動を定量的に表現するには相対黒点数を用いる.その周期は11.1年であるが,黒点磁場の極性は南北両半球で反対で,極大期を境としてその極性が反転するので,真の太陽活動周期は22.2年ともいえる(⇒§VII-5).太陽活動が活発なときには,周期は早まり,不活発なときには周期は遅くなる傾向がある.また黒点の周期には22.2年の約4倍の80〜90年の周期も認められている.

長期間にわたる太陽黒点の観測結果の解析を行った英国の王立天文台のマウンダー(E.W.Maunder, 1851〜1928)は,1645〜1715年の間,太陽黒点が消滅したことを発見した.この期間は太陽活動が不活発であったことが実証され,マウンダー極小期とよばれるようになった.この時代は,小氷期とよばれる地球の気候が寒冷な時代に対応することが指摘され,世界的にも認められている[14].

(b) 火山活動

地球の気候変動に及ぼす内因として,火山活動によって大気中に排出された火山灰の拡散が重要である.エアロゾルの放射効果は,放射を散乱・吸収し,地表面に達する太陽放射量を減少させることにある.これがエアロゾルの日傘効果とよばれる働きである.エアロゾルの増加は,直達日射量の減少に大きな影響を及ぼす.散乱した太陽放射のかなりの部分は散乱日射量として地表面に達し,直達日射の減少量の大半を散乱日射量の増加で補う.

大規模な火山噴火によって排出される火山灰主体の成層圏のエアロゾルの増加は,日傘効果によって地上の気温を低下させる.一方,地表面や対流圏からの赤外放射を吸収することにより,成層圏が暖まる場合があり,火山灰の組成が関係する.

これまでの世界の研究結果をまとめると,火山活動が,地球の大気大循環の型や強弱,地上の気温分布・氷床の分布などに影響を及ぼす時間スケールは100〜1000年のオーダーで,もっとも長く見積もって10000年のオーダーである[12].

気象観測が不十分な時代,火山灰の噴煙がどちらの方向に流れるかは対流圏上部・成層圏の風向を知るよい指標であった.とくに観測が行われていなかった低緯度の循環系の状態を知る手がかりになった[15].例えば,1883年にインドネシアのクラカトア火山が爆発し,その細塵は25kmもの上空を東から西に向かって地球を2周も回った.気象学者たちは低緯度の成層圏では東風が吹いていると思い込んだ.しかし,一方では,中央アフリカではファン・ベルソン(van Berson)が1908年に,また,ジャワのバタビアではファン・ベンメルン(van Bemmelen)が1909年に上空20kmでは西風が吹いていることを認めた.その後1959年まで,熱帯の成層圏10hPa面を中心にクラカトア東風と,その少し下の50hPa面に中心をもつベルソン西風の2つがあると思われていた.1940年代末〜1950年代,しだいに観測結果が増え,20世紀後半の気象学史において特筆される「熱帯成層圏における風の26か月周期」の発見につながった(⇒トピック⑪).これは短期間の変動に関係する現象として重要で

306　第VII章　歴史時代における気候環境変動

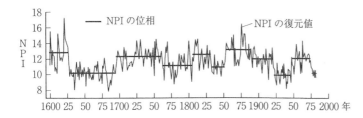

図5 樹木の年輪によって復元した17～19世紀における北太平洋指数（NPI）のレジームシフト[18]

ある．

日本では江戸時代，世界的には小氷期の時代であったが，非常に深刻な飢饉を天明3年（1783年）と天保7年（1836年）（地域的には天保4～9年）に経験した．天明3年の場合，すでに晩冬以降，低温で雨がちであった．そこに浅間山が大噴火し，7月6日には江戸でも火山灰が降り，7日には日中でも灯火をつけなくてはならないほど暗く，火山灰が戸外はもちろん屋内でも積もった[16]．日本では全国的に低温と降灰のため凶作，収穫皆無の地域さえあった．

(c) 海水温変動・気圧変動

海水は大気の約300倍の質量がある．したがって運動が持続する時間も長い．また熱容量は大気の1000倍もある．言い換えれば地表の熱のほとんどは海洋に貯蔵される．海水面は地表面に比べて暖まりにくく冷めにくい．これが海洋性気候と大陸性気候の差が生じる原因である．大陸性気候地域では太陽高度がもっとも高い夏至に近い7月が最暖月だが，海洋性気候地域では8月が最暖月であるのもこのためである．同じく最寒月が大陸性気候地域で1月，海洋性気候地域で2月になるのもこの熱容量の差に対応している．記憶装置としての海洋の役割は古くから論じられている．

ところで，海水温は，年々はもちろんのこと，数年ないし数十年の時間スケールでも平均値が変動・変化する．このある一定年数期間の水温平均値の段階状のジャンプをレジームシフトという[17), 18)]．例えば，宮城県江ノ島と福島県塩屋﨑では20世紀の観測記録によれば1923～1945年（23年間）の平均値より，1946～1979年（34年間）の平均値は1.38℃高かった．その後，1980年からまた平均値は下降し，1995年以降はまた上昇に転じた．

樹木の年輪に基づいた北太平洋の海面気圧変化の復元結果を次に述べたい．図5に示すのは，1600～1975年の北太平洋指数（NPI: North Pacific Index, 30～65°N, 140～160°Eの範囲の面積加重した12～5月の寒候季の海面気圧の偏差）である．この指数は，アリューシャン低気圧の強さの指標で，その位相変化は数十年の時間スケールで変動してきたことが読み取れる．

このような変動は，北海道から本州の太平洋側を南下する親潮の勢力の強弱にもみられる．本州・四国の太平洋側を北上し，その後，紀伊半島から東海道の南方で蛇行し，流路を変動して東進する黒潮にもみられる．とくに1991年は蛇行傾向，2004年まで大蛇行の傾向であった．一方，本州の日本海側に沿って対馬海流は北上する．そして日本海中部では1980年代の半ば～2000年代半ばにかけて海水温は急激な上昇を示し，1.7℃/100年の割合に達する．この値は北太平洋の海水温の上昇率0.46℃/100年の約4倍である．

海水温変動，それと関連する海面気圧変動には，このように時間スケール数十年の変動の存在が研究によって明らかにされている．しかし，それ以上の長い時間スケールの現象については今後の研究に待つ他ない．

(5) 人間活動との関連
(a) 文明・文化の発達

過去1万年の間に，人間は地球上に4大

表2　4大文明の成立時代と河川名

文明の名称	起源・時代	河川名・長さ，その他
メソポタミア文明	約5000年BP	チグリス川・1900 km　ユーフラテス川・2800 km，都市国家成立
エジプト文明	約5000年BP	ナイル川・6695 km，初期王朝
インダス文明	約4700年BP	インダス川・2900 km，興隆期
	約4800年BP	同上，先（初期）ハラッパー文化
黄河文明	4700～5000年BP	黄河・5464 km，中下流域竜山文化
揚子江文明	約6000年BP	揚子江（長江）・6380 km，大渓文化中期

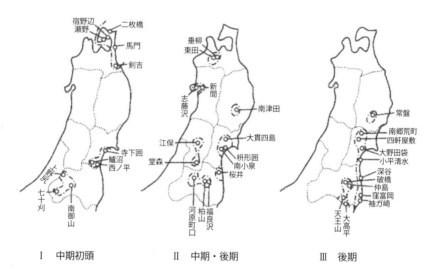

Ⅰ：弥生中期初頭（1世紀頃B.C.）　Ⅱ：弥生中期・後期（1世紀頃）
Ⅲ：弥生後期（2世紀頃）

図6　弥生時代における東北地方の稲作地域（1点鎖線の内部）[19]

文明を築き，多数の地域に文化を育んできた．

表2に示すように，これらは共通して，大河川が豊富な水を供給し，温暖な気候地域にあり，農耕に適した広大な土地という条件をもっていた．

しかし，世界には他にもこのような条件をもった長大な河川があり，このような気候条件，地形条件は必要条件ではあっても，十分条件ではけっしてない．もっとも重要な条件は，その流域にそれぞれの文明が成長する基礎があったことである．表2でおよそ示されるように，約5000年BPにはエジプト初期王朝・メソポタミア初期王朝，4700～4800年BPにはインダス文明，4000年BPには中国で青銅器時代が始まった．過去1万年の間で，5500年BP頃は温暖期のピークで日本では縄文海進とよび，海水面は上昇し，海岸線は現在より内陸側に進入していたことはすでに述べた．したがって，上記の文明は温暖期のピークを過ぎて寒冷期に向かう時代であった．

寒冷期のもっとも厳しい時代は約3500年BPとされる．エジプトでは新王朝，メソポタミアでは青銅器時代が終わりに近づき，古バビロニア・カッシート時代に移った．いわば，古代文明の1つの波が終わった時代で

ある.

　しかし，一般的にいって，衰退期に入った が消滅したわけではない．文明が分化また は，地方化の過程に入ったとみるべきであろ う．社会や経済の組織は変化したが，生産技 術・生活手段・居住地域の組織は継続して いた．例えば，インダス文明は 5000 年 BP 頃～ 4000 年 BP 頃にかけて，インド北西部 のインダス川流域を中心に東西約 1100 km, 南北約 1500 km の地域に展開した．インダ ス文明でもハラッパー文化の場合とくに明ら かである．灌漑施設・水分配の方法（掟・ 技術）・水利用社会システムが確立した．都 市に人口が集中し，農業生産物・鉱物資源そ の他の搬入，都市内で生産した製品の地方へ の運送手段の開発（陸上では家畜，河川では 船の利用など）が進んだ.

(b) 海面変動・海流変動を通じて

　寒冷期には海水面は低下するので，海岸線 は沖のほうに移動する．陸地面積は拡大する． 日本は山地・丘陵地が海岸に迫っている場所 が多く，海岸平野が発達していない．したがっ て，寒冷期に海岸線が沖のほうに移動すれば， その地方に居住する人々にとっては，生活空 間が拡大することを意味する.

　日本の東北地方における紀元前 1 世紀頃, すなわち，弥生時代中期初頭から，1 ～ 2 世 紀，すなわち，弥生時代中期・後期の稲作地 域の変遷は極めて興味深い[9]．気候変化に伴 う夏季の稲作期間の気温ばかりでなく，沿岸 の海流（暖流・寒流）の強弱変化，海岸平野 の稲作栽培地域の拡大・縮小，他作物との競 合などとの関連がうかがえるからである.

　図 6 はこの時代における稲作地域の分布 を示す[19]．I は紀元前 1 世紀頃，弥生中期初 頭，現在の仙台平野，青森県の東部太平洋岸・ 下北半島にみられる．ここで栽培されたコメ は温度変化に敏感なジャポニカ型で，夏の高 温により成長が促進される特色があるもので あった．この下北半島の太平洋岸は初夏，オ ホーツク海からの低温な北東風に見舞われ る．温暖期に日本海側を北上した稲作技術は 津軽海峡から太平洋側に進出し，下北半島太 平洋岸で一時代には稲作が行われたが，低温 期における夏の低温障害と海岸低地の不十分 な稲作面積のため，稲作社会は絶滅したと考 えられる．II の弥生中期・後期（1 世紀頃） には稲作集落は立地できず，III の弥生後期（2 世紀頃）にも復活していなかった．温暖期の 暖流強化が寒冷期に入って弱まった影響の一 例である.　　　　　　　　　　　〔吉野正敏〕

文献

1) 吉野正敏（2008）：世界の風・日本の風，成山堂書店. 吉野正敏（2009）：4 ～ 10 世紀における気候変動と人 間生活．地学雑誌，118 (6), 1221-1236.
2) 甲元眞之（2011）：講座日本の考古学 5，弥生時代（上）, 青木書店.
3) 鈴木秀夫（2000）：気候変化と人間，大明堂.
4) Fairbridge, R. W. (2005) : Medieval warm period or "Little Climatic Optimum". In Oliver, J. E. ed. : *Encyclopedia of World Climatology*, pp. 482-485, Springer.
5) 児玉幸多（1995）：日本史年表・地図. pp. 6-12, 吉川 弘文館.
6) 吉野正敏（2013）：日本における歴史気候学の課題．歴 史地理学，55 (5), 10-22.
7) 吉野正敏（2009）：4 ～ 10 世紀における気候変動と人間 活動．地学雑誌，118 (6), 1221-1236.
8) 石川日出志（2010）：農耕社会の成立，岩波書店.
9) 吉野正敏（2011）：古代日本の気候と人びと，学生社.
10) 東木竜七（1926）：地形と貝塚分布より見たる関東低 地の旧海岸線．地理学評論，2 (7-9), 597-607, 659- 678, 746-773.
11) 田上善夫（2012）：中世温暖期（MCA）と 9 世紀末の気 候的不安定について．富山大学人間発達科学部紀要，7 (1), 91-105.
12) Lamb, H. H. (1977) : *Climate. Present, Past and Future. Volume 2, Climatic history and the future*, Methuen & Co Ltd.
13) 安田喜憲（1993）：気候が文明を変える，岩波書店.
14) Moore, P. and J. E. Oliver (2005) : Maunder, Edward Walter (1851-1928), and Maunder Minimum. In Oliver, J. E. ed. *Encyclopedia of World Climatology*, 480-481, Springer.
15) 吉野正敏（1964）：気候学，地人書館.
16) 荒川秀俊（1970）：お天気日本史，文芸春秋.
17) 川崎　健他（2007）：レジーム・シフト，成山堂書店.
18) 川崎　健（2009）：イワシと気候変動，岩波書店.
19) 山形県編（1982）：山形県史第 1 巻，原始・古代・中世編, 山形県.

§Ⅶ-2

中世温暖期前後の日本の
気候環境変動

Climatic environmental variation in Japan
during the Medieval Warm Period

(1) 中世温暖期について
(a) 中世温暖期の名称

中世温暖期（Medieval Warm Period：MWP）は，10〜12世紀頃の温暖な期間を指している．その名称は他にもあり，**気候小最適期**あるいは**気候小最良期**（Little Climatic Optimum）ともいわれる[1]．また寒暖のみならず乾湿の変動も重要であることから，**中世気候異常期**（Medieval Climate Anomaly）ともいわれる．

中世温暖期は小氷期に比べて明瞭ではなく，温暖の期間，地域，程度などの復元結果も一定ではない．おおむね12世紀は中世温暖期が継続しているとみられるが，13世紀以降には変動が大きくなり，不安定な期間となる．

(b) 代替資料による気候の復元

12〜15世紀の気候復元に，古くから年輪が用いられている．1936年には山澤により，木曽御料林の1119（元永2）〜1920（大正9）年の檜の年輪が解析された．この年輪幅の変動から，12，13世紀には寒冷な年が多く，15，16世紀は暖かい年が多く，19世紀には再び寒冷となったとされた[2],[3]．

海洋気象台の田口龍雄は文書史料から『日本氣象史料』を編纂[4]し，それに基づいて812（弘仁3）年以降に京都の宮中などで行われた花見の宴の期日は，9〜19世紀には変動していても予期しうる範囲内であり，したがって気候状態は今日と大体同様であるとした[5]．

ただし後の分析によれば，9，10，15世紀は現代より桜の開花は早い[6]，1420〜1540年は一般に現代よりも暖かい[3]，11〜14世紀にかけて春は遅くきて寒い[2]，とされた．

田口龍雄はさらに暴風雨，初雪，オーロラ，旱魃，凶冷などの変化についても分析を加え，桜花の場合のように7世紀以降の気候はおよそ現代と同様であるとした．

さらに年輪，アシカの南下，トチノキ分布帯，貝塚，雪めがね土偶，オーロラなどからは，気候変動には700年周期があり，15〜16世紀頃は暖かく，19世紀頃は寒冷とされた[3]．

日記中の天気から求められた降雪率，年輪，海水位，朝鮮半島の災害記録などの分析では，とくに11，12世紀は温暖期，15世紀は小氷期で，16世紀末には小氷期状態を脱したとされた[7]．

さまざまな復元結果の差異は，資料や方法にもよるが，地域の自然や社会，それらの変化にも影響されている．12世紀の平安京から，13世紀には鎌倉に幕府が置かれ，14世紀には京都に移る．平安京内でも，10世紀末〜12世紀初頭には鴨川の河床が数m以上低下したが，15世紀末〜17世紀頃には天井川が形成され[8]，洪水発生に影響した．文書史料からの復元には，こうした自然的，社会的背景の変化に留意する必要がある．

(2) 日本の中世温暖期
(a) 年輪の記録

木曽檜の年輪幅の変動には，1310年頃，1480年頃，1600年頃，1830年頃に大きな低下が現れる（図1）．一方大きな上昇は，1200年頃，1410年頃，1520年頃，1660年頃に現れる．年輪は暖候期に大きく成長するが，寒冷地では寒暖の影響が大きく，乾燥地では乾湿の影響が大きいとされる．木曽は内陸の高冷地にあたり，年輪幅の高低にはどちらも影響しうる．

『日本氣象史料』の櫻花季節には，京都における花宴を中心に，将軍の花見や，鎌倉，さらに江戸などの記録が収集されている．その期日は，9〜10世紀は4月上旬と早いのに対し，11〜14世紀には4月中旬と遅くなり，15世紀には4月上旬と早く，16世紀後

310 第Ⅶ章 歴史時代における気候環境変動

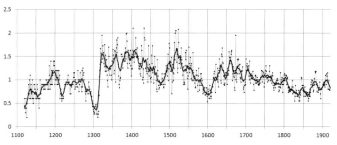

図1 木曽檜の年輪の変動[2]
山澤年輪のデータより.
実線は11年移動平均.

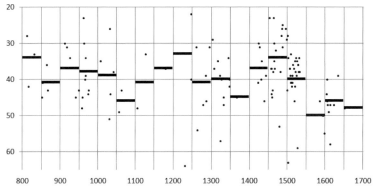

図2 桜花宴の変動[4]
宮中など花宴の日より.横線は半世紀ごとの平均期日.縦軸の日付は3月1日起算.

半～17世紀には4月中旬と遅くなる(図2).およそ9世紀以降には春季に冷涼化がみられ,とくに9世紀後半,11世紀後半,14世紀後半は低温とみられる.このことは他の記録ともおよそ対応するが,15世紀後半の温暖は他の記録とは相違する.

(b) 災害の記録

京都の災害記録では,10～11世紀には洪水と旱魃・渇水が多く,12世紀には旱魃・渇水はひき続き多いが,洪水が少なくなる.洪水の減少は乾燥を示す可能性があるが,一方で止雨祈願の行事も増加している.

平安時代前半は右京が徐々に衰退する一方,左京で都市開発が進行し,さらに鴨川氾濫原へ市街地が進出し,それらと災害との関係が指摘されている.ただし短期間での災害の変動は,平安京域の変化や,平安京造営整備のための森林伐採などの変化と重ならず,12世紀の乾燥化の可能性を示している.

(c) 祈雨記録と復元

古代より旱魃の際に祈雨祭祀が行われ,平安時代には神道的な様式の他,仏教的な様式で,儀礼が行われるようになる.祈雨祭祀は,9世紀より増え,10世紀に最多となり,11,12世紀まで継続されている.12世紀にも国家的祭祀を中心とし,とくに神道的な様式で継続された.

13世紀以降にも地方や民間での祈雨祭祀が行われる.祈雨は醍醐寺清瀧をはじめ,南禅寺や相国寺でも行われた.龍王,龍神信仰が普及し,龍と雷は同一視された.龍穴は江の島や石山寺などにもあり,龍池は河内龍泉寺,法隆寺,東大寺や興福寺などにあった.平安時代にひき続いて,京都神泉苑で修法され,丹生,貴船,七社,八幡・金峰山,二十二社へ奉幣される.また雨乞い踊りがされるようになる[9].

法隆寺龍池に,建久年間(1190～1198年)に龍王が勧請される.立願,すなわち降雨の

願いが叶えば祭祀などを行うという約束は1316（正和5）～1365（正平20／貞治4）年の記録が残り，南北朝時代に発展して近世以降の民間の雨乞立願へと続く．龍池で読経などの後に立願し，芸能や相撲を奉納するが，神が喜び心を動かすことを期待し[10]，その背景には乾燥があるとみられる．

(d) 災害分布からの復元

日本列島における年々の気候災害分布から，夏季と冬季の気候変動が復元された[11]．およそ7～9世紀は冷涼，10～14世紀は温暖，15～19世紀は寒冷とされている（図3）．

(3) 世界各地の中世温暖期
(a) 太平洋周辺での変動

太平洋の西側にあたる中国各地の気候復元に，北京市西部石花洞の石筍層厚や吉林省の泥炭中の$\delta^{18}O$，チベットの年輪や青海湖の堆積物，中国東部の農作物の分布北限や植物季節，また中央祁連山脈の年輪などが用いられている．20世紀前半に比べ1000年代は+0.2℃であったが1240年代には+0.8℃となった[12]．昇温は西部内陸側では早く，東部海岸では遅れるが，この頃はおよそ温暖であり，日本での12世紀の乾燥傾向に対応する．

太平洋の南西側では，オーストラリアの海岸の状態と波候，湖の水文，サンゴ，さらに南極のアイスコアや湖水収支，ニュージーランドの氷河や年輪から復元されている．1100～1300年には夏季は冷涼であったが，1350～1550年には降水偏差が小さかった．2千年紀（11～20世紀）初めのマオリがニュージーランドに到着した頃は「ポリネシア温暖期（PWP）」といわれる[13]．ニュージーランド付近では南西風が卓越するが，ラニーニャのときには亜熱帯高気圧が南下して，東風や北風が強まる．11世紀まではこのラニーニャ的なパターンが卓越するが，12世紀以降には変動し，14世紀後半には東西流パターンが強まる．

太平洋の南東側では，アンデスの年輪やアイスコア，チリ中部の湖堆積物などから復元される．夏季（12～2月）は，1001～1350年は温暖，1400～1700年は冷涼となり，0.39℃の気温差があった[14]．中世温暖期には，高緯度側は明瞭に高温であるが，低緯度側は冷涼である．

太平洋の北東側の，北米大陸中・西部は900～1330年には温暖・乾燥で，大旱魃が数十年以上続いた．これは**大西洋数十年規模振動**（Atlantic Multidecadal Oscillation：AMO）の温暖位相として示され[15]，また太平洋のラニーニャ状態と結びつく．

(b) **大西洋周辺での変動**

大西洋の最北部のグリーンランドでは，**アイスコア**（ice core）から分析されている（図4）．ボーリングの孔内の温度からは，800～1000年は温暖で，ピーク時には1881～1980年より1.3 K高く，1000～1400年に冷涼化し，1500年頃と1860年頃に寒冷であっ

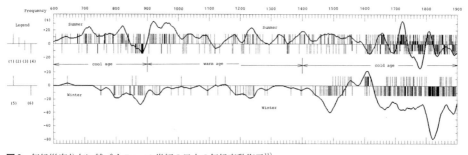

図3 気候災害分布に基づく7～19世紀の日本の気候変動復元[11]
上図は夏，下図は冬，縦線は各年の天候型，曲線は51年移動平均を示す．

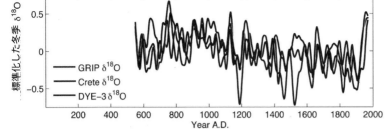

図4 グリーンランド3地点のアイスコア中の$\delta^{18}O$の変動[16]

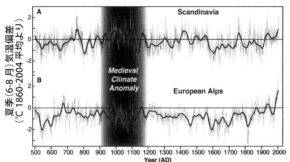

図5 スカンジナビアとヨーロッパアルプスの年輪による復元[17]

た. $\delta^{18}O$からは,MWPは温暖だが1860年頃寒冷となった.氷中の気泡の窒素とアルゴンの同位体からは,12世紀は1950年代より0.3 K暖かったと示される[16].

スカンジナビアやアルプス,またカルパティアやピレネーにも古い年輪が豊富にある.さらに考古学的,歴史的な材から,1千年紀に遡る年輪が,フィンランド,イングランド,中欧,マグレブなどからえられる.いずれも11〜12世紀は乾燥し,13〜14世紀は湿潤を示す[17].北欧では12世紀より降温が始まるが,中欧では13世紀半ば以降からとなる(図5).

南欧のピレネー山脈やイベリア山地などの湖からは,MWPには水位が低下し,化学的集積が高まり,硬葉の地中海植生や多くの常緑樹の卓越がみられる.沿岸の海底堆積物コアの粗粒子の割合からも,MWPは乾燥していた[18].これは正の**北大西洋振動**(North Atlantic Oscillation:NAO)に対応するとされ,南のアゾレス高気圧と北のアイスランド低気圧がともに強まり,東西循環が卓越す

る一方,イベリア半島のような中緯度では,亜熱帯高気圧圏内で偏西風が弱まることが乾燥につながる.

(c) インド洋周辺での変動

インド洋北西側のイスラム圏では,その中世の年代記,紀行,日記などに気候情報が含まれており,利用可能なデータ量は13世紀がピークとなる.洪水,旱魃,異常寒冷,乾燥の冬のような自然災害や,収穫高,食糧供給,経済・社会への影響,とくに冬の雨季の開始が記される.広域の気温と降水の復元では,900〜950年と1020〜1070年には,湿潤な冬の頻度が高い[19].アラビアはインド洋モンスーンの影響範囲であるため,そこでの変動はインド洋の影響を受ける.

インド洋の西側では,7世紀に遡る**ナイル洪水**(Nile River flood)の記録があり,それはエチオピアと赤道アフリカの降雨に関連する.ナイル洪水の頻度は,930〜1070年に低いが1070〜1180年に高く,1180〜1350年に低くなった後1350〜1470年に高かった.エルニーニョのときには,ナイル洪

水の頻度は減少する．一方，正のNAOでは中緯度偏西風が強く，熱帯収束帯は北偏して湿潤となる[20]．すなわち，ナイル洪水は，北大西洋，インド洋，太平洋の変動と関連しており，世界の気候変動の復元に重要である．

(4) 中世温暖期の要因
(a) 外部強制の影響

太陽活動は，1610年以降は**太陽黒点**(sunspot)記録から，それ以前は ^{14}C や ^{10}Be などから示される．宇宙線粒子は，太陽風の吹く太陽圏を経て地球に達するため，太陽磁場が強まるとそらされ，放射性物質の生産は低下する．太陽の放射束密度(TSI)は，グリーンランドのアイスコアなどの，^{10}Be 記録から復元された（図6）．オールト（1040〜1080年）の期間，ウォルフ（1280〜1350年），シュペーラー（1460〜1550年），マウンダー（1645〜1715年），ダルトン（1790〜1820年）の期間には極小期となり，オールト−ウォルフ間の高活動期は，中世温暖期に対応する[21]．太陽活動の変動と気候変動との相関には地域差があるが，このことは気候変動が地域により異なることを反映している．

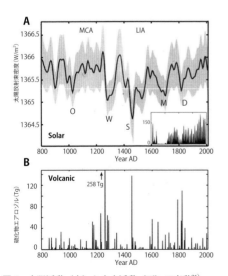

図6 太陽活動（上）と火山活動（下）の変動[21]

宇宙線により生成率の変動する ^{14}C は1100〜1300年に低く，^{10}Be も900〜1300年に低く，この期間での太陽活動の活発化を示しているが，この宇宙線の変動は雲の変動をもたらす[22]．太陽活動が増加すると，地球磁場の増大，地球圏内の宇宙線の減少による雲量の減少を通して，気候変動が生じる可能性がある．

火山噴出物の影響として，短期間に降温するパラソル効果，長期間に昇温する温室効果がある．小氷期（Little Ice Age：LIA）の低太陽活動期にいくつかの強い火山噴火があり，冷却効果を増した．中世温暖期（MWP）には，高太陽活動期であったのに加え，火山噴火は弱かった[21]．

(b) 内部変動の影響

気候変動は海洋変動と深くつながり，エルニーニョ・南方振動（El Niño/Southern Oscillation：ENSO），太平洋数十年規模振動（Inter Decadal Pacific Oscillation：IPO），インド洋ダイポールモード（Indian Ocean dipole mode：IOD），などをはじめ，ユーラシアモンスーン，インド洋モンスーン，大洋州モンスーンなど，比較的短期間の大気−海洋系の変動は明瞭である．

多くの気候復元の代替資料は，変動を敏感に記録する．ただ非気候信号を含み，また局地気候の影響を受けている．一方，大気−海洋系のテレコネクションの知見からは，観測信号が解釈され，気候変動のメカニズムが説明され，また広域平均の物理的，生物地球化学的な状態が再現される．すなわち局地的には不明であるが，およそ大陸や地域スケールでは，外部強制や物理過程が正しく含まれれば，過去の気候変動もある程度適切に再現される．ただし広域間での再現の時期や空間構造には相違が残り，データ同化手法などの適用が試みられている．

(c) 変動の発生要因

900〜1350年には，熱帯太平洋東部・中央部の海面水温は比較的低かった（図7）．

顕著な温暖域は太平洋から遠い,ヨーロッパ,北大西洋,赤道アフリカ,南西アジア,南・東アジアに現れる[23]. また9～15世紀末には,太平洋はラニーニャ(La Niña)的状態,インド洋はモンスーンが強化され,北大西洋での振動は正であった. 外部強制による振幅は非常に小さく,気候システムの内部変動である ENSO や NAO の影響が強い[24]. 中世温暖期の場合には,ラニーニャ,インド洋モンスーン,正の北大西洋振動により,とくにインド洋から太平洋東部に大きな気温傾度が現れる. ただしこうした典型的状態が認められるのは,数十年程度の期間であり,中世温暖期のような 200～400 年の期間において継続するわけではない.

大気海洋大循環モデルからの再現では,MWP は LIA に比べ,全球的に温暖となる. 海洋より陸上で高く,とくに高緯度の海氷境界付近で高い. 弱い冷涼域が,南極大陸と南半球中緯度に現れる. 太平洋のラニーニャ的状態を再現しないが,インド洋・太平洋西部で東西の気温傾度が増大しており,これは東西循環の北偏による[25]. こうした内部変動,気候システムの変動は,比較的短期間の変動を基本としているために,長期的な変動とは直接対応しないことが考えられる.

再現の際に基本にある全要素には不確実性があるため,再現と復元とが互換性があるような最良の組み合わせが試みられる. ヨーロッパの代替記録を地域分化し,データ同化して再現すると,900～1050 年にはヨーロッパは明らかに温暖となる. MWP には冬季には暖気を北ヨーロッパへもたらす強い偏西風が示され,夏季には北向流が暖気をアフリカから地中海中部および南ヨーロッパへ輸送する[26]. このように復元と再現のデータ同化によれば,ヨーロッパではとくに 900～1050 年が中世温暖期の中心となるが,グローバルにみて一様に温暖というわけではない.

(5) 中世温暖期の影響

12～15 世紀は,日本では平安時代末から鎌倉,室町時代にあたる. 朝鮮では高麗から元の支配下を経て李氏朝鮮に変わる頃にあたり,中国では宋が滅亡後,元を経て明に移行する時期にあたる.

こうした社会体制の変化は史料にも影響するが,14 世紀になると日本は室町,朝鮮は高麗,中国は明の時代に入り,多数の安定した史料をえることが可能となる.

長江下流の太湖盆地の都市は洪水のときに浸水し,南宋(1127～1279 年)以降では,浸水記録は旱魃記録の2～3倍になった. 地下水の汲上で地盤が沈下し,海面上昇も加わって浸水が増加し,排水が困難になる[27]. この背景に気候変動があると考えられるが,

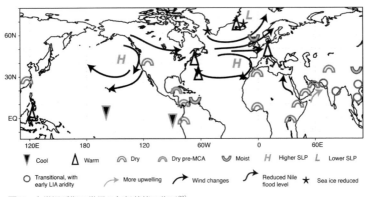

図7 中世温暖期の世界の気候状態の復元[23]

都市が拡大し，人口集中が進むと，浸水被害の危険性が増加するため，記録に影響した可能性もある．

長江中流の龍感湖－太白湖地域の地方志中の人口では，宿松県には史上256氏族の転入があり，とくに1377～1391年には116氏族の転入があった[28]．この時期の人口増加は，通常の生産力の増大によるのではなく，氏族の大量流入によるとすれば，この時期の気候の変動が負の要因となった可能性がある．

(6) 中世温暖期から小氷期への変化
(a) 2千年紀前半の変動

2千年紀前半には中世温暖期が終わり，2千年紀後半には小氷期が始まる．ただし両者の移行期は判然としない．2千年紀前半の日本では，文書史料の制約が大きいことも，変動の復元には支障となってきた．

2004～2014年にかけて，11～16世紀の天気記録集が刊行された[29)-34)]が，長期間におよぶ毎日の天気記録集として初のものである．収集された天候記録の出典は多くが刊本とされ，世紀別にあげられていて重複が含まれるが，延べ1131件の日記である．天候の記録地点は大部分が京都であるが，ほかに奈良，伊勢，鎌倉などがある．

(b) 降雪率による変動の復元

気候変動を復元する指標として降雪率，雪日数／(雨日数＋雪日数)がある．冬型気圧配置が卓越する冬季3か月が対象とされ，観察の時刻による差は少なく，比率とすることで個人差も解消され，京都の市街中心部を対象とすることで地域的影響はないとされている．

日記により天候が記録されるデータ数は変動し，少数の年もあり，各年の前後5年を含めた計11年，また51年について集計して求める（図8）．京都では冬季の降雪率から1001～1600年にかけて，気温は徐々に低下したとみられる．とくに1090年代，1160年代，1260年代，1330年代，1380年代，1460年代に大きく降温した．より長期間（51年移動平均に示される）の変動より，1070～1120年，1260～1330年，1450～1550年には，気温が低下していたとみられる．これらは太陽活動の低下したオールト(1040～1080年)，ウォルフ(1280～1350年)，シュペーラー(1460～1550年)の期間と対応しており，長期間の気候変動には外部強制である太陽活動の変動の影響が大きいとみられる．

(c) 中世温暖期から小氷期への変化

中世温暖期から小氷期への変化は，およそ1000年の時間スケールでの変動であるが，

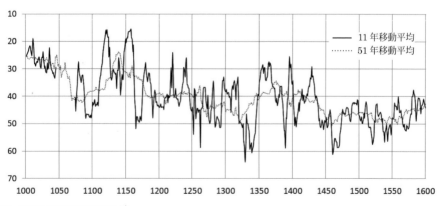

図8 京都の冬季降雪率の変化[35)]

上述のような太陽活動はおよそ200年スケールで大きく変動しているため，中世温暖期から小氷期への移行を複雑にしている．

ただし顕著な高温期は1160年頃までみられる一方，1440年頃からは温暖年がみられないことから，12世紀までは中世温暖期に含まれ，15世紀後半以降は小氷期に含まれるとみることができる．その間の13〜15世紀前半は，変動を繰り返しながら降温したものとみられる． 〔田上善夫〕

文献

1) 吉野正敏（2009）：4〜10世紀における気候変動と人間活動．地学雑誌，118 (6)，1221-1236.
2) 荒川秀俊（1955）：気候変動論，地人書館.
3) 西岡秀雄（1972）：気候700年周期説，好学社.
4) 中央氣象臺・海洋氣象臺編（1939）：日本氣象史料.
5) 田口龍雄（1939）：日本の歴史時代の氣候に就いて．海洋氣象臺彙報，126，1-11.
6) 山本武夫（1951）：北大西洋の氣候變動と日本の櫻花史料．天文と気象，17 (3)，78-83.
7) 山本武夫（1976）：気候の語る日本の歴史，そしてえ.
8) 高橋 学（2010）：環境史からみた中世の開始と終焉．アジア遊学（勉誠出版），137，163-172.
9) 高谷重夫（1982）：雨乞習俗の研究，法政大学出版局.
10) 藪 元晶（2012）：中世法隆寺の雨乞いについて－民間雨乞習俗のルーツ－．御影史学論集，37，21-52.
11) Maejima, I. and Tagami, Y. (1986)：Climatic change during historical times in Japan – reconstruction from climatic hazard records – . *Geogr. Repts. Tokyo Metropl. Univ.*, **21**, 157-171.
12) Ge, Q. and Wu, W. (2011)：Climate during the Medieval Climate Anomaly in China. *PAGES news*, **19** (1), 24-26.
13) Lorrey, A. *et al.* (2011)：Blocking circulation anomalies in the Tasman Sea region during the Medieval Climate Anomaly. *PAGES news*, **19** (1), 22-24.
14) Luterbacher, J. *et al.* (2011)：Reconstructed and simulated Medieval Climate Anomaly in southern South America. *PAGES news*, **19** (1), 20-21.
15) Oglesby, R.J. *et al.* (2011)：Medieval drought in North America: The role of the Atlantic Multidecadal Oscillation. *PAGES news*, **19** (1), 18-20.
16) Vinther, B.M. (2011)：The Medieval Climate Anomaly in Greenland ice core data. *PAGES news*, **19** (1), p.27.
17) Büntgen, U. and Tegel, W. (2011)：European tree-ring data and the Medieval Climate Anomaly.

PAGES news, **19** (1), 14-15.
18) Moreno, A. *et al.* (2011)：Was there a common hydrological pattern in the Iberian Peninsula region during the Medieval Climate Anomaly? *PAGES news*, **19** (1), 16-18.
19) Vogt, S. *et al.* (2011)：Assessing the Medieval Climate Anomaly in the Middle East: The potential of Arabic documentary sources. *PAGES news*, **19** (1), 28-29.
20) Hassan, F.A. (2011)：Nile flood discharge during the Medieval Climate Anomaly. *PAGES news*, **19** (1), 30-31.
21) Steinhilber,F. and Beer, J. (2011)：Solar activity-the past 1200 years. *PAGES news*, **19** (1), 5-6.
22) 桜井邦朋（2005）：歴史時代における気候変動と太陽活動．月刊地球，27 (9)，693-699.
23) Graham, N.E. *et al.* (2011)：Evidence for global climate reorganization during medieval times. *PAGES news*, **19** (1), 9-10.
24) Seager, R. and Burgman, R.J. (2011)：Medieval hydroclimate revisited. *PAGES news*, **19** (1), 10-12.
25) Gonazárez-Rouco, F.J. *et al.* (2011)：Medieval Climate Anomaly to Little Ice Age transition as simulated by current climate models. *PAGES news*, **19** (1), 7-8.
26) Goosse, H. *et al.* (2011)：The Medieval Climate Anomaly in Europe in simulations with data assimilation. *PAGES news*, **19** (1), 12-13.
27) Xu, S. *et al.* (1999)：Flood and waterlogging and its evolutional features in the Yangtze Delta. *Bull. Nat. Museum, Japanese History*, **81**, 221-225.
28) 鄒 怡（福島 恵訳）（2013）：1391〜2006年の龍感湖－太白湖流域の人口の推移と湖の堆積物との呼応関係．鶴間和幸・葛 剣雄編：東アジア海文明の歴史と環境，pp. 499-539，東方書店.
29) 水越允治（2004）：古記録による16世紀の天候記録，東京堂出版.
30) 水越允治（2006）：古記録による15世紀の天候記録，東京堂出版.
31) 水越允治（2008）：古記録による14世紀の天候記録，東京堂出版.
32) 水越允治（2010）：古記録による13世紀の天候記録，東京堂出版.
33) 水越允治（2012）：古記録による12世紀の天候記録，東京堂出版.
34) 水越允治（2014）：古記録による11世紀の天候記録，東京堂出版.
35) 田上善夫（2016）：11〜16世紀の日本の気候変動の復元．富山大学人間発達科学部紀要，10 (2)，205-219.

§Ⅶ-3
小氷期前半の気候環境変動
Climatic environmental variation in the early half of the Little Ice Age

(1) 小氷期のはじめについて
(a) アルプスの氷河
　小氷期（Little Ice Age：LIA）は，アルプスの氷河が急速に前進を始めた16世紀以降19世紀半ばまでを指す呼称である（図1）．またそれ以前からしばしば寒冷期間が現れることから，中世温暖期より後の13世紀頃まで遡って，小氷期の前期に含めることがある．ただし17世紀末や19世紀初めのような厳寒期は明らかではなく，中世温暖期から小氷期への移行は判然としない．とくに東アジアでは，この間の変遷は明らかではない．

(b) 気候の復元
　17世紀以前の気候変動の復元には，資料が限られることから，広域を対象とすることは困難であり，特定地点の変動シリーズが用いられることが多い．局地的な復元にはノイズが含まれ，広域での多数の復元結果は必ずしも調和しない．
　復元の代替資料として，諏訪湖の冬季全面結氷後，降温時に収縮して亀裂が入った後に形成される氷堤があり，御神渡（Omiwatari）とよばれている．湖の結氷起日や御神渡の起日の記録は，1397（応永4）年のものがもっとも古く，1444（嘉吉3）年からはおよそ毎年連続的に残る．この数世紀にわたる記録は，現行暦に換算されて整理され[2]，気候変動が復元されている[3]．
　冬季の寒冷には日本列島付近の寒気団の南下の影響が大きく，御神渡の変動は広域の変動を代表する可能性がある．その長期間の変化や他の史料の変動との比較も，多くなされてきた．ただし御神渡には，神事のあり方，また諏訪湖の水位や水質の変化などの影響も指摘されている．
　また古日記中に記された毎日の天候記録は，気候復元のためのもっとも時間精度の高い資料である．『史料通覧』と『史料大成』に収められた十数篇の古日記から，日々の天候記録が収集され，それより1033（長元5）～1452（宝徳3）年の，毎日の天候表が作成された．ただし，この400年間で記録が示されたのは30年ほどである[4]．
　こうした古日記中の天候記録から抜き出した雪日数と，雪日数と雨日数の合計との比を降雪率として，気候の変動が復元された．前年11～3月の京都周辺での降雪率の変動が，

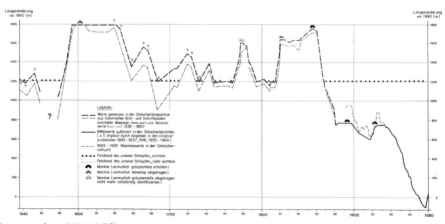

図1　アルプスの氷河の変動[1]
下グリンデルヴァルト氷河1535～1980年.

図2 弘前の冬季降水率の変化[6]
降水日出現率の変化より修正.

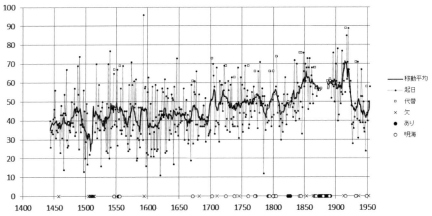

図3 御神渡起日の変動
縦軸は前年12月1日起算の通算日,折れ線は11年移動平均.「明海」:11年間中のもっとも遅い起日,「あり」: 11年間の平均起日をあてる.データは荒川[3].

平安時代と室町時代の日記を用いて分析されている[5].

江戸時代以降では,古日記中の天候記録から,月別に降水日の出現率の経年変化が明らかにされている(図2).弘前での1月と7月の降水日から,17世紀末には冬季,夏季ともに出現率が高い.これは冷涼であることを示している.

また京都の天候記録から初雪日を抽出して,11世紀以降の気候変動が明らかにされている[7].

(c) 御神渡の変動

先述の諏訪湖の結氷記録からは,冬季気温は1600年代初めがもっとも低く,現在より1～1.5℃低かったことが示されている[8].自然を記録した史料に基づく場合,15世紀以降では17世紀初めに,冬季は極めて寒冷になったと推定されている.

年々の御神渡について,その起日が記されるほか,「明海」,「あり」,「(記録)なし」などとされる年がある.御神渡のもっとも早いのは,1620年で(1619年)12月11日,もっとも遅いのは1593年で3月6日である.御神渡起日は,15世紀には1月上旬であったのが,19世紀には1月下旬となり,とくに1850年代と1910年代には2月上旬と遅かった(図3).

一方,早かったのは16世紀初めで,12月

中に御神渡が出現し，また17世紀初めや17世紀末も早かった．17世紀末は，1645年頃～1715年頃の**マウンダー極小期**（Maunder minimum）にあたる．16世紀初頭のなかには，1505年，さらに1507～1514年まで8年続く，御神渡の「(記録)なし」の年が含まれ，温暖であった可能性が議論がされてきたが，他の代替資料とは整合せず，寒冷であったとみられる．ただし御神渡起日の変動は基本的に冬季の寒暖に基づくとしても，全冬を通した変動ではないことに留意する必要がある．

(2) 文書記録からの復元
(a) 天候記録
16世紀の古日記より，毎日の天候記録が水越允治によりまとめられた[9]．さらに11世紀に遡り，6世紀にわたる天候記録がまとめられている．これには日ごとに存在する複数の日記からの天候が収録されている．これらの古日記を著したのは，公家をはじめ有力寺社の僧侶であるため，京都を主としている．

(b) 気候災害記録
この時代の気候災害記録は，中国においてもまとめられている[10]．災害は以下のような種に分けられる．①気候変動の指標：異常な大気現象であるが，とくに農作物被害，また物的・人的損害に至らぬものである．②循環の異常・災害：農業生産に大被害をもたらす大気現象として，大気循環の異常によるものである．③擾乱の異常・災害：甚大，激甚の被害をもたらす異常気象として，嵐のような擾乱にかかわる，強風や大雨である．④複合的災害：さらにそれらの複合した影響で，豊作や不作となり，飢饉などにつながるものである．

(c) 年代と地域による変化
中国の気候変動の記録は，1470年代から増加した．循環の異常と災害では，夏季の高温を示す乾燥や旱魃は1480年代に多いが，1420年代には長雨など冷涼を示すものが多い．顕著な擾乱と災害では，出現は比較的安定している．一方，冬季の温暖と寒冷は同期間に多く出現している．複合的災害では，**飢饉**（famine）が1440年代と1480年代に出現がピークとなる．なお，民飢流移，民多流殍などの民流は，常にみられる．降雹は中国の内陸側で多く，雷電は北京の他，江蘇省や広東省などに集中する．旱魃などは，長雨などより多く，とくに山西省，陝西省，湖北省，湖南省，四川省では圧倒的に多い．強風は沿岸に多く，とくに江蘇省，浙江省で多い．大水は長江や黄河の氾濫地域に多い．北では豊作，南では有年（豊年）とされる傾向がある．飢饉はどこでも起こるが，山東省が突出して多く，疫病は江西省，福建省でとくに多い．

(d) 気候災害分布と変動
東アジアでは，日本から中国東部に至る地域で，気候災害の出現に類似の傾向がみられる．基本的に乾燥と湿潤の分布は類似してい

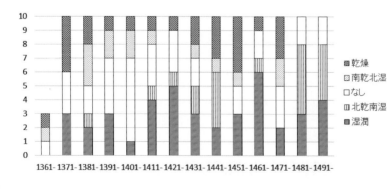

図4 14・15世紀の東アジアの乾湿の変動[11] 日本と中国の災害記録より．

る．すなわち，全域的に乾燥が卓越，あるいは湿潤が卓越する．また北部で乾燥－南部で湿潤が卓越するか，北部で湿潤－南部で乾燥が卓越する．

各型の出現数の10年ごとの集計には，変動の特色が示される（図4）．全域の湿潤と南部の湿潤は夏季の前線帯の北上にかかわり，全域の乾燥と南部の乾燥は前線帯の南下にかかわる．すなわち1380年頃の乾燥期，1420年頃の湿潤期，1450年頃の乾燥期，1490年頃の湿潤期があり，変動が繰り返されている．

(3) 世界各地の気候変動
(a) ユーラシア西部
ヨーロッパ各地の気候史料から年々の半旬ごとの気候分布が復元されている（図5）．マウンダー極小期の1675～1715年の期間では，1695年をはじめとして，著しい寒冷年の出現が明らかである（図6）．

代替資料と器械観測資料からの復元で，1400年以降ではヨーロッパは1600年代，北米は1800年代がもっとも寒冷であったとされる．とくに1690年代はもっとも低温であった[14]．欧米などでも15～16世紀は，小氷期の厳寒期である17～19世紀に比べて，低温ではなかった．

水分や乾湿の変動も類似する．チェコでは，暴風は1580～1620年と1770～1830年に多かった．融雪・流動氷と降水による洪水は12～3月，降雨による洪水は5～10月に多いが，ヴルタヴァ川では1830～1900年に冬型洪水が卓越し，1560～1610年に夏型洪水が卓越している[15]．このように16世紀末～17世紀初めに暴風と夏型洪水が増加したことは，夏季の北方の低気圧，前線活動の活発化により，この地域が夏季に低温化したことを示している．また降水量の増加は，アルプスの氷河の前進につながると考えられる．

オスマン朝のトルコでは，1565～1580年に，ほぼ毎年厳しい降雪や寒さが記される．1559年にドナウ川，1560年にチグリス・ユーフラテス，1563年にイスタンブール周辺で洪水があった．その後1580年代には，厳冬や洪水が減少した[16]．すなわち，1560年代，1570年代の洪水や厳冬は，1580年代には減少しているが，チェコでの1560年代からの夏型洪水の増加，1580年代の暴風の増加と同様に，前線帯の北上を示しており，16世紀半ばの寒冷には，循環の変動の影響が大きいとみられる．

(b) ユーラシア東部
中国東部の河北，山西，黄峡，河南，江

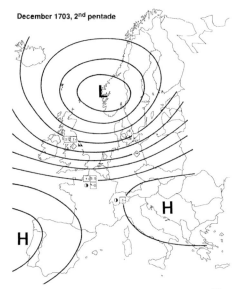

図5 欧州の気候復元 1703年12月の第2半旬[12]

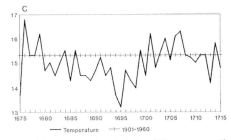

図6 中部イングランドの夏季気温の変動 1675～1715[13]

淮，蘇杭の地域で，乾湿の程度は，960年以降には，1070，1266，1345，1540，1690，1898年前後に急変した．急変はとくに17世紀に集中しており，1000年間でもっとも寒冷であったが，一方13世紀はもっとも温暖な期間であった[17]．すなわち文書史料からの乾湿の変動も，中世温暖期から小氷期への変化を示す．ただし地域的には，長江の北側と南側とで差異がある．

東アジアでは，14世紀末に比較的乾燥していたが，15世紀には湿潤に向かう傾向がみられた．さらに16世紀にも継続するなら，欧州から東方での気候変動とつながる可能性がある．15世紀は，シュペーラー極小期に向かい，ヨーロッパ周辺のように16世紀の半ばからの寒冷期の前段階とみることができる．

(4) 変動の要因
(a) 外部強制
15～16世紀は，シュペーラー極小期（Spörer Minimum；1460～1550）にあたる．数十年以上の周期での黒点の変動は，太陽活動を示す放射束密度（TSI）の変動と対応する．ただし，太陽放射総量の変動は極めて小さいため，気候変動を十分説明することはできないとされる．

火山活動（volcanic activity）の変化は，硫化物エアロゾルの変化で表される．この値は，15世紀半ばに極めて大きくなる．15世紀前半の湿潤期間は，火山活動の増大と関連する可能性がある．実際，寛永，延宝，享保，宝暦，天明，天保の飢饉の際に，火山噴火の**噴煙指数**（dust veil index：DVI）は150以上であり，低温・集中豪雨がもたらされた[18]．すなわち小氷期における気候変動と，太陽活動および火山噴火の変動には，関連がみられる．ただし直接的に影響するだけでなく，エルニーニョのような熱帯海洋の循環の変動を通して，自然災害がもたらされたとみることができる．

(b) 内部変動
およそ数十年周期の変動は，大気と海洋との間で卓越する．外部強制の変化をきっかけとして循環が変化し，地表での寒暖・乾湿の変動となる．紫外線帯のエネルギー変化は，可視光域より大きく，気候変動に大きく作用する可能性がある．紫外線はオゾンを生成して成層圏大気を加熱し，赤道と極の温度差が増大すると西風ジェットが加速し，上昇流が熱帯域では抑えられる一方，中高緯度では増加する．その結果，インド洋ではソマリージェットが強まり，日本付近では，寒気の吹き出しが変化して，西太平洋の気温は高まる[19]．気候システムに変化が起こると，外部強制以上に気温上昇が大きくなる一方，シュペーラー極小期であれば，それとは異質な変動を示す可能性がある．

造礁サンゴ資料からは，太平洋赤道域西部が相対的に低温，乾燥のときに，太平洋十年規模振動（PDO）や，太平洋数十年規模振動（IPO）が卓越する．1800年代の中頃には振動が小さく，1880～1950年に大きかった[20]．数十年スケール振動が，地球規模での温暖期に卓越するのであれば，シュペーラー極小期には減少していたと考えられる．

(5) 気候変動復元にかかわる問題
(a) 社会の変化からの影響
中国で最大の気候災害は大水などと記され，とくに黄河下流では洪水は天津から長江に至り，そこに都城はなかった．1293年に京杭大運河が完成し，1677年に海・黄・淮・江・銭塘の五大水系が通じると，水運により発展した商業都市は，黄河の氾濫・決壊・改道の被害を受けた[21]．黄河流域の中心地域が，13世紀末以降に東方に移り，洪水被害を受けやすくなると，洪水記録の増大につながる可能性がある．

(b) 記録制度の変化の影響
李氏朝鮮（1392～1910）時代には，干害や虫害のときには祈雨祭をし，王は自らの不徳として謹慎した．1441年には測雨器がつ

くられ，承政院日記や朝鮮王朝実録に自然災害が記録された．洪水は176回あり，慶尚道，全羅道，黄海道，忠清道，咸鏡道，江原道，京畿道の順に多かった．飢饉も多く，1579，1584，1612年は大飢饉となった[22]．李氏朝鮮の初期には災害は少なかったが，1550年以降には飢饉に至るようになる．この変化は，小氷期における寒冷化に対応している．

(c) 社会の変化への影響

　東アジアでは，1440年代，1480年代には，前線帯が北上せず北部では低温乾燥の一方で，南部では湿潤であった．この期間には，南北で対照的な気候状態であり，地域的な均衡状態の欠如は，社会的な不安定につながる可能性がある．ただし，気候変動と社会的事象とのかかわりのなかで，気候変動の寄与の仕方は異なり，関連も地域的に異なる．

　中世温暖期や小氷期の前後には，とくにヨーロッパで大きな社会変化が指摘される．「革新の12世紀」（Renaissance of the 12th century）には，農業革命により農業生産力が飛躍的に増大した．一方，今日のヨーロッパ文化の基礎が形成された17世紀は「全般的危機」（The General Crisis of the 17th Century）であり，宗教戦争，魔女狩り，不作，穀物価格の高騰，難民や流民などが頻発した[23]．中世温暖期と小氷期とは，ヨーロッパをはじめ，社会的な変化が大きく，気候変動の確実な復元を必要としている．　　　　　　　　　〔田上善夫〕

文献

1) Pfister,Ch. (1988)：*Klimageschichte der Schweiz 1525-1860*, Haupt, 184+163S..

2) 田中阿歌麿 (1918)：湖沼学上より見たる諏訪湖の研究（上），岩波書店．

3) 荒川秀俊 (1954)：5世紀に亘る諏訪湖御神渡の研究. 地学雑誌，**63**(4), 193-200.

4) 田口龍雄 (1940)：日本の歴史時代の氣候に就いて（五）. 海洋氣象臺彙報，**133**, 1-15.

5) 山本武夫 (1976)：気候の語る日本の歴史．そしえて．

6) Maejima, I. and Tagami, Y. (1983)：Climate of Little Ice Age in Japan. *Geogr. Repts Tokyo Metropol. Univ.*, **18**, 91-111.

7) 宮井 宏 (1999)：古記録を用いた京都の冬季気温の推定. 地学雑誌，**108**(3), 231-147.

8) Mikami, T. (1999)：Quantitative climatic reconstruction in Japan based on historical documents. *Bull. Nat. Museum, Japanese History*, **81**, 41-50.

9) 水越允治 (2004)：古記録による16世紀の天候記録，東京堂出版.

10) 張 德二主編 (2004)：中国三千年気象記録総集 第2冊 明代，鳳凰出版社（南京）.

11) 田上善夫 (2015)：小氷期初期の東アジアの気候変動. 富山大学人間発達科学部紀要，**9**(2), 97-116.

12) Pfister, Ch. *et al.* (1994)：High resolution spatio-temporal reconstructions of past climate from direct meteorological observations and proxy data. In Frenzel, B. hrsg.：*Climate Trends and Anomalies in Europe, 1675-1715, Paläoklimaforschung*, **13**, 329-375.

13) Siegenthaler, D. (1994)：Climatic trends and anomalies in England 1675 to 1715. In Frenzel, B. hrsg.：*Climate Trends and Anomalies in Europe, 1675-1715, Paläoklimaforschung*, **13**, 133-149.

14) Jones, P.D. (1999)：Paleotemperatures over the past Millennium：problems of integrating high resolution records from different disciplines. *Bull. Nat. Museum, Japanese History*, **81**, 23-30.

15) Brazdil, R.（三上岳彦訳）(2005)：過去1000年間のチェコ共和国における暴風と洪水. 月刊地球，**27**(9), 678-685.

16) 澤井一彰 (2010)：気候変動とオスマン朝―「小氷期」における気候の寒冷化を中心に. アジア遊学，**136**, 143-153.

17) Zhang, D. (1999)：Climate variation of wetness in eastern China over the past Millennium. *Bull. Nat. Museum, Japanese History*, **81**, 31-39.

18) Yamakawa, S. (1999)：Climate variations and natural disasters in Little Ice Age. *Bull. Nat. Museum, Japanese History*, **81**, 51-56.

19) 小寺邦彦 (2005)：力学過程を通した百年スケール太陽活動の気候への影響. 月刊地球，**27**(9), 700-705.

20) 浅海竜司他 (2006)：過去数百年間の古気候・古海洋変動を記録する現生サンゴ―数年〜数十年スケールの変動と長期変動の復元―. 地球科学，**40**, 179-194.

21) 鄒 逸麟（放生王訳）(2013)：歴史における黄河流域の都市の興亡と環境の変遷. 鶴間和幸・葛 剣雄編：東アジア海文明の歴史と環境，pp. 139-166, 東方書店.

22) 梁 再明 (2010)：韓国における歴史時代の自然災害と災害対応の事例. 学術の動向，**15**(2), 36-43.

23) 永田諒一 (2008)：ヨーロッパ近世「小氷期」と共生危機―宗教戦争・紛争，不作，魔女狩り，流民の多発は，寒い気候のせいか？. 文化共生学研究（岡山大学），**6**, 31-52.

§Ⅶ-4
小氷期後半の気候環境変動
Climatic enviromental variation in the latter half of the Little Ice Age

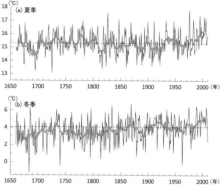

図2 イングランド中央部の (a) 夏季 (6, 7, 8月) と (b) 冬季 (12, 1, 2月) の平均気温の変動 (Parker et al. (1992)[11] をアップデートしたもの)
黒細線：中央イングランドの平均気温.
灰太線：11年移動平均値.
破線：1961～1990年の平均値 (a:15.3℃, b:4.1℃).

(1) 小氷期後半の気候環境を知るために
(a) 古文書天候記録

　小氷期 (Little Ice Age：LIA) 後半にあたる18～19世紀には，測器による系統的な気象観測が行われた場所は，ヨーロッパ諸国などに限られていた[1]．そのため，過去の気候環境を知るために，樹木年輪や氷床コア，古文書に記載された天候情報などの代替データを使用して，過去の気候を復元する方法がある．とくに，数年～数十年スケールで気候変動 (climatic variation) を捉えるには，古文書に主に日単位で記載された天気や災害の情報が有効である．
　中国では，各地に残存する古文書に記された災害記録を基に，1470～1979年の約500年にわたる毎年の乾湿分布の復元が行われている[2]．また日本では，古くから書き残されてきた文書に，日々の天候をはじめ，気象災害，異常気象，生活・生物季節，河川・湖沼の水位や結氷，山の冠雪，作物の収穫量や価格などの多様な記録が含まれており，定性的もしくは間接的ではあるが，当時の気候の特色を知るうえで役立っている (図1)．古文書の天候情報 (晴れ，曇り，雨など) は定性的な情報であるため，近年の定量的な気象データと直接連結したり，比較したりすることはできない．そのため，古文書の天候情報を定量的な気象データに変換する必要がある．そこで，現在の気象データを基に，特定の天気の出現頻度と気象要素との間に相関関係があることから，古文書に記載された天気の頻度から，当時の気象要素を統計的に推定する方法が使用されている．例えば，冬季の降雪率 (降水日数に対する降雪日数の割合) や冬型気圧配置特有の天気分布になる頻度，夏季の降水日数や晴天日数が気温と相関が高いことがわかっている[3]-[6]．また古文書の天候情報以外にも，湖沼の結氷日の遅速から冬季の気温[7]，生物季節 (桜の開花日) から春の気温を復元する方法[8]などもある．「歴史天候データベース」というウェブサイトでは，日本の約40地点における17世紀末～19世紀にかけての古文書に記された天候記録が一般に公開されている[9]．

(b) 気象観測記録
　最も長期にわたる気象観測記録は，1659年から続くイングランド中央部における月平均気温 (Central England Temperature：CET) の報告である[10], [11] (図2)．また，ヨー

図1　弘前藩庁日記の天保5年10月1日 (1834年11月1日) の記録 (弘前市立図書館所蔵)
日付の下に「快晴　夕方より曇　夜に入 (り) 雨」とその日の天候が記載されている．

324　第Ⅶ章　歴史時代における気候環境変動

ロッパの他に，カナダのハドソン湾沿いの1768～1910年の気温の観測記録[12]や，インドのチェンナイにおける17～18世紀にかけての気圧の観測記録[13]，韓国のソウルにおける1771年から続く降水量の記録[14]の報告がある．欧米各国では，18世紀以降の気象観測記録が多数所蔵されており，古い気象観測記録が紙媒体のまま劣化してしまう前に，デジタル化を行い，科学的に解析可能な状態で保存する**データレスキュー**（data rescue）という活動が精力的に進められている[15]．

日本では，気象官署による公式の気象観測が開始されたのが1873年である．それ以前の日本では，外国人や蘭学者らによる気象観測が函館・水戸・東京・横浜・大阪・神戸・長崎などの限られた地点で実施されていたことがわかっている[16],[17]（図3）．長崎では，出島に滞在していたオランダ商館長やオランダ人医師らが気象観測を行い，本国へ報告していた．当時のヨーロッパ人医師は，医学教育の一環として気象学を学んでおり，その影響があったようだ．東京・大阪では，蘭学を習得した日本人天文学者らによって行われた．また，開港以降の函館・横浜・神戸での観測は，軍事的な要素が強い．そして水戸の商人による気象観測は，穀物価格と天候の関係を見い出すための観測であった可能性が高い．

これらの気象観測記録は，客観的な数値

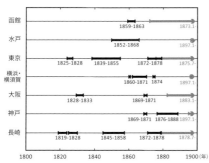

図3 気象庁観測開始以前の日本各地における気象観測の実施状況
同一地点で1年以上継続した気象観測を記載．灰色の矢印は各地の気象官署による観測時期を示す．

データではあるが，現在の気象データと直接連結させるにはいくつか留意すべき点がある．例えば，単位，観測時刻や回数，気圧の補正などを，現行の気象データと同等にする必要がある．さらに，気象測器の精度や観測環境なども考慮すべきであるが，それらの影響を修正する方法は確立しておらず，現時点では難しい．

(2) 小氷期後半の日本における気候の特徴
(a) 18世紀

18世紀の日本ではまだ系統的な気象観測が行われていなかったため，古文書の天候記録から復元された気候の特徴をまとめる．

多くの復元結果から，18世紀は現在よりも冷涼な気候が卓越したことがわかっている．東京都八王子市の石川日記に記録された天候記録の降雨日数から復元された東京における7月の月平均気温の変動をみると（図4），1721（享保6）～1790（寛政2）年の7月の気温は，年々変動が大きく，平均すると現在に比べて約1～1.5℃低い時期であった．

とくに，1730～1740年代と1780年代は極端な低温期であった．例えば，近畿地方の古文書天候記録から推定された梅雨期間と梅雨期降水量も，梅雨明けが遅れ多雨傾向にあった[18]．また，1780年代における全国の乾湿分布は，時空間的に大きな変動がみられる年代であった[19]．さらに冬季も，1730年代前半および1780年代前半の日本周辺は冬型の気圧配置になる頻度が高く，厳冬であった[20]．

上記の2時期には，1732（享保17）年の**享保の大飢饉**（great Kyoho famine）や，1783（天明3）～1787（天明7）年の**天明の大飢饉**（great Tenmei famine）といった歴史的な大飢饉が発生している．これは，夏季の不順な天候により農作物の収穫量が激減して食糧難となったことが主な原因であり，さらに厳しい冬が当時の人々の生活を一層困難にしたことが考えられる．享保の大飢饉では，とくに西日本における長雨と洪水，ウンカの大発生による農作物への影響もあった．また天明の大飢饉

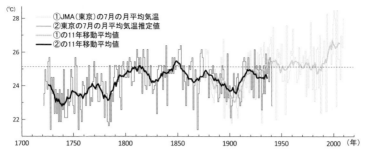

図4 東京における18世紀以降の7月の月平均気温の変動(Mikami(1996)[5]のデータをアップデートしたもの)
黒線：東京都八王子市「石川日記」の天候記録からの推定値．推定誤差は±0.98℃．灰線：気象庁（東京）のデータ．太線：11年移動平均値．破線：1961〜1990年の平均値（25.2℃）．

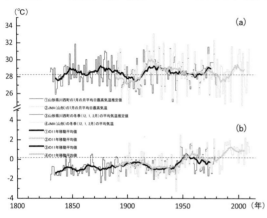

図5 山形における1830年以降の(a) 7月の月平均日最高気温，および(b) 冬(12, 1, 2月)の平均気温の変動[3], [4]
黒線：山形県川西町「竹田源右衛門日記」の天候記録からの推定値．推定誤差は(a)±1.21℃, (b)±0.67℃. 灰線：気象庁（山形）のデータ．太線：11年移動平均値．破線：1961〜1990年の平均値（a：28.3℃，b：0.2℃）．

は，1783（天明3）年の浅間山や岩木山の噴火による降灰が，直接農作物へ被害をもたらしたことも飢饉を深刻化させた一因であると考えられる[21]．

(b) 19世紀

古文書天候記録によって推定された東京と山形の夏（7月）の気温は，1810年代と1840〜1850年代で温暖，1820〜30年代と1860年代は冷涼な傾向にある（図4, 5）．

1830年代の夏の気候については，近畿地方では梅雨明けが遅れ，多雨傾向であったこと[18]，また1836（天保7）年の東北地方では強いヤマセによる異常冷夏で冷害による凶作であったこと[22]，弘前においても1820〜1840年代にかけて寒冷であったこと[23]が報告されており，オホーツク海高気圧の勢力が強かったことが推測できる．また，1826（文政9）年以降の近畿・東海地方への台風襲来数は顕著に増加し[18]，とくに1835（天保6）〜1840（天保11）年は北太平洋高気圧の勢力が弱く，日本周辺が台風の影響を受けやすい状態にあった[24]．

このことから，1830年代を中心として，東北から近畿地方にかけて，冷涼多雨な気候が卓越したために各地で凶作となり，1833（天保4）〜1839（天保10）年には**天保の大飢饉**（great Tempou famine）が発生したと考えられる．一方で冬の気候は，1820年代頃まで冬型の気圧配置型の頻度が高く[18]，河川や湖も頻繁に結氷し，寒冷傾向であった．その後，1830〜1840年代には冬型気圧配置の出現頻度が低く，温暖傾向となる[18]．

江戸時代末期の1840〜1850年代の夏が温暖であったことは，古文書による復元結果[5]だけでなく，気象測器によって観測された気温データに基づく日本西部（図6）や関東（東京・横浜・水戸）の気温変動からもわかっている[17]．

　小氷期の開始と終了については，世界各地で非同時的に起こったとされ，明確な定義がない．しかし日本においては，1850年代頃の温暖期が比較的顕著であり，小氷期は1850年代の温暖期で終了したと考えられ，主要な小氷期終了時期の見解と一致する[25]．

（3）小氷期後半の世界の気候の特徴

　小氷期は14〜19世紀にかけて，全球規模で寒冷な気候が卓越した時代といわれている．しかし，その特徴は時空間的に多様なため，寒冷な気候が全球で同時かつ継続的に起こった時期を見い出すことは難しい．本節では，気候の復元結果や気象データのえられる地域に限定して，小氷期後半の気候の特徴をまとめた．

　ヨーロッパでは，アイスランド沖の海氷の減少，スイスの古文書や北部ヨーロッパの樹木年輪による気温推定値によると，18世紀前半〜中頃にかけては温暖期であった[26]．イングランド中央部の気温（CET）の変動（図2）からも，夏季・冬季ともに1730年代頃に温暖期が認められる．一転して，18世紀後半〜19世紀初頭にかけては，寒冷な傾向であったことが，アイスランドの海氷増加，イタリア北部やスイスの文書による気温推定値などからわかっており[26]，冬季のCETにも同様の傾向がある．18世紀後半には，ロンドンのテムズ川が頻繁に凍ったという記録もある[25]．また，夏季のCETの変動には，とくに1810年代の夏季に顕著な低温期がみられる．ちょうど1816年には，CETの355年間において，もっとも低い7月の月平均気温を記録している．この年はまた，「**夏のない年**（the year without a summer）」として知られており，ヨーロッパと北アメリカ東部では，記録的な冷夏に見舞われた．一方で，北アメリカ西部や日本を含む東アジア，中東などでは温暖であった．その後，CETは1820年代に温暖となり，一転1830年代は再び寒冷化する．

　アジアでは，カシミール地方や中国西部の樹木年輪から推定された気温は，18世紀初頭と19世紀初頭が温暖であったことを示している[27],[28]．そして，中国の古文書の降雨日数から復元された乾湿の変動では，1740年代に乾燥，1770〜1780年代は湿潤な傾向にある．中国における1780年代の湿潤傾向は，同時期に日本において冷夏・長雨をもたらした梅雨前線や秋雨前線の長期停滞によるものと推測できる．

　北アメリカでは，18世紀中頃と19世紀前半の寒冷傾向が顕著だったようだ．北アメリカ北東部の日記天候記録から復元された気温は，1740年代が温暖，1750〜1760年代と1810年代が寒冷であった．またカナダでは，1810年代と1840年代に，ハドソン湾の海

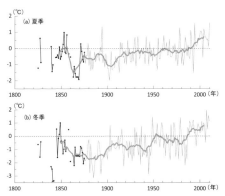

図6 日本西部の（a）夏（6，7，8月）と（b）冬（12，1，2月）の平均気温偏差の変動
数値は，1961〜1990年の平均からの偏差．Zaiki *et al.* (2006)[17]のデータをアップデートしたもの．
黒線：日本西部の平均気温偏差（気象庁設立以前の非公式気象観測データから算出）．
灰線：日本西部の平均気温偏差（気象庁データから算出）．
太線：11年移動平均値．

氷量が多く，寒冷な気候であった．さらに，北アメリカ西部の樹木年輪による気温推定値から，1750，1770，1830〜1840年代が寒冷，1850〜1860年代が温暖であった．また，北アメリカ東部では1750〜1760年代と1814〜1822年が少雨で，旱魃は主に18世紀に発生していたとされている．

また，南半球では樹木年輪や山岳氷河，南極氷床による気温推定値に限られるが，寒冷期は16世紀と17世紀にみられ，本項が対象とする18〜19世紀の小氷期後半には，それほど顕著ではなかったようだ[26),29)]．

(4) 小氷期後半の気候変動の要因

小氷期に起こった数十年〜数百年スケールの気候変動の要因として，太陽活動・火山噴火・エルニーニョや北大西洋振動などの大気と海洋の相互作用があげられる．

(a) 太陽活動

太陽活動（solar activity）の指標となる太陽黒点の数の観測から，11年周期の変動があることがわかっており，太陽活動が数十年にわたって不活発だった時期がある．

18〜19世紀においては，1650〜1710年のマウンダー極小期と1800年代前半のダルトン極小期があげられる．マウンダー極小期は，小氷期中頃の寒冷な気候を特徴づける主な要因として考えられている．また，ダルトン極小期はマウンダー極小期ほど顕著ではなかったが，時期を同じくして，1830年代頃には世界各地で寒冷な気候が観測されている．しかしながら，これは，同時に活発化していた火山噴火の影響とも考えられる[30)]．

(b) 火山噴火

火山噴火が起こると火山灰や火山ガスが噴出される．対流圏に留まる火山灰は一時的に日射をさえぎるが，短時間で地上に落ちてしまう．しかし，成層圏に注入される火山灰や火山ガスに含まれる二酸化硫黄は光化学反応によって硫酸液滴となり，大気中に数年にわたって留まる．そのため，大気の循環によって全球に広がることになる．その結果，広範囲にわたって直達日射量が減少し，地上付近の気温が下がる[31)]．

18〜19世紀においては，1783年のアイスランド・ラキ火山や1815年のインドネシア・タンボラ火山，1835年のニカラグア・コセグイナ火山の大規模噴火が起こった．1783年のラキ火山と1835年のコセグイナ火山の大規模噴火は，日本に冷夏をもたらす一因となったと考えられている．一方で，1815年のタンボラ火山の噴火では，翌年1816年に欧米を中心として深刻な冷夏をもたらしたが，日本では暑い夏であった[32)]．

上記の大規模噴火以外にも，1820〜1830年代には，世界各地で火山活動が活発化し，大小さまざまな噴火が頻発している[29)]．そのため，1830年代を中心とする寒冷な気候は，少なからずその影響を受けていただろう．

(c) エルニーニョ（エルニーニョ・南方振動，El Niño/Southern Oscillation：ENSO），北大西洋振動（North Atlantic Oscillation：NAO）

エルニーニョが発生すると日本付近では，夏季は太平洋高気圧の張り出しが弱くなり，低温・多雨となる傾向があり，冬季は冬型の気圧配置が弱まって暖冬となる傾向がある．

過去のエルニーニョ現象とその強度（「並」，「強い」，「とても強い」の3段階）を復元した研究[33)]によると天明の大飢饉の1783年には強いエルニーニョ現象，天保の大飢饉の直前の1832年と飢饉発生中の1837年には並よりやや強いエルニーニョ現象が発生しており，当時の日本周辺の気候に少なからず影響を与えたと考えられる．

ENSOと同様に，アイスランド低気圧とアゾレス高気圧の変動である北大西洋振動（NAO）は，偏西風の強弱や低気圧経路を変化させるため，北アメリカ東部や西ヨーロッパの気候に影響を与える．　〔財城真寿美〕

文献

1) Lamb, H. H. (1995)：How we can reconstruct the past record of climate. In Lamb,H.H：*Climate, History and*

the Modern World 2nd ed., pp.74-107, Routledge.

2) 中央気象局気象科学研究院（1981）：中国近五百年旱湿分布図集，地図出版社．

3) 平野淳平他（2012）：山形県川西町における古日記天候記録にもとづく1830年代以降の冬季気温の復元．地理学評論，**85**，275-286.

4) 平野淳平他（2013）：山形県川西町における古日記天候記録にもとづく1830年代以降の7月の気温．地理学評論，**86**，451-464.

5) Mikami, T. (1996)：Long-term variations of summer temperature in Tokyo since 1721. *Geographical Reports of Tokyo Metropolitan University*, **31**, 157-165.

6) Mikami, T. et al. (2000)：Winter temperature reconstruction at Dejima, Nagasaki based on historical meteorological documents during the last 300 years. In Mikami, T. ed：*Proceedings of the International Conference on Climate Change and Variability*, pp. 103-106, Commission on Climatology.

7) 三上岳彦・石黒直子（1998）：諏訪湖結氷記録からみた過去550年間の気候変動．気象研究ノート，**191**，73-83.

8) Aono, Y. and Kazui, K. (2008)：Phenological data series of cherry tree flowering in Kyoto, Japan, and its application to reconstruction of spring temperatures since the 9th century. *Int. J. Clim.*, **28**, 905-914.

9) 吉村　稔（2013）：古日記天候記録のデータベース化とその意義．歴史地理学，**55**，53-68.（なお，文献中に記載されたウェブサイトのURLは，現在"https://tk2-202-10627.vs.sakura.ne.jp/"に変更されている．）

10) Manley, G. (1974)：Central England Temperatures: monthly means 1659 to 1973. *Quart. J. R. Met. Soc.*, **100**, 389-405.

11) Parker, D. E. et al. (1992)：A new daily Central England Temperature Series, 1772-1991. *Int. J. Clim.*, **12**, 317-342.

12) Ball, T. F. and Kingsley, R. G. (1984)：Instrumental temperature records at two sites in Central Canada. *Climatic Change*, **6**, 39-56.

13) Allan, R. J. et al. (2002)：A reconstruction of Madras (Chennai) mean sea level pressure using instrumental records from the 17th and early 18th centuries. *Int. J. Clim.*, **22**, 1117-1142.

14) Hahn, S. D. (1970)：On the precipitation records in Seoul for 200 years long. *Annual Review of the Korean National Committee for IUGG*. 9-12.

15) Allan, R. et al. (2011)：Recovery of Global Surface Weather Observations for Historical Reanalyses and International Users. *Eos Trans. AGU*, **92**, 154.

16) Können G. P. et al. (2003)：Pre-1872 extension of the Japanese instrumental meteorological observation series back to 1819. *J. Climate*, **16**, 118-131.

17) Zaiki M. et al. (2006)：Recovery of nineteenth-century Tokyo/Osaka meteorological data in Japan. *Int. J. Clim.*, **26**, 399-423.

18) 水越允治（1993）：文書記録による小氷期の中部日本の気候復元．地学雑誌，**102**，152-166.

19) 三上岳彦（1983）：1780年代の天候分布．気象研究ノート，**147**，91-97.

20) 深石一夫・田上善夫（1993）：18世紀の日本における冬の気候復元．地学雑誌，**102**，176-182.

21) 山川修治（1993）：小氷期の自然災害と気候変動．地学雑誌，**102**，183-195.

22) 近藤純正（1985）：東北地方に大飢饉をもたらした天保年間の異常冷夏．天気，**32**，241-248.

23) Maejima I. and Tagami, Y. (1983)：Climate of Little Ice Age in Japan. *Geographical Reports of Tokyo Metropolitan University*. **18**, 91-111.

24) 束村康文（1990）：19世紀前半にみられた東アジアにおける夏季の寒帯前線帯の南偏．地理学評論，**63A**，577-592.

25) Lamb, H. H. (1977)：*Climate: Present, Past and Future*, Methuen and Co.

26) Jones, P. D. and Bradley, R. S. (1995)：Climatic variations over the last 500 years. In Bradley R. S. and Jones, P. D. eds.: *Climate since A.D. 1500*, pp.649-665, Routledge.

27) Hughes, M. K. (1995)：Dendroclimatic evidence from the western Himalaya. In Bradley R. S. and Jones, P. D. eds.: *Climate since A.D. 1500*, pp.415-431, Routledge.

28) Wu, X. D. (1995)：Dendroclimatic studies in China. In Bradley R. S. and Jones, P. D. eds.: *Climate since A.D. 1500*, pp.432-445, Routledge.

29) 松本　淳（1992）：世界各地の小氷期．月刊地理，**37**，31-36.

30) Bradley, R. S. and Jones, P. D. (1995)：Records of explosive volcanic eruptions over the 500 years. In Bradley R. S. and Jones, P. D. eds.: *Climate since A.D. 1500*, pp.606-622, Routledge.

31) 増田耕一（1992）：小氷期の原因を考える．月刊地理，**37**，56-65.

32) Mikami T. (1992)：The climate of Japan in 1816 as compared with an extremely cool summer climate in 1783. In Harington, C.R. ed.: *The Year without a Summer: World Climate in 1816*. pp.462-467, Canadian Museum of Nature.

33) Quinn W. H. and Neal V. T. (1995)：The historical record of El Niño events. 623-648. In Bradley R.S. and Jones P.D. eds.: *Climate since A.D. 1500*, pp.623-648, Routledge.

§Ⅶ-5

太陽活動を中心にみた気候環境変動
Influence of solar activity on climatic and environmental variations

(1) 宇宙線生成核種を用いた太陽活動の復元

太陽活動（solar activity）の変動は，**太陽総放射量**（Total Solar Irradiance：TSI）を変化させるほか，太陽フレアを引き起こして地球近傍の宇宙空間に磁気擾乱をもたらす．太陽活動度の指標となるのが，太陽表面に現れる**黒点数**（sunspot number）である．黒点は，太陽内部の循環により発生したトロイダル磁場が浮上し太陽表面を横切った領域で，部分的に温度の低い暗い領域として観測される．黒点は多くの場合，黒点群として現れるため，黒点を足元にもつ磁力線のループ同士が相互作用しやすくなり，太陽フレアを発生させる．

太陽黒点数の連続観測は，望遠鏡が発明された17世紀初頭に始まった．それ以降，400年以上にわたり日々の黒点のスケッチが残されている．黒点数の変動は，基本周期として11年周期の変動を示している．しかしながら，その極大のピークはサイクルごとに異なっており（図1），88年周期，200年周期といった長期変動がみられる．

黒点の連続観測が開始された17世紀初頭以前については，樹木年輪中の炭素14[3]や氷床コアの年層に含まれるベリリウム10[4]などの濃度の分析により，太陽活動度を推定することができる．炭素14やベリリウム10は，**宇宙線**（cosmic rays）と地球大気との相互作用によって生成される**宇宙線生成核種**（cosmogenic nuclide）である．主に陽子からなる銀河宇宙線が大気に突入すると，大気中の原子核と相互作用し，粒子や光子を連鎖的に生成させる（空気シャワー）．大気中で二次的に生成された中性子が窒素原子核に捕獲されることにより炭素14がつくられ，また，窒素や酸素などの原子核が破砕されることによってベリリウム10などの核種が生成される．

銀河宇宙線は，銀河系に存在する超新星残骸を起源にもつ．地球に飛来する際に，太陽表面から吹き出した磁場とプラズマの風（太陽風）によって一部が遮られる．太陽風はおよそ100天文単位（1天文単位は太陽地球間距離）の範囲に広がっており，**太陽圏**（heliosphere）を形成している．宇宙線を遮蔽する度合いは，太陽圏を満たす太陽磁場の強度や構造に依存するため，宇宙線によって生成される核種の生成率は太陽活動を反映したものとなる．同時に，地磁気強度の増減の影響も受けるため，太陽活動の長期変動のみの情報を抽出するためには，堆積物に含まれる磁性鉱物の残留磁化の分析から地磁気強度を復元し，宇宙線生成核種のデータを補正するという方法がとられる．

炭素14やベリリウム10は生成後，以下のようにして樹木年輪や氷床に取り込まれる．まず炭素14の場合は，生成されてすぐに酸化され，二酸化炭素として大気圏・海洋圏・生物圏を循環する（炭素循環）．そのうち一部が光合成によって樹木年輪に取り込まれる．一方，ベリリウム10は，酸化された後に大気中のエアロゾルに付着し，降雪に

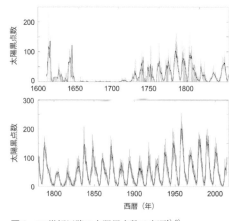

図1 17世紀以降の太陽黒点数の変遷[1,2]

よって氷床に堆積する．気候変動によって降雪量が変化すると，氷床に堆積する宇宙線生成核種の濃度に影響が出てしまうため，氷床中の酸素同位体比から降雪量を推定し，降雪による希釈の影響を補正する．

樹木年輪や氷床を用いて過去の太陽活動を推定する場合，試料の年代決定が必要不可欠である．樹木年輪は，年輪年代法や1964年の炭素14濃度の**核実験ピーク（bomb effect）**の検出から年代を特定する．氷床コアの年層は，火山噴火のマーカーや水素同位体比の季節変化の検出などから年代を決定する．炭素14とベリリウム10の半減期は，それぞれ5730年，136万年である．生成後，現代までに減少した量を補正し，当時の生成量を算出する．

(2) 復元された太陽活動の長期変動

これまでに取得されている炭素14とベリリウム10のデータから，その共通成分を抽出することで，現時点で可能な限り正確に復元された太陽活動が図2である．200年周期のほか，約1000年周期，約2000年周期が含まれている．(1)で述べたように，基本的なリズムである11年周期の振幅の変化として200年周期があり，その結果として200年周期ごとに太陽活動の長期的な低下（太陽活動極小期）が発生する．近年において太陽活動の200年周期が顕著に表れたのが，図1にもあるように，西暦1645～1715年のマウンダー極小期である．その後1790～1820年には小規模ながら極小期が発生しており，ダルトン極小期とよばれている．マウンダー極小期やダルトン極小期は，宇宙線生成核種の変動（図2）でも確認される．15世紀のシュペーラー極小期やそれ以前の極小期については，望遠鏡による観測データはないが，裸眼で観測されたサイズの大きな黒点の記録の数の減少と，非常によく一致している[6]．中世温暖期には数多くの裸眼による観測データが残されている．

極小期は約100～300年ごとにおとずれ

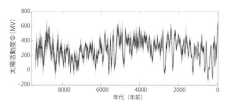

図2 宇宙線生成核種によって復元された過去1万年間の太陽活動度[5]

るが，500年以上にわたって発生しないこともあり，そのような長期的な傾向が約1000年と約2000年の周期性を生み出している．極小期の継続時間は20年程度から最大で150年程度である[7]．

(3) 太陽放射

太陽活動極小期における日射量の減少率については，図1のような黒点数のデータと，近年の人工衛星による日射量データを用いて，推定が行われている．黒点は強い磁場をもつ暗い領域であるため，一時的な日射量の減少をもたらすが，黒点の増加時には白斑とよばれる明るい領域も多数出現するため，全体としては黒点が多い年に日射量が増加する．白斑も構造的には黒点と似たような強い磁場をもつ領域である．黒点数と日射量の関係性を基に，日射量のデータを過去に外挿させることにより，マウンダー極小期の日射量の減少率が議論されている．

日射量は，1979年から人工衛星によって観測されているが，観測機器によって観測値の絶対値に数～10 W/m^{2}程度もの違いがみられる[8]．しかし，いずれのデータも，黒点数の11年周期での増減に伴って日射量が1 W/m^{2}程度変化していることを示している．過去30年間の日射量変動は，各観測機器間のオフセットを補正して継ぎはぎすることによって，推定されている．しかし，継ぎはぎする手法はいくつか考えられ，その手法に応じて，30年間の長期的な傾向がわずかに異なる．そのため，400年前に外挿した際に，日射量の減少幅の推定に最大2 W/m^{2}程度の

格差が生じる[9),10)].

さらに，2008年12月に太陽活動が200年ぶりに低下した際に，黒点数から予測される日射量の低下をはるかに超える0.3%もの日射量の低下が起こった．日射量を決めるのは，主には黒点と白斑であるが，静穏領域とよばれる背景場の明るさが想定以上に変化している可能性もあり，極小期において日射量が最大どの程度低下しうるかについては，今後のさらなる研究が必要である．

現時点で想定される太陽活動極小期の日射量の減少幅は，最大でも 2 W/m^2 程度で，気候への影響はわずかである．日射量の他に，紫外線などの太陽光スペクトル成分の影響もあわせて研究が進められている (⇒ §VI-2)．スペクトル成分に応じて黒点数の増減に伴う変動に位相のずれがある可能性も示唆されており[11)]，気候システムのダイナミクスに複雑な影響を及ぼしている可能性がある．その他，太陽風プラズマが NOx を生成することで気候に影響しているという説もある[12)]．

(4) 太陽圏磁場の影響

太陽活動が気候に影響するルートとして，日射量，紫外線，太陽風プラズマなどの影響を介するものが考えられるが（図3），もう1つ，宇宙線が雲をつくることで気候に作用するという説が提唱されている[13),14)]．

(1)でも触れたように，地球には銀河宇宙線が降り注いでおり，その量は，太陽活動

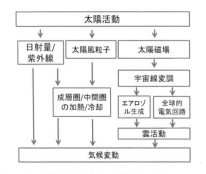

図3 太陽活動が気候変動に影響する経路

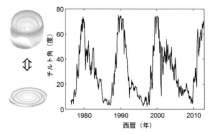

図4 太陽表面の磁気赤道のチルト角と太陽圏構造[15)]

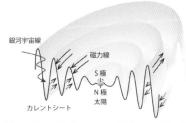

図5 太陽圏内部における太陽磁場構造の断面図と，宇宙線の伝搬方向（宮原（2015）[16)]を改変）

が弱まると増える．太陽磁場の強度や乱れが増えることにより，荷電粒子である銀河宇宙線が太陽圏内部に入りにくくなることが原因である．また，太陽圏内部では太陽磁場が**パーカースパイラル**（Parker spiral）とよばれる大規模構造をもっており，その構造の変化も宇宙線を遮る度合いを決める重要な役割を果たしている．

太陽は双極子磁場をもっており，南北両極に磁極をもつ．太陽黒点数が11年周期の極大になると磁極が反転することが知られている．また，黒点数の増加とともに，太陽表面のみかけの磁気赤道が大きくうねり，それが太陽圏内における磁場のスパイラル構造の原因となっている．図4は，太陽活動の11年周期に伴って変化する太陽表面のみかけの磁気赤道の傾き（チルト角）と，それに伴う太陽圏構造の変化を示したものである．チルト角の増大に伴って，太陽圏のスパイラル構造はより立体的なものとなる．

荷電粒子は磁力線に巻き付くような軌道をとるため，太陽圏のスパイラル構造が発達す

ると，太陽圏内部までの軌道が長くなり，エネルギーを失いやすくなる．結果，地球に到達する宇宙線のうち，数十 GeV 以下のエネルギーをもつ宇宙線は，太陽活動の増加に伴って減少する．

太陽圏の内部では，磁力線が，図5のように太陽圏の断面に垂直な方向に伸びており，そのため荷電粒子は太陽圏の子午面方向に力を受けやすくなっている．子午面方向の流れは，磁力線の向きによって決まるため，太陽磁場の極性も宇宙線の遮蔽の度合いを決める重要なパラメータとなる．太陽磁場が負極性の場合には，宇宙線は太陽圏の赤道域から内部に入り込み，太陽圏の極域に抜けるルートをとるが，太陽磁場が正極性の場合には，極域から内部に入り込み，赤道域を外側へ抜けるルートをとる．そのため，負極性の時には，太陽圏の磁場構造がより強く宇宙線の遮蔽の度合いに影響する．

(5) 宇宙線が雲活動に与える影響

地球大気に突入する宇宙線量が変動すると，空気シャワーの発生量が変化し，結果として大気のイオン化率が変化する．このイオン化が，雲の形成や寿命に影響している可能性が指摘されている．

スベンスマルクらは，3 km 以下の下層雲が宇宙線量と非常によく相関していることを指摘した[13),14)]．一方，中層と上層の雲は相関していない．ただし，中層と上層の雲の総量は，下層雲と逆相関しているという指摘もある[17)]．とくに，東太平洋地域において，宇宙線の増加に伴い下層雲が増える傾向を示すとも示唆されている[18)]．

荷電粒子が雲活動に影響するプロセスには，2つが考えられる．1つは，大気成分のイオン化により化学反応が促進され，雲核が増加するというものである．雲核が増加すると，雲粒が成長しにくく，降水が抑制され，雲の寿命が延びることが示唆されている[19)]．

もう1つは，地表と電離圏を結ぶ地球規模の電気回路（グローバルサーキット）を流

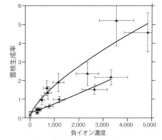

図6 欧州原子核研究機構において行われた CLOUD 実験の結果．入射イオン量の増加に応じて雲核生成率が増加している[22)]
上は 292 K，下は 278 K の結果．実験条件の詳細は Kirkby（2011）[22)] の図2を参照．

れる電流が，宇宙線量の増減によって変化し，雲活動に影響が及んでいるというものである[20)]．エアロゾルと雲粒どうしの衝突の起こりやすさが，電荷の有無に応じて変わることによって，雲の寿命に影響している可能性が指摘されている[21)]．

宇宙線が雲核を形成している可能性については，欧州原子核研究機構などで大気を模したチャンバーに放射線をあてる実験により検証が進められている．入射させる放射線量を増加させると，雲核量に増加がみられることが確かめられている（図6）．気温が低いほど雲核の生成率が高いことが示されており，下層雲の増加がもたらされるプロセスは一段複雑である可能性が高い．実験チャンバー内の成分はまだ限定的で，今後，より実際の大気に近い条件での検証が必要である．

(6) 小氷期の気候

太陽活動が気候変動に影響するプロセスは未解明な点が多い．しかし，小氷期とよばれる 14 ～ 19 世紀前半にかけての全球的な寒冷化は，太陽活動極小期と，部分的に火山活動の影響によってもたらされた可能性が高いと考えられている．

小氷期における気温の低下は，年輪幅の増減の解析から推定されている．推定値にはばらつきがあるが，北半球平均気温は約 0.6 ～ 0.7℃低下していた．気温の低下には地域差

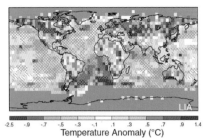

図7 小氷期における気温偏差の推定値[23] → 口絵58

があり，最大で約2.5℃低下していたと推定されている（図7）．地域差が大きいことから，最近ではアジアやヨーロッパなどの地域ごとでの気温復元に重点が置かれている．

小氷期のなかでも，とくに北半球平均気温の低下が著しい時期は，シュペーラー極小期，マウンダー極小期，ダルトン極小期といった太陽活動極小期と非常によく一致しており，太陽活動が寒冷化の主要因であったことが示唆されている．また，小氷期には大規模な火山噴火も起こっており（例えば1815年のタンボラ火山の噴火など），数年スケールでさらなる寒冷化をもたらしていた可能性が高い．

降水量については，鍾乳石や樹木年輪などの安定同位体比や湖底堆積物試料の化学分析などから推定されている．湖底堆積物試料の化学分析から推定された小氷期の太平洋熱帯地域の降水量は，赤道直下に近い地域（ガラパゴスなど）で増加し，それ以外の熱帯域（ワシントン島など）では減少していた[24]．中緯度地域に位置する中国の降水量は，鍾乳石の酸素同位体比から推定されている．それによると，中国中部では太陽活動極小期時にアジアモンスーン活動は弱くなっていた可能性が高く，雨量が減少していたことが示唆されている[25]．しかしながら，小氷期には雨量が増加していた地域もあることがこれまでの研究からわかってきている．例えば，複数の古文書記録や樹木年輪幅から復元した小氷期の中国の降水パターンの推定によると，小氷期のなかでもとくに気温の低かった期間に，中国南東部では雨量が増加していた[26),27]．樹木年輪の安定同位体比分析によれば，中部日本でも降水量は増加している[28]．こういった降水パターンの変化は，熱帯収束帯（ITCZ）の位置の変化やハドレー循環の弱化などが原因の候補として考えられている．したがって，小氷期における降水量の変化は，気温と比較すると地域差がより大きく，複雑である可能性が高い．太陽活動が降水量に影響するプロセスを解明するためには，高空間分解能で降水量復元を行い，太陽活動変動への応答を評価していくことが必要であると考えられる．

(7) ボンドイベント

太陽活動と気候変動との相関は，より長い時間スケールでも確認されている．ボンドらは，北大西洋の海底の地層のコアに含まれる**氷河性砕屑物**（ice-rafted debris）の量が，過去12000年間にわたって，炭素14やベリリウム10の濃度から復元された太陽活動の変動と非常によく一致していることを発見した（図8）．氷河性砕屑物は，北米やグリーンランドから流れ出る氷山が内包する陸域起源の砕屑物で，氷山流出量の増加や，流出の南限の低下によって地層に含まれる含有量が増加する．すなわち，寒冷化や海水温の低下が，太陽活動の1000年，2000年周期に伴って発生していたことを示唆している．ボンド

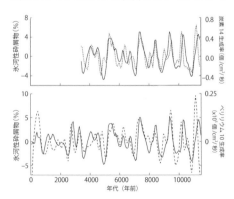

図8 過去12000年間の太陽活動（点線）と北大西洋海底コアの氷河性砕屑物の変動（黒線）[29]

らによって発見された，1000 ～ 2000 年ごとの氷河性砕屑物の増加は，ボンドイベントとよばれている．

ボンドイベントは，氷期においても周期的に発生していたことが確認されており，完新世と同じく，太陽活動の周期と同じ 1000 年，2000 年の周期で，周期的に発生していたことが示唆されている[30]．

〔宮原ひろ子・坂下　渉〕

文献

1) Hoyt, D. V. and Schatten, K. H. (1998)：Group sunspot numbers: A new solar activity reconstruction. *Sol. Phys.*, **181**, 491-512.

2) 黒点数データベース (http://www.sidc.be/silso/datafiles)

3) Stuiver, M. and Braziunas, T. F. (1989)：Atmospheric 14C and century-scale solar oscillations. *Nature*, **338**, 405-408.

4) Finkel, R. C. and Nishiizumi K. (1997)：Beryllium 10 concentrations in the Greenland Ice Sheet Project 2 ice core from 3-40 ka. *J. Geophys. Res.*, **102**, 26699-26706.

5) Steinhilber, F., *et al.* (2012)：9,400 years of cosmic radiation and solar activity from ice cores and tree rings. *Proc. Natl. Acad. Sci.*, **109**, 5967-5971.

6) Eddy, J. A. (1976)：The maunder minimum. *Science* **192**, 1189-1202.

7) Usoskin, I. (2008)：A History of Solar Activity over Millennia. *Living Rev. Solar Phys.* **5**(3), 1-88.

8) Greg Kopp's TSI Page (http://spot.colorado.edu/~koppg/TSI/TSI.jpg)

9) Lean, J. (2000)：Evolution of the Sun's spectral irradiance since the Maunder Minimum. Geophys. *Res. Lett.*, **27**, 2425-2428.

10) Wang, Y. M. *et al.* (2005)：Modeling the sun's magnetic field and irradiance since 1713. *Astrophys. J.*, **625**, 522-538.

11) Haigh, J. (http://www.nasa.gov/images/content/738237main_sorce-graph.jpg)

12) Jackman, C. H. (2009)：Long-term middle atmospheric influence of very large solar proton events. *J. Geophys. Res.* **114**, D11304.

13) Svensmark, H. and Friis-Christensen, E. (1997)：Variation of cosmic ray flux and global cloud coverage-a missing link in solar-climate relationships. *JASTP*, **59**, 1225-1232.

14) Svensamark, H. (2007)：Cosmoclimatology; a new theory emerges. *A&G*, **48**, 1.18-1.24.

15) Hoeksema, J. T. (1995)：The large-scale structure

of the heliospheric current sheet during the Ulysses epoch. *Space Sci. Rev.*, **72**, 137-148.

16) 宮原ひろ子 (2015)：宇宙環境と地球の気候―太陽圏システムの物理学．物理学会誌，**70** (5), 340-346.

17) Palle, E. (2005)：Possible satellite perspective effects on the reported correlations between solar activity and clouds. *Geophys. Res. Lett.*, **32**, L03802.

18) Marsh, N. and Svensmark, H. (2003)：Galactic cosmic ray and El Niño—Southern Oscillation trends in International Satellite Cloud Climatology Project D2 low-cloud properties. *Journal of Geophysical Research*, **108**, 4195.

19) 島伸一郎他 (2014) エアロゾル生成率の増加が引き起こす積雲―層雲転移に関する予備的数値実験．低温科学，**72**, 249-264.

20) Tinsley, B., *et al.* (2007)：The role of the global electric circuit in solar and internal forcing of clouds and climate. *Adv. Space Res.*, **40**, 1126-1139.

21) Zhou, L. *et al.* (2009)：Scavenging in weakly electrified saturated and subsaturated clouds, treating aerosol particles and droplets as conducting spheres. *J. Geophys. Res.* **114**, D18201.

22) Kirkby, J. *et al.* (2011)：Role of sulphuric acid, ammonia and galactic cosmic rays in atmospheric aerosol nucleation. *Nature*, **476**, 429-433.

23) Mann, M. E. *et al.* (2009)：Global Signatures and Dynamical Origins of the Little Ice Age and Medieval Climate Anomaly. *Science*, **206**, 1256-1260.

24) Sachs, J. P. *et al.* (2009)：Southward movement of the Pacific intertropical convergence zone AD 1400-1850. *Nature Geosci.* **2**, 519-525.

25) Zhang, P. *et al.* (2008)：A test of climate, sun, and culture relationships from an 1810-year Chinese cave record. *Science*, **322**, 940-942.

26) Hao, Z. *et al.* (2016)：Spatial patterns of precipitation anomalies in eastern China during centennial cold and warm periods of the past 2000 years. *Int. J.Climatol.*, **36**, 467-475.

27) Cook, E. R. *et al.* (2010)：Asian monsoon failure and megadrought during the last millennium. *Science*, **328**, 486-489.

28) Sakashita, W. *et al.* (2017)：Hydroclimate reconstruction in central Japan over the past four centuries from tree-ring cellulose $\delta^{18}O$. *Quaternary International*, accepted.

29) Bond, G. *et al.* (2001)：Persistent solar influence on North Atlantic climate during the Holocene. *Science*, **294**, 2130-2136.

30) Obrochta, S. P., *et al.* (2012)：A re-examination of evidence for the North Atlantic "1500-year cycle" at Site 609. *Quaternary Sci. Rev.* **55**, 23-33.

第VIII章

数百〜数千年スケールの気候環境変遷
Climatic and environmental variation on centennial to multi-millennial timescales

　実際に我々が現在経験している気候変動はどのようなメカニズムで引き起こされているのだろうか．それを理解するためには，過去の気候環境変動を数百〜数千年スケールで，分野別，方法別に詳しく探究することが必要不可欠である．第四紀学をはじめとする各専門分野の詳しいデータ解析に立脚し，比較検討しながら深く検証していく．「温故知新」の第2幕である．

地形に見られる最終氷期から現在までの氷河変動の記録
（2011年5月11日小森次郎撮影）

　ブータン西部，ジチュダケ峰の東の谷を収めたこの写真には，新しい時代から順に，現在の氷河末端（写真のA），その下流約1 kmにある紀元数世紀〜小氷期の氷河の拡大（B），さらに下流約2 kmの完新世中期の氷河の拡大（ネオグラシエーション．C）とそのモレーンによる堰き止め湖（ツォカム湖．D），その下流側の数段のリセッショナルモレーン（E），および湖の左岸側斜面上部のトラフエッジの地形（ラテラルモレーン．F）が示す最終氷期の氷河の拡大（厚さ約100 mの氷河の存在），といった氷河変動の地形的な記録が認められる．また，BのモレーンはV字状に深く浸食されるが（右上に拡大写真），これは氷河湖決壊の痕跡である．1964年の衛星写真にはこの地形がすでに見られることから，決壊は小氷期の終わりからこの時代までに発生したと考えられる．

　写真中央奥の本流の谷（G）には岩屑被覆型の氷河が存在し（写真にはその一部の約2 kmの範囲が写る），とくに←H→として示した堤防状の地形は，紀元数世紀から小氷期のラテラルモレーンである．この背後にある氷河の表面は低下を続けており，現在の氷河末端（I）の近くには2016年までの5年間で出現・成長した長径350 mの湖が存在する．一方，この氷河の最終氷期の最大前進を示す地形（LGMまたはMIS 3のターミナルモレーン）はIから約5.5 km下流に位置している．当時の氷河の長さは現在の倍近くあったと考えられる．

§ Ⅷ—1

ヒプシサーマルと近年温暖期の気候要因比較
Comparing Climate factors in the Hypsithermal period to recent centuries

(1) 完新世中期の気候

完新世（Holocene）は，最終氷期終了後の1万1700年前から現在までを指す．約2万1000年前の**最終氷期最盛期**（Last Glacial Maximum：LGM）の後，約1万年の間に，世界の平均気温が3〜8℃上昇した．1万年前にはまだハドソン湾を中心に融けきらないローレンタイド氷床が存在しており，現在とほぼ同じ氷床分布（南極大陸とグリーンランドのみ）になったのは約6000年前である．

代替指標（プロキシ，proxy）データによると，6000年前の**完新世中期**（mid-Holocene）には，北半球中高緯度の年平均気温が，産業革命以前に比べて約1℃高かったとされている．この時期を**ヒプシサーマル**（hypsithermal）や**気候最適期**（climatic optimum）とよぶことがある．hypsiは「高い」，thermalは「温度の」なので，ヒプシサーマルは温暖期という意味だが，とくに「完新世中期の温暖期」のことを指す．ただし，完新世中期に現在と比べて温暖だったのは北半球の夏季に限られ，世界全体で1年中，温暖であったわけではない．そのため，ヒプシサーマルという言葉を完新世中期と同義で使うのは適当ではない．

世界平均海面水位は，北米やヨーロッパに氷床が存在した最終氷期最盛期には現在より120 m低い水準にあったが，退氷期を通して大陸氷床の融解によって海面が急激に上昇し，6000年前には現在より2〜3 m低い水準にまで達した．その後の海面水位の上昇はゆるやかで，今から2000〜3000年前にほぼ現在の水準に達した．ただし地盤の変化や海洋循環の影響で，地域的な海面水位変動の分布は世界平均の値とは一致しない．

過去の気温や降水量については，氷床コア・樹木年輪・花粉分析・湖水位などの古気候代替指標データから推定されている．図1上に花粉分析により再構築した最寒月平均気温および最暖月平均気温の6000年前と現在の差を示す[1]．産業革命以前と比べて，世界年平

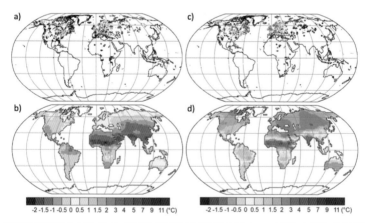

図1 (a,c)最寒月平均気温および(b,d)最暖月平均気温の完新世中期（6000年前）と現在（産業革命前）との差[1] →口絵59
(a)と(b)は代替指標[3]に基づく．(c)と(d)は古気候モデリング相互比較実験による多数の気候モデル結果[4]．各半球の1月あるいは7月とみなせる．

均気温では約0.7℃高く，北半球中緯度では約1℃高い．夏季と冬季の対照が明瞭であり，ヨーロッパ中北部の夏季の気温は現在より高い．ユーラシア大陸部では，北極海沿岸部で高く，45〜65°N帯で低く，大陸内部で高い．北米では北部沿岸で高いが，南部や西部で低い．アフリカでは，熱帯域で低かったが東部や南部は高かった．冬季の気温は，西ヨーロッパでは現在より1℃（北部）〜4℃（南部），地中海沿岸では2℃低かった．一方，ヨーロッパ中部から西ユーラシアでは現在より2℃〜4℃高かったところもある．最暖月平均気温の変化を反映して，植物生育期間はヨーロッパ中北部で長く，ヨーロッパ南部で短かった．東アジアでは，年平均気温が現在より低かった地点が多いが，中国東部や日本など逆の指標を示している地点もある．湖水位記録や植生データによれば，北アフリカからアジアのモンスーン降水量が現在より多かった．

(2) 完新世中期の気候をもたらした要因

地球の気候はさまざまな時空間スケールで変動している．太陽活動の変化や地球軌道要素の変化による日射量の緯度・季節分布の変化，火山活動，大気中の温室効果ガス濃度などは気候を決める大きな要因（外因）である．一方で，気候システムを構成する大気・海洋・陸面・雪氷は，それぞれの要素自体および要素間の相互作用で変動する（内部変動）．ただし，気候変動をもたらす要因が内因か外因かは，問題とする気候変動の時間スケールに依存する．例えば，温室効果ガスとしての二酸化炭素は地質学的時間スケールで大気・海洋・陸上植生間を循環しているので，その時間スケールでは，気候システムの内部要因である．水温が上がると海水に溶ける二酸化炭素の量が減少するからである．一方で，近年の地球温暖化をもたらしている大気中の二酸化炭素濃度の上昇は人間活動による排出が原因であるため外因といえる．

完新世中期の気候は氷期・間氷期サイクルの一断面としてとらえることができる．氷期・間氷期サイクルをもたらす原因は地球軌道要素の変動であり，とくに北半球高緯度の日射量が重要である．北米大陸とユーラシア大陸がある北半球では，夏季の日射量が少ないと，冬季に積もった雪が融けきらずに越年し氷床が発達し低緯度まで広がることができるのに対して，逆に夏季に日射量が多いと氷床が効果的に融けるからである．

大気上端の日射量の季節・緯度分布は，数万〜十万年の時間スケールで変動しており，**ミランコビッチ・サイクル**（Milankovitch cycles）とよばれる[5]．地球上の各季節・各緯度における，大気上端の日射量は，地球の3つの軌道要素で決まる．すなわち，①地球公転軌道の離心率（約10万年周期），②自転軸の首振り運動（約2万年周期の歳差運動）による季節ごとの太陽と地球の距離（公転軌道上の地球の位置），③自転軸の傾き（約4万年周期）である．

地球の公転軌道は楕円のため，太陽との距離が近い位置（近日点）にくるときと，遠い位置（遠日点）にくるときが，1年に1回ずつある．だが楕円の形（離心率）は一定ではなく，約10万年の周期で変動している．離心率が大きいほど，地球が受け取る太陽エネルギーの季節変化が大きくなる．また，現在の近日点は1月上旬で冬至に近く，逆に遠日点は夏至に近い．北半球では，冬に太陽に近く，夏に遠いため，現在は夏と冬の地上気温差が相対的に小さい時期にあたる．約1万年前には，近日点が夏至に近く，北半球の夏は今より暑く，冬は今より寒いという，季節変化が最大の時期であった．完新世は北半球の季節変化が徐々に小さくなっていく期間といえる．

図2は大気上端での日射量の季節・緯度分布である．細等値線が現在の値，影で6000年前と現在の差を示す．6000年前には，北半球中高緯度では夏の6〜9月の日射量が$20〜30$ W/m^{2}も現在より多かった．逆に春秋季には日射量が少なかった．北極付近では，年平均で約4 W/m^{2}多かった．南半球で

は北半球と対称ではなく，南半球中高緯度では春季に多く，夏季に少ない．また熱帯では6～10月に多く，12～4月に少ない．熱帯での年平均値は現在に比べて約1 W/m²少なかった．

北半球夏季の日射量は1万1000年前にピークとなったあと，現在に至るまで減少し続けている．60°Nでの6月の値は1万1000年前に比べて現在は9％減少した．6000年前の完新世中期では，ピーク時に比べて約4％の減で，現在よりは5％大きい時期にあたる．完新世中期の気候は，第一義的に大気上端の日射量の変化に気候システムが応答したものである．

図1c，dは気候モデルで再現された最寒月平均気温および最暖月平均気温の6000年前と現在の差である．地球軌道要素の違いに対する気候モデルの応答をみていることになる．気候モデルで再現された地上気温は，大気上端における日射量の差という外因に対して，陸では直接の応答を，海では海洋の熱容量が大きいため1～2か月遅れた応答をしている．陸ではさらに，アフリカ・アジアモンスーンの強化により，雲量・降水量が増加し，土壌が湿潤化することで，夏季の地上気温が下がる応答を示している．観測データ（代替指標）と比較すると，気候モデルはユーラシア大陸の夏季の昇温が高すぎる，中国の年平均および冬季の気温を過少評価している，さらにモンスーン域の降水量増加幅が小さい，と評価されている．6000年前の気候はミランコビッチ・サイクルによる大気上端における日射量の差が主たる原因であるものの，大気海洋相互作用や陸面植生の応答といった気候の内部変動要因による変調機構が働いていたといえる．

(3) 現在の地球温暖化をもたらしている要因

気候変動に対する人為的要因には，温室効果ガスやエアロゾルの排出，土地改変がある[6]．

人類は農耕の開始により森林を耕地に変えてきた．農耕の開始は約1万年前と考えられている．6000年前には中国や地中海沿岸で人口が増え農耕が盛んになったが，同時に土地利用が大きく変わった．森林が耕地になることで，地面のアルベド（反射率）が高くなり，気温や降水量など局地的に気候が変わったと考えられる．

また森林伐採や土地改変は，陸域の二酸化炭素の吸収を減少させ，結果的に陸から大気へ二酸化炭素が移動した．最終氷期最盛期には約180 ppmであった大気中二酸化炭素濃度は，退氷期に増加し，完新世初期には約270 ppmになっていた．その後，1万1000年前から7000年前の間に二酸化炭素濃度は約7 ppm減少したが，完新世中期以後は徐々に増加を始め，産業革命以前までに約20 ppm増加し，約280 ppmとなった．この間の変化は，土地改変と森林伐採のみによるものではなく，海洋や陸上植生の炭素循環過程による寄与が大きい．

現在の地球温暖化の主因は二酸化炭素などの温室効果ガス濃度の増加である[1]．産業革命以降，人間活動による石炭や石油などの化石燃料の燃焼により二酸化炭素を排出してきた．これら人間活動による大気中に排出され

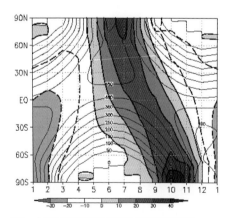

図2 大気上端における日射量の季節緯度変化
等値線は現在の値，陰影は6000年前と現在の差．単位はW/m².

た二酸化炭素の約半分は陸域の生態系や海洋に吸収されたが，残りは大気中にとどまり二酸化炭素濃度が増加した．2016年の全球平均濃度は400 ppmを超えている．

大気中の温室効果ガス濃度の増加は，地球から宇宙空間への赤外線による熱の放出を妨げることで，地球全体の熱収支（太陽放射の吸収による加熱と赤外放射による冷却）のバランスを崩す（温室効果）．衛星観測によると，地球全体で平均した大気上端の入射エネルギーは240 W/m²であるのに対し，地球から宇宙空間へ出て行くエネルギーは239 W/m²と，差し引き1 W/m²のエネルギーが地球に入り，地球全体が暖まっていることが示されている．

エアロゾルは太陽放射を散乱・吸収する効果により，気候を変化させるが，その効果はエアロゾルの種類によって異なる．例えば硫酸塩エアロゾルは太陽放射を散乱する効果が大きいが，黒色炭素は太陽放射をよく吸収する．一方で，エアロゾルは雲粒が生成されるときの核となる．エアロゾルの増減は，雲粒の数や粒径分布の変化により，雲のアルベド（反射率）を変化させたり，雲粒から降水に変換する効率が変化して雲量を変化させたりすることを通して，地球の放射収支を変化させ気候を変える．

産業革命以降現在までの気候変動をもたらした駆動要因は定量的に見積もられており，二酸化炭素が+1.68 W/m²，メタンが+0.97 W/m²，エアロゾルが-0.85 W/m²，土地利用によるアルベド変化が-0.15 W/m²，太陽活動の変化が+0.05 W/m²，などと評価されている[1]．

(4) 完新世中期は近年の地球温暖化の比較対象になるのか

完新世中期の気候変動は地球軌道要素の変化による大気上端の日射量が季節と緯度によって変わることが原因であり，北半球の陸地では，温暖な夏季と冷涼な冬季という季節コントラストの大きい時期であった．一方，現今の地球温暖化は大気中の温室効果ガス濃度の増加が原因であり，地球全体で（大きさに差はあるものの）季節を問わない温暖化をもたらす．両者は気候変動のメカニズムが異なるため，完新世中期は地球温暖化時の気候を類推させる気候とみなすことはできない．

近年の地球温暖化の比較対象としては，地球全体が温暖であった時代や逆に冷涼であった時代があげられる．地球全体が温暖であった時代として，鮮新世中期温暖期（約330～300万年前）がある．鮮新世中期には大気中二酸化炭素濃度が350～400 ppmの間とされ，代替指標によると海面水温は1.7℃高かった．世界平均地上気温は2.7℃高く，陸上では3.7℃と推定されている[1]．一方，温室効果ガス濃度が低かった最終氷期最盛期には，大気中二酸化炭素濃度が180 ppmであり，海面水温は2.2℃，世界平均地上気温は4.4℃（陸上のみでは7.2℃）低かったとされる．両時代とも，気温変化は一様ではなく，極域の気温変化が低緯度域より大きいという極域気温増幅がみられる[6]．21世紀末に予測される気温変化パターンも同様である．

〔鬼頭昭雄〕

文献

1) IPCC (2013)：Climate Change 2013: The Physical Science Basis: Contribution of Working Group I to the Fifth Assessment Report of the Intergovernmental Panel on Climate Change, Stocker, T.F. *et al.* eds., Cambridge University Press.

2) Bartlein, P.J. *et al.* (2011)：Pollen-based continental climate reconstructions at 6 and 21 ka：a global synthesis. *Clim. Dyn.*, **37**, 775–802.

3) Harrison, S. P. *et al.* (2014)：Climate model benchmarking with glacial and mid-Holocene climates. *Clim. Dyn.*, **43**, 671–688.

4) Braconnot, P. *et al.* (2007)：Results of PMIP2 coupled simulations of the Mid-Holocene and Last Glacial Maximum-Part 1: experiments and large-scale features. *Clim. Past*, **3**, 261–277.

5) 植田宏昭 (2012)：気候システム論－グローバルモンスーンから読み解く気候変動－，筑波大学出版会．

6) 日本気象学会地球環境問題委員会 (2014)：地球温暖化－そのメカニズムと不確実性，朝倉書店．

§Ⅷ-2

海水準変動からさぐる気候環境変遷
Climatic variation revealed by eustatic sea level changes

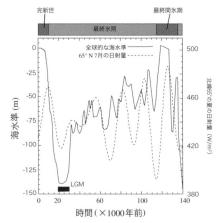

図2 過去14万年間の海水準と北半球高緯度（65°N）の夏の日射量の関係（横山，2010[1]改）

グローバルな気候変動を理解するなかで，地球表層のサブシステムの関連性を明らかにすることは重要である．なかでも氷床変動は，周囲の気温変化をもたらすだけでなく，海洋への淡水の供給による塩分への影響や海氷拡大・縮小域の変化，海水準の変化などを引き起こす．ここでは最終間氷期から現在にかけての地質学的─地球物理学的に求められた海水準と気候および環境変動の復元研究について概観する．

(1) 氷床と固体地球の相互作用

現在も含めた第四紀の最大の特徴は，常に氷床が地球表層に存在していることである．間氷期においても，南極とグリーンランドに氷床が存在しているが，氷期には南アメリカのパタゴニア氷床のほか，ローレンタイド氷床に代表される北米氷床，フェノスカンジア氷床に代表される北欧氷床が存在することで，グローバルに海水準が130 mほど低下させていた（図1）．ミランコビッチ・サイクルによって期待される北半球高緯度の日射量変動に伴う氷床変化は氷床のサイズと固体地球との関係を考慮しなければ定量的な理解

が難しい．これらの研究が進んできたのも，旧氷床域から離れた低緯度のサンゴ礁などによる海水準の研究成果である．

過去14万年間の海水準変動は，北半球氷床高緯度の夏の日射量変動とほぼ同調して変化しているようにみえる（図2）．しかし日射量変動の振幅が大きいときに必ずしも海水準変動の振幅が大きいわけではなく，また位相の一致が必ずしもみられるわけではない．また1000年スケールの変化も認められ，地球システム内でのフィードバック機構が働いている可能性が読み取れる[2]．

固体地球が粘弾性体であることから，海水準変動の観測値をそのまま海水量の変化の記録として焼き直すことはできず，氷床の消長に伴う表層荷重の再配分とそれに伴う固体地球の変形について考慮する必要がある（図3）．また氷床そのものが巨大な質量をもつため，周囲の海面はその影響で上昇している．したがって，氷床が融解するとこの重力効果がなくなるとともに，氷床の直下の地殻にかかっていた荷重が解放される．また周辺に形成されていたバルジとよばれる地形的な高まりも解消され，融解した海水が海底全体に荷重を増加させる．これら全体の効果によって，マントル物質が低緯度の氷床が存在していな

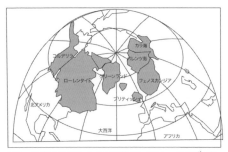

図1 氷期に存在した北半球氷床（横山，2010[1]改）

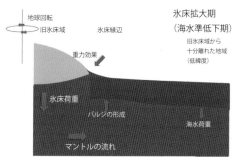

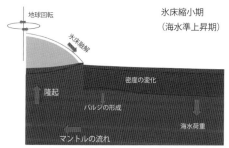

図3 氷床拡大と縮小に伴う固体地球の変形（横山，2012[3] 改）

かった領域から，高緯度の旧氷床域へと流動する．これに伴い地殻の上昇が引き起こされる．グレイシャルリバウンドとよばれるこの現象は，氷床が存在していた（もしくは現在よりも氷床が大きかった）氷床域の地殻上昇を指す現象であり，**アイソスタシー**（isostasy）を保とうとして固体地球が変形する（グレイシオアイソスタシー）．一方，旧氷床域から遠い地域（低緯度地域や太平洋の中緯度など）では，融水により海洋底に加わった荷重によるマントルの移動に伴う陸域の上昇が確認され，地殻均衡を保とうとする．これはハイドロアイソスタシーとよばれる．この規模は地殻の厚さと上部および下部マントル（深さ660 kmの地震波不連続面に境界）の粘性構造と氷床融解史によって異なるが，グレイシオアイソスタシーの効果が最小と考えられる低緯度のサンゴ礁海域でも，およそ2万年前の最終氷期における最大氷床量時期（LGM）の海水準の観測値の深度を10～15 mほど変化させるほどであり，現在の西南極氷床の全融解に伴う海水準上昇量が5 mほどだということを考えると，無視できない規模であることがわかる[2]．

(2) 海水準の観測値

海水準の観測値は，現在では衛星による海面高度観測や潮位計などを用いるが，数百年前以前のデータについては，プロキシとよばれる間接指標を使う必要がある．必要とされる要件は，水深を明らかにできることと年代決定が可能であることの2点であるため，潮間帯に生息するマングローブやカキなどの二枚貝などが用いられる．また，塩分や沿岸環境の変化に敏感な微化石の分析を行うことでも古海水準が求められる．例えば淡水―汽水―海水と棲息する種が異なり，世界的にもほぼあらゆる地域に分布している珪藻は，細かく汀線の変化を復元するのに使われるが，とくに低緯度海水中での溶解により，低海水準期の復元が難しい．一方，共生藻の光合成のために浅海域に棲息する造礁サンゴは，一般に10 m以浅の水深に生息することや炭酸カルシウムの骨格が，放射性炭素の年代測定のみならず，生物鉱化作用でもたらされた炭酸カルシウムで唯一，ウランの非平衡を用いた年代決定に使用できることから，優れた古海水準指標として用いられる[4],[5]．とくに石灰藻の分類とともにサンゴ化石を用いることで，精度の高い情報を得ることが可能である．放射性炭素年代測定法は，ほぼすべての海水準指標の有機物を使った年代決定が行えるという利点の一方で，海水準変動を伴う氷床の融解による気候変動によって引き起こされる海洋循環をはじめとした炭素循環の変化が引き起こす年代のずれの影響を受ける．また半減期が5730年であるということから，測定限界がほぼ5万年前までという制約条件が付随するため，ウラン系列核種を用いたサンゴの有効性が注目されている．一方，連続的な海水準の記録は，比較的水深の浅い（150 m以浅）海峡に囲まれた紅海や日本海

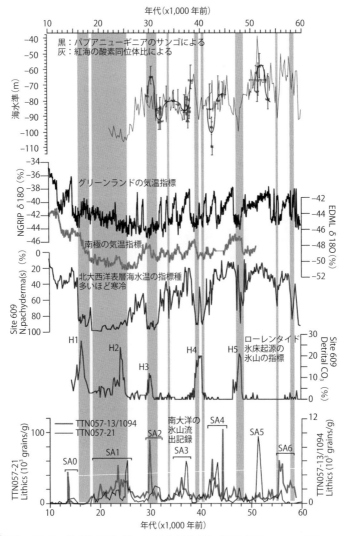

図4 最終氷期にみられる海水準変動とグローバルな気候変動の関係（Yokoyama and Esat, 2011[2]）改）.

などの縁海の塩分変化により復元される．パプアニューギニアで採取されたサンゴの復元結果[6]と紅海の海洋堆積物コアに含まれている有孔虫の殻の化学分析結果からえられた海水準の復元結果は，どちらも 10～20 m スケールの海水準変動の整合的な記録を保存している（図4）．

(3) 100年〜1000年スケールでの海水準変化

西暦 1990～2000 年代に，氷床コアの分析が進むとともに，海洋堆積物コアの研究の進展によって，1000 年スケールの急激な変動が，とくに最終氷期に繰り返し起きたことがわかってきた．DO サイクルとよばれる急激な気候変動は，グリーンランドで認めら

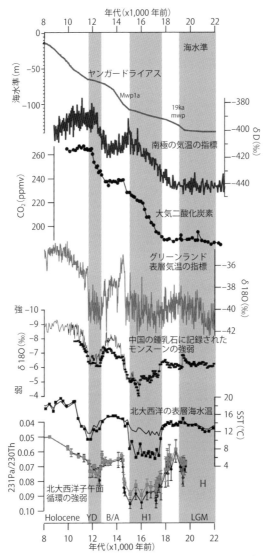

図5 融氷期の海水準変動とグローバルな気候変動の関係[2]

れる数十年以内に10℃以上の気温上昇とそれに続く寒冷化という変化を指す．およそ1000年周期で繰り返していたそれらの変化に対し，6000～7000年に一度，主に北米氷床の崩壊により，巨大氷山の供給が北大西洋にもたらされたイベントが知られるようになった（**ハインリッヒイベント，Heinrich Event**）．普段は陸源の堆積物が堆積しない遠洋の海域に，陸源の岩石粒子が氷山によってもたらされることで発見されたこのイベントは，北大西洋表層海水温の寒冷なタイミングと一致し，グリーンランド氷床に記録され

た表層気温の寒冷期とも対応している（図4）．また南大洋の岩石粒子の記録とも対応しており，南極氷床の融解も同調していた可能性がある．当初，簡易氷床モデルなどから，このイベントに対応した海水準上昇は，全球的に1〜2 m海水準を上昇させる程度のわずかな量であると考えられていたが，パプアニューギニアとそれに続く紅海の記録から，その10倍ほどの大きな規模であることがわかってきた[2), 6)]．そのメカニズムは諸説存在するが，氷床底での水の存在（氷床の厚さと地殻熱流量などによる底面での温度変化に伴う）が重要な役割を果たしているとされる．

(4) ターミネーション（退氷期）の氷床量変化と気候変動

2万年前にピークをむかえた**最終氷期最盛期**（Last Glacial Maximum：LGM）から現在の間氷期に移行したグローバルな気候変動は，熱帯域の表層水温を5℃ほど上昇させ[7)]，大気中の二酸化炭素レベルを80 ppm上昇させるとともに，1万9000〜7000年前までのおよそ1万2000年の間に全球的な海水量を120 m以上も上昇させた大規模な変化であった．これは，産業革命以降の人為起源の気候変動を除くと，地球史の近年で最大規模の変化である[1)]．この時期にも，急激な海水準変化と気候変化が密接に連動していたことが近年わかってきた（図5）．北半球高緯度の夏の日射量の上昇が2万3000年前頃から開始するにつれ，グリーンランドの気温の上昇が認められ始めた．これにより1万9000年前に北大西洋周辺の北欧氷床が融解し淡水をもたらした．北西オーストラリアのボナパルト湾で最初に発見された海水準上昇イベント（19 kaイベント）と対応するこの海水準上昇により[8)] LGMが終焉し，北大西洋の寒冷化と南大洋（南極海）の温暖化（南北熱シーソー）が引き起こされた．これにより南大洋が温暖化し南極氷床の記録にも温度上昇が記録された．海氷の縮小が起こり大気二酸化炭素が海洋から

供給されることで，温暖化の正のフィードバックがかかり，北米氷床の融解につながったと考えられる．地球システムモデルの研究結果からも，この時期の大気二酸化炭素濃度変化と放射性炭素の変化を説明するには，南北熱シーソーの動きが無視できず[9)]，メルトウォーターパルス1a（Mwp1a）とよばれている融氷期の2番目に起こった急上昇期は1万4600年前に起こり，グリーンランドのアイスコア気候記録に残されているベーリング・アレレード温暖期と一致することがわかった[10)]．**ヤンガー・ドリアス（ドライアス）寒冷期**（Younger Dryas Event）とよばれている1万2900〜1万1700年前の寒冷イベントは，北大西洋への淡水流入に伴う海洋循環の停止または弱化が原因で引き起こされた．これまで上昇を続けていたグローバルな海水準もこの間は上昇を停滞させ，ヤンガー・ドリアスの終焉とともにさらに上昇を再開させ，北米氷床が融け終わる6800年前までにほぼ上昇は終了した．この間，8200年前にもハドソン湾の融氷水の北大西洋への流出に伴う寒冷イベントが起こっており，グリーンランド氷床にも8.2 kaイベントとして記録されている．ホウ素の同位体の分析により，融氷期の二酸化炭素上昇イベントでは南大洋のみならず低緯度海域からも大気への放出があったことが明らかになってきており[11)]，海水準の急上昇と海洋酸性化，それに海水温の上昇が5℃ほどの大規模なものであっても，サンゴ礁の継続的な成長は起こっていたことがわかってきた．環境変化に対する生物の応答をさぐるうえでも重要な期間である．近年，これまでの海水準変動についてのおよそ1000のデータのコンパイルとモデリングを組み合わせた研究が発表されたが，主なデータは過去1万年間に集中する[12)]．今後，低海水準期（つまり氷床量増大期）の時期のデータを詳しく採取分析そして解析することで，海水準変動と気候変動との詳細な関係が明らかになると期待される[13)]．

（5）南極氷床

　南極氷床の融解に関する情報は，観測対象地域が遠いことや環境が過酷であること，年代決定の困難さや現在でも縁辺域まで氷床に覆われていることなどから，その挙動の歴史はいまだベールに包まれている．とくに氷床の応答が気候変化とどのように関連しうるのかということを理解することが重要である．近年は，南極地域の一部に存在する露岩域（氷床が融解した後に残された岩石の露出した地域）に存在する氷河性堆積物の宇宙線生成核種分析などによる融解史の復元が行われ始めた（例：Yamane et al., 2015[14]など）．また特定有機化合物を使った堆積物の正確な年代決定が行われるにつれて，完新世に入ってからの南極氷床の融解の記録も明らかになってきた[15]．つまり南極氷床は，北半球氷床とは完全には同調した変化をせず，北米氷床が融け終わった後でも融解していたことが考えられ，それらは氷棚と海洋の水塊構造，そして氷流との関係によって引き起こされているのではないかと考えられ始めている．実際，南極氷床はおよそ 3 m 分の融解を北半球氷床融解終了後も継続させ，4000 年前まで融解していたことがわかってきた[16)-18)]．これは 4.2ka イベントとして知られている全球的な気候変調イベントとも関連している可能性が高く，氷期だけではなく間氷期においても，氷床 — 海洋との相互作用に伴う気候変動が引き起こされうることを示唆している．

〔横山祐典〕

文献

1) 横山祐典（2010）：ターミネーションの気候変動. 第四紀研究, **49**, 337-356.

2) Yokoyama, Y. and Esat, T.M. (2011)：Global Climate and Sea Level: Enduring variability and rapid fluctuations over the past 150,000 years. *Oceanography*, **24**, 54-69.

3) 横山祐典（2012）：氷床の安定性と海水準. *JGL*, **8**, 6-8.

4) Yokoyama, Y. *et al.* (2001a)：Last Glacial sea-level change deduced from uplifted coral terraces of Huon Peninsula, Papua New Guinea. *Quatern. Int.*, 83-85, 275-283.

5) 横山祐典（2004）：氷期―間氷期スケールおよび Millennial スケールの気候変動の研究：同位体地球科学的・地球物理学的手法によるアプローチ. 地球化学, **38**, 127-150.

6) Yokoyama, Y. *et al.* (2001b)：Coupled climate and sea-level changes deduced from Huon Peninsula coral terraces of the last ice age. *Earth Planet. Sci. Lett.*, **193**, 579-587.

7) Felis, T. *et al.* (2014)：Intensification of the meridional temperature gradient in the Great Barrier Reef following the Last Glacial Maximum. *Nat. Commun.*, **5**, 4102.

8) Yokoyama, Y. *et al.* (2000)：Timing of the Last Glacial Maximum from observed sea-level minima. *Nature*, **406**, 713-716.

9) Matsumoto, K. and Yokoyama, Y. (2013)：Atmospheric $\Delta^{14}C$ reduction in simulations of Atlantic overturning circulation shutdown. *Global Biogeochem.Cy.*, **27**, 296-304.

10) Deschamps, P. *et al.* (2012)：Ice-sheet collapse and sea-level rise at the Bølling warming 14,600 years ago, *Nature*, **483**, 559-564.

11) Kubota, K. *et al.* (2014)：Larger CO_2 source at the equatorial Pacific during the last deglaciation. *Scientific Reports*, **4**, 5261.

12) Lambeck, K. *et al.* (2014)：Sea level and global ice volumes from the Last Glacial Maximum to the Holocene. *PNAS*, **111**, 15296-15303.

13) 横山祐典（2014）：Exp 325 Great Barrier Reef Environmental Changes, 月刊地球（号外）, **65**, 148-153.

14) Yamane, M. *et al.* (2015)：Exposure age and ice-sheet model constraints on Pliocene East Antarctic ice sheet dynamics. *Nat. Commun.*, **6**, 7016.

15) Yamane, M. *et al.* (2010)：The last deglacial history of Lutzow-Holm Bay, East Antarctica. *Jo. of Quaternary Sci.*, **26**, 3-6.

16) Yokoyama, Y. *et al.* (2012)：Holocene sea-level change and Antarctic melting history derived from geological observations and geophysical modeling along the Shimokita Peninsula, northern Japan. *Geophys. Res. Lett.*, **39**, L13502.

17) Yokoyama, Y. *et al.* (2015)：Holocene Antarctic melting and listhospheric uplift history of the southern Okinawa trough inferred from mid- to late-Holocene sea level in Iriomote Island, Ryukyu, Japan. *Quatern. Int.*, 10.1016/j.quatint.2015.03.030.

18) Yokoyama, Y. *et al.* (2016)：Widespread collapse of th Ross Ice Shelf during the late Holocene. *PNAS*, **113** (9), 2354-2359.

§Ⅷ-3

樹木年輪からさぐる気候環境の変遷
Climatic environmental history recorded in tree rings

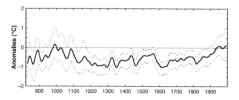

図1 ユーラシア大陸と北米の寒冷圏の樹木年輪データを用いた AD 800 年以降の北半球平均気温の復元（20 世紀の平均値に対する偏差で表示）[2]

(1) 年輪の幅や密度による古気候復元

　過去数百～数千年間に起きた気候の変動を理解するために，**樹木年輪**（tree ring）は世界で最も広く使われている指標である．樹木は，①沙漠から高山まで南極以外の陸上であればどこにでも生息しており，②熱帯域を除くすべての樹木には年輪があって，1 年単位の正確な**年代決定**（dating）が可能であり，③**年輪幅**（tree ring width）や**年輪密度**（tree ring density）のような簡単に測定できるデータから，過去の気温や降水量が復元できる場合が多く，④試料の収集が比較的容易であることから，同一地点の多数の試料のデータを相互比較すること（**クロスデーティング**；cross dating）で，年代決定および**気候復元**（climate reconstruction）の信頼性を確保することができ，⑤埋没木や古建築材を活用することで，過去数千年にわたって連続した年単位のデータ構築が可能であることなど，他の**古気候プロキシ**（paleoclimate proxy）にはないさまざまな優れた特徴を合わせもっている．

　年輪幅や年輪密度に反映される樹木の年間成長量（**光合成炭素固定量**；photosynthetic carbon fixation rate）は，気温や降水量などの環境の変化の影響を大きく受ける．とくに，極地や高山の森林限界や，沙漠の周辺のような地域では，成長期である夏の気温や降水量のわずかな低下が，樹木の光合成量の著しい低下を招くので，年輪幅の経年変動パターンから，主に夏の気温や降水量の変化を正確に復元することができる．一方，日本を含むアジアの温帯湿潤域などでは，森林内の樹木個体密度が高いため，樹木成長量は隣接個体との光をめぐる競争などの生態学的要因の影響を受けやすく，気候変動と年輪の相関はやや低くなる．そのため樹木年輪による気候復元は，ヨーロッパの北部やアメリカの南西部などの寒冷域や乾燥域で，まず発展することになった．アジアを含む世界の他の地域では，近年になって，ようやくデータが蓄積してきたばかりである．

(2) 中世温暖期と小氷期の発見

　過去 1000 年間の気候変動を語る際には，中世の温暖期とその後の寒冷期の存在を避けて通ることができない．これは，ブドウの収穫時期などの古文書記録を樹木年輪データと組み合わせてヨーロッパの歴史時代の気候変動を復元した，ル・ロア・ラデュリらの歴史家の先駆的研究に負うところが大きい[1]．その後，北極圏などの寒冷圏の樹木年輪データ（図1）が蓄積されるにつれて，「AD1000 年を中心として 9～12 世紀の気温が高く，その後，13～19 世紀に気温が低くなる」という状況[2]が北半球の平均的な気温変化として認識されるようになり，それぞれの期間に対して**中世温暖期**（Medieval Warm Period：MWP），**小氷期**（Little Ice Age：LIA）という名称が定着してきた．

　一方，気温とともに気候の重要な要素である降水量については，地域間での変動が激しいことが古くから知られていたが，乾燥地域であるアメリカ西部では，中世温暖期に全般的にさらに乾燥化が進み，その変動幅も大きくなったこと（図2）などが，樹木年輪の広域データベースから明らかにされてきた[3]．

　中世の温暖化が，もともと寒冷なヨーロッ

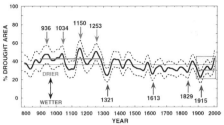

図2 樹木年輪データベースから復元されたアメリカ合衆国西部全域のなかでの旱魃地域の面積割合の歴史的変化[3]

パに繁栄をもたらした一方で，世界各地では旱魃や気候の不安定化により，さまざまな災害も頻発した．それゆえ，現在，中世温暖期は，中世気候異常期とよばれている．

(3) 気温変動パターンの地域間での相違

中世温暖期や小氷期といった百年単位の気候変動の見方に対しては，当初から，第1に，気候は数年〜数十年単位でも大きく変動しており，第2に，ヨーロッパや北極圏で復元されたものと同じ気温の変動が，世界中で一致して認められるとは限らないことなどが指摘されていた．最近になってアジアや南米の高山地域などでも，樹木年輪などの古気候データが蓄積されてきたことを踏まえて，2009年からIPCC AR5に向けて，過去2000年間に世界中で起きた気温の変化を，世界を8つに分けた地域（北極，南極，北米，南米，欧州，アフリカ，アジア，オセアニア）ごとに年単位で復元するPAGES 2k networkの取り組みが進められてきた[4]．その結果，現在，アフリカを除く，世界各地の気温の変化が詳細に比較分析できるようになってきている（図3）．

それによれば，世界中のすべての地域で19世紀に至るまで一貫して長期的な寒冷化が認められる一方，南極を除くすべての地域が，20世紀になると温暖化に転じること，19世紀以前の数十〜数百年周期の気温の変動パターンは，大規模な**火山噴火**（volcanic eruption）時や**太陽活動極小期**（solar minimum）などを除くと異なる地域間で必ずしも一致しないこと，などがわかった．このことは，20世紀の全球的温暖化が**温室効果ガス**（greenhouse gas）の濃度増大によってもたらされたものであることを示唆する一方で，19世紀以前の気温の長期変化が，地球が太陽の周りを回る**軌道**（orbit）などの外力の変化を反映しつつ，その数十〜数百年スケールの変動には，**大気海洋相互作用**（atmosphere and ocean interaction）など**気候システム**（climate system）の内部の要因が大きく作用している可能性を示している．

図3に含まれるアジアの気温変化は，日本を含むアジアの広域の樹木年輪データベースを用いて復元され，主に東アジアの夏季平均気温を表している[5]（⇒気候変動・気候災害に関する年表）．この復元結果には，気温の変化が年輪の幅や密度に大きく影響する，ヒマラヤやチベット，モンゴルなどの寒冷圏

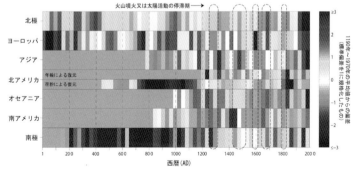

図3 過去2000年間における世界各地の平均気温の変動パターンの比較（南極を除く多くの地域において，気温復元の主な手段は樹木年輪である）[4] →口絵60

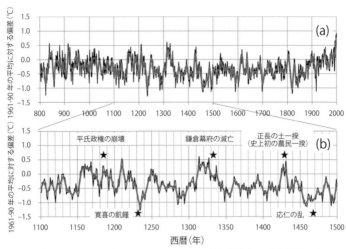

図4 樹木年輪の広域データベースから復元された東アジアの夏季平均気温の変化((a)過去1200年間および(b) 12～16世紀.黒細線が年単位での変化,灰太線が10年以上の長周期での変化を表す)[5]

のデータが大きく影響しているが,近世日本の気象災害記録を用いた気温復元[6]との詳細な比較などから,日本の気温の変化ともよく一致していることが確認できている.それによれば中世は近世よりも全般的に高温であるものの,とくに12～15世紀は気温の変動が激しく,急激な温暖化や寒冷化が社会に大きな影響を与えたことが,史実との対比から推察できる(図4).

(4) 年輪セルロース酸素同位体比の登場

日本を含むアジアの温暖湿潤地域では,樹木相互間の生態学的競争が年輪幅に影響する割合が高いため,数十を越える個体数の年輪試料を用いないと,精度の高い気候の復元を行うことは難しかった.しかし21世紀になって,そうした地域においても少ない数の樹木年輪試料から信頼の極めて高い古気候データを抽出する新たな方法が開発された.樹木年輪に含まれる**セルロース**(cellulose)の**酸素同位体比**(oxygen isotope ratio)である[7].

年輪セルロースの酸素同位体比は,原料となる**ブドウ糖**(glucose)が生産される葉内の水の酸素同位体比の変動を反映するが,

葉内水(leaf water)の酸素同位体比自体は,降水や水蒸気の酸素同位体比と**相対湿度**(relative humidity)によって決まる.根や**気孔**(stomata)から葉に取り込まれる降水や水蒸気の酸素の同位体比は,日本を含むアジアの湿潤域では,降水量が少ないときほど高くなるという性質(**雨量効果**;amount effect)がある.一方,相対湿度が低い(≒降水量が少ない)ときには,葉の気孔から水蒸気が活発に蒸散し,その際,軽い酸素(^{16}O)を含む水が重い酸素(^{18}O)の水よりも速く蒸発するため,葉内で^{18}Oが濃縮する(酸素同位体比($^{18}O/^{16}O$)が高くなる).この**同位体濃縮効果**(isotope enrichment)と雨量効果が合わさって,相対湿度や降水量と葉内水の酸素同位体比の間には,明確な負の相関が生じることになる.

つまり,日本を含むアジアの湿潤地域では,年輪セルロースの酸素同位体比からその年の夏(光合成期間)の降水量が推定できる.この関係性は,年輪の幅や密度などの生物学的関係とは異なり,純粋に物理化学的なメカニズムであるため,どんな種類の樹木でも正確に気候(降水量や相対湿度)の変動を復元す

ることができる．新しい分析装置や試料処理法の開発により，以前より格段に測定が簡便化したので，現在，**アジアモンスーン**（Asian monsoon）地帯の全域で急速に測定事例が蓄積されつつある．

(5) 地球温暖化による夏季モンスーンの衰退

図5には，ラオス北部で測定された過去400年間の年輪セルロース酸素同位体比の変動パターンを，チベット，ベトナム，ネパールの各地における変動パターンと対比して示す．

東南アジアと南アジアの広域の地点間で，年輪セルロース酸素同位体比は短周期・長周期ともによく合致するが，全体に共通する1つの特徴は，20世紀になって，急激に年輪の酸素同位体比が上昇してきているという事実である．このことは，アジアモンスーン地域全体でみられる特徴である．実際日本では過去数十年間にわたり，温暖化に伴って相対湿度の減少が続いてきた．降水量も集中化・豪雨化が起きる一方で，平均降水量自体は減少傾向にある．地球温暖化によって，熱帯の海水温が上昇し，北半球の夏におけるユーラシア大陸内部の地表面と，インド洋・西太平洋の海水面の間の温度コントラストが減少してきたため，夏季モンスーンが弱体化してきているというのが，その原因についてのもっとも有力な仮説である．このように年輪セルロースの酸素同位体比からは，さまざまな時間・空間スケールでの降水活動，とくに夏季モンスーンの変動が復元できるため，今後，より長期・広域にわたって，より高分解能のデータを取得していくことで，精度の高い気候変動の解析が可能になっていくと考えられる．　〔中塚　武〕

文献

1) ル・ロア・ラデュリ（稲垣文雄訳）(2000)：気候の歴史，藤原書店．
2) Esper, J. *et al.* (2002)：Low-frequency signals in long tree-ring chronologies for reconstructing past temperature variability. *Science*, **295**, 2250-2253.
3) Cook, E. R. *et al.* (2004)：Long-term aridity changes in the western United States. *Science*, **306**, 1015-1018.
4) PAGES 2k consortium (2013)：Continental-scale temperature variability during the last two millennia. *Nat. Geosci.*, **6**, 339-346.
5) Cook, E. R. *et al.* (2013)：Tree-ring reconstructed summer temperature anomalies for temperate East Asia since 800 C.E. *Clim. Dyn.*, **41**, 2957-2972
6) Maejima, I. and Tagami, Y. (1986)：Climatic change during historical times in Japan：Reconstruction from climatic hazard records. *Geographical Reports of Tokyo Metropolitan University*, **21**, 157-171.
7) 中塚　武 (2014)：樹木年輪セルロースの酸素同位体比による気候変動の復元．現代の生態学⑪　地球環境変動の生態学，pp.193-215，共立出版．
8) Xu, C. *et al.* (2013)：A 400-year record of hydroclimate variability and local ENSO history in northern Southeast Asia inferred from tree-ring $\delta^{18}O$, *Palaeogeogr. Palaeoclimatol. Palaeoecol.*, **386**, 588-598.

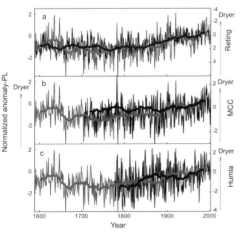

図5 過去400年間の樹木年輪セルロース酸素同位体比の変動パターンのラオス北部（灰）と (a) チベット南東部，(b) ベトナム北部，(c) ネパール（それぞれ黒）の間での対比[8]

§Ⅷ—4

花粉分析からさぐる古気候環境変遷
Reconstructing paleoclimate environmental change using pollen analysis

(1) 過去の植生を知る方法

植物の分布は気候に左右される[1]ため，ある場所での過去の植生や植物群とその変遷，つまり植生史がわかればその場所における過去の気候環境やその変遷を推定することができる．

では，過去の植生を知るにはどんな方法があるだろうか．まず初めに，植物化石から推定する方法がある．植物化石はどんな堆積物からも産出するわけではないが，実際に生育していた植物体そのものやその痕跡であるから，適当な化石産出層があれば直接的・実証的な方法といえる．ただ，産出化石と過去の植生との関係は必ずしも単純でないことに注意する必要がある．

2つ目は，現在の植物群落を調べる方法である．例えば，関東山地東部，三頭山のブナ林を調査した結果，構成するブナが大径木ばかりで中・小径木や幼木がほとんどないことから，このブナ林は江戸時代の小氷期の気候に適応して成立したが，その後の気候変化に対応できず，後継樹が育っていないと推定した研究[2]がある．このように，森林を構成する樹木の齢構造などを調べて森林の変遷を推定することができるが，その時間スケールはふつう現在から数百年程度前までである．また，残存している自然植生から，歴史時代または先史時代に人の活動が顕著になる前の植生を推定し，これを原植生と称することもあるが，間接的な推定であるうえ年代観をえることは難しく，具体的な植生史を知るための手段としては精密さに欠ける．

さらに3つ目として，歴史時代の文書や絵画などを調べる方法がある．例えば，江戸時代などに京都市街とその周辺が描かれた絵図の検討から，当時の京都市街を囲む山地には，今日みられるような高木林ではなく，低木林や草原が広がっていたらしいことがわかっている[3]．しかし，この方法は人による記録が残されている時代や地域に限られ，また，記録の正確さや精密さについて十分な注意を払う必要がある．

以上の方法のうち，数百〜数千年あるいはそれ以上のスケールの植生変遷史を知る方法としては植物化石によるのがもっとも一般的といえる．ここで紹介する**花粉分析**（pollen analysis）もその1つである．植物化石には多くの種類があり，維管束植物だけでも花粉のほか葉，種子，材，プラント・オパールといったものがあげられる．このうち葉や種子の化石はまとめて大型植物化石とよばれる．このような植物化石の産出状況，つまりどんな種類のものがどれくらいの数量みられるかの層位的変化を調べれば，当該堆積物の堆積した時代における産出地点付近の植生やその変遷を推定することができる．

(2) 花粉分析のあらまし

植物の花粉の内部はもともと原形質で満たされているが，受精にあずからなかった花粉ではこれが分解したのち，適当な条件下では花粉を囲む外壁または外膜とよばれる部分が化石となって残る．図1はこうした花粉化石の例である．堆積物からこのような花粉

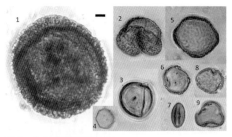

図1 さまざまな花粉化石
1：ツガ属，2：マツ属，3：スギ属，4：オニグルミ属，5：ニレ属・ケヤキ属，6：クマシデ属・アサダ属，7：マテバシイ属・シイ属，8：コナラ属コナラ亜属，9：コナラ属アカガシ亜属．スケールは10 μm．

の化石を多数取り出し，形態により同定してそれら，つまり**花粉化石群**（fossil pollen assemblage）における科や属などの構成を明らかにすることを花粉分析という．これは堆積物の堆積当時の古環境を推定するための有力な手段の1つである．花粉分析で直接知られるのは堆積物中に含まれる花粉化石の種類と数量であるが，堆積した時代の周辺植生はこれらの花粉を生産した植物を主として構成されていたと一応考えられるから，こうした花粉化石群から当時の植生を推定でき，さらにこれから当時の気候を推定できる．

花粉分析は，古植生復元の観点からみると次の3点で優れている．第1に花粉の外壁は化学的に安定で，水中など酸素不足の状態では化石として残りやすいことである．そのため花粉化石は比較的容易にさまざまな堆積物から見い出すことができ，過去の植生復元のための資料としての汎用性が高い．第2に，花粉の形態は科や属といった分類群ごとに異なっていることである．したがって，花粉を観察すればどの分類群のものかが判断できる．第3に，花粉は大量に生産され，広範囲に散布されることである．そのため，少量の堆積物から多数の花粉化石，つまり花粉化石群を見い出すことができ，その分類群構成を明らかにするのが容易であるとともに，過去における広い地域の植生を把握しやすい．

花粉分析の手順の概略は次の通りである．まず，めざす時代の堆積物を野外で露頭などから採取する．花粉化石は広く見い出されるが，どんな堆積物にも豊富に含まれるわけではなく，一般に風成堆積物や砂礫質の堆積物では乏しく，水成のシルト質・粘土質・泥炭質の堆積物には豊富に含まれていることが多い．なお，湖底堆積物などではもちろんだが，沖積平野に堆積した完新世の沖積層などでは露頭に乏しく，ボーリングによらないと採取できないことが多い．

採取した堆積物試料は室内で物理的，化学的な処理を行い，不要物を取り除いて花粉化石を抽出する．こうして花粉化石群のプレパラートを作成し，これを顕微鏡で観察して分類群に同定しながらそれぞれ計数する．その結果は一般に分類群ごとに出現率として百分率で表すことが多い．百分率の母数は，木本の花粉については出現した木本花粉総数，草本花粉では出現した全花粉数を用いるのが一般的である．普通，横軸に分類群ごとの出現率，縦軸に層序をとり，出現率が棒または折れ線でグラフとして表されるが，これを**花粉ダイアグラム**（pollen diagram）あるいは花粉分布図などとよぶ．

ただ，百分率表現では，ある分類群の花粉数が著しく増加または減少すると，その影響で他の分類群は花粉数に大きな変化がなくても，みかけ上，出現率が低下または上昇することになる．そこで，割合ではなく花粉数自体の増減で花粉化石の消長を表現することもある．単位時間あたりの堆積花粉数，つまり花粉インフラックスによる表現が理想だが，堆積物の堆積速度が正確にわからないと正しく算出できないため，単位堆積物量あたりの花粉数で示すこともある．

いずれにせよ，こうした結果から植生変遷が推定され，さらに気候変遷が考察される．その際，堆積層位による花粉化石の出現傾向の変化をわかりやすく記載するために，花粉出現傾向が類似し層位的に連続した堆積物ごとに，いくつかの**花粉帯**（pollen zone）が設定され，それごとに植生や気候の変遷が論じられることが多い．

なお，花粉分析では，物理的・化学的処理において花粉のほかシダ類胞子の化石も同時に抽出できるので，通常，合わせて取り扱われる．

(3) 花粉分析からみた植生と気候の変遷

図2は関東平野南部，神奈川県三浦半島北西部の沖積層からえられた堆積物の花粉分析結果を示した花粉ダイアグラム[4]である．左端には堆積物を示す柱状図が3本，縦に並べてある．これらは一連の露頭内の異なる部分を示しているが，図の下から上方へ堆積物の年代が新しくなるように並べてある．①

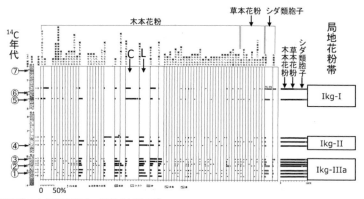

図2 池子遺跡群の完新世沖積層の花粉分析結果[4]
縦軸,横軸はそれぞれ堆積物の層位深度,花粉化石の出現率(木本花粉を総数とする百分率)を示す.C:コナラ属アカガシ亜属,L:コナラ属コナラ亜属.[14]C 年代値:① 7,490±110, ② 7,670±110, ③ 7,700±110, ④ 7,250±110, ⑤ 3,590±90, ⑥ 3,700±110, ⑦ 2,350±70(単位はいずれも yrs BP).

〜⑦の年代は暦年に補正していない[14]C 年代である.なお,年代でもわかるように,もっとも上の柱状図とそれより下位の2つの柱状図の間には堆積の中断(不整合)のあることが露頭観察でも読み取れた.この堆積物の花粉分析の結果,Ikg-Ⅰ,Ikg-Ⅱ,Ikg-Ⅲaの3つの局地的な花粉帯が設定された.

日本の南〜中部の気候的極相林で優占するコナラ属アカガシ亜属(照葉樹林の主要構成要素であるカシ類に相当する)と中〜北部で優占するコナラ亜属(中間温帯林[1]の主要構成種であるコナラなどや冷温帯落葉広葉樹林の主要構成種であるミズナラなどを含む)の花粉化石出現率に注目すると,Ikg-Ⅰ帯ではコナラ亜属が20%以上と高率なのに対し,アカガシ亜属は10%にも満たず,低率である.Ikg-Ⅱ帯ではアカガシ亜属の出現率が高くなり,コナラ亜属とともにそれぞれ10〜20%と,同程度の出現率を示すようになる.Ikg-Ⅲa帯になると両者の値は逆転し,アカガシ亜属が高率となる一方でコナラ亜属は低率となる.この変化はコナラ亜属主体の落葉広葉樹林からアカガシ亜属主体の照葉樹林へという植生変遷を示しており,大局的には気候の温暖化を反映したものと解釈できる.

このような寒暖の変化の推定は,植物の種や植生と気候との関係に関する知見[1],[5]に基づいている.塚田松雄は日本列島各地の花粉分析結果に基づき,更新世末期以降の花粉帯として時代順に L-1,L-2,P-1,P-2,P-3a,P-3b の各帯を設けた[6].概説すれば L-1 と L-2 は亜寒帯性常緑針葉樹,P-1 は落葉広葉樹,P-2 は常緑広葉樹の花粉の高率出現で特徴付けられ,後氷期に気候が順次,温暖化したことを示している.P-3a は常緑針葉樹花粉がやや増加し,P-3b は人の影響を受けてマツ属などの花粉が卓越することで特徴付けられる.図2のIkg-Ⅰ,Ikg-Ⅱ,Ikg-Ⅲaの各帯は,これらのうちP-1,P-2,P-3aの各帯におおむね相当するとみなせる.P-3aの時期は,標高の高い場所でえられた花粉分析結果などから気候がやや冷涼化したと考えられているが,Ikg-Ⅲaでは冷涼化は読み取り難く,むしろアカガシ亜属が下位より高率で出現する.

このように,花粉分析では植生の明瞭な変化を伴う気候変化は捉えやすいが,そうでない小規模な気候変化は読み取れないこともある.また,日本のような湿潤気候下で気候の乾湿変遷を花粉分析で明確に読み取るのは一般に困難を伴うが,例えばスギはその天然分布が降水量の多い地域に重なるとされ[7],その花粉化石の多産が過去の湿潤気候の指標と

されることが多い.

なお，近年は花粉分析結果（各分類群の百分率）から，具体的な古植生推定を介さず，直接，古気候を推定する手法も提案されている[8].

(4) 花粉分析による古気候変遷推定の留意点

花粉分析についての留意点をいくつかあげたい．まず，花粉分析結果が直接的に示すのは堆積物中の花粉化石の量的変化だということである．花粉の生産量には植物の種類や生育段階によって差があるし，また，風媒種と虫媒種では花粉の散布様式がかなり違うと考えなければならない．したがって，花粉分析結果がそのまま母植物の量的変化を示すとは限らず，花粉生産量の少ないものや虫媒種では，たとえ花粉出現が低率でもかなりの量の母植物が生育していたと考えるべきである．また，試料をえた堆積盆の大きさや堆積環境の違いによっても分析結果は影響を受ける．こうしたことに配慮するとともに，可能なら花粉化石だけでなく大型植物化石や木材化石，プラント・オパール化石なども含めてデータを取り，総合的に考察することが望ましい．各化石には古植生復元の上で長所短所があり，総合することで相互に補完できるからである．

さらに，植生変遷から気候変遷を推定する場合，気候と植生の関係は現在の通りとは限らず，過去には現在ほとんどみられない植物社会が広く存在した可能性や，気候変動とそれに反応した植生変化とのタイムラグも考えられる．こうした可能性も考慮のうえで推定する必要がある．

花粉分析は100年を超える歴史をもち，植生や気候の変遷を知るための有力な手法の1つだが，決して完成されたものではなく，花粉の生産量や挙動，形態などについてまだまだ蓄積，検討すべき基礎的な情報や事項があること，また，古気候推定には，植生立地の知識だけでなく，古植生推定のために，種の侵入や種間関係，群落動態といった植物社会についての理解と洞察が求められることも理解しておくべきである．

しかし，連続的な堆積物から花粉化石が豊富に産出する場合に，植生変遷，ひいては気候変遷（とくに陸上のそれ）を連続的にたどることができるのは花粉分析の大きなメリットであり，そうしたデータと考察が待たれる材料は多い．一方で花粉分析の精度向上に向けた基礎的研究分野でも解決すべき課題は多く，研究テーマに事欠かない．だが，こうした課題は必ずしも花粉分析のデメリットと捉えるべきではなく，むしろその解決に向けさまざまな視点から探究を進めることにより，環境変遷に関する新たな知見がもたらされることになるだろう．

例えば，花粉は一般に属レベルまでしか同定できないため，異なる気候帯に分布する複数の種を含む属（例えば，暖温帯〜中間温帯に分布するモミや亜寒帯に分布するオオシラビソを含むモミ属）の花粉化石出現が卓越するような場合，古気候解釈に苦慮することがあるが，電子顕微鏡を用いた観察などにより，さらに下位のレベルで区別すべく同定精度向上の努力が行われている．また，現世での花粉の生産量や散布・堆積量の実証データも蓄積されつつあり，花粉分析結果の考察に役立てることが期待される． 〔清永丈太〕

文献

1) 吉良竜夫 (1971)：生態学からみた自然，河出書房新社.
2) 小泉武栄他 (1988)：多摩川源流域の森林立地に関する地形・地質学的研究. (財) とうきゅう環境浄化財団研究助成 No.114.
3) 小椋純一 (1992)：絵図から読み解く人と景観の歴史, 雄山閣.
4) 清永丈太 (1999)：花粉化石群からみた池子遺跡群とその周辺域の植生史. かながわ考古学財団調査報告 46, 池子遺跡群 X, No.1-A 地点, 池子米軍家族住宅建設にともなう調査，第4分冊，別編・自然科学分析編. pp.127-160, 財団法人かながわ考古学財団.
5) 吉岡邦二 (1973)：植物地理学. 生態学講座 12, 共立出版.
6) 塚田松雄 (1986)：関東地方における第四紀後期の植生史. 宮脇 昭編：日本植生誌関東. pp.78-103, 至文堂.
7) 林 弥栄 (1960) 日本産針葉樹の分類と分布, 農林出版.
8) 中川 毅 (2004) 花粉分析による定量的環境復元と考古学. 安田喜憲編：環境考古学ハンドブック, pp.216-236, 朝倉書店.

§ Ⅷ-5
植物珪酸体からさぐる
気候環境変遷
Paleoclimate environmental change recorded
in phytoliths

(1) 植物珪酸体について

　地球を構成する大陸地殻の成分で，6割以
上を占めるのは珪酸である．地表に生育する
ほとんどの植物は，この珪酸を土壌中から水
分とともに取り込む．それを怠った場合は生
長に影響をきたし，葉や茎が垂れ折れ易くな
り，病気や害虫に対する抵抗力も弱まる．珪
酸は植物にとって必要な栄養素として体内に
含まれ，とくに吸収量の多いイネ科やカヤツ
リグサ科などは珪酸植物とよばれる．

　根から吸い上げられた珪酸分は，おもに
体の表層部にある表皮細胞内に蓄積される．
落葉あるいは植物自体が枯れ分解された後
も，細胞の形状のまま土壌鉱物の一部とな
る．この細胞の形をした珪酸物質が植物珪
酸体（プラント・オパール）である．よく
観察される大きさは 0.02 ～ 0.1 mm ぐらい
で，宝石のオパールと同じ理化学的な性質を
もつ．野外のススキで手を切ってしまうの
は，葉の縁まで珪酸分が集積しガラス製の鋸
状になっているからである．これは生物自身
が鉱物を集成するバイオミネラリゼーション
（biomineralization）の作用による．

　植物珪酸体の形には，扇状，亜鈴状，鞍状，
ボート状，帽子状，皿状，ヤスリ状，パズル
状，コンペイ糖状などさまざまなものがみら
れる．これらのうち葉身起源のものについて
は，植物の種類ごとに共通した特徴をもつこ
とが多い．そこで地層中より検出した植物珪
酸体の分類名から，当時生育した植物群が明
らかにされてきた．

(2) 示相化石としての植物珪酸体

　過去の陸域における植物相を研究する場
合，植物珪酸体の他に花粉，種子・果実な

表1　古気候復原に利用される陸上植物化石の例

植物化石の例	同定レベル	移動距離	保存性
木材	種・属	短	×
種子・果実	種・属	短	×
花粉	属	長	一部で×
植物珪酸体	一部で詳細	短	○

表2　陸域における古気候復原のための研究材料の例

研究材料の例	対象年代	時間スケール	入手
古文書	数百年	数日～数十年	限定
樹木年輪	数千年	単年	限定
年縞堆積物	数万年	単年	限定
雪氷コア	数十万年	単年	限定
陸上堆積物	数十万年	数百～数十万年	容易

どの植物遺体，木材などを示相化石として
利用する（表1）．花粉は，母植物が生育す
る場所より遠方へ飛散することが多いので，
広域的な植生がわかるが，堆積時空気に多
く触れた風成の地層では残り難い性質があ
る．種子・果実は，大きくて比較的移動し
難いことから，局所的な植生を反映するが，
泥炭層などを除き有機物として短期間で分
解されることが多い．木材化石も局所的植
生が特徴で保存が限られ，さらに木本植物
のみが対象となる．

　一方，植物珪酸体は個体が分解した後に移
動するが，距離は比較的短く局所的な植生が
得意である．また，珪酸質であることから風
成層でもよく保存され，イネ科など草本植物
を中心に特定の種類を詳しく分類できる．こ
れらの性質を利用して，稲作農耕の変遷，黒
ボク土の成因，照葉樹林の変遷などの研究が
行われてきた[1]．

　第四紀の古気候復原に関しては，酸素同位
体ステージとの対応に焦点をあてた，数万～
数十万年の時間スケールでの成果が多い．研
究材料としては，表2の下段3つが考えら
れるが，雪氷コアは氷河から，年縞堆積物は
湖沼から採取されるので，それらは植物と対

応させる場合その多くが生育域外で，かつ採取される場所も限定されてしまう．したがって，表1の保存性の高さを活かせる植物珪酸体を利用することは，あらゆる環境で採取される陸上堆積物を材料とした調査において適している．この視点で進められた事例では，さらに詳細な数百～数千年スケールでのデータで，温度や湿度，積雪など，当時の植生と気候の関係を考える上で重要な事象を復原してきた[2),3)]．

(3) 熱帯地域タイにおける植生と気候環境

地中の植物珪酸体からの情報は，当時生育していた母植物と，それをめぐる環境が主な内容である．よって個々の植物種が，現在どのような生育環境に置かれ群集を成し，他の生物との関係を保っているか知る必要がある．そこで一例として，地球上でもっとも多様な種組成がみられる熱帯地域の植生を紹介するが，すでに植物珪酸体から気候変動を論じた研究も一部で進められている[4)]．

その代表的な植生である熱帯雨林は，赤道周辺の低緯度地域に分布している．なかでも東南アジアでは，大陸の中心部でなく，比較的海に近い半島や大きな島々において生育する．そのこともあり森林資源として古くから知られてきたが，戦後の大規模伐採で大量の丸太を輸出し，日本国内ではラワン材とよばれ大量に消費されてきた．

この有用材の母樹は，フタバガキ科というグループに属し，東南アジア熱帯雨林の植物相を特徴づけている．現地では，巨大高木層として高さ60mにも達し，森林構造の中心を成している．一群は，熱帯雨林気候区を分布の中心とし，降水量の低いサバナ気候区に近づくにしたがい種数も減少する傾向がある．

そのようすは，マレー半島のマレーシアから北上し，タイのインドシナ半島中部に至れば確認できる．タイ国内においては，南部から中央部に行くにしたがい，**熱帯常緑林** (Tropical Evergreen Forest：TEF) から**乾燥常緑林** (Dry Evergreen Forest：DEF) へ

図1 東北タイの落葉フタバガキ林での調査

林型が変化する．さらに東北部に向かうと，**落葉（乾燥）フタバガキ林**（Deciduous (Dry) Dipterocarp Forest：DDF）が広がり，一部では疎林に草本植物が目立つサバナ林のような相観がスポット的にみられる．

これらは主に乾燥の傾度によるもので，落葉フタバガキ林の分布域はもっとも乾いている．その林冠は閉ざされずに疎林が広がり，明瞭な乾季には葉が色づき完全に落葉する．よって林床は1年を通して明るく，イネ科植物が多く生育し，矮性で匍匐状に伸びるタケ亜科が繁茂することもある（図1）．さらに例年起こる森林火災や，家畜の放牧などによって，サバナ林へ変化するとされている．

(4) 東北タイにおける植物珪酸体と環境変遷

タイの植生は，季節ごとの乾燥ストレスを受けて成立しており，その森林は熱帯季節林とよばれている．それは気候変動や人間活動の影響を受けやすい性質をもっており，歴史的な変遷に関する研究が求められてきた．従来，考古学や人類学的視点によって，湖沼堆積物中の花粉を中心に，人間活動による植生変化について成果がみられている[5)]．しかし，花粉の飛散が及ぶ広い地域全域を対象に議論を進めざるをえない状況である．よって，そ

れらはさまざまな場所を起源とする化石が，混在した群集をもって概観するにとどまり，植生変遷史として十分に考察されてこなかった．

現況より，生態学的検討を加えるには，古植生の分布まで検討する必要があり，化石の移動距離が短く復原域の小さい植物珪酸体の利用が的確である（表1）．また保存性が高いことから，窪地に限らず平坦地の風成堆積物を直接分析でき，台地上でも現地性の高い復原が可能である．そこで熱帯季節林のなかでも，構成樹種の少ない東北タイの落葉フタバガキ林を中心に，表層を含めた地層中の植物珪酸体から，現植生の成立過程を明らかにする調査が進められている[6]．

例えば，東北タイのサケラートに位置する環境研究ステーションでは，落葉フタバガキ林（DDF, 図1）と乾燥常緑林（DEF, 図2），その中間型の**落葉混交林**（Mixed Deciduous Forest：MDF）が隣接して分布する．それぞれの区域内で，表層から深度1 m程度までの地層を観察し，約10 cmごとの層準で植物珪酸体分析用の土壌試料，および放射性炭素年代測定用の炭化材を適宜採取した．

その落葉フタバガキ林に生育する，2種類の**フタバガキ科植物**（Dipterocarpaceae, *Shorea siamensis*, *Shorea roxburghii*）と林床の**タケ亜科植物**（Bambusoideae, *Arundinaria pusilla*）について，それぞれ

図2 東北タイの乾燥常緑林の暗い林床

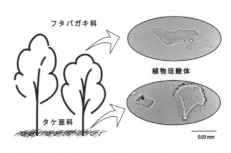

図3 落葉フタバガキ林から産出される植物珪酸体

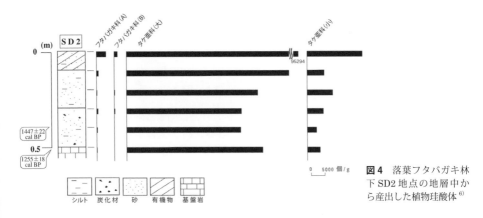

図4 落葉フタバガキ林下SD2地点の地層中から産出した植物珪酸体[6]

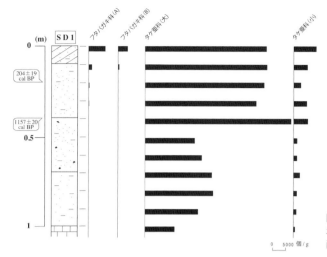

図5 落葉フタバガキ林下 SD1 地点の地層中から産出した植物珪酸体[6]

の葉身を燃焼し灰化して顕微鏡で観察すると図3のような植物珪酸体がみられる。この形状の粒子を，化学処理した土壌試料中から検出した結果と，地層の柱状図，年代測定値を合わせて示したものが図4と図5である．2地点（SD2, SD1）とも，基盤岩上に，炭化物が散在する赤褐色シルト質細砂などの風成二次堆積物，表層の暗褐色シルト質細砂が堆積し，千数百年前の年代値がある層準から上位で，フタバガキ科が産出しタケ亜科もほぼ同位で多産した．

これらから，現在分布する落葉フタバガキ林は，東北タイの一地域において約千数百年前に成立し維持され，林床のタケ亜科の繁茂とセットであることが確認された．

(5) 今後の研究課題と展望

前述の植生変遷の背景となる，サバナ気候の明瞭な乾季下での森林火災と人為的影響が，どのように関係しているか歴史的に解明する必要がある．それにはこれらの要素について，より長い時間スケールで，気候環境を違えた多くの地域での調査事例を重ねることとなる．それには従来から強調されるように，基礎調査としての植物珪酸体の形態記載の蓄積・整理を伴って進められることが必要である[1]．基礎と応用両輪の成果によって，地球規模の生態系において重要な熱帯地域の環境変遷の解明につながるであろう．〔江口誠一〕

文献

1) 江口誠一・河野樹一郎（2009）：第四紀の生物群；植物珪酸体．デジタルブック最新第四紀学，日本第四紀学会．
2) Kariya, Y. et al. (2004)：Changes in opal phytolith concentrations of Bambusoideae morphotypes in Holocene past soils from the pseudo-alpine zone on Mount Tairappoyo, central Japan. The Quaternary Research (Daiyonki-Kenkyu), **43**(2), 129–137.
3) Kawano, T. et al. (2007)：Holocene phytolith record at Picea glehnii Stands on the Dorokawa Mine in northern Hokkaido, Japan. The Quaternary Research (Daiyonki-Kenkyu), **46**(5), 413–426.
4) 吉田真弥他（2011）：植物珪酸体分析からみたルソン島中央平原パイタン湖における過去およそ2,500年間の植生変遷．地理学評論，**84**(1), 61–73.
5) Penny, D. and Kealhofer, L. (2005)：Microfossil evidence of land-use intensification in north Thailand. Journal of Archaeological Science, **32**, 69–82.
6) Eguchi, S. et al. (2009)：Opal phytolith fossils in the soil of tropical seasonal forest in Sakaerat, northeast Thailand. Proceedings of the FORTROP II : Tropical Forestry Change in a Changing World. **5**, 149–156.

§Ⅷ-6

貝形虫類と有孔虫類からさぐる古気候・環境変遷
Ostracoda and Foraminifera fauna as proxy measures for paleoclimate/environmental change

(1) 微化石としての貝形虫と有孔虫

化石 (fossil) は大きさによって**大型化石** (macrofossil) と**微化石** (microfossil) に分けられる. 明確な定義はないが, 肉眼で観察可能な大きさのものを大型化石, おおむね数mm以下で顕微鏡を用いなければ観察できないものを微化石とする (図1). また, 微化石のなかでとくに微小なものを**超微化石** (nannofossil) とよぶこともある[2].

微化石はその小ささゆえに, 大型化石と比べて, ①地層から標本を豊富にえやすく (少量の堆積物試料で分析可能), ②高い時間分解能で解析でき, ③比較的長い化石記録をえやすく, ④データを統計的に扱えるという利点があることから, 古気候・古環境研究の分野で用いられてきた. 本項で紹介する**貝形虫類** (ostracods) と**有孔虫類** (foraminifera) は, ともに炭酸カルシウムに富む殻が化石として保存されやすいことや, 環境に応じて棲み分けをしている種が多いことから, **古気候** (paleoclimate)・**古環境** (paleoenvironment) **復元**の指標として利用されている.

(2) 群集解析的手法と化学的手法

貝形虫類, 有孔虫類を用いた古気候・古環境復元には, 大きく分けると群集解析的手法と化学的手法がある. 前者は産出した化石群の群集組成に着目し, 現生種の生態学的特徴を過去に適用する手法で, **古水深** (paleobathymetry), **古水温** (palotemperature), **古塩分** (paleosalinity) などの古環境が復元される. 斉一説の原則に則り, 解析はすべて現生種の地理分布・生態学的データに基づいて行われ, 現生種のデータの蓄積が第一条件となる. 群集解析的手法では, 化石として産出した種が現生種と同じである, あるいは近縁な種である必要がある. そのため, 適用できる地質時代はある程度限られ, 新第三紀以降の古環境復元が行われることが多い. また, 堆積物の状態によっては数十～百年スケールの群集変化を捉えられるため, 近年では環境汚染のモニタリングにも用いられている[例3]. 一方, 化学的手法は炭酸カルシウムに富む殻の化学分析を行い, 安定同位体比 (酸素同位体比, 炭素同位体比が用いられることが多い) や, 微量元素 (Mg/Ca比, Sr/Ca比が用いられることが多い) などの過去の海洋環境の**代替指標** (プロキシ, proxy) を利用し, 古水温, 古塩分をはじめとする環境条件の変化を復元する手法である. 深海底や湖沼におけるボーリングコアの掘削技術の進歩により数万～数百万年の連続的な試料が入手されるようになったことと分析機器の発展により, 高分解能で化学的層序が構築され, 古気

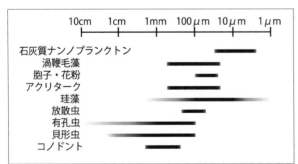

図1 さまざまな微化石の大きさ (数値の一部はアームストロング・ブレイジャー (2007)[1] を参考にした)

候・古環境の復元が行われている.

(3) 貝形虫類とその利用

貝形虫類は微小な甲殻類の一分類群である. 大きくミオドコーパ亜綱とポドコーパ亜綱の2つのグループに分けられるが[4], 古気候・古環境復元の指標として用いられるのは, 主にポドコーパ亜綱である(図2). それは, 貝形虫類は動物体を完全に包み込む二枚殻(背甲とよばれる)をもつが, ポドコーパではこの背甲がミオドコーパよりも石灰化しているため化石として堆積物中に保存されやすいためである. 貝形虫類を古気候・古環境復元の指標として利用した研究の歴史は, 有孔虫類と比較すると短い. それは貝形虫化石の産出量が有孔虫類のそれと比較すると少ないことに起因する. また, 貝形虫類は浮遊幼生期がないため, **固有性**(endemism)が高く, 汎世界的な指標として利用するには制限があることもその原因としてあげられる. しかしながら, 貝形虫類は淡水域から深海まであらゆる水界に生息し, 海域のみならず湖沼などの内陸域も研究対象にできる利点がある. また, 固有性の高さに加え, 種ごとの環境勾配(塩分, 水深, 底質, 溶存酸素量などの変化)への反応の鋭敏さから, 地域ごとの高分解能・高精度の解析で重宝され, 近年多くの研究が行われており, さらに, よりグローバルな気候変動・環境変動との関連が議論されている[例5].

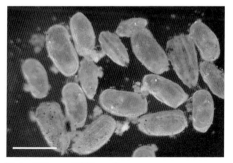

図2 ポドコーパ亜綱の一種, *Ishizakiella miurensis* 本州沿岸の河口域に生息する. スケールは500μm.

(a) 群集解析的手法

上述のとおり, 群集解析的手法では現生種の生態学的データが不可欠である. 例えば, 池谷・塩崎(1993)[6]は, 日本における内湾性貝形虫類の群集組成を調べ, *Bicornucythere bisanensis*, *Cytheromorpha acupunctata*, *Spinileberis quadriaculeata*という3種の水深, 塩分, 底質粒度に対する分布を明らかにし, 古環境復元の指標としての可能性を示した. この研究は日本の第四紀の古環境復元に大きく貢献した. このような日本周辺海域の現生貝形虫の分布データを利用して, 鮮新世以降の地層から産出する貝形虫化石に基づいた相対的海水準変動の復元や海洋の水塊構造の復元が多くなされている[例7]. さらに, 膨大な現生貝形虫相データを基礎としたモダンアナログ法(Modern Analog Methods)によって, 相対的な水深の復元だけでなく古水温, 古水深を具体的な数値として求める研究も行われている[例8]. 船舶によって試料採取された内湾・浅海域の現生貝形虫相データに加え, 近年は干潟域・河口域のデータが蓄積されつつあり[例9], 陸域／海域境界の環境変化が多く記録された沖積層の古環境復元において有用性が示されている[例10].

古環境・古気候の復元に化石を用いる場合, 対象とする化石が現地性であるか異地性であるかなどを考慮する, タフォノミー(化石生成論, taphonomy)的な観点が重要である. 微化石は, その小ささから死後に容易に運搬されるため, 異地性であることに注意が必要である. 貝形虫類は脱皮成長するため, 化石群の齢構成(成体と幼体の脱皮齢の構成比)を他の生物化石よりも明確に認識することができる. このような利点を活かし, 種構成のみならず, 成体個体の割合, 齢構成と左右の殻数の比から推定される流水の運搬作用といったタフォノミーを考慮に入れた, 古環境復元も試みられている[11].

海外では, 内陸の水環境に生息する貝

形虫類を利用した古気候・古環境復元も多く行われている．例えば，NODE（Non-marine Ostracod Distribution in Europe）や NANODe（North American Non-marine Ostracode Database）[12] のような膨大なデータセットが作成され，古気候・古環境復元の分野で果たす役割は大きい[13]．NANODe に収録されているデータと，完新世堆積物から産した貝形虫類化石群との比較に基づき，アメリカ合衆国ミネソタ州にあるエルク湖は，完新世の始めは淡水湖であったが，半ばには塩分が上昇し，約3000年前に再び塩分が減少して淡水に近づいたということが明らかにされた[14]．貝形虫類は水中に生息するため，気候の変化に直に反応するのではなく，水温，水質の変化といった二次的な要素に対して反応するといえる．そのため，貝形虫類の厳密な生息場所や生活様式，水体の構造によっては，同じ地点に生息する貝形虫類が気候変化の影響を一様に受けるわけではない．Horne（2007）[15] はこの問題を解決する手段として，MOTR 法（Mutual Ostracod Temperature Range method）を提唱した．MOTR 法では，GIS を用いて，現生種の分布データセット（例えば NODE）と気候データセット（例えば WorldClim dataset）から，種が分布する気温範囲を明らかにし，化石として産出した種の気温範囲の重複を当時の気温と推定する．この手法は，現生種と化石種が同様に気候に対する耐性をもつなど，いくつかの仮定を前提とするものの，他の手法で推定された古気温とよく一致し，その有用性が確かめられている．一方で，現生の貝形虫類の膨大な分布データを必要とするため，対象範囲を広げ，より精度をあげるには統合的なデータベースの構築（例えば Ostracod Metadatabase of Environmental and Geographical Attributes project：OMEGA project）が必要とされる[16]．

(b) Mg/Ca 比と Sr/Ca 比

非海生貝形虫類（陸水には塩湖も含まれるため，ここでは淡水生貝形虫類ではなく非海生貝形虫類とした）の背甲の **Mg/Ca 比**（Mg/Ca ratio）や **Sr/Ca 比**（Sr/Ca ratio）は，背甲の石灰化の際の水温と相関があると報告された[例17]．その後，分析技術の向上とともに，それらを水温あるいは塩分の代替指標として確立することをめざす研究が多く行われた．しかし，非海生貝形虫類の殻の Mg/Ca 比は，水温のみならず生息場の水の Mg/Ca 比にも規制されるなど，水温との相関が弱いことが報告された[例18]．さらに，陸水環境では，水体の Mg/Ca 比に地域性があり，また季節的に変化するため，殻の Mg/Ca 比を水温の代替指標として用いることは問題がある[16]．しかしながら，化石に残された Mg/Ca 比の変動が過去の気候変動と一致し，詳細な環境変動が復元された例もある．例えば，北米のグレートプレーンズの湖成堆積物から産出した過去2100年間の貝形虫化石の殻の Mg/Ca 比には周期的変動（〜400年，200年，130年，100年）が認識され，それは太陽放射の周期的変化（420年，218年，143年）に相当すると考えられる[19]．同時に，グリーンランドの氷床コアの $\delta^{18}O$ 変動と比較した結果，グリーンランドで寒冷な時期にグレートプレーンズでは乾燥していたことが明らかにされた．このように，殻の Mg/Ca 比が日射量の変化によって生じた世界的気候変動を記録していたことが示された．

海生貝形虫類では，殻の Mg/Ca 比と殻が生成されたときの海水温には強い相関があり[例20]，海水の Mg/Ca 比は新生代を通して一定であることから，殻の Mg/Ca 比は古水温の代替指標として有用であるとされる．一方，殻の Sr/Ca 比は，海生種，非海生種ともに水温との相関は明確ではないことが報告されるようになったが[例21]，湖では塩分の指標となることが指摘された[18]．また，殻の Sr/Ca 比は水体の Sr/Ca 比を反映する[例22]．こうしたことから，殻の Sr/Ca 比は水温の代替指標にはならないが，近年は，Mg/Ca 比とともに，群集組成，$\delta^{18}O$ といった他の指

標と合わせて扱うことで内陸の環境変化の復元に用いられている[例23]. 森下他 (2010)[24] は, Mg/Ca 比と Sr/Ca 比に基づいた古環境復元の問題点についてまとめ, より高精度の古気候・古環境の復元のためには, 分類群, 脱皮齢, 性別による分配係数の違い, 生息場の Mg/Ca 比と Sr/Ca 比の影響, 殻の中の Mg と Sr の分布の不均一性, 続成作用の影響, 試料の前処理の影響を検討することが重要だと指摘している.

(4) 有孔虫類とその利用

有孔虫類は原生動物界の有孔虫目に属する[1]. 近年, 分子系統学的研究により, 有孔虫類は, 真核生物を構成するスーパーグループの 1 つであるリザリア (Rhizaria) の一分類群であるとされた[例25]. 最古の化石記録はカンブリア紀で[26], 現在でも世界中の海洋で豊富に産出し広く分布する. 地質時代を通し, 海成堆積物の生層序の指標として重要な役割を果たしている. 古生代の示準化石として知られる紡錘虫 (フズリナ), 古第三紀の示準化石として知られる貨幣石 (ヌンムリテス), ガラス瓶に詰められてお土産として売られている "星の砂" も有孔虫類の一分類群である (図 3). 有孔虫類は有機質, 膠着質, 石灰質の殻をもつものに分けられる. このうち, 化石で産する種は石灰質殻をもつものがほとんどである. また, 生活様式から, **浮遊性有孔虫** (planktonic foraminifera) と **底生有孔虫** (benthic foraminifera) に分けられる. 前者は, 海洋表層から中深層でプランクトンとして生活しており, 汎世界的に分布する. ただし, 水温と塩分によって生息が制約されるため, 大局的には緯度に平行で双極的な地理分布をもつ[例27]. 後者は, 汽水域から深海底の堆積物表面や内部に生息し, 主に底質, 塩分, 水温, 溶存酸素量などの違いにより, 種の分布が制限される.

(a) 殻の巻き方向

有孔虫類の殻の巻き方向 (右巻き個体か左巻き個体か. 図 4) は, その分布が海域と相関が強く, 水温に依存すると考えられ, 伝統的に古水温の指標とされてきた. 例えば, *Neogloboquadrina pachyderma* は現在の海洋では中～高緯度海域に生息する浮遊性有孔虫種であるが, 北大西洋では表層水温 7.2℃ の等温線を境として, より低水温の海域では左巻き個体が卓越し, 高水温の海域では右巻きが卓越する[例28]. そのため, 化石群集中に左巻き個体の割合が多い場合は, その海域の古水温は相対的に低かったと考えることができ, 中新世以降の海洋環境代替指標として用いられてきた. 近年の遺伝子解析の結果から, *N. pachyderma* の右巻き優占の群集と左巻き優占の群集は遺伝子的に異なると指摘され[29], *N. pachyderma* の右巻き個体には *Neogloboquadorina incompta* という別の種名がふさわしいと提唱された[例30]. これまでの *N. pachyderma* の巻き方向の変化は, *N. pachyderma* (左巻き優勢) と *N. incompta* (右巻き優勢) の種の入れ替わりであると推察される[31]. そういった意味では, 殻の巻き方向に基づく古水温の推定は, 群集解析的手法といえる. 巻き方向の変化は, 水温のみならず海洋環境の総合結果として認識し, 水温の代替指標として用いることは問題がないとされる[例32]. 一方で, 浮遊性有孔虫 *Globorotalia truncatulinoides* では, 巻き方向は温度に依存しないとの報告がされており[33], 巻き方向の変化が何に起因するのかは明らかではない.

図 3 "星の砂"として知られる有孔虫類 スケールは 500 μm.

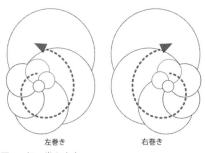

図4 殻の巻き方向
スパイラルサイド（旋回が見える面）からみて，成長する方向で決める．

(b) 酸素同位体比（$\delta^{18}O$）

　古気候・古環境復元の分野において，石灰質有孔虫殻の**酸素同位体比**（oxygen isotope ratio）（安定同位体 ^{16}O に対する安定同位体 ^{18}O の割合．標準試料との偏差として $\delta^{18}O$ で示す）の果たした役割は極めて大きい．有孔虫類をはじめとする石灰質（炭酸カルシウム，$CaCO_3$）の殻をつくる生物は，殻の形成時に海水中の酸素を取り込み，海水の同位体比を記録する．また，炭酸カルシウムが生成される際，同位体分別は温度に依存することから，殻の $\delta^{18}O$ は殻形成時の生息場の水温を記録するとされる[例34]．Emiliani（1955）[35]は海底コアから産出した浮遊性有孔虫化石の $\delta^{18}O$ の変化は過去の海洋表面の水温変化を記録していると考え，第四紀の**海洋酸素同位体ステージ**（marine isotope stage：MIS）の礎を築いた．

　その後，Emiliani の示した曲線は水温の変化ではなく，氷河量の変化に伴う海洋の同位体比の変化を反映すると指摘された[例36]．氷河量の変化に伴う海洋の同位体組成の変動は，次のように説明される．海洋から水蒸気が蒸発する際，重い水分子 $H_2^{18}O$ よりも軽い $H_2^{16}O$ の方が蒸発しやすい．氷期には大陸氷河が発達するため，^{16}O を多く含む水は大陸氷河に取り込まれて海に戻らなくなる．そのため，海水の $\delta^{18}O$ は氷期には大きくなり，反対に間氷期には小さくなる．

　しかしながら，$\delta^{18}O$ を用いた古気候の推定にはいくつかの問題が残されている．すなわち，有孔虫殻の $\delta^{18}O$ の変化が厳密に何を反映しているのかは明らかではない．現在では，殻の酸素同位体比は，生成されたときの海水の水温と同位体組成の他に，炭酸カルシウムの結晶構造（アラレ石か方解石か），生体効果（vital effect），形成後の続成作用，海水の pH によっても影響されることが知られている[1),37)]．これらの解明が $\delta^{18}O$ を海洋環境代替指標として確立するうえで今後の課題とされる．近年は，$\delta^{18}O$ と，他の温度指標を組み合わせ，精度の高い過去の海洋環境の復元が行われている．例えば，古水温指標として用いられる浮遊性有孔虫殻の Mg/Ca 比と合わせて解析することで，正確な古海洋の同位体比が推定されている． 〔中尾有利子〕

文献

1) アームストロング，H.A.・ブレイジャー，M.D.（2007）：微化石の科学（池谷仙之・鎮西清高訳），朝倉書店．
2) 高柳洋吉（1988）：微化石による古環境解析―そのアプローチにおける諸問題―．応用地質，29(4)，332-329．
3) Irizuki, T. *et al.* (2011): The influences of various anthropogenic sources of deterioration on meiobenthos (Ostracoda) over the last 100 years in Suo-Nada in the Seto Inland Sea, southwest Japan. *Mar. Pollut. Bull.*, 62(10), 2030-2041.
4) Horne, D. J. *et al.* (2002): Taxonomy, morphology and biology of Quaternary and living Ostracoda. In Holmes, J. and Chivas, A. R. eds.: *The Ostracoda -Application in Quaternary Research-, Geophysical Monograph 131*, pp. 5-36, American Geophysical Union.
5) Yasuhara, M. *et al.* (2014): Response of deep-sea diversity to abrupt decadal and Holocene climate changes in the North Atlantic Ocean. *Glob. Ecol. Biogeogr.*, 23(9), 957-967.
6) 池谷仙之・塩崎正道（1993）：日本沿岸内湾性介形虫類の特性―古環境解析の指標として―．地質学論集，39，15-32．
7) Ozawa, H. *et al.* (1995): Ostracode evidence for the paleoceanographic changes of the middle Pleistocene Jizodo and Yabu Formations in the Boso Peninsula, central Japan. *Sci. Rep. Kanazawa Univ.*, 40, 9-37.
8) Ikeya, N. and Cronin, T. (1993): Quantitative analysis of ostracoda and water masses around Japan: application to Pliocene and Pleistocene paleoceanography. *Micropaleontology*, 39(3), 263-281.

9) Nakao, Y. and Tsukagoshi, A. (2002)：Brachish-water Ostracoda (Crustacea) from the Obitsu River Estuary, central Japan. *Species Diversity*, **7**, 67-115.

10) 中尾有利子他（2008）：中川低地南部の沖積層から産出した貝形虫化石．日本大学文理学部自然科学研究所研究紀要，**48**，277-286.

11) 入月俊明他（1999）：貝形虫化石群集のタフォノミー：三浦半島に分布する完新統を例として．地質学論集，**54**，99-116.

12) NANODe（http://www.personal.kent.edu/~alisonjs/nanode/）

13) Load, A. R. *et al.* (2012)：Ostracod taxa as palaeoclimate indicators in the Quaternary. In Horne, D. J. *et al.* eds. ：*Ostracoda as proxies for Quaternary climate change, Developments in Quaternary Science 17*, pp.37-45, Elsevier.

14) Smith, A. J. *et al.* (1997)：Ground-water processes controlling a prairie lake's response to middle Holocene drought. *Geology*, **25**(5), 391-394.

15) Horne, D. J. (2007)：A Mutual Temperature Range method for Quaternary palaeoclimatic analysis using European nonmarine Ostracoda. *Quat. Sci. Rev.*, **26**(9-10), 1398-1415.

16) Horne, D. J. *et al.* (2012)：Ostracoda as proxies for Quaternary climate change：overview and the future prospect. In Horne, D. J. *et al.* eds.：*Ostracoda as proxies for Quaternary climate change, Developments in Quaternary Science 17*, pp.305-315, Elsevier.

17) Chivas, A. R. *et al.* (1983)：Magnesium, strontium, and barium partitioning in non-marine ostracode shells and their use in paleoenvironmental reconstructions -a preliminary study. In Maddocks, R. ed.：*Applications of Ostracoda*, pp.238-249, University of Huston Geosciences.

18) De Deckker, P. *et al.* (1999)：Uptake of Mg and Sr in the euryhaline ostracod *Cyprideis* determined from in vitro experiments. *Palaeogeogr, Palaeoclimato, Palaeoecol*, **148**, 105-116.

19) Yu, Z. and Ito, E. (1999)：Possible solar forcing of century-scale drought frequency in the northern Great Plains. *Geology*, **27**(3), 263-266.

20) Kondo, H. *et al.* (2005)：Mg/Ca ratios in the shells of cultured specimens and natural populations of the marine ostracode *Xestoleberis hanaii* (Crustacea). *Palaeogeogr, Palaeoclimatol, Palaeoecol*, **225**, 3-13.

21) Xia, J. *et al.* (1997)：Geochemistry of ostracode calcite：Part 2. The effects of water chemistry and seasonal temperature variation on *Candona rawsoni*. *Geochim. Cosmochim. Acta*, **61**(2), 383-391.

22) Ito, E. and Forester, R. M. (2009)：Changes in continental ostracode shell chemistry; uncertainty of cause.

Hydrobiologia, **620**(1), 1-15.

23) Mischke, S. and Wünnemann, B. (2006)：The Holocene salinity history of Bosten Lake (Xinjiang, China) inferred from ostracod species assemblages and shell chemistry: possible palaeoclimatic implications. *Quat. Int.*, **154-155**, 100-112.

24) 森下知晃他（2010）：貝形虫の殻の Mg/Ca 比，Sr/Ca 比による古環境推定の現状と問題点．地学雑誌，**116**(10)，523-543.

25) Cavalier-Smith, T. (2002)：The phagotrophic origin of eukaryotes and phylogenetic classification of Protozoa. *Int. J. Sys. Evol. Micr.* **52**, 297-354.

26) McIlroy, D. *et al.* (2009)：Palaeobiology and evolution of the earliest agglutinated Foraminifera：*Platysolenites, Spirosolenites* and related forms. *Lethaia*, **34**(1), 13-29.

27) Bé, A. W. H. (1977)：An ecological zoogeographic and taxonomic review of recent planktonic foraminifera. In Ramsay, A. T. S. ed.：*Oceanic Micropaleontology*, pp.1-100, Academic Press.

28) Ericson, D.B. (1959)：Coiling direction of *Globigerina pachyderma* as climatic index. *Science*, **130**(3369), 219-220.

29) Darling, K. F. *et al.* (2000)：Molecular evidence for genetic mixing of Arctic and Antarctic subpolar population of planktonic foraminifers. *Nature*, **405**(6782), 43-47.

30) Darling, K. F. *et al.* (2006)：A resolution for the coiling direction paradox in *Neogloboquadrina pachyderma*. *Paleoceanography*, **21**(2), PA2001.

31) 尾田太良・堂満華子（2009）：*Neogloboquadrina pachyderma* と *Neogloboquadrina incompta* の古海洋学的意義．化石，**86**，6-11.

32) 黒柳あずみ（2002）：浮遊性有孔虫 *Neogloboquadrina pachyderma* の巻き方向は水温を反映するか？－環境指標としての有効性と課題－．地質ニュース，**571**，33-39.

33) Ujiie, Y. and Asami, T. (2013)：Temperature is not responsible for left-right reversal in pelagic unicellular zooplanktons. *J. Zoo.*, **293**(1), 16-24.

34) Urey, H.C.(1947)：The thermodynamic properties of isotopic substances. *J. Chem. Soc. (Resumed)*, 562-581.

35) Emiliani, C. (1955)：Pleistocene temperature. *J. Geol.*, **63**(6), 538-578.

36) Shackleton, N. (1967)：Oxygen isotope analysis and Pleistocene temperatures re-assessed. *Nature*, **215**, 15-17.

37) Bijma, J. *et al.* (1999)：Reassessing foraminiferal stable isotope geochemistry：Impact of the oceanic carbonate system (experimental results). In Fischer G. and Wefer G. eds：*Use of proxies in paleoceanography*, pp.489-512. Springer Berlin Heidelberg.

§ Ⅷ-7

古地形・堆積物からさぐる古気候・環境変遷
Paleoclimate environmental evolution in geomorphic processes and sediments

(1) 古地形・堆積物に残されたさまざまな古気候情報

陸上にある古地形・堆積物は気候変動や海水準変動との関連が深く，古気候情報をさぐるときに役に立つものとして古くから研究されてきた．しかし一部の湖沼堆積物を除けば，一般には時系列で変動をみていくうえでは断片化しがちで，年代決定の精度も高くないため，深海底コア，氷床コア，湖沼コアや鍾乳石などに基づく連続的変動データに比して，近年は特殊な位置に置かれることが多かった．一方では，これらは我々の身近に存在し，陸域における環境そのものを現わしているものであり，上記の連続的データと関連させ，併用することで相互により深い理解に結びつくことが期待される．

本項では深海底コアを中心に長期にわたる連続的変化の記録について述べた後に，日本列島のように海に接する地域での地形・堆積物と気候変動との関連性について関東平野を例に触れ，さらに大陸地域に残された地形・堆積物と気候変動との関連性の例としてリニアデューン（linear dunes）を主体として述べ，最後に，東アジアの気候変動の大きな特徴であるモンスーン変動について，触れることとする．

(2) 地層形成と海水準・気候変動
(a) 第四紀の気候変動

近年 258.8 万年前からと再定義された**第四紀**（Quaternary）の気候変動は，深海底コア（マリーンコア）の堆積物に含まれる有孔虫の酸素同位体比の変化に基づいて復元されてきた（図1）．この間に氷期と間氷期が周期的に何度も繰り返された．間氷期には奇数番号が，氷期には偶数番号が付され，1つ1つの間氷期・氷期には固有の海洋酸素同位体ステージ（marine isotope stage : MIS）番号が与えられ，識別される．第四紀は103の番号が付された間氷期以後をいい，現在はMIS1の間氷期にあたる．80～90万年以前はほぼ4万年周期で，その後は約10万年周期で気候変動が繰り返されてきた．第四紀の初めから現在にかけて，それは寒くなる傾向にある（図1の傾向線を参照）．この周期的変化は10万年周期をもつ地球の公転軌道の離心率の変化，4万年周期をもつ地軸の傾きの変化，2万年周期をもつ歳差運動（地軸の首振り運動）の変化に基づく日射量の変化によって駆動されると考えられ，これら地球の軌道要素変化に基づいて生じる周期的変動を

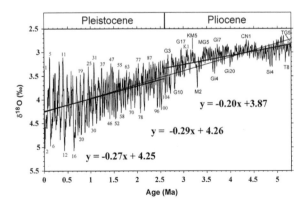

図1 鮮新世（5.3 Ma）以降の気候変化を示す酸素同位体比の変化（Lisiecki and Raymo（2005）[1]のデータに基づく大場（2010）[2]による ⓒ JAQUA）
縦軸の同位体比は上方が温暖で，下方が寒冷を示す．奇数番号は間氷期，偶数番号は氷期．気候変化の傾向を示す直線とその1次式は，左から更新世，更新世＋鮮新世，鮮新世．第四紀は MIS 103 から始まる．

ミランコビッチ・サイクルとよぶ.

氷期には南極氷床に加え北半球高緯度地帯に広く氷床が分布していたほか,各地の山岳氷河も拡大した.モレーン,エスカー,圏谷(カール)などで代表される**氷河地形**(glacial landform)・**氷河成堆積物**(glacial deposits)の研究から,過去の氷床や山岳氷河の広がりが復元され,その拡大と縮小の過程が詳細に解明されてきた.海から蒸発した大量の水は氷期には氷として陸上に蓄積され(氷床の発達),海水準は 130 m 余りも低下した.氷床には ^{16}O を含む軽い水が集まり,海水の酸素同位体比は ^{18}O が増える方向に変わる.間氷期には氷が融け出し海水準は 130 m 余りも上昇する.この時 ^{16}O を含む軽い水が大量に融け出して海に注ぐため,海水の ^{18}O は薄められるので,酸素同位体比は減少する.図1はこのプロセスを表現している.すなわち,地球上で生じる陸地の氷の量が増えるのか,あるいは海水の量が増えるのか,その変化が基本的には気候変動であり,海水準変動であり,酸素同位体比に反映される.

以上のミランコビッチ・サイクルは,グリーンランドや南極で採取された氷床コア(アイスコア)を用いた分析によって,過去 80 万年間について明瞭に再確認された.アイスコアの方がマリーンコアよりもずっと時間分解能に優れている.ただしあまり古くには遡れない.一方で,マリーンコアからはえることのできない情報が与えられる.代表的なものは大気中の CO_2 の濃度である.これは氷の中に含まれる泡から "空気の化石" を抽出して測定することによってえられる.大気中の CO_2 濃度は間氷期で高く約 280 ppm,氷期で低く約 200 ppm で,気候変動と同様に変化してきた.近年およそ 150 年間でその濃度は急上昇を続け,現在 400 ppm を超すほどになったが,並行して地球温暖化が進行した.

以上に述べた酸素同位体比の変化は,地球の気候変動や海水準変動の推移を長期的に連続的に示すものであり,また同時に,世界中に共通の時間尺度を与えるものになっている.

(b) ミランコビッチ・サイクルを基準にしたさまざまな古環境の理解

深海底や極域氷床でえられる長期的かつ連続的なデータに比べ,陸域のデータは長期的な連続性に乏しく,断片的になりがちである.湖沼堆積物やレス(loess)は陸域としては長期にわたるもので,近年発展してきた鍾乳石の研究とともに成果が上がりつつある.一方,古くから研究されてきた地形や陸上の堆積物は身近に存在し,古環境を含め多様な情報を提供するが,ローカルな要素が強く,上記の断片的になりがちという欠点は否めない.しかし,図1に示したような長期変動と関連付けができれば,グローバルな現象とその地域における展開を解明できるため,グローバルな変動を身近な具体的問題として理解できるようになる.

日本列島においても,地形や堆積物から古気候を抽出する研究は,氷河地形,周氷河地形などが典型的で,これらは山岳地を中心に,最終氷期以来の平衡線(雪線)高度の復元など成果を上げた[3].ここでは平野部を取り上げ,その可能性をさぐる.

海成段丘や河成段丘を含め気候変動や海水準変動との関連でみることの多い段丘地形は,地形発達(地形の形成過程)や第四紀中・後期の地層形成過程を理解する上での基礎であるとともに,気候変動や海水準変動が引き起こす具体的な現象を捉える上で重要な意味をもつ.海成段丘と段丘を構成する堆積物は海水準上昇期を代表するもので,間氷期の指標として明確であるが,近年,河成段丘についてもその性格が明らかになりつつある.

図2は,過去 15 万年間の海洋酸素同位体比変化などに基づく代表的な海水準変動カーブ[5),6)] と,年代決定に**テフラ**(tephras)を活用できる関東平野における段丘面・段丘堆積物の形成時期を並べて示したものである.MIS 6, 5, 4, 3, 2, 1 の各ステージ,さらに 5e, 5d, 5c, 5b, 5a の各サブステージともよく対応していることがわかる.基本は基準

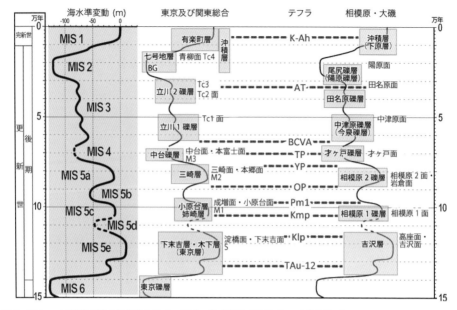

図2 過去15万年間の海水準変動と地形・地層の形成過程（遠藤（2015）[4]を修正）
点線は指標テフラ．海水準変動は主にCutler et al.（2003）[5]を基に編集．地形・地層の編年は多くの文献に基づく．

面（海面）の変動に地形形成が迅速に対応してきた結果である．MIS 6の海水準低下期の後，海水準の上昇期とピークを含むMIS 5eは最終間氷期とよばれる．MIS 5d～MIS 2の終末に至る約10万年間は最終氷期である．その10万年間，2万年周期の変動を繰り返しながら寒冷化を強めていき，MIS 2に至る．MIS 2はLGM（最終氷期最寒冷期，2.6～1.9万年）を含み，寒冷であった**ヤンガー・ドリアス・イベント**（Younger Dryas Event；1.28～1.17万年前）の終わりが完新世（つまりMIS 1）との境界である．この間でもMIS 4以降の海水準低下は顕著である．MIS 4～MIS 2の段丘群は沖積層によって埋もれているが現海水準以下に延び，相模川河口部ではMIS 3のTc1面にあたる中津原面の礫層の続きが－90mまで延びる．そのときの海水準は－100mより深く，この礫層の基底はMIS 4に相当するであろう[7]．MIS 4の気候はMIS 2と同等に寒冷であった可能性がある．

このように海水準が低下すると，河川は延長河川を下流に延ばし，礫を運搬する．下刻が急速に進む場合には，河川は狭い峡谷をつくって下刻をさらに強めることになる．MIS 2については次項で述べる．

(c) **沖積層と基底礫層**

沖積層基底礫層（BG）を提唱した井関（1956）[8]は，その発達の要因として，気候の寒冷化のもとでの礫の生産増大を考えた．一方，本多・須貝（2011）[9]は現在あるいは完新世においては海岸まで礫を運搬する河川は一部に限られるが，BGの場合は例外なく現在の海岸線以遠にまで到達していることに着目し，その要因を検討した．BGは現海岸線付近では海面下40～80mもの深さに認められるように，その河床勾配は大きい．この相違は河床縦断面形の曲率を日本の主要

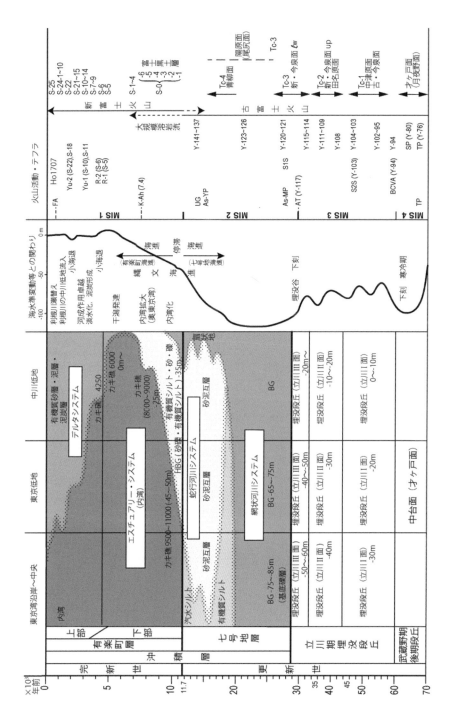

図 3 中川低地・東京低地・東京湾中央部における地下地質層序．地形と古環境の時空間変化[4]関連する多くの文献から総合して作成．

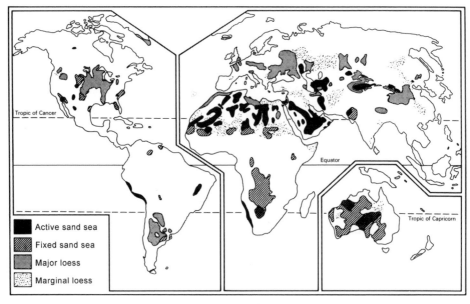

図4 地球上の sand sea の分布（Thomas（2011）[10] の図をもとに主に中国大陸について改変）

35河川を対象に測定・解析した結果に基づき，礫層の下流への進出は氷期における礫生産の増大によるものではなく，海水準低下によって河床縦断面の曲率が変化し河川の運搬力が増大し，礫層の到達距離が大きく延びたことによるとした[9]．寒冷気候のもとで礫の生産は増大するが，下流への運搬はそれだけでは説明できない．氷期の寒冷期には降水量が現在より減少した可能性がある．しかし河川流量が増加しているであろう現在の河川が現河口部まで礫を運搬している例は少ない．図3は関東平野の沖積層の形成過程をまとめたタイムスペースダイアグラムである．海水準変動を軸として，沿岸部から内陸寄りの地域までそれぞれに対応した地形・堆積物が形成され，環境変動が起こってきたことを，関連する多くの文献から総合して示したものである．LGM の後の急速な海水準上昇に伴う海進の下で沖積層の中心部が形成され，6000年前以後は一転してデルタシステムの下で海退が生じた．

（3）大陸内部の環境－かつて大陸内部を席巻したリニアデューンとダスト－

（a）sand sea とリニアデューン

風成の砂が広域に分布する領域である sand sea の各大陸における分布を図4に示す．sand sea は主に大規模な**リニアデューン**（linear dunes）によって占められるので，図はリニアデューンとレス堆積域の分布図といえる．活動的な sand sea（やや活動的なものを含む）の周囲に固定されたリニアデューンやレスの堆積域が広く分布することが目立つ．

リニアデューンは卓越風向に沿って数 km，数十 km，場合により 100 km 以上にも長く延びる巨大な**砂丘**（sand dunes）で，多数の列をなして広域を占める（ドゥラ（draa），縦列砂丘ともよばれる）．リニアデューンが注目されるのは，これらは現在多くが固定され，活動的なものもその頂部だけ，という点である．すなわち観察によって全体の形成過程を確認することができない，また巨大なために実験的な検討も難しく，謎が少なくない

点である.換言すれば,かつては今にない規模での砂丘活動が大陸の広い範囲で展開されたことを示唆する.気候環境も大きく異なっていたに違いない.従来これらは最終氷期に形成されたと考えられてきた[11),12)].sand seaに隣接した地域にはレスが広く分布することが多い.レスは,レス-古土壌が交互に繰り返すシーケンスをなし,氷期にレスの発生・運搬・堆積が生じ,間氷期には安定して**古土壌**(paleosol)が形成されるという変動を第四紀を通じて繰り返してきた[13)].この両者を合わせ,氷期にはsand seaを占めるリニアデューンの活動に加え,ダストストームの発生も活発で,レスを広域に堆積させ,大陸の外までダストを広げたとすると考えやすい.このように氷期における大陸内部の環境は現在を含む間氷期とは大きく異なっていた可能性が大きい.リニアデューンの形成年代,形成過程,分布の特徴,風向・風速などの気候条件がわかれば,氷期の大陸内部の古環境像が具体的に明らかになる.

(b) タクラマカン沙漠とリニアデューン

ユーラシア大陸中央に位置するタクラマカン沙漠は,代表的なsand seaの1つで,ほぼ全域が砂丘,その大半はリニアデューンで占められる.リニアデューンの規模は大きく,比高100 mを超える砂丘リッジが延々と数十～100 kmを越して続く(図5).その方向は卓越風の方向である北北東-南南西が主である[14)].同沙漠では,現在の砂の動きは,リニアデューンの表面を覆うごく小規模なバルハン砂丘の移動に限定され,リニアデューン自体には変化はみられない.

図6はタクラマカン沙漠内部でのリニアデューンの内部断面を観察できる極めてまれな露頭で,南側のクンルン山脈から沙漠に流下するケリヤ河の浸食で生じた段丘崖である.この崖にはリニアデューンを構成する砂層の下に,洪水によって堆積した斜交葉理の発達する砂層とシルトの互層が厚く認められた(図7).そのシルト層から花粉粒子を大量に集めて測定された^{14}C年代は19000年前で

図5 タクラマカン沙漠のドゥラ(リニアデューン)と砂丘間凹地表面は移動中のバルハン砂丘でサイズは数十m,比高100 mを超す大きなうねりがリニアデューン.

図6 タクラマカン沙漠ケリヤ河沿いの大露頭
リニアデューンに覆われ隠れていた洪水堆積物が河川の浸食で露出した.

あった.洪水堆積物の直上の砂丘のルミネッセンス年代は19000～18000年前と測定され,リニアデューンは以後完新世初頭の間に形成された[14)].当時OSL年代測定法(optically stimulated luminescence dating method)はまだ普及していなかったが,この結果は衝撃

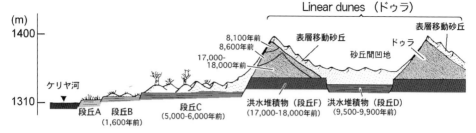

図7 タクラマカン沙漠，ケリヤ河下流部におけるリニアデューンを横切る断面[14)]
ここでは段丘F（洪水堆積物）の直後からリニアデューンが形成された．年代値は段丘：^{14}C法，および砂丘：ルミネッセンス法による．

的で，LGMの頃に大規模なリニアデューンの活動があったことを示唆した[14), 15)]．当時オーストラリアなどでも"LGMの大乾燥期説"が提唱されていた[11), 12)]．しかし，その分布や確実な年代値は不十分であった．

大規模なリニアデューンが広域に発達する条件として，乾燥気候の卓越，安定的な強風の継続とともに，砂丘の材料となる乾燥した砂の供給も必要である．タクラマカン沙漠の場合は，山岳氷河の融解による大洪水が乾燥した沙漠内に大量の土砂を供給した．カラハリ沙漠やオーストラリアのリニアデューンに比べ，タクラマカン沙漠のそれは個々の規模においてはるかに大規模である．その理由の1つは上記の大洪水に由来する土砂供給にある．

(c) リニアデューン研究の近年の急速な進展

上記の通りリニアデューンには謎が多く残るが，近年の砂丘研究の進展は目覚ましい．sand seaの内部に踏み込むこと自体が困難を伴う時代から，衛星画像で誰もがその隅々を見ることができ，GPR（地下レーダー）の活用によって砂丘の内部構造を解析でき，砂丘上からのコア採取技術が進み，さらにOSL年代測定法の進展が大きな展開をもたらした[例10), 16), 17)]．OSL年代測定法の砂丘への適用はStokes et al.（1997）[18)]によって初めてなされ，さらに多くの研究はカラハリ沙漠，ナミブ沙漠，サハラ沙漠西部などのリニアデューンの形成が主にLGMを中心に最終

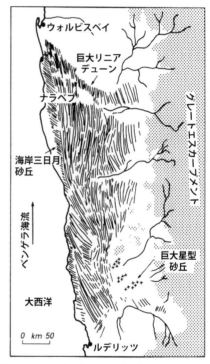

図8 アフリカ南西部，ナミブ沙漠（ナミビア）のリニアデューン[21)]

氷期になされたことを示した[例19)-21)]．

リニアデューンで広くおおわれるアフリカ西海岸のナミブ沙漠やその内陸のカラハリ沙漠は古くからリニアデューンが研究された地域で，ナミブ沙漠におけるリニアデューンの

372　第Ⅷ章　数百～数千年スケールの気候環境変遷

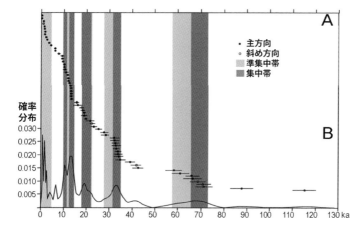

図9 オーストラリア中央部のリニアデューン形成期[16]
年代値の集中する部分を帯と確率分布で示す．主にMIS 4, MIS 2 (LGM)，更新世末／完新世移行期に集中する．

分布は主に南北方向に配列する(図8)．ナミブ・カラハリ沙漠のリニアデューンの形成は最終氷期の41〜46 ka, 20〜26 ka, 9〜16 ka, および一部は95〜115 kaにまで遡る[18]．

次にその1/3以上をリニアデューンが占めるオーストラリア大陸を例に述べる．同大陸は，そのうち代表的なストルゼレッキ沙漠(Strzelecki Desert)とチラリ沙漠(Tirari Desert)において，最新の手法が適用され，砂丘の内部構造が明らかになるとともに，砂丘ボーリングによって採取された各層のOSL年代が多数測定された[16]．32地点，82試料の結果を図9に示す．同図は砂丘の年代が測定された頻度を示すが，現在に近いほど測定数が多いため，その有意な主活動期が網で示される．すなわち，73〜66 ka, 35〜32 ka, 22〜18 ka, 14〜10 kaと，それぞれ乾燥・寒冷なMIS 4, MIS 3後期〜MIS 2, および 温暖・乾燥気候の更新世末／完新世移行期に対応する．最後の時期は南半球でヤンガー・ドリアスの寒冷期の直前にみられる寒冷期(Antarctic Cold Reversal：13.5〜12.5 ka)を含む．また，それぞれのユニットの間には弱い古土壌が確認された．

以上のデータから，オーストラリア大陸の中央北部〜タスマニアに至る温帯域全体が最終氷期には寒冷・乾燥気候におかれ，リニアデューンを形成した可能性が高い．

なお，完新世のピークは小規模な再移動である．

(d) 氷期における大陸内部の環境

リニアデューンの伸長方向はその形成時の卓越風向を明確に示す．これはGPRによる砂丘の内部構造の解析から確実となった．かつて，その形成期は最終氷期とされたが，近年の検討により，主に最終氷期でもとくに寒冷・乾燥なMIS 4や2であること，最終氷期だけでなく，さらに前の氷期から繰り返されたことが明らかになった．砂丘間には顕著ではないが古土壌が挟まる．レス／古土壌サイクルとタイミングを1つにする可能性が強い．オーストラリアでは，各活動期ごとの砂の厚さは大きくないので，既存のリニアデューンの再堆積が主であったと推定される．更新世／完新世境界の形成条件についてはさらなる検討が必要である．

タクラマカン沙漠のように山岳氷河をもつ大山脈で囲まれた盆地に発達する場合には，土砂は融氷洪水により供給される．最終氷期末期の気温上昇により融氷洪水が多発し，シートフラッドによって乾燥した沙漠内に土砂が薄く広がり，リニアデューンに材料を提供し，さらにサンドストーム・ダストストームを発生させ，強風が砂とシルトをより分け

て，レスの発生・運搬・堆積に寄与した．一旦強風で上空に巻き上げられたシルト分は容易に落下せず，極めて遠方まで運搬される．実際，グリーンランドや南極の氷床コアには氷期，とくに更新世／完新世境界付近で異常なほどダスト量が増加する．

これに関連して最近，グリーンランドの氷床にタクラマカン沙漠の粒子が運搬されていることが粒子の化学分析（Nd や Sr の同位体組成の分析）によって明らかになり，タクラマカン沙漠からグリーンランドまで 10000 km 運搬されたとされた[22]．ゴビ沙漠（テンゲル沙漠やムウス沙漠）からの粒子は太平洋を越えカナダで確認されるが，グリーンランドには到達していない．タクラマカン沙漠由来の粒子のみが氷床に届く理由として，タクラマカン沙漠は周囲を天山やクンルンなどの高標高の山岳で囲まれ，発生したダストが沙漠を出るときには高度 5000 m を超え盆地の北寄りを通るジェットによって直接運搬されるためと考えられた[22]．ゴビ沙漠ではその高度は 3000 m 程度とされる．なお，タリム盆地におけるこの特有な風系（強風の出現と地上風の収束）については吉野（1991）[23]の詳細な解析がある．

以上のように氷期において sand sea，リニアデューンが発達する領域がシフトしていた可能性が強く，年代も解明されつつあるため，大陸内部をめぐる気候変動の実像を把握するための検討が可能になりつつある．

なお，砂丘形成を古気候の推定に活用するのは大陸地域に限ったことではない．日本の完新世・更新世の砂丘は古くから研究されてきたが[例4]，近年，上記の手法（GPR や OSL 年代測定）が鳥取砂丘に適用され[24]，小氷期の砂丘移動が明らかになったことは注目される．

（4）モンスーン変動

モンスーン（monsoon）とは，特定の季節に卓越する季節風のことで，インドモンスーンがよく知られる．かつてインド洋では

モンスーンの到来を待って一斉に貿易船がアラビア半島を出，インド洋を西から東へ物資を運搬したように，社会的にも大きな意味をもってきた[25]．日本列島を含む東アジアでも，こうした季節風が夏季と冬季で逆方向に卓越し，モンスーン気候とよばれている．アジアモンスーン，東アジアモンスーンなどとよばれ，南アジアとほぼ共通する．モンスーン，季節風はこの地域の気候特性を支配する最も重要な要素の1つである．

過去の気候を議論するとき，代替指標（プロキシ）が用いられるが，一般に風の条件を復元するのは困難である．（3）において乾燥地域において砂丘から風系を復元する最近の研究を紹介したが，こうした検討は地域が限定される．中国大陸の黄土高原において，レス（黄土）と古土壌が何度も繰り返し 100 m を優に超える厚い堆積物が形成され，レス-古土壌シーケンスとよばれた．帯磁率の測定などに基づいて，古土壌は南東の風が強まり黄土高原にまで水分が運搬される時代が続いたことによると考えられ，そうした相対的な湿潤期と，レスが土壌化せず堆積する乾燥期の繰り返しは，深海底コアの 10 万年周期の氷期・間氷期変動と対応するとされ[13]，以後 An et al.（1991）[26]をはじめ多くの研究でモンスーン変動とよばれるようになった．

近年，中国の石灰岩洞窟の鍾乳石に記録された気候変動が，2.3 万年周期の歳差運動に極めてよく対応することが Wang et al.（2008）[27]等の研究によって明らかにされ，モンスーン変動は基本的に 2.3 万年周期の乾湿変動として捉えられるようになった．琵琶湖の湖底堆積物の花粉分析結果に基づく気候変動の研究[28]では，最暖月・最寒月の平均気温とその差，冬季・夏季降水量などの変化がモダンアナログ法（多数の地点における表層花粉データベースと，表層花粉採取地点の気候データベースを基礎とする）に基づき定量的に求められ，ミランコビッチ・サイクルの 10 万年周期よりも 2.3 万年周期が卓越することが示された．モンスーン変動の起動力

は第一義的には直接の太陽放射と，それに起因する大陸と海洋の間の温度傾度の変動であるため，2.3万年の歳差周期が卓越し，10万年周期の公転軌道の離心率の変化は海陸の温度傾度の変化をもたらさないため薄れる，との議論が中川他（2009）[28]によってなされている．Nakagawa et al.（2002）[29]などの三方五湖の水月湖における年縞を活用した詳細な気候変動研究とともにその進展が注目される． 〔遠藤邦彦〕

文献

1) Lisiecki, L. E. and Raymo, M. E. (2005)：A Pliocene-Pleistocene stack of 57 globally distributed benthic δ^{18}O records. *Paleoceanography*, **20**, PA1003, 1-17.

2) 大場忠道（2010）：第四紀の始まりの世界的な気候寒冷化とは何か？－酸素同位体比変動から－．第四紀研究，**49**，275-282.

3) 小疇 尚・岩田修二（2001）：氷河地形・周氷河地形．日本の地形，Ⅰ総説，pp.149-163，東京大学出版会．

4) 遠藤邦彦（2015）：日本の沖積層－未来と過去を結ぶ最新の地層－，冨山房インターナショナル．

5) Cutler, K. B. *et al.* (2003)：Rapid sea-level fall and deep-ocean temperature change since the last interglacial period. *Earth Planet. Sci. Lett.*, **206**, 253-271.

6) Clark, P. U. *et al.* (2009)：The Last Glacial Maximum. *Science*, **325**, 710-714.

7) 久保純子（1997）：相模川下流平野の埋没段丘からみた酸素同位体ステージ5a以降の海水準変化と地形発達．第四紀研究，**36**，147-163.

8) 井関弘太郎（1956）：日本周辺の陸棚と沖積統基底面との関係について．名古屋大学文学研究報告，**14**，85-102.

9) 本多啓太・須貝俊彦（2011）：第四紀後期における日本島河川の河床縦断面形の変化．地形，**32**，293-315.

10) Thomas, D.S.G. (2011)：*Arid Zone Geomorphology*, third ed., Belhaven Press & Halsted Press.

11) Bowler, J.M. (1976)：Aridity in Australia: age, origins and expression in Aeolian landforms and sediments. *Earth Sci. Revi.*, **12**, 279-310.

12) Sarnthein, M. (1978)：Sand deserts during glacial maximum and climate optima. *Nature*, **272**, 43-46.

13) Liu, T. and Ding, Z. (1998)：Chinese loess and the palaeomonsoon. *Ann. Revi. Earth Planet. Sci.*, **26**, 111-145.

14) Kanemaki,M. *et al.* (1997)：Environment of Taklimakan Desert and its changes. *Global Environment and Human Living*, pp.285-295, Nihon University.

15) Endo.K. *et al.* (2005)：Geomorphological processes and environmental changes in the Taklimakan Desert. In Takamura, H. ed. *Changes in the Natural Environment and Life in Oases of the Taklimakan Desert*, 35-43, Bunkashobo-hakubunsha.

16) Fitzsimmons, K.E. *et al.* (2007)：The timing of linear dune activity in the Strzelecki and Tirari Deserts, Australia. *Quat. Sci. Revi.*, **26**, 2598-2616.

17) Telfer, M.W. and Hesse, P.P. (2013)：Palaeoenvironmental reconstructions from linear dune fields: recent progress, current challenges and future directions. *Quat. Sci. Revi.*, **78**, 1-21.

18) Stokes, S. *et al.* (1997)：Multiple episodes of aridity in southern Africa since the last interglacial period. *Nature*, **388**, 154-158.

19) Thomas, D.S.G. and Shaw, P.A. (2002)：Late Quaternary environmental change in central southern Africa: new data, synthesis, issues and prospects. *Quat. Sci. Revi.*, **21**, 783-797.

20) Lancaster, N. *et al.* (2002)：Late Pleistocene and Holocene dune activity and wind regime, in the western Sahara Desert of Mauritania. *Geology*, **30**, 991-994.

21) Lancaster, N. (1983)：Linear dunes of the Namib sand sea. *Zeit. Geomorph., Supplementband*, **45**, 27-49.

22) Bory, A. J-M. (2014)：A 10,000 km dust highway between the Taklamakan Desert and Greenland. *PAGES magazine*, **22**(2), 72-73.

23) 吉野正敏（1991）：新疆の風と雨．沙漠研究，**1**，1-15.

24) Tamura, T. *et al.* (2011)：Building of shore-oblique transverse dune ridges revealed by ground-penetrating radar and optical dating over the last 500 years on Tottori coast, Japan Sea. *Geomorphology*, **132**, 153-166.

25) 根本順吉他（1959）：季節風，地人書館．

26) An, Z. S. *et al.* (1991)：Magnetic susceptibility evidence of monsoon variation on the loess plateau of central China during the last 130,000 years. *Quat. Res.*, **36**, 29-36.

27) Wang,Y. J. *et al.* (2008)：Millennial- and orbital-scale changes in the East Asian monsoon over the past 224,000 years. *Nature*, **451**, 1090-1093.

28) 中川 毅他（2009）：琵琶湖の堆積物を用いたモンスーン変動の復元－ミランコビッチ＝クズバッハ仮説の矛盾と克服－．第四紀研究，**48**，207-225.

29) Nakagawa, T. *et al.* (2002)：Quantitative pollen-based climate reconstruction in central Japan:application to surface and Late Quaternary spectra. *Quat. Sci. Rev.*, **21**, 2099-2113.

トピック⑫

鍾乳石からさぐる環境変遷
Paleoclimate studies using speleothem

古気候の復元には，堆積物コア，氷床コア，サンゴ，樹木年輪，**鍾乳石**（speleothem）などがこれまでよく用いられてきた．これらのなかで，陸域の気候情報を保持しており，U-Th 年代測定により精確に年代決定ができる点で，近年，鍾乳石を用いた古気候研究が大きな注目を集めている[1]．鍾乳石は石灰岩洞窟に形成される炭酸塩の二次堆積物であり（図1），次のようなプロセスを経て形成される．まず，降水に土壌中の二酸化炭素が溶解し，弱酸性の水となり（$H_2O+CO_2 \rightarrow H_2CO_3$），その水が岩盤中を浸透する過程で，周囲の石灰岩を溶解させる（$CaCO_3+H_2CO_3 \rightarrow Ca^{2+}+2HCO_3^-$）．

図1 石灰岩洞窟内の鍾乳石（東ジャワのゴア・ゴン（Gua Gong）洞窟）
形状により，石筍・つらら石・石柱などに分類される．洞窟の床から上方に単調に成長する，石筍が古気候研究によく用いられている．

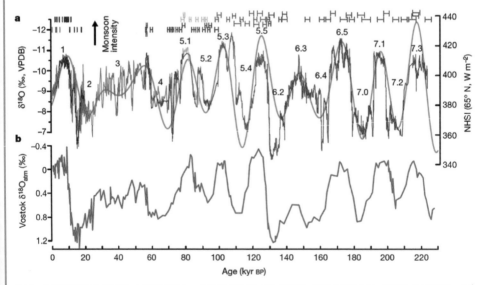

図2 中国の鍾乳石（上段）と南極ボストーク基地の氷床コア（下段）の酸素同位体比（$\delta^{18}O$）時系列データ[3]
→口絵 61
中国の鍾乳石の酸素同位体比は東アジア夏季モンスーン強度と解釈されており，同位体比が低い（高い）ほどモンスーン強度が強い（弱い）．

その後，洞窟内に滴下水として浸出すると，急激に二酸化炭素分圧が下がるので脱ガスし，炭酸カルシウムである鍾乳石が沈殿する（$Ca^{2+}+2HCO_3^- \rightarrow CaCO_3+H_2O+CO_2$）．一連の形成プロセスを経て，降水の同位体比は鍾乳石の**酸素同位体比**（oxygen isotopic ratio）として記録される．

鍾乳石による古気候研究が注目され始めたのは，南京師範大学のワン（Wang, Y. J.）らの研究まで遡る．ワンらはミネソタ大学のエドワーズ（Edwards, R. L.），チェン（Cheng, H.）らのグループと協同して，中国・南京近郊のフール洞窟（Hulu Cave）の鍾乳石をU-Th年代測定し，その形成年代を綿密に決定した．さらに，その鍾乳石中の酸素同位体比を過去1〜7万年前にわたり測定し，過去の東アジアモンスーンによる降水の強度を復元した[2]．フール洞窟の鍾乳石データは，気温を反映していると解釈されているグリーンランド氷床コアの酸素同位体比の時系列データと同調的であることから，東アジアモンスーン変動がグリーンランドの気温と関連していることが示された．その後，Wang et al.[3]では，中国湖北省・三宝洞（Sanbao Cave）の鍾乳石データもつなぎ合わせて，過去22万4000年間の酸素同位体比曲線を描いた（図2）．その同位体比曲線は65°Nの夏季日射量（図2上段の灰色曲線）と非常によく一致し，2万3000年の周期性があることが明らかになった．Wang et al.[3]の鍾乳石データは，底生有孔虫の酸素同位体比曲線が示す10万年周期の氷期−間氷期サイクルとは異なっており，海と陸との気候応答の違いを示唆している．

鍾乳石を用いた古気候研究は，いまや中国のみならず世界中で盛んに進められている．日本では，九州大学の狩野彰宏のグループによる広島県・北東部や新潟県・糸魚川地域の鍾乳石を用いた研究が知られている[4], [5]．彼らの研究では，広島県と新潟県の鍾乳石中の酸素同位体比について，過去1万〜1万5000年前および過去1万年間にわた

り分析し，それぞれ東アジア夏季モンスーンと東アジア冬季モンスーンの強度を復元した．このように夏季と冬季のモンスーン強度を区別することで，今後，より詳細に東アジアモンスーンの変遷過程が明らかになっていくであろう．京都大学でも，人口稠密地域であり，テレコネクションを通して地球規模での気候変動に大きな影響を与える，アジア赤道域をターゲットに研究を展開している．これまでに，インドネシア・ジャワ島で採取した鍾乳石を過去50年にわたり炭素と酸素の同位体組成を分析した結果，同位体比の年々変動が現地の降水量と逆相関することが明らかになった[6]．今後，気象データのない過去に遡って鍾乳石の同位体比の分析を進め，プロキシ情報を蓄積させることによりアジアの水循環変動予測モデルの精度向上に貢献していけることを期待している．　　　　　〔渡邊裕美子・田上高広〕

文献

1) Fairchild, I.J. *et al.* (2006)：Modification and preservation of environmental signals in speleothems. *Earth-Sci. Rev.*, **75**, 105-153.

2) Wang, Y.J. *et al.* (2001)：A high-resolution absolute dated late Pleistocene monsoon record from Hulu Cave, China. *Science*, **294**, 2345-2348.

3) Wang, Y.J. *et al.* (2008)：Millennial- and orbital-scale changes in the East Asian monsoon over the past 224,000 years. *Nature*, **451**, 1090-1093.

4) Shen, C.-C. *et al.* (2010)：East Asian monsoon evolution and reconciliation of climate records from Japan and Greenland during the last deglaciation. *Quat. Sci. Rev.*, **29**, 3327-3335.

5) Sone, T. *et al.* (2013)：Holocene stalagmite oxygen isotopic record from the Japan Sea side of the Japanese Islands, as a new proxy of the East Asian winter monsoon. *Quat. Sci. Rev.*, **75**, 150-160.

6) Watanabe, Y. *et al.* (2010)：Comparison of stable isotope time series of stalagmite and meteorological data from West Java, Indonesia. *Palaeo3*, **293**, 90-97.

第IX章

自然エネルギーの利活用
Utilizing natural energy sources

　再生可能な自然エネルギーは，地球環境への負荷が小さく，気候の変動に対しても柔軟に対応できるものとして着目されている．本章では，現在注目されている太陽，風，陸水，海洋，地熱，バイオマスという6つの自然エネルギーに焦点をあて，それぞれの歴史やその活用に向けた取り組み，気候変動の影響への対応策などについて詳しくまとめる．

阿武隈山地の風力発電施設
（2014年10月12日 12:19, 常盤勝美撮影）
福島県田村市にて．

秋田港のウインドファーム
（2017年9月1日 17:41, 花戸佑輔撮影）
秋田港では卓越する強風を活かした風力発電設備が展開されつつある．
秋田港のタワーから西北西方，男鹿半島方面を望む．

生命の源—太陽エネルギー
Solar Energy: the source of life

§ IX-1

(1) 恒星としての太陽

地球に数々の恵みをもたらし，生命の営みの根源となっている太陽．太陽の半径は約70万kmで地球の109倍，質量は約2×10^{30} kgで地球の約33万倍であり，太陽系の全質量の99.86%を占める．

太陽の中心温度は1500万K（絶対温度）で，密度が2500億気圧と非常に高いため，中心で熱核融合反応が起き，生成したエネルギーが太陽の表面まで達するのに数十万年かかると考えられている．

太陽はおよそ46億年前に誕生し，しばらく主系列星として輝き続けた後，水素などのエネルギー源を使い果たすにつれ膨張し，赤色巨星となり最後には白色矮星で一生を終えるまではあと50億年ほどとされる．

(2) 太陽の放射エネルギー

太陽の表面温度は約6000Kで，太陽から放出されるエネルギーの総量は約3.37×10^{23} kWに達し，地球上には常に1.7×10^{14} kWのエネルギーが降り注いでいる．

このエネルギー量は膨大で，全人類（100億人分）相当のエネルギーを太陽熱発電で賄おうとした場合，変換効率を10%としてもその面積は地表面積の1%未満に過ぎない[1]（図1）．

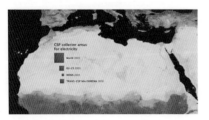

図1 世界・ヨーロッパの全エネルギーを太陽熱発電で賄うエリア[2]

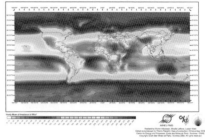

図2 世界の年間日射量マップ[3] →口絵62
顕著に大きいので冬の北極振動の構造を表している．

地球上で太陽エネルギー利用にとって有効な地域はサンベルトとよばれ，太陽エネルギー利用・開発の中心地域となっている（図2）．

太陽の放射エネルギーは地表に達するまで空気の層や雲の影響，さまざまな粒子などの影響を受け減衰するが，大気の影響を受けない大気上端（地上約80 km）における日射を大気外日射という．一般的には，太陽光線に垂直な面に入射する日射を表す．その強さは，地球・太陽間の距離の変化により，年間を通じて±3.5%ほどの変化がある．地球・太陽間の距離が平均距離であるときの大気外日射を太陽定数という．現在は，**世界気象機関**（World Meteorological Organization：**WMO**）の**測器観測法委員会**（Commission for Instruments and Methods of Observation：CIMO）で1981年10月に提唱した1367 W/m²を用いることが多い．

地表で観測される日射量は，大気圏に突入した太陽からの放射エネルギーが直接達する成分（**直達日射**，direct solar radiation），大気中の空気分子や粒子（雲，エアロゾル）によって散乱される成分（**散乱日射**，diffuse solar radiation）の合算とすることができ，合算した日射量を**全天日射量**（global solar radiation）とする（図3）．

(3) 日射量の測定

太陽エネルギーを有効に活用するためには，エネルギー源である日射量の測定が必要

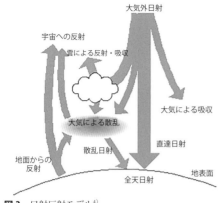

図3 日射反射モデル[4]

である．日射量測定は，主に全天日射計，直達日射計，日照時間，分光日射があり，以下に概要を述べる[4]．

①全天日射計

直達日射，散乱日射他のすべての日射量を観測できる日射計．気象庁では全国48か所の気象官署で観測を行っている．

気象庁で用いられている全天日射計は「電気式日射計」で，感部で受光した日射エネルギーを熱エネルギーに変換した回路，熱電堆（熱電対の集合体）の熱起電力を出力する．日射計からの出力は瞬時値であるから，時間積分することで時間日射量として記録している．

②直達日射計

太陽光球面から直接地上に到達する太陽放射を計測するのが直達日射計である．気象庁では5か所（札幌，つくば，福岡，石垣島，南鳥島，2017年現在）で観測している．

気象庁で用いられている直達日射計は，感部および太陽追尾装置から構成されている．感部は，太陽面からの日射エネルギーのみを黒色受光面で吸収し，熱エネルギーに変換したのち熱電堆の熱起電力を出力する．感部は太陽追尾装置に懸架され常に太陽を向くよう調整されている．

③日照時間

日照時間とは，ある基準以上の日射強度を観測した時間数を示し，日照時間の定義とし

て，WMOは1981年，「日照時間のしきい値として0.12 kW/m^{2}を採用する」ことを決定した．これは，薄曇りの日に太陽によるものの影が薄く映る程度の日射強度で，晴天の日の日の出から10分程度の明るさに相当する．

気象庁の気象官署の観測所では回転式日照計，および，太陽追尾式日照計により，アメダスでは回転式日照計が全国で約840か所（2014年現在）設置されている．

④分光日射（放射）

分光放射計は可視域から近赤外域まで連続的に高分解能スペクトルデータをえることができ，研究機関などで用いられている．

太陽光は波長ごとに強度が異なっており，太陽電池などの発電効率も厳密には波長帯で変化するため，分光放射計による太陽エネルギーのスペクトル分析が重要になっている．

(4) 太陽エネルギー活用のための日射データ

日本における太陽エネルギー活用のための調査研究事業は，1974年からのサンシャイン計画（NEDO：独立行政法人 新エネルギー・産業技術総合開発機構）から続けられている．

この事業のなかで，日射量に関するデータ整備が行われ，一部はNEDOのホームページから公開されている．

代表的なデータとしては，日射気候区（1985年），全国日射量マップ（1980，1990年），MONSOLA（1986，2000，2005，2011年），METPV（1997，2000，2006，2011年）があげられる．

そのなかでも多く利用されているのがMONSOLAとMETPVである．MONSOLAは太陽光発電システムからの月平均の発電量推定などに利用されることを想定し，日本全国の月平均斜面日射量（日積算値）を整備したもので，最新のMONSOLA-11では全国837地点について1981～2009年までの統計データとして整備されている．

METPVは太陽光発電システムの運転状況をシミュレーションでき，システムの詳細設計に活用可能な毎時の気象要素を整備したも

のである．水平面日射量に加え気温や風，降水量などの気象要素を閲覧したり，ダウンロードしたりすることができる．2011年には1990〜2009年までの統計値で更新されたMETPV-11が公開され，太陽光発電事業者などに活用されている[5]．

(5) 太陽エネルギーの活用

太陽エネルギーの活用としては，主として太陽光を利用する太陽光発電，太陽エネルギーを熱に変換して活用する方法がある．太陽熱は蓄熱，発電などで活用されている．

(a) 太陽光発電

太陽光発電（Photovoltaic Power System）は20世紀半ばに開発された技術で，物質に光が当たると電気が発生する光起電力効果を用いて太陽の光を直接電力に変換する太陽電池を用いる．太陽電池については太陽エネルギーを電力として取り出す変換効率の向上とコスト削減が課題であるため，長年研究開発が続けられている．素材や発電方法も多種多様な製品が生み出されつつある．

(b) 蓄熱式太陽熱利用

一般に太陽熱利用といえば屋根の上などに置かれるフラットプレートコレクター（FPC）を用いた給湯利用が普及している．銅やアルミニウムなどの金属板で太陽エネルギーを吸収し熱エネルギーに変換し，温水として蓄える．

蓄熱式太陽熱利用（Solar Heat Utilization System）の利点は，変動の大きい太陽エネルギーを蓄積して利用することで，エネルギー利用の利便性を向上させることができる点である．例えば，家庭では給湯は風呂など主として夜に多く利用されるため，昼間に温水をつくることができる蓄熱システムは有効である．

(c) 太陽熱発電

太陽光を受けてえられる熱はそのままだと80℃前後であるが，太陽光をレンズや鏡で集光し集熱すると500℃程度の熱をえることができる．この高温熱を利用し高温・高圧の蒸気を発生し，タービンにより発電するのが太陽熱発電（Solar Thermal Power System）である．

太陽熱発電は発電効率上，安定的な集光効果が必要なため，主にサンベルト地帯で実用化が進められている．

日本では気象条件などから本格的な導入は行われていない．

(6) 太陽電池

太陽エネルギー活用のうち，太陽光を直接電気エネルギーとして取り出す**太陽電池**（Solar cell, photovoltaic cell）は20世紀半ばに実用化された．物質に太陽光が当たることによる電気の発生（光起電力効果）の発見は1839年フランス人物理学者ベクレル（Alexandre E. Becquerel）に遡るが，現在の太陽電池の基礎となるシリコン（Si）結晶を用いたpn接合太陽電池は1954年のピアソン（Pearson, G.），シャピン（Chapin, D.），フーラー（Fuller, C.）を源流とする．日本では1955年に最初のSi太陽電池が試作され，素材の研究や発電効率，コスト削減などについて研究が続けられており，現在ではさまざまな種類の太陽電池が用途に応じて用いられている．

太陽電池の変換効率は10%程度であるが，製造コストが安価であること，デザイン性に優れていることから幅広い用途への展開が期待されている．一方で，耐久性向上が課題となっている．太陽電池の種類[6]と特徴を表1に示す．

単結晶シリコン：　最初に開発された太陽電池で，光が照射されると電気が発生する光電効果を利用した技術である．電気へ変換する変換効率も比較的高く，効率のよい電池であるが，単結晶素材（ウェハー）など素材のコストと製造工程が複雑なため製造コストがかかることが難点である．

多結晶シリコン：　単結晶シリコン太陽電池の欠点を改善するため開発された．溶融したシリコンを鋳造中で固化させ，スライスしウェハーをえるもので，変換効率は単結晶シ

表1 太陽電池の種類と特徴（NEDO, 2014[6]）より筆者抜粋）

種類			変換効率	特徴	課題
シリコン系	結晶系	単結晶	～20%	高効率，信頼性	低コスト化
		多結晶	～15%	単結晶より安価	単結晶より抵抗率
	薄膜系		～9%	大面積で量産可能	効率が低い
化合物系	CIS系		～14%	省資源，量産可能	インジウムの資源量
	CdTe系		～13%	省資源，量産可能，低コスト	カドミウムの毒性
	Ⅲ-Ⅴ族系		～38%	超高性能	低コスト化
有機系	色素増感		～14%	低コストの可能性	高効率化・耐久性
	有機薄膜		～12%	低コストの可能性	高効率化・耐久性

リコンより劣るが，低コスト化が可能であり，市販品として普及している．

アモルファスシリコン： シリコンの結晶ではなく，シリコン原子どうしが無秩序に結合した非晶質シリコンを用いた太陽電池で，インゴット（シリコンの結晶）からスライスするのではなく，ガラスなどの基板上にシラン（SiH_4）などの原料ガスから堆積させた薄膜を用いる．シリコンの使用量は結晶系の1/100程度であり，250℃以下の低温プロセスで製造できるため，省エネルギー，低コストが可能となっている．電力への変換効率は結晶系に劣るものの夏季の高温による変換効率低下が少ないなどの特徴をもっている．

化合物系： シリコンのかわりに，銅（Cu），インジウム（In），ガリウム（Ga），セレン（Se）などからなる化合物半導体を用いた太陽電池．結晶シリコンに比べ光の吸収率が高く，わずか2～3μmの厚さで太陽電池として利用可能である（薄膜太陽電池）．また，製造工程が結晶系の約半分であることから製造コスト面でも有利である．

希少金属であるインジウムやガリウムを使用しているため資源量に問題の生じる可能性が指摘されている．

CdTe系： 毒性の強いカドミウム（Cd）とテルル（Te）を原料として使用し，比較的低温で多結晶膜を形成できるため低コストで高効率な太陽電池として期待されている．毒性のため日本では普及が進んでいないが，欧米では大規模発電所に導入が進んでいる．

Ⅲ-Ⅴ族系： 材料としてガリウム（Ga）な

どのⅢ族元素とヒ素（As）などのⅤ族元素からなる化合物半導体を用いた太陽電池．一般に，太陽電池はp型半導体とn型半導体を組み合わせているが，pn接合が1つだけの単接合太陽電池は変換効率が最大で30%程度が理論的に限界といわれている．この限界値を超えるために開発されたのが，複数のpn接合をもつ多接合太陽電池である．Ⅲ族元素とⅤ族元素からなる化合物半導体を用いた3接合太陽電池は高性能であることから宇宙用として実用化されている．また，レンズや鏡で集光することにより40%を超える変換効率を実現している事例もある．

有機系： 色素によって光の吸収効率を大幅に高め，光合成型の太陽電池といわれている色素増感太陽電池や2種類の有機半導体を混ぜて溶かした液を薄膜にする有機薄膜太陽電池が開発されている．

(7) 太陽光発電の導入状況と背景
(a) サンシャイン計画と普及策

サンシャイン計画は1973年の第一次オイルショックを契機に通商産業省（当時）が始めた新エネルギーの国家プロジェクトで，1974～2000年までの長期にわたる太陽エネルギーの活用などについて施策を取りまとめたものである．当初，通商産業省工業技術院で始められ，1980年にNEDOが設立され事業が引き継がれた．1993年には省エネルギー技術対策を推進する「ムーンライト計画」などと統合され，「ニューサンシャイン計画」となった．

サンシャイン計画では，当時1W数万円していたコストを「1990年頃までに高性能で低価格な発電システムを開発し，実質価格で現在（1974年当時）の1/100以下を目指す」という高い目標が設定された．

技術開発の結果，太陽電池は一般家庭に導入できるまでコスト低減が図られ，実証事業を経て，1992年には逆潮流による売電制度が始まり，1994年には住宅用補助金がスタートした．この制度により家庭用太陽光発電の普及が進んだものの，2005年に制度が終了し，市場の伸びが鈍化した．一方，京都議定書で温暖化対策として具体的な温室効果ガスの削減目標が示されたことを受け，「京都議定書目標達成計画」が閣議決定された．2009年には新たな普及策として太陽光発電設備による余剰電力を買い取る「太陽光発電による電気の新たな買取制度」が開始され，2009年の単年度導入量が前年比約2倍となる効果をもたらした．

2012年には再生可能エネルギーの全量固定価格買取制度（Feed-in Tariff：FIT）である，「電気事業者による再生可能エネルギー電気の調達に関する特別措置法」が施行され，急速に導入が進んだ（図4）．

とくに，2014年3月には買取価格改定前の駆け込み申請で認定量が大幅に増加した（図5）．導入量も着実に増加しており，電力会社の接続可能量にも限りがあることから，今後も太陽光発電の導入量を増加させていく

ためには，送電線の強化などのハード対策と，発電量予測の活用による制御や出力抑制などのソフト対策が必要な状況となっている．

(b) 世界における導入状況

太陽光発電の導入は，1990年代にいち早く住宅用太陽光発電補助金制度を立ち上げた日本が先行していたが，ドイツやスペインの固定価格買取制度（FIT）による市場拡大が牽引役となって2000年以降拡大し，システムコストの低減もあり，2012年の単年度導入量は世界全体で30 GW（図6），累積導入量は100 GWを超えている．

ドイツでは，FIT制度導入により飛躍的に伸び，2005年には日本を抜いて累積導入量世界一となった．スペインでもFIT導入により2008年に急激に導入量を増やしたが，システム容量の上限や2008年末の金融危機の影響を受け導入量は縮小した．イタリアも2011年にFITの優遇で導入が拡大したが2012年には買取価格の引き下げと導入量制

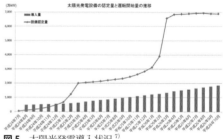

図5 太陽光発電導入状況[7]

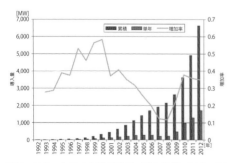

図4 日本における太陽光発電の導入推移（累積・単年）[6]

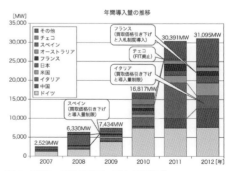

図6 世界の太陽光発電の導入量推移[6]

限で導入量は大きく減少している．

新興国の太陽光発電導入はこれからであるが，中国の導入量は急速に拡大している．

(8) 日射・太陽光発電量の把握と予測

FIT 制度で太陽光発電の導入は急速に進んでいるが，太陽光発電は気象状況により出力が大きく変動する．電力の需給は需要と供給のバランスをきめ細かく取り，周波数を安定的に維持することで成り立っている．出力変動の大きな電源が電力系統に大量に導入されることにより，出力の急激な変動に伴う周波数調整力不足，供給過剰といった課題が指摘されており，対策が必要な状況となっている．

(a) 日射量の把握

太陽光発電施設はメガソーラーなどの大規模発電施設と住宅用などの中小規模発電施設に大別できる．大規模発電施設は発電出力の計測とともに日射量などの気象要素についても観測されていることが多く，比較的把握がしやすいといえる．一方，住宅用などの中小規模発電施設は数が多く点在しているため，発電出力などの状況を把握するのは困難となっており，面的な日射量分布から推定する手法が検討されている．

面的な日射量把握の一例として，経済産業省補助事業「分散型新エネルギー大量導入促進系統安定対策事業」では 2010 年から一般電気事業者 10 社が全国 321 か所に日射計，温度計を設置し空間的，時間的な分布の把握や分析を行った．

また，気象衛星を用いた日射量推定技術の開発も行われている．それらは，衛星が観測する反射光から雲の光学特性，物理特性を推定し，日射量を算出する手法や，衛星で観測された画像の輝度（アルベド）と日射量との関係をモデル化し推定する手法などである[8]．

面的な推定精度は，地上気象観測データを用いて補正することで誤差を減少させることができる（図 7）．

(b) 日射・太陽光発電量の予測[9]

太陽光発電の導入を増やしつつ需給バラン

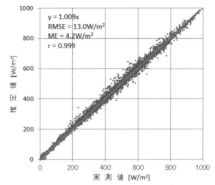

図 7 日射量実測値と推定値（30 分値）[8]

スを保つためには，日射量や太陽光発電量を事前に予測し計画的な運用を行うことが有効とされている．

予測対象期間によってさまざまな手法やデータが提案されている．

数分〜数時間先： 主として実況データを基にした持続モデル，自己回帰モデルと気象衛星，天空画像などの画像を利用した移動モデル，ニューラルネットワークなどの学習モデルが研究されている．

翌日〜数日先： 気象庁数値予報（Grid Point Value：GPV）は種々の気象要素の予報値が格子点データでえられるが，日射量そのものは発表されていないため他の気象要素や気象モデルから日射量を算出する．気象庁数値予報モデルをベースとした気象モデル（図 8），ニューラルネットワーク，SVM，カルマンフィルターなどの学習モデル，MOSなどの統計回帰モデル，またはその組み合わせが多く研究されている．

1 週間先： 気象庁週間数値予報（GPV）を基にした気象モデル，各種学習モデル，統計回帰モデルが研究されている．

発電出力予測，その他： 日射量から太陽光発電出力への変換は，太陽電池の変換効率，気温や風速の影響を受ける太陽電池パネルの温度特性などを加味して行われる．変換手法については JIS C 8907 や IV カーブから推

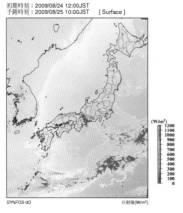

図8 気象モデルによる日射量予測例（資料提供：日本気象協会）→口絵63

図9 ドイツにおける太陽光発電量モニタリング例[10]

図10 GEMASOLARプラント概観[11]

定する時系列モデルがあり，ツールとして商品化もされている．

なお，日射量予測には誤差が含まれている．そこで，電力系統運用に用いるために，予測に幅をもたせる信頼幅の研究や，大型蓄電池を系統に接続した場合の平滑化効果の研究，また，ランプとよばれる急激な発電電力の変動対策の検討など，太陽光発電の導入量増に対応する研究も盛んに進められている．

(9) 海外事例

太陽光発電，太陽熱発電などの海外事例を紹介する．

(a) 太陽光発電

ドイツでは4つの送電系統運用会社があり，送電系統運用者（Transmission System Operator：TSO）とよばれている．TSOはそれぞれの地域で需給バランスを取っており，太陽光発電については，民間事業者が展開する太陽光発電システムのモニタリングシステムから情報をえている（図9）．

また，発電出力については，翌日予測はECMWF（ヨーロッパ中期予報センター）の数値予報をベースにした手法であり，数時間先の短時間予測は衛星画像（Meteosat）を入力とした予測を民間気象会社から入手して用いている．信頼度情報などの精度向上や利便性向上のための研究も精力的に行われている．

(b) 太陽熱発電

商用の太陽熱発電プラントは米国とスペインが先行して導入を進めている．太陽熱発電プラントの形式はトラフ型といわれる桶状に延びた断面が放物線曲面の反射集光ミラーを用いて集熱管に集光することによって加熱する方式と，タワー型発電方式においてヘリオスタットとよばれる太陽追尾型の集光ミラーを用いて，タワーの上部にあるレシーバー集熱器に集光・集熱する方式が多い．

スペインのGEMASOLARプラントは，溶融塩蓄熱システムを備えた24時間稼働の発電出力19.9 MWのタワー型太陽熱発電プラントで，2011年10月に運転を開始させた（図10）．

今後もサンベルト地帯では太陽熱発電プラン

トの建設が進められていくものと考えられる．

(10) 太陽エネルギー利用の将来

太陽エネルギーはエネルギー量が膨大で利活用が期待される反面，気象状況によってエネルギー量が左右されるため，安定的かつ低コストな利用技術の研究が進められている．

(a) 水素

太陽光発電はリアルタイムに用いようとするとどうしても出力変動緩和策も同時に検討する必要があり，大型の蓄電池などで平滑化するなど安定的かつ低コストで導入量を増加させるためには課題も多い．

そこで，太陽光発電でえられた電力で水を電気分解し水素を生成する研究が進められている．エネルギーを水素に変換すると貯蔵ができることや短時間変動に左右されずエネルギーを取り出すことができることなどの利点がある．

実用化するためには市販の水素生成コストと同等で生成できることが求められるが，現在は5〜10倍かかっており，コスト削減が課題となっている[12]．

(b) 宇宙太陽光発電

宇宙空間は天候に左右されず24時間太陽エネルギーが活用できる．宇宙空間における太陽光のエネルギー密度は天候の影響を受ける地上の5〜10倍に達する．

宇宙太陽光発電システムとは，宇宙空間で太陽光発電を行い，取得した電気エネルギーをマイクロ波やレーザーなどの無線で地上に送るという構想である[1]（図11）．

宇宙太陽光発電は日本，米国，ヨーロッパ，ロシアで研究が進められており，中国，インドも研究に着手している．

日本ではJAXAやJSS（宇宙システム開発利用推進機構），大学などでコストの検討，マイクロ波送受電技術などの技術開発研究が進められており，政府の宇宙開発戦略本部が2015年1月に示した宇宙基本計画にも具体的取組みについて記述されている． 〔滝谷克幸〕

図11 マイクロ波タイプの宇宙太陽光発電システム（SSPS）[13]．

文献

1) 玉浦　裕他（2008）：太陽エネルギー有効利用最前線，NTS．
2) TREC（2009）：Clean Power from Deserts, Trans-Mediterranean Renewable Energy Cooperation．(http://www.dun-eumena.com/sites/default/files/files/doc/trec_white_paper.pdf)
3) SoDa (http://www.soda-is.com/img/map_ed_13_world.pdf)
4) 日本太陽エネルギー学会編（2006）：太陽エネルギー利用技術，オーム社．
5) 宇都宮健志（2015）：NEDO日射量データベースの更新について．太陽エネルギー，**41**(1), 29-36．
6) NEDO（2014）：NEDO再生可能エネルギー技術白書（第2版）太陽光発電（http://www.nedo.go.jp/content/100544817.pdf）
7) 経済産業省総合資源エネルギー調査会 省エネルギー・新エネルギー分科会 新エネルギー小委員会（第9回）配布資料3
8) 前山徳久（2015）：衛星データを用いた日射量の推定について．太陽エネルギー，**41**(1), 21-27．
9) 再生可能エネルギー出力予測技術専門委員会編（2014）：再生可能エネルギーの出力変動特性と予測．電気学会論文，**1316**, 52-59．
10) SMA:Performance of Photovoltaics (PV) in Germany (http://www.sma.de/en/company/pv-electricity-produced-in-germany.html)
11) NEDO（2014）：NEDO再生可能エネルギー技術白書（第2版）太陽熱発電・太陽熱利用（http://www.nedo.go.jp/content/100544820.pdf）
12) 日本太陽エネルギー学会編（2012）：太陽エネルギーがわかる本，オーム社．
13) JAXA：宇宙太陽光発電システム（SSPS）について（http://www.kenkai.jaxa.jp/research/ssps/ssps-ssps.html）

§IX-2

活用進む風エネルギー
Progress in harnessing wind energy

(1) 背景

　風力エネルギーは，エネルギー源として永続的に利用できることから，再生可能エネルギーとして位置付けられている．再生可能エネルギーは，二酸化炭素をほとんど排出せず，国内で生産できることから，地球温暖化対策に資すると同時に，エネルギーの安全保障にも寄与できるエネルギーである．なかでも風力発電は，太陽光発電と異なり，安定した風さえ吹けば昼夜問わず発電できる．さらに，風力発電機は数千〜数万点の部品による組み立て産業であり，雇用や経済効果が大きく，その利活用は非常に重要である．

　一方で，自然エネルギーを利用するということは，強風（突風）や乱流，さらには落雷といったシビアな自然条件に曝されるということでもある．これらに対する安全対策や故障への備えは大きな課題である．加えて，騒音・超低周波音，景観，シャドーフリッカー（風車の影），バードストライク（猛禽類などの希少鳥類の衝突）など，環境への影響が懸念されている．また，今後導入を進めようとしている洋上風力発電においては，漁業との協調が大きな課題となる．

　日本の風力発電の導入量は，全世界の1%に満たない．利活用の加速が期待される風力発電の現状と今後の課題について解説する．

(2) 導入の動向
(a) 世界の動向

　2014年12月末現在，世界で3億6960万kWの風車が稼働している（図1）．これは，日本の全発電施設の合計（約2億5000万kW）の約1.5倍である．また，100万kWの原発を仮定すると，原発369基分に相当し，これは全世界で稼働する原発の基数（437基）にほぼ相当する．また，今後も2019年まで

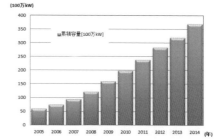

図1　世界の風力発電導入量の推移（Global Wind Report 2014[1]より作成）

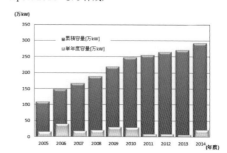

図2　日本の風力発電導入量の推移（日本風力発電協会資料[2]より作成）

は約50 GW/年を超えて新規導入が続くと予想されている[1]．

(b) 日本の動向

　日本の風力発電の累積導入量は図2に示すとおり2014年において2922 MWであり，世界第19位である．

　欧州の自然エネルギーの導入量と支援制度との関係をみると，風力発電に限らず，自然エネルギーの普及拡大には，助成制度が必須であり，なかでも**固定価格買取制度**（Feed-in Tariff：FIT）は，もっとも効率的・効果的な助成制度といえる．

　日本では，2012年7月にFIT制度が大型風力発電に対して導入され，その後2014年度からは洋上風力が新たに別途区分された．しかし，世界の水準や日本の全発電量に占める比率をみるとまだまだ微々たる水準である．

　また，日本では必ずしも風況のよい地域で電力の消費量が多いわけではなく，そのための送電網の整備も課題である．

388　第IX章　自然エネルギーの利活用

(3) 風力発電と風
(a) 風力発電機の構造

実用機の大部分を占める一般的なプロペラ式の中大型機の発電機の構造を図3に示す.

ブレード（blade）の付け根をロータ軸に連結する部分がハブ（hub）とよばれる. ブレードが風を受けロータ軸が回転し，増速機により発電可能にまで回転数を増やし発電機で電力に変換する. ブレードの枚数は，1〜複数枚まであるが，振動が起きにくく安定性がよい3枚が現在の主流である.

なお，プロペラ式には，タワーに対してブレードが風上側に設置されているアップウィンド型と風下側に設置されているダウンウィンド型がある. アップウィンド型は，タワーによる風の乱れがブレードに影響しないため大型風力発電機の主流になっている. 対してダウンウィンド型は，尾根部に吹き上げてくる風においても効率的な発電が可能であることに加え，ブレードの後ろには何もないため，強風時にブレードがしなってタワーに当たってしまうおそれがない. よって，アップウィンド型では大型化するにしたがってブレードを高剛性のものにしていく必要があるが，ダウンウィンド型では大型化しても低剛性でよく，軽量化できる. また，タワーとブレード回転面の離隔を確保することによって，タワーによる風の乱れの影響を少なくすることも可能であり，近年では大型風力発電機でもダウンウィンド型の開発がなされている.

(b) 風のエネルギー

風のエネルギーは風速の3乗に比例する. 質量 m，速度 V の物質の運動エネルギーは，$(1/2)mV^2$ であるから，受風面積 A（m²）の風車を考えると，風速 V（m/s）時の風力エネルギー P（W）は，空気密度が ρ（kg/m³）とすると次式で表される.

$$P = \frac{1}{2}mV^2 = \frac{1}{2}(\rho AV)V^2 = \frac{1}{2}\rho AV^3$$

つまり，風速が2倍になれば，風のエネルギーは8倍にもなり，風車の建設に際しては少しでも風の強い場所を選定することが重要

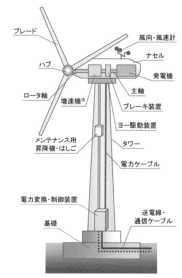

図3　風力発電機の構造[3]

となる. また，地面との摩擦などの影響により風は上空の方が強いことから，ハブをできるだけ高く設置することで，より多くの風エネルギーをえることができる. さらに，風エネルギーは受風面積に比例するため，ブレードを長くすることも有効である. つまり，風力発電機1基あたりの取得エネルギーを増大させるには，風力発電機のサイズを大きくすることが有効であり，近年では2 MW前後まで大型化してきている. とくに洋上では，陸上に比べて設置・保守機材の運搬において地理的制約が少ないことなどから，10 MWを超える超大型風力発電機の開発が進んでいる.

また，風力発電システムは，一定の風以上で発電を開始し（**カットイン風速**, cut-in wind speed），出力が発電機の定格出力に達する風速（**定格風速**, rated wind speed）以上になると，ブレードの傾きを調整するなどして風を受け流し，一定の回転数をキープする. さらに風速が大きくなると危険防止のためロータの回転を止めて発電を停止する（**カットアウト風速**, cut-out wind speed）. これらの風速は機種により異なるが，おおよ

そ，カットイン風速は 3 m/s，カットアウト風速は 25 m/s である．

(4) 風況マップと風況モデル
(a) 風況マップと LAWEPS
局所的風況予測システム（Local Area Wind Energy Prediction System：LAWEPS）は，1999 年度〜2002 年度にかけて NEDO によって開発された局所的風況予測モデルである[4]．複雑な地形が多い日本でも精度の高い風況予測を行うため，**数値流体力学**（Computational Fluid Dynamics：CFD）に基づき開発された非線形の風況モデルである．

また，LAWEPS の副産物として生まれた**風況マップ**は，2003 年の公開以来，おそらく風力発電事業者がもっとも多く参考にした風況データベースであろう（図4）．全国の風況（年平均風速）を最小 500 m メッシュで，高度 70 m まで地図表示できる風況マップ表示システムと，さらに詳細な推定のための工学モデル計算システムから構成されている．気象モデルによって計算された 1〜3 次の全国風況マップ（図5）の精度は，メッシュサイズが細かくなるほど一般に精度は向上する．LAWEPS は気象モデルの計算結果から工学モデルの計算を行い，最終的に 5 次領域モデル（10 m メッシュ）計算結果の精度が実測との相対誤差±10%以内になるように設計されている（図6）．

なお，NEDO ホームページより閲覧が可能な最新の風況マップ（webGIS 版）では既存風車情報・道路・行政界・国立／国定公園界などとの重ね合わせ表示が可能である．

(b) その他の風況モデル
LAWEPS は NEDO より公開されている

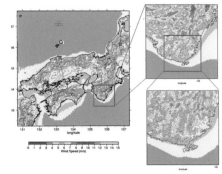

図5 LAWEPS 計算結果例→口絵 65
（左上）1 次領域，（右上）2 次領域，（右下）3 次領域

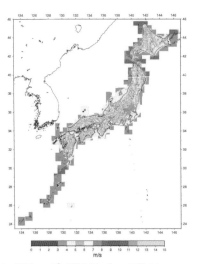

図4 風況マップ（高度 30 m）→口絵 64

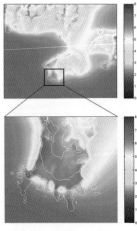

図6 LAWEPS 計算結果例→口絵 66
（上）4 次領域，（下）5 次領域

ものであるが，商用として販売されているシミュレータもある．とくに近年は，次世代乱流モデルとして期待されている **LES**（Large Eddy Simulation）を採用したモデルが開発されている．LES は非定常モデルであり，これまで取り扱うことのできなかった，時間とともに変動する風の乱れを評価することができることが特徴である．

(5) 安全性

上述したように，風力発電にとって風況を正確に把握することは，事業の採算性を判断するうえで極めて重要であるが，加えて地形による乱流が風車に与える影響を把握し，安全な運転が可能な風車を選定する必要がある．

そのためには，IEC 61400-1 および GL ガイドラインなどで規定されている風の条件と比較して，安全な規格の風車を選定する．

風車選定のためには，①ハブ高さにおける 10 分間平均風速の 50 年再現期待値（極値風速），②ハブ高さにおける 10 分間平均風速 15 m/s における乱流強度の期待値，③さらにハブ高さにおける年平均風速が必要である．そのためには，最低でも 1 年間の風況の把握が求められるが，風況は経年変化するので，可能であれば複数年の把握が望ましい．

とくに，熱帯性低気圧（台風）が頻繁に襲来する気象条件にある日本では，風車設置場所の極値風速は，台風によって決定される場合が多いため，1 年という短期の風況観測から再現期間 50 年の極値風速を直接求めることは誤差が非常に大きくなり適切ではない．風車設置場所近傍に長期の気象観測データを有する気象官署などが存在し，風車設置場所で観測された風速データと高い相関を有し，風況の経年変化が少ないという条件が満たされていれば，統計解析によって極値風速を推定することができるが，そのような状況にない場合には，極値風速マップあるいは極値風速データベースに基づく手法などを適切に組み合わせる[5]．

なお，近年は風車の大型化に伴い，ハブ高

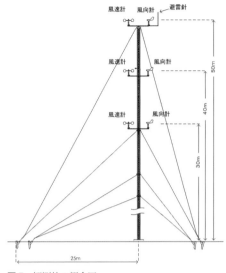

図7 観測柱の概念図

さでの直接測定は困難になってきている．複数高度での測定値から上空の値を推定する方法，リモートセンシング，さらには上述した数値シミュレーション手法の併用が可能である．

(a) 風況観測

上空の風を直接測定するために，観測柱に三杯式風速計および矢羽式風向計を設置する．通常，観測柱の影響を避けるため，2 方向（180°）あるいは 3 方向（120°）にブームを張り出して設置する（図7）．

観測柱は鋼管を用いる方法とトラス構造による方法の 2 種類ある．鋼管によるものは安価であるが，雷などにより測器が故障した場合には，対応が不可能となる．また，高さも 60 m 程度が限度であり，横置きした状態から引き起こす工法をとるので建設に際して比較的広い空間が必要となる．一方，トラス構造のものは，コストは高いが，故障時に乗降することができ，測器の交換も可能である．また，上方に組み上げていく工法であるため建設時に空間の制約を受けにくい．さらに，高さも 200 m 程度まで可能である．

どちらを選択するかは，費用，建設に使用できる空間などを勘案して決めることとなる．なお，複数高度で測定された風速から上空のナセル高度の風速を推定するには，いわゆるべき法則（次式）を用いる．

$$U(Z) = U(Z_1) \times \left(\frac{Z}{Z_1}\right)^{1/n}$$

ここで，$U(Z)$ は地上高 Z における風速，$U(Z_1)$ は基準高度 Z_1 における風速である．$1/n$ はべき指数とよばれ，べき指数は地面の粗度により変わる．一般的には，平坦地形であれば，$n = 7$，内陸では $n = 5$ 程度となるが，より精密に求めるためには，複数高度で実測された風速から最小二乗法によりべき指数を求め，ハブ高度の風速を求める．

(b) リモートセンシング

一方，近年は極めて高精度で上空の風を推定できる**ドップラーライダー**（Doppler Lidar；レーザ光を発射して，大気中の塵などの微粒子からの反射光を受信し，その移動速度を風速として計測する装置）が開発され注目を集めている．ドップラーライダーによって大型風車におけるハブ高度での観測が可能となり，さらに観測柱の建設が困難な洋上における活用が期待されている．すでに複数のプロジェクトで精度検証がなされ，良好な結果をえていることから現実的な測定方法となりつつある[6]．

(6) 環境影響と合意形成

(a) 環境影響評価（環境アセスメント）

風力エネルギーの導入が進むにしたがい，発電所の周辺では，風車から発生する騒音・超低周波音，風車の林立する景観，シャドーフリッカー（風車の影），バードストライク（猛禽類などの希少鳥類の衝突）など，環境への影響が懸念されている．その実情を踏まえて，2012 年 10 月より，環境影響評価法の対象事業に風力発電所の設置などの事業が位置づけられた．

環境影響評価（Environmental Impact Assessment：EIA）とは，開発事業の内容を決めるにあたって，それが環境にどのような影響を及ぼすかについて，あらかじめ事業者自らが調査・予測・評価を行い，その結果を公表して一般の人々，地方公共団体などから意見を聴き，それらを踏まえて環境保全の観点からよりよい事業計画をつくり上げていこうという制度である[7]．

環境影響評価法に基づく環境アセスメントの対象となる事業は，道路や空港など 13 種類であるが，そのうちの発電所の区分のなかに風力発電所が位置づけられた．なお，規模が大きく環境に大きな影響を及ぼす可能性のある事業を第 1 種事業として定め，環境アセスメントの手続きを必ず行うことになっている．また，第 1 種に準じる規模の事業を第 2 種事業として定め，環境アセスメントの手続きを行う必要性について個別に判断される．風力発電所は，出力 1 万 kW 以上は第 1 種事業，出力 7500 〜 1 万 kW までは第 2 種事業となる．

環境アセスメントは，以下の流れで事業者自身により実施される．まず，環境への重大な影響を避けるため，計画段階で配慮事項を検討した結果を示した**配慮書**（Document on Primary Environmental Impact Consideration）を作成し，主に周辺住民，周辺自治体，主務大臣の意見を聴く．次に，地域の社会的条件と自然的条件を鑑み，どのような調査項目を選定して，どのような内容の調査・予測を行い，さらにどのような基準で評価するのかを明示した**方法書**（Scoping document）を作成し，意見を聴く．さらに，その方法書の内容に沿って調査を実施し，予測・評価した内容をまとめた**準備書**（Draft EIS）を作成し，主に周辺住民および周辺自治体から意見を聴く．最後に，これらの意見について検討し，必要に応じて準備書を見直したうえで**評価書**（EIS）を作成し，さらに国からの意見を勘案して最終的に評価書を確定する．なお，評価書の手続きが終わり，工事に着手した後でも，予測の不確

実性が大きい場合など，環境への影響の重大性に応じて事後調査を実施する．事業者は，事後調査を行う必要性についても評価書に記載し，事後調査の結果などを**報告書**（Impact Mitigation Report）にまとめ，報告・公表を行う．

以下，風力発電の普及に伴い，とくに影響が問題視されている，騒音・超低周波音，景観，バードストライクについて，その影響の程度と課題について概説する．

(b) 騒音・超低周波音

騒音は風車の環境影響のなかでももっとも苦情の多い項目であり，主に風車のナセル内にある増速機，ポンプ，換気ファンなどから発生している．さらに発生騒音の大半を占めるのが，ブレードが風を切る音（いわゆる風切音）である．回転数に比例して断続的に聞こえるのは，風切音が翼に対して指向性を有するからである．

低騒音翼やギアレス風車の開発など発生騒音の低減に向けての技術開発が図られてはいるが，その効果は限定的であり，対策としてもっとも有効なのが，居住地との離隔距離を確保することである．場合によっては，家屋の窓を防音効果の高いものに取り換えることなどの対応がとられる．

なお，環境アセスメントで騒音を評価の際に，環境騒音（もともと存在するその地域の音）をどう扱うかは課題である．そもそも，風車は強風時に定格出力で回転し，もっとも騒音が発生するが，そのようなときは，強風により木の葉が触れて発生する音など，周囲に自然由来の騒音発生源があり，環境騒音そのもので環境基準を超過してしまう場合もある．

一方，**超低周波音**（infrasound）は，0.1～20 Hz の可聴域よりも低い周波数帯で定義され（低周波音は 0.1～100 Hz），騒音とは苦情の形態が異なる．また，環境基準や規制基準といった法的規制がなく，対策が困難なことも騒音とは異なる点である．低周波音による苦情には，家具のがたつきなどの物理的苦情の他，気分がいらいらする，胸や腹の圧迫感といった心理的苦情や，頭痛や耳鳴り，吐き気などの生理的苦情が存在する[8]．ただし，風車から発生する超低周波音のレベルを勘案すると，ある程度の距離があれば，人体への影響は限定的であり，思い込みや誤った情報に基づく苦情も存在すると考えられる．諸外国の研究によっても，風車から発生する低周波音による健康被害は認められていない．

(c) バードストライク

風車に鳥が衝突する**バードストライク**（bird strike）の問題は，風車固有の問題ではない．実際に飛行機や列車，ビルへの衝突は風車への衝突とは比較にならないほど多数生じている[9]．それにもかかわらず，風車におけるバードストライクが環境的にみて課題となっている理由は，その立地環境にある．すなわち，一般的に風車は都市部ではなく，尾根部や海岸線に立地し，そのような場所では，希少猛禽類などの生息場所または鳥の渡りルートと重複するからである．

これまで，ブレードへの塗装や，警告音による衝突防止策が研究されているが，いまだ抜本的な解決策は見い出せていない．塗装は景観とのトレードオフとなる課題もある．

また，現在のところ，衝突を把握する際には風車の定期監視時に死骸を確認するなど，人の目で監視しているのが実情である．降雪時の雪への埋没や，野生動物による餌としてのもち去りなどの課題もある．さらに，衝突数を正確に感知するだけの自動監視技術は確立されていない．よって実際の衝突数は詳細には把握できていない．

理論的には，ブレード面積，回転速度，飛翔速度，飛翔密度などの仮定を置けば，衝突確率は計算可能である[10]．しかしながらここでも鳥が自ら衝突を回避する行動による回避率についての知見が十分でなく，正確な衝突確率は算出できない．

このようななか，衝突確率の精度向上への取り組みが，産官学で実施されつつあり，さらに，衝突を回避する試みとして，衝突の危険性が高まった場合には，風車を制御して

回転速度を落とすことや，いったん風車を停止するなど，あらかじめ決めておいた約束事にしたがって対応する**順応的管理**（adaptive management）手法[11]の導入が試みられている．

(d) 景観

風力発電機は比較的新しい建造物であるため，景観に対する規制などが十分でない．景観影響は，まず景観的に重要な視点場を設定し，その視点場からの眺望をフォトモンタージュなどにより予測する．そのうえで，色彩，垂直見込角，水平視野角，主要な眺望方向，稜線の切断の有無などの観点から評価を行う．

環境省は，風力発電施設の設置に関する自然公園法上の許可基準である自然公園法施行規則第11条第11項における，「展望する場合の著しい妨げ」，「眺望の対象に著しい支障」について，2011年3月に「国立・国定公園内における風力発電施設の審査に関する技術的ガイドライン」（2013年3月に改訂）をとりまとめている．

一方，近年，景観への意識の高まりもあり[12]，環境アセスメントの手続きにおいて，国や地方自治体からの景観に関する厳しい意見により，事業計画の見直しを迫られる事業も増えてきている．これは，国立・国定公園外でのガイドラインが存在しないことによって，事業者の側でも景観への影響をあらかじめ定量的に判断できないことに起因している．風車の設置は圧倒的に公園外に多く設置されることから，ガイドラインの整備が望まれる．

(e) 合意形成

風力発電の普及において，**利害関係者**（stakeholder：地域住民や自然保護団体，また，後述する洋上風力発電における漁業関係者を中心とした海域利用者など）との合意形成は大きな課題である．

風力発電事業を開始するにあたって，環境アセスメントの実施が，地元の利害関係者と接する最初のステップとなる．そのため，多くの事業者は，事業計画の説明を環境アセスメントの手続きに合わせて実施する．実際，

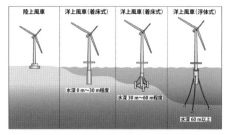

図8 洋上風力発電機の支持構造と水深[3]

環境アセスメントの住民説明会では，事業計画と環境影響の説明を合わせて行っている．しかし，環境配慮と地元理解とは必ずしも同じではない．つまり，「環境アセスメントの手続きの完了」＝「地元理解がえられた」ではないことに留意が必要である．その認識の差が，稼働後の苦情につながっていく．

また，一般的に，環境アセスメントでは，漁業などの産業への影響は取り扱わない．仮に扱う場合でも影響の程度を表す指標が存在せず，評価は困難である．産業への影響と環境への影響は切り分けて取り扱う必要がある．

さらに，さまざまな科学的知見の不足や予測の不確実性が合意形成に影響する場合もある．そのようなケースにおいて，前述した順応的管理の考え方の導入は，風車建設に対する地元住民あるいは環境保護団体の受容性を高め，スムーズな合意形成につながる可能性がある．

冒頭において風力発電は，雇用や経済効果が大きいと述べた．だが，合意形成において根本的な課題は，実はそれらの効果が出資者や組立工場の集積地にもたらされ，風車が建設される地域への貢献が限定的なことである．困難な課題ではあるが，例えば地元参加型の市民出資による市民風力発電などに解決へのヒントがある．

(7) 陸上風力から洋上風力へ

近年，陸上の適地の減少などにより，洋上風力発電が注目されている．洋上風力発電の先進地である欧州では，主に水深30m以下

の着床式が主流であり，それ以上の水深においても，さまざまな支持構造が開発されている（図8）．

一般的に海面との摩擦は地表面よりも小さいので海面付近では風が陸上ほど減衰しない．また，沖合では局所的な地形の影響がないので安定した風が吹く．さらに，住居地域，希少猛禽類の生息地や餌場から離れ，騒音・超低周波音，景観，バードストライクなどの環境影響が小さいことなど，洋上風力発電には多くの利点がある．

一方で，水産資源への影響についての知見が十分でなく，さらに漁業関係者を中心とした海域利用者との調整も大きな課題である．また，そもそも，一般海域（港湾区域など法令によって規定された区域以外の海域）には海域を管理する法律がない．つまり，洋上風力発電設備の設置に関する法的根拠づけがなされておらず，事業化の判断に大きな足かせとなっている．さらに，洋上風力発電は，陸上からのアクセスやメンテナンス作業が困難なため，陸上に比べて高コストとなることも課題である．

(8) 今後の課題と展望

風力発電は，世界的に導入が加速しており，再生可能エネルギーのなかで中心的な役割を担っている．今後，国内において，再生可能エネルギーをより効率的に導入するには，他国の事例を鑑みても風力発電に対する適正な買取価格やエネルギーミックスの設定などの政策が非常に重要である．また，諸外国に比べて厳しい気象条件にさらされている国産の風力発電機の性能優位性を活かし，国内市場のみならず輸出産業まで成長できる可能性もある．

さらに，風力発電をより健全に普及させていくためには，地元との合意形成に向けた事業者としてのさらなる取り組みが求められている．その一方で，導入を加速するために，おおよそ4年を費やす環境影響評価の手続きを，説明責任や環境配慮を損なうことなく，短縮化していくなどの合理化も必要である．

漁業権を含め「海は誰のものか」ということは，これまであまり議論されてこなかった．洋上風力の導入は，この問題に正面から取り組むチャンスであり，一般海域を管理するための法律やルールの整備が求められている．日本は，排他的経済水域（EEZ）世界第6位の海洋国であり，その海洋資源を利活用しない手はない．洋上風力発電が，その議論のきっかけとなることを期待する．〔西村勝利〕

文献

1) GWEC（2014）：Global Wind Report 2014（http://www.gwec.net/publications/global-wind-report-2/global-wind-report-2014-annual-market-update/）
2) 日本風力発電協会発表資料
3) 独立行政法人 新エネルギー・産業技術総合開発機構編（2014）：NEDO再生可能エネルギー技術白書第2版，森北出版．
4) 日本気象協会（2003）：離島用風力発電システム等技術開発「局所的風況予測モデルの開発」平成14年度報告書，NEDO．
5) NEDO：日本型風力発電ガイドライン，台風・乱流対策編（平成20年3月）（http://www.nedo.go.jp/content/100107254.pdf）
6) 日本原子力研究開発機構（2013）：ドップラーライダの長期実用性に関する調査，JATA-Testing 2013-003（http://jolissrch-inter.tokai-sc.jaea.go.jp/pdfdata/JAEA-Testing-2013-003.pdf）
7) 環境省（2012）：環境アセスメント制度のあらまし（http://www.env.go.jp/policy/assess/1-3outline/index.html）
8) 環境省（2000）：参考資料 低周波音の基礎知識．低周波音の測定方法に関するマニュアル（平成12年10月）（http://www.env.go.jp/air/teishuha/manual/）
9) Erickson, W.P. et al.（2001）：Avian collisions with wind turbines: A summary of existing studies and comparisons to other sources of avian collision mortality in the United States. National Wind Coordinating Committee Publication., 1-62.
10) 由井正敏・島田泰夫（2013）：球体モデルによる風車への鳥類衝突数の推定法．総合政策，15(1)，1-17.
11) 島田泰夫・松田裕之（2007）：風力発電事業における鳥類衝突リスク管理モデル．保全生態学研究，12(2)，126-142.
12) 「国土交通行政インターネットモニター」アンケート調査（平成23年9月実施）景観に関する意識調査（https://www.mlit.go.jp/monitor/H23-kadai/5.pdf）

古くて新しい陸水エネルギー
Hydro-electric power：a new technology with a long history

§Ⅸ-3

(1) 昔も今も重要な水力発電

 2011年3月11日に発生した東北地方太平洋沖地震とそれに伴う東日本大震災，とりわけ東京電力福島第一原子力発電所の事故は，その後の日本のエネルギー供給に大きな影響を与えた．電気事業連合会の資料[1]によれば，2004〜2013年度における日本国内の発電量の合計は約10,000億kWhで大きな変化はないものの，2010〜2011年度を境にその構成比が大きく変化したのである．
 2010年度までは原子力発電が全体の約3割を占めていたのが，2011年度は10.7%，2012年度は1.7%，2013年度は1.0%となり，原子力発電が占める割合は，2年連続で過去最低を更新した．これを補ったのが火力発電であり，その割合は2012，2013年度ともに88.3%と過去最高を記録した．しかしながら，ここで注目したいのが水力発電である．
 日本において，水力発電量は過去40年間あまり変化せず，約1000億kWhと安定して推移してきた（図1）．この期間，総発電量は増加してきたが，今日なお水力発電はその約1割を占め，これはけっして無視できる値ではない．二酸化炭素をほとんど排出しないクリーンなエネルギーという意味でも，水力発電は今日なお日本のエネルギー供給にとって重要な役割を果たしている．
 図2は，出力15万kW以上の主要な水力発電所の分布[3]を示したものである．これらの発電所は北海道から九州まで分布しているが，積雪の多い山岳地域に集中していることがわかる．このように，水力発電を考えるうえで重要なのが，山地流域の**水資源量**（water resource），とりわけ流域内の積雪水資源量を把握することなのである．

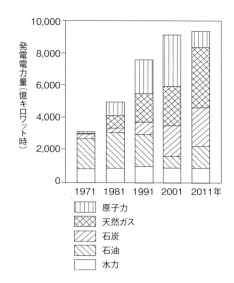

図1 1971〜2011年における日本の発電電力量の経年変化[2]（川東正幸氏（首都大学東京 都市環境科学研究科）による）

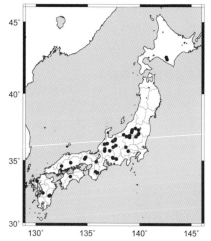

図2 2010年度末における出力15万kW以上の主要な水力発電所の分布（電気事業連合会（2015）[3]を基に筆者作成）

(2) スノーサーベイ

 日本は，世界のなかでも大量の降雪・積雪がみられる国であり，古くから融雪水を利用して水力発電が行われてきた．そして，山地

図3 全層サンプラーを用いた全層積雪密度の観測[6]
(a) 刺込, (b) 採雪, (c) 測重.

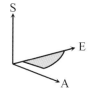
(a) 積雪域の水平分布

(b) 積雪水量の高度分布

(c) 積雪の3次元分布

図4 積雪の3次元分布の模式図（E：標高, 単位 m, A：積雪面積, 単位 km^2, S：積雪水量, 単位 mm）(小池ほか（1985）[7]を基に島村雄一氏（元 東京都立大学理学研究科）作成)

にある雪の量は，これまで**スノーサーベイ**（snow survey）とよばれる現地調査によって把握されてきた．この状況は，科学技術が発達した今日でも変わらない．

1940年代末に，北海道大学のグループが大雪山の雨量分布や積雪水量の調査を行ったのが戦後のスノーサーベイの始まりであり，その目的は水資源量の把握と洪水対策であった[4]．そして，1950年代になると戦後の復興という時代的背景もあり，電源開発の一環として，あるいは洪水対策のため，山地の積雪水資源量を算定する研究が，社会の要請によって進んだ．実際，スノーサーベイ数の経年変化を調べてみると，1950年代に行われたものが非常に多い[5]．

スノーサーベイでは，山を登りながら積雪深と全層積雪密度の調査を行う．どちらも，深さ3mぐらいまでの雪ならば調査は比較的容易である．積雪深は，「測深棒」とよばれる先端が尖った棒を用いて雪面から地表面までの深さを測定する．積雪深は，地表面の凹凸を反映して，少し離れたところでも値が大きく異なる場合があるので，筆者たちの調査では，5か所で測ってその中央値をその場所の代表値としている．全層積雪密度は「全層サンプラー」とよばれる断面積20 cm^{2}の筒を用いて測定する（図3）．この筒は，深さ10 cmごとに穴があいていて，採取した積雪深を知ることもできるため，雪面から地表面までの積雪の体積を算定することができる．そして，採取した雪の重さを現場で測定することによって，全層積雪密度が求められる（図3）．

このような調査を山を登りながら数地点で

行うことで，積雪深と全層積雪密度をかけ合わせた積雪水量（雪を融かしたときの水の深さで，降水量や河川流出量と直接比較できる）が，標高によってどのように変化するかを調べる（図4b）．そして，この結果と積雪域の水平分布（図4a）を組み合わせると，流域の積雪水資源量（図4c）がえられるのである．

積雪域の水平分布（図4a）について，流域の形状は数値標高データ（Digital Elevation Model：DEM）があれば半自動的に求めることができる．また，積雪がみられる時期に人工衛星で地表面を捉えることができれば，DEMと組み合わせることで，雪線（ここでは，積雪が現われる標高のこと）を求めることができる．

雪線より高いところでは，積雪水量は直線的に増加していく（図4b）．日本では，標高に伴う積雪水量の増加の割合（これを高度分布係数という）はおおよそ1000 mm/1000 m（標高が1000 m上がると積雪水量が1000 mm増加する）といわれている[5]．しかしながら，同じ流域であってもこの値が年によって異なる場合があるし，場所によっては1000 mm/1000 mと異なる場合もある．そのため，スノーサーベイを行って高度分布係数を求める必要がある．

このように，スノーサーベイとリモートセンシングを組み合わせることによって，流域の積雪水資源量を求めることができる．なお，スノーサーベイの詳細について，興味のある方は拙稿[6),8)]を参照いただければ幸いである．

（3） ダム建設とそれに伴う諸問題

日本の年降水量は1690 mm（1981〜2010年の平均値）であり，これは世界（陸域）の年平均降水量810 mmの約2倍である[9)]．しかしながら，このうちの約3分の1は蒸発散として失われ（表1），残りが潜在的な水資源量となる．このうちの多くが**農業用水**（agricultural water）であり，大部分は水稲栽培のための灌漑用水として使われ，多くは河川に戻される．人間による水利用を除いた

表1 2010年頃における日本の水収支（億m³/y）

【収入】	
降水量	6400
【支出】	
河川流出量	3291
蒸発散量	2300
農業用水	544
生活用水	152
工業用水	113

国土交通省水管理・国土保全局水資源部（2014）[9)]による．河川流出量は残差として筆者が算定した．

ものが河川流出量となり，これは年降水量の約2分の1に相当する（表1）．

河川流出量が大きいのは，日本の山地が急峻で諸外国に比べて河川が急勾配であること，河川長が短いこと，梅雨や台風の季節に降水が集中すること[10)]，などが原因である．そこで，降水を有効利用するために，河川の上流部に**ダム**（dam）が建設される場合が多い．

しかしながら，ダムの建設に伴って自然環境は変化し，集落の水没や住民の移転といった問題が生じる場合がある．また，地震や火山の活動が活発で，山地の隆起速度が大きい日本では，降水量が多いため，山地の浸食に伴って生産される土砂量も諸外国と比べると桁違いに多い[10)]．すなわち，ダムに土砂が堆積しやすいため，継続的に使用するには定期的な廃砂が必要になってくる．

このような問題があるにせよ，安定した水資源量の確保と水力発電にとって，ダムは有効であると考えられる．

（4） 小水力発電

ダムを巡る議論はあるものの，水力発電がクリーンなエネルギーであることに変わりはない．そのため最近では，ダムほど大がかりでない小水力発電（マイクロ水力発電ともいう）が見直されてきている[11), 12)]．

図5 山梨県都留市役所前に設置された「家中川小水力市民発電所」(通称:元気くん1号)
発電機で発電した電力は,市庁舎内で使用する電力の一部として賄われたり,電力会社に売電されたりしている.

　小水力発電とは,用水路や小河川など,身近にあるさまざまな流水を利用して発電を行うことである(図5).そのため,大規模な水源は必要なく,自然環境に与える影響も小さい.流量の小さい水流であっても比較的簡単な工事によって発電できるため,潜在的な発電量は大きい.また,太陽光や風力など他の自然エネルギーを利用した発電と比べても,天候による変動が少なく出力が安定しているという特徴がある.

　人々は,大昔より**水車**(water wheel)を利用して,粉を挽いたりしてきた.この水車の回転によって生じた力を,粉をつく棒ではなく小さな発電機に伝えることで発電が可能になる.これと**蓄電装置**(electric storage device)を組み合わせれば,小水力発電はより現実的・実用的なものになるであろう.実際,山梨県都留市や岐阜県郡上市などでは,小水力発電が町おこしにつながったことが報告されている[11),12)].　　　　　〔松山　洋〕

文献

1) 電気事業連合会 (2014):電源別発電電力量構成比,原子力発電所設備利用率,燃料費の推移 (http://www.fepc.or.jp/about_us/pr/pdf/kaiken_s1_20140523.pdf)
2) 経済産業省 資源エネルギー庁 (2012):エネルギー白書2012 (http://www.enecho.meti.go.jp/about/whitepaper/2012html)
3) 電気事業連合会 (2015):主要な水力発電所 (出力15万kW以上,2010年度末) (http://http://www.fepc.or.jp/library/shisetsu/plant/water/index.html)
4) 吉野正敏 (2007):気候学の歴史−古代から現代まで−,古今書院.
5) 松山　洋 (1998):日本の山岳地域における積雪水当量の高度分布に関する研究について.水文・水資源学会誌,**11**, 164-174.
6) 松山　洋 (2008):山地流域の積雪水資源量の把握:新潟県巻機山周辺を事例に.電力土木,No.333, 1-6.
7) 小池俊雄他 (1985):積雪面積情報による流域積雪水量の推定.土木学会論文集,**357** II-3, 159-165.
8) 松山　洋 (2015):自然ツーリズムと災害−自然災害のリスク管理として−.菊地俊夫・有馬貴之編:自然ツーリズム学,pp.123-133, 朝倉書店.
9) 国土交通省水管理・国土保全局水資源部 (2014):平成26年版 日本の水資源 (http://www.mlit.go.jp/mizukokudo/mizsei/mizukokudo_mizsei_fr2_000012.html)
10) 阪口　豊他 (1986):日本の川,岩波書店.
11) 川村康文 (2014):親子でつくる自然エネルギー工作③ 小水力発電,大月書店.
12) 全国小水力利用推進協議会編 (2012):小水力発電がわかる本−しくみから導入まで−,オーム社.

§ IX-4

無尽蔵の海洋エネルギー
Inexhaustible marine energy exploitation

(1) 巨大なエネルギーの貯蔵庫

海は地表面の約7割を占めている。太陽を源泉とした熱エネルギー、大気運動から受ける風応力、さらには月や太陽の天体運動に起因する力を原動力とし、海には多様な物理現象に伴う膨大なエネルギーが潜在している。日本は海に浮かぶ島国で大小さまざまな島々が点在し、海岸線の総延長は約35000 kmにも及ぶうえ、**排他的経済水域**（Exclusive Economic Zone：EEZ）が国土と比較して非常に広い。このため、**海洋エネルギー**（ocean energy）の利活用にとってはイギリスやノルウェーと並び、非常に有利な環境にあるといってよい。

(2) 海洋エネルギー開発の経緯

利用の試みは古くからあったが、1973年に起きた第一次石油ショックにより、欧州を中心に海洋エネルギーを含む再生可能エネルギーが脚光を浴び始めた。日本では波力発電を中心として開発が進められ、当時は世界の先端を走っていたが、発電コスト削減が克服できず、基礎的研究や実証試験は断続的に行われるも低調な状態が続いた。その後2007年7月に**海洋基本法**（the Basic Act on Ocean Policy）が施行、翌年には**海洋基本計画**（Basic Plan on Ocean Policy）が策定され、海洋資源の開発および利用の推進が掲げられたが、主に鉱物資源の開発を想定したもので、再生可能エネルギーに関する言及はほとんどない。そのなかで、海洋エネルギーの利用に意欲的な企業、大学、行政関係者が結集し、2008年3月に**一般社団法人海洋エネルギー資源利用推進機構**（Ocean Energy Association Japan：OEA-J）が設立され、エネルギーの普及・啓発、調査・研究、情報交換などの活動が始動した。一方、2011年3月11日に発生した東北地方太平洋沖地震に伴う福島第一原子力発電所の事故で、「脱原発」の機運と再生可能エネルギーへの関心が高まっていく。転機となったのは、同年、**独立行政法人新エネルギー・産業技術総合開発機構**（New Energy and Industrial Technology Development Organization：NEDO）が再生可能エネルギーの研究開発事業の1つとして、海洋エネルギーを採用したことである。さらに2013年4月に改定された海洋基本計画には「海洋再生可能エネルギーの利用促進」が明記され、国の政策として海洋エネルギー開発に取り組んでいく方針が示された。

今、日本における海洋エネルギー導入に向けた取り組みは急展開を遂げており、産官学連携のもと発電装置の開発と付随する調査研究が鋭意行われている状況である。

(3) 波力発電
(a) 出現特性と利用可能性

海の波は海面上を吹き渡る風により駆動される。**波力発電**（wave power conversion）は、波の進行に伴って生じる水粒子の上下運動などを利用する方法である。

波の発達は風速、吹送距離、吹送時間に支配され、一般に風が強いほど波高は高く、また内湾などの閉鎖性海域よりも外洋に面した場所ほど波高は高い。

日本では日本海側と太平洋側で波浪の出現特性が明瞭に異なる。日本海側では冬季に季節風が持続する反面、他の季節は比較的静穏である。一方、太平洋側では季節変動は小さく、常に外洋からの波浪の進入があり、とりわけ台風時には極端な高波浪が観測されることから静穏となる日は少ない。

波は気象条件に依存するため、陸上の風力・太陽光発電と同様に予測しにくく、発電の安定性は劣る。日本近海では全体的に太平洋側でポテンシャルが高い（図1）。現状の技術水準を考慮した発電可能量は、19 TWh/y（年間電力需要の約2％）と試算されている[1]。

(b) 発電原理と開発事例

技術開発は20世紀初頭から始まり、1世

400　第IX章　自然エネルギーの利活用

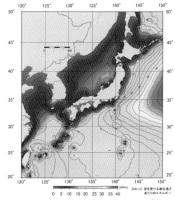

図1 日本近海の波力ポテンシャルマップ[1] →口絵 67

紀に及ぶ歴史をもつ．波力の場合，潮流発電などと異なりエネルギーの変換方法に応じたさまざまなコンセプトが存在し，①振動水柱型，②可動物体型，③越波型，の3種類に大別される．さらに設置形式に応じ，海底などに固定して設置する固定式，海面や海中部に浮遊させる浮体式に分けられるが，この考え方は他の発電方式でも採用されている．波力発電の事例は比較的多く，主な既往の開発事例を表1に示す．

振動水柱型（oscillating water column type）：海面の上下動により生じる空気室内外の圧力差で空気タービンを回転させる方式である．従来から日本で開発されてきた装置の多くはこのタイプであり，1965年に海上保安庁で採用された益田式航路標識ブイは，世界で初めて実用化された振動水柱型の装置である．

最近の動向として，2011年度からNEDOのプロジェクトで三菱重工鉄構エンジニアリング（株）（現エム・エム ブリッジ（株））のグループによる高効率な防波堤設置式の波力発電装置が開発され，2015年度まで実証試験が行われた．

可動物体型（moving body type）：波の運動を可動物体が捕捉し，油圧などの機械的エネルギーに変換する方法である．振動水柱型に比べて発電効率がよいのが特徴である．古くは，室蘭工業大学が開発した振り子式波力発電装置や，日本造船振興財団海洋環境技術研究所が開発した「海陽」，海洋科学技術センターが開発した「マイティーホエール」がある．

最近の動向として，三井造船（株）のグループが発電効率向上のために同調制御システムを導入した装置を2011～2017年度にかけて開発し，実証試験が行われている．また2014～2017年度にかけて，（公財）釜石・大槌地域産業育成センターのグループがリニア発電機を用いた直接駆動波力発電装置の開発に取り組んでいる（いずれもNEDOのプロジェクト）．

越波型（overtopping type）：波を貯水池などに越波させて貯留し，貯水面と海面との高低差を利用して海への排水時にタービンを回し発電する方式である．

国内ではこの方式を採用した開発事例は少ないが，2012～2015年度にNEDOのプロジェクトで市川土木（株），協立電機（株）らのグ

表1 日本における既往の波力発電装置開発事例[2]

実験名および実験機関		実施年	発電方式
海明	海洋科学技術センター	1977～1985	振動水柱式
振り子式装置	室蘭工業大学	1979～1990	振り子式
沿岸固定式	海洋科学技術センター	1983	振動水柱式
海陽	日本造船振興財団	1984～1986	振り子式
定圧化タンク方式	エンジニアリング振興協会	1988～2000	振動水柱式
波力発電防波堤	運輸省	1990～1991	振動水柱式
水弁集約式	東北電力	1996	振動水柱式
マイティーホエール	海洋科学技術センター	1998～2002	振動水柱式
ジャイロ式	神戸大学・（株）アルファ技研	2001～	ジャイロ式

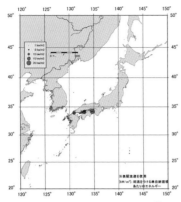

図2 日本近海の潮流ポテンシャルマップ[1]

ループが装置開発を手掛けた事例がある.
(4) 潮流発電
(a) 出現特性と利用可能性
　潮流は，月と太陽から受ける引力の時間変化により，地球上の海水が水平方向に流動する周期的な現象であり，海水の流動に伴う海面変動が潮汐である.

　多くの場所で，潮位が極大となる満潮，極小となる干潮は通常1日2回ずつ観測され，満潮と干潮に挟まれた時間帯に海水が流動する．また約15日間で大潮→小潮→大潮と変化し，大潮期には干満差が大きく潮流も速くなる．一方，地形分布も潮流を規定する重要な要素であり，海峡部や水道部など狭い水路では流れが強化される．潮流・潮汐は規則的な周期現象であり，観測データがあれば極めて正確に予測可能なことから，安定性・信頼性の高いエネルギー源として有望である.

　潮流発電（tidal current power generation）の適地は限定的であり，日本では瀬戸内海，九州西岸，津軽海峡などが該当するが，強流で有名な鳴門海峡では最大流速が5 m/sにも達する（図2）．現状の技術水準を考慮した発電可能量は，6 TWh/y（年間電力需要の約0.7%）と試算されている[1].

　潮流発電に関する課題として，①局所性が強い現象であり，現地観測データの取得が求められる，②適地は航路など交通の要所と重複することが多いため調整が必要，③沿岸部に近接しているため漁業関係者との調整が必要，などの点があげられる.
(b) 発電原理と開発事例
　潮流により水車を回転させ，これを電気エネルギーに変換する方法が基本であり，回転軸の方向によって，水平軸型と垂直軸型に分けられる．前者は**プロペラ型**（propeller type rotor）に代表され，多くのプロジェクトで採用されている．後者は**ダリウス型**（darrieus rotor）や**サボニウス型**（savonius rotor）に代表され，流れの方向に左右されにくいという利点をもつ．1983～1988年に日本大学のグループにより行われた来島海峡での実証試験はダリウス式を用いており，世界で初めて潮流発電に成功した事例である．九州大学では起動特性向上のため，生月大橋にてダリウス・サボニウス混合型を用い実証試験を行った．現在では水中に適したブレードや耐久性の高い発電機の開発，容易なメンテナンス方法の確立など多角的な開発が進められている.

　NEDOのプロジェクトでは2011年度以降，主に6件の研究テーマを実施，そして環境省のプロジェクトでは2014～2015年度にかけて2件の研究テーマを実施した後，2016年度には新たに1件が採択され研究開発や実証試験が進められている.

(5) 潮汐発電
(a) 出現特性と利用可能性
　潮汐現象の成因や特徴は潮流発電の項で述べたとおりである．ただし潮流と違って水面の上下変動というスカラー量になるため，挙動は単純である.

　潮位の把握は港湾計画や船舶航行管理にとって必要不可欠なため，主要な場所では観測データが古くから蓄積されてきた．予測手法も確立され，あらゆる自然現象のなかでも極めて正確に予測でき，ベース電源として有望である．しかしながら日本では干満差が最大級の有明海でも4.9 mにとどまり，実用化

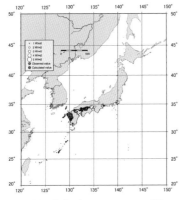

図3 日本近海の潮汐ポテンシャルマップ[1]

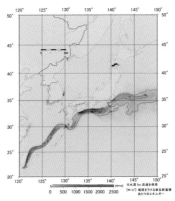

図4 日本近海の海流ポテンシャルマップ[1] →口絵68

の目安である潮位差5 mには届かないため，導入に対しては積極的でない（図3）．さらに湾口や川を横断させるように大規模な堰を建設する必要があり，環境に与える負荷が大きいといった難点がある．

(b) 発電原理と開発事例

潮汐発電（tidal power generation）は水力発電の技術を応用したもので，海外では古くから実用化されている．満潮時の高い海面から海水をダムに取り入れ，内側と外側の潮位差が大きくなる干潮時に堰を開放して放流し，その落差を利用して水車タービンを回し発電する方式である．日本では実用例がないが，海外では，1967年から稼働中のフランス北西部のランス川河口にある「ランス潮汐発電所」，また2011年から稼働中の韓国の北西部にある世界最大規模（最大出力254 MW）の「始華湖潮汐発電所」が有名である．

(6) 海流発電

(a) 出現特性と利用可能性

海流発電（ocean current power generation）は潮流と同様，海水の流動を利用する方法である．ただし成因は潮流とは明確に異なり，地球規模の風の循環により表層水が駆動された大規模流である．世界最大級の海流である黒潮（kuroshio current）は，沖縄の西側から九州南岸，四国沖を経て房総半島に至る流路をとり，日本は世界的にみても海流を利用しやすい環境下にある（図4）．現状の技術水準を考慮した発電可能量は，10 TWh/y（年間電力需要の約1％）と試算されている[1]．

潮流は流れの向きと速さが周期的に変化するのに対し，海流はほぼ定常状態を保ちながら川のように流れるため，安定性が期待できる．ただし潮流と異なり，流れの速い場所は沖合数km以上離れている場合が多く，大水深での設置や保守管理が必要，送電距離が長くなる，など課題点も多い．また，海流エネルギーは過度に利用（回収）すると環境や水産へ影響を与えかねず，配慮が必要である．

(b) 発電原理と開発事例

発電原理は潮流発電に準じているが，立地条件の厳しさもあり開発件数としては少ない．NEDOのプロジェクトでは，2011年度から（株）IHIのグループによる水中浮遊式海流発電，2013年度から三菱重工業（株）による海中浮体式海流発電の研究開発が進められ，前者については2017年7〜8月に実証試験が行われた．

(7) 海洋温度差発電

(a) 出現特性と利用可能性

海洋温度差発電（Ocean Thermal Energy Conversion：OTEC）は海洋の表層と深海の温度差による熱エネルギーを利用する方式

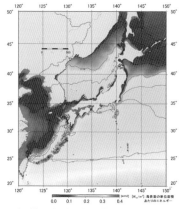

図5 日本近海の海洋温度差ポテンシャルマップ[1]
→口絵69

である．海の鉛直方向の温度差は昼夜の変動がなく季節変動も予測可能なため，比較的安定したエネルギー源になりうる．表層水と深層水（深さ 600～1000 m）の海水を取水するが，発電時の採算性を確保するためには，20°C程度の温度差が必要とされている．赤道を中心とした 20°N～20°S の範囲では大部分がこの条件を満たしており，日本では沖縄，鹿児島，小笠原諸島が適地としてあげられる（図5）．現状の技術水準を考慮した発電可能量は，47 TWh/y（表層－深層間の温度差が 20°C以上の海域を対象とした場合）と試算されている[1]．

(b) 発電原理と開発事例

発電原理としては，作動流体を表層の温かい水で気化させてタービンで発電，その後深層の冷たい水で液化させて再度表層に送り込む，というステップを繰り返していくものである．使用されるサイクルの種類により，①オープンサイクル，②クローズドサイクル，③ハイブリッドサイクル，の 3 種類に分類される．オープンサイクルでは作動流体として表層水を用い，これが封入されずに次々と供給されるのに対し，クローズドサイクルでは作動流体としてアンモニアのような低沸点の液体を用い，これを封入してサイクル内を循環させるという違いがある．

開発の歴史は古く，1881年にフランスの物理学者**ダルソンバール**（J.D'Arsonval）が装置のしくみを考案した．石油ショック以降はアメリカを中心に研究が進められたが，いずれも 100 kW 規模にとどまっており，1000 kW 規模の本格的な実証プラントは 1997 年から開始されたインドでのプロジェクトのみである．

国内では佐賀大学が先行しており，沖縄県が主体となって久米島に建設された「海洋温度差発電実証プラント」では，2013 年 4 月から 50 kW 級の試験運転が開始された．また，国内では佐賀大学が先行しており，沖縄県が主体となって久米島に建設された「海洋温度差発電実証プラント」では，2013 年 4 月から 50 kW 級の試験運転が開始された．また，2011～2014 年度には（株）神戸製鋼所のグループが熱交換器と熱サイクルの効率向上を目指した研究開発を進め，その後 2014～2017 年度にはジャパン マリンユナイテッド（株）のグループにより実証試験が行われている（いずれも NEDO のプロジェクト）．

海洋温度差発電が経済的に成立するためには 1000 kW 以上のシステムが必要であり，大型化が前提となる．また海洋深層水の利用ができるメリットがあり，「海洋肥沃化」，「海水淡水化」，「水素製造」，「リチウム製造」を併用した複合的プロジェクトが可能である．

(8) 今後の課題

海洋エネルギー利用の実用化と普及に向けてクリアすべき課題をいくつかあげる．

(a) 高効率・高信頼性・低コストの装置開発

海洋という過酷な環境下で，いかにトラブルを抑え，メンテナンスを容易化し，かつ耐用年数を確保するかという点が重要である．日本では，台風や津波の来襲など瞬間的な極端現象もみられ，高効率かつ高信頼性の確保が求められる．しかし装置の製作費・設置費のコスト増といったトレードオフを招きかねない．さらなる技術開発を重ね，トータルでバランスのとれた発電システムを確立する必要がある．

404 第IX章 自然エネルギーの利活用

(b) 実証試験海域の整備

開発した発電装置は室内実験や水槽実験を経たのち，最終段階では実際の海域環境に投入される．ここでまとまった期間を設定し，発電性能，耐久性，付着物の状況，採算性などについて検証・評価が行われる．しかし，開発に携わる研究機関や企業が各自で適地選定，漁協や船舶関係者との交渉，電力の陸揚げに必要な系統連携の構築等を行うことは過度な負担になり，本来の研究活動の停滞を招きかねない．海外ではスコットランドの欧州海洋エネルギーセンター（European Marine Energy Center：EMEC）に代表されるような実証試験海域が整備されており，開発者が装置を持ち込んで試験を行えるしくみが構築されている．日本では，2014年7月に新潟県粟島浦村沖をはじめとした6海域がようやく実証試験海域として選定されたところである．本格導入に向けた技術開発を推し進めるために，引き続き国家主導で実証試験海域を整備していくことが望まれる．

(c) 高精度な海象データの整備

波浪や潮流・海流などの現地観測データは陸域に比べて圧倒的に情報量が少ない．とりわけ，ポテンシャル評価や適地選定という目的においては，限定的なポイントでは必ずしもニーズを満たせず，面的に網羅されたデータベースやマップが必要となる．過去には波力のポテンシャル評価事例が散見される程度であるが，2010年度と2014～2017年度のNEDOの事業で日本域のポテンシャル評価が行われ，後者では高精度化が図られている．一方で，来たるべき本格導入段階では，海上工事やメンテナンス，発電量予測に資するリアルタイム予測情報が不可欠となる．今後さらなる高精度化と利便性向上に向けた整備が求められる．

(d) 固定価格買取制度の導入

太陽光発電で採用されている固定価格買取制度（Feed-in Tariff：FIT）を海洋エネルギーにも適用し，発電事業者が安心して資本投資できる環境の整備，および普及促進を目指していくことが求められる．

(e) 各種評価基準などの整備

海洋エネルギーの普及と利用促進を目指すにあたり，各種の規格や基準を整備し，これに沿った性能などの評価を行ったうえで，信頼性や経済性の向上が求められる．2012～2014年度にかけて，OEA-Jが経済産業省事業の一環として取り組んできた事業では，各発電システムの性能に関する技術基準と評価手法の検討が行われている．今後も引き続き事業展開に向けた整備が求められる．

(9) 海洋エネルギー利用に向けた展望

かつて海洋エネルギーの技術開発でトップランナーだった日本は，実用化一歩手前まできた欧米の後塵を拝しているのが現状であるが，その遅れを取り戻すための動きが急ピッチで進められている．NEDOの事業では，2011年度から実施されているプロジェクトに引き続き，2014年12月には実証研究，要素技術開発に関する新たなテーマが4件採択された．数値目標として，2016年以降の事業化時には発電コスト40円/kWh以下，さらに2020年代には現在の太陽光発電よりも安い20円/kWh以下を目指している．

地域振興の手段としても有効である．漁業関係者や地域住民と協調して地産地消を実現し，さらには設備の維持管理の必要性に伴う雇用創出が期待できる．また海洋エネルギー利活用のモデル地域として，地元の情報や魅力を国内外に向けてアピールすることで，地域の活性化や観光産業の発展につながる．

海洋エネルギーの利活用は石油資源枯渇防止や環境保護にとどまらず多様な価値を生み出す．海洋環境の厳しさは並大抵ではないが，英知を結集して戦略的・継続的に取り組み，風向きが大きく変わることを期待したい．

〔大西健二〕

文献

1) NEDO（2011）：海洋エネルギーポテンシャルの把握に係る業務（http://www.nedo.go.jp/index.html）
2) 田中博通他（2009）：波力発電の現状と重力式（越波型）波力発電装置の開発．海洋開発論文集，**25**，359-364.

地球内部に潜む地熱エネルギー
Geothermal energy stored in the Earth

(1) 足もとのエネルギー資源

直接目にすることは難しいが,私たちの足もとにも積極的に活用すべきエネルギー資源が存在している.**地熱**(geothermal)である.これは地球内部の熱が起源となっており,その恩恵の代表が温泉であろう.さらに,発電時の CO_2 の放出がなく,深刻な事故の原因にもならず,廃棄物も残さないという「クリーン」で「安全」な特徴をもつ地熱発電も忘れてはならない.しかしその地熱発電は太陽光や風力といった発電方法と比べて馴染みが薄い.そこで,ここでは地下に潜む地熱エネルギーについて掘り起こしてみる.

(a) 地球の内部構造と熱

巨視的にみると地球は高温の塊である.そして,私たちが住む環境,すなわち1気圧のもとで水が沸騰せずに存在できるような範囲は,その塊の表面に極めて薄く存在している.この関係を身近なもので想像するには,殻を剥いたゆで卵を手にするとよいかもしれない(図1).厚さ約 2500 km の地球の核がゆで卵の黄身,厚さ約 2900 km のマントルが白身,厚さ数 km ～数十 km の地殻が卵殻膜(白身と卵殻の間の薄皮.卵での厚さは数百 μm)である.そしてその温度は,黄身

図1 ゆで卵の形で考えた地球内部の構造と温度
この図の場合,地殻(卵殻膜)は薄すぎて描くことができない.

に相当する部分が 5500 ～ 2000 ℃,白身が 2000 ～ 1000 ℃,卵殻膜はおよそ 1000 ～ 数十 ℃ 程度,ということになる.

一方,この膨大な熱の塊に対して人類があけた穴で最深のものは,1970 ～ 1980 年代に旧ソ連の学術プロジェクトとして掘られたコラ半島超深度掘削坑で,その深さは 12.26 km である.石油掘削のためにサハリンやペルシャ湾で行われたボーリングの掘削長も 12 km を超すが,掘削は下向きだけではないので実際の深度は浅い.いずれにせよ,私たちはゆで卵の薄皮さえ穿ったことがないのだ.とはいっても,現在の私たちが発電に必要とし,扱いも容易といえる数百 ℃ の地熱は地表面から数 km であっても十分に獲得が可能である.そして,人類の時間スケールから考えるとこの無尽蔵ともいえるエネルギーによる地熱発電は,天候や時刻に左右されない「安定」という特徴を有していることも特筆すべきである.それではどのような場所が地熱開発に適した条件を備えているのだろうか.

(b) 火山と地熱資源の関係

地球内部からの熱は,地殻を経て固体地球の表層へと流れている.その流れの量のことを**地殻熱流量**(terrestrial heat flow)という.地殻熱流量は場所によって大きく異なり,広くはプレートの拡大軸やホットスポットなど,地下からの物質の供給が盛んな場所はとくにその値が高い.さらに局所的にみると,地殻内部でのマグマの貫入や地殻表面(地表面と海底面)での噴火といった**火成活動**(igneous activity)の盛んな地域で地殻熱流量が高い.実際に図2が示すように,完新世火山(過去約1万年間に活動した火山)の数と地熱資源量の関係にはよい相関がある.そして図からは,日本が世界でもトップクラスの地熱資源大国であることも容易に理解できる.

(2) 地熱発電開発の現状
(a) 日本の現状

図2のデータの球の大きさは各国がもつ

地熱発電の**設備容量**（installed capacity）を示している．注目すべきは日本の値がグラフの原点から遠くにあるにもかかわらず，他の国々と比べて球が小さい（設備容量が小さい）ことである．これは日本での地熱資源の活用が他国と比べて劣っていることを示している．

(b) 世界の現状

地熱発電の設備容量が大きい（図2で球が大きい）国は，主に欧州・北米・アジアの火山国である．ただし，日本を上回る約150の完新世火山をもつロシアでの設備容量は82 MWと小さい．一方ドイツでは，アイフェル地方以外に顕著な火山がないなかで，従来の高温の蒸気を用いる発電ではなく地下数千mからえた熱水で低沸点媒体（ここではアンモニア）を沸騰させてタービンを回す**バイナリー発電**（binary cycle power generation）を導入し27.1 MWの設備容量を実現している（"binary"の語は発電システムが，外部から取り入れる熱水と，タービン用に循環する媒体の2系統からなることを意味する）．

南米大陸でもとくに環太平洋の火山を含む地域では，チリで完新世火山の数が103，アルゼンチン39，エクアドル35，ペルー16，ボリビア13など，地熱発電のポテンシャルは高いが地熱発電所はない．それでも，今後5年間で数十～百数十MWの新たな発電開発計画が各国で示されている．このような計画は，既に若干の開発が行われているアフリカや中米のいくつかの火山国においても同様である．一方，オセアニア諸国はニュージーランドを除くとパプアニューギニアで開発が進むほかは，トンガ（完新世火山の数20）やバヌアツ（同14）などの火山国でも地熱発電は行われていない．

(c) 過去20年の変化と今後5年間の予想

世界各地域の地熱発電の設備容量は増加の一途をたどっている（図3）．さらに計画とはいえ，今後5年間の増加量はかなり大きいことがわかる．一方，日本においては過去15年間で増加はなく，今後の5年間でも大きな増加は予定されていない．

なお，日本企業の地熱発電用タービンの世界シェアは2/3を上回り，東芝，三菱および

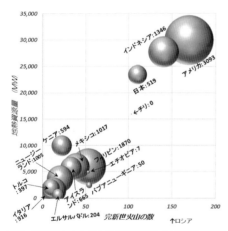

図2 完新世火山の数と地熱資源量および地熱発電の設備容量の関係
横軸：過去約1万年の完新世に活動した火山の数[1]（日本は気象庁定義の活火山の数）．縦軸：地熱資源の賦存量[2]．いずれの数値も，精度には議論の余地があるが両者に相関があることは確かである．各国の球の大きさは発電設備容量（MW）[3]．ロシアは地熱資源量の数値が公表されていないのでグラフ外に示した．本文中も含めて発電容量の数値は2015年の値．

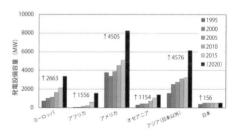

図3 世界5地域と日本の地熱発電の設備容量の変化（Bertani (2015)[3]）を基に作成）
濃灰から淡灰色：1995～2015年の5年おきの発電設備容量の変化．黒色：予測される2020年の発電設備容量．矢印付きの数字は1995～2020年の予想増加量（MW）．日本の発電容量の増加が他の地域と比べて極めて小さいことがわかる．

富士電機がそれぞれ 1/4 〜 1/5 のシェアを占め，残りをイタリアのアンサルド社（2011 年に東芝系企業が株式の大半を買収）とイスラエル系アメリカ企業のオーマット社が占めている．したがって地熱発電の技術面については，日本は世界の先端を進んでいるといえよう．

(3) 地熱発電の歴史

開発のポテンシャルがあるにもかかわらず日本の地熱発電が進んでいない，その状況を開発の歴史から確認してみよう．

(a) 地熱発電の萌芽から停滞まで

1917 年，大分の別府温泉で高橋廉一により始められた地熱発電への挑戦は，山内萬壽治や太刀川平治らが加わり 1925 年に成功に至った[4]．イタリアでの世界初の発電実験から 21 年後のことである．終戦から数年後には地熱開発に関する調査研究が旧地質調査所や九州配電（現在の九州電力）によって始められ，1966 年に岩手県松川で，1967 年に大分県大岳で地熱発電の操業が相次いで開始された（出力はそれぞれ 9.5 MW と 11 MW）．そして，1973 年の第一次オイルショックを主な契機とした国の**新エネルギー技術開発計画**（**サンシャイン計画**，Sunshine Project）と，その後の一連の計画によって新たな地熱資源調査や発電所の開業が相次ぎ，それは 1996 年の葛根田，滝上，大霧の各発電所での増開設まで続いた．しかし，発電所開業までにかかる時間と経費，国立・国定公園に関する規制，温泉事業者からの反対といった問題，さらには**ベースロード電源**（baseload electricity source）として原子力を採用した国策や，新エネルギー利用に関する特別措置法（RPS 法）からの従来型地熱発電の除外といった条件から，1996 年以降大型の地熱発電の開業はみられなくなった．それが図 3 にみられた日本の停滞である．そして実際の発電量も 1997 年をピークに減少を続けている．

(b) 地熱発電開発の復活

2015 年 5 月に大型の発電所としては 23 年ぶりとなる建設が秋田県湯沢で着工された（山葵沢地熱発電所．42 MW）．これは，福島第一原子力発電所の事故を受けての，再生可能エネルギーの固定価格買取制度や債務保証制度といった仕組みの下で，ようやくみられた地熱発電開発の復活といえる．なお，これについては近年の地球温暖化や**枯渇性資源**（non-renewable resource）の問題や，それに対する環境付加価値やグリーン電力証書といった概念の出現や制度化といった，震災前からの変化も実際には影響していると考えられる．

ところで，前出の太刀川平治の 1930 年の著書を紹介した文[5]には，おおよそ次のようなことが書かれている．

・日本の動力の資源（エネルギー資源）には限界がある．
・水力と燃料の前途に憂慮すべきで，発送電の能率を上げると同時に新しいエネルギー資源の開発が必要である．
・火山と温泉の多い日本において今後の資源にもっとも有望視されるのは地熱利用である．

そして現在も 80 年以上前とまったく同じ状況である．それでは，今後の地熱利用にはどのような展開が期待できるであろうか．

(4) これからの地熱利用

(a) 人工地熱系の開発

従来の地熱発電所の開発に必須となる条件は，地下の**地熱貯留層**（geothermal reservoir）の存在である．一方，**人工地熱系**（engineered geothermal system：EGS）の開発は，その地熱貯留層を自前で形成することを目指したものである．これに先立って，地熱地域の地下深部で高温の岩盤を水圧で破砕し，人工的に地熱貯留層を出現させる**高温岩体地熱発電**（hot dry rock geothermal power）の研究は日本でも 1990 年前半から 10 年ほど行われた．EGS はさらに非地熱地域の地下で同様の仕組みをつくり出す計画である．しかし，大深度のボーリング掘削や地下深部に圧入する水の確保やコスト，圧入後の水のコ

ントロールなどの課題は非常に大きく，海外では計画の遅延や事故も報告されている．したがって実際には前途多難な計画である．それでも，世代を超えた倫理的・経済的問題を考えると，例えば放射能のリスクを抱えつつ百億円オーダーの経費を毎年費やしている高速増殖炉の開発よりも，EGS の開発の方が人類の挑むべき重要な課題ということはできないだろうか．

(b) 温泉バイナリー発電

バイナリー発電は低沸点媒体でタービンを回すため，導入する熱源が 100℃ 以下の熱水であっても発電が可能である．近年，その利点と温泉水を用いた温泉バイナリー発電の開発が国内各地で進められている．とくに，温泉温度差発電として 1983 年から研究[6]が行われていた長崎県の小浜温泉では，紆余曲折の末 2015 年 9 月からこの方法で 0.2 MW の売電が開始された．従来型の地熱発電開発と違い，大規模な掘削を伴わず，温泉の有効活用や地域振興にもつながるため，地元の温泉事業者からもこの方法は支持をえやすいようである．発電量は 1 MW 以下と小さいが，各地での発展が期待される．

(c) 地中熱利用

最後に，上述のような地熱から発電を行うという熱の間接利用ではなく，温泉などの直接利用についてみてみよう．

世界全体で近年急増したのは**地中熱ヒートポンプ**（geothermal heat pumps）での地熱利用である（図4）．地中熱とは，年間を通じて温度が一定の地下（地表下数十m以深）と外気との温度差（夏は冷たく冬は暖かい）を利用するものである．ヒートポンプはエアコンの室外機にある原理で，とくにその熱源に地中熱を用いて空調を行う設備の容量が図4 の左端のデータ群である．ただし，この激増を牽引しているのはアメリカ，中国，ヨーロッパ諸国である（各国とも直接利用の全熱量のうち 6～10 割が地中熱ヒートポンプに使われている）．一方の日本では温泉の入浴が直接利用の 9 割を占めており[7]，この点でも世界の趨勢とは大きく異なっている．

地中熱は誰にでも身近に存在するエネルギー資源である．効率的な空調利用のためにも，私たち自らが活用を拡大するべきであろう．それにはまず地熱や足もと直下の地中熱に興味をもつことが大切である．関連の書籍[8),9)]などの一読もお勧めする．〔小森次郎〕

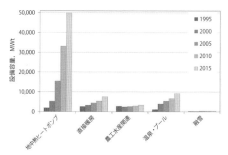

図4 使用目的別にみた世界の地熱の直接利用量の過去 20 年間の変化
Luud and Boyd（2015）[7]のデータから作成．

文献

1) Global Volcanism Program (2013): Volcanoes of the World, v.4.4.0. Smithsonian Institution (http://dx.doi.org/10.5479/si.GVP.VOTW4-2013)
2) Geothermal Conference Paper Database. (http://www.geothermal-energy.org/publications_and_services/conference_paper_database.html)
3) Bertani, R. (2015): Geothermal Power Generation in the World 2010-2014 Update Report. Proceedings World Geothermal Congress 2015. (https://pangea.stanford.edu/ERE/db/WGC/papers/WGC/2015/01001.pdf.)
4) 川田 康（2015）：別府における地熱発電．別府史談，**28**，100-102.
5) 諏訪哲郎（1930）：新刊紹介「太刀川平治著．地熱發電の研究」．燃料協會誌，**9**，781-782.
6) 栗須正登他（1984）：温泉・温度差発電（第1報小浜温泉の現地試験結果）．長崎大学工学部研究報告，**14**，99-106.
7) Lund, J.W. and Boyd, T.L. (2015): Direct Utilization of Geothermal Energy 2015 Worldwide Review. (https://pangea.stanford.edu/ERE/db/WGC/papers/WGC/2015/01000.pdf)
8) 江原幸雄（2012）：地熱エネルギー，オーム社．
9) 真山 仁（2006）：マグマ，朝日新聞出版．

§IX-6

循環型のバイオマスエネルギー
Recycling biomass energy

(1) 循環型社会と再生可能エネルギー

循環型社会形成推進基本法では，**廃棄物**（waste）・リサイクル対策を総合的かつ計画的に推進するための基盤を確立するとともに，個別の廃棄物・リサイクル関係法律の整備とあいまって，**循環型社会**（recycling-based society）の形成に向け実効ある取り組みの推進を図るとしている．すなわち，循環型社会とは，廃棄物等の発生抑制，循環資源の循環的な利用および適正な処分が確保されることによって，天然資源の消費を抑制し，環境への負荷ができる限り低減される社会である．この法の対象となる物を有価・無価を問わず「廃棄物等」とし，廃棄物等のうち有用なものを「循環資源」と位置づけ，その循環的な利用を促進することとしている．そのためには，処理の優先順位を初めて法定化し，発生抑制，再使用，再生利用，熱回収，適正処分との優先順位を定めている．

循環型社会形成推進基本法に適した**再生可能エネルギー**（renewable energy）として**ローカルエネルギー**（local energy）があり，このエネルギーは**自然エネルギー**（natural energy）とバイオマスエネルギー（biomass-energy）に大別できる．自然エネルギーは日射や水力，風力など地域に広く分散しているクリーンなエネルギーである．一方，バイオマスエネルギーとは作物や動物などが蓄えたエネルギーである（図1）．

今なぜローカルエネルギーか，高度経済社会における化石エネルギーの大量消費は，二酸化炭素（carbon dioxide：CO_2）や窒素酸化物（nitrogen oxides：NOx）を大量に放出し，**地球温暖化**（global warming）などの原因となっている．一方，ローカルエネルギーは地球にやさしいエネルギーである．自然の循環のなかから生み出されるこのエネルギーはいくら使っても，大気中の二酸化炭素などの**温室効果ガス**（greenhouse gas）の量が増えることはない（カーボンニュートラル：図2）．また，ローカルエネルギーを安く供給できるようになれば，燃料として切られる木が減り，**沙漠化**（desertification）や**土壌劣化**（soil deterioration）を抑制できる．

また**家畜排泄物**（livestock waste）や廃棄物からエネルギーを効率よく取り出し，そ

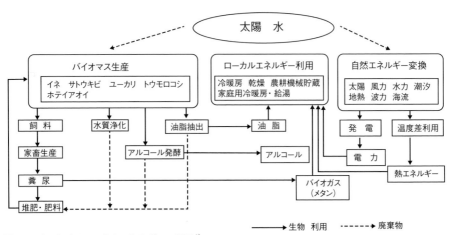

図1 日本におけるローカルエネルギーの利用 [1]

れをバイオマス生産に有効利用できるようになれば，川・湖の汚染や**海洋汚染**（sea pollution）も少なくなる．これらのローカルエネルギーは，エネルギー源に季節性があり，年間を通じて安定して供給・利用するために，日射や水力，風力などの自然エネルギーとバイオマスエネルギーをうまく組み合わせてシステム化する必要がある．さらに，バイオマスエネルギーの利用では，世界的に資源の中心となるのは植物系バイオマスであり，それらを燃焼やガス化，糖化を経てエタノール発酵などで処理する．水の多いバイオマスは燃焼できないので，メタン発酵によってエネルギーを回収する（図3）．

(2) バイオマス・ニッポン総合戦略

バイオマスの利用の背景には地球温暖化，循環型社会の形成，戦略的産業育成，農山漁村活性化などの観点から，農林水産省をはじめとした関係府省が協力して，バイオマスの利活用推進に関する具体的取り組みや行動計画を「バイオマス・ニッポン総合戦略」として2002年12月に閣議決定した（図4）．このバイオマス・ニッポン総合戦略[5]は農林水産省が提案したプロジェクトで，国土交通省や環境省などの省庁の違いにかかわらずバイオマス循環をさせて二酸化炭素の発生量を減らす．すなわち，化石燃料（fossil fuel）を節約したり農水産物などを循環させたりすることで，循環社会に転換する．そして，バイオマス収集から変換，利用，生産と循環，それぞれの部分でバイオマスの循環を実現する．さらに，バイオマスの利用促進とバイオマス産業の活性化を図るため，バイオマスタウン構想が閣議決定された（2002年12月）．

バイオマスタウン（図5）は，地域内において，広く地域の関係者の連携の下，バイオマスの発生から利用まで効率的なプロセスで結ばれた総合的利活用システムが構築され，安定かつ適切なバイオマス利活用が行われているか，あるいは今後行われることが見込まれる地域である．バイオマスタウン構想の策定主体は市町村であるが，地域の関係者全員の創意工夫でつくられるものである．バイオマスタウン構想の策定数は，新たな「バイオマス・ニッポン総合戦略」により，2011年4月末の時点で318地区に達し，国の目標である300地区を達成した[5),6]．なお，「バイオマス・ニッポン総合戦略」は2006年3月に見直され，新たな「バイオマス・ニッポン総合戦略」が閣議決定された．そのポイントは，①バイオ燃料の利用促進，②バイオマスタウン構想の加速化（2010年度までに300地区程度の策定目標），③アジア等海外との連携の3点である．

以下にバイオマスタウンの事例の一部を紹

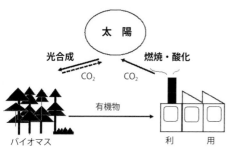

図2 カーボンニュートラルの概念[3]

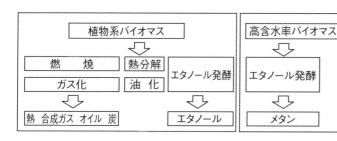

図3 バイオマスエネルギーの利用法[3]

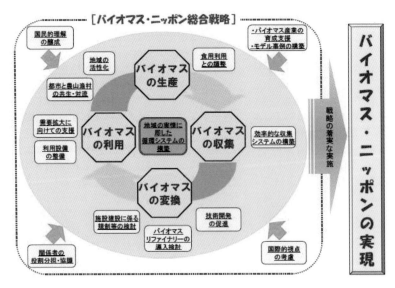

図4 バイオマス・ニッポン総合戦略実現に向けて（骨子イメージ）[4]

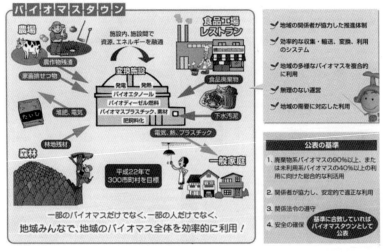

図5 バイオマスタウン構想[5]

介する．

(a) 大分県日田市の事例

　日田市は，全世帯から出る生ごみと農業集落排水汚泥，豚ふん尿や焼酎かすなど 80 t/日をメタン発酵させて，メタンガスを利用した発電を行っている．処理過程で発生する残渣は，堆肥や液肥として地域内の農家に提供している．また，100 t/日の木質バイオマス発電も稼働しており，さらに，杉や檜の皮（バーク）の固形燃料化も着手予定という．

(b) 栃木県茂木町の事例

家畜排泄物処理設備を整備した「有機物リサイクルセンター美土里館」において，地域資源である牛ふん，生ごみ，落ち葉，もみがら，おがくずなどのバイオマスの利活用によって良質な堆肥を製造して町内の農地で利用している．このように，環境保全型農業を推進するとともに，豊富な森林資源の利用，ごみのリサイクル，地産地消を進めている．

(c) 兵庫県豊岡市の事例

バイオマスの利活用として搾油機，BDF（bio-diesel fuel）精製装置を導入して，遊休地などにナタネを栽培し，農地保全，景観形成，農業の再生につなげている．ナタネから食用ナタネ油を絞り，地域で利用した後，廃油は BDF に変換して利用している．豊富な森林資源を活かすため，間伐材などの木材バイオマスのチップ化やペレット化も進めている．

(d) 岐阜県白川町の事例

林業・木材産業の町であることを活かし，製材くずや林地残材を木質バイオマス発電の燃料や木質ペレットの原料として利活用しており，公共施設などにペレットストーブを導入し，木質ペレットの需要拡大と通年利用を目指している．また，利地残材の搬出や農業体験などを組み合わせたエコツアーを受け入れるなど観光事業も積極的に行い，地域活性化とバイオマスタウンの推進に努めている．

(3) バイオマス燃料の利用促進

2008 年は原油価格高騰によりガソリン価格も高騰し，石油製品の値段も上がり，その余波の物価の上昇は，世界中で大きな社会問題になった．そこで注目されたのは，バイオエタノールである．バイオエタノールは，植物を原料としてつくられるエチルアルコールであり，トウモロコシのデンプン質やサトウキビの糖分などを使ったものが代表的であり，石油代替燃料として注目されている．エタノールは燃やすと二酸化炭素を排出するが，バイオエタノールは植物を原料としているため，植物が成長段階で吸収した二酸化炭素を大気中に再放出していると考え，カーボンニュートラルな燃料とみなされている．既に，ブラジル，北米，欧州では，バイオエタノールを混ぜたガソリンが自動車用燃料として使用されており，日本でも 3％の混入（E3）を容認する仕組みができたが，現実には試行段階である．今後，E3 の拡大が期待されているとともに，諸外国のように 10％まで混入（E10）を認めるべきであるという議論もある．また，石油精製の副生成物イソブテンと合成した ETBE（ethyl tertiary-butyl ether）という物質を混入する方法もあり，現在ガソリンへの 7％混合までが認められている．

日本では，廃材木などを使ったバイオエタノールによる二酸化炭素の排出抑制と資源の有効利用が期待されている．しかしながら，実用化の段階には至っていない．欧州連合（EU，加盟 28 か国）の欧州議会産業・エネルギー委員会は 2008 年 9 月，自動車燃料に占めるバイオ燃料の割合を「2020 年までに10％にする」と定めた EU の目標を実質的に 6％に引き下げる修正案を採択している．食糧危機への影響などを考慮した措置である．バイオ燃料生産を巡っては森林破壊や穀物価格高騰との関連が指摘され，国連機関や環境保護団体などから「10％目標」の見直しを促す意見もでている．そもそも食料をエネルギーに代替する考え方自体の正当性に対する批判も多い． 〔山口武則〕

文献

1) 農業環境技術研究所（1993）：人とみどりと地球と，農業環境技術研究所．
2) 原 剛（1994）：日本の農業，pp.53-54，岩波書店．
3) 羽賀清典他（2004）：家畜排せつ物のリサイクルとエネルギー利用，エヌ・ティー・エス．
4) バイオマス・ニッポン総合戦略骨子（http://www.kantei.go.jp/jp/singi/bt/dai2/2siryou11-2.pdf）
5) 一般社団法人日本有機資源協会編（2013）：バイオマス活用ハンドブック，環境新聞社．
6) 一般社団法人日本有機資源協会：バイオマスタウン構想分析 DB（http://www.jora.jp/biomasstown_DB/）

トピック⑬

自然エネルギーを活かした環境教育

Environmental education
utilizing natural energy

(1) 再生可能エネルギーと環境教育

　日本は 2011 年 3 月 11 日（金）に発生した東日本大震災に伴う原子力発電の停止や，化石燃料の枯渇，地球温暖化および CO_2 の排出量の増加などから風力や太陽光などの一部の再生可能エネルギーは「新エネルギー」として法律で定められ，国をあげて支援されてきた．そして，今，数十基の風車や十数万枚ものソーラーパネルを備えた巨大な発電施設が急増している．一方，地球温暖化や廃棄物問題，身近な自然の減少など，現在の環境問題を解決し，持続可能な社会をつくっていくために，行政のみならず，国民，事業者，民間団体が積極的に環境保全活動に取り組むことが極めて重要であり，2003 年 7 月 25 日に環境教育推進法が公布され，同年 10 月 1 日に施行された．この法律は，「持続可能な社会を構築するために，一人一人が環境についての理解を深め，環境保全活動に取り組む意欲を高めるためのさまざまな支援を行い，環境教育を進める」ことを目標に掲げている．具体的には，国，地方自治体は，広く一般の意見を取り入れながら基本方針や計画をそれぞれ策定した上で，「学校，職場における環境教育の支援」，「環境教育に関する情報提供」，「各主体とのパートナーシップに基づく取り組み」，「財政上，税制上の取り扱い」，「環境保全に関する情報の公開」などに努めることが定められている．

(2) 環境教育の実施例

　例えば，地方公共団体が県立学校へ最大需要電力表示装置を導入し，教職員に対し電気使用などに関する校内研修を実施することにより，教員・生徒の省エネ意識が向上し，電気使用量が削減された．理科の授業に活用する他，環境にやさしい学校づくりに全員で創意工夫しながら取り組む学校をエコチャレンジスクールとして認定する事業や市の職員による出前講座を実施している．

　具体的には，文部科学省の HP[1] で，さまざまな事例が掲載されている．

　例えば，国の「環境モデル都市」に選定されている都市では，「環境モデル都市行動計画」を策定し，これに基づき，新エネルギーの活用やリサイクルの推進，市民総参加の環境活動の展開など，地球環境問題に対する独自の施策をより一層推進している．

　学校においては，校舎の改築・改修時に太陽光発電，太陽熱利用の設備などさまざまな新エネルギーを導入して，環境教育の教材として活用している．

　また，市の環境部が中心となって，「キッズ ISO14000 プログラムの実践」，「ケナフを育ててはがきを作ろう事業」，「緑のカーテン事業」など，子どもたちを対象としたさまざまな環境教育活動が実施されている．一方，教育委員会では，国の環境施策を踏まえ，市立の全小中学校などへ太陽光発電を設置して，発電状況を示すディスプレイを昇降口などに取り付けて児童生徒の節電に対する意識の向上を図るとともに，保護者や地域住民にも太陽光発電の啓発用パンフレットを配布したり，子どもたちの学校版環境 ISO の取組みを掲示して，いつでも見られるようにしている．

　学校施設においては環境負荷の低減や自然との共生を考慮した施設を整備するとともに，未来を担う子どもたちが環境問題を身近に感じられるよう学校に太陽光発電を導入し，それを活用した環境学習を実施している．今後，既に耐震化を完了し安全・安心な学習環境を整備した学校施設へ，太陽光発電設備を導入することにより，自然の大切さや環境保全の重要さが認識される

ことの一端を担える学習環境の整備に努めることとしている．小学校の学校エコ改修事業（環境省）を契機の1つとして，学校施設へ太陽光発電設備をはじめとした新エネルギー設備を導入していくことや，身近な日常生活から思考する学習を中心に，遊び心を加えたゲームやクイズ，体験学習などを取り入れ親しみやすくすることにより，子どもたちが自ら考え行動することができるよう工夫している．

地域の企業，大学，商工会議所で構成されるある有限責任事業組合（LLP）は児童生徒，地域住民を対象とした環境学習・啓発活動を実施するなど，さまざまな形の環境学習を行っている．さらに，太陽光発電を活用して，子どもたちの実感が伴う形で環境教育を行うために，グリーン電力証書制度を活用した学校太陽光発電所グリーン電力活用事業を開始している．この事業の一環として学校への太陽光発電導入を進め，市民を環境学習の講師として登録，派遣する「エコリーダー派遣事業」や，環境実践プログラムを通じ，小中学生から一般の方までを対象とした環境教育を実施している．ある小学校では，4年生の理科の授業において，設置されている太陽光発電パネルを用いて，晴れの日と曇りの日の発電量の違いや，光の当たる角度による発電量の違いを学習している．また，廊下に太陽光発電表示モニターを設置し，現在の発電電力，本日の発電量，発電量が二酸化炭素の削減量に換算され表示されることで，全校児童の関心を高めている．

ある中学校では地域への発信として，エネルギー環境教育活動のリーフレットを作成，配布するとともに，学校行事の「演劇祭」では「エネルギー」や「環境」，「雪」などをテーマに演劇を行っている．また，ある高等学校では，エコ改修に合わせて，太陽光発電を屋上のほかに，庇状（ひさし）の太陽光発電を人目に触れる校舎の南面へ設置して，生徒が主体となった環境委員会を発足し，環境測定，リサイクル活動やエコグランプリを開催している．また，ある工業高等学校では，校内に「ものづくり委員会」を設置して活動している．生徒が地球温暖化などの環境問題に目を向けるとともに，日常的に学習内容が実社会にどのように役に立っているかを実感することを目的として全校生徒で手づくり太陽電池パネルを製作した．ある高等学校では太陽光発電設備に加え，内装・建具に保護者会の林で育てられた木材を使用するなど，地域の協力をえながら，環境に配慮した整備を実施した．施設整備を契機に，「エコスクール日本一」を目標に掲げ，生徒会を中心とした「エコスクール委員会」を設立し，さまざまなエコ活動を実施するなど，環境問題に対して主体的に行動する実践的な態度や資質，能力の育成を行っている．

あるNPO法人では，環境教育・科学技術教育，近隣住民への普及啓発，二酸化炭素の削減，環境産業の推進を目的に活動している．学校の授業への協力，PTA祭での工作教室，地域の小中学校に呼びかけた人材育成セミナー，講演会などを，児童・生徒・教員・地域住民を対象に実施している．

新・エネルギー環境教育情報センターでは，環境教育に取り組む先生のために，①授業に役立つ教材・資料，授業プラン，②先生のための各地のセミナーや研究会活動の情報提供，③実践をサポートする専門家や施設などの活動の情報提供を行っている．さらに，全国の見学可能なエネルギー関連施設・工場および科学博物館などをアンケート調査に基づいて施設ガイドにとりまとめ公表している[2]．　　　　　〔山口武則〕

文献

1) 文部科学省：環境・エネルギー教育を実践している事例．http://www.mext.go.jp/a_menu/shisetu/newdeal/jirei/1288308.htm

2) 新・エネルギー環境教育情報センター．http://www.iceee.jp

トピック⑬　自然エネルギーを活かした環境教育　　415

気候変動・気候災害に関する年表

　この年表は，本書の各所に示された気候変動と気候・気象災害に関して，より幅広い見地から時系列に纏めたものである．本表によって改めて時間軸で現象を概観し，日本と世界で起きた諸現象について相互関連性を見出すことがあるかもしれないし，メカニズムの端緒を捉えることができるかもしれない．

　本表の記号・凡例ならびに出典は下記の通りである．

　特に，中塚 武氏からは，樹木の年輪分析に基づく年平均気温復元データ（1000 ～ 2009 年）を提供していただいた．また，青野靖之氏からは，京都のヤマザクラの満開日から求められた気温復元データ（816 ～ 1995 年）を提供していただいた．これらの貴重な情報はこの年表の価値を高めるものと考えられる．

　なお，ここでは 1801 年から現在までの分を掲載している．600 年以降の全データについては，朝倉書店ホームページ（http://www.asakura.co.jp/）よりダウンロード・閲覧が可能である．ぜひご参照・ご活用願いたい．〔田上善夫・財城真寿美・丸本美紀・山川玲子・山川修治〕

【記号の説明】

→：要因（原因）　　⇒結果　　　の関係を示す．
T：台風　　　TD：熱帯低気圧　　　BF：梅雨前線　　　AF：秋雨前線　　　KLM：黒潮大蛇行
EF：enhanced Fujita scale　　　Cb：積乱雲
飢饉：必ずしも気候災害でないものも含まれる

【国名の略号】

ARG：アルゼンチン	ISL：アイスランド	PNG：パプアニューギニア
CHL：チリ	IDN：インドネシア	PRK：北朝鮮
CHN：中国	ITA：イタリア	PRT：ポルトガル
COL：コロンビア	KOR：韓国	RUS：ロシア
CRI：コスタリカ	MEX：メキシコ	SLV：エルサルバドル
ECU：エクアドル	NIC：ニカラグア	TON：トンガ
ERI：エリトリア	NZL：ニュージーランド	USA：アメリカ合衆国
GRC：ギリシャ	PER：ペルー	VCT：セントヴィンセント
GTM：グアテマラ	PHL：フィリピン	VUT：ヴァヌアツ

【文　献】

青　青野靖之（2014）：古記録における天気ならびに植物季節的記録を用いた気候復元手法の確立，2011 ～ 2014 年度科学研究費補助金 基盤研究（C），265p.

災　荒川秀俊・宇佐美龍夫（1985）：災害，350p，近藤出版.

エ　気候影響・利用研究会編（2010）：エルニーニョ・ラニーニャ現象，276p，成山堂書店 .

K　気象庁 Web-site（2017）
　（http://www.data.jma.go.jp/gmd/cpd/monitor/extreme_world/index.html）
　（http://www.jma.go.jp/jma/press/1709/29a/20170929_kuroshio.pdf）

天　国立天文台編（2016）：理科年表，Vol.89，1104p，丸善出版.

国　竹田厚（1996）：気象災害．力武常次監修：近代世界の災害，pp.215-297，国会資料編纂会.

地　ダンドー，W.A. 著，山本正三・斎藤功訳（1985）：地球を襲う飢饉－その歴史と将来展望－，236p.，大明堂.

朝　朝鮮総督府（1928）：朝鮮の災害，248p.

氣　中央氣象臺・海洋氣象臺編（1939）：日本氣象史料，770p.

飢　中島陽一郎（1981）：飢饉日本史，203p.，雄山閣.

変　根本順吉（1980）：気候変化．根本順吉・朝倉正：気候変化・長期予報，pp.1-120，朝倉書店.

A　山川修治（1989）：世界災害史年表．週刊朝日百科 世界の歴史，57，災害と人口，B354-355，pp.382-383.

専　山川修治（2009）：気象災害．萩原幸男監修：日本の自然災害 1995 ～ 2009 年―世界の大自然災害も収録―，pp.249-316，日本専門図書出版.

C　CSIRO (2017): Southern Oscillation Index (SOI) since 1876.
　（http://www.bom.gov.au/climate/current/soihtm1.shtml）

N　Cook, E. R., *et al.* and PAGES Asia2k Members (2013)：Tree-ring reconstructed summer temperature anomalies for temperate East Asia since 800 C.E. *Clim. Dynami.*, **41**, 2957-2972 doi:10.1007/s00382-012-1611-x41.

L　Lamb,H.H.(1977): *Climate: Present, Past and Future*, vol. 2, Climatic history and the future, Methuen, 835p.（火山活動の項に DVI をイタリックで示す）

Q　Quinn,W.H. and Neal,V.T.(1992): The historical record of El Niño events. In Bradley,R. S. and Jones,P.D.: *Climate since A.D.1500.*, pp.623-648, Routledge.
　（1525 ～ 1875 年について本表に転載．La Niña も含む ENSO 顕著年として捉えられる）

D　Sasaki,H. and Yamakawa,S. (2004): Natural hazards in Japan.　Stoltman,J. P., Lidstone,J. and DeChano,L.M.: *Internatinal perspectives on natural disasters — Occurrence, mitigation and consequences*, pp.163-180, Kluwer Academic Pub.

V　Sciencedaily.com.（2009）：Undocumented volcano contributed to extremely cold decade from 1810-1819.
　（http://www.sciencedaily.com/releases/2009/12/091205105844.htm）

S　Smithsonian Institution, National Museum of Natural History, Global Volcanism Program (2017)：(http://volcano.si.edu/search_eruption.cfm)

E　WIRED Space(2013): Samalas in Indonesia identified as source of the 1257 A.D. 'Missing' Eruption.（https://www.wired.com/2013/09/samalas-in-indonesia-identified-source-of-the-1258-a-d-missing-sruption/）

年	日本の異常気象・天候異変	海外の異常気象・天候異変	火山活動（大噴火）	海洋異変 ENSO	太陽活動（天文関連を含む）	年輪分析による年平均気温偏差	ヤマザクラの満開日による推定気温
1801	深雪：江戸・因幡，洪水：紀伊，大風雨・洪水：因幡・伯耆・備前・飛騨(気)	暑夏：英国(L)，飢饉：インクランド(地)			56.7	-0.106	5.71
1802	大雨・洪水：筑後，風雨・洪水：近畿，東海道・関東，大風雨・洪水：土佐，大風雨：因幡・備前(気)	寒冬：英国，流氷着岸（30週間）：アイスランド(L)	Tutupaca (PER) 4 (S)		75.0	-0.076	5.67
1803	大南風：因幡，不雨・洪水：京都，筑後，旱魃：備中，大雨・洪水：和泉，風雨：江戸，大風雨・洪水：筑前(気)	寒冬：英国(L)	Cotopaxi (ECU) 3 (安)，1100 (L)(S)	EN+	71.8	0.310	5.66
1804	大雪一尺五寸：江戸，大雨・洪水：筑後，洪水：摂津・和泉，大風雨：筑前・伊予・因幡・北海道(気)			EN+	凸79.2	0.253	5.69
1805	大雨・高潮，旱魃：関東・奥羽，風雨：江戸(気)	寒冬：英国(L)			70.3	-0.032	5.79
1806	旱魃：四国・中国，大南風：江戸，大雨，洪水：加賀，大雨：江戸（2回），大風：因幡(気)	飢饉（1806-07）：カルナチッカ（インド）(地)		EN	46.8	0.290	5.88
1807	大雨：江戸，大雨・洪水：京都・近国，大洪水：筑後，大風：加賀，大風雨：紀伊，大雨，洪水：摂津・河内・近江(気)	暖冬：西欧，暑夏：英国，流氷着岸（25週間）：アイスランド(L)	Guntur・Merapi (IDN) 2・2 (安)(S)，total 1500 (L)	EN	16.8	0.218	5.85
1808	大風雨：紀伊・因幡，積雪二尺：筑後・江戸，冷涼：因幡，旱魃：筑後，大雨，越中・讃岐，森雨・洪水：江戸・近国，大雨・洪水：因幡・備前・備中・伊勢・武蔵，大風雨：備中東海道，大雨・洪水：江戸，大風：下総，大雪：諸国，大雪：筑前(気)	寒冬：英国，暑夏：英国，解水（4月下旬）：リガ港(L)			13.5	-0.084	5.81

年	日本の異常気象・天候異変	海外の異常気象・天候異変	火山活動（大噴火）	海洋異変 ENSO	太陽活動（天文関連を含む）	年輪分析による年平均気温偏差	ヤマザクラの満開日による推定気温
1809	不雨：江戸，風雨，洪水：河内，武蔵，風雨：摂津・伊勢，汐風：江戸，大嵐：近国，大風雨：下総，大風雨：関東，近国，大雪：江戸・山陰・九州，旱魃：九州・四国	解氷（4月下旬）：リガ港(L)	蔵王山 2 (実)(S)		4.2	−0.414	5.79
1810	寒冬：江戸，霖雨，洪水：筑後，風雨：江戸，大嵐：江戸・近国(実)	大水漂没一千七百餘戸溢死者一百七十餘人：義州，大水漂没七百餘戸溢死者四十餘人：咸鏡道，解氷（4月下旬）：リガ港(L)(明)			凹 0.0	−0.266	5.70
1811	不雨：江戸，大雨，洪水：豊前，洪水：飛騨，風雨：江戸(実)	流氷着岸（27週間）：アイスランド(L)，酷寒：ユーラシア大陸，ナポレオンのモスクワ退去（翌1812年）(A)	Sete Cidades (Azores Is.) 3 (実)(S)，200 (L)		2.3	−0.260	5.74
1812	大雪・厳寒：因幡，風雨，洪水：江戸・陸前，大雨，洪水：江戸，陸奥(実)	解氷（4月下旬）：リガ港(L)，飢饉：ボンベイ・マドラス，飢饉：連合王国(地)	St.Vincent Soufriere (VCT West Indies) 4 (S)，Awu (IDN) 4 (実)，300，300 (L)	EN	8.3	−0.596	5.76
1813	大雪六尺：因幡，諸川凍結：大坂，大風：加賀，大雨：陸奥，冷気，大風雨：日向，大風：因幡，大風：加賀，洪水(実)	洪水：シレジア（ポーランド南西部オーデル川流域）(A)	諏訪之瀬島 4 (S)		20.3	−0.692	5.62
1814	不雨：江戸，旱魃：江戸・諸国，大雨：肥前・筑後，大風：肥前(実)	凍結：テムズ川(L)	Mayon (PHL) 4 (実)(S)，300 (L)	EN+	23.2	−0.606	5.60
1815	大雪二尺：江戸，大雨，洪水：紀伊・美濃，尾張，大雨：筑後，大風雨：土佐，播磨，美濃，大雨，洪水：陸奥，大雪四尺：因幡(実)	大水漂額一千八百餘戸溢死者五百七十餘人：慶尚道(明)	浅間山 3 (実)，Tambora (IDN) 7，3000 (1811~total 4400) (S)		59.0	−0.683	5.58

年	日本 (和)	世界	火山	EN			
1816	大嵐：江戸・近国，大雨・洪水：豊前，大風：関東，大風雨・大雨：讃岐，洪水：近畿・東海道・関東，大雨：豊前，洪水・山津波：伊豆（和）	大水漂頽五百餘戸：黄海道（朝），寒冬：英国（L），冷夏・冷凍害（6-7月）：カナダ～USAヴァージニア，大雪：USA北東部（A），「夏のない年（the year without a summer）」			凸76.3	-0.918	5.48
1817	大旱：江戸・諸国，寒冷：江戸・近国，大風雨・高潮：豊前，大風雨：讃岐（和）	大水漂頽三千九百餘戸溢死者百三十餘人：全羅道・慶尚道・忠清道（朝），流氷着岸（27週間）：アイスランド（L）	Raung（IDN）4 (S)	EN	68.3	-0.945	5.41
1818	深雪三尺餘：因幡，寒気：因幡，早魃：因幡・讃岐・飛騨，寒冷：近国，大風：長崎近海（和）	暑夏，解氷（4月下旬）：リゾ港（L）	Colima（MEX）4 (S)		52.9	-0.934	5.31
1819	大雪：因幡・大風，大風：加賀，無雪：江戸（和）	大水溺没一千九百餘戸溢死者一百七十餘人：公清道，飢饉（1819-20）：ラジャプトナ・デカン高原・ブローチ（他）		EN	38.5	-1.200	5.30
1820	厳寒：因幡，不雨，大雪一尺二寸：江戸，大坂・下野，大雨・洪水：摂津・紀伊，洪水：九州・讃岐・大坂近海，大風，洪水：江戸，大坂・江戸近海（和）	大水漂頽二百餘戸溢死者三百餘人：平安道・忚川，寒冬：英国（朝），飢饉（1820-22）：ミシンド（インド），飢饉（1820-22）：ペロルシア・ペテルスフルタ・ノアゴロド他（他）			24.2	-1.169	5.23
1821	大雪一尺：江戸，大坂，晩霜・霜害：飛騨，旱魃：関東・奥羽，大風雨：近畿，大風・洪水：讃岐（2回），大風：長崎・因幡（和）	大水溺頽七百餘戸溢死者七十餘人：公清道，流氷着岸（20週間）：アイスランド（変）	Eyjafjallajokull（ISL）(変)	EN	9.2	-0.905	5.05
1822	深雪尺餘：江戸・近国，大雨：大坂，大風：摂津，大風雨：因幡，洪水：西欧，暖冬，洪水：江戸，大雨・洪水：土佐，大風雨（和）	大水漂頽一千一百餘戸溢死者二十餘人：黄海道，暖冬：西欧，暖冬：英国（L），飢饉：アイルランド（他）	有珠山 4 (災)，Galunggung（IDN）5 (変)(S)，500 (L)		6.3	-0.607	5.07
1823	大雨二尺：江戸，霜雪：関西，大旱：因幡，霖雨・洪水：近国，大風雨・高潮：江戸（和）	大水漂頽三千八百餘戸溢死者六十餘人：慶尚道，大水漂頽七百餘戸溢死者十八：全羅道（朝），小寒冬，寒冬：西欧，寒冬：英国（L）			凹2.2	-0.561	5.14

年	日本の異常気象・天候異変	海外の異常気象・天候異変	火山活動（大噴火）	海洋異変 ENSO	太陽活動（天文関連を含む）	年輪分析による年平均気温偏差	ヤマザクラの満開日による推定気温
1824	近畿，積雪三尺除：因幡，諸川（河）凍結：大坂，大風雨：大坂近海，大雨・洪水：肥前・奥羽，大風雨：江戸，洪水：関東・江戸，大雨：琉球，早魃，連旱：関東 (秋)	大水漂額一千二百餘戸溢死者二十餘人：全羅道 (前)，降雪・霜：広西・広東低地 (L)，洪水：ペテルブルグ（レニングラード），洪水：ネバ川（ロシア）(A)，飢饉（1824-25）：デカン高原・ボンベイ・マドラス (他)		EN	11.4	-0.533	4.94
1825	大風：江戸，大風雨・洪水：紀伊・大坂，洪水：筑後，大雨・洪水：伊予，冷涼：飛騨・羽後，大風・高潮，大雨・洪水：東海道，霖雨：江戸 (東)		Isanotski (Aleutian Is.) 4 (S)		28.2	-0.465	4.96
1826	大雪：関東，大風・洪水：讃岐・伊予・備前・播磨，連旱：東国，風雨・備前：讃岐・備前，大雨・沖縄，大雨・洪水：琉球，洪水：筑後 (東)	暑夏：英国 (L)，洪水瀕死・飢饉（1826-32）：中国 (A)	Kelut (IDN) 4 (変)(S), 300 (L)		59.9	-0.447	4.90
1827	大雪：関東，風雨：伊勢，大風雨・洪水：因幡，暖気：因幡，寒冷：下野・因幡，大風雨：因幡 (東)	寒冬：英国 (L)，流氷着岸（24週間）：アイスランド (L)，飢饉：タブリチェスク地方（ロシア）(他)	Avachinsky (RUS) 4 (S)		83.0	-0.355	5.03
1828	大雪：江戸・因幡，大雨・洪水：琉球，大雨・洪水：奥羽，大風雨・筑前・豊前，霖雨：洪水：備後，大雨・高潮：豊前，洪水・羽前，大風雨・洪水：遠江・信濃・駿河，奥羽，大風雨・洪水：九州，大風雨・洪水：九州・山陰，大風，大風：越後，大風雨：陸前「シーボルト台風」「子年の台風」(9/17)：九州・日本海側，高潮：有明海 (A)			EN++	108.5	0.025	5.15

年	日本（和）	世界	火山	ENSO			
1829	寒気：因幡、大風雨、伊勢、越後、大風雨：讃岐、大風雨：因幡、大風雨：江戸、洪水：因幡・大風六尺：因幡、大風雨：江戸・陸奥、風雨・洪水：因幡（和）	大水漂頽一千二百餘戸溢死者二百四十餘人：咸鏡道・慶尚道（朝）	Klyuchevskoy (RUS) 4 (s)		115.2	-0.013	5.15
1830	寒冷（春夏）：因幡、洪水：土佐、大風雨、紀伊、風雨：京都、洪水：尾張、洪水：陸奥（和）	結氷：漢水、大寒冬：西欧、寒冬：英国、結氷：ボーデン湖、飢饉：ボリビア・プスコ（ロシア）（地）			凸117.4	-0.031	5.25
1831	大雪六七尺：因幡、暖冬・寡雪：下野、大風：江戸、風雨：大坂、大雨・洪水：筑後、大雨・洪水：江戸、洪水：羽後（和）	降雪・霜：広西、暑夏：英国・ジャガイモ凶作⇒飢饉（1831-48）・アイルランド〜ロシア（ス）（地）	Campi Flegrei Mar Sicilia (ITA) 3, Guagua Pichincha (ECU) 3, Babuyan Claro (PHL) 4 (②)(s), total 1000 (L)		80.8	-0.193	5.37
1832	大旱：因幡・讃津・摂津、大南風：江戸、降霜・羽後、大風・高潮、大風雨：羽前、旱魃：筑前、旱魃：琉球（和）	大水漂頽二百三十餘戸：都城、大水漂頽一千二百餘戸・公忠道、大饑（朝）、降雪・霜：広西・広東低地（L）、飢饉（1832-33）：ジョラプール・マドラス（地）		EN	44.3	-0.516	5.34
1833	大雪：大坂・江戸、酷寒・大雪：大坂、暖冬：北国、寒冬：下野、越後・奥羽、大雨・洪水：奥羽、関東・奥羽、霜害：飛騨、初雪二尺：奥羽、霖雨：陸前 T・大雨・高潮 (9/14)：江戸・神奈川⇒「天保の大飢饉」(1833-41)（和）	飢饉 (1833-34)：グジャラート・カンデシ・デカン高原、飢饉 (1833-34)：ポーランド・スモレンスク（地）			凹13.4	-0.797	5.41
1834	大雨：関東、大風雨：駿河・甲斐、大風：因幡・武蔵・羽前、大風：関東、大風雨：紀伊・中国・山陰、大風雨、洪水：因幡、大旱、連旱：江戸（和）	大水漂頽一千五百餘戸溢死者二十餘：慶尚道（朝）、大婁冬：西欧、暑夏：英国（L）			19.5	-0.558	5.46

年	日本の異常気象・天候異変	海外の異常気象・天候異変	火山活動（大噴火）	海洋異変 ENSO	太陽活動（天文関連を含む）	年輪分析による年平均気温偏差	ヤマザクラの満開日による推定気温
1835	大雪：越後、旱魃：陸前、洪水：美濃・尾張、冷気：下野、羽前、洪水：河内、大風雨・洪水：上野、大雨・洪水：因幡、大雨・洪水：関東、霖雨・洪水：出雲、風雨・洪水：美濃、大風雨、大雨・洪水：武蔵・奥羽、大雨・洪水：筑後、風雨・洪水：陸奥、大風雨・洪水：陸前、風雨・洪水：陸前、旱魃：琉球(琉)	降雪・霜：広西・広東低地、暑夏：英国(L)、流氷着岸（23週間）：アイスランド(L)	三宅島2(和)(S)、Co-siguina(NIC)5(墨)(S)、4000(L)		85.8	-0.903	5.44
1836	暖冬・不順：下野、霖雨：江戸・美作・筑後、寒冷：関東・奥羽、大雨・洪水：摂津、洪水：筑後、霖雨・洪水：筑前、関東・奥羽、風雨・洪水：江戸、洪後、筑後、江戸、雨：伊勢・江戸、大風雨(琉)、霜害：奥羽、旱魃：琉球(琉)				192.7	-0.881	5.37
1837	大雪・厳寒：江戸、大雨・洪水：筑後、風雨：江戸(2回)、大雨・洪水：筑後、大風雨：東海道・関東、大水：江戸、大風：北海道(蝦)	暑夏：英国、流氷着岸（23週間）：アイスランド(L)		EN	凸 227.3	-0.672	5.34
1838	降霜：羽後、大風雨・洪水：越前・美濃、寒冷：下総、大風・洪水：因幡、霖雨・洪水：江戸(2回)、大雨：江戸(2回)	小寒冬：西欧、寒冬：英国、解氷（4月下旬）：リヴ港(L)			168.7	-0.607	5.34
1839	積雪二尺五寸：江戸、大風：因幡(2回)、風雨・洪水：越中、不順：紀伊、大風雨：陸奥、洪水：奥羽(2回)、旱魃：琉球(琉)	解氷（5月上旬）：リヴ港(L)、飢饉(1839-41)：チェラ・アルハンゲリスク他(地)			143.0	-0.696	5.38

年	気象災害（日本）	気候・災害（海外ほか）	火山	EN			
1840	積雪二尺：因幡，大南風：越中，洪水：筑後，大風・信越：九州，風雨：江戸，風雨：関東・信越，洪水：下総，高潮（2回），大雨：江戸・信越・佐渡，北西以北：北海道（旱）	結水：鄱陽湖，降雪・霜・広西・広東低地，飢饉：広西・広東低地，流氷着岸（23週間）：アイスランド（L），飢饉（1840-49）：アイルランド・英国（カナダの人口が2倍に）（地）			105.5	-0.734	5.44
1841	大雪：越中・因幡，風雨：筑前，洪水（旱），洪水：越中，冷夏：奥河，大風：讃岐，冬の嵐（1/27）：ジョン万次郎が足摺岬沖で遭難	小寒冬：西欧，寒冬：英国（L）	口永良部島 2（災）(S)		63.3	-0.761	5.47
1842	大雪三尺：江戸，大雨・洪水：近畿（2回），洪水：越中，連旱：江戸，石狩，気候不順：陸前（旱）				40.3	-0.955	5.48
1843	大風・高潮：豊前，大風雨：九州・伊勢・江戸，大風雨・洪水：関東，大風雨：東海道・関東（旱）	飢饉（1845-45）：ペテルスブルグ・ノブゴロド他（地）	Agung (IDN) 5（地）(S)		凹18.1	-1.002	5.44
1844	大風：東山道，大風雨：関東，大風雨・宮古島，大風雨・洪水：陸奥，風雨：関東（災）			EN+	25.1	-0.843	5.47
1845	大風雪：陸奥，風雨：筑前，大風雨・洪水：関東，大風雨：伊勢・武蔵・北国，大風雨・洪水：下野，大風：北海道，旱損：陸前（災）	凍結：淮河，小寒冬：西欧，寒夏：英国（L），飢饉（1845-50）：アイルランド（地）	Hekla (ISL) 4（変）(L)，250（L）	EN+	65.8	-0.397	5.46
1846	森雨：京都，森雨・洪水：諸国，大雨・洪水：関東，豊後，大風雨・洪水：関東（2回），大風雨：近畿・東海道・関東，大風雨：伊予・京都（災），播磨・丹後・越前，大風雨・洪水：京都，長雨・寒雨・洪水（8/18）：多摩川・利根川「弘化三年の大水害」「丙午の大水」	降雪・霜：広西・広東低地，大暖冬：西欧，暑夏：英国（L），飢饉：ベッサラビア・カールコフ他（ロシア）（地）	Fonualei (TON) 4（地）(S)，1000（L）	EN+	102.7	-0.161	5.50

年	日本の異常気象・天候異変	海外の異常気象・天候異変	火山活動（大噴火）	海洋異変 ENSO	太陽活動（天文関連を含む）	年輪分析による年平均気温偏差	ヤマザクラの満開日による推定気温
1847	大風雨：江戸、風雨：宮古島、霜害：信濃、暖気、越前、霜害：信濃、大風雨：暖気：伊勢・美濃・越前、大風雨、洪水：筑前・丹後、讃岐・七年間少雪：江戸、暖冬・霜害：琉球（旱）	寒冬、解氷（4月下旬）：リガ港 (L)			166.3	-0.594	5.48
1848	大雪：筑前、霖雨・洪水：三河・遠江、大雨・洪水：京都・近国、風雨：越前、大雨・洪水：紀伊、大風雨・洪水：近畿（旱）	寒冬（2月）：中国西部 (A)、飢饉・ノボロシア・ロシアの大部分 (地)			凸 208.3	-0.369	5.44
1849	霖雨・冷涼：江戸、大風雨：四国、大雨：陸奥、江戸（2回）、大風雨、大雨（2回）、洪水：下総（旱）				182.5	-0.627	5.45
1850	積雪尺余：江戸、数年間豪雪：江戸、大雨、洪水：筑前・筑後、大風雨：近畿、東海道、大風：九州、大雨・洪水：筑前・紀伊・尾張、大風雨・洪水：讃岐・伊勢・尾張・丹後・近畿、旱魃：琉球（旱）			EN	126.3	-0.810	5.58
1851	不雨：紀伊、大風、洪水：北海道、大雨・洪水：出雲、洪水：筑後、大雨・洪水：越中・飛騨、大風、洪水：諸国、風雨：江戸、不雨：江戸（旱）	飢饉：モスクワ・カザン他 (地)			122.0	-0.543	5.67
1852	大風雨・洪水：近畿・関東、大雨：江戸、大風雨・洪水：沖縄、風雨・高潮：武蔵、旱魃：備前・美作、旱魃：武蔵、風雨：京都・紀伊・摂津（旱）			EN	102.7	-0.508	5.77
1853	大雪大雹、大雪三尺余：江戸、大雨、洪水：京都、大風：江戸・近国、大旱魃：諸国（旱）	飢饉（1853-55）：ペラーリ・マドラス・デカン高原・ラジャプトナ・ボンベイ (地)	有珠岳 4 (災) (S)		74.1	-0.167	5.84

年							
1854	暖冬：江戸，洪水：諸国，大風・沖縄，旱魃：琉球，不雨：江戸(気)	降雪・霜：広西・広東低地(L)	Sheveluch (RUS) 5(S)	EN	39.0	-0.640	5.87
1855	大風：越前・若狭，酷寒：土佐，不雪：江戸，洪水：筑前・越中，大風雨・讃岐・江戸・土佐，風雨：洪水：紀伊・尾張・近畿・東海道，旱魃：琉球(気) T「安政二年の大風災」(9/21-23)：中部・関東	寒冬：英国(L)，洪水⇒黄河流路北に変わる(地)，飢饉：ロシア？	Cotopaxi (ECU) 2(墾)(S)		12.7	-0.354	6.06
1856	積雪尺餘：江戸，不雨，京都，多雨・冷気：江戸・陸奥，大風，讃岐，大風雨：江戸・下総・筑後，大雪九尺八寸：越後(気) T「安政三年の大風災」	降雪・霜：広西・広東低地(L)	北海道駒ヶ岳 4(S), 700(L)		凹 8.2	-0.212	6.07
1857	霖雨：摂津，連旱：琉球，寒冷：長崎，大雨，洪水：越後・信濃，風雨：江戸・尾張，大風雨：四国・近畿，大風雨：摂津(気)	暑夏：英国(L), 飢饉：中国広東省(A)	Fuego (GTM) 4(S)	EN	43.4	-0.454	6.08
1858	風雨：江戸，深雪尺餘：江戸，大雨・洪水：筑後，大雨・沖縄，暴風，筑後，大雨，洪水：江戸，不雨：江戸(気)	暑夏：英国(L)		EN	104.4	-0.415	6.01
1859	冷気：江戸，風雨：越中，大風雨：江戸，関東，大風雨：江戸，寡雪：江戸(気)	暑夏：英国(L)			178.3	-0.590	6.00
1860	洪水：美濃，大風雨・紀伊，大風雨・洪水：尾張，筑前・筑後，肥前，大風雨：筑前・江戸，美濃・江戸，大風雨：筑後・江戸，大風：讃岐・紀伊・大風・紀伊，積雪一丈：美濃，洪水：江戸(気)	寒冬：英国(L)，飢饉 (1860-61)：パンジャブ・ラジャスタン・カッチ(地)	Katla (ISL) 4(S)	EN	凸 182.2	-0.433	6.03
1861	不雨：紀伊，暴風：北海道，大風雨：江戸，大旱・紀伊・郡陽湖，森雨：江戸，大雨・洪水：播磨(気)	結氷：太湖・郡陽湖，寒冬：英国(L)	Makian (IDN) 4(墾)(L)(S), 800(L)		146.6	-0.431	5.94

気候変動・気候災害に関する年表　427

年	日本の異常気象・天候異変	海外の異常気象・天候異変	火山活動（大噴火）	海洋異変 ENSO	太陽活動（天文関連を含む）	年輪分析による年平均気温偏差	ヤマザクラの満開日による推定気温
1862	深澤尺餘：江戸，大風，高波：紀伊，風雨：紀伊，筑前，洪水，伊勢，大風，洪水，讃岐，気候不順・大雨・洪水：陸前（東）	降雪・霜：広西・広東低地（L），下：中国広東省（A），飢饉：デカン高原（地）		EN	112.1	-0.357	5.89
1863	暖冬：江戸，洪水：筑後，大雨：紀伊，風雨：江戸，不順：江戸（東）	飢饉：ロシア？（地）			83.5	-0.266	5.95
1864	洪水：京都，大風雨：江戸，大雨：洪水：江戸，残暑：江戸（東）	降霜・霜：広東・広東低地（地），サイクロン・高潮：ベンガル地方（A）		EN+	89.2	-0.601	5.96
1865	積雪尺餘：京都，洪水：筑後，大雨：洪水：尾張・美濃，大風雨：江戸，大雨・洪水：越中，風雨：大坂，不雪：江戸（東），大飢饉：東北・関東（慶応）	結氷：都陽湖・漢水，寒冬：英国（L）			57.8	-0.601	5.86
1866	大雨・洪水：京都，洪水：筑後，大風雨：近畿・中部・関東，大雨：江戸，諸国，洪水：陸羽，大風雨：諸国，大飢饉：関東（東）	流氷着岸（29週間）：アイスランド（L），旱魃（1866-67）：インド（A），飢饉（1866-67）：オリッサ・ビハール・ガンジャム，ベラーリ・ハイデラバード・マイソール（地）		EN	30.7	-0.559	5.83
1867	旱魃：江戸・筑後，大風雨：筑後，大風：近畿，北海道，大風：大風雨・鳥島，大風：筑後（東）	解氷（4月下旬）：リガ港（1867-68）：フィンランド（地）	蔵王山 2（災）(S)	EN	凹 13.9	-0.613	5.88
1868	霖雨：洪水：近畿・東海道・関東，洪水：福岡，大風雨：東京，大雨：洪水：愛知，風雨：洪水：大阪，洪水：富山（東）	暑夏：英国，流氷着岸（20週間）：アイスランド（L），飢饉（1868-70）：パンジャブ・グジャラート・デカン高原・ラジャプトナ（地）		EN	62.8	-0.449	5.93
1869	大風：仙台，冷気：青森，霖雨：和歌山・富山，暴風雨：和歌山：三重・東京（東）	暖冬：西欧，流氷着岸（25週間）：アイスランド（L）			123.6	-0.743	5.86
1870	不調：東京，大風，高潮，大風雨：和歌山・東京，大風雨：四国，近畿・東京，大風雨：四国・近畿・東海道・関東・奥羽（東）	暑夏：英国（L）	三原山 2（災）(S)		凸 232	-0.713	5.76

年	日本の災害	国際的気象	火山	EN/LN			
1871	洪水：富山（3回）、大風雨・洪水：愛媛・兵庫・和歌山・大阪、大風雨：大阪・高潮：東京(東)	結水：漢水、降雪・霜：広西・広東低地、小寒冬・西欧、寒冬：英国(L)・山火事・炎熱竜巻(10/8)：ミシガン湖周辺(A)		EN+	185.3	-0.713	5.69
1872	凍結：東京、洪水：福岡、洪水：大阪(東)	降雪・霜：広西・広東低地(L)	日光白根山・阿蘇山 2 (A)、3 (災)，Sinarka (RUS) (S) 4, Merapi (IDN) 4 (S)	LN	169.2	-0.550	5.71
1873	風雨：千葉、大風雨、大風雨・洪水：島根、洪水：東京、岐阜、大旱：福岡・佐賀・兵庫・千葉(東)	飢饉(1873-74)：ビハール・ブンデルカンド・ベンガル(1873-74)・サマラ・オレンブルグ(ロシア)(地)	Grimsvotn (ISL) 4 (S)	LN/	110.1	-0.469	5.72
1874	洪水：神戸、暴風雨・洪水：高知・佐賀・福岡、暴風雨・洪水・高潮：和歌山・高潮：福岡、大風雨・高潮：福岡、暴風雨：青森（2回）(東)			EN	74.5	-0.674	5.67
1875	大雪：岐阜、酷暑：近畿、大雨・洪水：宮城(東)	寒冬：英国(L)	浅間山 2 (災)(A)、Askja (ISL) 5 (災)(S)、Vesuvius (ITA) 4 (S)、total 300 (L)		28.3	-0.627	5.79
1876	大雨三尺餘：東京、旱魃：関東・奥羽、暴風雨：大阪(東)	旱（夏）・霜枯殺穀（八月十一日）・大饑：八路(例)、暑夏：英国(L)・サイクロン・高潮(10/31)：ベンガル地方、早魃(1876-78)：デカン高原（当時史上最悪）：中国北西部・デカン高原(1876-78)：マドラス・飢饉(1876-78)：マドラス・ボンベイ・マイソール・ハイデラバード(地)	三原山 2 (災)		18.9	-0.364	5.92
1877	大雨・洪水：京都、旱魃：川崎、風雨：福岡・栃木(東)	結水：太湖・洞庭湖・漢水・飢饉・カシミール、飢饉：ロシア？(地)	Cotopaxi (ECU) 4, 諏訪之瀬島 4 (S)	EN++	20.7	-0.014	5.78
1878	洪水：福岡、暴風：和歌山、暖冬：新潟(東)	降雪・霜：広西・広東低地、暑夏：英国(L)	Rabaul (PNG) 3 (S)、1250 (L)	EN++ /LN	凹 5.7	-0.277	5.86
1879	洪水：宮城、洪水：奥羽、少雨・酷暑：和歌山、大雨、洪水：函館(東)	寒冬：英国(L)・飢饉(1879-80)：サラトフ（ロシア）(地)		LN	10.0	-0.284	6.04

年	日本の異常気象・天候異変	海外の異常気象・天候異変	火山活動（大噴火）	海洋異変 ENSO	太陽活動（天文関連を含む）	年輪分析による年平均気温偏差	ヤマザクラの満開日による推定気温
1880	豪雨・洪水：近畿、風雨：兵庫、洪水：東京、暴風雨、高潮（東）、風水害：岡山、大風雨：和歌山・富山、酷寒：東京・和歌山、不雨：神戸（東）、結氷（12月）：隅田川	寒冬：西欧、寒冬、結氷：ボーデン湖（L）	Fuego (GTM) 4 (S)	LN	53.7	-0.276	6.02
1881	大雪：北陸・山陰、大火：新潟、寡雨：神戸、洪水：福井・石川、暴風雨・洪水：和歌山・愛知・岐阜（東）、大火 (3/3)：江戸 (A)	寒冬：英国、流氷着岸（20週間）：アイスランド（L）、T・高潮 (10/8)：ベトナム (A)			90.5	-0.170	5.94
1882	暴風雨・洪水：長崎・熊本・岐阜・北海道、暴風雨・洪水：近畿・東海道、大風：千葉、暖冬：近畿（東）、T・風水害 (8/5)：四国、蝗害：北海道 (A)	降雪・霜：広西・広東低地（L）、サイクロン・高潮 (6月)：ボンベイ (A)	草津白根山 2 (S)		99.0	-0.062	5.90
1883	大雪：東京・大阪・和歌山、酷寒：和歌山、洪水：東京・福岡、大旱：大阪・諸地方、大雨：九州・四国、長崎、大風雨：九州・北陸・四国、近畿、暴風雨：近畿・梅雨・奥羽、霖雨：和歌山（東）	飢饉 (1883-84)：クルスク・カザン (地)	Krakatau (IDN) 6 津波（爆）(S)、Augustine (Alaska) 4 (S), 1000 (L)		凸 106.1	-0.334	5.83
1884	暴風：東京湾、洪水：福岡、風雨：兵庫、大雨：岐阜・大阪、暴風雨：出水・福井、塩風、暴風雨：九州・四国、近畿、暴風雨：九州・中国・近畿・北陸、東海道・関東（東）、T・風水雪 (8/25)：九州中国、高潮：瀬戸内海沿岸		1883-90 total 1500 (L)	EN+	105.8	-0.694	5.88
1885	大雪：東京、洪水：富山、霖雨：兵庫、大雨・洪水：福岡・広島、大風雨・洪水：近畿・中部・関東、東海道、寡雨：神戸、寒冬：近畿（東）	雪崩：イタリアのアルプス、350万 m³ 手火山性では史上最多レベル (A)	Falcon Is.・Tofua (TON) 3・2 (S)		86.3	-0.284	5.91

年	日本	世界	火山	EN/LN			
1886	大雪・酷寒：和歌山，旱魃：千葉，暴風雨：九州・四国・山陰，暴風雨：九州・福井・中国，大風雨：岡山，森雨：和歌山，大風：紀州沖 (紀)	寒冬，結氷：漢水 (L)	Okataina (NZL) 5 (S), Niuafo'ou (TON) 4 (S), Tungurahua (ECU) 4 (S)	LN	42.4	-0.052	5.88
1887	大雪：福井，洪水：福岡，暴風雨：四国・東海，豪雨：神戸 (紀)	寒冬：英国，暑夏：英国，流氷着岸 (20週間)：アイスランド (L)，洪水 (9-10月)：黄河全域 (A)		EN	21.8	-0.334	5.94
1888		旱 (夏) (明)，寒冬，暑夏：英国，流氷着岸 (20週間)：アイスランド (L)，大雪・海岸 (3/12-14)：USA 北西部 (A)，飢饉 (1888-89)：ガンジャム・オリッサ (地)	磐梯山 4 (災)(A)(S), 250 (L)	EN	11.2	-0.331	6.01
1889	T・十津川大水害 (8/19)：奈良・和歌山		諏訪之瀬島 4, Colima (MEX) 4 (S)	EN/LN	凹 10.4	-0.020	5.97
1890		旱魃：東シベリア (エ)		LN	11.8	-0.191	5.99
1891		寒冬，暑夏：西欧，旱魃：英国 (L)，飢饉：ロシア (1891-1903)：カザン・インド (エ)・モスクワ・ロシア各地 (地)，飢饉・難民都市流入 (1891-1903)：ロシア (A)		EN++	59.5	-0.064	5.97
1892	流氷：釧路，融雪洪水：石狩川 (A)	流氷着岸 (22週間)：アイスランド (エ)，旱魃：ロシア (エ)，洪水頻発 (1892-94)：インダス川 (A)	Awu (IDN) 3 (災)(S)	/LN	121.7	-0.095	6.05
1893	旱魃：西日本，T：西日本 (エ)	旱魃：華北東部・ロシア・オーストラリア (エ)，嵐 (11月)：西欧，結氷：大湖，降雪，霜：広西，寒冬，暑夏：英国 (L)	吾妻山 1 (災)(S), Calbuco (CHL) 4 (S)	LN	凸 142.0	-0.246	6.07
1894	旱魃：西日本 (エ)	旱魃：中国 (黄河領域を除く全域)，洪水：ブラジル北東部 (エ)			130.0	-0.163	6.00
1895	嵐：西日本 (エ)	旱魃：中国 (黄河流域を除く全域)，洪水：欧州，寒冬：ブラジル北東部 (エ)	Thompson Island (South Atlantic) (災)		106.6	-0.080	5.98

年	日本の異常気象・天候異変	海外の異常気象・天候異変	火山活動（大噴火）	海洋異変 ENSO	太陽活動（天文関連を含む）	年輪分析による年平均気温偏差	ヤマザクラの満開日による推定気温
1896	大雨・洪水：中部 (エ)	洪水：華北・ブラジル北東部，雹：中国 (1896-1900)：インド (A)，旱魃 (1896-97)：ベンガル・ボンベイ・中央諸州・ビハール・マドラス・デリー・ハイデラバード・ラジプタナ (他)		EN+	69.4	0.168	6.09
1897	T：西日本 (エ)	旱魃：華南・ブラジル北東部，東欧，洪水：華中，雹：中国 (エ)，飢饉 (1897-98)：東欧平原西部 (他)	Dona Juana (COL) 4 (S)	EN	43.8	−0.115	6.15
1898		旱魃：華南・ブラジル北東部・東欧，洪水・華中，雹：中国 (エ)(A)，飢饉 (1898-1901)：華北 (他)	Colo (IDN) 3 (S)	LN	44.4	−0.072	6.09
1899	嵐：四国～関東 (エ)	旱魃：中国 (華中を中心にほぼ全域)・インド，洪水：華中・ブラジル北東部，飢饉 (1899-1990)：バローダ・カッチ・カチアワル・中央諸州・パンジャブ (他)		EN+	20.2	0.199	6.14
1900		旱魃：華北・インド・西シベリア・ブラジル北東部，洪水：中国東部，ハリケーン (9/8)：USA テキサス (エ)，飢饉 (1900-02)：グジャラート (インド) (他)		EN+	15.7	0.300	6.20
1901		旱魃：華北・オーストラリア・ウクライナ，洪水：華南東部 (エ)			凹 4.6	0.168	6.22
1902	寒冬・大雪：東北 (八甲田山遭難)，冷夏：東北・関東 (エ)	旱魃：華北・オーストラリア・ウクライナ (エ)	Santa Maria (GTM) 6 (S), Pelée (West Indies) 4 (S) (A), St.Vincent Soufrière (VCT West Indies) 4 (S), total 1000 (L)	EN	8.5	−0.042	6.27

年	日本	世界	火山	EN			
1903		旱魃：華北・オーストラリア・ウクライナ・ブラジル北東部、洪水：華中、嵐（2月）：西欧 (エ)	Grimsvotn (ISL) 4 (S)		40.8	−0.097	6.31
1904	旱魃：中部以西 (エ)	旱魃：中国北東部、洪水：華北西部、冷夏：英国 (エ)	Lolobau (PNG) 4 (S)	EN	70.1	0.106	6.35
1905	大雨・洪水：北九州・北陸・東北南部、冷夏：東北 (エ)	旱魃：華北南部・インド・ウクライナ、雹：中国 (エ)		EN	凸 105.5	−0.203	6.40
1906	冷夏：東北 (エ)	旱魃：華南・インド・ウクライナ、洪水：華中・華南 (ニ)、T：香港、嵐（3月）：西欧 (エ)			90.1	−0.227	6.34
1907	嵐・海難：高知 (エ)	旱魃：華南・ブラジル北東部、洪水：華中西部、冷夏：英国・中欧 (エ)	Ksudach (RUS) 5 (S), 150 (L)	EN	102.8	−0.326	6.33
1908	雪：関東、冷夏：北海道、嵐：近畿～関東 (エ)	旱魃：華北・ブラジル北東部、洪水：華中・華南 (エ)			80.9	−0.070	6.51
1909		旱魃：華中西部、洪水：華中 (エ)			73.2	0.200	6.48
1910	嵐・雪・海難：関東、雨・洪水・冷夏：関東、大雨（BF）・T：東日本 (A)	旱魃：華北・サヘル (1910-14) (A)、洪水：中国北東部・華中西部・ブラジル北東部 (エ)	有珠山 2 (明治新山誕生) (A) (S)	EN	30.9	−0.259	6.38
1911	雹：関東・東北 (エ)	旱魃：華北・インド・ウクライナ・サヘル、洪水：黄河・長江下流域 (エ)	Lolobau (PNG) 4 (S)	EN+	9.5	−0.332	6.33
1912		旱魃：華中・インド・ウクライナ・サヘル、洪水：華北・華南・ブラジル北東部 (エ)	Novarupta (Alaska) 6, Katmai (Alaska) 3 (S), total 150 (L)	EN+	6.0	−0.339	6.32
1913	旱魃：中部以西、冷夏：東北 (エ)	旱魃：サヘル、洪水：中国北東部・華南 (エ)	Colima (MEX) 5 (S)		凹 2.4	−0.659	6.30
1914	T：西日本～東海、海難：豊後水道 (エ)	旱魃：中国（中央部除く全域）・オーストラリア、洪水：ブラジル北東部 (エ)	焼岳 4 (S)	EN	16.1	−0.405	6.35
1915	T：西日本～北陸 (エ)	旱魃：極東・華中・インド・オーストラリア・ブラジル北東部、洪水：華南、暖冬：中欧 (エ)	焼岳 2 (大正池できる) (A) (S)	EN	79.0	−0.363	6.40

年	日本の異常気象・天候異変	海外の異常気象・天候異変	火山活動（大噴火）	海洋異変 ENSO	太陽活動（天文関連を含む）	年輪分析による年平均気温偏差	ヤマザクラの満開日による推定気温
1916	T・高潮：東日本・東京湾岸（流山4.5 m；東京史上最低気圧952.7 hPa (D1)），大雨・洪水：近畿 (エ)	旱魃：華北，洪水：華中西部・インダス川・中欧 (エ) 冷夏	Azul, Cerro (CHL) 5 (S)，Tungurahua (ECU) 4 (S)	LN	95.0	-0.437	6.37
1917		旱魃：華中東部，洪水：中国北東部・華中西部・ブラジル北東部・インダス川 (A)	Agrigan (Mariana Is.) 4 (S)	LN	凸 173.6	-1.122	6.34
1918	大雪：北陸・東北 (エ)	洪水：中国北東部・インダス川 (エ)	Katla (ISL) 4 (S)		134.6	-0.639	6.27
1919		旱魃：中国北東部・韓国，洪水：インド・オーストラリア・ブラジル北東部，渇水：華中南部，冷夏：中欧 (エ)	Kelut (IDN) 4, Manam (PNG) 4 (S)		105.7	-0.244	6.22
1920		旱魃 (1920-21)：華中・華北・ロシア西部・インド西部，洪水：華南，冷夏：中欧 (エ)			62.7	0.008	6.28
1921	T：近畿～東日本 (エ)	旱魃：ウクライナ西部，洪水：華中・ブラジル北東部，発達低気圧 (11/8)：高潮：オランダ (A)			43.5	0.089	6.22
1922	大雪：北陸，旱魃：中部以西 (エ)	旱魃：華中・ウクライナ，渇水：華北・華南，冷夏：欧州（英国）・中欧）(エ)，T (8/2 -3)：華中東部 (A)			23.7	-0.138	6.27
1923	旱魃：近畿・中部，「関東大震災」・炎熱電巻 (9/1) (エ)	旱魃：オーストラリア，渇水：華北・華中 (エ)		EN	凹 9.7	-0.195	6.32
1924	旱魃：中部以西 (エ)	旱魃：華北・韓国，洪水：華南・ブラジル北東部，融雪洪水：ロシア ネヴァ川，冷夏：中欧 (エ)	Raikoke (RUS) 4 (S)，海底火山（西表島 NNE）4 (S)		27.9	0.108	6.30
1925	旱魃：中部以西 (エ)	旱魃：華南，竜巻 (3/18)：USA グレートプレーンズ南東部（当時史上最悪）(A)		EN++	74.0	-0.098	6.28

年	日本の気候災害	世界の気候災害	火山	ENSO			
1926	冷夏：北海道 (ス)	旱魃：中国北東部、洪水：華南 (ス)	Avachinsky (RUS) 4 (S)	EN++	106.5	-0.398	6.32
1927	平野の最深積雪 (2/13)：新潟県寺野（板倉）818 cm, 山地の最深積雪 (2/14)：伊吹山 1182 cm (D)，旱魃：近畿・中部，T：九州～東北，高潮：九州西部 (ス)	旱魃：華中、洪水：USA ミシシッピ川 (ス)			114.7	-0.584	6.32
1928	大雪：北陸 (ス)	旱魃：中国（南東岸を除く）(ス)(A)			凸 29.7	-0.193	6.36
1929	旱魃：関東以西・北海道，大雨：中部 (ス)	旱魃：中国北西部・華南（南東岸を除く）・USA中西部，洪水：中国北東部 (ス)	北海道駒ヶ岳 4 (爆)(S)		108.2	-0.109	6.38
1930	霜（晩霜）：関東 (ス)	旱魃：華南東部，洪水：華中 (ス)		EN	59.4	0.105	6.38
1931	旱魃：沖縄，冷夏：東北 (ス)	旱魃：西シベリア (7-8月)：黄河・長江，洪水：中国 (ス)(A)	Klyuchevskoy (RUS) 4, Babuyan Claro (PHL) 4, Aniakchak (Alaska) 4 (S)	EN	35.1	-0.277	6.42
1932	冷夏：北海道，T・大雨：近畿～東北，旱魃：沖縄 (ス)	旱魃：華中東部・ロシア南西部 (1932-34)(A)・ブラジル北東部，洪水：華南 (ス)	Fuego (GTM) 4 (S)	EN+	18.6	-0.261	6.47
1933	旱魃：西日本，T：西日本・北海道 (ス)	旱魃：ロシア南西部，洪水：華北西部，嵐 (4月)：西欧 (ス)	Kharimkotan (RUS) 5, Slamet (IDN) 4, 口永良部島 4 (S)		凹 9.2	-0.030	6.47
1934	旱魃：西日本，冷夏：北日本，室戸T (9/20)：北日本，九州～東北 (ス)（室戸岬 911.6hPa，高潮：大阪湾）(A)	旱魃：華北～華南・ロシア南西部・英国・USA中西部 (1930年代)「ダストボウル」，暖冬：中欧 (ス)			14.6	-0.096	6.44
1935	洪水：西日本，T：高潮：北日本，特に関東 (ス)	旱魃：華中、洪水：華南・南アジア、暖冬：中欧、長雨・T・サイクロンの襲来相次ぐ (1935-42)：東アジア・南アジア (A)			60.2	-0.005	6.50
1936	大雪：北陸以北，T：高潮：西日本 (ス)	旱魃：中国南部を除く広域・西シベリア・ブラジル北東部，奥冬：英国 (ス)			132.8	-0.349	6.55
1937	T・高潮：西日本～北陸 (ス)	旱魃：華中西部，洪水：中国北西部・華中 (ス)	Rabaul (PNG) 4 (S)		凸 90.6	-0.269	6.55

年	日本の異常気象・天候異変	海外の異常気象・天候異変	火山活動（大噴火）	海洋異変 ENSO	太陽活動（天文関連を含む）	年輪分析による年平均気温偏差	ヤマザクラの満開日による推定気温
1938	大雪：北陸以北，洪水：太平洋沿岸 特に六甲山 (エ)	旱魃：華北，洪水：華中西部 (エ)		LN	182.6	-0.259	6.55
1939	旱魃：西日本，大雨：近畿～関東，T：九州～東北 (エ)	旱魃：中国西部，洪水：華北，寒冬：中欧 (エ)		EN+	148.0	-0.057	6.55
1940	T・大雨：九州南部 (エ)	旱魃：中国北部・シベリア西部，洪水：華北，寒冬：中欧 (エ)，旱魃 (1940-44)：サヘル (A)		EN+	113.0	-0.085	6.68
1941	冷夏：東北，霜（晩霜害）：九州～関東 (エ)	旱魃：華北～華中・インド，寒波：ロシア・英国，飢饉：ロシア (エ)		EN	79.2	0.124	6.76
1942	T・高潮・洪水：西日本 (エ)	旱魃：華中・ブラジル北東部，寒波：英国，洪水：華北・華南，サイクロン (10/16)：高潮・稲の病害発生・飢饉 (1942-44)：ベンガル湾岸 (A)(エ)			50.8	0.050	6.80
1943	T：西日本 (エ)	旱魃：中国北部，洪水：華北西部 (エ)	Michoacan-Guanajuato (MEX) 4 (s)	EN	27.1	0.189	6.88
1944	T：西日本～東北 (エ)	旱魃：華中，洪水：華北 (エ)	昭和新山誕生 (1944-45) 2 (s)		凹 16.1	0.031	7.02
1945	冷夏：北陸以北，枕崎T：九州・関東，阿久根T：九州 (A)	旱魃：中国北部・華南，洪水：華北・中欧，暑夏：中欧 (A)	Avachinsky (RUS) 4 (s)		55.3	-0.006	7.10
1946	旱魃：沖縄 (エ)	旱魃：ウクライナ，洪水：華北・華南 (エ)	Sarychev Peak (RUS) 4 (s)	EL	154.3	-0.098	7.06
1947	旱魃：中部以西，カスリーンT：東海以北 (エ)	洪水：華中・華南，暖冬：暑夏：中欧 (エ)	Hekla (ISL) 4 (s)		凸 14.7	-0.277	7.09
1948	アイオンT：四国～東北，雹：中部以西 (エ)	旱魃：華中，洪水：華南東部，暖冬：中欧 (エ)			193.0	0.181	7.12
1949	旱魃：沖縄，デラT：九州～東北，キティT・高潮：関東 (エ)	華北東部，洪水：華北西部～華南・グアテマラ東部 (A)			190.7	0.230	7.19

年	日本	世界	火山				
1950	ジェーン T：四国以北 特に近畿, 雪 (晩秋)：北海道 (エ)	暑夏：中欧 (エ)	Ambrym (VUT) 4 (S)	LN	118.9	0.367	7.13
1951	旱魃：全国的, ルース T：全国的 特に山口 (エ)	旱魃：華北・シベリア西部・インド・ブラジル北東部, 寒冬：インド (エ)	Kelut (IDN) 4, Lamington (PNG) 4 (S)	EN	98.3	0.258	7.18
1952	旱魃：沖縄	旱魃：華北・シベリア, 洪水：中国南部, 暑夏：北欧, スモッグ：英国ロンドン (4日連続) (エ)	Bagama (PNG) 4 (S)		45.0	0.241	7.31
1953	大雨 (BF)・洪水：九州～近畿, 豪雨 (7月)：南紀, 冷夏：全国的 (エ)	洪水：華北東部, 発達低気圧 (1/31-2/1)・嵐・高潮 (オランダ他) (エ) (A)	Spur (Alaska) 4 (S)	EN	20.1	0.144	7.32
1954	霜・冷夏：全国的, 洞爺丸 T (9/26)：全国的, 青函連絡船沈没 (エ)	旱魃：中国北東部・バイカル湖周辺域, 大洪水：長江 (エ)			凹 6.6	0.147	7.29
1955	濃霧 (5/11)：瀬戸内海 (紫雲丸事故), 暑夏：全国的, T・竜巻：宮崎沖 (エ)	旱魃：華北 (エ)	Bezymianny (RUS) 5, Carrán-Los Venados (CHL) 4 (S)	LN	54.2	0.435	7.27
1956	冷夏：北日本, 海難：瀬戸内海, 霜：関東以西でも, T・大雨：西日本・北日本 (エ)	寒波：欧州 (エ)		LN	200.7	-0.158	7.39
1957	霜：関東～中部, 大雨・洪水 (7/25-28)：九州 特に長崎「諫早豪雨」	旱魃：中国広域, 洪水：中国北東部, 熱波：欧州 (エ)		EN+	凸 269.3	-0.179	7.40
1958	狩野川 T：東日本中心近畿以北～北日本 (エ)	旱魃：華中東部・ブラジル北東部, 洪水：華中西部 (エ)		EN+	261.7	-0.068	7.38
1959	伊勢湾 T (9/26-27)：四国以東 特に中京地区 (高潮：伊勢湾) (エ) (A)	旱魃：華中, 洪水：華北・華南, サイクロン災害相次ぐ (1959-71)・ベンガル湾岸 (A), 暑夏：欧州 (エ)			225.1	0.155	7.40
1960	T (8月下旬)：中部以西, 大雪 (年末)：北陸	洪水：中国北東部・華中, サイクロン・ベンガル湾岸 (エ)			159.0	-0.371	7.39
1961	大雨・洪水 (6-7月)：北海道を除く全国, 第二室戸 T (9/15-17) (エ)	旱魃：中国北東部, 洪水：華南東部, T：台湾, ハリケーン Hattie：ホンジュラス (エ)			76.4	-0.317	7.41

気候変動・気候災害に関する年表　437

年	日本の異常気象・天候異変	海外の異常気象・天候異変	火山活動（大噴火）	海洋異変 ENSO	太陽活動（天文関連を含む）	年輪分析による年平均気温偏差	ヤマザクラの満開日による推定気温
1962	大雪（年末）：日本海側，大雨・洪水・九州～中国・四国	早魃：華北，嵐：中国東岸・タイ・西欧（2月），雪崩：ペルー（エ）			53.4	-0.100	7.45
1963	「（昭和）38（年）豪雪」（1月）：日本海側，早魃：沖縄（エ）	寒冬：欧州，洪水：イタリア（エ），サイクロン：インド・東パキスタン（10/9）：ガイオントダム（イタリア）（A）	Agung (IDN) 5 [(S)], 800 [(L)]		39.9	0.109	7.48
1964	冷夏：青森・北海道，大雨・洪水（7月）：山陰～北陸，早魃（8月）：関東	洪水：華中・ベトナム，サイクロン：セイロン（スリランカ）（エ）	Sheveluch (RUS) 4 [(S)]	LN	凹 15.0	-0.118	7.53
1965	冷夏：北日本，早魃：四国～近畿，T・洪水：西日本（エ）	早魃：華北・華南東部，洪水：イタリア・ブラジル北東部，サイクロン：東パキスタン（エ）	Taal (PHL) 4 [(S)]	EN	22.0	0.007	7.58
1966	乱気流（3/5）：富士山，冷夏：北日本，T：全国的特に中部	早魃：中国黄河流域を除く広域，豪雨：ブラジル北東部，暑夏：インド（エ）	Awu・Kelut (IDN) 4 [(S)], 200 [(L)]		66.8	-0.074	7.58
1967	早魃：西日本，大雨・洪水：九州北部～関東（7月・羽越（8月）	早魃：華南東部，洪水：中国西部～ブラジル北東部（エ）	(1963-68) total 1100 [(L)]		132.9	-0.107	7.63
1968	T・洪水：九州～中部（8月中旬），「飛騨川豪雨」(8/17)（エ）	早魃：中国北東部，洪水：華南，大雪：北欧，大雨：インド（エ）	Femandina (ECU-Galapagos Is.) 4 [(S)], 200 [(L)]		凸 150.0	-0.232	7.68
1969	大雪：北陸～北海道，大雨・洪水：西日本，竜巻：関東・東海（エ）	早魃：中国南部，洪水：華中・韓国・ブラジル・チュニジア，ハリケーン Camille [(国)]：USA，洪水 (4/23)：黄河下流域（A），竜巻：東パキスタン（南）		EL	149.4	-0.361	7.61
1970	大雨・洪水（7月初め）：関東，T（8月下旬）：西日本特に高知（エ）	洪水：華南，熱波・大雨：インド，T：フィリピン，サイクロン：東パキスタン，早魃：ブラジル北東部，洪水：アマゾン川，異常多雨 (1970-74)：オーストラリア（A），地震⇒氷・岩崩落：ワスカラン山（ペルー）		EL/LN	148.0	-0.349	7.60

年	日本	世界	火山	EN/LN			
1971	霜：東日本、T 多発、冷夏：北日本、AF 長引く、旱魃：沖縄・太平洋岸 (エ)	旱魃：中国西部、洪水：華中東部・東パキスタン・コロンビア・ブラジル、サイクロン：インド (エ)		LN	94.4	-0.402	7.55
1972	暖冬：全国的、BF・大雨・洪水（7月）：全国的 (エ)	旱魃：中国広域・ロシア・インド (エ)(A)・南アフリカ・サヘル（1972-75）、大雨：フィリピン・香港、ハリケーン Agnes：USA (国)		EN+	97.6	-0.405	7.59
1973	暖冬：全国的、暑夏・旱魃：北海道を除く全国的、渇水：関東 (エ)	旱魃：長江中下流域・アフリカ西部・サヘル・南アフリカ、サイクロン：バングラデシュ (エ)	Chachadake (Tiatia) (Kuril Is.) 4 (S)	EN+/LN	54.1	-0.030	7.56
1974	大雪：山陰以北、T・洪水（7月上中旬）：沖縄～関東 (エ)	洪水：エチオピア、旱魃：サヘル、ハリケーン：中米、暖冬：欧州・北米 (エ)	Fuego (GTM) 4 (S)，200 (L)	LN	49.2	0.182	7.63
1975	大雨・洪水：九州～東北 特に青森、T：四国以北 (エ)	洪水：華北東部・インド・ブラジル、サイクロン：ビルマ（ミャンマー）、暖夏：ロシア、旱魃：サヘル (エ)	Tolbachik (RUS) 4 (S)	LN KLM 75年8月-80年3月	22.5	0.029	7.67
1976	大雪：北陸、冷夏：北～東日本、T・大雨・洪水（9月下旬）：全国的 (エ)	旱魃：華中・西欧・ブラジル北東部、洪水：華北・インド・パキスタン、竜巻：バングラデシュ (エ)	Augustine (Alaska) 4 (S)	LN/EN	凹 18.4	-0.022	7.65
1977	大雪：北陸、冷夏：東北、T：沖永良部、大雨：東日本 (エ)	旱魃：中国北東部・ブラジル、洪水：インド・パキスタン、サイクロン：インド、寒冬：USA (エ)	有珠山 3 (A)	EN	39.3	0.232	7.70
1978	旱魃・暑夏（5-9月）：全国的、T：全国的 (エ)	旱魃：華中東部、洪水：華北西部、竜巻：インド、冷夏：西欧 (エ)			131.0	0.168	7.75
1979	大雨・洪水（6-7月）：全国的、T（10月中旬）：全国的、旱魃：沖縄 (エ)	旱魃：華南・ブラジル北東部、洪水：インド、嵐：欧州、寒冬：USA、ハリケーン David (国)：カリブ海諸国 (エ)			凸 220.1	0.143	7.76

年	日本の異常気象・天候異変	海外の異常気象・天候異変	火山活動（大噴火）	海洋異変 ENSO	太陽活動（天文関連を含む）	年輪分析による年平均気温偏差	ヤマザクラの満開日による推定気温
1980	冷夏：沖縄を除く全国的，旱魃：沖縄，大雪（年末）：北陸（エ）	旱魃：東南アジア・オーストラリア・アフリカ・USA・ブラジル，ハリケーン Alem：ハイチ・USA（囲）冷夏：東欧，洪水：アマゾン（エ）	St.Helens (USA) 5 (S)，山頂崩壊（A）・雪崩		218.9	0.364	7.76
1981	「昭和 56（年）豪雪」,冷夏：北日本，T (8月下旬，旱魃：沖縄（エ）	洪水：ネパール，サイクロン：インド，バングラデシュ，暖冬：北米北部，旱魃：ブラジル北東部（エ）	Alaid (RUS) 4, Pagan (Mariana Is) 4 (S)	KLM 81年11月-84年5月	198.9	0.253	7.83
1982	大雨・洪水 (7/23-25)：関東以西「長崎豪雨」(X)，冷夏：北～東日本，T·洪水 (9月)（エ）	旱魃：オーストラリア・インドネシア，大雪 (1982-85)：サヘル（A）北米，旱魃：ブラジル北東部（S）	El Chichon (MEX) 5, Galunggung (IDN) 4 (S)	EN++	162.4	-0.015	7.83
1983	大雨・洪水 (7/20-23)：「山陰豪雨」(X)，冷夏：北～東日本，大雪（年末）（エ）	旱魃：東南アジア・アフリカ・欧州・USA・ブラジル北東部，洪水：中国・ペルー（エ）	colo (IDN) 4 (S)	EN++ /	91.0	-0.258	7.89
1984	寒冬・「(昭和) 59（年）豪雪」，大雨・洪水 (6月下旬)：西日本，暑夏・旱魃：全国的（エ）	旱魃：ロシア・アフリカ東部南部・北米，T Isac：フィリピン（エ）			60.5	-0.066	7.94
1985	雪：全国的，大雨・地滑り：長野市地附山（エ），T・旱魃：中央日本（エ）	冷夏：北欧，寒冬：欧州・USA，洪水：ブラジル北東部，サイクロン：バングラデシュ（エ）	Nevado del Ruiz (COL) 3 (S) 泥流		20.6	-0.156	7.95
1986	雪：四国以北，大雨・洪水 (7月)：鹿児島（エ），旱魃：沖縄～西日本（夏秋）（エ）	旱魃：USA南東部，洪水：USA・ブラジル北東部，雹 (4/14)：バングラデシュ（最大級），チェルノブイリ原発事故 (4/26)：北欧，嵐 (12月)：西欧（エ）	伊豆大島 3, Klyuchevskoy・Chikurachki (RUS) 4・4, Augustine (Alaska) 4 (S)	KLM 86年12月-88年7月	凹 14.8	0.107	8.05
1987	暖春：全国的，雪 (2月)：九州～東北，旱魃：北陸・東北（エ）	大雪：トルコ・ギリシャ，洪水：バングラデシュ，暑夏：南欧，旱魃：ブラジル北東部（エ）		EN	33.9	0.101	8.12

年	日本	世界	火山噴火	ENSO			
1988	冷夏・長梅雨：中部〜東北，大雨・洪水：T・TD連発 (注)	旱魃：中国・USA中西部，洪水：タイ・バングラデシュ・スーダン，ハリケーン Gilbert：カリブ海・メキシコ (注)		LN	123	0.304	8.13
1989	暖冬：全国的，T (8月上旬)：中部〜東北，大雨・洪水 (9月)：全国的 (注)	暖冬：東アジア・シベリア・欧州，洪水：中国・ブラジル，台風：ベトナム，ハリケーン Hugo (注)：カリブ海諸国 (4/26)，竜巻：バングラデシュ中部		LN/KLM 89年12月〜90年12月	凸211.1	0.407	8.18
1990	暖冬：全国的，暑夏・旱魃：関東以西，T (9月下旬)：関東以西 (注)	暖冬：東アジア・欧州，旱魃：欧州・ブラジル北東部，洪水：オーストラリア，サイクロン：インド (注)	Kelut (IDN) 4 (S)		191.8	0.303	8.18
1991	暖冬：全国的，長雨・寡照 (9/24-10/1)：東日本・九州，T19号「りんご台風」(9/30-10/1)：九州・日本海側・東北 (注)	洪水：中国・USA南部，旱魃：ブラジル北東部，T：フィリピン，サイクロン：バングラデシュ (注)	Pinatubo (PHL) 6, 1000 (L), Hudson, Cerro (CHL) 5 (S)	EN	203.3	0.434	8.20
1992	暖冬：全国的，雪 (初春)：全国的，雹 (5月下旬)：九州〜東北 (注)	旱魃：フィリピン・アフリカ南部・ブラジル北東部，暖冬：ハリケーン Andrew (注)：USA，寒冬：中東	Spur (Alaska) 4 (S)	EN	133.0	-0.408	8.22
1993	記録的冷夏：全国的 (沖縄を除く)，T・大雨・洪水 (7-8月)：全国的 特に九州 (注)	洪水：中国・フランス・USA ミシシッピ川，冷夏：朝鮮半島，旱魃：欧州 (注)	Lascar (CHL) 4 (S)	EN	76.1	-0.336	8.20
1994	暖冬：全国的，嵐 (2月中旬)：中国〜東北，暑夏・旱魃：全国的，T (注)	洪水：華南・イタリア，寒波：ブラジル，暑夏：インド・パキスタン (注)	Rabaul (PNG) 4 (S)		44.9	0.659	8.28
1995	暖冬：沖縄〜関東，大雨 (6月末-7月半ば)：全国的 (注)	旱魃：中国・ブラジル北東部，洪水：欧州，ハリケーン Ismael：カリブ海諸国 (年)			25.1	0.432	8.30
1996	雹 (7月初め)：関東〜北海道，土石流 (12月)：長野 (注)	寒冬・大雪：中国・欧州，大雨・洪水：東南アジア (二)			凹11.6	0.066	
1997	暖冬：北日本，大雨・洪水：全国的，T：全国的 (注)	旱魃：東南アジア・ブラジル北東部，洪水：ペルー・東欧，アフリカ東部 (注)		/EN++	28.9	0.514	

年	日本の異常気象・天候異変	海外の異常気象・天候異変	火山活動（大噴火）	海洋異変 ENSO	太陽活動（天文関連を含む）	年輪分析による年平均気温偏差	ヤマザクラの満開日による推定気温
1998	T・大雨・洪水（8月末）全国的 特に東日本、T発生数は当時史上最少 (エ)	旱魃：インド・中米・ブラジル北東部、洪水：中国「長江大洪水」・アメリカ西部、ハリケーン Georges (9/20-30)・Mitch (10/25-11/8) (甲)・中米 (エ)		EN++/ LN	88.3	0.847	
1999	暖冬、暑夏：東日本、嵐・洪水：東北以西、TD (エ)	旱魃：中東、サイクロン：インド・パキスタン、雪崩：中欧、大雨：南米 (エ)	Sheveluch (RUS) 4 (S)	LA	136.3	0.607	
2000	大気不安定・T3号・暴風：伊豆諸島（八丈島 49.3m/s）、大雨：関東〜北海道、暑夏：全国的、AF＋T14・15・17号≒大雨・洪水（都市型水害）：福岡・名古屋 (428mm/day)・東京 (K) (エ)	大雪：中国・モンゴル、旱魃：インド・パキスタン、サイクロン Eline・Gloria (2/17-3/11)：マダガスカル アフリカ南部 (エ)	Ulawun (PNG) 4 (S)、三宅島 3 (S)	LA/	凸 173.9	0.916	
2001	BF⇒九州北部豪雨、T11号豪雨・突風：549mm/day；潮岬 38.2m/s、北冷西暑（梅雨明け後：東北南部以南、梅雨明け特定されず、AF≒九州南部〜四国（＞100mm/h）・東北北部、T15号・豪雨：奥日光 895mm、T16号：沖縄近海で迷走（久米島 50.8m/s；967.5mm）(K) (エ)	大雪：モンゴル、寒波：ロシア・ポーランド、旱魃：中国・北朝鮮・中米・マラウイ、大雨：アルジェリア・イラン・パキスタン (エ)			170.4	0.894	
2002	T6号・暴風雨：房総半島上陸（岐阜県根尾 495mm/day；八丈島 46.1m/s）、AF＋T21号・暴風雨：関東南部上陸（石廊崎 53.0m/s）東〜北日本縦断、早魃（夏秋）：西日本、暖春、寒波（11月）：全国的 (K) (エ)	旱魃・暑夏：中国・インド・オーストラリア・アフリカ南東部、寒波・大雨：インド・バングラデシュ、寒波：ロシア、大雨：中国、嵐：欧州、洪水：エルベ川・ドナウ川 (甲)	Reventador (ECU) 4 (S)、Ruang (IDN) 4 (S)	EN	163.6	0.753	
2003	T10号・列島縦断・室戸岬 69.2m/s、T14号：宮古島 74.1m/s、BF活発・冷夏：沖縄を除く全国的、暖冬 (11-12月)：全国的 (K) (エ)	旱魃・暑夏：欧州・インド、T：韓国、大雨：インドネシア・ネパール・パキスタン、寒波：〜ペルー、森林火災：USA南部 (エ)		EN/	99.3	0.269	

年	日本	世界	火山	指標		
2004	T上陸10（史上最多），T10・11号：四国上陸（徳島 1317mm/day＝当時日本記録），T16号・高潮位：瀬戸内海，T18号・暴風：広島 60.2m/s・札幌 50.2m/s，豪雨（7月）：新潟・福井・福島，T21号＋AF・豪雨：三重県＞130mm/h・尾鷲 740.5mm/day，T22号＋AF，暑夏：全国的（エ）	寒波・大雨：インド・バングラデシュ，フィリピン，ハリケーン，T：東南アジア・フィリピン，ハリケーン Ivan (W)：USA・カリブ海諸国，サイクロン Galifo (W)：マダガスカル，林野火災：アラスカ（エ）	Manam (PNG) 4 (S)	KLM 04年7月-05年8月	65.3	0.618
2005	BF豪雨：北陸，暑夏：全国的，T14号＋AF：東京・埼玉＞100mm/h（9/4夜），寒波・豪雪（12月）：日本海側・北日本（K）（エ）	熱波・嵐：インド・バングラデシュ，ハリケーン Katrina：USA・カリブ海諸国・グアテマラ，大雨：インド・パキスタン，雪崩：インド（エ）		LN	45.8	0.989
2006	寒波・大雪・洪水（6月下旬）：鹿児島・西日本，BF豪雨（7月）：鹿児島・長野・北陸以西，T13号・竜巻：宮崎，大雨（7月），寡照：全国的（K）	干魃：オーストラリア，暑夏・大雨：アフリカ東部，暑夏：欧州，T Durian (W)：中国南東部・フィリピン・ベトナム，大雨：インド・パキスタン・インドネシア・マレーシア (K)，寒波：ウクライナ（エ）	Rabaul (PNG) 4 (S)	LN/	24.7	0.775
2007	発達低気圧（1/6-9）⇒暴風雨・大雪・高波：全国的，干魃（春）：西日本，T4号＋AF：東北部以西，暑夏：全国的，BF：東北南部以西，暖冬・暑夏：全国的，熊谷・多治見 40.9℃（当時日本記録更新）(K)（エ）	熱波：欧州南東部（ルーマニア・ブルガリア）(K)（エ），サイクロン Yemyin・Sidr (W)，大雨・バングラデシュ，サイクロン，大雨：中国西部・北朝鮮・インド・ネパール，干魃：モルドバ（エ）			12.6	0.966
2008	大気不安定「ゲリラ豪雨」（7月末～8月）：全国的・金沢・神戸（7/28）：東京豊島区（8/5）：愛知（8月末）(K)（エ）	大雪・寒波：中国・中央アジア（ウズベキスタン・アフガニスタン）・中東，T：フィリピン セブ，サイクロン Nargis：ミャンマー・イエメン，ハリケーン，カリブ海諸国（エ）	Chaiten (CHL) 4 (S)	LN	凹 4.2	0.932
2009	干魃（春）：西日本，寡照（夏）：全国的，大雨・洪水（7月下旬）：中国・九州北部，T18号・暴風雨：全国的（エ）	干魃・林野火災：オーストラリア・USA カリフォルニア，干魃：中国東部・アフリカ北東部，T：台湾南部・フィリピン ルソン島（エ）	Sarychev Peak (RUS) 4 (S)	LN/EN	4.8	0.348

年	日本の異常気象・天候異変	海外の異常気象・天候異変	火山活動（大噴火）	海洋異変 ENSO	太陽活動（天文関連を含む）	年輪分析による年平均気温偏差	ヤマザクラの満開日による推定気温
2010	発達低気圧の頻発・寡照・寡照（3-4月），BF豪雨：西〜東日本，暑夏：日本平均気温1898年以降最高記録，AF＋T14号豪雨：奄美地方[K]	低温（1月）：ロシア中南部・西シベリア（オムスク△−8.0℃），寒波・積雪（2-3月）：USA南東部（ヒューストン（2月）△−5.0℃；ワシントンDC（2/11）史上最深56cm），熱波・高温・少雨・旱魃・森林火災（6-8月）：ロシア西部（モスクワ（7月）△＋7.6℃），多雨・洪水（8月）：パキスタンとその周辺，大雨・土砂崩れ（8月）：中国中部・甘粛省，T・Cb群発・多雨：南シナ海[K]	Eyjafjallajokull (SL) 4 [S], Merapi (IDN) 4 [S]	EL/LN	24.9		
2011	東北地方太平洋沖地震・大津波（3/11）⇒福島第一原子力発電所事故，BF豪雨（7月下旬）：新潟・福島，T12号：紀伊半島，T15号：暴風豪雨：全国的[K]	竜巻（4-5月）：USA南東〜中部（4月下旬 余震性：(5/22) ミズーリEF5単独では1950年以降最悪の150余震性），T・多雨・洪水（7-12月）：インドシナ半島タイのチャオプラヤ川・メコン川流域，T21号（12月）：ミンダナオ島，多雨（8-9月）：パキスタン南部（カラチ（9月）降水△2068%），[K]旱魃（2011-17年8月現在）：ブラジル北東部	Puyehue-Cordon Caulle (CHL) 5, Nabro (ERI) 4, Grimsvotn (ISL) 4 [S]	LN	80.8		
2012	低温・大雪（2011年12月後半-2月初め）：北〜西日本：日本海側，高温（8月下旬-9月中旬）：北日本（3旬連続），残暑：北・東日本[K]	寒波（1-2月/12月）：ウクライナ・ポーランド・ルーマニア（△＋7.1℃）・カザフスタン（△−7.4℃）/長春（△−5.1℃），低温（1-3月）（アラスカ コールドベイ△−7.6℃〜−5.5℃），海氷史上最縮小（9月）：北極海，大雨・洪水（9月下旬）：パキスタン，ハリケーンSundy（10月）：カリブ海諸国・USA東部，T24号（12月）：ミンダナオ島[K]，旱魃（2012-16/17冬）：USAカリフォルニア	Tolbachik (RUS) 4 [S]		84.5		

2013	BF・大気不安定・豪雨・高温 (夏)：全国的, 高温 (夏)：西日本, 少雨：東・西日本太平洋側・沖縄・奄美, 大気不安定・豪雨：秋田・岩手・島根, T18号豪雨：四国～北海道 [K]	大雨・洪水 (1月)：ジンバブエ・モザンビーク, 雷雨・降雹・鉄砲水 (4月末-5月初め)：サウジアラビア, 嵐・大雨・洪水 (5-6月)：ドナウ川・エルベ川 (ドイツ・ハンガリー・チェコ他), 大雨・洪水・高潮・地滑り (6月)：インド北部・ネパール, 大雨・洪水 (7-8月)：アムール川, 大雨・洪水 (8月)：パキスタン・アフガニスタン, 大雨・洪水 (9-10月)：インドシナ半島, 雷雨・洪水 (11月)：サウジアラビア, T30号 *Haiyen* (11月)：フィリピン (6300余犠牲), サイクロン *Three* (11月)：ソマリア, ハリケーン *Manuel*・*Ingrid*：メキシコ西・東から上陸 [K], 寒波 (2013/14冬)：北米北東部	94.0
2014	南岸低気圧・大雪：関東甲信・北日本, 豪雨・寡照 (7/30-8/26)：西日本, 大雨・土砂災害 (8/20)：広島, T18号, T19号：暴風雨：西～東日本 [K]	高温 (1月・11月)：アラスカ西部 (⊿+9.1℃・⊿+5.6℃), 洪水・地滑り (4-6月)：アフガニスタン北部, 大雨・洪水 (5月末-6月初め)：オビ川, T9号 (7月)：フィリピン, 多雨 (7-8月)：西欧・コルシカ島 (降水量⊿592%), 大雨・洪水・地滑り (7-9月)：インド・ネパール・パキスタン [K], 寒波 (2014/15冬)：北米北東部, 旱魃 (2014-15)：ブラジル南東部　　　Kelut (IDN) 4 [S]	凸 113.3

気候変動・気候災害に関する年表　　445

年	日本の異常気象・天候異変	海外の異常気象・天候異変	火山活動（大噴火）	海洋異変 ENSO	太陽活動（天文関連を含む）	年輪分析による年平均気温偏差	ヤマザクラの満開日による推定気温
2015	BF＋T9・11・12号豪雨：九州南部・奄美地方、寡照（8月中旬～9月上旬）：西日本～東北地方、T18・17号「線状降水帯」⇒豪雨「東日本大水害」(9/7-11)：関東・東北地方 (K)	洪水（1月）：東アフリカ南部、高温（1-2月）：中央シベリア南部（ボルジャイ＋5.7℃）：雪崩・洪水・地滑り（2-4月）：アフガニスタン中～東部、史上最高気温更新（3/24）：南極大陸（17.5℃）、サイクロン Pam・高潮（3月）：バヌアツ・ツバル、洪水（3月）：アタカマ沙漠、熱波（5月下旬）：インド中～南東部、大雨・洪水・地滑り（6-9・11-12月）：インド北部etc.、少雨（9-11月）：インドネシア ボルネオ島（バンジャルマシン降水⊿19%）、多雨（10月）：USA南部～メキシコ中部（サンルイスポトシ⊿572%）、高温（11-12月）：USA フロリダ（⊿＋5.9℃）(K)	Calbuco (CHL) 4 (S), Wolf (ECU) Galapagos Is.4 (S)	EL/ EL++	69.8		
2016	T7・9・11 (T6・10) 号：北海道へ上陸3（後近2)、BF 豪雨：西日本（特に熊本）、T10号：豪雨：岩手・北海道、「モンスーン・ジャイア」⇒AF・T・多雨（8月第2半旬4月末）：太平洋側 (K)	旱魃・塩害（1-5月）：東南アジア、低温（1・10-11月）：モンゴル東部（バルーンウルト1月⊿-5.8℃）・中央シベリア南部（キイラ10-11月⊿-6.1℃)、大雨（3-4月）：パキスタン北部（バーラチャール降水⊿364%）～アフガニスタン、熱波（3-5月）：インド東～南東部、大雨・洪水（7-8月）：パキスタン、大雨・洪水（7-10月）：インド北～中部、大雨・洪水（8-9月）：北朝鮮北東部、T・大雨・竜巻：中国南東部・江蘇省、高温（9月)：西シベリア北東部（ディクソン⊿＋5.5℃)、高温（10月)：東シベリア東部（アナディリ⊿＋7.4℃)、ハリケーン Matthew（10月)：ハイチ・USA南東部 (K)		EN++/			

446　気候変動・気候災害に関する年表

		/LN KLM		
2017	寡照：北～東日本太平洋側，オホーツク海 H 発達（8月）⇒ヤマセ・低温：北日本太平洋側，T5号長寿2位（19日00時間），高温（9月）：沖縄（1946年以来史上2位）・奄美 [K]		高温（12-2月）：東シベリア東部（イリルネイム△+6.9℃），多雨：タイ中～南部（チュムポン降水△543%），雪崩（2月）：アフガニスタン北東～中部，サイクロン *Dineo*：ジンバブエ，大雨・土砂災害（3月末-4月初め）：コロンビア南西部・ペルー，大雨（5月下旬）：スリランカ南部，T13・14号・大雨：華南・南アジア～アフガニスタン北東部，大雨・地滑り（8月中旬）：シエラレオネ西部・コンゴ北東部，ハリケーン *Harvey*・多雨（6-8月）：USA 南部（ヒューストン1336mm＝△391% USA 本土史上最大），少雨（9月）：中国北東部山西省太原（降水1mm＝△1%），ハリケーン *Irma*：USA 南東部～カリブ海諸国，ハリケーン *Maria*：カリブ海諸国 [K]	

索　引

事項索引

■ア

アイス・アルベド・フィードバック
　216
アイスコア　219, 312
アイスランド低気圧　26, 206
アイソスタシー　343
亜寒帯循環系　163
亜間氷期　221
秋雨　12
秋雨前線　12, 24
アジアモンスーン　351
アゾレス高気圧　206
暖かさの指数（温量指数）　98, 104
亜南極モード水　164
亜熱帯高気圧　12
亜熱帯ジェット気流　42, 46, 200
亜熱帯循環　186
亜熱帯循環系　163
亜氷期　221
アリューシャン低気圧　26, 169,
　176, 206
アルベド　102
アレレード　221

■イ

EFスケール　38
医学気象予報　146
移流時間スケール　162
インデックスサイクル　42
インドモンスーン　167
インド洋　166
インド洋ダイポールモード　200,
　282
インバランス　87

■ウ

ヴァーチャルウォーター　130

ウェザーマーチャンダイジング
　156
ウォーカー循環　198
ウォームプール　179
浮皮　125
宇宙線　330
宇宙線生成核種　330
海風　55
雨量因子　287
雨量効果　350

■エ

エアロゾル　37, 95
衛星データ　120
栄養動態　175
液体　162
エクマン流　185
越波　151
越波型　401
N-S係数　287
NOタイトレーション　68
エネルギーの転送効率　176
Fスケール（フジタスケール）　38
エマグラム　32
エルニーニョ　11, 91, 138, 166,
　180, 184, 206
エルニーニョ現象　166
エルニーニョ・南方振動　165,
　173, 178, 190, 194, 198, 245,
　280, 328
エルニーニョ・モドキ　179
沿岸前線　24
沿岸ポリニヤ　246
沿岸湧昇　139
エンソイベント　167
縁辺流　36
煙霧（ヘイズ）　9

■オ

欧州海洋エネルギーセンター
　405
大雨特別警報　24, 34
大型化石　360
大雪　8
オゾン　67, 267
オゾン全量　251
オゾン層　250
　——の保護のためのウィーン条
　　約　253
オゾンホール　242, 251
オーバーヒート　148
オホーツク海高気圧　12, 43
御神渡　318
温室効果　80, 92
温室効果ガス　74, 86, 92, 255,
　349, 410
温帯冬季小雨気候（Cw）　295
温度効果指数　288
温度帯　285
温量指数（暖かさの指数）　98,
　286

■カ

開花日　107
海岸リゾート　153
貝形虫類　360
概日リズム　143
海水準の低下　223
海水浴　153
解折格子分光計　81
解像度　102
海氷　210, 246
　——の集積　213
海氷運動　211
海氷生成　211
海面水温　166, 173, 194, 198, 266,
　271

448　索　　引

海洋　266
海洋エネルギー　400
海洋エネルギー資源利用推進機構
　　400
海洋汚染　411
海洋温度差発電　403
海洋基本計画　400
海洋基本法　400
海洋酸素同位体ステージ　364
海洋循環流量　211
海洋大循環　163
海洋熱容量　197
海流　162
海流発電　403
カエデ　107
化学輸送モデル　69
夏季豪雨　4
拡散時間スケール　163
核実験ピーク　331
核心地域　292
核融合　86
攪乱体制　100
過耕作　132
可降水量　20
下降流　39
火山活動　322
火山性エアロゾル　274
火山爆発指数　276
火山噴火　274, 349
可視光線　162
過剰水素　219
ガストフロント　20, 38, 150
火成活動　406
化石　360
化石燃料消費　220
風・蒸発・海面水温フィードバック
　　199
家畜排泄物　410
褐色低地土　122
カットアウト風速　389
カットイン風速　389
可動物体型　401
カトリーナ　3
金床雲　22
花粉化石群　353
花粉帯　353
花粉ダイアグラム　353
花粉分析　352
下方伝播　268
過放牧　132
鎌状赤血球症　143

カラコラム・アノマリー　234
ガルフストリーム　163, 186
過冷却水滴　30, 37
灌漑　129
カンキツグリーニング病　127
寒気の吹き出し　65
環境影響評価　392
環境政策　64
環状モード　245
完新世　182, 222, 338
完新世中期　338
乾燥指数　287
乾燥常緑林　357
乾燥度指数　133
乾燥(落葉)フタバガキ林　357
寒帯前線ジェット気流　42, 201
寒波　6
旱魃　5, 129
旱魃メモリ　135
間氷期　222
灌木　103
涵養　233
涵養域面積比　239
寒冷渦　26

■ キ

気温減率　228
飢饉　320
気圏　162
気候　162
気孔　350
気候学的旱魃　10
気候景観　286
気候最適期　338
気候システム　74, 162, 294, 349
気候ジャンプ　140, 171
気候順化　142
気候小最適(良)期　310
気候図　291
気候ディミング　90
気候遷移　294
気候暖和機能　136
気候地域　284
気候復元　348
気候変化　300
気候変動　224, 300, 324
　　──に関する政府間パネル
　　112
気候療養　153
気象学的旱魃　10

気象病　146
季節現象　106
季節内変動　11, 167
季節病　146
季節病カレンダー　147
季節風　151
気体　162
北大西洋深層水　164, 221
北大西洋振動　207, 271, 279, 295,
　　313, 328
北太平洋指数　169
北太平洋中層水　164
北半球環状モード　206, 283
気団変質　291
軌道　349
揮発性有機化合物　66
急激な温暖化　221
休眠打破　106
享保の大飢饉　325
共鳴　264
極渦　207, 242, 252
局所的風況予測システム　390
極成層圏雲　252
局地的大雨　149
極夜ジェット　297
銀河宇宙線　269
均衡線(氷河平衡線)　227, 233,
　　240

■ ク

クライマティック・オプティマム
　　303
グリーン正規化差植生指数　120
グリーンランド　214
グリーンランド亜間氷期　221
グリーンランド氷床　216, 219
クレヴァス　231
グレートプレーンズ　6
黒潮　163, 186
黒潮続流　186
黒潮大蛇行　187
クロスデーティング　348
黒ボク土　121
クロロフルオロカーボン　250

■ ケ

経験的直交関数　169
ケッペン気候区分　294
ケッペン・ズーパン線　285

索　　引　　*449*

ケルビン波　184
顕熱　86
原野・森林火災　102

■ コ

広域降電　32
豪雨　3
豪雨災害　18
高温岩体地熱発電　408
高温不稔　113
光化学オキシダント　67
光合成　102
光合成炭素固定量　348
黄砂　9, 62
交点潮　170
洪水　3, 128
降水効果指数　288
降水セル　20
降水の酸性化　220
降電　30
高密度水　247
紅葉日・黄葉日　107
古塩分　360
枯渇性資源　408
古環境　360
古気候　360
古気候プロキシ　348
呼吸　102
黒点数　330
古水温　360
古水深　360
固定価格買取制度　388, 405
古土壌　371
湖畔リゾート　152
固有性　361
混合層　165
コンティンジェンシープラン　70

■ サ

サイクロジェネシス　26
サイクロン　2, 11, 14
歳差　260
最終氷期最盛期　224, 338, 346
再出現現象　165
再生可能エネルギー　410
最大可能蒸発散量　288
最大持続生産量　172
最大瞬間風速　39
栽培適地　124

砂丘　370
サクラ　106
サージ　233
砂塵嵐　63
里雪型　26
沙(砂)漠化　62, 132, 410
砂漠化対処条約　132
沙漠気候(BW)　295
サバナ気候(Aw)　295
サボニウス型　402
作用中心　279
山岳氷河　225
産業革命　220
サンゴ化石　182
サンシャイン計画　408
酸性雨　66
酸性化　220
酸素同位体比　350, 364, 377
サンディ　3
3波循環　26
三北(東北・華北・西北)防護プロ
　ジェクト　137
散乱日射　380

■ シ

ジェット気流　33, 42, 254
ジェット・ストリーク　33
自家不和合性　126
時間スケール　162
自然エネルギー　410
自然起源温室効果ガス　80
自然発生源　66
湿潤指数　288
湿度係数　287
質量収支　224
シヌーク(チヌーク，チヌック)
　47
自発休眠　126
CPエルニーニョ　180, 197, 272,
　281
シベリア高気圧　26, 169, 206
遮断蒸発　102
周期的振動　171
自由対流高度　19
集中豪雨　18
十年規模変化　188
収量　116
収斂　177
首都圏整備法　52
シュペーラー極小期　322

樹木限界　99
樹木年輪　348
シュワーベ周期　270
循環型社会　410
純生態系炭素収支　98
準定常ロスビー波　201
準2年周期振動　283, 296
順応的管理　394
準備書　392
昇華(蒸発)　243
小最適期　303
蒸散　102
小蛇行　188
鍾乳石　376
蒸発(昇華)　243
小氷期　237, 318, 324, 348
消耗　233
昭和基地　250
昭和三大台風　15
植生の劣化　132
暑熱環境　142
シルクロード・パターン　280
人為起源温室効果ガス　80
人為発生源　66
新エネルギー技術開発計画(サン
　シャイン計画)　408
新エネルギー・産業技術総合開発
　機構　400
シングルセル　20
人工降雪　154
人工地熱系　408
じん旋風　150
振動水柱型　401
新氷期　237

■ ス

水塊　165
水圏　162
水車　399
水柱換算(水柱)　224
水文学的旱魃　10
数値流体力学　390
スカンジナビアパターン　279
スキー　154
スキー場　154
スキーリゾート　155
スコールライン　21
ステップ気候(BS)　294
Sr/Ca比　362
スノーサーベイ　397

450　　索　　　引

スーパーセル　31, 41
スーパーセル竜巻　41

■セ

西岸海洋性気候（Cfb）　295
西岸境界流　186
正規化植生指数　64, 103, 120
生気候学　142
生気象学　142
西高東低型の気圧配置　27
成層圏　87, 242
成層圏突然昇温　207
正のフィードバック・システム　212
生物季節　106
生物群系　98
生物圏　162
西方擾乱　11
世界気象機関　380
積雲　39
赤外放射　86
積算降水量　121
積雪　154
赤道湧昇　166
積乱雲　18, 30, 39
雪氷圏　162
設備容量　407
雪片　37
切離低気圧　43
セルロース　350
遷移地帯　292
潜在生育域　104
線状降水帯　7
前線　41
全天日射量　121, 380
潜熱　86, 168

■ソ

霜害　126
総観規模　244
総観規模擾乱　208
相互作用　162
相対湿度　350
相当温位　22
測器観測法委員会　380
外向き長波放射　195

■タ

大気汚染物質　62
大気海洋相互作用　162, 188, 349
大気上限　86
大飢饉　325
　享保の――　325
　天保の――　326
　天明の――　325
大気大循環　42
大規模洪水　4
大西洋　166
大西洋数十年規模振動　13, 312
タイ大洪水　8
代替指標　183, 338, 360
大蛇行　187
タイドウォーター氷河　236
耐凍性　126
退氷期　223, 346
台風　2, 14, 24, 34, 190
太平洋-北米パターン　206, 281
太平洋高気圧　36, 46
太平洋十年規模振動　13, 138, 166, 172, 282
太平洋十年規模振動指数　169
太平洋-日本パターン　192, 282
太陽活動　328, 330
太陽活動極小期　349
太陽圏　330
太陽光度　86
太陽光発電　382
太陽黒点　314
太陽総放射量　330
太陽定数　86
太陽電池　382
太陽熱発電　382
太陽の11年規模振動　272
太陽放射　86, 266
第四紀　259, 366
対流圏　87, 163, 241
滞留時間スケール　163
対流不安定性　22
ダウンバースト　20, 38, 150
タケ亜科植物　358
多湿黒ボク土　123
ダストストーム　63
ダストベール指数　276
ダスト・ボウル　6
脱季節化　147
竜巻　8, 38, 150
棚氷（氷棚）　231, 248

WPパターン　281
ターミネーション　223, 346
ダム　398
ダリウス型　402
短時間強雨　18
暖湿気　34
暖水域　194
ダンスガード・オシュガー
　イベント　221

■チ

地殻熱流量　406
地球温暖化　74, 87, 197, 410
地球温暖化ハイエタス　88, 90
地球観測衛星　102
地球-大気系　86
蓄電装置　399
蓄熱式太陽熱利用　382
地形性上昇　24
地圏　162
地中海性気候（Cs）　294
地中熱ヒートポンプ　409
窒素酸化物　66
チヌーク, チヌック（シヌーク）　47
地熱　406
地熱貯留層　408
地表面熱収支　98
チベット高気圧　46
着色遅延　124
着色不良　124
チャップマン・メカニズム　250
中世温暖期　310, 348
中世気候異常期　310
中部太平洋エルニーニョ　180, 197, 272, 281
中部対流圏低気圧　11
潮位　187
潮汐発電　403
潮汐力　262
超低周波音　393
超微化石　360
潮流発電　402
直達日射　380
沈降ケルビン波　194

■ツ

通常水温躍層　194
ツーリズム　152

索　引　*451*

ツンドラ気候(ET) 294

■テ

低温要求性 126
定格風速 389
D型氷河 233
低気圧 41
定常ロスビー波 168, 279
底生有孔虫 363
汀線氷河 227
停滞傾向 88
適応 114
データレスキュー 190, 325
デートライン・エルニーニョ 179
テーパリングクラウド 22
テフラ 367
テレコネクション 202, 245, 279
テレコネクションパターン 168
天候デリバティブ 71
天保の大飢饉 326
天明の大飢饉 325

■ト

同位体濃縮効果 350
凍害 126
冬季涵養型 233
冬季季節風の吹き出し 12
東西指数 42
糖酸化 125
東部太平洋エルニーニョ 180
ドゥラ 370
特別警報 24
都市化 92
都市気候 54
土壌(の)劣化 132, 410
土石流 36
土地の劣化 132
突風 38
トップダウンメカニズム 267, 270
ドップラーライダ 392
ドップラーレーダー 151
ドブソンユニット 251
トルネード 8
トレンド 241

■ナ

ナイル洪水 313

長霖 12
夏のない年 221, 327
南岸低気圧 28
南極温暖化イベント 221
南極周極海流 163
南極振動 206, 245, 283
南極中層水 164
南極底層水 164, 247
南極氷床 219, 241
――の氷厚 243
南大洋 164
南方振動 167
南方振動指数 280

■ニ

二酸化硫黄 66
火山性の―― 276
二酸化炭素 80
CO_2施肥効果 117
二酸化窒素 66
西風バースト 184, 194
西太平洋パターン 281
日射変動 222
日本海収束雲 27
人間圏 162
人間の福利 134
にんじん状雲 22

■ネ

熱塩循環 163, 221
熱収支 86
熱帯雨林気候(Af) 295
熱帯気候 294
熱帯擾乱 24
熱帯常緑林 357
熱帯低気圧 11
強い―― 14
熱帯モンスーン気候(Am) 295
熱帯夜 53
熱中症 46, 53
熱的慣性 162
熱量 162
年代決定 348
年輪幅 348
年輪密度 348

■ノ

農業的旱魃 10

農業用水 398

■ハ

梅雨 12, 200
梅雨前線 12, 22, 35
ハイエン 2
バイオマスエネルギー 410
廃棄物 410
排他的経済水域 400
バイナリー発電 407
バイポーラーシーソー 222
配慮書 392
ハインリッヒイベント 221, 345
パーカースパイラル 332
爆弾低気圧 202
薄氷域 246
発芽不良 126
バックアンドサイドビルディング 21
バックビルディング 21, 36
発散 177
バードストライク 393
ハドレー循環 42, 198
ハブ 389
パム 2
パラソル効果 274
ハリケーン 3, 14
波力発電 400
波列 245

■ヒ

PNAパターン 206, 281
非海塩性硫酸イオン 67
東大西洋-西ロシアパターン 280
微化石 360
避寒 152
PJパターン 192, 282
避暑 152
微小粒子状物質 68
避暑地 144, 153
非スーパーセル竜巻 41
ヒートアイランド 54
ヒートアイランド強度 57
比熱 162
ヒプシサーマル 303, 338
日焼け 124
雹 39
氷河学的方法 229
氷河湖突発洪水 238

452 索　　　引

氷河質量収支　233
氷河性砕屑物　334
氷河成堆積物　367
氷河前縁湖　236
氷河地形　367
氷河平衡線（均衡線）　227, 233
氷河平衡線高度　233
氷河変動　224
氷冠　225
氷期　221
氷期サイクル　222, 258
氷山分離　231
氷晶　37
氷床　225
氷床海洋相互作用　248
氷棚（棚氷）　231, 248
漂流岩屑　221
ヒルステーション　152

■フ

ファーマン, J.C.　251
風応力　163
風況マップ　390
風成循環　163
風土病　142
フェーン現象　47
不均一反応　276
不時現象　110
フジタスケール（Ｆスケール）　38
藤田哲也　38
双子低気圧　196
フタバガキ科植物　358
ブドウ糖　350
ブナ　104
浮遊性有孔虫　363
フラットレイト温度　148
プラネタリー波　208
フーリエ変換分光計　81
浮力　163
フルード数　49
ブレード　389
プロキシ　183, 338, 360
ブロッキング現象　42
ブロッキング高気圧　11, 28, 42
ブロッキングリッジ　27
プロペラ型　402
噴煙指数　277, 322
分光リモートセッティング　81
分布予測モデル　104

■ヘ

平均気温　121
平衡線　227, 233, 240
ヘイズ（煙霧）　9
平年値　292
ベースロード電源　408
ヘニングの式　48
ベーリング海の海水　210
ヘール周期　270
偏西風　42, 62

■ホ

貿易風　166
報告書　393
飽差　287
放射輝度値　120
放射強制力　75
放射対流調節　87
防風林　136
方法書　392
北極域　214
北極温暖化増幅　216
北極海　210, 214
北極海海氷　27
北極海航路　210
北極振動　45, 206, 268, 282
ボトムアップメカニズム　268,
　270
ボーフォート高気圧　27
ポーラーユーラシアパターン
　280
ポリニヤ　246
ホワイトアウト　150
ボンドサイクル　221

■マ

マイクロバースト　39
マウンダー極小期　270, 319
Mg/Ca比　362
マクロバースト　39
マッデン・ジュリアン振動　167,
　185, 196, 282
マルチセル　21

■ミ

水資源　113
水資源量　396

水収支　128
三鷹降電　32
みつ症　125
みどりのカーテン　159
南半球環状モード　206, 283
ミランコビッチ, M.　258
ミランコビッチ・サイクル　222,
　258, 339
ミレニアム生態系評価　133
民間航空機　81

■メ

メキシコ湾流　221
メソ対流系　21

■モ

猛暑　6, 46
猛暑日　52
モード水　165
もち上げ凝結高度　19
モレーン　229
モンスーン　374
モンスーン循環　198
モンスーン低気圧　11
モンスーントラフ　11
モントリオール議定書　253

■ヤ

ヤマセ　59
山雪型　27
ヤンガー・ドリアス（ドライアス）
　221, 236, 346, 368

■ユ

有孔虫類　360

■ヨ

葉内水　350
葉緑素計　120

■ラ

落葉混交林　358
落葉（乾燥）フタバガキ林　357
ラニーニャ　11, 95, 167
ランドサット　102

索　　引　　453

■ リ

利害関係者　394
リニアデューン　366, 370
流軸　186
流体　162
流量　187

■ レ

冷夏　58
冷害リスク　60
冷気外出流　20
冷帯気候(D)　294
冷帯湿潤気候(Df)　295
冷帯冬季小雨気候(Dw)　295
レジームシフト　138, 171
レス　367

■ ロ

ローカルエネルギー　410
露出年代測定法　232
ローレンタイド氷床　221

■ ワ

湾流　163, 186

欧 文 索 引

■ A

AABW　164, 247
AAIW　164
AAO　206, 245, 283
AAR　239
ablation　233
abrupt warming　221
ACC　164
acclimation　142
accumulation　233
Accumulation Area Ratio(AAR)　239
acid rain　66
acidification　220
acidification of precipitation　220
action center　279
adaptation　114
adaptive management　394
advection time scale　162
aerosol　37, 95
agricultural drought　10
agricultural water　398
AIM　221
air mass modification　291
air pollutant　62
Akisame　12
albedo　102
Aleutian Low　26, 169, 206, 176
Allerod　221
AMO　13, 312
amount effect　350
andosol　121
annular mode　245
Antarctic Bottom Water
　(AABW)　164, 247
Antarctic Circumpolar Current
　(ACC)　163
Antarctic ice sheet　219, 241

Antarctic Intermediate Water
　(AAIW)　164
Antarctic Isotope Maximum
　(AIM)　221
Antarctic Oscillation(AAO)
　206, 245, 283
anthropogenic emissions　66
anthropogenic greenhouse gas
　80
anvil　22
AO　45, 206, 268, 283
(the) Arctic　214
Arctic Ocean　210, 214
Arctic Oscillation(AO)　45, 206,
　268, 283
Arctic Sea Routes　210
Aridity Index　133
artificial snow-making service
　154
Asian monsoon　351
Asian dust　62
Atlantic Multidecadal Oscillation
　(AMO)　13, 312
Atlantic Ocean　166
atmosphere　162
atmosphere-ocean interaction
　162, 188, 349
Atmospheric River　244
autumnal rain front　12, 24
average temperature　121
Azores High　206

■ B

back and side building(BSB)　21
back building(BB)　21
back building phenomena　36
Baiu　12, 200
Baiu front　12, 22, 35

Bambusoideae　358
baseload electricity source　408
(the) Basic Act on Ocean Policy
　400
Basic Plan on Ocean Policy　400
BB　21
Beaufort High　27
beech　104
benthic foraminifera　363
Bering Sea water　210
binary cycle power generation
　407
bioclimatology　142
biomass-energy　410
biome　98
biometeorology　142
biosphere　162
bipolar seesaw　222
bird strike　393
blade　389
blocking high　11, 28, 42
blocking phenomenon　42
blocking ridge　27
bomb　202
bomb effect　331
Bond cycle　221
boreal climate with a dry winter
　295
boreal humid climate　295
bottom-up mechanism　268, 270
breaking of dormancy　106
brown lowland soil　122
BSB　21
budding disorder　126
buoyancy force　163

■ C

calving　231

454　索　　　引

Capital Region Improvement Act 52
carbon dioxide(CO_2) 80
carrot-shaped cloud 22
Cb 18, 30, 39
cellulose 350
Central Pacific El Niño 180, 197, 272, 281
CFC 250
CFD 390
Chang-ma 12
Chapman mechanism 250
chemical transfer model 69
cherry blossom 106
chilling requirement 126
Chinook 47
chloro fluoro carbons(CFC) 250
CIMO 380
circadian rhythm 143
climate 162
climate change 300
climate dimming 90
climate improvement 136
climate landscape 286
climate map 291
climate reconstruction 348
climate region 284
climate succession 294
climate system 74, 162, 294, 349
climatic cure 153
climatic jump 140, 171
climatic optimum 303, 338
climatic variation 224, 300, 324
climatological drought 10
CMIP 61
CO_2 fertilizatim effect 117
coastal polynya 246
coastal front 24
cold air outbreak 65
cold outflow 20
cold surge 12
cold vortex 26
coldwave 6
coloring disorder 124
commercial airplane 81
Commission for Instruments and Methods of Observation (CIMO) 380
Computational Fluid Dynamics (CFD) 390
Contingency Plan 70

convective instability 22
converge 177
cool summer 58
core region 292
cosmic rays 330
cosmogenic nuclide 330
costal fossil 182
costal upwelling 139
Coupled Model Intercomparison Project(CMIP) 61
CP El Niño 180, 197, 272, 281
crevasse 231
crop yield 116
cross dating 348
cryosphere 162
cumulative precipitation 121
cumulonimbus(Cb) 18, 30, 39
cumulus(Cu) 39
current axis 186
cut-in wind speed 389
cut-off low 43
cut-out wind speed 389
cyclogenesis 26
cyclone 2, 11, 14

■ D
dam 398
Dansgaard-Oeschger event 221
darrieus rotor 402
data rescue 190, 325
Date Line El Niño 179
dating 348
DDF 357
debris-covered type glacier 233
debris flow 36
decadal change 188
decadal solar oscillation(DSO) 272
Deciduous(Dry) Dipterocarp Forest(DDF) 357
DEF 357
delay in leaves changing color 124
dense water 247
deseasonality 147
desert climate 295
desertification 62, 132, 410
deuterium excess 219
diffuse solar radiation 380
diffusion time scale 163
Dipterocarpaceae 358

direct solar radiation 380
disturbance regime 100
diverge 177
Dobson Unit 251
Document on Primary Environmental Impact Consideration 392
Doppler Lidar 392
Doppler Radar 151
downburst 20, 38, 150
downdraft 39
downward propagation 268
downwelling Kelvin wave 194
draa 370
Draft EIS 392
drought 5, 129
drought memory 135
Dry Evergreen Forest(DEF) 357
DSO 272
Dust Bowl 6
dust storm 63
dust veil index(DVI) 276, 322
DVI 277, 322

■ E
earth observation satellites 102
earth-atmosphere system 86
Eastern Pacific El Niño 180
EATL/WRUS(East Atlantic/ West Russia；Eurasia-2, pattern) 280
EEZ 400
EGS 408
EIA 392
EIS 392
Ekman current 185
El Niño 11, 91, 138, 166, 180, 184, 206
El Niño event 166
El Niño Modoki 179
El Niño/Southern Oscillation (ENSO) 165, 173, 178, 190, 194, 198, 245, 280, 328
ELA 233
electric storage device 399
emagram 32
EMEC 403
emergency heavy rain warning 34
emergency warnings 24

Empirical Orthogonal Function (EOF) 169
endemic disease 142
endemism 361
endodormancy 126
engineered geothermal system (EGS) 408
Enhanced Fujia scale 38
ENSO 165, 173, 178, 190, 194, 198, 245, 280, 328
ENSO event 167
Environmental Impact Assessment (EIA) 392
environmental policy 64
EOF 169
equatorial upwelling 166
equilibrium line 227, 233, 240
equilibrium line altitude (ELA) 233
equivalent potential temperature 22
European Marine Energy Center (EMEC) 405
evaporation 102
Exclusive Economic Zone (EEZ) 400
extreme high temperature 6, 46
extremely hot day 52

F

Fagus crenata 104
famine 320
Farman, J.C. 251
Feed-in Tariff (FIT) 388, 405
FIT 388, 405
flat rated temperature 148
flood 3, 128
flowering date 107
fluid 162
foehn phenomenon 47
foraminifera 360
fossil 360
fossil pollen assemblage 353
fossil fuel consumption 220
Fourier Transform Spectrometer 81
freezing injury 126
freezing resistance 126
front 41
frost damage 126
Froude number 49

Fujita scale 38

G

Galactic Cosmic Rays (GCR) 269
gas 162
GCR 269
general circulation 42
geosphere 162
geothermal 406
geothermal heat pumps 409
geothermal reservoir 408
GI 221
glacial cycle(s) 222, 258
glacial deposits 367
glacial landform 367
glacial period 221
Glacier Lake Outburst Flood (GLOF) 238
glacier variation 224
Glaciological method 229
global solar radiation 121, 380
global warming 74, 87, 197, 410
global warming hiatus 88, 90
GLOF 238
glucose 350
GNDVI 120
grating spectrometer 81
great Kyoho famine 325
Great Plans 6
great Tempou famine 326
great Tenmei famine 325
Green Curtain 159
Green Normalized Difference Vegetation Index (GNDVI) 120
greenhouse effect 80, 92
greenhouse gas 74, 86, 92, 255, 349, 410
Greenland 214
Greenland ice sheet 216, 219
Greenland Interstadial (GI) 221
(the) Gulf Stream 163, 186, 221
gust 38
gust front 20, 38, 150

H

Hadley circulation 42, 198
hail 39
hailstorm 30, 32
hailstorm in Mitaka 32

Haiyan 2
Hale cycle 270
haze 9
heat budgets 86
heat content 162
heat environment 142
heat island intensity 57
heat stroke 46, 53
heavy rain 3
heavy rain disaster 18
heavy rain emergency warning 24
heavy snow 8
Heinrich Event 221, 345
heliosphere 330
Henning's formula 48
heterogeneous reaction 276
High temperature-induced floret sterility 113
hill station 152
Holocene 182, 222, 338
hot dry rock geothermal power 408
huanglongbing disease 127
hub 389
human well-being 134
humanosphere 162
humidity coefficient 287
hurricane 3, 14
hydrological drought 10
hydrosphere 162
hypsithermal 303, 338

I

Ice albedo feedback 217
ice cap 225
ice core 219, 312
ice crystal 37
ice rafted debris (IRD) 221, 334
ice sheet 225
ice sheet-ocean interaction 248
ice shelf 231, 248
Icelandic Low 26, 206
igneous activity 406
imbalance 87
Impact Mitigation Report 393
index cycle 42
Indian Monsoon 167
Indian Ocean 166
Indian Ocean dipole mode (IOD) 200, 282

456 索   引

indice d'aridit 287
(the) Industrial Revolution 220
infrared radiation 86
infrasound 393
installed capacity 407
interaction 162
interception evaporation 102
interglacial period 222
Intergovernmental Panel on
　Climate Change(IPCC) 74,
　112
interstadial 221
intraseasonal oscillation 11, 167
IOD 200, 282
IPCC 74, 112
IRD 221, 334
irradiation variation 222
irrigation 129
isostasy 343
isotope enrichment 350

■ J
Japan-Sea convergent cloud 27
jet streak(JS) 33
jet stream 33, 42, 254

■ K
Karakoram anomaly 234
Katrina 3
Kelvin wave 184
Kosa 62
Köppen Climate classification
　294
Köppen-Supan line 285
(the) Kuroshio 163, 186
(the) Kuroshio Extension 186

■ L
La Niña 11, 95, 167
lakeside resort 152
land degradation 132
Landsat 102
Large Eddy Simulation(LES)
　391
large meander 187
large-scale floods 4
(the) largest three typhoons 16
Last Glacial Maximum(LGM)
　224, 338, 346
latent heat 86, 168
Laurentide ice sheet 221

LAWEPS 390
leaf water 350
LES 391
level of free convection 19
LGM 224, 338, 346
LIA 237, 318, 324, 348
lifted condensation level 19
linear dunes 366, 370
linear rainband 7
liquid 162
Little Climatic Optimum 310
Little Ice Age(LIA) 237, 318,
　324, 348
Little Optimum 303
livestock waste 410
Local Area Wind Energy
　Prediction System
　(LAWEPS) 390
local energy 410
local heavy rain 18, 149
loess 367
low pressure 41

■ M
macro burst 39
macrofossil 360
Madden-Julian Oscillation(MJO)
　167, 185, 196, 282
maple 107
marginal flow 36
marine isotope stage(MIS) 364
mass balance 224, 233
Maunder minimum 270, 319
maximum instantaneous wind
　speed 39
Maximum Sustainable Yield
　(MSY) 172
MDF 358
medical-meteorological forecast
　146
Medieval Climate Anomaly 310
Medieval Warm Period(MWP)
　302, 310, 348
Mediterranean climate 294
Meiyu 12, 200
Meiyu front 12
mesoscale convective system
　21
meteorological disease 146
meteorological drought 10
Mg/Ca ratio 362

micro burst 39
microfossil 360
mid-Holocene 338
mid-tropospheric cyclone(MTC)
　11
Milanković, M. 258
Milankovictch cycles 222, 258,
　339
Milankovitch cycles 222, 258,
　339
Millennium Ecosystem
　Assessment 133
MIS 364
Mixed Deciduous Forest(MDF)
　358
mixed layer 165
MJO 167, 185, 196, 282
mode water 165
moisture index 288
monsoon 151, 374
monsoon circulation 198
monsoon depression 11
monsoon trough 11
Montreal Protocol on Substances
　that Deplete the Ozone
　Layer 253
moraine 229
mountain glacier 225
Mountain snowfall type 27
moving body type 401
MSY 172
MTC 11
multi-cell storm 21
MWP 302, 310, 348

■ N
NADW 164, 221
NAM 206, 283
nannofossil 360
NAO 207, 271, 279, 295, 313, 328
natural emissions 66
natural energy 410
natural greenhouse gas 80
NDVI 64, 103, 120
NEDO 400
Neoglaciation 237
net ecosystem carbon balance
　98
New Energy and Industrial
　Technology Development
　Organization(NEDO) 400

索　　引｜ *457*

Nile River flood　313
nitrogen dioxide(NO_2)　66
nitrogen oxide(NOx)　66
nodal tide　170
non-renewable resource　408
non-sea salt sulfate ion(nss-SO_4^{2-})　67
non-super cell tornado　41
normal value　292
Normalized Difference Vegetation Index(NDVI)　64, 103, 120
North Atlantic Deep Water (NADW)　164, 221
North Atlantic Oscillation(NAO)　207, 271, 279, 295, 313, 328
North Pacific Index(NPI)　169
North Pacific Intermediate Water (NPIW)　164
Northern Annular Mode(NAM)　206, 283
NPI　169
NPIW　164
N-S quotient　287
nuclear fusion　86

▌ O

ocean　266
ocean current power generation　403
ocean energy　400
Ocean Energy Association Japan (OEAJ)　400
ocean heat content(OHC)　197
Ocean Thermal Energy Conversion(OTEC)　403
ocean volume transport　211
oceanic current　162
oceanic general circulation　163
OEA-J　400
OHC　197
Okhotsk sea High　12, 43
OLR　195
Omiwatari　318
orbit　349
orographic lifting　24
oscillating water column type　401
ostracods　360
OTEC　403
outgoing longwave radiation (OLR)　195

over-cultivation　132
overgrazing　132
overheat　148
overtopping type　401
oxygen isotope ratio　350, 364, 377
ozone　67, 267
ozone hole　242, 251
ozone layer　250

▌ P

Pacific Decadal Oscillation(PDO)　13, 138, 166, 172, 282
Pacific High　36, 46
Pacific-Japan pattern　192, 282
Pacific-North American pattern (PNA)　206, 281
paleobathymetry　360
paleoclimate　360
paleoclimate proxy　348
paleoenvironment　360
paleosalinity　360
paleosol　371
paleotemperature　360
Pam　2
parasol effect　274
particulate matter 2.5($PM_{2.5}$)　68
PDO　13, 138, 166, 172, 282
PDO Index　169
P-E index　288
peel puffing　125
periodic oscillation　171
Parker spiral　332
PET　288
phenology　106
photochemical oxidant(Ox)　67
photosynthesis　102
photosynthetic carbon fixation rate　348
photovoltaic cell　382
Photovoltaic Power System　382
PJ　192, 282
plain-typed snowfall　26
planetary wave　208
planktonic foraminifera　363
$PM_{2.5}$　68
PNA　206, 281
Polar Amplification　216
Polar Eurasian pattern　280
polar front jet stream　201
polar night jet　297

polar stratospheric cloud(PSC)　252
polar vortex　207, 242, 252
polar-front jet stream　42
pollen analysis　352
pollen diagram　353
pollen zone　353
polynya　246
positive feedback system　212
potential evapotranspiration (PET)　288
potential habitats　104
precessin　260
precipitable water　20
precipitation sell　20
proglacial lake　236
propeller type rotor　402
proxy　183, 338, 360
PSC　252

▌ Q

quasi-biennial oscillation(QBO)　283, 296
quasi-stationary Rossby wave　201
quasi-stationary three-wave pattern　26
Quaternary　259, 366

▌ R

radiance　120
radiative forcing　75
radiative-convective adjustment　87
rafting of sea ice　213
rain factor　287
rated wind speed　389
recycling-based society　410
red and/or yellow leavesday　107
reemergence phenomenon　165
regime shift　138, 171
relative humidity　350
renewable energy　410
residential time scale　163
resolution　102
resonance　264
respiration　102
Risk Management　70
risk of cool summer damage to rice　60

S

SAM 206, 283
SAMW 164
sand dunes 370
sandstorm 63
Sandy 3
satellite data 120
saturation deficit 287
savanna climate 295
savonius rotor 402
SCAND (Scandinavia ;
  Eurasia-1) pattern 279
Schwabe cycle 270
Scoping document 392
sea bathing 153
sea breeze 55
sea ice 210, 246
sea ice formation 211
sea ice in the Arctic Ocean 27
sea ice motion 211
sea level 187
sea level drop 223
sea pollution 411
sea surface temperature (SST)
  166, 173, 194, 198, 266, 271
seaside resort 153
seasonal disease 146
seasonal disease calendar 147
seasonal phenomenon 106
self-incompatibility 126
sensible heat 86
short-duration intense rainfall
  18
shrub 103
Siberian High 26, 169, 206
sickle cell anemia 143
Silk Road pattern 280
single-cell storm 20
ski field 154
ski resort 155
skiing 154
small meander 188
snow cover 154
snow survey 397
snowflake 37
SOI 280
soil degradation 132
soil deterioration 410
Soil Plant Analysis Development
  (SPAD) 120
solar activity 328, 330

Solar cell 382
solar constant 86
Solar Heat Utilization System
  382
solar luminosity 86
solar minimum 349
solar radiation 86, 266
Solar Thermal Power System
  382
soluble solid-acid ratio 125
Southern Annular Mode (SAM)
  206, 283
southern coast-low 28
Southern Ocean 164
Southern Oscillation 167
Southern Oscillation Index (SOI)
  280
species distribution models 104
specific heat 162
spectroscopic remote sensing
  81
speleothem 376
Spörer Minimum 322
squall line:SL 21
Sr/Ca ratio 362
SST 166, 173, 194, 198, 266, 271
stadial 221
stakeholder 394
stationary Rossby wave 168
steppe climate 295
stomata 350
stratosphere 87, 242
Subantarctic Mode Water
  (SAMW) 164
subarctic/subpolar gyre 163
sublimation 243
subpolar climate 294
subtropical gyre 163, 186
subtropical high 12
subtropical jet stream 42, 46,
  200
sudden stratospheric warming
  207
suitable location 124
sulfur dioxide (SO$_2$) 66
sultry night 53
summer resort 144, 153
summering 152
sunscald 124
Sunshine Project 408
sunspot 314

sunspot number 330
supercell 31, 41
supercell tornado 41
supercooled water droplet 30,
  37
surface energy budget 98
surface exposure dating 232
surge 233
synoptic scale 244
synoptic-scale disturbance 208
Syowa Station 250
tapering cloud 22

T

TE 176
T-E index 288
TEF 357
teleconnection 202, 245, 279
teleconnection pattern 168
temperate dry winter climate
  295
temperature lapse rate 228
temperature zone 285
tephras 367
Termination 223
terrestrial heat flow 406
Thailand flood 8
thermal inertia 162
thermocline 194
thermohaline circulation 163,
  221
thickness of ice sheet 243
thin ice area 246
(the) Three-North Shelteer Forest
  Program 137
Tibetan High 46
tidal current power generation
  402
tidal force 262
tidal power generation 403
tidewater glacier 227, 236
time scale 162
titration 68
top of the atmosphere (TOA)
  86
top-down mechanism 267, 270
tornado 8, 38, 150
total ozone 251
Total Solar Irradiance (TSI)
  330
tourism 152

索　引　*459*

trade wind 166
Transfer Efficiency(TE) 176
transitional zone 292
transport 187
tree line 99
tree ring 348
tree ring density 348
tree ring width 348
trend 241
trophodynamics 175
tropical climate 294
tropical cyclone 11, 190
tropical disturbance 24
Tropical Evergreen Forest (TEF) 357
tropical monsoon climate 295
tropical rain forest climate 295
tropical storm 34
troposphere 87, 163, 241
TSI 330
tundra climate 294
twin cyclones 196
typhoon 2, 24, 34

▌U

United Nations Convention to Combat Desertification 132
untimely phenomenon 110
urban climate 54
urban heat island 54
urbanization(urbanisation) 92

▌V

vegetation degradation 132

Vienna Convention for the Protection of the Ozone Layer 253
virtual water 130
visible light 162
volatile organic compounds (VOC) 66
volcanic activity 322
volcanic aerosol 274
volcanic eruption 274, 349
volcanic explosivity 276
volcanic SO_2 276

▌W

Walker circulation 198
warm moist air 34
warm pool 194
Warm Pool El Niño 179
warmth index 98, 104, 286
waste 410
water balance 128
water equivalent 224
water mass 165
water resource 113
water resources 396
water wheel 399
watercore 125
wave overtopping 151
wave power conversion 400
wave train 245
Weather Derivatives 71
Weather Merchandising 156
WES 199
westcoast oceanic climate 295
westerlies 42

westerly wind 62
westerly wind burst(WWB) 184, 194
western boundary current 186
western disturbance 11
Western Pacific pattern(WP) 281
west-high east-low pattern 27
wet andosols 123
whirlwind 150
whiteout 150
wildfires 102
wind stress 163
windbreak 136
wind-driven circulation 163
wind-evaporation-SST(WES) 199
winter-accumulation type 233
wintering 152
World Meteorological Organization(WMO) 380
WP 281
WWB 184, 194

▌Y

Yamase 59
(the) year without a summer 221, 327
yellow dust 9
Younger Dryas 221, 236, 346, 368

▌Z

zonal index 42

460 索 引

編集者略歴

やまかわしゅうじ
山川修治

1953 年　東京都に生まれる
1977 年　東京教育大学理学部地学科
　　　　地理学専攻卒業
1983 年　東京都立大学大学院理学研
　　　　究科博士課程修了
現　在　日本大学文理学部教授
　　　　理学博士

ときわかつみ
常盤勝美

1972 年　神奈川県に生まれる
1997 年　筑波大学大学院地球科学研
　　　　究科博士課程中退
現　在　株式会社ライフビジネス
　　　　ウェザー
　　　　ビジネス気象研究所所長
　　　　修士（理学）

わたらい　やすし
渡来　靖

1975 年　千葉県に生まれる
2004 年　筑波大学大学院地球科学研
　　　　究科博士課程単位取得退学
現　在　立正大学地球環境科学部
　　　　准教授
　　　　博士（理学）

気候変動の事典　　　　　　定価はカバーに表示

2017 年 12 月 15 日　初版第 1 刷
2018 年 5 月 15 日　　第 2 刷

編集者　山　川　修　治
　　　　常　盤　勝　美
　　　　渡　来　　　靖
発行者　朝　倉　誠　造
発行所　株式会社　朝　倉　書　店

東京都新宿区新小川町 6-29
郵便番号　 1 6 2 - 8 7 0 7
電　話 03（3260）0141
ＦＡＸ 03（3260）0180
http://www.asakura.co.jp

〈検印省略〉

ⓒ 2017 〈無断複写・転載を禁ず〉　　　　　　　教文堂・渡辺製本

ISBN 978-4-254-16129-8　C 3544　　　　　Printed in Japan

JCOPY ＜（社）出版者著作権管理機構　委託出版物＞

本書の無断複写は著作権法上での例外を除き禁じられています．複写される場合は，
そのつど事前に，（社）出版者著作権管理機構（電話 03-3513-6969，FAX 03-3513-
6979，e-mail: info@jcopy.or.jp）の許諾を得てください．

◆ シリーズ〈気象学の新潮流〉〈全5巻〉 ◆

最先端の話題をわかりやすく解説　新田尚・中澤哲夫・斉藤和雄 編集

首都大 藤部文昭著
気象学の新潮流 1
都市の気候変動と異常気象
—猛暑と大雨をめぐって—
16771-9　C3344　　　　A 5 判 176頁　本体2900円

本書は，日本の猛暑や大雨に関連する気候学的な話題を，地球温暖化や都市気候あるいは局地気候などの関連テーマを含めて，一通りまとめたものである。一般読者をも対象とし，啓蒙的に平易に述べ，異常気象と言えるものなのかまで言及する。

横国大 筆保弘徳・琉球大 伊藤耕介・気象研 山口宗彦著
気象学の新潮流 2
台　風　の　正　体
16772-6　C3344　　　　A 5 判 184頁　本体2900円

わかっているようでわかっていない台風研究の今と最先端の成果を研究者目線で一般読者向けに平易に解説。〔内容〕凶暴性／数字でみる台風／気象学／構造／メカニズム／母なる海／コンピュータの中の台風／予報の現場から／台風を追う強者達

WMO 中澤哲夫編集
東海大 中島　孝・獨協大 中村健治著
気象学の新潮流 3
大 気 と 雨 の 衛 星 観 測
16773-3　C3344　　　　A 5 判 180頁　本体2900円

衛星観測の基本的な原理から目的別の気象観測の仕組みまで，衛星観測の最新知見をわかりやすく解説。〔内容〕大気の衛星観測／降水の衛星観測／衛星軌道／ライダー・レーダー／TRMM／GPM／環境汚染／放射伝達／放射収支／偏光観測

気象研 斉藤和雄・気象研 鈴木　修著
気象学の新潮流 4
メ ソ 気 象 の 監 視 と 予 測
—集中豪雨・竜巻災害を減らすために—
16774-0　C3344　　　　A 5 判 160頁　本体2900円

メソ（中間）スケールの気象現象について，観測の原理から最新の予測手法まで平易に解説。〔内容〕集中豪雨／局地的大雨／竜巻／ダウンバースト／短期予測／レーダー・ライダー／データ同化／アンサンブル予報／極端気象

東京大 木本昌秀著
気象学の新潮流 5
「 異 常 気 象 」 の 考 え 方
16775-7　C3344　　　　A 5 判 232頁　本体3500円

異常気象を軸に全地球的な気象について，その見方・考え方を解説。〔内容〕異常気象とは／大気大循環（偏西風，熱帯の大循環）／大気循環のゆらぎ（ロスビー波，テレコネクション）／気候変動（エルニーニョ，地球温暖化）／異常気象の予測

前東北大 浅野正二著
大 気 放 射 学 の 基 礎
16122-9　C3044　　　　A 5 判 280頁　本体4900円

大気科学，気候変動・地球環境問題，リモートセンシングに関心を持つ読者向けの入門書。〔内容〕放射の基本則と放射伝達方程式／太陽と地球の放射パラメータ／気体吸収帯／赤外放射伝達／大気粒子による散乱／散乱大気中の太陽放射伝達／他

前気象庁 古川武彦・気象庁 室井ちあし著
現 代 天 気 予 報 学
—現象から観測・予報・法制度まで—
16124-3　C3044　　　　A 5 判 232頁　本体3900円

予報の総体を自然科学と社会科学とが一体となったシステムとして捉え体系化を図った，気象予報士をはじめ予報に興味を抱く人々向けの一般書。〔内容〕気象観測／気象現象／重要な法則・原理／天気予報技術／予報の種類と内容／数値予報／他

前気象庁 新田　尚・環境研 住　明正・前気象庁 伊藤朋之・
前気象庁 野瀬純一編
気象ハンドブック（第 3 版）
16116-8　C3044　　　　B 5 判 1032頁　本体38000円

現代気象問題を取り入れ，環境問題と絡めたよりモダンな気象関係の総合情報源・データブック。[気象学]地球／大気構造／大気放射過程／大気熱力学／大気大循環[気象現象]地球規模／総観規模／局地気象[気象技術]地表からの観測／宇宙からの気象観測[応用気象]農業生産／林業／水産／大気汚染／防災／病気[気象・気候情報]観測値情報／予測情報[現代気象問題]地球温暖化／オゾン層破壊／汚染物質長距離輸送／炭素循環／防災／宇宙からの地球観測／気候変動／経済[気象資料]

前東大 井田喜明著

自然災害のシミュレーション入門

16068-0 C3044 　　　　　A 5 判 256頁 本体4300円

自然現象を予測する上で，数値シミュレーション
は今や必須の手段である。本書はシミュレーション
の前提となる各種概念を述べたあと個別の基礎
的解説を展開。〔内容〕自然災害シミュレーション
の基礎／地震と津波／噴火／気象災害と地球環境

前防災科学研 水谷武司著

自 然 災 害 の 予 測 と 対 策
―地形・地盤条件を基軸として―

16061-1 C3044 　　　　　A 5 判 320頁 本体5800円

地震・火山噴火・気象・土砂災害など自然災害の
全体を対象とし，地域土地環境に主として基づい
た災害危険予測の方法ならびに対応の基本を，災
害発生の機構に基づき，災害種類ごとに整理して
詳説し，モデル地域を取り上げ防災具体例も明示

前気象庁 新田 　尚監修　気象予報士会 酒井重典・
前気象庁 鈴木和史・前気象庁 饒村 　曜編

気 象 災 害 の 事 典
―日本の四季と猛威・防災―

16127-4 C3544 　　　　　A 5 判 576頁 本体12000円

日本の気象災害現象について，四季ごとに追って
まとめ，防災まで言及したもの。〔春の現象〕風／
雨／気温／湿度／視程〔梅雨の現象〕種類／梅雨災
害／雨量／風／地面現象〔夏の現象〕雷／高温／低
温／風／台風／大気汚染／突風／都市化〔秋雨の
現象〕台風災害／潮位／秋雨〔秋の現象〕霧／放射
／乾燥／風〔冬の現象〕気圧配置／大雪／なだれ／
雪・着雪／流氷／風／雷〔防災・災害対応〕防災情
報の種類と着眼点／法律／これからの防災気象情
報〔世界の気象災害〕〔日本・世界の気象災害年表〕

日本災害情報学会編

災 害 情 報 学 事 典

16064-2 C3544 　　　　　A 5 判 408頁 本体8500円

災害情報学の基礎知識を見開き形式で解説。災害
の備えや事後の対応・ケアに役立つ情報も網羅。
行政・メディア・企業等の防災担当者必携〔内容〕
[第1部：災害時の情報]地震・津波・噴火／気象災
害[第2部：メディア]マスコミ／住民用メディア
／行政用メディア[第3部：行政]行政対応の基本
／緊急時対応／復旧・復興／被害軽減／事前教育
[第4部：災害心理]避難の心理／コミュニケーショ
ンの心理／心身のケア[第5部：大規模事故・緊
急事態]事故災害等／[第6部：企業と防災]

元東大 宇津徳治・元東大 嶋 　悦三・前東大 吉井敏尅・
前東大 山科健一郎編

地 震 の 事 典 （第 2 版）（普及版）

16053-6 C3544 　　　　　A 5 判 676頁 本体19000円

東京大学地震研究所を中心として，地震に関する
あらゆる知識を系統的に記述。神戸以降の最新の
データを含めた全面改訂。付録として16世紀以降
の世界の主な地震と 5 世紀以降の日本の被害地震
についてマグニチュード，震源，被害等も列記。
〔内容〕地震の概観／地震観測と観測資料の処理／
地震波と地球内部構造／変動する地球と地震分布
／地震活動の性質／地震の発生機構／地震に伴う
自然現象／地震による地盤振動と地震災害／地震
の予知／外国の地震リスト／日本の地震リスト

元東大 下鶴大輔・前東大 荒牧重雄・前東大 井田喜明・
東大 中田節也編

火 山 の 事 典 （第 2 版）

16046-8 C3544 　　　　　B 5 判 592頁 本体23000円

有珠山，三宅島，雲仙岳など日本は世界有数の火
山国である。好評を博した第 1 版を全面的に一新
し，地質学・地球物理学・地球化学などの面から
主要な知識とデータを正確かつ体系的に解説。
〔内容〕火山の概観／マグマ／火山活動と火山帯／
火山の噴火現象／噴出物とその堆積物／火山の内
部構造と深部構造／火山岩／他の惑星の火山／地
熱と温泉／噴火と気候／火山観測／火山災害と防
災対応／外国の主な活火山リスト／日本の火山リ
スト／日本と世界の火山の顕著な活動例

日本気象学会地球環境問題委員会編

地 球 温 暖 化
―そのメカニズムと不確実性―

16126-7 C3044　　　　　　B 5 判 168頁 本体3000円

原理から影響まで体系的に解説。〔内容〕観測事実／温室効果と放射強制力／変動の検出と要因分析／予測とその不確実性／気温，降水，大気大循環の変化／日本周辺の気候の変化／地球表層の変化／海面水位上昇／長い時間スケールの気候変化

日本海洋学会編

海 の 温 暖 化
―変わりゆく海と人間活動の影響―

16130-4 C3044　　　　　　B 5 判 168頁 本体3200円

地球温暖化の進行に際し海がどのような役割を担っているかを解説〔内容〕海洋の観測／海洋循環／海面水位変化／極域の変化／温度と塩分／物質循環／貧酸素化／海洋酸性化／DMS・VOC／魚類資源・サンゴ礁への影響／古海洋／海洋環境問題

日本ヒートアイランド学会編

ヒートアイランドの事典
―仕組みを知り，対策を図る―

18050-3 C3540　　　　　　A 5 判 352頁 本体7400円

近年のヒートアイランド(HI)現象の影響が大きな社会問題となっている。本書はHI現象の仕組みだけでなく，その対策手法・施工法などについて詳述し，実務者だけでなく多くの市民にもわかりやすく2～6頁の各項目に分けて解説。〔内容〕HI現象の基礎(生活にもたらす影響，なぜ起こるのか，計測方法，数値解析による予測，自治体による対策指針)／HI対策(緑化による緩和，都市計画・機器，排熱・蒸発・反射による緩和)／HI関連情報(まちづくりの事例，街区・建物の事例など)

立正大 吉﨑正憲・前海洋研究開発機構 野田　彰他編

図説 地 球 環 境 の 事 典
〔DVD－ROM付〕

16059-8 C3544　　　　　　B 5 判 392頁 本体14000円

変動する地球環境の理解に必要な基礎知識(144項目)を各項目見開き2頁のオールカラーで解説。巻末には数式を含む教科書的解説の「基礎論」を設け，また付録DVDには本文に含みきれない詳細な内容(写真・図，シミュレーション，動画など)を収録し，自習から教育現場までの幅広い活用に配慮したユニークなレファレンス。第一線で活躍する多数の研究者が参画して実現。〔内容〕古気候／グローバルな大気／ローカルな大気／大気化学／水循環／生態系／海洋／雪氷圏／地球温暖化

小池一之・山下脩二他編

自 然 地 理 学 事 典

16353-7 C3525　　　　　　B 5 判 480頁 本体18000円

近年目覚ましく発達し，さらなる発展を志向している自然地理学は，自然を構成するすべての要素を総合的・有機的に捉えることに本来的な特徴がある。すべてが複雑化する現代において，今後一層重要になるであろう状況を鑑み，自然地理学・地球科学的観点から最新の知見を幅広く集成，見開き形式の約200項目を収載し，簡潔にまとめた総合的・学際的な事典。〔内容〕自然地理一般／気候／水文／地形／土壌／植生／自然災害／環境汚染・改変と環境地理／地域(大生態系)の環境

日本地形学連合編　前中大 鈴木隆介・
前阪大 砂村継夫・前筑波大 松倉公憲責任編集

地 形 の 辞 典

16063-5 C3544　　　　　　B 5 判 1032頁 本体26000円

地形学の最新知識とその関連用語，またマスコミ等で使用される地形関連用語の正確な定義を小項目辞典の形で総括する。地形学はもとより関連する科学技術分野の研究者，技術者，教員，学生のみならず，国土・都市計画，防災事業，自然環境維持対策，観光開発などに携わる人々，さらには登山家など一般読者も広く対象とする。収録項目8600。分野：地形学，地質学，年代学，地球科学一般，河川工学，土壌学，海洋・海岸工学，火山学，土木工学，自然環境・災害，惑星科学等

上記価格（税別）は 2018 年 4 月現在